住房和城乡建设行业专业人员知识丛书

土建施工员专业知识

《住房和城乡建设行业专业人员知识丛书》编委会 编

中国环境出版集团·北京

图书在版编目（CIP）数据

土建施工员专业知识/《住房和城乡建设行业专业人员知识丛书》编委会编. —北京：中国环境出版集团，2019.4（2020.10 重印）
（住房和城乡建设行业专业人员知识丛书）
ISBN 978-7-5111-4014-2

Ⅰ. ①土… Ⅱ. ①住… Ⅲ. ①土木工程—工程施工—基本知识 Ⅳ. ①TU74

中国版本图书馆 CIP 数据核字（2019）第 104425 号

出 版 人　武德凯
责任编辑　易　萌
责任校对　任　丽
封面设计　彭　杉

出版发行　中国环境出版集团
（100062　北京市东城区广渠门内大街16号）
网　　址：http：//www.cesp.com.cn
电子邮箱：bjgl@cesp.com.cn
联系电话：010-67112765（编辑管理部）
010-67112739（第三分社）
发行热线：010-67125803，010-67113405（传真）
印　　刷　北京中科印刷有限公司
经　　销　各地新华书店
版　　次　2019年4月第1版
印　　次　2020年10月第3次印刷
开　　本　787×1092　1/16
印　　张　27
字　　数　656 千字
定　　价　79.00元

《住房和城乡建设行业专业人员知识丛书》
编 委 会

《土建施工员专业知识》编写组

主　　编： 邓德学

副 主 编： 王春萱　徐新瑞　韩永光　吕念南

主　　审： 唐小林

参加编写： 杨　刚　鹿　瑶　冉令刚　卜　涛　张海龙　徐永秋　李春雷　罗小虎　唐宗洁　段光尧　刘志泽

前　　言

为了深入推进房屋建筑与市政基础设施工程现场施工专业人员（以下简称专业人员）队伍建设，更好地指导、服务于专业人员培训及人才评价工作，重庆市建设岗位培训中心组织编写了《住房和城乡建设行业专业人员知识丛书》，丛书紧扣现场施工专业人员职业能力标准，结合建设行业改革发展的新形势和新要求，坚持与施工现场专业人员的定位相结合、与现行的国家标准和行业标准相结合、与建设类“双证制”院校的专业设置相融合，力求体现科学性、针对性、实用性。

本书作为《住房和城乡建设行业专业人员知识丛书》中的一本，坚持以“职业素质”为基础、以“职业能力”为本位、以“实用易懂”为导向的编写思路，围绕与土建施工员岗位能力要求相关的现行国家、行业及地方标准规范、技术指南等，重点对土建施工员的知识点和能力点进行介绍，帮助读者学习基本的土建施工员专业知识与技能，能够胜任参与协助现场施工管理的基本工作。

本书共 11 章，内容包括：岗位职责、相关管理规定和标准、施工技术、工程质量管理、安全管理、施工组织设计与施工方案、工程测量、施工机具、施工进度计划、工程成本管理、施工信息资料。本书与《通用知识》一书配套使用。

本书编写的具体分工是：主编由重庆文理学院高级工程师邓德学担任，副主编由重庆市建设岗位培训中心正高级工程师王春萱、重庆文理学院副教授徐新瑞、重庆城市职业学院副教授韩永光、重庆建筑工程职业学院讲师吕念南担任，重庆文理学院张海龙、冉令刚、唐宗洁，重庆城市职业学院罗小虎、卜涛、鹿瑶、杨刚、徐永秋，重庆方圆培训学校李春雷、重庆市建设岗位培训中心段光尧、重庆建工城建集团刘志泽参与编写。第一章由王春萱、邓德学、刘志泽合编；第二章由徐新瑞、吕念南合编；第三章由杨刚、鹿瑶、邓德学合编；第四章由邓德学、冉令刚、徐新瑞合编；第五章由卜涛、张海龙、邓德学合编；第六章由韩永光、徐永秋合编；第七章由李春雷、韩永光合编；第八章由李春雷、王春萱、段光尧合编；第九章由罗小虎、韩永光合编；第十章由罗小虎、唐宗洁合编；第十一章由吕念南、张海龙合编；模拟试卷及参考答案由卜涛、邓德学合编。

本书由唐小林任主审。

本书可作为施工现场专业人员岗位培训教材，“双证制”院校教学的参考用书，以及建筑类工程技术人员工作参考书。

限于编写时间之仓促，囿于编者之水平，书中难免有不足之处，恳请广大同仁和读者批评指正。

目　　录

第一章　岗位职责

第一节　施工员岗位说明

一、定义

《建筑与市政工程施工现场专业人员职业标准》（JGJ/T 250—2011）术语中对施工员的定义为：在建筑与市政工程施工现场，从事施工组织策划、施工技术与管理，以及施工进度、成本、质量和安全控制等工作的专业人员。《重庆市房屋建筑与市政基础设施工程现场施工专业人员职业标准》（DBJ 50/T-171—2013）术语中对施工员的定义为：在房屋建筑与市政基础设施工程施工现场，从事施工调查准备、施工组织策划、施工生产管理，以及施工进度、成本、质量和安全控制等工作的专业人员。

二、岗位的重要性

施工员是施工现场生产一线的组织者和管理者，在建筑施工过程中具有极其重要的地位，具体表现在以下几个方面：

（1）施工员是单位工程施工现场的管理中心，是施工现场动态管理的体现者，是单位工程生产要素合理投入和优化组合的组织者，对单位工程项目的施工负有直接责任。

（2）施工员对分管工程施工生产和进度等进行控制，是单位施工现场的信息集散中心。

（3）施工员是其分管工程施工现场对外联系的枢纽。

（4）施工员是协调施工现场基层专业管理人员、劳务人员等各方面关系的纽带，需要指挥和协调好预算员、质量检查员、安全员、材料员等基层专业管理人员之间的关系。

三、岗位职业能力标准

《重庆市房屋建筑与市政基础设施工程现场施工专业人员职业标准》（DBJ 50/T-171—2013）在职业能力标准部分明确了施工员的主要职责为：负责施工生产管理、施工进度协调，参与施工技术、质量、安全和成本等管理。对施工员职业能力标准规定如下：

（1）随着城市化进程的加快，尤其是重庆山水城市楼宇密集、地形高差大、桥隧纵横、立体交通空间化、城市改造和更新快等特征显著，施工现场和周边环境日趋复杂，所以开展施工前期调查就显得非常必要。施工调查准备主要是为了了解和掌握施工现场和周边环境的情况，包括“五通一平”、水文地质、地形地貌、相邻建（构）筑物、公用管（线）网、居民聚居、交通、材料及设备等，做好施工准备，以有效保证施工组织策划与施工部署的推进和落实。

（2）施工部署的目的是对施工项目进行统筹规划和全面安排，包括施工目标及分解，施工组织与协调，施工资源，施工顺序及空间安排，施工重点及难点，生产技术管理，劳务及分包管理等。

（3）根据重庆市建设工程施工管理实际情况，施工员定位不是施工技术管理，而是施工生产管理。施工技术管理属于技术负责人的工作职责，施工员协助技术负责人做好相关技术管理工作。施工生产指挥是施工员的主要职责，其中编制施工作业指导书、制订施工生产计划、落实施工生产任务，是施工员从事施工生产管理的重要内容。施工作业指导书的内容主要包括：分部分项工程名称、施工部位、质量安全要求、作业规程、操作要点、细部做法、注意事项等。

（4）绿色施工是指在工程建设中，在保证质量、安全等基本要求的前提下，通过科学地管理和技术的进步，最大限度地节约资源和减少对环境负面影响的施工活动，它是生态文明建设在房屋建筑和市政基础设施工程领域的具体体现。根据《绿色施工导则》总则中的规定，我国尚处于经济快速发展阶段，作为大量消耗资源、影响环境的建筑业，应全面实施绿色施工，承担起可持续发展的社会责任。加强绿色施工的管理，主要是要求企业和项目部在施工现场做好“四节一环保”（节能、节地、节水、节材和环境保护），提高循环经济的利用效率。重庆市建筑施工现场绿色施工管理均按《重庆市绿色施工管理规程》（DBJ 50/T-166—2013）的要求执行。

（5）为了提高重庆市建筑施工现场的管理水平，实现建筑施工现场管理科学化、规范化和标准化，促进建筑行业发展，重庆市城乡建设委员会颁布了《建筑施工现场管理标准》（DBJ 50-077—2009）。施工现场标准化管理主要包括：工程质量管理，安全生产管理，文明施工管理，建筑队伍管理，合同履约管理，工程建设监理，建设单位现场管理等。

（6）施工员全程负责工程从开工到竣工全过程的施工生产指挥，对于施工图、设计变更、技术核定、施工组织设计、专项施工方案等技术文件和施工方法，相比其他专业人员会更清楚、更熟悉。所以，施工员应参与工程竣工图的校核，有利于提高竣工图绘制的准确性和完整性。

第二节 国家、重庆市关于岗位职责的规定

一、国家行业标准中关于岗位职责的规定

《建筑与市政工程施工现场专业人员职业标准》（JGJ/T 250—2011）在 3.2 施工员部分对施工员的工作职责规定见表 1-1。

表 1-1　施工员的工作职责（行业）

项次	分类	主要工作职责
1	施工组织策划	（1）参与施工组织管理策划 （2）参与制定管理制度
2	施工技术管理	（3）参与图纸会审、技术核定 （4）负责施工作业班组的技术交底 （5）负责组织测量放线、参与技术复核
3	施工进度成本控制	（6）参与制订并调整施工进度计划、施工资源需求计划，编制施工作业计划 （7）参与做好施工现场组织协调工作，合理调配生产资源；落实施工作业计划 （8）参与现场经济技术签证、成本控制及成本核算 （9）负责施工平面布置的动态管理
4	质量安全环境管理	（10）参与质量、环境与职业健康安全的预控 （11）负责施工作业的质量、环境与职业健康安全过程控制，参与隐蔽、分项、分部和单位工程的质量验收 （12）参与质量、环境与职业健康安全问题的调查，提出整改措施并监督落实
5	施工信息资料管理	（13）负责编写施工日志、施工记录等相关施工资料 （14）负责汇总、整理和移交施工资料

二、重庆市行业标准中关于施工员岗位职责的规定

《重庆市房屋建筑与市政基础设施工程现场施工专业人员职业标准》（DBJ 50/T-171—2013）在 4.1 施工员部分对施工员的工作职责规定见表 1-2。

表 1-2　施工员的工作职责（重庆市）

项次	分类	主要工作职责
1	施工调查准备	（1）参与施工现场和环境调查 （2）负责施工生产准备
2	施工组织策划	（3）参与施工组织管理策划 （4）参与制定施工管理制度 （5）参与施工部署
3	施工生产管理	（6）负责编制施工作业指导书，落实施工生产任务 （7）参与图纸会审、技术核定 （8）负责施工作业班组的施工（安全）技术交底 （9）负责组织测量放线、参与技术复核 （10）负责施工平面布置的动态管理
4	施工进度成本控制	（11）参与制订并调整施工进度计划、施工资源需求计划 （12）参与做好施工现场组织协调工作，合理调配生产资源 （13）参与现场经济技术签证、成本管控及成本核算
5	质量安全环境管理	（14）参与质量、环境与职业健康安全的预控 （15）负责施工作业的质量、环境与职业健康安全过程控制，参与隐蔽、分项、分部和单位工程的质量验收 （16）参与质量、环境与职业健康安全问题的调查，提出整改措施并监督落实 （17）参与绿色施工的管理 （18）参与施工现场标准化管理
6	施工信息资料管理	（19）负责编写施工日志、施工记录等相关施工资料 （20）负责汇总、整理和移交施工资料 （21）参与工程竣工图的校核

第二章 相关管理规定和标准

第一节 施工现场安全生产的管理规定

一、施工从业人员安全生产的权利和义务

建筑施工从业人员是指建筑施工企业从事生产经营活动各项工作的全体人员，包括管理人员、技术人员和技术工人，也包括施工企业临时聘用的各类人员。从业人员在生产经营活动中，依法享有权利，并承担义务；生产经营单位使用被派遣劳动者的，被派遣劳动者依法享有所在单位从业人员的各项权利，并应当履行相应的法定义务。

1. 从业人员安全生产的权利

（1）知情权。

从业人员有权了解其作业场所和工作岗位存在的危险因素、防范措施及事故应急措施，有权对企业安全生产工作提出建议。生产经营单位与从业人员订立的劳动合同，应当载明有关保障从业人员劳动安全、防止职业危害的事项。

（2）批评、检举和控告权。

从业人员有权对施工现场的作业条件、作业程序和作业方式中存在的安全问题提出批评、检举和控告。

（3）拒绝权。

从业人员有权拒绝违章指挥和强令冒险作业。生产经营单位不得因从业人员对本单位安全生产工作提出批评、检举、控告或者拒绝违章指挥、强令冒险作业而降低其工资、福利等待遇或者解除与其订立的劳动合同。

（4）避险权。

在施工中发生危及人身安全的紧急情况时，从业人员有权立即停止作业或者在采取必要的应急措施后撤离危险区域。生产经营单位不得因从业人员在上述紧急情况下停止作业或者采取紧急撤离措施而降低其工资、福利等待遇或者解除与其订立的劳动合同。

（5）索赔权。

因生产安全事故受到损害的从业人员，除依法享有工伤保险外，依照有关民事法律享有获得赔偿的权利的，有权向本单位提出赔偿要求。生产经营单位不得以任何形式与从业人员

订立协议，免除或者减轻其对从业人员因生产安全事故造成的伤亡依法应承担的责任。

（6）劳动防护权。

生产经营单位应依法为从业人员办理工伤保险等事项，向从业人员提供安全防护用具和安全防护服装，并书面告知危险岗位的操作规程和违章操作的危害。

2. 从业人员安全生产的义务

（1）遵规守纪的义务。

从业人员应当遵守安全施工的强制性标准、规章制度和操作规程，服从管理，正确佩戴和使用劳动防护用品等。

（2）学习掌握安全生产知识的义务。

从业人员进入新的岗位或者新的施工现场前，应当接受安全生产教育培训，掌握本职工作所需的安全生产知识，提高安全生产技能，增强事故预防和应急处理能力。未经教育培训或者教育培训考核不合格的人员，不得上岗作业。生产经营单位在采用新技术、新工艺、新设备、新材料时，应当对从业人员进行相应的安全生产教育培训。

（3）危险报告义务。

从业人员发现事故隐患或者其他不安全因素时，应当立即向现场安全生产管理人员或者本单位负责人报告。

二、安全技术措施、专项施工方案和安全技术交底的规定

（一）安全技术措施

《中华人民共和国建筑法》第三十八条规定：建筑施工企业在编制施工组织设计时，应当根据建筑工程的特点制定相应的安全技术措施；对专业性较强的工程项目，应当编制专项安全施工组织设计，并采取安全技术措施。

1. 一般规定

（1）安全技术措施实施前，应审核作业过程的指导文件；实施过程中应进行检查、分析和评价，并应使人员、机械、材料、方法、环境等因素均处于受控状态。

（2）建筑施工安全技术控制措施的实施应符合下列规定：

1）根据危险等级、安全规划制订安全技术控制措施；

2）安全技术控制措施应符合安全技术分析的要求；

3）安全技术控制措施应按施工工艺、工序实施，提高其有效性；

4）安全技术控制措施应实施程序的更改应处于控制之中；

5）安全技术措施实施的过程控制应以数据分析、信息分析以及过程监测反馈为基础。

（3）建筑施工安全技术措施应按危险等级分级控制，并应符合下列规定：

1）Ⅰ级：编制专项施工方案和应急救援预案，组织技术论证，履行审核、审批手续，对安全技术方案内容进行技术交底、组织验收，采取监测预警技术进行全过程监控；

2）Ⅱ级：编制专项施工方案和应急救援措施，履行审核、审批手续，进行技术交底、组

织验收，采取监测预警技术进行局部或分段过程监控；

3）Ⅲ级：制定安全技术措施并履行审核、审批手续，进行技术交底。

（4）建筑施工过程中，各分部分项工程、各工序应按相应专业技术标准进行安全技术控制；对关键环节、特殊环节、采用新技术或新工艺的环节，应提高一个危险等级进行安全技术控制。

（5）建筑施工安全技术措施应在实施前进行预控，实施中进行过程控制，并应符合下列规定：

1）安全技术措施预控范围应包括材料质量及检验复验、设备和设施检验、作业人员应具备的资格及技术能力、作业人员的安全教育、安全技术交底；

2）安全技术措施过程控制范围应包括施工工艺和工序、安全操作规程、设备和设施、施工荷载、阶段验收、监测预警。

2. 材料及设备的安全技术控制

（1）对涉及建筑施工安全生产的主要材料、设备、构配件及防护用品，应进行进场验收，并应按各专业安全技术标准规定进行复验。

（2）建筑施工机械和施工机具安全技术控制应符合下列规定：

1）建筑施工机械设备和施工机具及配件应具有产品合格证，属特种设备的还应具有生产（制造）许可证；

2）建筑机械和施工机具及配件的安全性能应通过检测，使用时应具有检测或检验合格证明；

3）施工机械和机具的防护要求、绝缘保护或接地接零要求应符合相关技术规定；

4）建筑施工机械设备的操作者应经过技术培训合格后方可上岗操作。

（3）建筑施工机械设备和施工机具及配件安全技术控制中的性能检测应包括金属结构、工作机构、电器装置、液压系统、安全保护装置、吊索具等。施工机械设备和施工机具使用前应进行安装调试和交接验收。

3. 建筑施工安全技术措施实施验收

（1）建筑施工安全技术措施实施应按规定组织验收，并应符合下列规定：

1）应由施工单位组织安全技术措施的实施验收。

2）安全技术措施实施验收应根据危险等级由相应人员参加，并应符合下列规定：

① 对危险等级为Ⅰ级的安全技术措施实施验收，参加的人员应包括施工单位技术和安全负责人、项目经理和项目技术负责人及项目安全负责人、项目总监理工程师和专业监理工程师、建设单位项目负责人和技术负责人、勘察设计单位项目技术负责人、涉及的相关参建单位技术负责人；

② 对危险等级为Ⅱ级的安全技术措施实施验收，参加的人员应包括施工单位技术和安全负责人、项目经理和项目技术负责人及项目安全负责人、项目总监理工程师和专业监理工程师、建设单位项目技术负责人、勘察设计单位项目设计代表、涉及的相关参建单位技术负责人；

③ 危险等级为Ⅲ级的安全技术措施实施验收，参加的人员应包括施工单位项目经理和项目技术负责人、项目安全负责人、项目总监理工程师和专业监理工程师、涉及的相关参建单位的专业技术人员。

（2）实行施工总承包的单位工程，应由总承包单位组织安全技术措施实施验收，相关专业工程的承包单位技术负责人和安全负责人应参加相关专业工程的安全技术措施实施验收。

（3）施工现场安全技术措施实施验收应在实施责任主体单位自行检查评定合格的基础上进行，安全技术措施实施验收应有明确的验收结果意见；当安全技术措施实施验收不合格时，实施责任主体单位应进行整改，并应重新组织验收。

（4）建筑施工安全技术措施实施验收应明确保证项目和一般项目，并应符合相关专业技术标准的规定。

（5）建筑施工安全技术措施实施验收应符合工程勘察设计文件、专项施工方案、安全技术措施实施的要求。

（6）对施工现场涉及建筑施工安全的材料、构配件、设备、设施、机具、吊索具、安全防护用品，应按国家现行有关标准的规定进行安全技术措施实施验收。

（7）机械设备和施工机具使用前应进行交接验收。

（8）施工起重、升降机械和整体提升脚手架、爬模等自升式架设设施安装完毕后。安装单位应自检，出具自检合格证明，并应向施工单位进行安全使用说明，办理交接验收手续。

（二）专项施工方案

专项施工方案是指在危险性较大的分部分项工程中编制的专门的有针对性的施工方案。

1. 一般规定

（1）施工单位应当在危险性较大工程施工前组织工程技术人员编制专项施工方案。实行施工总承包的，专项施工方案应当由施工总承包单位组织编制。危险性较大工程实行分包的，专项施工方案可以由相关专业分包单位组织编制。

（2）专项施工方案应当由施工单位技术负责人审核签字、加盖单位公章，并由总监理工程师审查签字、加盖执业印章后方可实施。危险性较大工程实行分包并由分包单位编制专项施工方案的，专项施工方案应当由总承包单位技术负责人及分包单位技术负责人共同审核签字并加盖单位公章。

（3）对于超过一定规模的危险性较大工程，施工单位应当组织召开专家论证会对专项施工方案进行论证。实行施工总承包的，由施工总承包单位组织召开专家论证会。专家论证前专项施工方案应当通过施工单位审核和总监理工程师审查。专家应当从地方人民政府住房和城乡建设主管部门建立的专家库中选取，符合专业要求且人数不得少于 5 名。与本工程有利害关系的人员不得以专家身份参加专家论证会。

（4）专家论证会后，应当形成论证报告，对专项施工方案提出通过、修改后通过或者不通过的一致意见。专家对论证报告负责并签字确认。专项施工方案经论证需修改后通过的，施工单位应当根据论证报告修改完善后，重新履行相关签字盖章程序后实施。专项施工方案经论证不通过的，施工单位修改后应当按照本规定的要求重新组织专家论证。

2. 编制专项施工方案的工程

（1）基坑工程。

（2）施工降水、排水工程。

（3）土石方工程。

（4）模板工程及支撑体系。

（5）起重吊装及起重机械安装拆卸工程。

（6）脚手架工程。

（7）拆除工程。

（8）暗挖工程。

（9）水电安装工程。

（10）临时用电工程。

（11）防水工程。

（12）其他危险性较大工程。

（三）安全技术交底

安全技术交底是指交底方向被交底方对预防和控制生产安全事故发生及减少其危害的技术措施、施工方法进行说明的技术活动，用于指导建筑施工行为。《建设工程安全生产管理条例》第二十七条规定，建设工程施工前，施工单位负责项目管理的技术人员应当对有关安全施工的技术要求向施工作业班组、作业人员做出详细说明，并由双方签字确认。

一般规定

（1）安全技术交底应依据国家有关法律法规和有关标准、工程设计文件、施工组织设计和安全技术规划、专项施工方案和安全技术措施、安全技术管理文件等的要求进行。

（2）安全技术交底应符合下列规定：

1）安全技术交底的内容应针对施工过程中潜在的危险因素，明确安全技术措施的内容和作业程序要求；

2）危险等级为Ⅰ级、Ⅱ级的分部分项工程、机械设备及设施安装拆卸的施工作业，应单独进行安全技术交底。

（3）安全技术交底的内容应包括：工程项目和分部分项工程的概况、施工过程的危险部位和环节及可能导致生产安全事故的因素、针对危险因素应采取的具体预防措施、作业中应遵守的安全操作规程以及应注意的安全事项、作业人员发现事故隐患应采取的措施、发生事故后应及时采取的避险和救援措施。

（4）施工单位应建立分级、分层次的安全技术交底制度，安全技术交底应有书面记录，交底双方应履行签字手续。书面记录应在交底者、被交底者和安全管理者三方留存备查。

（5）安全技术交底应分级进行，交底人可分为总包、分包、作业班组三个层级。总承包施工项目应由总承包单位相关技术人员对分包进行安全技术交底；桩基础施工单位应向土建施工单位进行安全技术交底；土建施工单位应向设备安装、装饰装修、幕墙施工等单位进行安全技术交底。

（6）安全技术交底的最终对象是具体施工作业人员，交底应有书面记录和签字留存。

三、危险性较大的分部分项工程安全管理的规定

危险性较大的分部分项工程（本书简称“危大工程”）是指房屋建筑和市政基础设施工程在施工过程中，容易导致人员群死群伤或者造成重大经济损失的分部分项工程。

1. 施工现场管理

（1）施工单位应当在施工现场显著位置公告危大工程名称、施工时间和具体责任人员，并在危险区域设置安全警示标志。

（2）专项施工方案实施前，编制人员或者项目技术负责人应当向施工现场管理人员进行方案交底。施工现场管理人员应当向作业人员进行安全技术交底，并由双方和项目专职安全生产管理人员共同签字确认。

（3）施工单位应当严格按照专项施工方案组织施工，不得擅自修改专项施工方案。因规划调整、设计变更等原因确需调整的，修改后的专项施工方案应当按照规定重新审核和论证。涉及资金或者工期调整的，建设单位应当按照约定予以调整。

（4）施工单位应当对危大工程施工作业人员进行登记，项目负责人应当在施工现场履职。项目专职安全生产管理人员应当对专项施工方案实施情况进行现场监督，对未按照专项施工方案施工的，应当要求立即整改，并及时报告项目负责人，项目负责人应当及时组织限期整改。施工单位应当按照规定对危大工程进行施工监测和安全巡视，发现危及人身安全的紧急情况，应当立即组织作业人员撤离危险区域。

（5）对于按照规定需要验收的危大工程，施工单位、监理单位应当组织相关人员进行验收。验收合格的，经施工单位项目技术负责人及总监理工程师签字确认后，方可进入下一道工序。危大工程验收合格后，施工单位应当在施工现场明显位置设置验收标识牌，公示验收的时间及责任人员。

（6）危大工程发生险情或事故时，施工单位应当立即采取应急处置措施，并报告工程所在地住房和城乡建设主管部门。建设、勘察、设计、监理等单位应当配合施工单位开展应急抢险工作。

（7）施工、监理单位应当建立危大工程安全管理档案。施工单位应当将专项施工方案及审核、专家论证、交底、现场检查、验收及整改等相关资料纳入档案管理。

2. 法律责任

（1）施工单位未按照规定编制并审核危大工程专项施工方案的，依照《建设工程安全生产管理条例》对单位进行处罚，并暂扣安全生产许可证30日；对直接负责的主管人员和其他直接责任人员处1 000元以上5 000元以下的罚款。

（2）施工单位有下列行为之一的，依照《中华人民共和国安全生产法》《建设工程安全生产管理条例》对单位和相关责任人员进行处罚：

1）未向施工现场管理人员和作业人员进行方案交底和安全技术交底的；

2）未在施工现场显著位置公告危大工程的相关信息，并未在危险区域设置安全警示标志的；

3）项目专职安全生产管理人员未对专项施工方案实施情况进行现场监督的。

（3）施工单位有下列行为之一的，责令限期改正，处 1 万元以上 3 万元以下的罚款，并暂扣安全生产许可证 30 日；对直接负责的主管人员和其他直接责任人员处 1 000 元以上 5 000 元以下的罚款：

1）未对超过一定规模的危大工程专项施工方案进行专家论证的；

2）未根据专家论证报告对超过一定规模的危大工程专项施工方案进行修改，或者未按照规定重新组织专家论证的；

3）未严格按照专项施工方案组织施工，或者擅自修改专项施工方案的。

（4）施工单位有下列行为之一的，责令限期改正，并处 1 万元以上 3 万元以下的罚款；对直接负责的主管人员和其他直接责任人员处 1 000 元以上 5 000 元以下的罚款：

1）项目负责人未按照规定现场履职或者组织限期整改的；

2）施工单位未按照规定进行施工监测和安全巡视的；

3）未按照规定组织危大工程验收的；

4）发生险情或者事故时，未采取应急处置措施的；

5）未按照规定建立危大工程安全管理档案的。

第二节　建设工程质量管理的规定

一、建设工程专项质量检测、见证取样检测的规定

1. 基本概念

建设工程质量检测是指工程质量检测机构接受委托，依据国家有关法律、法规和工程建设强制性标准，对涉及结构安全项目的抽样检测和对进入施工现场的建筑材料、构配件的见证取样检测。

2. 职责分工

按照《建设工程质量检测管理办法》（中华人民共和国建设部令　第 141 号）的规定：

国务院建设主管部门负责对全国质量检测活动实施监督管理，并负责制定检测机构资质标准。省、自治区、直辖市人民政府建设主管部门负责对本行政区域内的质量检测活动实施监督管理，并负责检测机构的资质审批。市、县人民政府建设主管部门负责对本行政区域内的质量检测活动实施监督管理。

具有独立法人资格的检测机构根据法律法规要求，取得相应的工程质量检测资质证书，按规定从事相关质量检测业务；未取得相应资质证书的，不得承担本办法规定的质量检测

业务。

3. 专项检测内容

（1）地基基础工程检测。

1）地基及复合地基承载力静载检测；

2）桩的承载力检测；

3）桩身完整性检测；

4）锚杆锁定力检测。

（2）主体结构工程现场检测。

1）混凝土、砂浆、砌体强度现场检测；

2）钢筋保护层厚度检测；

3）混凝土预制构件结构性能检测；

4）后置埋件的力学性能检测。

（3）建筑幕墙工程检测。

1）建筑幕墙的气密性、水密性、风压变形性能、层间变位性能检测；

2）硅酮结构胶相容性检测。

（4）钢结构工程检测。

1）钢结构焊接质量无损检测；

2）钢结构防腐及防火涂装检测；

3）钢结构节点、机械连接用紧固标准件及高强度螺栓力学性能检测；

4）钢网架结构的变形检测。

4. 见证取样内容

（1）水泥物理力学性能检验；

（2）钢筋（含焊接与机械连接）力学性能检验；

（3）砂、石常规检验；

（4）混凝土、砂浆强度检验；

（5）简易土工试验；

（6）混凝土掺加剂检验；

（7）预应力钢绞线、锚夹具检验；

（8）沥青、沥青混合料检验。

二、房屋建筑工程质量保修、保修期限和违规处罚的规定

1. 基本概念

房屋建筑工程质量保修是对房屋建筑工程竣工验收后在保修期限内出现的质量缺陷予以修复。

质量缺陷是指房屋建筑工程不符合工程建设强制性标准以及合同的约定。

2. 房屋质量保修期、保修范围及责任

（1）保修期及保修范围。

国务院的《建筑工程质量管理条例》第四十条规定：在正常使用条件下，建设工程的最低保修期限为：

1）建设工程的保修期，自竣工验收合格之日起计算。

2）基础设施工程、房屋建筑的地基基础工程和主体结构工程，为设计文件规定的该工程的合理使用年限。

3）屋面防水工程、有防水要求的卫生间、房间和外墙面的防渗漏，为5年。

4）供热与供冷系统，为2个采暖期、供冷期。

5）电气管线、给排水管道、设备安装和装修工程，为2年。

6）其他项目的保修期限由发包方与承包方约定。

（2）保修义务和责任。

1）建设工程在保修范围和保修期限内发生质量问题的，施工单位应当履行保修义务，并对造成的损失承担赔偿责任。

2）建设工程在超过合理使用年限后需要继续使用的，产权所有人应当委托具有相应资质等级的勘察、设计单位鉴定，并根据鉴定结果采取加固、维修等措施，重新界定使用期限。

3）施工单位不按工程质量保修书约定保修的，建设单位可以另行委托其他单位保修，由原施工单位承担相应责任；保修费用由质量缺陷的责任方承担。

4）因使用不当或者第三方造成的质量缺陷或不可抗力造成的质量缺陷不属于保修的范围。

3. 保修程序

（1）建设单位或房屋所有人在保修期内发现建设工程质量缺陷后，应向施工单位发出保修通知书。

（2）施工单位接到保修通知书后，应当到现场核查情况，在保修书约定的时间内予以保修；发生涉及结构安全或者严重影响使用功能的紧急抢修事故，施工单位接到保修通知后，应当立即到达现场抢修。

（3）发生涉及结构安全的质量缺陷，建设单位或房屋建筑所有人应当立即向当地建设行政主管部门报告，采取安全防护措施；由原设计单位或具有相应资质等级的设计单位提出保修方案，施工单位实施保修，原工程质量监督机构负责监督。

（4）建设工程保修完成后，建设单位或房屋管理所有人进行验收。涉及结构安全的，应当报当地建设行政主管部门备案。

（5）房地产开发企业对售出的商品房进行保修，还要执行《城市房地产开发经营管理条例》和其他规定。

4. 违规处罚的规定

（1）施工单位有下列行为之一的，由建设行政主管部门责令改正，并处1万元以上3万元以下的罚款。

1）工程竣工验收后，不向建设单位出具质量保修书的；

2）质量保修的内容、期限违反相关办法和规定的。

（2）施工单位不履行保修义务或者拖延履行保修义务的，由建设行政主管部门责令改正，并处 10 万元以上 20 万元以下的罚款。

三、工程质量监督的规定

凡新建、改建、扩建的建设工程，在工程项目施工招标投标工作完成后，建设单位申请领取施工许可证之前，应携有关资料到所在地建设工程质量监督机构办理工程质量监督登记手续。

1.《房屋建筑和市政基础设施工程质量监督管理规定》（住建部令　2010 年第 5 号）

（1）工程质量监督管理的具体工作可以由县级以上地方人民政府建设主管部门委托所属的工程质量监督机构（以下简称监督机构）实施。

（2）工程质量监督管理应当包括下列内容：

① 执行法律法规和工程建设强制性标准的情况；

② 抽查涉及工程主体结构安全和主要使用功能的工程实体质量；

③ 抽查工程质量责任主体和质量检测等单位的工程质量行为；

④ 抽查主要建筑材料、建筑构配件的质量；

⑤ 对工程竣工验收进行监督；

⑥ 组织或者参与工程质量事故的调查处理；

⑦ 定期对本地区工程质量状况进行统计分析；

⑧ 依法对违法违规行为实施处罚。

（3）对工程项目实施质量监督，应当依照下列程序进行：

① 受理建设单位办理质量监督手续；

② 制订工作计划并组织实施；

③ 对工程实体质量、工程质量责任主体和质量检测等单位的工程质量行为进行抽查、抽测；

④ 监督工程竣工验收，重点对验收的组织形式、程序等是否符合有关规定进行监督；

⑤ 形成工程质量监督报告；

⑥ 建立工程质量监督档案。

（4）主管部门实施监督检查时，有权采取下列措施：

① 要求被检查单位提供有关工程质量的文件和资料；

② 进入被检查单位的施工现场进行检查；

③ 发现有影响工程质量的问题时，责令改正。

2.《重庆市房屋建筑和市政基础设施工程质量监督管理实施办法》（渝建发〔2011〕81 号）

（1）工程质量监督手续是指建设单位在办理施工许可证（开工报告）前按工程建设有关法规的规定向监督机构申请工程质量监督，监督机构对所提交的资料进行审核，申报资料符合要求后签发《工程质量监督通知书》，并建立工程质量监督信息档案的活动。

（2）受理建设单位办理质量监督手续时，应重点审核以下资料：

① 施工图设计文件的审查合格书及备案情况；

② 施工单位中标通知书；

③ 监理合同；

④ 监理单位资质证书、监理项目管理机构组成及监理人员资格证书（出示原件提供复印件）；

⑤ 经审查合格的施工图纸。

（3）抽测工程实体质量时，应重点抽测以下涉及主体结构安全和主要使用功能的项目，并形成工程实体质量抽测记录。

① 房屋建筑工程：承重构件用钢材、水泥等主要原材料质量；承重结构混凝土和砂浆强度；钢筋连接接头；主要受力钢筋保护层厚度；现浇楼板结构厚度。

② 市政基础设施工程：承重构件用钢材、水泥等主要原材料质量；道路工程的结构层强度；桥梁、隧道、给水排水工程的承重结构混凝土强度；钢筋连接接头；主要受力钢筋保护层厚度。

（4）抽查工程质量行为时，应重点抽查以下内容，并形成工程质量行为抽查记录。

① 建设单位：施工图设计文件审查，以及涉及主体结构安全、主要使用功能和建筑节能等重大设计修改文件重新报审情况；委托工程监理，组织竣工验收等情况。

② 勘察、设计单位：设计文件签字盖章，参加验槽、基础、主体结构及有关重要部位工程质量验收和工程竣工验收，签署、出具质量合格文件等情况。

③ 施工单位：施工项目负责人（项目经理）、技术负责人和施工管理负责人等项目管理人员到位履职情况；按图施工，施工检（试）验，质量问题整改（处理），工程质量控制资料收集整理，参加重要分部（子分部）验收和工程竣工验收，签署、提交工程竣工验收报告等情况。

④ 监理单位：总监理工程师和专业监理工程师等项目监理人员到位履职情况；取样和见证送检，旁站、巡视和平行检验，质量问题通知单签发及质量问题整改结果复查，监理资料收集整理，组织重要分部（子分部）验收，出具工程质量竣工验收评估报告等情况。

⑤ 质量检测单位：检测数据准确、结论正确，检测报告签字完整，不合格检测结果上报监督机构等情况。

四、房屋建筑工程和市政基础设施工程竣工验收备案管理规定

1. 职责分工

国务院住房和城乡建设主管部门负责全国房屋建筑和市政基础设施工程的竣工验收备案管理工作。

县级以上地方人民政府建设主管部门负责本行政区域内工程的竣工验收备案管理工作。具体工作可以委托所属的工程质量监督机构实施。

工程竣工验收由建设单位负责组织实施。

工程质量监督机构负责对工程竣工验收的组织形式、验收程序、执行验收标准等情况进

行现场监督，发现有违反建设工程质量管理规定行为的，责令改正；按照规定向当地建设行政主管部门提交工程质量监督报告。

2. 竣工验收

（1）实施条件。

1）完成工程设计和合同约定的各项内容。

2）施工单位在工程完工后对工程质量进行检查，确认工程质量符合有关法律、法规和工程建设强制性标准，符合设计文件及合同要求，并提出工程竣工报告。工程竣工报告应经项目经理和施工单位有关负责人审核签字。

3）对于委托监理的工程项目，监理单位对工程进行了质量评估，具有完整的监理资料，并提出工程质量评估报告。工程质量评估报告应经总监理工程师和监理单位有关负责人审核签字。

4）勘察、设计单位应对勘察、设计文件及施工过程中由设计单位签署的设计变更通知书进行检查，并提出质量检查报告。质量检查报告应经该项目勘察、设计负责人和勘察、设计单位有关负责人审核签字。

5）有完整的技术档案和施工管理资料。

6）有工程使用的主要建筑材料、建筑构配件和设备的进场试验报告，以及工程质量检测和功能性试验资料。

7）建设单位已按合同约定支付工程款。

8）有施工单位签署的工程质量保修书。

9）对于住宅工程，进行分户验收并验收合格，建设单位按户出具《住宅工程质量分户验收表》。

10）建设主管部门及工程质量监督机构责令整改的问题全部整改完毕。

11）法律、法规规定的其他条件。

（2）前期准备。

1）工程完工后，施工单位向建设单位提交工程竣工报告，申请工程竣工验收。实行监理的工程，工程竣工报告须经总监理工程师签署意见。

2）建设单位收到工程竣工报告后，对符合竣工验收要求的工程，组织勘察、设计、施工、监理等单位和其他有关方面的专家组成验收组，制定验收方案。

3）建设单位应当在工程竣工验收 7 个工作日前将验收的时间、地点及验收组名单书面通知负责监督该工程的工程质量监督机构。

4）建设单位组织工程竣工验收。

（3）竣工验收的实施程序。

1）建设、勘察、设计、施工、监理单位分别汇报工程合同履约情况以及在工程建设各个环节执行法律、法规和工程建设强制性标准的情况。

2）审阅建设、勘察、设计、施工、监理单位的工程档案资料。

3）实地查验工程质量。

4）对工程勘察、设计、施工、设备安装质量和各管理环节等方面做出全面评价，并形成经验收组人员签署的工程竣工验收意见。参与工程竣工验收的建设、勘察、设计、施工、监理等各方不能形成一致意见时，应当协商提出解决问题的办法，待意见一致后，重新组织工程竣工验收。

5）编制工程竣工验收报告，主要包括：工程概况，建设单位执行基本建设程序情况，对工程勘察、设计、施工、监理等方面的评价，工程竣工验收时间、程序、内容和组织形式，工程竣工验收意见等内容。

工程竣工验收报告还应附有下列文件：

① 施工许可证。

② 施工图设计文件审查意见。

③ 施工单位提出的工程竣工报告，工程监理单位提出的工程质量评估报告，勘察、设计单位提出的质量检查报告及施工单位签署的工程质量保修书等。

④ 验收组人员签署的工程竣工验收意见。

⑤ 法规、规章规定的其他有关文件。

3. 竣工验收备案

（1）工程竣工验收备案应当提交下列文件：

1）工程竣工验收备案表。

2）工程竣工验收报告。竣工验收报告应当包括工程报建日期，施工许可证号，施工图设计文件审查意见，勘察、设计、施工、工程监理等单位分别签署的质量合格文件及验收人员签署的竣工验收原始文件，市政基础设施的有关质量检测和功能性试验资料以及备案机关认为需要提供的有关资料。

3）法律、行政法规规定应当由规划、环保等部门出具的认可文件或者准许使用文件。

4）法律规定应当有由公安消防部门出具的对大型的人员密集场所和其他特殊建设工程验收合格的证明文件。

5）施工单位签署的工程质量保修书。

6）法规、规章规定必须提供的其他文件。

7）住宅工程还应当提交《住宅质量保证书》和《住宅使用说明书》。

（2）备案程序。

建设单位应自工程竣工验收合格之日起 15 日内，依照相关规定向该工程所在地县级以上地方人民政府建设行政主管部门备案。

建设行政主管部门收到建设单位报送的竣工验收备案文件，验证文件齐全后，应当在工程竣工验收备案表上签署文件收讫。

备案机关发现建设单位在竣工验收过程中有违反国家有关建设工程质量管理规定行为的，应当在收讫竣工验收备案文件 15 日内，责令停止使用，重新组织竣工验收。

工程竣工验收备案表一式两份，一份由建设单位保存，另一份留备案机关存档。

4. 相关法律责任

（1）建设单位。

1）建设单位在工程竣工验收合格之日起 15 日内未办理工程竣工验收备案的，备案机关责令限期改正，并处20万元以上50万元以下的罚款。

2）建设单位将备案机关决定重新组织竣工验收的工程，在重新组织竣工验收前擅自使用的，备案机关责令停止使用，处工程合同价款2%以上4%以下罚款。

3）建设单位采用虚假证明文件办理工程竣工验收备案的，工程竣工验收无效，备案机关责令停止使用，重新组织竣工验收，并处20万元以上50万元以下罚款；构成犯罪的，依法追究刑事责任。

4）备案机关决定重新组织竣工验收并责令停止使用的工程，建设单位在备案之前已投入使用或者建设单位擅自继续使用造成使用人损失的，由建设单位依法承担赔偿责任。

（2）备案机关。

竣工验收备案文件齐全，备案机关及其工作人员不办理备案手续的，由有关机关责令改正，对直接责任人员给予行政处分。

5. 重庆市相关规定

（1）竣工联合验收遵循“统一申报、统一受理、限时联合办理、统一出具意见”的原则。

（2）竣工联合验收主要包括建设工程质量竣工验收监督、建设工程消防验收（含竣工验收消防备案抽查）、结建人防工程验收、建设工程竣工规划核实、建筑能效（绿色建筑）测评、建设工程档案单项验收等单项验收。

（3）竣工验收阶段根据实际情况需要选择性办理事项，如建设项目涉及国家安全事项验收、建设项目职业病危害放射防护竣工验收审查、建设项目防雷装置验收（按渝府发〔2016〕57号规定由市气象局监管范围）、金融机构营业场所、金库安全防范设施建设工程验收等不在竣工联合验收范围内，相关部门应在规定时限内办结。

（4）涉及市政公用服务的供水、排水、供电、燃气、通信等事项应由建设单位在交付使用前完善。

（5）竣工联合验收实行主协办制度，由建设行政主管部门作为主办部门，规划、人防、消防等相关部门（机构）作为协办部门。

（6）联合验收依照“谁建设、谁负责，谁审批、谁负责，谁验收、谁负责”的原则，不替代项目参建各方建设主体责任。

（7）由市级建设行政主管部门监管的工程，若协办部门非同级部门时，由市级专业部门负责转办。

第三节　工程施工质量验收标准基本知识

一、建筑工程质量验收的具体要求

根据《建筑工程施工质量验收统一标准》（GB 50300—2013）中关于建筑工程质量验收的划分、合格判定以及质量验收的程序和组织的要求，开展工程施工质量的验收。

1. 建筑工程质量验收的划分

建筑工程施工质量验收应划分为单位工程、分部工程、分项工程和检验批。

（1）单位工程划分。

1）具备独立施工条件并能形成独立使用功能的建筑物或构筑物为一个单位工程；

2）对于规模较大的单位工程，可将其能形成独立使用功能的部分划分为一个子单位工程。

（2）分部工程划分。

1）可按专业性质、工程部位确定；

2）当分部工程较大或较复杂时，可按材料种类、施工特点、施工程序、专业系统及类别将分部工程划分为若干子分部工程。

（3）分项工程划分。

分项工程可按主要工种、材料、施工工艺、设备类别进行划分。

（4）检验批划分。

检验批可根据施工、质量控制和专业验收的需要，按工程量、楼层、施工段、变形缝进行划分。

建筑工程的分部工程、子分部工程、分项工程宜按表 2-1 划分。

表 2-1　建筑工程的分部工程、子分部工程、分项工程划分

序号	分部工程	子分部工程	分项工程
1	地基与基础	地基	素土、灰土地基，砂和砂石地基，土工合成材料地基，粉煤灰地基，强夯地基，注浆地基，预压地基，砂石桩复合地基，高压旋喷注浆地基，水泥土搅拌桩地基，土和灰土挤密桩复合地基，水泥粉煤灰碎石桩复合地基，夯实水泥土桩复合地基
		基础	无筋扩展基础，钢筋混凝土扩展基础，筏形与箱形基础，钢结构基础，钢管混凝土结构基础，型钢混凝土结构基础，钢筋混凝土预制桩基础，泥浆护壁成孔灌注桩基础，干作业成孔桩基础，长螺旋钻孔压灌桩基础，沉管灌注桩基础，钢桩基础，锚杆静压桩基础，岩石锚杆基础，沉井与沉箱基础
		基坑支护	灌注桩排桩围护墙，板桩围护墙，咬合桩围护墙，型钢水泥土搅拌墙，土钉墙，地下连续墙，水泥土重力式挡墙，复合土钉墙，内支撑，锚杆，与主体结构相结合的基坑支护
		地下水控制	降水与排水，回灌
		土方	土方开挖，土方回填，场地平整
		边坡	喷锚支护，挡土墙，边坡开挖
		地下防水	主体结构防水，细部构造防水，特殊施工法结构防水，排水，注浆
2	主体结构	混凝土结构	模板，钢筋，混凝土，预应力、现浇结构，装配式结构
		砌体结构	砖砌体，混凝土小型空心砌块砌体、石砌体，配筋砖砌体，填充墙砌体
		钢结构	钢结构焊接，紧固件连接，钢零部件加工，钢构件组装与预拼装，单层钢结构安装多层及高层钢结构安装，预应力钢索和膜结构，压型金属板，防腐涂料涂装，防火涂料涂装
		钢管混凝土结构	构件现场拼装，构件安装，钢管焊接，构件连接，钢管内钢筋骨架，混凝土

续表

序号	分部工程	子分部工程	分项工程
2	主体结构	型钢混凝土结构	型钢焊接，紧固件连接，型钢与钢筋连接，型钢构件组装与预拼装，型钢安装，模板，混凝土
		铝合金结构	铝合金焊接，紧固件连接，铝合金零部件加工，铝合金构件组装，铝合金构件预拼装，铝合金框架结构安装，铝合金空间网格结构安装，铝合金面板，铝合金幕墙结构安装，防腐处理
		木结构	方木和原木结构，胶合木结构，轻型木结构，木结构防护
3	建筑装饰装修	建筑地面	基层铺设，整体面层铺设，板块面层铺设，木、竹面层铺设
		抹灰	一般抹灰，保温层薄抹灰，装饰抹灰，清水砌体勾缝
		外墙防水	外墙砂浆防水，涂膜防水，透气膜防水
		门窗	木门窗安装，金属门窗安装，塑料门窗安装，特种门安装，门窗玻璃安装
		吊顶	整体面层吊顶，板块面层吊顶，格栅吊顶
		轻质隔墙	板材隔墙，骨架隔墙，活动隔墙，玻璃隔墙
		饰面板	石板安装，陶瓷板安装，木板安装，金属板安装，塑料板安装
		饰面砖	外墙饰面砖粘贴，内墙饰面砖粘贴
		幕墙	玻璃幕墙安装，金属幕墙安装，石材幕墙安装，陶板幕墙安装
		涂饰	水性涂料涂饰，溶剂型涂料涂饰，美术涂饰
		裱糊与软包	裱糊，软包
		细部	橱柜制作与安装，窗帘盒和窗台板制作与安装，门窗套制作与安装，护栏和扶手制作与安装，花饰制作与安装
4	建筑屋面	基层与保护	找坡层和找平层，隔汽层，隔离层，保护层
		保温与隔热	板状材料保温层，纤维材料保温层，喷涂硬泡聚氨酯保温层，现浇泡沫混凝土保温层，种植隔热层，架空隔热层，蓄水隔热层
		防水与密封	卷材防水层，涂膜防水层，复合防水层，接缝密封防水
		瓦面与板面	烧结瓦和混凝土瓦铺装，沥青瓦铺装，金属板铺装，玻璃采光顶铺装
		细部构造	檐口，檐沟和天沟，女儿墙和山墙，水落口，变形缝，伸出屋面管道，屋面出入口，反梁过水孔，设施基座，屋脊，屋顶窗
5	建筑给水排水及供暖	室内给水系统	给水管道及配件安装，给水设备安装，室内消火栓系统安装，消防喷淋系统安装，防腐，绝热，管道冲洗、消毒，试验与调试
		室内排水系统	排水管道及配件安装，雨水管道及配件安装，防腐，试验与调试
		室内热水系统	管道及配件安装，辅助设备安装，防腐，绝热，试验与调试
		卫生器具	卫生器具安装，卫生器具给水配件安装，卫生器具排水管道安装，试验与调试
		室内供暖系统	管道及配件安装，辅助设备安装，散热器安装，低温热水地板辐射供暖系统安装，电加热供暖系统安装，燃气红外辐射供暖系统安装，热风供暖系统安装，热计量及调控装置安装，试验与调试，防腐，绝热
		室外给水管网	给水管道安装，室外消火栓系统安装，试验与调试
		室外排水管网	排水管道安装，排水管沟与井池，试验与调试

续表

序号	分部工程	子分部工程	分项工程
5	建筑给水排水及供暖	室外供热管网	管道及配件安装，系统水压试验，系统调试，防腐，绝热，试验与调试
		建筑饮用水供应系统	管道及配件安装，水处理设备及控制设施安装，防腐，绝热，试验与调试
		建筑中水系统及雨水利用系统	建筑中水系统，雨水利用系统管道及配件安装，水处理设备及控制设施安装，防腐，绝热，试验与调试
		游泳池及公共浴池水系统	管道及配件系统安装，水处理设备及控制设施安装，防腐，绝热，试验与调试
		水景喷泉系统	管道系统及配件安装，防腐，绝热，试验与调试
		热源及辅助设备	锅炉安装，辅助设备及管道安装，安全附件安装，换热站安装，防腐，绝热，试验与调试
		检测与控制仪表	检测仪器及仪表安装，试验与调试
6	通风与空调	送风系统	风管与配件制作，部件制作，风管系统安装，风机与空气处理设备安装，风管与设备防腐，旋流风口、岗位送风口、织物（布）风管安装，系统调试
		排风系统	风管与配件制作，部件制作，风管系统安装，风机与空气处理设备安装，风管与设备防腐，吸风罩及其他空气处理设备安装，厨房、卫生间排风系统安装，系统调试
		防排烟系统	风管与配件制作，部件制作，风管系统安装，风机与空气处理设备安装，风管与设备防腐，排烟风阀（口）、常闭正压风口、防火风管安装，系统调试
		除尘系统	风管与配件制作，部件制作，风管系统安装，风机与空气处理设备安装，风管与设备防腐，除尘器与排污设备安装，吸尘罩安装，高温风管绝热，系统调试
		舒适性空调系统	风管与配件制作，部件制作，风管系统安装，风机与空气处理设备安装，风管与设备防腐，组合式空调机组安装，消声器、静电除尘器、换热器、紫外线灭菌器等设备安装，风机盘管、变风量与定风量送风装置、射流喷口等末端设备安装，风管与设备绝热，系统调试
		恒温恒湿空调系统	风管与配件制作，部件制作，风管系统安装，风机与空气处理设备安装，风管与设备防腐，组合式空调机组安装，电加热器、加湿器等设备安装，精密空调机组安装，风管与设备绝热，系统调试
		净化空调系统	风管与配件制作，部件制作，风管系统安装，风机与空气处理设备安装，风管与设备防腐，净化空调机组安装，消声器、静电除尘器、换热器、紫外线灭菌器等设备安装，中、高效过滤器及风机过滤器单元等末端设备清洗与安装，洁净度测试，风管与设备绝热，系统调试
		地下人防通风系统	风管与配件制作，部件制作，风管系统安装，风机与空气处理设备安装，风管与设备防腐，风机与空气处理设备安装，过滤吸收器、防爆波活门、防爆超压排气活门等专用设备安装，系统调试
		真空吸尘系统	风管与配件制作，部件制作，风管系统安装，风机与空气处理设备安装，风管与设备防腐，管道安装，快速接口安装，风机与滤尘设备安装，系统压力试验及调试

续表

序号	分部工程	子分部工程	分项工程
6	通风与空调	冷凝水系统	管道系统及部件安装，水泵及附属设备安装，管道冲洗，管道、设备防腐，板式热交换器，辐射板及辐射供热，供冷地埋管，热泵机组设备安装，管道、设备绝热，系统压力试验及调试
		空调(冷、热)水系统	管道系统及部件安装，水泵及附属设备安装，管道冲洗，管道、设备防腐，冷却塔与水处理设备安装，防冻伴热设备安装，管道、设备绝热，系统压力试验及调试
		冷却水系统	管道系统及部件安装，水泵及附属设备安装，管道冲洗，管道、设备防腐，系统灌水渗漏及排放试验，管道、设备绝热
		土壤源热泵换热系统	管道系统及部件安装，水泵及附属设备安装，管道冲洗，管道、设备防腐，埋地换热系统与管网安装，管道、设备绝热，系统压力试验及调试
		水源热泵换热系统	管道系统及部件安装，水泵及附属设备安装，管道冲洗，管道、设备防腐，系统压力试验及调试，地表水源换热管及管网安装，除垢设备安装，管道、设备绝热，系统压力试验及调试
		蓄能系统	管道系统及部件安装，水泵及附属设备安装，管道冲洗，管道、设备防腐，蓄水罐与蓄冰槽、罐安装，管道、设备绝热，系统压力试验及调试
		压缩式制冷（热）设备系统	制冷机组及附属设备安装，管道、设备防腐，制冷剂管道及部件安装，制冷剂灌注，管道、设备绝热，系统压力试验及调试
		吸收式制冷设备系统	制冷机组及附属设备安装，管道、设备防腐，系统真空试验，溴化锂溶液加灌，蒸汽管道系统安装，燃气或燃油设备安装，管道、设备绝热，试验与调试
		多联机（热泵）系统	室外机组安装，室内机组安装，制冷剂管路连接及控制开关安装，风管安装，冷凝水管道安装，制冷剂灌注，系统压力试验及调试
		太阳能供暖空调系统	太阳能集热器安装，其他辅助能源、换热设备安装，蓄能水箱、管道及配件安装，防腐，绝热，低温热水地板辐射采暖系统安装，系统压力试验及调试
		设备自控系统	温度、压力与流量传感器安装，执行机构安装调试，防排烟系统功能测试，自动控制及系统智能控制软件调试
7	建筑电气	室外电气	变压器、箱式变电所安装，成套配电柜、控制柜（屏、台）和动力、照明配电箱（盘）安装，目线槽安装，梯架、支架、托盘和槽盒安装，电缆敷设，电缆头制作、导线连接和线路绝缘测试，接地装置安装，普通灯具安装，专用灯具安装，建筑照明通电试运行，接地装置安装
		变配电室	变压器、箱式变电所安装，成套配电柜、控制柜（屏、台）和动力、照明配电箱（盘）安装，目线槽安装，梯架、支架、托盘和槽盒安装，电缆敷设，电缆头制作、导线连接和线路绝缘测试，接地装置安装，接地干线敷设
		供电干线	电气设备试验和试运行，母线槽安装，梯架、支架、托盘和槽盒安装，导管敷设，电缆敷设，管内穿线和槽盒内敷线，电缆头制作，导线连接，线路绝缘测试，接地干线敷设
		电气动力	成套配电柜、控制柜（屏、台）和动力配电箱（盘）安装，电动机、电加热器及电动执行机构检查接线，电气设备试验和试运行，梯架、支架、托盘和槽盒安装，导管敷设，电缆敷设，管内穿线和槽盒内敷线，电缆头制作、导线连接和线路绝缘测试

续表

序号	分部工程	子分部工程	分项工程
7	建筑电气	电气照明	成套配电柜、控制柜（屏、台）和照明配电箱（盘）安装，梯架、支架、托盘和槽盒安装，导管敷设，管内穿线和槽盒内敷线，塑料护套线直敷布线，钢索配线，电缆头制作、导线连接和线路绝缘测试，普通灯具安装，专用灯具安装，开关、插座、风扇安装，建筑照明通电试运行
		备用和不间断电源	成套配电柜、控制柜（屏、台）和动力照明配电箱（盘）安装，柴油发电机组安装，不间断电源装置及应急电源装置安装，母线槽安装，导管敷设，电缆敷设，管内穿线和槽盒内敷线，电缆头制作、导线连接和线路绝缘测试，接地装置安装
		防雷与接地	接地装置安装，防雷引下线及接闪器安装，建筑物等电位连接，浪涌保护器安装
8	智能建筑	智能化集成系统	设备安装，软件安装，接口及系统调试，试运行
		信息接入系统	安装场地检查
		用户电话交换系统	线缆敷设，设备安装，软件安装，接口及系统调试，试运行
		信息网络系统	计算机网络设备安装，计算机网络软件安装，网络安全设备安装，网络安全软件安装，系统调试，试运行
		综合布线系统	梯架、托盘、槽盒和导管安装，线缆敷设，机柜、机架、配线架安装，信息插座安装，链路或信道测试，软件安装，系统调试，试运行
		移动通信室内信号覆盖系统	安装场地检查
		卫星通信系统	安装场地检查
		有线电视及卫星电视接收系统	梯架、托盘、槽盒和导管安装，线缆敷设，设备安装，软件安装，系统调试，试运行
		公共广播系统	梯架、托盘、槽盒和导管安装，线缆敷设，设备安装，软件安装，系统调试，试运行
		会议系统	梯架、托盘、槽盒和导管安装，线缆敷设，设备安装，软件安装，系统调试，试运行
		信息导引及发布系统	梯架、托盘、槽盒和导管安装，线缆敷设，显示设备安装，机房设备安装，软件安装，系统调试，试运行
		时钟系统	梯架、托盘、槽盒和导管安装，线缆敷设，设备安装，软件安装，系统调试，试运行
		信息化应用系统	梯架、托盘、槽盒和导管安装，线缆敷设，设备安装，软件安装，系统调试，试运行
		建筑设备监控系统	梯架、托盘、槽盒和导管安装，线缆敷设，传感器安装，执行器安装，控制器、箱安装，中央管理工作站和操作分站设备安装，软件安装，系统调试，试运行
		火灾自动报警系统	梯架、托盘、槽盒和导管安装，线缆敷设，探测器类设备安装，控制器类设备安装，其他设备安装，软件安装，系统调试，试运行
		安全技术防范系统	梯架、托盘、槽盒和导管安装，线缆敷设，设备安装，软件安装，系统调试，试运行
		应急响应系统	设备安装，软件安装，系统调试，试运行
		机房	供配电系统，防雷与接地系统，空气调节系统，给水排水系统，综合布线系统，监控与安全防范系统，消防系统，室内装饰装修，电磁屏蔽，系统调试，试运行

续表

序号	分部工程	子分部工程	分项工程
8	智能建筑	防雷与接地	接地装置，接地线，等电位联接，屏蔽设施，电涌保护器，线缆敷设，系统调试，试运行
9	建筑节能	围护系统节能	墙体节能，幕墙节能，门窗节能，屋面节能，地面节能
		供暖空调设备及管网节能	供暖节能，通风与空调设备节能，空调与供暖系统冷热源节能，空调与供暖系统管网节能
		电气动力节能	配电节能，照明节能
		监控系统节能	检测系统节能，控制系统节能
		可再生资源	地源热泵系统节能，太阳能光热系统节能，太阳能光伏节能
10	电梯	电力驱动的拽引式或强制式电梯	设备进场验收，土建交接检验，驱动主机，导轨，门系统，轿厢，对重，安全部件，悬挂装置，随行电缆，补偿装置，电气装置，整机安装验收
		液压电梯	设备进场验收，土建交接检验，液压系统，导轨，门系统，轿厢，对重，安全部件，悬挂装置，随行电缆，电气装置，整机安装验收
		自动扶梯、自动人行道	设备进场验收，土建交接检验，整机安装验收

施工前，应由施工单位制订分项工程和检验批的划分方案，并由监理单位审核。对于表2-1及相关专业验收规范未涵盖的分项工程和检验批，可由建设单位组织监理、施工等单位协商确定。

（5）室外工程可根据专业类别和工程规模按表 2-2 划分为单位工程、子单位工程和分部工程。

表 2-2　室外工程的划分

单位工程	子单位工程	分部工程
室外设施	道路	路基、基层、面层、广场与停车场、人行道、人行地道、挡土墙、附属构筑物
	边坡	土石方、挡土墙、支护
附属建筑及室外环境	附属建筑	车棚、围墙、大门、挡土墙
	室外环境	建筑小品、亭台、水景、连廊、花坛、场坪绿化、景观桥

2. 建筑工程质量验收合格判定

（1）检验批质量验收合格标准。

1）主控项目的质量经抽样检验均应合格。

2）一般项目的质量经抽样检验合格。当采用计数抽样时，合格点率应符合有关专业验收规范的规定，且不得存在严重缺陷。

3）具有完整的施工操作依据、质量验收记录。

（2）分项工程质量验收合格标准。

1）所含检验批的质量均应验收合格；

2）所含检验批的质量验收记录应完整。

（3）分部工程质量验收合格标准。

1）所含分项工程的质量均应验收合格；

2）质量控制资料应完整；

3）有关安全、节能、环境保护和主要使用功能的抽样检验结果应符合相应规定；

4）观感质量应符合要求。

（4）单位工程质量验收合格标准。

1）所含分部工程全部合格；

2）质量控制资料齐全完整；

3）安全、节能、环保和主要功能的资料齐全；

4）主要使用功能的抽查结果符合要求；

5）观感质量符合要求。

3. 建筑工程质量验收的程序与组织要求

（1）建筑工程质量验收程序。

建筑工程质量验收一般按照检验批→分项工程→分部工程→单位工程→竣工验收的程序组织验收。

（2）建筑工程质量验收组织要求。

1）检验批应由专业监理工程师组织施工单位项目专业质量检查员、专业工长等进行验收。验收前，施工单位应完成自检，对存在的问题自行整改处理，然后申请专业监理工程师组织验收。

2）分项工程应由专业监理工程师组织施工单位项目专业技术负责人等进行验收。在分项工程验收中，如果对检验批验收结论有怀疑或异议时，应进行相应的现场检查核实。

3）分部工程应由总监理工程师组织施工单位项目负责人和项目技术负责人等进行验收。勘察、设计单位项目负责人和施工单位技术、质量部门负责人应参加地基与基础分部工程的验收。设计单位项目负责人和施工单位技术、质量部门负责人应参加主体结构、节能分部工程的验收。

4）单位工程中的分包工程完工后，分包单位应对所承包的工程项目进行自检，并应按标准规定的程序进行验收。验收时，总包单位应派人参加。分包单位应将所分包工程的质量控制资料整理完整，并移交给总包单位。

5）单位工程完工后，施工单位应组织有关人员进行自检。总监理工程师应组织各专业监理工程师对工程质量进行竣工预验收。存在施工质量问题时，应由施工单位整改；整改完毕后，由施工单位向建设单位提交工程竣工报告，申请工程竣工验收。

6）建设单位收到工程竣工报告后，应由建设单位项目负责人组织监理、施工、设计、勘察等单位项目负责人进行单位工程验收。

7）当参加验收各方对工程质量验收意见不一致时，可请当地建设行政主管部门或工程质量监督机构协调处理。

8）单位工程质量验收合格后，建设单位应在规定时间内将工程竣工验收报告和有关文件，报建设行政管理部门备案。

二、施工质量验收规范的要求

1.《建筑地基基础工程施工质量验收标准》（GB 50202—2018）

（1）基本规定。

1）地基基础工程施工质量验收应符合下列规定：

① 地基基础工程施工质量应符合验收规定的要求；

② 质量验收的程序应符合验收规定的要求；

③ 工程质量的验收应在施工单位自行检查评定合格的基础上进行；

④ 质量验收应进行分部、分项工程验收；

⑤ 质量验收应按主控项目和一般项目验收。

2）地基基础工程验收时应提交下列资料：

① 岩土工程勘察报告；

② 设计文件、图纸会审记录和技术交底资料；

③ 工程测量、定位放线记录；

④ 施工组织设计及专项施工方案；

⑤ 施工记录及施工单位自查评定报告；

⑥ 监测资料；

⑦ 隐蔽工程验收资料；

⑧ 检测与检验报告；

⑨ 竣工图。

3）主控项目的质量检验结果必须全部符合检验标准，一般项目的验收合格率不得低于80%。地基基础标准试件强度评定不满足要求或对试件的代表性有怀疑时，应对实体进行强度检测，当检测结果符合设计要求时，可按合格验收。

（2）地基工程。

1）素土和灰土地基、砂和砂石地基、土工合成材料地基、粉煤灰地基、强夯地基、注浆地基、预压地基的承载力必须达到设计要求。地基承载力的检验数量每 300 m^2 不应少于 1 点，超过 3 000 m^2 部分每 500 m^2 不应少于 1 点。每单位工程不应少于 3 点。

2）砂石桩、高压喷射注浆桩、水泥土搅拌桩、土和灰土挤密桩、水泥粉煤灰碎石桩、夯实水泥土桩等复合地基的承载力必须达到设计要求。复合地基承载力的检验数量不应少于总桩数的 0.5%，且不应少于 3 点。有单桩承载力或桩身强度检验要求时，检验数量不应少于总桩数的 0.5%，且不应少于 3 根。其他项目可按检验批抽样。复合地基中增强体的检验数量不应少于总数的 20%。

（3）基础工程。

1）扩展基础、筏形与箱形基础、沉井与沉箱，施工前应对放线尺寸进行复核；桩基工程施工前应对放好的轴线和桩位进行复核。群桩桩位的放样允许偏差应为 20 mm，单排桩桩位的放样允许偏差应为 10 mm。斜桩倾斜度的偏差应为倾斜角正切值的 15%。

2）灌注桩混凝土强度检验的试件应在施工现场随机抽取。来自同一搅拌站的混凝土，每浇筑 50 m^3 必须至少留置 1 组试件；当混凝土浇筑量不足 50 m^3 时，每连续浇筑 12 h 必须至少留置 1 组试件。对单柱单桩，每根桩应至少留置 1 组试件。

3）工程桩应进行承载力和桩身完整性检验。设计等级为甲级或地质条件复杂时，应采用静载试验的方法对桩基承载力进行检验，检验桩数不应少于总桩数的 1%，且不应少于 3 根，当总桩数少于 50 根时，不应少于 2 根。在有经验和对比资料的地区，设计等级为乙级、丙级的桩基可采用高应变法对桩基进行竖向抗压承载力检测，检测数量不应少于总桩数的 5%，且不应少于 10 根。工程桩的桩身完整性的抽检数量不应少于总桩数的 20%，且不应少于 10 根。每根柱子承台下的桩抽检数量不应少于 1 根。

4）降排水运行前，应检验工程场区的排水系统。

5）在土石方工程开挖施工前，应完成支护结构、地面排水、地下水控制、基坑及周边环境监测、施工条件验收和应急预案准备等工作的验收，合格后方可进行土石方开挖。在土石方工程开挖施工中，应定期测量和校核设计平面位置、边坡坡率和水平标高。

6）锚杆（索）、挡土墙等可根据与施工方式相一致且便于控制施工质量的原则，按支护类型、施工缝或施工段划分若干检验批。

2.《混凝土结构工程施工质量验收规范》（GB 50204—2015）

（1）基本规定。

1）混凝土结构子分部工程可划分为模板、钢筋、预应力、混凝土、现浇结构和装配式结构等分项工程。各分项工程可根据与生产和施工方式相一致且便于控制施工质量的原则，按进场批次、工作班、楼层、结构缝或施工段划分为若干检验批。混凝土结构子分部工程的质量验收，应在钢筋、预应力、混凝土、现浇结构和装配式结构等相关分项工程验收合格的基础上，进行质量控制资料检查、观感质量验收及结构实体检验。

2）检验批的质量验收应包括实物检查和资料检查，并应符合下列规定：

① 主控项目的质量经抽样检验应合格；

② 一般项目的质量经抽样检验应合格；一般项目当采用计数抽样检验时，除本规范各章有专门规定外，其合格点率应达到 80%及以上，且不得有严重缺陷；

③ 应具有完整的质量检验记录，重要工序应具有完整的施工操作记录。

3）不合格检验批的处理应符合下列规定：

① 材料、构配件、器具及半成品检验批不合格时不得使用；

② 混凝土浇筑前施工质量不合格的检验批，应返工、返修，并应重新验收；

③ 混凝土浇筑后施工质量不合格的检验批，应按有关规定进行处理。

（2）模板分项工程规定。

1）模板工程应编制施工方案。爬升式模板工程、工具式模板工程及高大模板支架工程的施工方案，应按有关规定进行技术论证。模板及支架应根据安装、使用和拆除的工况进行设计，并应满足承载力、刚度和整体稳固性要求。

2）模板安装主控项目：

① 模板及支架用材料的技术指标应符合国家现行有关标准的规定。进场时应抽样检验模板和支架材料的外观、规格和尺寸。

② 现浇混凝土结构模板及支架的安装质量，应符合国家现行有关标准的规定和施工方案的要求。

③ 后浇带处的模板及支架应独立设置。

④ 支架竖杆和竖向模板安装在土层上时，应符合下列规定：

a. 土层应坚实、平整，其承载力或密实度应符合施工方案的要求；

b. 应有防水、排水措施；对冻胀性土，应有预防冻融措施；

c. 支架竖杆下应有底座或垫板。

（3）钢筋分项工程规定。

1）浇筑混凝土之前，应进行钢筋隐蔽工程验收。隐蔽工程验收应包括纵向受力钢筋的牌号、规格、数量、位置；钢筋的连接方式、接头位置、接头质量、接头面积百分率、搭接长度、锚固方式及锚固长度；箍筋、横向钢筋的牌号、规格、数量、间距、位置，箍筋弯钩的弯折角度及平直段长度；预埋件的规格、数量和位置。

2）钢筋进场时，应按国家现行标准的规定抽取试件作屈服强度、抗拉强度、伸长率、弯曲性能和重量偏差检验，检验结果应符合相应标准的规定。

（4）预应力分项工程规定。

1）浇筑混凝土之前，应进行预应力隐蔽工程验收。隐蔽工程验收应包括下列主要内容：

① 预应力筋的品种、规格、级别、数量和位置；

② 成孔管道的规格、数量、位置、形状、连接以及灌浆孔、排气兼泌水孔；

③ 局部加强钢筋的牌号、规格、数量和位置；

④ 预应力筋锚具和连接器及锚垫板的品种、规格、数量和位置；

⑤ 预应力筋、锚具、夹具、连接器、成孔管道的进场检验。

2）制作与安装主控项目：预应力筋安装时，其品种、规格、级别和数量必须符合设计要求。

3）张拉和放张主控项目：预应力筋张拉或放张前，应对构件混凝土强度进行检验。同条件养护的混凝土立方体试件抗压强度应符合设计要求。

4）灌浆及封锚主控项目：预留孔道灌浆后，孔道内水泥浆应饱满、密实。水泥浆中氯离子含量不应超过水泥重量的 0.06%；当采用普通灌浆工艺时，24 h 自由膨胀率不应大于 6%；当采用真空灌浆工艺时，24 h 自由膨胀率不应大于 3%。

（5）混凝土分项工程规定。

1）原材料主控项目水泥进场时，应对其品种、代号、强度等级、包装或散装仓号、出厂日期等进行检查，并应对水泥的强度、安定性和凝结时间进行检验，检验结果应符合《通用硅酸盐水泥》（GB 175—2007）的相关规定。检查数量：按同一厂家、同一品种、同一代号、同一强度等级、同一批号且连续进场的水泥，袋装不超过 200 t 为一批，散装不超过 500 t 为一批，每批抽样数量不应少于一次。混凝土外加剂进场时，应对其品种、性能、出厂日期等进行检查，并应对外加剂的相关性能指标进行检验。检查数量：按同一厂家、同一品种、同一性能、同一批号且连续进场的混凝土外加剂，不超过 50 t 为一批，每批抽样数量不应少于一次。

2）用于检验混凝土强度的试件应在浇筑地点随机抽取。对同一配合比混凝土，取样与试件留置应符合下列规定：

① 每拌制 100 盘且不超过 100 m^3 时，取样不得少于一次；

② 每工作班拌制不足 100 盘时，取样不得少于一次；

③ 连续浇筑超过 1 000 m^3 时，每 200 m^3 取样不得少于一次；

④ 每一楼层取样不得少于一次；

⑤ 每次取样应至少留置一组试件。

3.《砌体结构工程施工质量验收规范》（GB 50203—2011）

（1）基本规定。

1）基底标高不同时，应从低处砌起，并应由高处向低处搭砌。砌体的转角处和交接处应同时砌筑，当不能同时砌筑时，应按规定留槎、接槎。砌筑墙体应设置皮数杆。在墙上留置临时施工洞口，其侧边离交接处墙面不应小于 500 mm，洞口净宽度不应超过 1 m。抗震设防烈度为 9 度的地区建筑物的临时施工洞口位置，应会同设计单位确定。临时施工洞口应做好补砌。

2）不得在下列墙体或部位设置脚手眼：

① 120 mm 厚墙、清水墙、料石墙、独立柱和附墙柱；

② 过梁上与过梁成 60°角的三角形范围及过梁净跨度 1/2 的高度范围内；

③ 宽度小于 1 m 的窗间墙；

④ 门窗洞口两侧石砌体 300 mm，其他砌体 200 mm 范围内；转角处石砌体 600 mm，其他砌体 450 mm 范围内；

⑤ 梁或梁垫下及其左右 500 mm 范围内；

⑥ 设计不允许设置脚手眼的部位；

⑦ 轻质墙体；

⑧ 夹心复合墙外叶墙。

3）砌体结构工程检验批的划分应同时符合下列规定：

① 所用材料类型及同类型材料的强度等级相同；

② 不超过 250 m^3 砌体；

③ 主体结构砌体一个楼层（基础砌体可按一个楼层计）；填充墙砌体量少时可多个楼层合并。

砌体结构工程检验批验收时，其主控项目应全部符合本规范中的规定；一般项目应有 80% 及以上的抽检处符合本规范的规定；有允许偏差的项目，最大超差值为允许偏差值的 1.5 倍。

（2）填充墙砌体工程。

1）砌筑填充墙时，轻骨料混凝土小型空心砌块和蒸压加气混凝土砌块的产品龄期不应小于 28 d，蒸压加气混凝土砌块的含水率宜小于 30%。蒸压加气混凝土砌块在运输及堆放中应防止雨淋。吸水率较小的轻骨料混凝土小型空心砌块及采用薄灰砌筑法施工的蒸压加气混凝土砌块，砌筑前不应对其浇（喷）水湿润；在气候干燥炎热的情况下，对吸水率较小的轻骨料混凝土小型空心砌块宜在砌筑前喷水湿润。采用普通砌筑砂浆砌筑填充墙时，烧结空心砖、吸水率较大的轻骨料混凝土小型空心砌块应提前 1～2 d 浇（喷）水湿润。蒸压加气混凝土砌块采用蒸压加气混凝土砌块砌筑砂浆或普通砌筑砂浆砌筑时，应在砌筑当天对砌块砌筑面喷水湿润。

2）在厨房、卫生间、浴室等处采用轻骨料混凝土小型空心砌块、蒸压加气混凝土砌块砌筑墙体时，墙底部宜现浇混凝土坎台，其高度宜为 150 mm。

（3）冬期施工。

1）当室外日平均气温连续 5 d 稳定低于 5℃时，砌体工程应采取冬期施工措施。砌体工程冬期施工应有完整的冬期施工方案。冬期施工所用材料应符合下列规定：

① 石灰膏、电石膏等应防止受冻，如遭冻结，应经融化后使用；

② 拌制砂浆用砂，不得含有冰块和大于 10 mm 的冻结块；

③ 砌体用块体不得遭水浸冻。

2）冬期施工砂浆试块的留置，除应按常温规定要求外，尚应增加 1 组与砌体同条件养护的试块，用于检验转入常温 28 d 的强度。冬期施工中砖、小砌块浇（喷）水湿润应符合下列规定：

① 烧结普通砖、烧结多孔砖、蒸压灰砂砖、蒸压粉煤灰砖、烧结空心砖、吸水率较大的轻骨料混凝土小型空心砌块在气温高于 0℃条件下砌筑时，应浇水湿润；在气温低于或等于 0℃条件下砌筑时，可不浇水，但必须增大砂浆稠度；

② 普通混凝土小型空心砌块、混凝土多孔砖、混凝土实心砖及采用薄灰砌筑法的蒸压加气混凝土砌块施工时，不应对其浇（喷）水湿润；

③ 抗震设防烈度为 9 度的建筑物，当烧结普通砖、烧结多孔砖、蒸压粉煤灰砖、烧结空心砖无法浇水湿润时，如无特殊措施，不得砌筑。

3）拌和砂浆时水的温度不得超过 80℃，砂的温度不得超过 40℃。采用砂浆掺外加剂法、暖棚法施工时，砂浆使用温度不应低于 5℃。采用暖棚法施工时，块体在砌筑时的温度不应低于 5℃，距离所砌的结构底面 0.5 m 处的棚内温度也不应低于 5℃。采用外加剂法配制的砌筑砂浆，当设计无要求，且最低气温等于或低于−15℃时，砂浆强度等级应较常温施工提高一级。配筋砌体不得采用掺氯盐的砂浆施工。

4.《钢结构工程施工质量验收规范》（GB 50205—2001）

（1）钢结构工程应按下列规定进行施工质量控制：

① 采用的原材料及成品应进行进场验收。凡涉及安全、功能的原材料及成品按本规范规定进行复验，并应经监理工程师（建设单位技术负责人）见证取样、送样；

② 各工序应按施工技术标准进行质量控制，每道工序完成后，应进行检查；

③ 相关各专业工种之间，应进行交接检验并经监理工程师（建设单位技术负责人）检查认可。

（2）钢结构工程施工质量验收应在施工单位自检基础上，按照检验批、分项工程、分部（子部分）工程进行。

分项工程检验批合格质量标准应符合下列规定：

① 主控项目必须符合本规范合格质量标准的要求；

② 一般项目其检验结果应有 80%及以上的检查点（值）符合本规范合格质量标准的要求，且最大值不应超过其允许偏差值的 1.2 倍。

分项工程合格质量标准应符合下列规定：

① 分项工程所含的各检验批均应符合本规范合格质量标准；

② 分项工程所含的各检验批质量验收记录应完整。

（3）当钢结构工程施工质量不符合本规范要求时，应按下列规定进行处理：

① 经返工重做或更换构（配）件的检验批，应重新进行验收；

② 经有资质的检测单位检测鉴定能够达到设计要求的检验批，应予以验收；

③ 经有资质的检测单位检测鉴定达不到设计要求，但经原设计单位核算认可能够满足结构安全和使用功能的检验批，可予以验收；

④ 经返修或加固处理的分项、分部工程，虽然改变了外形尺寸但仍能满足安全使用要求的，可按处理技术方案和协商文件进行验收。通过返修或加固处理仍不能满足安全使用要求的钢结构分部工程，严禁验收。

（4）钢结构焊接工程、坚固件连接工程、钢零件及钢部件加工工程可按相应的钢结构制作或安装工程检验批的要求划分为一个或若干个检验批。钢构件组装工程、钢构件预拼装工程可按钢结构制作工程检验批的划分原则划分为一个或若干个检验批。碳素结构应在焊缝冷却到环境温度、低合金结构钢应在完成焊接 24 h 以后，进行焊缝探伤检验。

5.《建筑节能工程施工质量验收规范》（GB 50411—2007）

（1）墙体节能工程。

1）主体结构完成后进行施工的墙体节能工程，应在基层质量验收合格后施工，施工过程中应及时进行质量检查、隐蔽工程验收和检验批验收，施工完成后应进行墙体节能分项工程验收。与主体结构同时施工的墙体节能工程，应与主体结构一同验收。

2）墙体节能工程的保温材料在施工过程中应采取防潮、防水等保护措施。墙体节能工程验收的检验批划分应符合下列规定：

① 采用相同材料、工艺和施工做法的墙面，每 500～1 000 m^2 面积划分为一个检验批，不足 500 m^2 也为一个检验批。

② 检验批的划分也可根据与施工流程相一致且方便施工与验收的原则，由施工单位与监理（建设）单位共同商定。

（2）幕墙节能工程。

1）附着于主体结构上的隔汽层、保温层应在主体结构工程质量验收合格后施工。施工过程中应及时进行质量检查、隐蔽工程验收和检验批验收，施工完成后应进行幕墙节能分项工程验收。

2）幕墙节能工程使用的保温材料在安装过程中应采取防潮、防水等保护措施。

（3）门窗节能工程。

1）建筑外门窗工程的检验批应按下列规定划分：

① 同一厂家的同一品种、类型、规格的门窗及门窗玻璃每 100 樘划分为一个检验批，不足 100 樘也为一个检验批。

② 同一厂家的同一品种、类型和规格的特种门每 50 樘划分为一个检验批，不足 50 樘也为一个检验批。

③ 对于异形或有特殊要求的门窗，检验批的划分应根据其特点和数量，由监理（建设）单位和施工单位协商确定。

2）建筑外门窗工程的检查数量应符合下列规定：

① 建筑门窗每个检验批应抽查 5%，并不少于 3 樘，不足 3 樘时应全数检查；高层建筑的外窗，每个检验批应抽查 10%，并不少于 6 樘，不足 6 樘时应全数检查。

② 特种门每个检验批应抽查 50%，并不少于 10 樘，不足 10 樘时应全数检查。

（4）屋面节能工程。

1）屋面保温隔热工程的施工，应在基层质量验收合格后进行。施工过程中应及时进行质量检查、隐蔽工程验收和检验批验收，施工完成后应进行屋面节能分项工程验收。

2）屋面保温隔热层施工完成后，应及时进行找平层和防水层的施工，避免保温隔热层受潮、浸泡或受损。

（5）地面节能工程。

1）地面节能工程的施工，应在主体或基层质量验收合格后进行。施工过程中应及时进行质量检查、隐蔽工程验收和检验批验收，施工完成后应进行地面节能分项工程验收。

2）地面节能分项工程检验批划分应符合下列规定：

① 检验批可按施工段或变形缝划分；

② 当面积超过 200 m^2 时，每 200 m^2 可划分为一个检验批，不足 200 m^2 也为一个检验批；

③ 不同构造做法的地面节能工程应单独划分检验批。

（6）建筑节能分部工程质量验收。

1）建筑节能分部工程的质量验收，应在检验批、分项工程全部验收合格的基础上，进行外墙节能构造实体检验，严寒、寒冷和夏热冬冷地区的外窗气密性现场检测，以及系统节能性能检测和系统联合试运转与调试，确认建筑节能工程质量达到验收条件后方可进行。

2）建筑节能工程的检验批质量验收合格，应符合下列规定：

① 检验批应按主控项目和一般项目验收；

② 主控项目应全部合格；

③ 一般项目应合格；当采用计数检验时，至少应有 90%以上的检查点合格，且其余检查点不得有严重缺陷；

④ 应具有完整的施工操作依据和质量验收记录。

3）建筑节能分项工程质量验收合格，应符合下列规定：

① 分项工程所含的检验批均应合格；

② 分项工程所含检验批的质量验收记录应完整。

4）建筑节能分部工程质量验收合格，应符合下列规定：

① 分项工程应全部合格；

② 质量控制资料应完整；

③ 外墙节能构造现场实体检验结果应符合设计要求；

④ 严寒、寒冷和夏热冬冷地区的外窗气密性现场实体检测结果应合格；

⑤ 建筑设备工程系统节能性能检测结果应合格。

5）建筑节能工程验收时应对下列资料核查，并纳入竣工技术档案：

① 设计文件、图纸会审记录、设计变更和洽商；

② 主要材料、设备和构件的质量证明文件、进场检验记录、进场核查记录、进场复验报告、见证试验报告；

③ 隐蔽工程验收记录和相关图像资料；

④ 分项工程质量验收记录；必要时应核查检验批验收记录；

⑤ 建筑围护结构节能构造现场实体检验记录；

⑥ 严寒、寒冷和夏热冬冷地区外窗气密性现场检测报告；

⑦ 风管及系统严密性检验记录；

⑧ 现场组装的组合式空调机组的漏风量测试记录；

⑨ 设备单机试运转及调试记录；

⑩ 系统联合试运转及调试记录；

⑪ 系统节能性能检验报告；

⑫ 其他对工程质量有影响的重要技术资料。

三、实施工程建设强制性标准监督内容、方式、违规处罚决定

《实施工程建设强制性标准监督规定》（建设部令 2010 年第 81 号）对实施工程建设强制性标准监督内容、方式、违规处罚决定如下：

1. 实施工程建设强制性标准监督内容

（1）有关工程技术人员是否熟悉、掌握强制性标准；

（2）工程项目的规划、勘察、设计、施工、验收等是否符合强制性标准的规定；

（3）工程项目采用的材料、设备是否符合强制性标准的规定；

（4）工程项目的安全、质量是否符合强制性标准的规定；

（5）工程中采用的导则、指南、手册、计算机软件的内容是否符合强制性标准的规定。

2. 实施工程建设强制性标准监督方式

（1）国务院建设行政主管部门负责全国实施工程建设强制性标准的监督管理工作。国务

院有关行政主管部门按照国务院的职能分工负责实施工程建设强制性标准的监督管理工作。县级以上地方人民政府建设行政主管部门负责本行政区域内实施工程建设强制性标准的监督管理工作。

（2）工程建设中拟采用的新技术、新工艺、新材料，不符合现行强制性标准规定的，应当由拟采用单位提请建设单位组织专题技术论证，报批准标准的建设行政主管部门或者国务院有关主管部门审定。

（3）建设项目规划审查机关应当对工程建设规划阶段执行强制性标准的情况实施监督。施工图设计文件审查单位应当对工程建设勘察、设计阶段执行强制性标准的情况实施监督。建筑安全监督管理机构应当对工程建设施工阶段执行施工安全强制性标准的情况实施监督。工程质量监督机构应当对工程建设施工、监理、验收等阶段执行强制性标准的情况实施监督。

（4）建设项目规划审查机关、施工图设计文件审查单位、建筑安全监督管理机构、工程质量监督机构的技术人员必须熟悉、掌握工程建设强制性标准。

（5）工程建设标准批准部门应当定期对建设项目规划审查机关、施工图设计文件审查单位、建筑安全监督管理机构、工程质量监督机构实施强制性标准的监督进行检查，对监督不力的单位和个人，给予通报批评，建议有关部门处理。

（6）工程建设标准批准部门应当对工程项目执行强制性标准情况进行监督检查。监督检查可以采取重点检查、抽查和专项检查的方式。

3. 实施工程建设强制性标准监督违规处罚决定

（1）建设单位有下列行为之一的，责令改正，并处以 20 万元以上 50 万元以下的罚款：①明示或者暗示施工单位使用不合格的建筑材料、建筑构配件和设备的；②明示或者暗示设计单位或者施工单位违反工程建设强制性标准，降低工程质量的。

（2）勘察、设计单位违反工程建设强制性标准进行勘察、设计的，责令改正，并处以 10 万元以上 30 万元以下的罚款。有前款行为，造成工程质量事故的，责令停业整顿，降低资质等级；情节严重的，吊销资质证书；造成损失的，依法承担赔偿责任。

（3）施工单位违反工程建设强制性标准的，责令改正，处工程合同价款 2%以上 4%以下的罚款；造成建设工程质量不符合规定的质量标准的，负责返工、修理，并赔偿因此造成的损失；情节严重的，责令停业整顿，降低资质等级或者吊销资质证书。

（4）工程监理单位违反强制性标准规定，将不合格的建设工程以及建筑材料、建筑构配件和设备按照合格签字的，责令改正，处 50 万元以上 100 万元以下的罚款，降低资质等级或者吊销资质证书；有违法所得的，予以没收；造成损失的，承担连带赔偿责任。

（5）违反工程建设强制性标准造成工程质量、安全隐患或者工程事故的，按照《建设工程质量管理条例》有关规定，对事故责任单位和责任人进行处罚。

（6）有关责令停业整顿、降低资质等级和吊销资质证书的行政处罚，由颁发资质证书的机关决定；其他行政处罚，由建设行政主管部门或者有关部门依照法定职权决定。

（7）建设行政主管部门和有关行政主管部门工作人员，玩忽职守、滥用职权、徇私舞弊的，给予行政处分；构成犯罪的，依法追究刑事责任。

第三章　施工技术

第一节　地基与基础工程

一、常用地基处理方法

（一）换土垫层法

换土垫层中垫层的作用是提高浅基础下地基的承载力，满足地基稳定要求，减少沉降，加速软弱土层的排水固结，防止持力层的冻胀或液化。

（二）预压法

预压法是在建筑物建造前对建筑物进行预压，使土体中的水排出，逐渐固结，地基发生沉降，同时逐步提高强度的方法。

1. 堆载预压法

堆载预压法是在地基基础施工前，通过拟建场地上预先堆置重物，进行堆载预压，以基本完成地基土固结沉降，通过地基上的固结以提高地基承载力。超载预压即为加速压缩过程，预压荷载比建筑物的重量大。

2. 真空预压法

真空预压法是通过在需要加固的软土地基上铺设砂垫层，并设置竖向排水通道，再在其上覆盖不透气的薄膜形成密封层使之与大气隔绝。然后用真空泵抽气，使排水通道拥有较高的真空度，在土的孔隙水中产生负的孔隙水压力，孔隙水逐渐被吸出，从而使土体固结。真空预压法加固深度一般应不超过 20 m。

（三）强夯法

强夯法的原理是用强大的冲击能，使土体中出现冲击波和强大的应力迫使土中空隙压缩，土体局部液化，夯击点周围产生裂隙形成良好的排水通道，使土中的孔隙水（气）顺利溢出，土体迅速固结，从而降低此深度范围内土体的压缩性，提高地基承载力。同时，强夯可显著减少地基上的不均匀性，降低地基差异沉降。

（四）振冲法

振冲法又称振动水冲法，是以起重机吊起振冲器，启动潜水电机带动偏心块，以此使振动器产生高频振动，同时启动水泵通过喷射高压水流，在震动和冲击的共同作用下，将振动器沉到土中的预定深度，经清孔后，从地面向孔内逐段填入碎石，这样使其在振动作用下被挤密实，达到要求密实度后即可提升振动器，以此反复进行直至地面，最后在地基中形成一个大直径的密实桩体与原地基构成复合地基，以此提高地基承载力、减少沉降。

振冲法根据加固原理及效果可分为振冲置换法和振冲密实法两类。

1. 振冲置换法

振冲置换法是使用振冲器或沉桩机，在软弱黏性土地基中成孔，再在成孔内分段填入碎石等材料制成桩体，桩体和原来的黏性土构成复合地基，以此提高地基的承载力，减小压缩性。

2. 振冲密实法

振冲密实法的原理是用振冲器的强力振动使饱和砂层逐渐发生液化，砂粒重新排列，孔隙减少使砂层挤压加密。

（五）土或灰土挤密法

土挤密桩和灰土挤密桩地基是用冲击、沉管或爆炸等方法在地基中挤土，形成直径 28～60 cm 的桩孔，然后向桩孔内夯填素土或灰土（灰土是将不同比例的消石灰和土混合形成）形成土挤密桩或灰土挤密桩。成孔时，侧向挤出桩孔部位的土，从而使桩间土得到挤密。而且对灰土挤密桩而言，桩体材料的石灰和土混合产生一系列物理和化学反应，凝结成一定强度的桩体，桩体和桩间挤密土共同组成人工复合地基，这也是深层加密处理的一种方法。

（六）砂桩法

砂桩法也称为砂桩挤密法，做法是采用振动或冲击荷载在软弱地基中成孔后，将砂石挤压入土中，形成直径较大的密实砂石桩，达到加固地基的目的。

砂桩常用的施工方法有冲击成桩法、振动成桩法和振动水冲法。

（七）水泥土搅拌法

水泥土搅拌法是固化剂以水泥为主剂，通过使用特制的搅拌机械边钻边往软土中喷射浆液或雾状粉体，在地基深处将固化剂浆液或粉体与软土强制搅拌，使软土与固化剂充分拌和在一起，利用软土与固化剂之间产生的物理化学反应，形成抗压强度比天然土强度高得多，并且具有水稳定性、整体性和一定强度的水泥加固土桩柱体，由若干根这类加固土桩柱体和桩间土一起构成复合地基，从而提高地基的承载力和增大变形模量。

水泥土搅拌法分为粉体喷搅法（干法）和深层搅拌法（湿法）：

粉体喷搅法（干法）的施工方法为：桩机就位→搅拌下沉→钻进结束→提升喷粉搅拌→提升结束。

深层搅拌法（湿法）的施工方法为：桩机就位→钻进喷浆到底→提升搅拌→重复喷射搅拌→重复提升复搅→成桩完毕。

（八）高压喷射注浆法

高压喷射注浆法就是利用钻机把带有喷嘴的注浆管钻入或置入土层预定的深度，以 20～40 MPa 的压力把浆液或水从喷嘴中喷射出来，形成的喷射流冲击破坏土层及预定形状的空间，当喷射流的动压力大于土层结构强度时土颗粒便从土层中剥落下来，一部分细粒土随浆液或水冒出地面，其余土颗粒在射流的离心力、冲击力和重力等作用下，与浆液搅拌混合，并且按一定的浆土比例和质量大小有规律地重新排列。这样注入的浆液把冲下的部分土混合凝结成加固体，从而达到加固土体的目的。

二、边坡与基坑（槽）开挖、支护及回填方法

（一）开挖

基坑（槽）开挖有人工开挖和挖土机开挖两种形式。人工开挖时，有利于保证土壁放坡要求及坑（槽）的底面尺寸。当基坑（槽）较深土方量大时，应使用机械挖土，采用机械施工时，为避免扰动基底，开挖深度必须比基底标高浅，然后采用人工进行清底。机械挖土时的留余量必须根据技术水平、施工季节等因素确定，一般留余量为 150～300 mm。开挖基坑（槽）应按规定的尺寸，合理安排开挖顺序分层进行连续施工。

1. 基坑（槽）开挖深度控制

当基坑（槽）挖到离坑底 0.5 m 左右时，应根据龙门板上的标高及时用水准仪抄平，在土壁上打上水平桩，作为控制开挖深度的依据。

2. 基坑（槽）开挖中的注意事项

（1）在开挖基坑（槽）之前应检查龙门板、轴线桩有无移动现象，并根据设计图纸校核水准点的标高基础轴线的位置等。

（2）基坑（槽）、管沟的挖土应分层开挖连续进行，挖方时不得碰撞或损伤降水设施和支护结构。

（3）在开挖的过程中，基坑（槽）、管沟旁边堆置的土方量不应超过设计荷载。开挖基坑（槽）时，若土方量不大时应考虑基坑（槽）回填及室内回填的需要，有计划地堆置在现场。若有余土，则应考虑好弃土地点及时将土运走。为避免影响施工或造成坑（槽）土壁的崩塌，开挖的土方应堆置在距离坑（槽）边 0.8 m 以外，堆置高度不得超过 1.5 m。

（4）基坑（槽）开挖时，要加强垂直高度方向的测量，防止超挖和搅动基底土层。挖至设计标高后，应对坑（槽）底进行保护，防止雨水侵蚀或阳光暴晒，经验槽合格后及时进行垫层施工。

（5）基坑（槽）土方施工中及雨后，应对支护结构、周围环境进行观察和监测，如出现异常情况应及时处理，待恢复正常后方可继续施工。

（6）对于特大型基坑，应分区分块挖至设计标高，分区分块及时浇筑垫层。

（二）支护

在建筑密集的地区施工或有地下水渗入基坑槽时，往往不可能按要求的坡度放坡开挖，

为保证施工的顺利和安全，并减少对相邻建筑、管线等的不利影响，需要进行基坑槽支护。

基坑槽支护结构的形式有多种，根据受力状态可分为板桩式支护结构、横撑式支护结构和重力式支护结构等。

1. 板桩式支护结构

板桩式支护结构由挡墙系统和支撑或拉锚系统构成。悬臂式板桩支护结构则不设支撑或拉锚。挡墙系统常用的材料有钢板桩、型钢、钢筋混凝土板桩、钢筋混凝土灌注桩和地下连续墙，少量采用木材。支撑系统一般采用大型钢管、格构式钢、H 型钢支撑，有时也使用现浇钢筋混凝土支撑。拉锚系统的材料一般用钢筋、型钢、钢索作拉锚或采用土锚杆。

支撑或拉锚与挡墙系统通过压顶梁、围檩等连接成整体。

（1）钢板桩施工。对于钢板桩，通常有 3 种打桩方法。

1）单独打入法。单独打入法是从一角开始逐块插打，每块钢板桩插打中途不停顿。但由于单块打入，易向一边倾斜，累计误差不易纠正，难以控制壁面平直度。一般在钢板桩长度小于 10 m、工程要求不高时宜采用此法。

2）围檩插桩法。采用围檩支架作板桩打设的导向装置，围檩支架由围檩桩和围檩组成，分为单面围檩和双面围檩或单层和双层，在打设板桩时起导向作用。双面围檩之间的距离，比两块板桩组合宽度大 8～15 mm。

双层围檩插桩法是在地面上，离板桩墙轴线一定距离先筑起双层围檩支架，而后将钢板桩依次在双层围檩中全部插好，成为一个高大的钢板桩墙，待四角实现封闭合拢后，再按阶梯型逐渐将板桩一块块打入设计标高。此方法可以保证平面尺寸准确和钢板桩垂直度，但施工速度慢。

3）分段复打法。分段复打法又称屏风法，是将由 10～20 块钢板桩组成的施工段沿单层围檩插入土中一定的深度形成较短的屏风墙，先将其两端的两块打入严格控制其垂直度，打好后用电焊固定在围檩上，然后将其他的板桩顺序以 1/2 或 1/3 板桩高度打入。此法可以防止板桩过大的倾斜、扭转以及误差积累，有利于实现封闭合拢，且分段打设不会影响邻近板桩施工。

地下工程施工结束后，钢板桩一般都要拔出，以便重复使用，钢板桩的拔除要正确确定拔除方法与拔除顺序。由于板桩拔出时带土，会引起土体变形对周围环境造成危害，必要时还应采取注浆填充等方法。

（2）拉锚系统施工。

1）拉锚。拉锚是通过钢筋或钢丝绳一端固定在锚碇上，另一端固定在支护板上的腰梁上，中间设置花篮螺丝以调整拉杆长度。锚碇的做法：当土质较好时，可埋设横木或混凝土梁做锚碇；当土质不好时，则在锚碇前打短桩。拉锚式支撑在坑壁上只能设置一层，锚碇应设置在坑壁上的主动滑移面之外。当需要设置多层拉杆时，可采用土层锚杆。

2）土层锚杆。

土层锚杆的类型有：

① 一般灌浆锚杆：钻孔后放入受拉杆件，然后用砂浆泵将水泥砂浆或水泥浆注入孔内，

经养护后，即可承受拉力。

② 扩孔锚杆：用特制的扩孔钻头扩大锚固段的钻孔直径，或用爆扩法扩大钻孔端头，从而形成扩大的锚固段或端头，可有效地提高锚杆的抗拔力。扩孔锚杆主要用在松软地层中。

③ 预应力锚杆：先对锚固段进行一次压力灌浆，然后对锚杆施加预应力非锚固段进行不加压二次灌浆，也可一次灌浆施加预应力，穿过软地层而锚固在稳定土层中，并使结构物减小变形。

④ 高压灌浆锚杆：高压灌浆锚杆与一般灌浆锚杆的不同点是在灌浆阶段对水泥砂浆施加一定的压力，使水泥砂浆在压力下压入孔壁四周的裂缝并在压力下固结，从而使锚杆具有较大的抗拔力。

另外，还有重复灌浆锚杆、可回收锚筋锚杆等。

土层锚杆施工，包括钻孔、安放拉杆、灌浆和张拉锚固等程序。

2. 横撑式支护结构

横撑式支护结构适用于开挖较窄的沟槽。横撑式支护结构根据挡土板的不同可以分为两种：水平挡土板式和垂直挡土板式，水平挡土板的布置又分间断式和连续式两种。湿度小的黏性土挖土深度不大于 3 m 时，可用间断式水平挡土板支护结构：对松散、湿度大的土壤可用连续式水平挡土板支护结构，挖土深度可达 5 m。对湿度和松散很大的土可用垂直挡土板式支护结构，挖土深度不限。挡土板、立柱及横撑的强度、变形及稳定等可根据实际布置情况进行结构计算。

3. 重力式支护结构

重力式支护结构是通过搅拌桩机将水泥与土进行搅拌，形成柱状的水泥加固土搅拌桩。用于支护结构的水泥土其水泥掺量通常为 12%～15%单位土体的水泥掺量与土的重量之比，水泥土的强度可达 0.8～1.2 MPa。由水泥土搅拌桩搭接而形成水泥土墙，它既具有挡土作用又有隔水作用，一般适用于 4～6 m 深的基坑，最大可达 8 m 深的基坑。

4. 土钉墙支护

土钉墙支护就是用加固和锚固现场原位土体的细长杆件（土钉）作为受力构件，与被加固的原位土体、喷射混凝土面层组成的支护体系，其具有成本低、施工快捷等特点。

（1）土钉墙支护的适用条件。

土钉墙支护一般适用于地下水位以上或进行人工降水后的硬塑、可塑或坚硬的黏性土，胶结或弱胶结包括毛细水粘结的粉土、砂土、角砾、填土。

（2）土钉墙支护施工方法。

1）施工流程：编写施工方案及施工准备→开挖→清理边坡→孔位布点→成孔→安设土钉钢筋钢管→注浆→铺设钢筋网→喷射混凝土面层→开挖下一步。

2）施工方法。

① 开挖：土钉墙支护应按施工方案规定的分层开挖深度按作业顺序施工，在完成上层作业面的土钉与喷射混凝土以前，不得进行下一层深度的开挖；当用机械进行土方作业时，严

禁边壁出现超挖或造成边壁土体松动，当基坑边线较长时可分段开挖，开挖长度为 10～20 m，为防止基坑边坡的裸露土体发生塌陷，对于易坍塌的土体因地制宜采用相应措施。

② 孔位布点：土钉成孔前，应按设计要求定出孔位并做出标记编号，孔位的允许偏差不得大于 150 mm。

③ 成孔：根据经验及现场试验，一般采用人工洛阳铲成孔，孔距、孔径、孔深、倾角必须满足设计要求。

④ 置钉及注浆。

置钉：在直径为 18～32 mm 的二或三级钢筋上设置定位架，保证钢筋处于孔中心部位，支架沿钉长的间距为 2～3 m，支架的构造应不妨碍注浆时浆液的自由流动。

注浆：成孔后应及时将土钉钢筋置入孔中，可采用重力、低压（0.4～0.6 MPa）或高压（1～2 MPa）方法按配比将水泥浆或砂浆注入孔内。

⑤ 铺设钢筋网片：钢筋网片可由直径 6～8 mm 钢筋焊接或绑扎而成，网格尺寸 150～300 mm。在喷射混凝土之前，面层内的钢筋网片应牢固固定在边壁上并符合规定要求的保护层厚度。钢筋网片可用插入土中的钢筋固定，在混凝上喷射下应不出现振动。

⑥ 喷射混凝土面层：喷射混凝土时喷射顺序应自下而上，为保证喷射混凝土的厚度，可用插入土内用以固定钢筋网片的钢筋作为标志加以控制，喷射混凝土终凝后 2 h，应根据当地条件，采取连续喷水养护 5～7 d，土钉墙支护最下一步的喷射混凝土面层宜插入基坑底部以下，深度不小于 0.2 m，在基坑顶部也宜设置宽度为 1～2 m 的喷射混凝土护顶。

⑦ 排水系统：应采取的排水措施包括地表排水，支护内部排水，以及基坑排水，以避免土体处于饱和状态并减轻作用于面层上的静水压力。

（三）回填

填土方法有碾压法、振动法、夯实法 3 种。

1. 碾压法

碾压法是由沿着表面滚动的鼓筒或轮子的压力压实土壤。用碾压法压实填土时，铺土应均匀一致，碾压遍数要相同，碾压方向应从填土区的两边逐渐压向中心，每次碾压应有 15～20 cm 的重叠。

2. 振动法

振动法是将重锤放在土层的表面或内部，借助于振动设备使重锤振动，土壤颗粒即发生相对位移达到紧密状态。此法用于振实非黏性土壤效果较好。

3. 夯实法

夯实法是利用夯锤自由下落产生的冲击力来夯实土壤，主要用于小面积的回填土。夯实法具有可以夯实较厚土层的优点，如重锤夯的夯实厚度可达 1～1.5 m，强力夯可对深层土壤进行夯实。但对木夯、石硪或蛙式打夯机等机具，其夯实厚度则较小，一般均在 20 cm 以内。

三、浅基础施工方法

（一）独立基础

1. 独立基础的构造

独立基础一般设在柱下，常用的断面形式有锥形、阶梯形、杯形，如图 3-1 所示。当柱为现浇时，独立基础与柱子整体浇筑，当柱子为预制时，通常将基础做成杯口形，然后将柱子插入，并用细石混凝土嵌固，此时称为杯口基础。

2. 施工方法

（1）基础施工前，应进行验槽并将地基表面的浮土及垃圾清除干净，及时浇筑混凝土垫层，以免地基土被扰动。

（2）当垫层达到一定强度后，在其上弹线、绑扎钢筋、支模。

（3）钢筋底部应采用与混凝土保护层相同的水泥砂浆垫块垫塞，以保证位置正确。

（4）基础上有插筋时要采取措施加以固定，防止浇筑混凝土时插筋发生位移。

（5）基础混凝土应分层连续浇筑完成。

图 3-1　独立基础

图 3-2　条形基础

（二）条形基础

1. 条形基础的构造

条形基础是指基础长度远大于宽度的一种基础形式（基础长度大于或等于 10 倍基础的宽度），按上部结构分为墙下条形基础和柱下条形基础，如图 3-2 所示。条形基础的特点是，布置在一条轴线上且与两条以上轴线相交，有时也和独立基础相连，但截面尺寸与配筋不尽相同。另外横向配筋为主要受力钢筋，纵向配筋为次要受力钢筋或者是分布钢筋，主要受力钢筋布置在下方。

2. 施工方法

（1）验槽后应立即灌注混凝土垫层以保护基底，混凝土垫层应用表面振动器振捣，要求表面平整；

（2）垫层达到一定强度后，在垫层上弹线、支模、绑扎钢筋，并确保钢筋保护层符合要求；

（3）在浇筑混凝土前，清除杂物，湿润模板；

（4）基础混凝土宜分层连续浇筑；

（5）基础上有插筋时应确保插筋位置正确。

（三）筏形基础

1. 筏形基础的构造

当柱下交叉条形基础底面积占建筑物平面面积的比例较大，或者建筑物在使用上有要求时，可以在建筑物的柱、墙下做成块满堂的基础，就是筏形基础，如图 3-3 所示。此基础用于多层与高层建筑，分平板式和梁板式。

图 3-3　筏形基础

2. 施工方法

（1）地基开挖：如有地下水，应采用人工降低地下水位至基坑底 50 cm 以下部位，保持在无水的情况下进行土方开挖和基础结构施工。

（2）基坑土方开挖应注意保持基坑底土的原状结构，如采用机械开挖时挖至基坑底面以上 20～40 cm 厚的土层，应采用人工清除，避免超挖或破坏基土。

（3）筏板基础施工，可根据结构情况和施工具体条件及要求采用以下两种方法之一：

1）先在垫层上绑扎板梁的钢筋和上部柱钢筋，先浇注地板混凝土，待达到 25%以上强度后，再在地板上支梁侧模板，浇筑完梁部分混凝土。

2）采取底板和梁钢筋、模板一次性同时支好，梁侧模板用混凝土支墩或钢支脚支撑，并固定牢固，混凝土一次连续浇筑完成。

（4）当梁板式筏形基础的梁在底板下部时，通常采取梁板同时浇筑混凝土，梁的侧模板是无法拆除的，一般梁侧模采取在垫层上两侧砌半砖代替钢（或木）侧模与垫层形成一个砖壳子模。

（5）梁板式筏形基础当梁在底板上时，模板的支设多用组合钢模板支撑在钢支撑架上，用钢管脚手架固定，采用梁板同时浇筑混凝土，以保证整体性。

（6）当筏形基础长度在 40 m 以上时，应考虑在中部适当部位留设贯通后浇缝带，以避免出现温度收缩裂缝和便于进行施工分段流水作业；对超厚的筏形基础应考虑采取降低水泥水化热和降低浇筑入模温度的措施，以避免出现过大温度收缩应力，导致基础底板裂缝。

（7）基础浇筑完毕后，表面应覆盖和洒水养护，并不少于 7 d，必要时应采取保温养护措施，并防止浸泡基础。

（8）在基础底板上埋设好沉降观测点，定期进行观测、分析，做好记录。

四、桩基础施工方法

当天然地基上的浅基础沉降量过大或基础稳定性不能满足建筑物的要求时常采用桩基础，它由桩和桩顶的承台组成，是一种深基础的形式。

（一）桩基础的分类

按桩的受力情况，桩可分为摩擦桩和端承桩。

摩擦桩是指桩顶荷载全部由桩侧摩擦力或主要由桩侧摩擦力和桩端的阻力共同承担；端承桩是由桩的下端阻力承担全部或主要荷载，桩尖进入岩层或硬土层。

按桩的施工方法可分成预制桩和灌注桩。

预制桩是在预制工厂或施工现场制作桩身，利用沉桩设备将其沉入土中；灌注桩是在施工现场的桩位上用机械或人工成孔，吊放钢筋笼，然后在孔内灌注混凝土而成。

（二）预制桩施工

预制桩按沉桩方法分为锤击沉桩（如图 3-4 所示）和静力压桩两种方式。

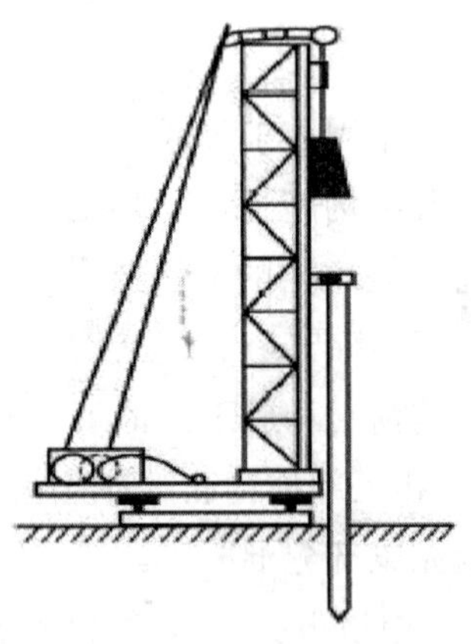

图 3-4　锤击沉桩

1. 锤击沉桩

（1）打桩顺序一般分为：逐排打设、自中部向边缘打、分段打等方式。

（2）锤击沉桩施工流程：

测量定位→桩机就位→底桩就位、对中和调直→锤击沉桩→接桩、对中、垂直度校核→再锤击→送桩→收锤。

（3）施工要点。

接桩、对中、垂直度校核：方桩接头数不宜超过两个，预应力管桩单桩的接头数不宜超过 4 个，应避免桩尖接近硬持力层或桩尖处于硬持力层时接桩。预应力管桩接桩方式有电焊接头和机械快速接头两种，一般多采用电焊接头。

2. 静力压桩

静压法沉桩是通过静力压桩机的压桩机构，以压桩机自重和桩机上的配重作反力而将预制钢筋混凝土桩分节压入地基土层中成桩，如图 3-5 所示。

（a）吊桩插桩　（b）桩身对中调直　（c）静压沉桩

（d）接桩　（e）再静压沉桩　（f）送桩

图 3-5　静力沉桩

（1）静力压桩施工流程为：测量定位→压桩机就位→吊桩、插桩→桩身对中调直→静压沉桩→接桩→再静压沉桩→送桩→终止压桩→切割桩头。

（2）施工要点。

压桩应连续进行，压桩速度一般不超过 2 m/min，达到压桩力的要求后，必须持荷稳定。若不能稳定，必须再持荷，一直到持荷稳定为止，持荷时间由设计人员与监理在现场试桩时确定。

（三）混凝土灌注桩

混凝土灌注桩根据成孔工艺的不同，分为人工挖孔灌注桩、泥浆护壁钻孔灌注桩、沉管灌注桩和爆破扩成孔灌注桩。

1. 人工挖孔灌注桩

人工挖孔灌注桩是用人工挖土成孔、吊放钢筋笼、浇筑混凝土成桩。

（1）挖孔灌注桩的施工流程：场地整平→放线、定桩位→挖第一节桩子土方→做第一节护壁→在护壁上二次投测标高及桩位十字轴线→第二节桩身挖土→校核桩子垂直度和直径→

做第二节护壁→重复第二节挖土、支模、浇筑混凝土护壁工序，循环作业直至设计深度→检查持力层后进行扩底→清理虚土、排除积水、检查尺寸和持力层→吊放钢筋笼就位→浇筑桩身混凝土。

（2）施工要点。

浇筑桩身混凝土应连续分层浇筑，每层厚度不超过 1.5 m。小直径桩孔，6 m 以下可利用混凝土的大坍落度和下冲力使之密实；6 m 以内可分层捣实。大直径桩应分层捣实，或用卷扬机吊导管上下插捣。对直径小、深度大的桩，人工下井振捣有困难时，可在混凝土中掺水泥用量 0.25%的木钙减水剂，使混凝土坍落度增至 11～18 cm，利用混凝土大坍落度下沉力使之密实，但桩上部钢筋部位仍应用振捣器振捣密实。

2. 泥浆护壁钻孔灌注桩

泥浆护壁钻孔灌注桩是通过桩机在泥浆护壁条件下慢速钻进，将钻渣利用泥浆带出，并保护孔壁不致坍塌，成孔后再使用水下混凝土浇筑的方法将泥浆置换出来而成的桩。

（1）泥浆护壁钻孔灌注桩施工流程：放样定位→埋设护筒→钻机就位→钻孔→第一次清孔→吊放钢筋笼→下导管→第二次清孔→灌注混凝土。

（2）施工要点。

钻孔作业应分班连续进行，认真填写钻孔施工记录，交接班时应交待钻进情况及下一班注意事项。应经常对钻孔泥浆进行检测和试验，应经常注意上层变化，在土层变化处均应捞取渣样，判明后记入记录表中并与地质剖面图核对。

钻头到达持力层时，钻速会突然减慢；这时应对浮渣取样与地质报告作比较后予以判定，原则上应由地勘单位派出有经验的技术人员进行鉴定，判定钻头是否到达设计持力层深度：用测绳测定孔深做进一步判断。经判定满足设计规范要求后，可同意施工收桩提升钻头。

第二节　砌体施工方法

一、砖砌体施工方法

砖砌体的施工流程：抄平放线→摆砖→立皮数杆→盘角、挂线→砌砖、清理。

（一）抄平放线

砌墙前应在基础防潮层或楼面上定出各层标高，并用水泥砂浆或 C10 细石混凝土找平。根据轴线及图纸上标注的墙体尺寸，在基础顶面上用墨线弹出墙的轴线、宽度线，并定出门洞口位置线。

（二）摆砖

摆砖是指在放线基面上按选定的组砌方式用干砖试摆。

（三）立皮数杆

皮数杆是指在其上画有每皮砖和砖缝厚度以及门窗洞口、过梁、楼板、梁底、预埋件等标高位置的一种木制标杆，它是砌筑墙砌体在高度方向的基准。砌筑时，用来控制墙体竖向尺寸及各部位构件的竖向标高，控制灰缝的厚度。

（四）盘角、挂线

盘角就是外墙拐角处的砌筑，墙角是控制墙面横平竖直的主要依据，砌筑时一般是先砌筑墙角，墙角砖层高度必须与皮数杆相符合，盘角时必须对照皮数杆，特别是要控制好砖层上口高度，不要与皮数杆相应皮数高差太多。

外墙大角挂线方法是先拴上半截砖头，挂在大角的砖缝里面，然后用别线棍把线别住，防止线陷入灰缝里。在砌筑过程中，要经常抄平检查有没有顶线和塌腰的地方。

（五）砌砖、清理

砌砖的操作方法有挤浆法、“三一”砌砖法、刮浆法、满口灰法，其中前两种最为常用。

1. 挤浆法

挤浆法即用灰勺、大铲或铺灰器在墙顶上铺段砂浆，然后双手拿砖或单手拿砖，用砖挤入砂浆中一定厚度之后把砖放平，达到下齐边、上齐线、横平竖直的要求。这种砌法的优点是可以连续挤砌几块砖，减少烦琐的动作，平推平挤可使灰缝饱满，效率高，保证砌筑质量。

2. “三一”砌砖法

“三一”砌砖法即是一块砖、一铲灰、一揉压并随手将挤出的砂浆刮去的砌筑方法。这种砌法的优点是缝容易饱满，粘结性好，墙面整洁。实心砖砌体宜采用“三一”砌砖法。

砌筑完毕后，应进行墙面和落地灰的清理。

二、砌块砌体施工

（一）砌块施工

砌块施工时需弹墙身线和立皮数杆，并按事先划分的施工段和砌块排列图逐皮安装，安装顺序应按先外后内、先远后近、先下后上进行安装。砌块砌筑时应从转角处或定位砌块处开始，并校正其垂直度，然后按砌块排列图内外墙同时砌筑并且错缝搭砌。

每个楼层砌筑完成后应复核标高，如有偏差则应找平校正。铺灰和灌浆完成后，吊装上一皮砌块时，不允许碰撞或撬动已安装好的砌块。如相邻砌体不能同时砌筑时，应留阶梯形斜槎，不允许留直槎。

砌块施工的主要工序有铺灰、吊砌块就位、校正、灌缝和镶砖等。

1. 铺灰

采用稠度良好的水泥砂浆，铺 3～5 m 长的水平缝，铺灰应均匀平整。

2. 吊砌块就位

采用摩擦式夹具，按砌块排列图将所需砌块吊装就位。砌块就位应对准位置缓慢下落，使夹具中心尽可能与墙中心线在同一垂直面上，砌块光面在同一侧，垂直落于砂浆层上，待砌块安放稳妥后，才可松开夹具。

3. 校正

用拉准线的方法检查水平度，用线锤和托线板检查垂直度，用撬棍、楔块来调整偏差。

4. 灌缝

采用砂浆灌竖缝，两侧用夹板夹住砌块，超过 30 mm 宽的竖缝采用不低于 C20 的细石混凝土灌缝，收水后进行嵌缝，即原浆勾缝。为防破坏砂浆的粘结力，之后一般不应再撬动砌块。

5. 镶砖

当砌块间出现较大竖缝或过梁找平时应进行镶砖，镶砖采用 MU10 级以上的红砖，最后一皮用丁砖镶砌。镶砖工作必须在砌砖校正后即刻进行，镶砖时应注意使砖的竖缝灌密实。

（二）混凝土小砌块砌体施工

混凝土小砌块包括普通混凝土小型空心砌块和轻骨料混凝土小型空心砌块。

施工时所用的普通混凝土小型空心砌块的产品龄期应大于 28 d。普通混凝土小型空心砌块吸水速度迟缓、饱和吸水率低，一般可不浇水，天气炎热时，可适当洒水湿润。

对于吸水率较大的轻骨料混凝土小型空心砌块，宜提前浇水湿润。底层室内地面以下或防潮层以下的砌体，应采用强度等级不低于 C20 的混凝土灌实小砌块的孔洞。

小砌块墙体应对孔错缝搭砌，搭接长度应大于 90 mm。墙体的个别部位不能满足上述要求时，应在灰缝中设置拉结钢筋或钢筋网片，但竖向通缝仍不得超过两皮小砌块。

浇灌芯柱的混凝土，宜选用专用的小砌块灌孔混凝土，当采用普通混凝土时，其坍落度不应小于 90 mm。砌筑砂浆强度大于 1 MPa 时，方可浇灌芯柱混凝土。浇灌时清除孔洞内的砂浆等杂物，并用水冲洗；先注入适量与芯柱混凝土相同的去石水泥砂浆，再浇灌混凝土。

小砌块墙体转角处和纵横交接处应同时砌筑。临时间断处应砌成斜槎，斜槎水平投影长度不应小于高度的 2/3。

小砌块砌体的灰缝应横平竖直，水平灰缝厚度和竖向灰缝宽度为 8～12 mm，其中以 10 mm 最为合适。砌体水平灰缝的砂浆饱满度，应按净面积计算不得低于 90%；竖向灰缝饱满度不得小于 80%，竖缝凹槽部位应用砌筑砂浆填实。

（三）加气混凝土砌块砌体施工

加气混凝土砌块可砌成单层墙或双层墙体。单层墙是将加气混凝土砌块立砌，墙厚为砌块的宽度。双层墙是将加气混凝土砌块立砌两层，中间夹以空气层，两层砌块间，每隔 500 mm 墙高在水平灰缝中放置钢筋扒钉，扒钉间距为 600 mm，空气层厚度为 70～80 mm。

加气混凝土砌块承重墙的外墙转角处、墙体交接处，均应沿墙高 1 m 左右，在水平灰缝中放置拉结钢筋，钢筋伸入墙内不少于 1 m。

加气混凝土砌块砌筑前，应根据建筑物平面图、立面图绘制砌块排列图。在墙体转角处设置皮数杆，皮数杆上画出砌块皮数及砌块高度，并拉准线砌筑。

加气混凝土砌块墙的上下皮砌块的竖向灰缝应相互错开，相互错开长度应大于 150 mm，宜为 300 mm。

加气混凝土砌块墙的水平灰缝厚度宜为 15 mm，竖向灰缝宽度宜为 20 mm，水平灰缝砂浆饱满度应大于 90%，竖向灰缝砂浆饱满度应大于 80%。

加气混凝土砌块墙的转角处，应使纵横墙的砌块相互搭砌，隔皮砌块露端面；加气混凝土砌块墙的 T 形交接处，应使横墙砌块隔皮露端面，并坐中于纵墙砌块（如图 3-6 所示）。

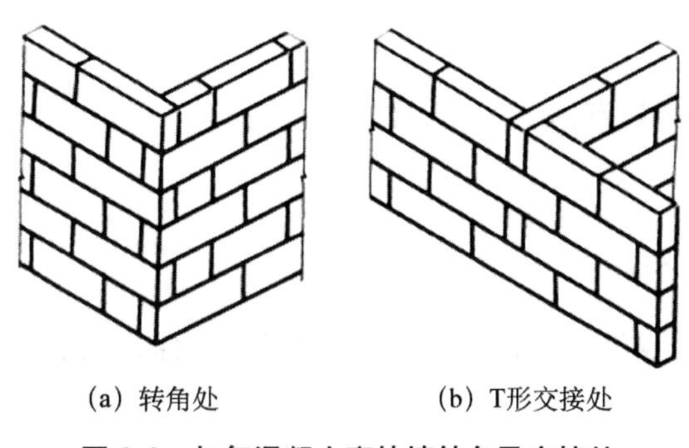

(a) 转角处　　(b) T形交接处

图 3-6　加气混凝土砌块墙转角及交接处

（四）石砌体施工

1. 砌筑毛石基础施工

砌筑毛石基础所用毛石应质地坚硬、无裂纹，强度等级一般为 MU20 以上，尺寸在 200～400 mm。所用水泥砂浆应为 M2.5～M5 级，稠度应为 50～70 mm，灰缝的厚度一般为 20～30 mm。

砌筑毛石基础第一皮石块应坐浆，选较大而平整的石块将大面向下，分皮卧砌，上下错缝，内外搭砌；每皮厚度约 300 mm，搭接不小于 80 mm，不得出现通缝。毛石基础扩大部分，如做成阶梯形，上级阶梯的石块应至少压砌下级阶梯的 1/2，每阶内至少砌两皮，扩大部分每边比墙宽出 100 mm。为增加整体稳定性，应小、中、大毛石搭配使用，并按规定设置拉结石，拉结石长度应超过墙厚的 2/3。毛石砌到室内地坪以下 50 mm，应设置防潮层，一般用 1∶2.5 的水泥砂浆加适量防水剂铺设，厚度为 20 mm。毛石基础每日砌筑高度为 1.2 m。

2. 石墙施工

（1）毛石墙施工。

毛石墙施工应在基础顶面根据设计要求抄平放线、立皮杆、拉准线，然后进行墙体施工。砌筑第一层石块时，应大面向下，其余各层应利用自然形状相互搭接紧密，面石应选择至少具有一面平整的毛石砌筑，较大空隙用碎石填塞。墙体砌筑每层高 300～400 mm，中间隔 1 m 左右应砌与墙同宽的拉结石，上、下层间的拉结石位置应错开。施工时，上下层应相互错缝，内外搭接，不得采用外面侧立石块，中间填心的砌筑方法。每日砌筑高度不应超过 1.2 m，分段砌筑时所留踏步槎高度不超过一个步架。

（2）料石墙施工。

料石墙砌筑应采用铺浆法，竖缝中应填满砂浆并插捣至溢出为止。上下皮应错缝搭接，转角处或交接处应用石块相互搭砌，如无法做到，应在每楼层范围内至少设置钢筋网或拉结筋两道。

（3）石墙勾缝。

石墙的勾缝形式多采用平缝或凸缝。勾缝前先将灰缝刮深 20～30 mm，墙面喷水湿润，并修整。勾缝宜用 1∶1 水泥砂浆，或用青灰和白灰浆掺加麻刀勾缝。勾缝线条必须均匀一致，深浅相同。

三、轻质隔板墙施工方法

（一）墙板安装

1. 放线

在墙板安装部位弹基线与楼板底或梁底基线垂直，以保证安装墙板的平整度和垂直度等，并标识门洞位置。

2. 切割

墙板在安装过程中，基本实行干法作业，切割墙板必须用水时，应将用水量减到最小用量。

3. 上浆

先用湿布抹干净墙板凹凸槽的表面粉尘，并刷水湿润，再将聚合物砂浆抹在墙板的凹槽内和地板基线内。

4. 装板

用铁撬将墙板从底部撬起，用力使板与板之间靠紧，使砂浆聚合物从接缝挤出，必须保证板缝的砂浆饱满，用木楔将其临时固定。

5. 校正

墙板初步拼装好后，要用 2 m 的直靠尺检查平整度和垂直度，并用铁撬调整校正，再用木楔及钢筋做上下固定，120 mm 厚以上的板必须打入 2 根钢筋。

6. 固定

墙板与楼板（顶或底部）、相邻两块墙板、墙板上下连接等除用聚合物水泥砂浆粘结外，还应用 U 形卡键用作加强处理。

7. 安装顺序

从结构部位一端向另一端顺序安装，由楼板地面向楼板顶或梁底安装。当墙端宽度或高度不足一块整板时，应使用补板。高度水平向为错缝安装，如图 3-7 所示。

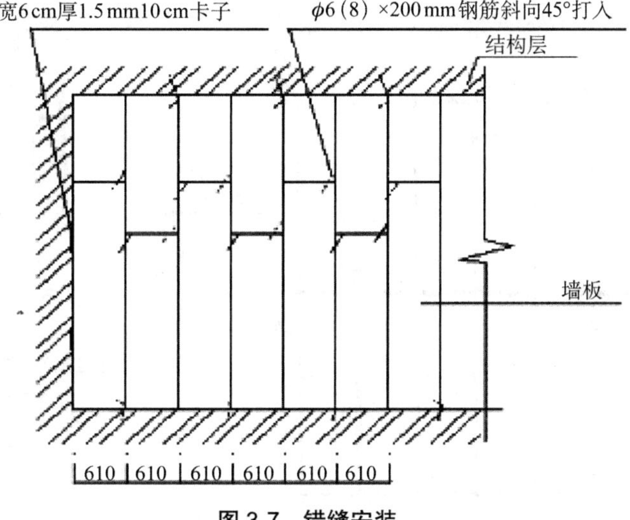

图 3-7　错缝安装

（二）转角位

在墙体的转角（如 L 形、T 形）处，应对墙板采取加强措施。墙板除用聚合物水泥砂浆粘结外，还应用 200～250 mm 长钢筋以间距 400～600 mm 做加强处理。钢筋头应击入板内并用砂浆封口，避免钢筋锈蚀渗出墙面。

（三）埋设线管

墙板内埋设线管、开关插座盒时，由水电安装单位根据设计要求一次性在墙板上画出全部强、弱电和给排水的各类线管槽、箱、盒的位置。不得在同一位置两面同时开槽开洞，且应在墙体养护最少 3 d 后进行。如遇有墙体两侧同一位置同时布有线管、箱体、开关盒时，应在水平方向或高度方向错开 100 mm 以上，以免降低墙体隔声性能。

开槽时，应先弹好要开槽的尺寸宽度，并用手提切割机割出框线，再用人工轻凿槽，严禁暴力开槽开洞。一般凿槽深度不宜大于板厚的 2/3，宽度不宜大于 400 mm。线管的埋设方式和规范按相关要求进行。线管埋设好后用聚合物水泥砂浆按板缝处理的方法处理分层回填实。

（四）吊挂物件

吊挂重物的吊挂件必须是膨胀螺栓，安装时用电钻把表面的面板钻穿后（墙板芯材不需钻孔），直接把膨胀螺栓打进墙板内；吊挂轻物的吊挂件可为不锈钢钉或自攻螺钉，安装时用电钻把表面的面板钻穿后（其直径必须小于钢钉或螺钉直径 1～2 mm，墙板芯材不需钻孔），直接把螺钉钉进或拧进墙板内。

（五）超高或超跨度墙体

墙板不同的厚度有不同的安装极限高度，75 mm 厚的安装极限高度是 5 500 mm，100 mm 厚以上的板安装极限高度是 6 000 mm，如超出安装极限高度则必须加钢横梁，一般是 5 000 mm 高加一道钢横梁；超跨度时一般是间隔 5 000 mm 加一道钢立柱；钢骨架完成后，墙板按一般高度墙体的安装工艺进行，如图 3-8 所示。

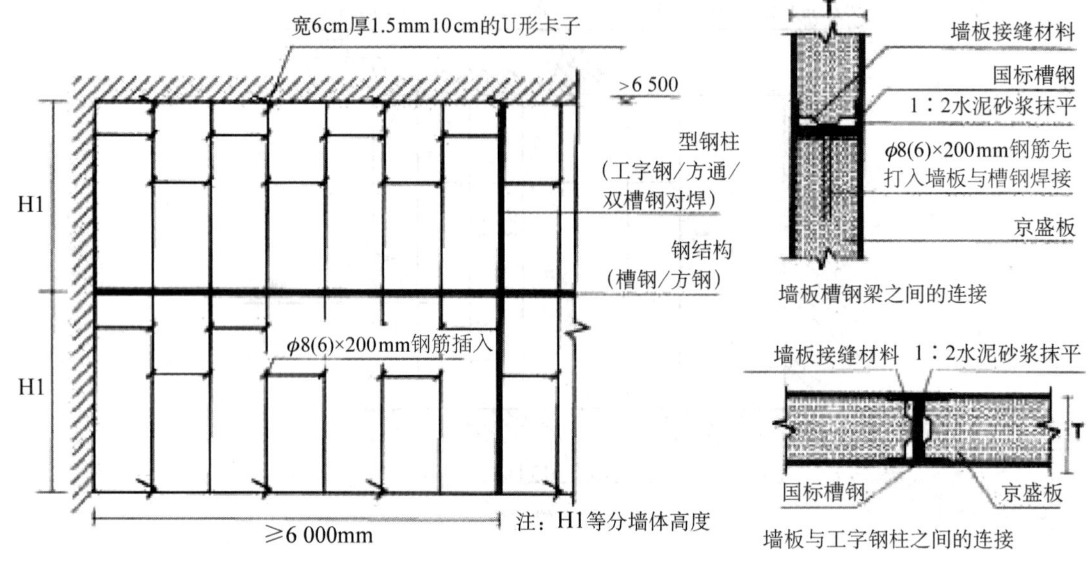

图 3-8　超高墙体安装

墙板与立柱的连接：立柱为工字钢时，墙板直接插在工字钢的 U 形口内即可（连接面必须满填水泥砂浆）；立柱为方钢时，则在墙板与立柱的连接面每间隔 600～800 mm 焊接一个 150～250 mm 长的 50×50 角铁。

墙板与钢梁的连接：钢梁一般选用槽钢（开口向上），钢梁下的墙板在板缝处（墙板两面）焊接一个 200 mm 长的 50×50 角铁，并隔 610 mm（即在每块墙板中间）穿过钢梁向下打一根钢筋固定在墙板上，钢筋与钢梁焊接。

墙板固定：钢梁上的墙板直接插在槽钢的 U 形口内即可（连接面必须满填水泥砂浆）。

第三节　钢筋混凝土工程

一、混凝土结构施工图平面整体表示方法

混凝土结构施工图平面整体设计方法（以下简称平法）是将结构构件的尺寸和配筋，按平面整体表示方法制图规则，整体直接表达在各类构件的结构平面布置图上，再与标准构造详图配合，即构成一套新型完整的结构设计图纸。现行版本为：16G101-1（现浇混凝土框架、剪力墙、梁、板）；16G101-2（现浇混凝土板式楼梯）；16G101-3（独立基础、条形基础、筏形基础、桩基承台）。

（一）筏形基础

1. 梁板式筏形基础

梁板式筏形基础平法施工图，系在基础平面布置图上采用平面注写方式进行表达。梁板式筏形基础由基础主梁 JZL、基础次梁 JCL、梁板筏基础平板 LPB 构成。

2. 平板式筏形基础

平板式筏形基础的平法施工图，系在基础平面布置图上采用平面注写方式表达。平板式筏形基础由柱下板带 ZXB、跨中板带 KZB、平板式筏形基础平板 BPB 组成。

（二）独立基础

独立基础平法施工图，有平面注写与截面注写两种表达方式。独立基础的平面注写方式，分为集中标注和原位标注两部分内容。普通独立基础 DJ_J（阶形）、DJ_P（坡形），杯形独立基础 BJ_J（阶形）、DJ_P（坡形）。

（三）条形基础

条形基础的平法施工图有平面注写和截面注写两种表达方式。

1. 基础梁的平面注写方式

基础梁 JL 的平面注写方式，分集中注写和原位标注两部分内容。

基础梁的集中标注内容为基础梁编号、截面尺寸、配筋三项必注内容，以及当基础梁底面标高（与基础底面基准标高不同时）和必要的文字注解两项选注内容。例如，11B14@150/250（4），表示配置两种 HPB300 箍筋，直径均为 14 mm，从梁内端起向跨内按间距 150 mm 设置 11 道，梁其余部位的间距为 250 mm，均为 4 肢箍。

2. 条形基础底板的平面注写方式

条形基础底板 TJB_P、TJB_J 的平面注写方式，分集中标注和原位标注两部分内容。

条形基础底板的集中标注内容为条形基础底板编号、截面竖向尺寸、配筋三项必注内容，以及条形基础底板底面标高（与基础底面基准标高不同时标注）和必要的文字注解两项选注内容。例如，B：B14@150/A8@250，表示条形基础底板底部配置 HRB335 横向受力钢筋，直径为 14 mm，分布间距 150 mm；配置 HPB300 构造钢筋，直径为 8 mm，分布间距 250 mm。

3. 条形基础的截面注写方式

条形基础的截面注写方式，可分为根面标注和列表注写（结合截面示意图）两种表达方式。

（四）桩基承台

1. 独立承台的平面注写方式

独立承台的集中标注，分为集中标注和原位标注两部分内容。

独立承台 CT 的集中标注，系在承台平面上集中引注：独立承台编号、截面竖向尺寸、配筋三项必注内容，以及承台板底面标高（与承台底面基准标高不同时）和必要的文字注解两项选注内容。独立承台的原位标注，系在桩基承台平面布置图上标注独立承台的平面尺寸。

2. 承台梁的平面注写方式

承台梁 CTL 的平面注写方式，分为集中标注和原位标注两部分内容。承台梁的集中标注内容为：承台梁编号，截面尺寸、配筋三项必注内容，以及承台梁底面标高（与承台底面基准标高不同时标注）和必要的文字注解两项选注内容。

3. 桩基承台的截面注写方式

桩基承台的截面注写方式，分为截面标注和列表注写（结合截面示意图）两种表达方式。

采用截面注写方式，应在桩基平面布置图上对所有桩基进行编号。桩基承台的截面注写方式，可参照独立基础及条形基础的截面注写方式。

（五）基础连系梁

基础连系梁 JLL 系指连接独立基础、条形基础或柱基承台的梁。

具体注写方式与非框架梁相同。

（六）柱

柱平法施工图有两种表示方法，一种是列表注写方式，另一种是截面注写方式。

1. 列表注写方式

列表注写方式就是在柱平面布置图上，分别在同一编号的柱中选择一个截面标注几何参数代号，然后在柱表中注写柱号、柱段起止标高、几何尺寸与配筋的具体数值，并配以各种柱截面形状及箍筋类型图的方式，来表达柱平法施工图。例如，A8@100，表示沿柱全高范围内箍筋为 HPB300 钢筋，直径 8 mm，间距 100 mm。A8@100/200，表示柱箍筋为 HPB300 钢筋，直径 8 mm，加密区间距 100 mm，非加密区间距 200 mm。

2. 截面注写方式

截面注写方式，是在柱平面布置图的柱截面上，分别在同一编号的柱中选择一个截面，直接在该截面上注写截面尺寸和配筋具体数值。

（七）梁

平面注写方式包括集中标柱与原位标注两部分。

集中标注表达：梁的通用数值；原位标注表达：梁的特殊数值。

当集中的某项数值不适用于梁的某部位时，则将该项数原位标注，施工时原位标取值优先。

（八）剪力墙

剪力墙的平法表示与柱子的平法表示类似，也分为截面注写方式和列表注写方式，采用这两种表示方法均在平面布置图上进行。当剪力墙比较复杂或采用截面注写方式时应按标准层分别绘制剪力墙的平面布置图，并应注明各结构层的楼面标高、结构层高及相应的结构层号，以及上部结构嵌固部位位置，对于轴线未居中的剪力墙（包括端柱）应标注其偏心定位尺寸。

（九）现浇混凝土楼盖板

板平面注写主要包括：板块集中标注和板支座原位标注。

（1）板块集中标注。

板块集中标注的内容为：板块编号、贯通纵筋、板厚、当板面标高不同时的标高高差。

（2）板支座原位标注。

板支座原位标注的内容为：板支座上部非贯通纵筋和悬挑板上部受力钢筋。

二、钢筋制作与安装施工方法

（一）钢筋制作

钢筋制作包括调直、除锈、切断和弯曲成型等工作。

（1）调直

直径为 4～14 mm 的钢筋可采用调直机进行调直；粗钢筋还可以采用锤击的方法。

（2）除锈

钢筋除锈一般可以运用以下两个途径：一是大量钢筋除锈可通过钢筋调直机在调制过程中完成；二是少量钢筋局部除锈可采用电动除锈机或人工用钢丝刷、砂盘以及喷砂和酸洗等方法进行。除锈后钢筋表面有严重的麻坑、斑点等已伤蚀截面时，应降级使用或剔除不用，带有蜂窝状锈迹的钢筋不得使用。

（3）切断

钢筋下料时须按下料长度进行剪切。钢筋剪切可采用钢筋剪切机或手动剪切器，钢筋剪切机可切断直径 12～40 mm 的钢筋，手动剪切器一般只用于切断直径不大于 12 mm 的钢筋；直径大于 40 mm 的钢筋需用氧乙炔焰或电弧割切。

（4）弯曲成型

钢筋切断后，要根据图纸要求弯曲成一定的形状。根据弯曲设备的特点及工地习惯进行划线，以便弯曲成所规定的（外包）尺寸。当弯曲形状比较复杂的钢筋时，可先放出实样，再进行弯曲。钢筋弯曲宜采用弯曲机，可弯直径 6～40 mm 的钢筋。直径小于 25 mm 的钢筋，当无弯曲机时也可采用板盘弯曲。

（二）钢筋连接

目前钢筋的连接方法有绑扎搭接、焊接连接和机械连接。

对于直径大于 28 mm 的受拉钢筋和直径大于 32 mm 的受压钢筋不宜采用绑扎搭接。

1. 绑扎搭接

钢筋搭接位置应设置在受力较小处，且同一根钢筋上宜少设置连接。同一构件中相邻纵向受力钢筋搭接位置宜相互错开。钢筋搭接时应在搭接处中心及两端用 20～22 号铁丝扎牢。

位于同一连接区段内的受拉钢筋搭接接头面积百分率应符合设计要求，设计无要求时应符合下列规定：

（1）梁、板及墙类构件不宜大于 25%。

（2）柱类构件不宜大于 50%。

（3）当工程确实有必要增大时，梁类构件也不应大于 50%，板、墙及柱类构件可根据实际情况放宽。

纵向受压钢筋搭接接头面积百分率不宜大于 50%。

纵向受拉钢筋绑扎搭接接头的长度在任何情况下不应小于 300 mm。

对于纵向受压钢筋，其搭接长度不应小于 0.7 倍纵向受压钢筋的搭接长度，且在任何情况下都应大于 200 mm。

2. 焊接连接

焊接连接是利用焊接技术将钢筋连接起来的传统钢筋连接方法。

（1）纵向受力钢筋的焊接接头应相互错开。在任一焊接中心至中心长度为钢筋直径的 35 倍，且不小于 500 mm 的区段内，同一钢筋不得有两个接头；在该区段内有接头的受力钢筋的接头面积百分率应符合设计要求，当设计无具体要求时，应符合下列规定：

1）受拉钢筋不宜超过 50%，受压钢筋和装配式构件连接处无限制。

2）预应力筋受拉区不宜超过 25%，当有可靠的保证措施时可放宽到 50%；受压区和后张法的螺丝端杆无限制。

（2）焊接方式。

1）电阻对焊：先用加压机械使钢筋紧密接触，然后通电，在焊件本身电阻热和接触电阻热的作用下，钢筋被加热成塑性状态，达到焊接温度时，然后加压使钢筋形成对焊接头。

2）闪光对焊：先对钢筋通以电流，再以微力使两根钢筋不断地互相接触和分开，因而产生闪光对焊。

3）电弧焊：利用弧焊机使焊条与焊件之间产生高温电弧，将基材局部熔化成熔池，焊条金属芯的熔滴因电弧力而进入熔池，冷却后熔化的焊条即形成焊缝将两块基材焊接起来。

4）接触电渣压力焊：简称接触电渣焊、电渣压力焊或电液焊，是利用电流通过时产生的电阻热将钢筋端部熔化、然后施加压力使钢筋焊接的一种力焊方法。

3. 机械连接

钢筋的机械连接是指通过连接件的机械咬合作用或钢筋端面的承压作用，将一根钢筋中的力传递到另一根钢筋的连接方法。

常用的钢筋机械连接接头类型如下：

（1）套筒挤压连接接头。通过挤压力使连接件钢套筒塑性变形与带肋钢筋紧密咬合形成的接头。有两种形式，径向挤压连接和轴向挤压连接。现在工程中使用的套筒挤压连接接头，都是径向挤压连接。

（2）锥螺纹连接接头。通过钢筋端头特制的锥形螺纹和连接件锥形螺纹咬合形成的接头。但是锥螺纹连接接头质量不够稳定，现已逐渐被直螺纹连接接头代替。

（3）直螺纹连接接头。直螺纹连接接头主要有镦粗直螺纹连接接头和滚压直螺纹连接接头。这两种工艺采用不同的加工方式，增强钢筋端头螺纹的承载能力，达到接头与钢筋母材等强的目的。

镦粗直螺纹连接接头是通过钢筋端头镦粗后制作的直螺纹和连接件螺纹咬合形成的接头。

滚压直螺纹连接接头是通过钢筋端头直接滚压或挤（碾）压肋滚压或剥肋后滚压制作的

直螺纹和连接件螺纹咬合形成的接头。

（三）钢筋的安装

钢筋的安装包括钢筋的现场绑扎、钢筋网与钢筋骨架的安装、植筋施工，如图 3-9 所示。

图 3-9 钢筋植筋

1. 植筋施工

在钢筋混凝土结构上钻出孔洞，注入胶黏剂，植入钢筋，待其固化后即完成了植筋施工。

（1）植筋施工流程：钻孔→清孔→填胶黏剂→植筋→凝胶。

1）使用冲击电钻进行钻孔，钻孔时孔洞间距与孔洞深度应满足设计要求。

2）清孔时，先用吹气泵清除孔洞内粉尘等，再用清孔刷清孔，要经多次吹刷完成。严禁用水冲洗，以免水分残留在孔中削弱胶黏剂的作用。

3）使用植筋注射器从孔底向外均匀地把适量胶黏剂填注孔内，注意勿将空气封入孔内。

4）按顺时针方向把钢筋平行于孔洞走向轻轻植入孔中，直至插入孔底，胶黏剂溢出。

5）将钢筋外露端固定在模架上，使其不受外力作用，直至凝结。凝胶的时间一般为 15 min，固化时间一般为 1 h。

（2）钢筋胶黏剂。钢筋胶黏剂为软塑状的两个不同化学成分，分别装入两个管状箔包中，在两个箔包的端部设有特殊的连接器，然后再放入手动注射器中，板动注射器将两个箔包中的不同组分挤出，在连接器中相遇后，再通过混合器将两个不同组分充分混合后，最终注入到所需植筋的孔洞中。

2. 钢筋网与钢筋骨架的安装

钢筋网与钢筋骨架的安装是指组装的成品运输至安装地点进行现场拼装的一种施工方法。其施工工艺包括钢筋网与钢筋骨架的制作、运输、安装。一般钢筋网片的分块面积以 6～20 m^2 为宜，钢筋骨架的分段长度宜为 6～12 m。

钢筋网与钢筋骨架在运输和安装过程中应采取临时加固措施，防止发生歪斜变形。

三、模板及支撑体系施工方法

（一）模板安装

1. 木模板

木模板一般是在木工车间或木工棚加工成基本元件（拼板），然后在现场进行拼装。拼板由一些板条用拼条钉拼而成。板条厚度一般为 25～50 mm，宽度宜小于 200 mm。拼条间距取决于混凝土的侧压力和板条厚度，一般为 400～500 mm。

（1）基础模板。基础模板一般利用地基或基槽（基坑）进行支撑，安装阶梯形基础模板时要保证上下模板不发生相对位移。

（2）柱模板。柱模板的构造和安装主要考虑保证垂直度及抵抗新浇混凝土的侧压力，与此同时，也要便于浇混凝土、清理垃圾与钢筋绑扎等。柱模板顶部开有与梁模板连接的梁缺口，底部开有清理孔。高度超过 3 m 时，应沿高度方向每隔 2 m 左右开设混凝土浇筑孔，以防混凝土产生分层离析。安装时应校正其相邻两个侧面的垂直度，检查无误后，即用斜撑支牢固定。

（3）梁模板。梁模板主要由底模、夹木、侧模及其支架系统组成。在梁底模板下每隔 800～1 200 mm 用顶撑顶住，以承受垂直荷载。在顶撑底加铺垫板，以使顶撑传下来的集中荷载均匀地传给地面。多层建筑施工，应使上、下层的顶撑在同一条竖向直线上。侧模板用长板条加拼条制成，土的侧压力，底部用夹木固定，上部由斜撑和水平拉条固定。

梁跨度大于或等于 4 m 时，底模板应起拱，如设计无要求时，起拱高度为全跨长度的 1/1 000～3/1 000。如果设计有要求就按设计的要求进行起拱，如设计要求是 3/1 000 起拱，如果梁是 8 m 的，那么梁中部的标高要比梁端部的标高高出 24 mm。起拱的主要目的是给梁支撑模板在混凝土和模板的自重情况作用下提供下挠的空间，避免混凝土浇注完成后向下弯曲下挠。

单梁的侧模板一般拆除得较早，因侧模板包在底模板的外面。柱的模板和梁的侧模板一样，较早拆除，梁的模板也不应伸到柱模板的开口内，同样次梁模板也不应伸到主梁侧板的开口内。

（4）楼板模板。楼板模板及支撑系统主要是承受混凝土的垂直荷载和施工荷载，保证模板不变形、不下垂；楼板模板是由底板和横楞组成，横楞下方有支柱承担上部荷载。

梁与楼板支模，一般先支梁模板后支楼板的横楞，在依次设下面的横杠和支柱，楼板底模板铺在横楞上。

（5）墙体模板。墙体模板主要承受混凝土的侧压力，因此必须加强面板刚度并设置足够的支撑，以确保模板不变形和不发生位移。

（6）楼梯模板。梯段板的模板由底模板、边板、踏步模板、横挡板和反三角板等组成，在斜楞上面铺钉楼梯底模。

2. 定型组合钢模板

（1）定型组合钢模板由模板、支承件、连接件组成。

（2）钢模板的配板设计。由于同一构件的模板可以有不同的配板方案，所以配板设计时要尽量优化。配板原则如下：尽量采用大规格模板，减少木模嵌补量；合理排列，以提高模板的整体性；模板的长边宜与结构的长边平行布置，以采用错缝拼接为宜，也可齐缝拼接。但应使每块钢模板下最少有两道钢楞支承，以免在齐缝处出现弯折。使用U形卡或L形插销，要保证连接孔对齐。两侧模板对拉螺栓的孔洞要保证对正。配板方案选定之后，应绘制模板配板图。

3. 胶合板模板

（1）梁板组装式胶合板模板。梁板组装式胶合板模板是由胶合板与大梁、小梁组合而构成。小梁构件排列间距一般为300 mm，可采用木工字梁和铝木组合梁等形式，大梁与小梁垂直布置，其间距一般为1.0 m，多用双槽钢形式，也有用铝合金轻型组合式大梁。梁卡是一种连接固定配件。在现场组装时，根据组装设计图，先在地上画线摆放大梁，然后，再将小梁依次摆放在大梁上，并用梁卡固定，形成一个井字形框架，最后再铺设胶合板，并用自攻螺钉或铁钉固定，从而安装成一组梁板组装式胶合板模板。

（2）钢框胶合板模板。钢框胶合板模板是以胶合板为面板，钢材或铝材为框架构成的组合式模板，亦称板块组合式模板。钢框架一般为矩形，框架的边框起大梁的作用；内框即横肋或竖肋，则相当于小梁。

（3）胶合板模板支撑构件。

胶合板模板常用的支撑构件有扣接式、套管式和门架式三种，并可与脚手架、木模、组合钢模的支撑通用。

（二）模板的拆除

1. 拆模时间

模板的拆除时间取决于混凝土硬化的快慢、各个模板的用途、结构的性质、混凝土硬化的气温。及时拆模，可提高模板的周转率，也可为其他工作创造条件，加快工程进度。如过早拆模，混凝土会因为未达到一定强度而不能担任本身重量或受外力而变形或断裂，造成最大的质量事故。现浇结构的模板及支架的拆除，如设计无要求时，应符合下列规定：

（1）侧模应在混凝土强度能保证其表面及棱角不因拆模板而受损坏时，方可拆除。

（2）底模应在与结构同条件养护的试块达到表3-1的规定强度，方可拆除。

表3-1 底模拆除时混凝土强度要求

构件类型	构件跨度	达到设计的混凝土立方体抗压强度标准值的百分率/%
板	≤2	≥50
	>2，≤8	≥75
	>8	≥100
梁、拱、壳	≤8	≥75
	>8	≥100
悬臂构件		≥100

（3）快速施工的高层建筑的梁和楼板模板。如 3～5 d 完成一层结构，其底模及支柱拆除时，应对所用混凝土的强度发展情况进行核算，确保下层楼板及梁能安全承载，方可拆除。

2. 拆模顺序

拆模一般应遵循先支后拆、后支先拆、先非承重部位、后承重部位以及自上而下的原则。重大复杂模板的拆除，事前应制定拆除方案。

（1）柱模。单块组拼的应先拆除钢楞、柱箍和拉螺栓等连接、支撑件，再由上而下逐步拆除；预组拼的则应先拆除两个对角的卡件，并作临时支撑后，再拆除另两个对角的卡件，待吊钩挂好，拆除临时支撑，方能脱模起吊。

（2）墙模。单块组拼的在拆除对拉螺栓、大小钢楞和连接件后，从上而下逐步水平拆除、预级拼的应在挂好吊钩，检查所有连接件是否拆除后，方能拆除临时支撑，脱膜起吊。

对拉螺栓拆除时，可将对拉螺栓齐混凝土表面切断，亦可在混凝土内加埋套管，将拉螺栓从套管中抽出重复使用。

（3）梁、楼板模板。应先拆梁侧模，再拆楼板底模，最后拆除梁底模。拆除跨度较大的梁下支柱时，应先从跨中开始分别拆向两端。

多层楼板模板支柱的拆除，应按下列要求进行：上层楼板正在浇筑混凝土时，下一层楼板的模板支柱不得拆除，再下一层楼板模板的支柱，仅可拆除一部分；跨度 4 m 及 4 m 以下的梁下均可保留支柱，其间距不得大于 3 m。

四、混凝土工程施工方法

（一）混凝土浇筑前的准备工作

1. 模板的检查

（1）检查模板的尺寸、形状、位置、标高是否符合设计要求。

（2）检查模板的强度、刚度、稳定性。

（3）检查模板的接缝是否严密不漏浆。

（4）检查模板内的垃圾、泥土是否清除，木模板应浇水湿润但不得有积水。

2. 钢筋的检查

（1）钢筋的位置、形状、尺寸、直径、数量、级别、间距是否符合设计要求。

（2）钢筋的锚固长度、搭接长度、连接的方法是否符合规范的要求。

（3）安装偏差是否在允许范围之内。

（4）保护层厚度是否符合规范或设计要求。

（5）做好施工组织工作和安全技术交底，并做好隐蔽工程记录。

（二）混凝土浇筑

1. 混凝土浇筑的一般规定

（1）混凝土浇筑前不应发生初凝和离析现象。混凝土运至现场后，其坍落度应满足表 3-2 中的要求。

表 3-2　混凝土坍落度要求

序号	结构种类	坍落度
1	基础或地面等的垫层。无配筋的大体积结构（挡土墙、基础等）或配筋稀疏的结构	10～30
2	板、梁和大型及中型截面的柱子等	30～50
3	配筋密列的结构（薄壁、斗仓、筒仓、细柱等）	50～70
4	配筋特密的结构	70～90

（2）控制混凝土自由倾落以及防离析，坍落度测量如图 3-10 所示。混凝土倾倒高度一般不宜超过 2 m；竖向结构（如墙、柱）不宜超过 3 m，否则应采用串筒、溜槽或振动串筒下料。

（3）浇筑竖向结构混凝土前，应先在底部填筑一层 50～10 mm 厚与混凝土成分相同的水泥砂浆，然后再浇筑混凝土。

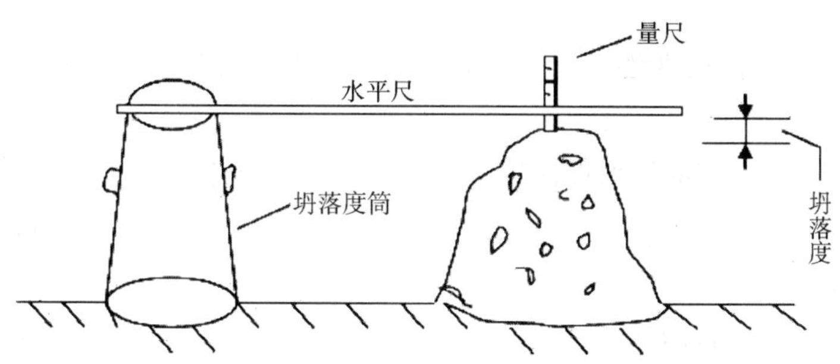

图 3-10　混凝土坍落度测量方法

（4）为了使混凝土振捣密实，必须分层浇筑，每层浇筑厚度与振捣方法、结构配筋有关，应符合表 3-3 中混凝土浇筑层厚度规定。

表 3-3　混凝土浇筑层厚度

项次	捣实混凝土的方法		浇筑层厚度/mm
1	插入式振捣器		振捣器作用部分长度的 1.25 倍
2	表面式振捣器		200
3	人工捣固	在基础、无配筋混凝土或配筋稀疏的结构中	250
		在梁、墙板、柱结构中	200
		在配筋密列结构中	150
4	轻骨料混凝土	插入式振捣器 表面振动器（振动时需加压）	300 200

（5）混凝土应连续浇筑。当必须间歇时，间歇时间应缩短，并应在下层混凝土初凝前，将上层混凝土浇筑完毕。混凝土从搅拌机中卸出，经运输、浇筑及间歇的时间总和不得超过有关规范的规定，否则应留置施工缝。

2. 施工缝的留设

施工缝是指先浇的混凝土与后浇的混凝土之间的薄弱接触面。施工缝宜留在结构受力较小且便于施工的部位。根据施工缝留设的原则，一般柱应留水平缝，梁、板和墙应留垂直缝。施工缝留设具体位置如下：

（1）柱子的施工缝宜留在基础顶面、梁或吊车梁牛腿的下面、吊车梁的上面和无梁楼盖柱帽下面。

（2）与板连为一体的大截面梁，施工缝应留在板底面以下 20～30 mm 处。

（3）有主次梁的楼盖，宜顺次梁方向浇筑，施工缝留在次梁跨度中间 1/3 范围内。

（4）单向板留在平行于板短边的任何位置。

（5）墙的施工缝应留置在门洞过梁跨中的 1/3 范围内，也可留在纵横墙的交接处。

（6）楼梯的施工缝应留置在楼梯长度中间 1/3 范围内。

3. 后浇带的施工

后浇带是在现浇混凝土结构施工过程中，克服由于温度、收缩而可能产生有害裂缝而设置的临时施工缝。该缝需要根据设计要求保留一段时间后再浇筑混凝土，将整个结构连成整体。

（1）后浇带的留置位置需遵照规范，如混凝土置于室内和土中，后浇带的设置距离为 30 m，露天为 20 m。

（2）后浇带的保留时间应根据设计确定，若设计无要求时，一般至少保留 28 d 以上。

（3）后浇带的宽度应考虑施工简便，避免应力集中。其宽度一般为 700～1 000 mm。后浇带内的钢筋应完好保存。

（4）后浇带混凝土浇筑应严格按照施工技术方案进行。在浇筑混凝土前，必须将整个混凝土表面按照施工缝的要求进行处理。填充后浇带混凝土可采用微膨胀或无收缩水泥，也可采用普通水泥加入相应的外加剂拌制，但必须要求填筑混凝土的强度等级比原来结构强度提高一级，并保持至少 15 d 的湿润养护。

4. 大体积混凝土浇筑

大体积混凝土指的是最小断面尺寸大于 1 m 的混凝土结构，其尺寸已经大到必须采用相应的技术措施妥善处理温度差值，合理解决温度应力并控制裂缝开展的混凝土结构。

（1）早期温度裂缝预防。要防止大体积混凝土产生温度裂缝就要避免水泥水化热的积聚，使混凝土内外温差不超过 25℃。施工中应采取以下措施：

1）降低混凝土成型时的温度：混凝土成型时的温度取决于混凝土拌合物的温度。混凝土拌合物的温度与水、水泥、石、砂的温度及用量有关。

2）降低水泥水化热：选用水化热低的水泥品种，如矿渣硅酸盐水泥。要采取措施降低水泥用量，如掺入减水剂和掺合料。

3）提高混凝土的表面温度：对大体积混凝土表面实行保温潮湿养护，使其保持一定温度，或采取加温措施，是防止大体积混凝土表面开裂的有效措施。

（2）整体浇筑方案。

大体积混凝土的浇筑方案一般有以下三种：

1）全面分层：将整个结构浇筑层分为数层浇筑，在已浇筑的下层混凝土尚未凝结时，即开始浇筑第二层，如此逐层进行，直至浇筑完毕。

2）分段分层：将基础划分为几个施工段，施工时从底层一端开始浇筑混凝土，进行到一定距离后就回头浇筑该区段的第二层混凝土，如此依次向前浇筑其他各段（层）。

3）斜面分层：混凝土浇筑时，不再水平分层，由底一次浇筑到结构面。

5. 水下浇筑混凝土

在干地拌制而在水下浇筑和硬化的混凝土，叫作水下浇筑混凝土，简称水下混凝土。水下浇筑混凝土一般不进行振捣，是依靠自重或压力与流动性进行摊平和密实。

6. 喷射混凝土

喷射混凝土是利用压缩空气把混凝土由喷射机的喷嘴以 50～70 m/s 的速度喷射到岩石、工程结构或模板的表面。喷射混凝土施工工艺分为干式和湿式两种。将水灰比 0.1～0.2 的混凝土拌合物输送至喷嘴处加压喷出的为干式喷射混凝土；将水灰比为 0.45～0.50 的混凝土拌合物输送至喷嘴处加压喷出的为湿式喷射混凝土。

（三）混凝土的振捣

混凝土浇入模板后，由于内部骨料和砂浆之间摩阻力与粘结力作用，混凝土流动性很低，不能自动充满模板内各角落，其内部是疏松的，空气与气泡含量占混凝土体积 5%～20%。不能达到要求的密实度，必须进行适当的振捣，促使混凝土混合物克服阻力并逸出气泡消除空隙，使混凝土满足设计要求的强度等级和足够的密实度。

1. 振捣方式

混凝土捣实分人工捣实和机械振实两种方式。

混凝土振捣设备按其工作方式分为内部振动器、表面振动器、外部振动器和振动台。

（1）内部振动器。

内部振动器又称插入式振动器，常用来捣实柱、梁、墙、基础和大体积混凝土。

（2）表面振动器。

表面振动器又称平板振动器，是将附着式振动器固定在一块底板上而成。它适用于振实地面、楼板、板形构件和薄壳等构件。

（3）外部振动器。

外部振动器又称附着式振动器，是将一个带偏心块的电动振动器利用螺栓或夹具固定在构件模板外侧，振动动力通过模板传给混凝土。适用于振捣钢筋密集、断面尺寸小于 250 mm^2 的构件及不宜使用插入式振动器的构件。

（4）振动台。

振动台是将模板和混凝土构件放于平台上一起振动，主要用于预制构件的生产。适用于预制构件厂生产预制构件。

2. 振动棒操作要领

（1）作业时，要使振动棒自然沉入混凝土，不可用猛力往下推。一般应垂直插入，并插到尚未初凝层中 5～10 cm，以促使上下层相互结合。

（2）振捣时，要做到“快插慢拔”。“快插”是为了防止将表面混凝土先振实，与下层混凝土发生分层、离析现象。“慢拔”是为了使混凝土能来得及填满振动棒抽出时所形成的空间。

（3）振动棒各插点间距均匀，一般间距不应超过振动棒有效作用半径的 1.5 倍。

（4）振动棒在混凝土内振密的时间，一般每插点振密 20～30 s，直到混凝土不再显著下沉，不再出现气泡，表面泛出水泥浆和外观均匀为止。如振密时间过长，有效作用半径虽然能适当增加，但总的生产率反而降低，而且还可能使振动棒附近混凝土产生离析。

（5）作业中要避免将振动棒触及钢筋、心管和预埋件等，更不得采取通过振动棒振动钢筋的方法来促使混凝土振密。否则就会因振动而使钢筋位置变动，还会降低钢筋与混凝土之间的粘结力，甚至会相互脱离，这对预应力钢筋影响更大。

五、预应力构件施工方法

（一）先张法

先张法（如图 3-11 所示）是在浇筑混凝土前张拉预应力筋，并临时锚固在台座或钢模上，然后浇筑混凝土，待混凝土强度达到不低于混凝土设计强度值的 75%，保证预应力筋与混凝土有足够的粘结时，放松预应力筋，借助于混凝土与预应力筋的粘结，对混凝土施加预应力。

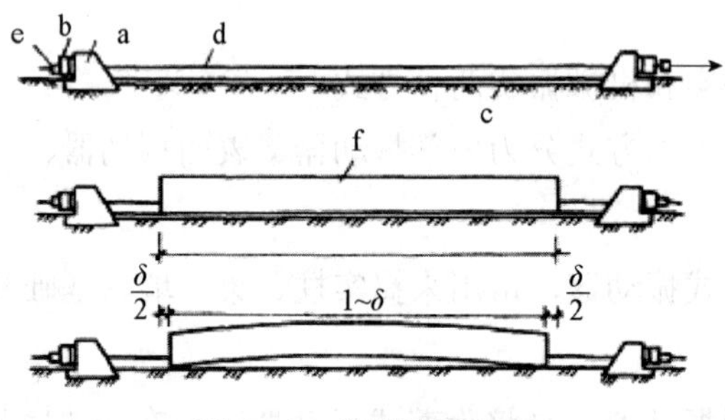

图 3-11 先张法示意图

a-台座；b-横梁；c-台面；d-预应力筋；e-锚固夹具；f-混凝土构件

1. 预应力筋的张拉

预应力筋张拉的注意事项：

（1）为了避免台座承受过大的偏心力，应先张拉靠近台座截面重心处的预应力筋。张拉时，应以稳定的速度逐渐加大拉力，张拉力应控制准确。

（2）钢质锥形夹具锚固时，敲击锥塞或楔块应先轻后重，同时倒开张拉设备并放松预应力筋，两者应密切配合，既要减少钢丝滑移，又要防止锤击力过大导致钢丝在锚固夹具处断裂。

（3）对吊车梁、屋架等重要结构构件的预应力筋，用应力控制方法张拉时，应校核预应力筋的伸长值。

（4）同时张拉多根预应力钢丝时，应预先调整初应力，使其相互之间的应力一致。

（5）在浇筑混凝土前发生断裂或滑脱的预应力筋必须予以更换。

（6）预应力筋张拉后，对设计位置的偏差应不大于 5 mm，且不得大于构件截面最短边长的 4%。

（7）张拉、锚固预应力筋应由专人操作，实行岗位责任制，并做好预应力筋张拉记录。

（8）在已张拉钢筋（丝）上进行绑扎钢筋、安装预埋铁件、支承安装模板等操作时，要防止踩踏、敲击或碰撞钢丝。

2. 混凝土的浇筑

预应力钢丝张拉、预埋铁件、绑扎钢筋安装及立模工作完成后，应立即浇筑混凝土，每条生产线应一次连续浇筑完成。采用机械振捣密实时，要避免碰撞钢丝。混凝土未达到一定强度前，不允许碰撞或踩踏钢丝。

3. 预应力筋放张

放张预应力筋前，必须拆除模板，进行混凝土试块试压，混凝土强度必须符合设计要求，如设计无具体要求时不应低于设计混凝土立方体抗压强度标准值的 75%。

预应力放张应缓慢进行，以防止冲击。常用放张方法如下：

（1）对于中小型预应力混凝土构件，为减少回弹量且有利于脱模，预应力钢丝的放张宜从生产线中间处开始；对于构件应从外向内对称、交错逐根放张，以免构件扭转、端部开裂或钢丝断裂。钢丝一般用钢丝钳或砂轮机切割；钢绞线用氧炔焰或电弧制断。

（2）放张单根预应力筋，一般采用千斤顶放张，即用千斤顶拉动单根钢筋的端部，松开螺母。多根预应力筋构件采用千斤顶放张时，应按对称、相互交错放张的原则进行，拟定合理的放张顺序，控制每一次循环放张的吨位，缓慢逐根多次循环放松。

（3）构件预应力筋较多时，整批同时放张可采用楔块、砂箱等放张装置。砂箱装置由钢板制作的缸套和活塞组成，内装石英砂或铁砂。预应力筋张拉时，砂箱中的砂被压实并承受横梁的反力。预应力放张时，将出砂口打开砂缓慢地流出活塞缓慢回退，钢筋则逐渐放松。砂箱中的砂应选用合适的干燥砂。

楔块放张装置由固定楔块、活动楔块和螺杆组成，楔块放置在台座与横梁之间。预应力筋放张时，旋转螺母使螺杆向上运动，带动楔块向上移动，钢块间距变小，横梁向台座方向移动，从而同时放张预应力筋。

（二）后张法

后张法（如图 3-12 所示）是先制作混凝土构件，待混凝土强度达到设计规定的数值后，穿入预应力筋进行张拉，并利用锚具把预应力筋锚固，最后进行孔道灌浆。

后张法施工与预应力施工有关的是孔道留设、预应力筋张拉和孔道灌浆三部分。

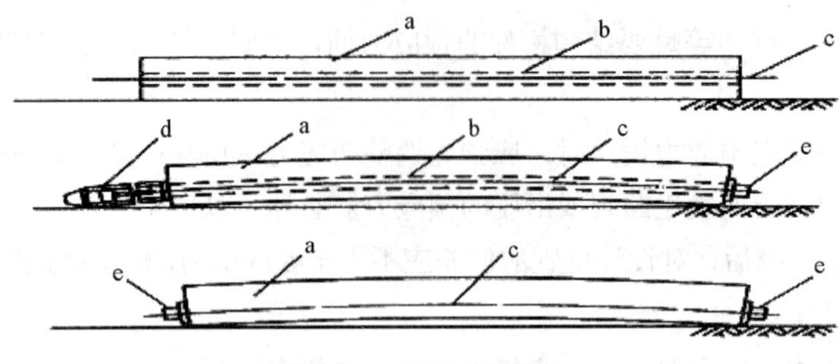

图 3-12　后张法示意图

a-混凝土构件；b-预留孔道；c-预应力筋；d-千斤顶；e-锚具

1. 孔道留设

孔道留设的基本要求：孔道直径应保证预应力筋能顺利穿过。孔道应按设计要求的位置、尺寸埋设准确、牢固，浇筑混凝土时不应出现移位和变形。孔道应平顺光滑，端部预埋件垫板应垂直于孔道中心线。在设计规定位置上留设灌浆孔。构件两端需每间隔 12 m 留设一个直径为 20 mm 的灌浆孔，并在构件两端分别设一个排气孔。在曲线孔道的曲线波峰部位应设置排气兼泌水管，必要时可在最低点设置排水管。灌浆孔及泌水管的孔径应能保证浆液流动畅通。

预留孔道形状有直线、曲线和折线形，孔道留设的方法如下：

（1）钢管抽芯法。

钢管抽芯法预先将平直、表面圆滑的钢管埋设在模板内预应力筋孔道位置上，采用钢筋井字架将其固定在钢筋骨架上，灌筑混凝土时不能让振动器直接接触钢管从而产生位移。在开始浇筑至浇筑后拔管前，间隔一定时间要缓慢匀速地转动钢管，使混凝土与钢管壁不发生粘结；待混凝土初凝后至终凝之前，用卷扬机匀速拔出钢管即在构件中形成孔道。

（2）胶管抽芯法。

胶管抽芯法采用至少 5 层最多 7 层帆布夹层，壁厚 7 mm 的普通橡胶管，用于直线、曲线或折线形孔道成型。胶管一端密封，另一端接上阀门，安放在孔道设计位置上，并用钢筋井字架绑扎固定在钢筋骨架上，确保稳定牢固。浇筑混凝土前，胶管内充入压力为 0.6～0.8 N/mm² 的压缩空气或压力水，使胶管鼓胀直径增大 3 mm 左右。混凝土浇筑成型时，振动机械不要直接碰撞胶管，并经常注意观察压力表的压力是否正常；如有变化，必要时可以进行补压。待混凝土初凝后终凝前，将胶管阀门打开放气（或放水）降压，胶管回缩与混凝土自行脱落。抽管时间比抽钢管时间略迟，一般按先上后下、先曲后直的顺序将胶管抽出。抽管后，应及时清理孔道内的堵塞物。

（3）预埋管法。

预埋管法是用钢筋井字架将黑铁皮管、薄钢管或金属螺旋管固定在设计位置上，在混凝土构件中埋管成型的一种施工方法。预埋管具有质量轻、刚度好、弯折方便、连接简单等特点，可做成各种形状的孔道，并且省去了抽管工序。适用于预应力筋密集或曲线预应力筋的孔道埋设，但在电热后张法施工中，不得采用波纹管或其他金属管埋设的管道。

2. 预应力筋张拉

用后张法张拉预应力筋时，构件的混凝土强度应符合设计要求，一般应高于设计混凝土立方体抗压强度标准值的 75%，预应力筋的张拉控制应力应符合设计要求。

（1）穿筋。

螺丝端杆锚具预应力筋穿孔时，应用塑料套或布片将螺纹端头包扎保护好，避免螺纹与混凝土孔道摩擦损坏。成束的预应力筋将一头对齐，按顺序编号套在穿束器上，一端用绳索牵引穿束器，钢丝束保持水平在另一端送入孔道，并注意防止钢丝束扭结和错向。

（2）预应力筋的张拉顺序。

预应力筋的张拉顺序应按设计规定进行，一般应采取分批分阶段对称进行，以免构件受过大的偏心压力而发生扭转和侧弯。

平卧重叠浇筑的预应力混凝土构件，张拉预应力筋的顺序是先上后下逐层进行。为了减少上下层之间因摩擦引起的预应力损失，可逐层加大张拉力，但底层张拉力不宜比顶层张拉力大 5%（钢丝、钢绞线和热处理钢筋）或 9%（冷拉 HRB335、HRB400 和 RRB400 钢筋），且要注意加大张拉控制应力后不要超过最大张拉力的规定。为了减少叠层浇筑构件间摩擦力引起的应力损失，应进一步改善隔离层的性能，限制重叠浇筑层数（一般不得超过四层）。如果隔离层效果较好，也可采用同一张拉值张拉。

（3）预应力筋的张拉方法。

为了减少预应力筋与预留孔壁间的摩擦而引起的应力损失，对于曲线预应力筋和长度小于等于 24 m 的直线预应力筋，可一端张拉，但张拉端应设置在构件的两端；长度大于 24 m 的直线预应力筋，应采用两端同时张拉的方法。对预埋波纹管孔道的曲线预应力筋和长度大于 30 m 的直线预应力筋应在两端张拉，长度小于或等于 30 m 的直线预应力筋可在一端张拉。

3. 孔道灌浆

预应力筋张拉后，应尽快用灰浆泵将水泥浆压灌到预应力孔道中，防止预应力筋锈蚀，同时可使预应力筋与混凝土有效粘结，提高结构的耐久性、抗裂性和承载能力。

灌浆用水泥浆应有足够的粘结力，且应有较大的流动性和较小的干缩性和泌水性。

灌浆前，应用压力水冲洗和湿润孔道。用电动或手动灰浆泵灌浆，压力应为 0.5～0.6 N/mm^2。灌浆顺序应先下后上，以免上层孔道漏浆把下层孔道堵塞。直线孔道灌浆时，应从构件一端灌到另一端；曲线孔道灌浆时，应从孔道最低处向两端进行。灌浆工作应缓慢均匀连续进行，不得中断，并防止空气压入孔道而影响灌浆质量。在孔道两端冒出浓浆并封闭排气孔后，继续加压灌浆，稍后再封闭灌浆孔。对不掺外加剂的水泥浆，可采用二次灌浆法，以提高孔道灌浆的密实度。

（三）电热法施工

电热法是在施工时以强大的低压电流通过钢筋，由于钢筋电阻较大，致使钢筋温度升高而产生纵向伸长，待伸长到规定长度时，断开电流立即锚固，钢筋冷却回缩，使混凝土构件获得预压应力。

电热法的预应力筋可采用螺丝端杆、帮条锚具，其中帮条锚具应配有 U 形垫板。为保护端杆螺纹，在运输和穿筋过程中，应用胶带或油纸包住螺纹。

为防止通电后产生分流和短路的现象，张拉前必须用绝缘纸垫在预应力筋与端部垫板之间，使预埋铁件隔离绝缘。当穿入钢筋并接好导线后应拧紧螺帽以消除垫板松动和钢筋不直的影响，保证钢筋有相同的初应力。电热张拉时，应使钢筋自由移动，在张拉端刻上标志，以便测量伸长值。通电过程中，随时拧紧螺帽或及时垫入不同厚度的 U 形垫板。钢筋伸长到所需长度后应立即断电，并垫入足够厚度的 U 形垫板或拧紧螺帽；然后将预应力钢筋、螺帽、垫块及预埋铁件焊牢，以保证安全；待钢筋冷却后再浇筑混凝土或进行孔道灌浆。

冷拉钢筋做预应力筋时，反复电热次数不宜超过 3 次，因为电热次数过多，会使钢筋失去冷强效应，降低钢筋强度。电热张拉以后，应在钢筋冷却后进行校核，必要时需要用千斤顶来校核所建立的预应力值。当千斤顶将螺帽拉离端部锚板的瞬间记下压力表的读数，此即建立的预应力值，将此值与计算值进行对比，其偏差不得超过＋10%或−5%。

电热法在后张法施工中不得采用波纹管或其他金属管作预留孔道的埋设，采用其他方法埋设时，为防止电热张拉时产生分流或短路现象，应保证孔道中的非预应力筋不外露。

预应力筋的张拉顺序应按设计要求分组对称张拉，防止构件产生偏心受压。其方法是将两根或三根预应力筋用导线连接在一条闭合电路中同时通电张拉。

电热过程中，应经常测量一、二次导线的电流、电压、预应力筋温度及通电时间。冷拉钢筋电热温度不宜超过 350℃。

电热张拉要设专人负责、统一指挥，一次导线应采用绝缘胶皮线且必须架空，以防发生触电事故，操作人员必须穿绝缘鞋、戴绝缘手套。

（四）无粘结预应力混凝土施工

后张无粘结预应力混凝土施工时，后张法无须预留管道与灌浆，而是将无粘结预应力筋同普通钢筋一样铺设在结构模板设计位置上，用 20～22 号铁丝与非预应力钢丝绑扎牢靠后浇筑混凝土；待混凝土达到设计强度后，对无粘结预应力筋进行张拉和锚固，借助于构件两端锚具传递预压应力。

无粘结预应力筋是由 7 根高强钢丝组成的钢丝束或扭结成的钢绞线，通过专门的设备涂包涂料层和包裹外包层构成。涂料层一般采用防腐沥青，外包层一般采用高压聚乙烯塑料制作。

无粘结预应力混凝土施工工艺：

1. 无粘结预点力筋的铺放与定位

在无粘结预应力梁板结构中，无粘结钢筋按曲线配置，其形状与外荷载弯矩图相适应。因此，铺设双向配筋的无粘结预应力筋时，应先铺设标高较低的钢丝束，再铺设标高较高的钢丝束，以避免两个方向上的钢结束相互穿插。单向配置无粘结预应力筋平板时，可依次铺设。无粘结预应力筋应在绑扎完底筋以后进行铺设，且为避免张拉时破坏线管，铺设时应在放线管下方。钢丝束就位后，为避免浇筑混凝土过程中发生位移，应按设计要求调整标高及水平位置并用 20～22 号铁丝与非预应力筋绑扎固定。

2. 无粘结预应力筋的张拉及锚头处理

混凝土强度达到设计强度时才能进行张拉作业，因无粘结筋一般为曲线筋，所以采用两端同时张拉，张拉的顺序应根据设计顺序确定，一般先铺设的先张拉，后铺设的后张拉。为减小张拉摩阻损失，成束无粘结筋张拉前，应用千斤顶反复抽动 1 次或 2 次。无粘结筋张拉过程中，钢丝发生滑脱或断裂根数不应超过同一截面总根数的 2%。对于多跨双向连续板，其同一截面应按每跨计算。

无粘结筋端锚固区应认真做好防锈防火处理，严防水汽渗入。

（1）镦头锚具：通过锚杯注油孔，用油枪向塑料套管内注满润滑防锈油脂，再浇筑外包钢筋混凝土。

（2）夹片式锚具：将外露无粘结筋切去，仅留 200 mm 长；将其分段弯折后，再浇筑外包钢筋混凝土。

第四节　钢结构工程

一、钢结构的连接方法

（一）焊接连接

1. 焊接连接的优点与缺点

焊接连接是钢结构的主要连接方法，其优点是构造简单、加工方便、构件刚度大、连接的密封性好、节约钢材、生产效率高，缺点是焊件易产生焊接应力和焊接变形；钢结构制作和安装焊接有气体保护电弧焊接、焊条电弧焊接、电渣焊接和埋弧焊接等。

2. 焊接施工的基本要求

（1）为保证焊缝接头的力学性能达到设计要求，可通过焊接工艺评定，选择最适合的焊接方法、焊接工艺、焊接材料、焊后热处理等。

（2）在焊接前，焊条、焊丝按质量要求进行烘焙，烘焙后的焊条应放在保温箱内随用随取。

（3）现场高空焊接作业的操作平台和防护棚应稳定牢固，焊接作业环境温度应大于−10℃。环境温度在−10～0℃时，应采取加热或防护措施。

（4）采用钢丝刷、砂轮等工具，清除待焊接处表面的氧化皮、油污、铁锈等杂物。

（5）应选择合理的焊接顺序以减少焊接变形，一般从焊接件的中心开始向四周扩展，先焊接缩量大的焊缝，后焊接缩量小的焊缝，尽可能地对称施焊，焊缝相交时，先焊纵向焊缝，待冷却至常温后，再焊横向焊缝，钢板较厚时分层施焊。

（二）高强度螺栓连接

1. 高强度螺栓连接

高强度螺栓连接是用强力将钢板紧固，使钢板与钢板间产生摩擦力来传递剪力的连接方法。高强度螺栓可分为扭矩型高强度螺栓和扭剪型高强度螺栓。螺栓的紧固使用扭矩扳手或电动扳手，将预定的拉力导入螺栓中。其特点是施工方便、传力均匀、可拆可换、螺母不易松动、疲劳强度高、结构安全可靠。

2. 高强度螺栓连接的基本要求

（1）摩擦面处理：对高强度螺栓连接的摩擦面在钢构件制作时应采用喷砂处理，酸洗后涂无机富锌漆或贴塑料纸加以保护，安装前应进行检查，若摩擦面有锈蚀、污染等，须进行清理。

（2）螺栓穿孔：安装高强度螺栓时，应做到孔眼对准，螺栓同连接板的接触面之间必须保证平整，严禁锤击穿孔。要正确使用整圈，每一个节点的螺栓穿孔方向必须一致。

（3）高强度螺栓应自由穿入螺栓孔内，当板层发生错孔时，允许用铰刀扩孔，扩孔时，落入板层间的铁屑应彻底清除干净，扩孔的数量不得超过单个接头螺栓的1/3，扩孔后的孔径不应大于1.2 d（d 为原孔径）。

（4）接头如有高强度螺栓连接又有焊接连接时，应按先栓后焊的方式施工。

（5）单个接头上的高强度螺栓连接：应从螺栓群中部开始安装，向四周扩展逐个拧紧。扭矩型高强度螺栓初拧、复拧、终拧，每完成一次应涂上相应的颜色或标记，防止漏拧。

（6）高强度螺栓连接终拧后，螺栓丝扣外露应为 2～3 扣，其中螺栓外露 1 扣或 4 扣不得大于 1/10。

（7）大六角头高强度螺栓终拧可采用转角法和扭矩法。转角法是在初拧的基础上，用扳手将螺栓再转动某个角度值 α，α 值与螺栓的直径及长度有关，可以事先标定。扭矩法是根据高强度螺栓的扭矩系数计算施工扭矩值，然后用标定过的力矩扳手进行施拧，以控制施工扭矩值。

（8）扭剪型高强度螺栓是一种自标量螺栓，终拧紧固只需把尾部梅花头扭掉即可。

二、钢结构安装方法

（一）基础和预埋件

1. 钢结构安装前验收

钢结构安装前应对建筑物的定位轴线、基础轴线、标高、地脚螺栓等进行检查，并应进行验收。

（1）基础混凝土强度应达到设计要求。

（2）基础周围回填夯实应完毕。

（3）基础的轴线标志和标高基准点准确、齐全。

2. 预埋件

基础顶面的预埋钢板的标高、水平度、地脚锚固螺栓的中偏移、露出长度和螺纹长度应符合规范。

（二）构件安装

1. 钢柱安装

（1）柱脚安装时，锚栓应使用导入器或护套。

（2）首节钢柱安装后，应及时进行标高轴线位置和垂直度校正，校正后的钢柱应可靠固定。

（3）首节以上的钢柱定位轴线应从地面控制轴线直接引上，不得从下层柱的轴线引上。钢柱校正垂直度时应确定钢梁接头焊接的收缩量，并预留焊缝收缩变形值。

2. 钢梁安装

（1）钢梁宜采用两点起吊，当梁长度大于 21 m 时采用两点吊装不能满足构件强度和变形要求，这时宜设置 3～4 个吊装点吊装，吊点位置应通过计算确定。

（2）钢梁可采用一机一吊或一机串吊方式吊装，就位后立即进行临时固定。

（3）钢梁面的标高及两端高差采用水准仪与标尺进行测量，校正完成后应进行永久性的连接。

3. 支撑安装

（1）支交叉撑宜按从下到上的顺序组合吊装。

（2）支撑构件的校正宜在相邻结构校正固定后进行。

4. 桁架（屋架）安装

（1）桁架（屋架）安装应在钢柱校正后进行。

（2）桁架（屋架）可采用整榀或分段安装。

（3）桁架（屋架）在起扳和吊装过程中注意防止产生变形。

（4）衔架（屋架）安装时应采用缆绳和刚性支撑以增加侧向临时约束。

（三）单层钢结构安装

（1）单层钢结构应从跨端一侧向另一侧、中间向两端或两端向中间的顺序进行吊装。多跨结构应先吊主跨，后吊副跨，当有多台起重设备共同作业时，也可多跨同时吊装。

（2）单层钢结构在安装过程中，应及时安装柱间支撑、桁架支撑或稳定缆绳，应在形成空间结构稳定体系后再扩展安装。单层钢结构安装过程中形成的临时空间稳定结构应能承受结构自重、风荷载、雪荷载、施工荷载以及吊装过程中冲击荷载的作用。

（3）单层钢结构安装方法有分件安装法和综合安装法。

分件安装法是指起重机在厂房内每开一次，安装一种或两种构件，通常分三步安装所有构件：第一步安装柱，校正固定；第二步安装吊车梁、连系梁及柱间支撑；第三步分节间安装屋面构件、桁架及桁架支撑系统。

（四）多层钢结构安装

1. 多层及高层钢结构划分流水作业段

多层及高层钢结构应划分为多个流水作业段进行安装，流水段应以每节框架为单位。流水段划分应符合下列规定：

（1）流水段内最重构件应在起重设备的起重能力范围内。

（2）起重设备的爬升高度应满足下节流水段内构件的起吊高度。

（3）流水段划分应与混凝土结构施工相适应。

（4）根据结构特点和现场条件在平面上划分流水区进行施工。

2. 流水作业段内构件的吊装应符合下列规定

（1）吊装可采用整个流水段内先柱后梁，或局部先柱后梁的顺序，单柱不得长时间处于悬臂状态。

（2）钢楼板或压型金属板安装应与构件吊装进度同步。

（3）多层及高层钢结构安装校正应根据基准柱进行，楼层标高可采用相对标高进行控制。

三、钢结构防火与防腐

（一）涂刷时间及表面处理

钢结构防腐涂装施工在构件组装和预拼装工程检验批的施工质量验收合格后进行，防腐涂装前，表面除锈采用机械除锈和手工除锈方法进行处理。经过处理的钢材表面不应有焊渣、焊疤、油污、水、灰尘和毛刺等；对于镀锌构件，酸洗除锈后，钢材表面应显露出金属色泽，并应无锈迹、污渍和残留酸液。表面处理后 3～6 h 内涂刷底层漆。构件表面防腐油漆的底层漆、中间漆和面层漆之间的搭配相互兼容，防腐油漆与防火涂料相互兼容，以保证涂装的质量；涂装完毕后，在构件上标注构件编号、重心位置、重量和定位标记。钢结构防火涂料涂装施工在钢结构安装工程和防腐涂装工程检验批施工质量验收合格后进行。

（二）油漆防腐涂装

涂装可采用涂刷法、手工涂刷法、空气喷涂法和高压无气喷涂法，涂装时环境温度为 5～38℃，相对湿度小于 85%，被施工物体表面不得有凝露，遇雨、雾、雪、强风天气时，应停止露天涂装，应避免在强烈阳光照射下施工。

（三）防火涂料涂装

基层表面应无油污、泥垢和灰尘等污垢，且防锈层应完整，底漆无漏刷，构件连接处的缝隙应采用防火涂料填平。防火涂料可采用喷涂、滚涂和抹涂等方法，涂装施工应分层进行，在上道涂层干燥或固化后，再进行下道涂层施工；涂料、涂装厚度、涂数遍数应符合设计要求。

第五节　防水工程

一、防水砂浆及防水混凝土施工方法

（一）防水砂浆

1. 施工时间

防水砂浆防水层施工必须在结构变形或沉降趋于稳定后进行，施工环境温度为 5～35℃，为抵抗裂缝可在防水层内增设金属网片。

2. 施工方法

（1）抹压法施工：先在基层涂刷一层 1∶0.4 的水泥浆，随后分层铺抹防水砂浆，每层厚度为 5～10 mm，总厚度应大于 20 mm。每层应抹压密实，待下一层养护凝固后再铺抹上层。

（2）扫浆法施工：先在基层薄涂一层防水泥浆，随后分层铺刷防水砂浆。第一层防水砂浆经养护凝固后铺刷第二层，每层厚度为 10 mm。相邻两层防水砂浆铺刷方向互相垂直。最后将防水砂浆表面扫出条纹。

（3）氯化铁防水砂浆施工：先在基层涂刷一层防水净浆，然后抹底层防水砂浆，厚度为 12 mm，分两遍抹压，第一遍砂浆阴干后，抹压第二遍砂浆，底层防水砂浆抹完 12 h 后，抹压面层防水砂浆，其厚 13 mm，分两遍抹压，操作要求同底层防水砂浆。

掺防水剂水泥砂浆的防水层施工后 8～12 h 应立即覆盖湿草袋进行养护；24 h 后应定期浇水养护至少 14 d，养护温度不得低于 5℃。

（二）防水混凝土

防水混凝土是通过调整混凝土配合比、掺外加剂或使用新品种水泥等方法，从而提高混凝土的密实性、憎水性和抗渗性而配制的不透水性混凝土。

1. 掺外加剂防水混凝土

外加剂防水混凝土依靠掺入少量的有机或无机物外加剂以改善混凝土的和易性，提高密实性和抗渗性的防水混凝土。分别有加气剂防水混凝土、减水剂防水混凝土、氯化铁防水混凝土、三乙醇胺防水混凝土。

2. 防水混凝土施工要点

（1）防水混凝土施工时，必须严格控制水灰比，水灰比值应小于 0.6。混凝土必须采用机械搅拌、机械振捣，搅拌时间应大于 2 min，振捣时间 10～20 s。

（2）当防水混凝土施工时，底板混凝土应连续浇筑不得留施工缝，墙体一般只允许留设水平施工缝，其位置应留在高出底板上表面大于 200 mm 的墙身上。墙体设有孔洞时，施工缝距孔洞边缘宜大于 30 mm。且施工缝不应留在剪力与弯矩最大处或底板与侧墙交接处，必须留垂直施工缝时，应留在结构的变形缝处。

（3）在施工缝上继续浇筑混凝土时，应将施工缝处的混凝土表面凿毛、浮粒和杂物清除，用水冲洗干净保持潮湿，再铺上一层 20～25 mm 厚的水泥砂浆。水泥砂浆所用的材料和灰砂比应与混凝土的材料和灰砂比相同。

（4）防水混凝土应加强养护，充分保持湿润，养护的时间不得少于 14 d。

二、防水涂料及防水卷材施工方法

具有防水作用的防水涂料和防水卷材称为柔性防水材料。

（一）防水涂料

根据防水层涂料成膜物质的主要成分，涂料分为三类：沥青基涂膜防水、高聚物改性沥青涂膜防水和合成高分子涂膜防水。根据防水涂料的液态类型，涂料可分为溶剂型防水涂料和水乳型防水涂料两类。溶剂型涂料的主要成膜物质的高分子材料溶解于有机溶剂中成为溶液，高分子材料以分子状态存在于溶液中。水乳型涂料的主要成膜物质的高分子材料以极微小的颗粒稳定悬浮在水中，成为乳液状溶液。

1. 沥青基涂膜防水

沥青基涂膜防水的成膜物质中的胶黏材料是石油沥青，分溶剂型和水乳型，如冷底子油、石灰乳化沥青等。

石灰乳化沥青以石油沥青为基料，石灰膏为分散剂，石棉绒为填充料与水在热状态下用机械强力搅拌而制成的沥青膏体，是一种在潮湿基层上冷施工的防水涂料。石灰乳化沥青适用于保温和非保温的无水泥砂浆找平层的屋面防水工程。石灰乳化沥青配合比见表 3-4。

表 3-4　石灰乳化沥青配合比

沥青	石灰膏	石棉绒	水
30～35	14～18	3～5	45～50

石灰乳化沥青采用抹压法施工：石灰乳化沥青应搅拌均匀，稠度控制在 50～100 mm。涂抹应在嵌缝或其他工序完成后进行，根据不同季节和气温高低决定涂刷不同的冷底子油。当日最高气温≥30℃时，先用水将屋面冲洗干净，然后涂刷稀释石灰乳化沥青冷底子油一道；春秋季节应在清洁的屋面基层上涂刷汽油冷底子油一道。冷底子油干燥后，立即涂抹石灰乳化沥青，厚度控制在 5～7 mm，待表面吸水后压实抹光。必须待上一道涂抹层干燥结膜后，方可涂抹下一道涂抹层。防水层的施工缝要求采用斜槎结合，接缝应在板缝处。石灰乳化沥青施工时的气温在 5～35℃。

2. 高聚物改性沥青涂膜防水

高聚物改性沥青涂膜防水的成膜物质中的胶黏材料是沥青和合成高分子聚合物改性沥青材料，分溶剂型和水乳型，如溶剂型再生橡胶沥青涂膜防水和水乳型氯丁橡胶沥青涂膜防水等。质量要求见表 3-5。

表 3-5　高聚物改性沥青涂膜防水的质量要求

项目		质量要求
固体含量		≥43%
耐热度/（80℃，5h）		无流淌、起泡和滑动
不透水性	压力	≥0.1 MPa
	保持时间	≥30 min 不渗透
延伸［（20±2）℃拉伸］		≥4.5 mm

（1）溶剂型再生橡胶沥青涂膜防水工程。溶剂型再生橡胶沥青防水涂料能在各种复杂表面形成无接缝的防水膜，并具有一定的柔韧性和耐久性，干燥固化迅速，能在常温和不低于−10℃的温度下冷施工。

（2）水乳型氯丁橡胶沥青涂膜防水工程。水乳型氯丁橡胶沥青防水涂料能在各种复杂表面形成无接缝的防水膜，具有延伸性好、抵抗基层变形能力强、涂膜细致完整、耐腐蚀性和耐水性好、能在常温下进行冷施工，无毒、不燃，施工时对环境无污染等优点。

水乳型氯丁橡胶沥青防水涂料的施工方法：

涂料防水层施工可采取一涂一砂无玻璃纤维布加筋涂层、一布二涂砂涂层、二布三涂一砂涂层、多层玻璃纤维网格布涂层等防水构造。

清理干净处理好的基层表面，涂刷一层稀释的涂料。涂刷应选择在无阳光的早晚时间进行，以使涂料有充分时间向基层毛细孔内渗透，增强涂层对底层的粘结力。干燥后再涂刷 2～3 遍防水涂料。

中涂层为加筋涂层，要求铺贴玻璃纤维网格布，可采用干铺法和湿铺法。

1）干铺法：干铺法是在已干的底涂层上干铺玻璃纤维网格布，展平后点粘固定。玻璃纤维网格布纵向搭接宽度为 70 mm，对接宽度为 100 mm。铺过两个纵向搭接缝的玻璃纤维网格布后，涂刷防水涂料 2～3 遍；待涂层干燥后，即可铺贴第二层玻璃纤维网格布。

2）湿铺法：湿铺法是在已干的底涂层上边涂刷防水涂料边铺贴玻璃纤维网格布，使其牢固粘结到基层上，再在玻璃纤维网格布上面均匀地涂刷涂料，干燥后刮涂增厚层。增厚层涂料是采用配合比为 1∶1 或 1∶2 的防水涂料和细砂配制经搅拌而制成的，增厚层厚度为 1 mm，每 1 m^2 用涂料为 1 kg。

面层保护层可做细砂保护层或着色涂料屋面保护层，着色涂料采用丙烯酸酯浅色隔热防水涂料或由高分子乳液与钛白粉、铝粉等配制研磨制成。

3. 合成高分子涂膜防水

合成高分子涂膜防水的成膜物质中的胶黏材料是合成橡胶或合成树脂，分单组分或多组分，如聚氨酯防水涂料和丙烯酸酯屋面浅色隔热防水涂料等。质量要求见表 3-6。

表 3-6　合成高分子防水涂料的质量要求

项目		质量要求	
		反应固化类	挥发固化类
固体含量/%		≥94	≥65
拉伸强变/MPa		≥1.65	≥0.5
断裂延伸率/%		≥300	≥400
柔性		−30℃弯折无裂纹	−20℃弯折无裂纹
不透水性	压力/MPa	≥0.3	≥0.3
	保持时间	≥30 min 不渗透	≥30 min 不渗透

4. 聚氨酯涂膜防水

聚氨酯涂膜属橡胶系，是一种化学反应型涂料。聚氨酯防水涂料以双组分形式使用，借组分间发生化学反应而直接由液态变为固态，不产生体积收缩。易形成较厚的防水涂膜。

5. 丙烯酸酯屋面浅色隔热涂膜防水

丙烯酸酯屋面浅色隔热涂膜工程采用的丙烯酸酯屋面浅色隔热涂料，是以丙烯酸酯类共聚树脂乳液为主体配制的防水涂料，属合成树脂系，是一种水乳型涂料。

（二）防水卷材

1. 沥青卷材

（1）材料。

沥青防水卷材是采用原纸、纤维毡、纤维织物等胎体材料，然后用高软化点的石油沥青涂盖油纸两面，再撒上隔离材料而成。按胎体材料的不同分为纸胎油毡、纤维胎油毡（如玻璃布胎、玻纤毡胎、黄麻胎）、特殊胎油毡（如铝销胎）三类。沥青防水卷材的特点、适用范围和施工工艺见表 3-7。

表 3-7　沥青防水卷材的特点、适用范围和施工工艺

卷材名称	特点	适用范围	施工工艺
石油沥青纸胎油毡	低温柔性差，防水层耐用年限较短，价格较低	三毡四油、二毡三油叠层铺设的屋面工程	热玛蹄脂、冷玛蹄脂粘贴
石油沥青玻璃布胎油毡	抗拉强度高，胎体不宜腐烂，材料柔性好，耐久性比纸胎油毡高一倍以上	多用作纸胎油毡的增强附加层和突出部位的防水层	热玛蹄脂、冷玛蹄脂粘贴
石油沥青玻璃纤维胎油毡	有良好的耐水性、耐腐蚀性和耐久性，柔性优于纸胎沥青油毡	常用作屋面或地下防水工程	热玛蹄脂、冷玛蹄脂粘贴
石油沥青麻布油毡	抗拉强度高，耐水性好，但胎体材料易腐烂	常用作屋面增强附加层	热玛蹄脂、冷玛蹄脂粘贴
铝箔面油毡	有很高的阻隔蒸汽渗透的能力，防水性能好，且具有一定的抗拉强度	与带孔玻纤毡配合或单独使用，宜用于隔汽层	热玛蹄脂粘贴

（2）屋面防水工程施工。

1）基层施工。钢筋混凝土屋面板施工时，要求安放平稳牢固，板缝间必须嵌填密实。钢筋混凝土屋面板板面应刷冷底子油一道或铺设一毡二油卷材作为隔汽层以防止室内水汽渗入保温层。采用油毡铺设隔汽层时应满铺，搭接宽度应大于 50 mm。

2）保温层施工。保温层采用的材料，可为松散保温材料或整体保温材料，具有较好的防腐性能或经过防腐处理，保温材料的含水率应符合设计要求。

松散保温材料应分层铺设，适当压实，每层虚铺厚度不宜大于 150 mm，压实程度与厚度应事先根据设计要求试验确定，保温层压实后不得在上面行车或堆放重物。保温层厚度的允许偏差为＋10%或−5%。整体保温材料要求表面平整，并具有一定的强度。

3）找平层施工。找平层采用 1∶3 水泥砂浆，细石混凝土或 1∶8 沥青砂浆进行施工。找平层表面应平整、粗糙，并按设计要求留设坡度，展面转角处应留设半径大于 100 mm 的圆角或斜边长 100～150 mm 的钝角垫坡，并应具有一定的强度及刚度。找平层表面要求洁净，含水率应小于 9%。

找平层宜设宽度为 20 mm 的分格缝，留设在预制板支承边的拼缝处。其纵横向间距不宜大于 6 m，分格缝应附加 200～300 mm 宽的油毡，用沥青玛蹄脂粘贴覆盖。

4）油毡防水层施工。铺设多跨或高低跨房屋的防水层时，应按先高后低、先远后近的顺序进行；铺设同一跨房屋防水层时，应先铺设排水比较集中的檐口、斜沟、水落口、天沟等部位及油毡附加层，按标高由低到高的顺序进行。

油毡的铺贴方法一般采用实铺法，底层油毡面不留空白地，满涂沥青玛蹄脂，其厚度一般在 1～1.5 mm，最大不超过 2 mm。在基层屋面板的各端缝地方，应干铺宽度为 300 mm 的油毡条一层，以防止防水油毡在端缝处被拉裂；在屋面转角、凸出屋面管道或墙根部位、天沟和落水口周围，应加铺 1～2 层油毡附加层，以加强防水效果。铺设的油毡要求粘结牢固，推铺平直，避免斜铺、扭曲和未粘结处。实铺法经常采用浇油法和刷油法涂刷沥青玛蹄脂。为了形成排气屋面则采用花撒法铺贴底层油毡，其余各层油毡均为实铺法。

油毡铺设的方向应根据管面坡度或屋面是否存在震动而确定。

① 屋面坡度小于 3%时，油毡宜平行屋脊方向铺设，油毡铺设由檐口开始向平行屋脊方向进行，压边顺水流方向，搭接长度大于 70 mm，接头顺主导风向，搭接长度大于 100 mm；同层相邻两幅油毡的接头缝应错开 500 mm；上下相邻两层油毡应错开 1/3～1/2 幅油毡宽度。

② 屋面坡度大于 15%或屋面存在震动时，油毡应垂直屋脊方向铺设。油毡铺设由檐口开始向屋脊方向进行，压边顺主导风向，搭接长度大于 70 mm，接头顺水流方向，搭接长度大于 100 mm，每幅油毡铺过屋脊的长度不应小于 200 mm。

③ 屋面坡度在 3%～15%时，油毡铺设方向不做限制。

卷材防水屋面坡度不宜超过 25%。

5）保护层施工。

油毡防水层铺设完毕经检查合格后。应立即进行绿豆砂保护层的施工，以免油毡表面遭到损坏，防水层宜选用沥青麻布油毡或沥青玻璃布油毡，面层上应满涂一层沥青玛蹄脂，保护层与油毡之间设隔离层。

（3）地下防水工程施工。

地下防水工程的油毡防水层应铺贴在整体的混凝土结构或钢筋混凝土结构的基层上、整体的水泥砂浆找平层的基层上、整体的沥青砂浆或沥青混凝土找平层的基层上。

地下防水工程施工时选用的沥青，其软化点应较基层及防水层周围介质可能达到的最高温度高 20～25℃，且不得低于 40℃。油毡宜采用耐腐蚀的油毡，防止酸碱的侵蚀，常采用耐酸沥青玛蹄脂或耐碱沥青玛蹄脂。

油毡防水层铺贴时的沥青玛蹄脂厚度控制在 1.5～2.5 mm，搭接长度短边应大于 150 mm，长边应大于 100 mm，上下层和相邻两幅油毡的接缝应错开，上下层油毡不得相互垂直铺贴。在立面与平面转角处，油毡的接缝应留在平面内，距立面距离要求大于 600 mm。所有的转角处应铺贴附加层。油毡铺贴时要求层间必须粘结紧密，搭缝必须用沥青玛蹄脂封严，最后一层油毡铺贴后，表面上应均匀地涂刷一层厚 1～1.5 mm 的热沥青玛蹄脂。

1）外贴法施工：外贴法施工是在垫层上铺好底面防水层后，先进行底板和墙体结构的施工，再把底面防水层延伸铺贴在墙体结构的外侧表面上，最后在防水层外侧砌筑保护墙。

2）内贴法施工：内贴法施工是在垫层边沿上先砌筑保护墙，油毡防水层一次铺贴在垫层和保护墙上，最后进行底板和墙体结构的施工。

卷材地下防水工程施工一般采用外贴法施工，只有在施工条件受到限制，外贴法施工不能进行时，方可采用内贴法施工。

2. 高聚物改性沥青卷材

高聚物改性沥青卷材防水工程是用氯丁橡胶改性沥青胶黏剂将以橡胶或塑料改性沥青的玻璃纤维布或聚酯纤维无纺布为胎芯的柔性卷材毡单层或双层铺设在结构基层上而形成的防水层。

高聚物改性沥青油毡防水工程施工。

1）冷粘法施工：利用毛刷将胶黏剂涂刷在基层上，然后铺贴油毡，油毡防水层上部再涂刷胶黏剂保护层。

2）热熔施工：利用火焰加热器如汽油喷灯或煤油焊枪对油毡加热，待油毡表面熔化后，进行热熔接处理，热熔施工节省胶黏剂，适于气温较低时施工。

3. 合成高分子卷材

（1）种类。合成高分子卷材可分为三元乙丙橡胶防水卷材、氯化聚乙烯防水卷材、氯化聚乙烯—橡胶共混防水卷材、聚氯乙烯防水卷材、氯磺化聚乙烯防水卷材、再生橡胶防水卷材。

（2）合成高分子卷材防水工程施工。

1）单层外露防水施工。清理干净的基层涂刷一层基层处理剂，一般采用聚氨酯涂膜防水材料的甲料、乙料、二甲苯按 1∶1.5∶3 的比例配合搅拌，均匀地涂刷在基层的表面上，干燥 4 h 后能续施工。

对于排水口、管子根部、平屋顶的阴角等容易发生泄漏的薄弱部位应进行增强处理。可采用聚氨酯甲料和乙料按 1∶1.5 比例配合搅拌均匀，涂剂在薄弱部位的周围，涂刷宽度距离中心为 200 mm 以上，厚度大于 1.5 mm。固化 24 h 后继续施工。也可以采用常温自硫化丁基橡胶胶黏带粘贴方法，对薄弱部位进行增强处理。胶黏带应按要求剪裁好。

卷材铺贴时首先在卷材表面涂刷胶黏剂，厚薄均匀，不得漏涂，静置 10～20 min 待胶膜干燥不黏手时，将卷材用纸筒芯卷好，沿卷材搭接接缝部位宽 100 mm 处严禁涂胶。然后涂刷基层胶黏剂，静置 10～20 min 待胶膜干燥不黏手时即可铺贴油毡。卷材铺贴从流水下坡开始，先弹出基准线，再沿基准线展开油毡。铺贴完一张油毡后，应彻底排除粘结层内的残余空气，不得出现空鼓现象。

卷材的接缝宽度为 100 mm，在搭接接缝部位每隔 500～600 mm 处用氯丁橡胶胶黏剂涂刷，干燥后将搭接部位卷材作临时粘结固定，然后采用丁基橡胶胶黏剂的 A、B 两个组分，按 1∶1 的比例配合搅拌均匀，涂刷在卷材接缝的两个粘贴面，涂油量为 0.5～0.8 kg/m^2，干燥 20～30 min 后，即可进行黏合。接缝处不允许有气泡或皱褶存在，三层重叠的接缝处，必须填充密封膏进行封闭。

为了防止卷材末端收头和搭接接缝边缘的剥落或渗漏，必须用单组氨磺化聚乙稀或聚氨酯密封膏严密封闭，并在末端收头处用掺有水泥用量 20%的聚乙烯醇缩甲醛的水泥砂浆进行压缝处理。末端收头处理。

2）涂膜与油毡复合防水施工。涂膜与油毡复合防水施工，其基层处理剂、铺贴油毡和表面着色剂的施工工艺与单层外露防水施工相同。

聚氨酯涂膜防水层的做法是将聚氨酯涂膜防水材料甲组、乙组和二甲苯按 1∶1.5∶0.2 的比例配合搅拌均匀涂刷到基础表面上，涂刷量为 0.8 kg/m^2 左右，干燥 24 h 后再涂 1～2 遍，涂膜完全固化后即可进行油毡铺贴。有刚性保护层的防水施工，其施工工艺与单层外露防水施工相同，刚性保护层的做法一般在油毡防水层的表面用水泥砂浆粘贴块体饰面材料。

高聚物改性沥青油毡防水工程和合成高分子防水工程施工时，必须注意通风、防火，每次施工后的机具必须及时利用有机溶剂清洗干净。

第六节　装饰装修工程

一、楼地面工程施工方法

（一）水泥砂浆地面施工

一般常用的材料有强度等级不小于 32.5 级的硅酸盐和普通硅酸盐水泥；含泥量不大于 3% 的中粗砂。

1. 水泥砂浆地面的施工工艺流程

基层处理→弹线找规矩→铺设水泥砂浆层面→养护。

2. 施工方法

（1）基层处理：水泥砂浆面层多铺抹在楼地面混凝土垫层上，对于表面比较光滑的基层，应进行凿毛，并用清水冲洗干净，冲洗后的基层最好不要上人。

（2）弹线、找规矩：地面抹灰前，应先在四周墙上弹出一道水平基准线，作为确定水泥砂浆面层标高的依据。根据水平线在四周做灰饼，用类似于墙面抹灰的方法拉线打中间灰饼，并做好地面标筋，在有坡度要求的地面，要找好坡度；有地漏的房间，要在地漏四周做出坡度大于 5% 的泛水。对于面积比较大的地面，用水准仪测出面层的平均厚度，然后边测标高边做灰饼。

（3）铺设水泥砂浆面层：水泥砂浆要求拌和均匀，颜色一致。铺抹前，先将基层溮水湿润，刷一道素水泥浆结合层，并随刷随抹。操作时，先在标筋之间均匀铺上砂浆，比标筋面略高，然后用刮尺以标筋为准刮平、拍实。待表面水分稍干后，用木抹子打磨，将砂眼、凹坑、脚印等打磨掉，在操作半径打磨完后，用纯水泥浆均匀涂抹在面上，再用铁抹子抹光。在砂浆终凝前，人踩上去有细微脚印，把抹纹、细孔等压平、形实。面层与基层结合牢固，表面不得泛水和积水。

（4）养护与保护：水泥沙浆面层施工完毕后，要及时进行浇水养护，必要时可蓄水养护，养护时间应大于 7 d，强度等级应大于 15 MPa。

（二）陶瓷地砖楼地面施工

1. 陶瓷地砖楼地面施工工艺流程

基层处理→抄平放线→做灰饼、冲筋→试拼→铺贴地砖→压平拨缝→嵌缝、养护。

2. 施工要点

根据地砖尺寸大小，铺贴地砖分湿贴法和干贴法两种：

（1）湿贴法：主要适用于小尺寸地砖（常用尺寸 400 mm×400 mm 以下）的铺贴。用 1∶2 水泥砂浆摊在地砖背面，将其镶贴在找平层上，同时用橡胶槌轻轻敲击在砖表面，使其与地面粘贴牢固，以防止出现空鼓与裂缝。

铺贴时，如果室内地面的整体水平标高相差超过 40 mm，则需用 1∶2 的半硬性水泥砂浆找平层，边铺边用木方刮平、拍实，以保证地面的平整度。然后按地面纵横十字标筋在找平层上通贴一行地砖作为基准板，再沿基准板的两边进行大面积铺贴。

（2）干贴法：主要适用于大尺寸地砖（500 mm×500 mm 以上）的铺贴。首先在地面上用 1∶3 的干硬性水泥砂浆铺一层厚度为 20～50 mm 垫层。干硬性水泥砂浆密度大，干缩性小，以手拧成团，松手即散为好。找平层的砂浆应采用虚铺方式，即把干硬性水泥砂浆均匀铺在地面上，不可压实。然后将纯水泥砂浆刮在地砖背面，按地面纵横十字筋通铺一行地砖于硬性水泥砂浆上，以此作为基准版，再沿基准板的两边进行大面积铺贴。

（三）大理石、花岗岩、人造石板楼地面铺设施工

石材地面是指采用天然大理石、花岗者、预制水磨石板块、碎拼大理石板块以及新型人造石板块等装饰材料作饰面层的楼地面。

1. 石材地面施工工艺流程

基层处理→抄平放线→试拼→做灰饼、冲筋→铺板→灌缝、擦缝→打蜡、养护。

2. 施工方法

基层处理、抄平放线、做灰饼、冲筋找平等做法与地砖楼地面铺贴方法相同。

（1）选板试拼：天然石材的纹理、颜色、厚薄不完全一致，因此在铺装前应根据施工大样图进行选板、试拼、编号。按编号顺序在石材的正面、背面以及四条侧边，同时涂刷保新剂。

（2）铺找平层：根据地面标筋铺找平层，找平层有控制标高与粘结面层的作用。按设计要求用 1∶1～1∶3 干硬性水泥砂浆，在地面均匀铺一层厚度为 20～50 mm 的干硬性水泥砂浆。因石材的厚度不均匀，在处理找平层时可把干硬性水泥砂浆的厚度适当增加，但不可压实。

（3）铺板：在找平层上接通线，随线铺设一行基准板，再从基准板的两边进行大面积铺贴。铺装方法是将素水泥砂浆均匀地刮在选好的石材背面，随即将石材铺镶在找平层上，边铺贴边用水平尺检查石材表面平整度，同时调整石材之间的缝隙，并用橡胶锤敲击石材表面，使其与结合层粘结牢固。

（4）抹缝：铺装完毕后，用棉纱将板面上的灰浆擦拭干净，并养护 1～2 d，进行踢脚板的安装，然后用与石材颜色相同的勾缝剂进行抹缝处理。

（5）打蜡、养护：最后用草酸清洗板面，再打蜡、抛光。

（四）木地板楼地面施工

木地板的施工方法可分为实铺式、空铺式和悬浮式。

1. 实铺式

实铺式指木地板通过木格栅与基层相连或用胶黏剂直接粘贴于基层上，一般用于二层以上的干燥楼面。

2. 空铺式

空铺式指木地板通过地垄墙或砖墩等架空再安装，一般用于平房、底层房屋或较潮湿地面，以及地面敷设管道需要将木地板架空等情况。

3. 悬浮式

悬浮式是由于产品本身具有较精密的槽样企口边及配套的粘结胶、卡子和缓冲底垫等，铺设时仅在板块企口咬接处，施以胶黏或采用配件卡接即可连接牢固，整体地铺覆于建筑地面基层。

（五）活动地板地面施工

活动地板也称装配式地板，是一种架空地面由面板、横梁（龙骨）、可调支架等构成，分别有抗静电和不抗静电两种。

活动地板地面施工流程：基层处理→确定铺设方向顺序→弹线定位→固定支架→安装横梁→安装面板→表面清理养护。

（六）地毯施工

地毯一般有固定式和活动式两种铺设方法。固定式又分两类：一类是在地毯四周用倒刺板固定地毯；另一类是用胶黏剂将地毯粘结在地面上。

1. 固定式地毯铺设

基层处理→弹线定位→裁制地毯→固定踢脚→固定倒刺钉板条→铺设垫层→拼接固定→收口清理。

2. 活动式地毯铺设

地毯的活动式铺设是指将地毯摆搁铺于楼地面上，不需与基层固定。

施工流程：基层处理→裁割地毯→接缝缝合→铺贴→收口、清理。

二、抹灰工程施工方法

抹灰工程可分为一般抹灰和装饰抹灰。其中一般抹灰的常见类型有水泥砂浆、石灰砂浆、水泥混合砂浆、聚合物水泥砂浆和纸筋石灰、麻刀石灰、石灰膏等抹灰工程；装饰抹灰的常见类型有水刷石、干粘石、斩假石、假面砖等装饰抹灰工程。

（一）一般抹灰施工

1. 一般抹灰施工流程

基层处理→找规矩、做灰饼、标筋→阳角做护角→摸底灰、中灰、罩面灰。

2. 一般抹灰施工要点

一般抹灰施工的施工顺序应遵循“先室外后室内，先上后下，先顶棚后墙地”的原则。

（1）阳角做护角。

室内外柱角、墙角和门窗洞口的阳角抹灰要线条清晰、挺直，并应防止碰撞损坏。因此不论设计有无规定在与人、物经常接触的阳角部位都需要做护角。无设计要求时，采用 1∶2 水泥砂浆做暗护角，其高度应大于 2 m，每侧宽度应大于 50 mm。

（2）抹底灰、中灰、罩面灰。

抹灰工程应分层进行，一般抹灰为三层，如图 3-13 所示。待标筋达到一定强度后（刮尺操作不致损坏或七八成干）即可抹底层灰，抹底层灰可用托灰板盛砂浆，用力将砂浆推抹到墙面上，一般应从上而下进行。底层灰六七成干（用手指按压有指印但不软）时即可抹中层灰。操作时一般按自上而下、从左向右的顺序进行。在中层灰六七成干后即可抹罩面灰。先在中层灰上洒水，然后将面层砂浆分遍均匀抹涂上去，一般也应按从上而下、从左向右的顺序。抹满后，用铁抹子分遍压实压光。外墙抹灰分隔缝的设置应符合设计要求，宽度和深度应均匀，表面应光滑，棱角应整齐。各抹灰层之间必须粘结牢固，抹灰层无脱层、空鼓，面层无爆灰、裂缝。孔洞、护角、槽、盒周围的抹灰表面应整齐、光滑；管道后的抹灰表面应平整。

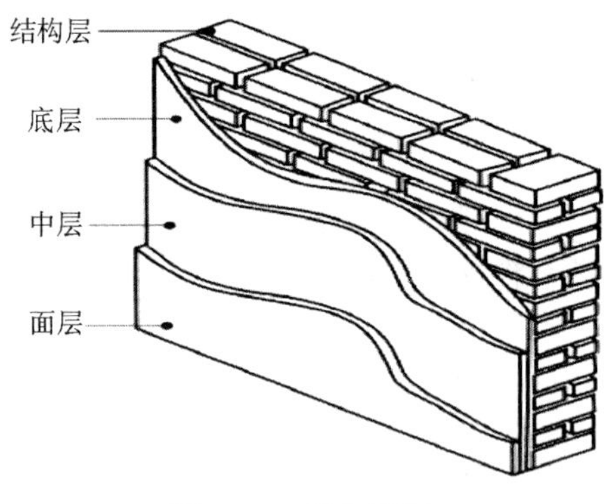

图 3-13　抹灰图示

在此过程中注意检查阴阳角的直角度和垂直度，然后确定抹灰厚度，浇水湿润。用木制阴角器和阳角器分别进行阴阳角处抹灰，先抹底层灰，使其基本达到直角，再抹中层灰，使阴阳角方正。

（二）装饰抹灰施工

装饰抹灰的底层和中层与一般抹灰相同，但面层材料有区别，装饰抹灰的面层材料主要有水泥石子浆、水泥色浆等，几种常见的装饰抹灰施工工艺如下：

1. 斩假石

斩假石是在水泥砂浆基层上面涂抹水泥石子浆，待凝结硬化具有一定强度后，用斧子等工具在面层上剁斩出类似石材经雕琢的效果。

斩假石施工流程：

中层灰控毛验收→弹线粘贴分格条→抹面层水泥浆→养护→试剁→斩剁。

2. 假面砖

假面砖是在水泥砂浆中掺入氧化铁黄或氧化铁红等颜料，通过手工操作达到模仿面砖装饰效果的做法。

假面砖装饰抹灰的底层和中层，一般采用 1∶3 的水泥砂浆，其表面要达到平整、粗糙的要求。待中层凝结硬化后洒水湿润养护，并可进行弹线，先弹出宽缝线，用以控制面层划沟（面砖凹缝）的顺直度，然后抹 1∶1 的水泥砂浆垫层，厚度为 3 mm，紧接着抹面彩色砂浆，厚度为 3 mm 或 4 mm。待面层彩色砂浆稍微收水后，即用铁梳子沿靠尺板划纹，纹深 1 mm 左右，划纹方向与宽缝线相互垂直，作为假面砖的密缝，然后用铁皮创或铁钩沿靠尺板划沟，纹路凹入深度以露出整层为准，随手清理飞边砂粒。

三、饰面工程施工方法

饰面板砖工程是指将大小不同的板（砖）材料采取镶贴或挂贴的方式固定到墙面上的做法。一般而言，饰面材料按用材可分为两类：一是板材类，如天然大理石、人造石、花岗岩以及金属饰面板材等；二是砖材类，如瓷砖、陶瓷玻璃锦砖等。

（一）直接镶贴饰面砖施工

1. 饰面板砖工程施工工艺流程

基层处理→吊垂线、套方、找规矩→贴灰饼、抹底灰→弹线分格排砖→贴标准点→垫底尺→选砖浸砖→镶贴面砖→勾缝擦缝。

2. 施工方法

基层处理、吊垂线、套方、找规矩、贴灰饼及抹底灰按一按般抹灰的方法进行，最后底灰面用木抹子搓毛。

（1）弹线分格是按图纸要求及饰面砖规格，在找平层上用墨线弹出饰面砖分格线，弹线前应根据镶贴墙面长、宽尺寸，将纵、横面砖的皮数划出皮数杆，定出水平标准。最好从墙面一侧端部开始，以便将不足模数的面砖贴于阴角或阳角处。

（2）贴标准点：用废面砖贴标准点，在墙面上下左右合适位置作标志，并以砖棱角作为基准线，上下靠尺吊垂直，横向用靠尺或细线拉平。用于控制饰面砖的表面平整度。阳角处除正面做标志物外，靠阳角的侧面也要挂直，即所谓的双面挂直。

（3）选面砖、浸砖：在镶贴面砖前，应按设计要求挑选颜色、规格一致的砖；由于内墙饰面砖大多数为釉面砖，吸水率较高，浸泡时，将面砖清洁干净，放入净水中浸泡两小时以上，取出待表面晾干或擦干净后方可以使用。

（4）镶贴面砖：面砖镶贴的方式有离缝式和无缝式两种。内墙面砖镶贴排列方法，主要有直缝镶贴和错缝镶贴两种。

镶贴面砖应由下而上进行铺贴。抹水泥结合层时要刮平，亏灰时取下重贴。在镶贴施工的过程中，应随粘贴、随敲击、随用靠尺检查表面平整度和垂直度，并注意保证缝隙宽度的一致。如果遇到面砖几何尺寸差异较大，应在铺贴中注意随时调整。最佳的调整方法是将相近尺寸的饰面砖贴在一排上，但镶最上面一排时，应保证面砖上口平直，以便最后贴压条砖。无压条砖时，最好在上口贴圆角面砖，或将面砖贴至吊顶层上。

（5）勾缝及擦缝：面砖镶贴完毕后，应立即对砖面进行清洁，并经自检无空鼓和不平顺后，用勾缝胶、白水泥进行勾缝或擦缝，并将完成的面砖再次清理干净。

（二）陶瓷锦砖施工

1. 陶瓷锦砖施工工艺流程

基层处理→抹灰找平→排砖、分隔放线→镶贴→揭纸→调整→擦缝。

2. 施工方法

（1）排砖、分格和放线：陶瓷锦砖的施工排砖、分格是按照设计要求，根据门窗洞口横竖装饰线条的布置，首先明确墙角、墙垛、出檐、线条、分格、窗台、窗套等节点的细部处理，按整砖模数排砖确定分格线。

（2）镶贴施工：镶贴陶瓷锦砖饰面时，一般由下而上进行，按已弹好的水平线安放八字靠尺或直靠尺，并用水平尺校正垫平。上述工作完成后，即可在粘结层上铺贴陶瓷锦砖。

（3）揭纸后要检查缝的大小，不合要求的缝必须拨正，调整砖缝的工作，要在粘结层砂浆初凝前进行。

（4）擦缝：待粘结水泥浆凝固后，用素水泥浆找补擦线。泥浆在陶瓷锦砖表面刮一遍，嵌实缝隙，接着加些干水泥进一步找补擦缝，全面清理擦干净后次日喷水养护。

（三）饰面板施工

饰面板的施工主要包括天然石材法和人造石材的施工，主要的施工方法为干挂法和湿作业法。

1. 干挂法

干挂法施工流程：基面处理→弹线→打孔开槽→固定连接件→装块、嵌缝清理。

干挂法可分为直接干挂法和间接干挂法，主要区别在于所用连接件的形式不同，常用的有销针式和板销式两种。

销针式是在板材上、下端面打孔，插入不锈钢销，同时连接不锈钢舌板连接件，并与建筑结构基体固定。

板销式是将销针式勾挂石板的不锈钢销改为厚度不小于 3 mm 的不锈钢板条式挂件，施工时插入石板的预开槽内，用不锈钢连接件与建筑结构体固定。

2. 湿作业法

湿作业法有两种做法：绑扎固定灌浆法和金属件锚固灌浆法。

绑扎固定灌浆法施工流程：基层处理→绑扎钢筋网→弹线分块、预拼编号→石板钻孔、开槽→绑扎铜丝→安装饰面板→临时固定→灌浆清理、镶缝。

四、门窗工程施工方法

（一）木门窗的安装

1. 先立门窗框（先立口）

先立门窗框就是在砌墙前，将木门窗框按设计要求的位置立直、找正后临时斜撑固定，上吊压重，保持位置稳定，然后砌墙将门窗直接砌固在墙中。

2. 后塞门窗框（后塞口）

后塞门窗框就是在砌筑墙体时预先按门窗尺寸留好洞口，洞口尺寸应比门窗框每边大20～25 mm，在洞口两边预埋好木砖，待墙体砌好以后再将门窗框塞入洞口内，在木砖处垫好木片，待水平和垂直校正无误后，用钉子钉牢，每个木砖应至少钉两颗钉子。木砖应预先做好防腐处理，其位置应错开门窗安装铰链处。

木门窗框安装好后，再安装门窗扇和五金配件。

（二）钢门窗的安装

按照设计图纸要求，在门窗洞口上弹出水平和垂直控制线，然后将钢门窗樘放入预留门窗洞口中，并根据墙厚位置进行立樘。

在门窗框四周或能受力的部位用木楔进行临时固定，然后用线坠和水平尺校正门框水平度和垂直度后再将木楔揳紧，并打开门扇，锯一根与门框内净间距相同长度的木板条作为门框中部支撑，待嵌填入铁脚孔内的水泥砂浆达到70%的强度后，才能拆除木撑。

钢门窗定位固定后装好铁脚，先将上框的焊接铁脚与过梁中的预埋铁件焊牢，再把两侧的铁脚插入墙体结构的预留孔洞中，浇水湿润后用C20细石混凝土塞入孔洞内，捣实、抹平，洒水养护3 d，注意养护期内不得碰撞、振动钢门窗。当孔洞内水泥砂浆或混凝土达到规定的强度后，方可将四周安设的木楔取出，并用1∶2.5的水泥砂浆将四周缝隙嵌填严实。

钢门窗框安装好后，再安装门窗扇和五金配件。

（三）铝合金门窗的安装

1. 铝合金门窗的安装流程

门窗洞口检查处理→安装立柱→安装连接件→铝合金门窗安装→门窗四周嵌缝→安装门窗扇、五金配件→清理、校正。

2. 安装要点

（1）铝合金门窗安装前应对预留洞口检查，洞口尺寸应比门窗框尺寸每边大20～25 mm。对于大型组合铝合金门窗，应安装立柱，立柱与主体结构要牢固连接，门窗框与立柱通过连接件固定。

（2）由于铝合金的线膨胀系数较大，安装时外框与洞口应弹性连接并保证牢固，不得将门窗外框直接埋入墙体。窗框与窗洞墙间缝隙应采用矿棉条或毡条分层填塞，缝隙表面留5～8 mm深的槽口，然后填嵌密封油膏，密封胶表面应光滑顺直无裂纹。

（四）塑钢门窗的安装

1. 塑钢门窗的安装流程（后塞口）

门窗洞口处理→安装连接件→塑料门窗安装→门窗四周嵌缝→安装门窗扇、五金配件→清理、校正。

2. 门窗框与墙体的连接

（1）直接固定法：砌筑墙体时先将木砖预埋入门窗洞口内，安装时用木楔调整门、窗框与洞口间隙，用木螺钉直接穿过门、窗框与预埋木砖连接，将门、窗框固定在墙体上。

（2）连接件法：用专用铁件卡在门、窗框异型材的外侧，用射钉或膨胀螺栓固定在墙体上。

（3）假框法：先在门窗洞口内安装一个与塑料门窗框配套的镀锌铁皮金属框，或者用木门窗更换成塑料门窗时，将原来的木门窗框保留不动，将塑料门窗框直接固定在原来的木门窗框上，最后将接缝及边缘部分用盖条板盖住。

（五）彩板门窗的安装

彩板门窗的安装工序因室外墙面装饰面层的不同而有所差异。一般当室外装饰面层为大理石、瓷砖、马赛克等时需安装副框；当室外装饰面层为水泥砂浆抹面时，可以不安装副框，门窗外框直接与洞口固定。

1. 带副框门窗的安装流程

副框组装→连接件安装→副框调整、定位→副框固定→洞口处理→门窗框与副框连接→缝隙处理→揭保护膜、清洗。

2. 不带副框门窗的安装流程

洞口抹灰→连接点钻孔→立门窗樘→固定门窗→缝隙处理→揭保护膜、清洗。

五、顶棚装饰施工方法

（一）顶棚装饰施工流程

安装吊点紧固件→沿吊顶标高线固定沿墙边龙骨→刷防火涂料→在地面拼接木隔栅（木龙骨架）→分片吊装、固定→分片间连接→预留孔洞→整体调整→安装胶合板→后期处理。

（二）施工要点

1. 在地面拼接木隔栅（木龙骨架）

将截面尺寸为 25 mm×30 mm 的木龙骨，在长木方向以距中心线 300 mm 处开出深 15 mm、宽 25 mm 的凹槽。然后按凹槽对凹槽的方法将两根木龙骨进行拼接。在拼接处用小圆钉或胶水固定。通常是先拼接大片的木隔栅，再拼接小片的木隔栅，但木隔栅最大片不能大于 10 m^2。

2. 与吊点固定

与吊点固定有 3 种方法。

1）用木方固定：先用木方按吊点位置固定在楼板或屋面板的下面，再用吊筋木方与固定在建筑顶面的木方钉牢。吊筋长短应大于吊点与木隔栅表面之间的距离 100 mm 左右，以便于调整高度。吊筋应在木龙骨的两侧固定后再截去多余部分。吊筋与木龙骨钉接处不得少于两个铁钉。如木龙骨搭接间距较小，或钉接处有劈裂腐朽虫眼等缺陷，应换掉或立刻在木龙骨的吊挂处钉挂上 200 mm 长的加固短木方。

2）用角铁固定：在需要上人和一些重要的位置，常用角铁做吊筋与木隔栅固定连接。其固定方法是在角铁的端头钻 2～3 个调整孔，角铁在木隔栅的角位上用两个木螺钉固定。

3）用扁铁固定：将扁铁的长短先测量截好，在吊点固定端钻出两个调整孔，以便调整木隔栅的高度。扁铁与吊点件用 M6 螺栓连接，肩铁与木龙骨用两个木螺钉固定。扁铁端头不得长出木隔栅下平面。

3. 安装胶合板

1）按设计要求将挑选好的胶合板正面向上，按照木隔栅分格条的中心线尺寸，在胶合板正面画线。

2）在胶合板的正面四周按宽度为 2～3 mm 刨出 45°倒角。

3）将胶合板正面朝下，托起到预定位置，使胶合板上的画线与木隔栅分格条的中心线对齐，用铁钉固定。钉距为 80～150 mm，钉长为 25～35 mm，钉帽进入板面 0.5～1 mm，钉眼用油性腻子抹平。

4）固定纤维板时，钉距为 80～120 mm，钉长为 20～30 mm，钉帽进入板面 0.5 mm，钉眼用油性腻子抹平。硬质纤维板用前应先用水浸透，自然阴干后安装。

5）胶合板纤维板、木丝板要钉木压条先按图纸要求的间距尺寸在板面上弹线。以墨线为准。将压条用钉子左右交错钉牢，钉距不应大于 200 mm，钉帽砸扁顺着木纹打入木压条表面 0.5～1 mm，钉眼用油性腻子抹平。木压条的接头处，用小齿锯制角，使其严密平整。

第七节　建筑节能工程

一、墙体节能工程

对外墙采取保温措施是为了提高其保温隔热性能，降低建筑物的采暖、空调能耗。墙体按保温材料可分为单一材料节能外墙、外保温外墙、夹芯保温外墙、内保温外墙。

（一）外墙外保温系统

外墙外保温是指在承重墙外表面上粘贴或吊挂聚苯板或岩棉板，然后贴上网格布或挂钢筋网增强，再做抹灰面层形成外保温复合墙体。

外墙外保温系统施工：

1. EPS 板薄抹面外保温系统施工

EPS 板薄抹面外保温系统由 EPS 板保温层、薄抹面层和饰面涂层构成，EPS 板用胶固定在基层上，薄抹面层中应满铺玻纤网。

（1）施工流程：

基层、节点处理及验收→定位放线→基层涂刷胶黏剂（辅助锚栓装）→EPS 板用胶黏剂固定在基层（辅助锚栓固定）→EPS 板隐蔽验收→玻纤网粘贴→薄抹面层→饰面涂层。

（2）施工要点。

1）胶浆配制时将水与胶黏剂按 1∶4 质量配比，用电动搅拌器充分搅拌均匀，放置 5 min 后视其稠度情况，加入少量水再搅拌一次，结合气候情况，稠度以易施工、不流淌为准。

2）保温板的标准尺寸为 1 200 mm×600 mm×50 mm，保温板采用点粘法粘贴。

3）网格布的铺设应自上而下进行，并沿外墙转角处依次铺设。标准网格布间应相互搭接，搭接长度应大于等于 6.5 mm，但加强网格布之间必须紧密对接。当遇门、窗洞口时，为防止开裂，应在洞口四角处沿 45°方向铺贴一块标准网格布（长 400 mm、宽 200 mm）。铺设网格布时，网格布的弯曲面应朝向墙面，并沿水平和垂直方向划出 T 字形以固定在墙面上，然后从中央向四周用抹子将网压入胶浆内。全部抹面胶浆和网格布铺设完毕后，至少静置养护 24 h 之后方可进入下一道工序的施工。

4）基层与胶黏剂应做拉伸粘结强度试验，粘结的强度应大于 0.3 MPa，并且粘结界面脱开面积应小于 1/2。

5）建筑物高度在 20 m 以上时，受负压作用较大的部位应使用锚栓加强固定。

2. 胶粉 EPS 颗粒保温浆料外保温系统施工

胶粉 EPS 颗粒保温浆料外保温系统由界面层、胶粉 EPS 颗粒保温层、抗裂砂浆薄抹面层、饰面层组成。

施工流程：基层墙面清理→基层处理→掉垂线、套方、弹线控制→做灰饼、收口→抹第一遍保温浆料→24 h 后抹第二遍聚苯颗粒浆料找平→晾干燥、开窗口滴水槽→抹第一遍抗裂砂浆→阴阳角处铺贴加强网格布一层→铺设热镀锌金属钢丝网→抹第二遍抗裂砂浆。

3. 现浇混凝土复合 EPS 钢丝网架板外保温系统施工

EPS 钢丝网架板现浇混凝土外墙外保温系统是将 EPS 板置于将要浇筑混凝土的墙体外模内侧，斜插丝贯穿 EPS 板并外伸出一定长度，在浇筑混凝土墙时斜插丝头部分埋入混凝土内，并以锚筋钩紧钢丝网架作为辅助固定措施，并与钢筋混凝土外墙浇筑为一体。

施工流程：定位放线→钢筋绑扎→EPS 单面钢筋网架板安装→隐蔽验收→混凝土外墙模板安装→用钢筋辅助固定 EPS 单面钢筋网架板→混凝土浇筑→拆模→EPS 单面钢筋网架板抹掺外加剂的水泥砂浆抹面层形成抗裂砂浆薄抹面→饰面层施工。

（二）外墙内保温系统

外墙内保温即在外墙结构的内部做保温层（如图 3-14 所示），施工主要使用石膏板、挤塑板或者聚氨酯喷涂等。

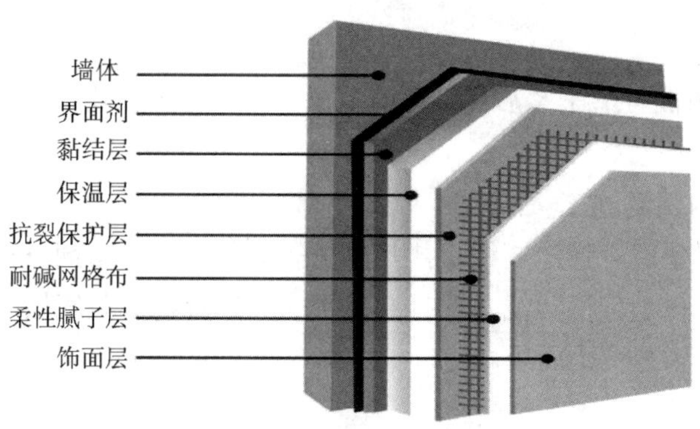

图 3-14　外墙内保温结构图

1. 增强石膏聚苯复合板外墙内保温施工

（1）增强石膏聚苯复合板外墙内保温的施工流程：

结构墙面清理→分档、弹线→配板、修补→标出预埋件位置→墙面贴饼→粘贴防水保温踢脚板→安装复合板→板缝及阴角、阳角处理→板面装修。

（2）施工方法：

1）结构墙面清理：所有凸出墙面 20 mm 的砂浆块和混凝土块必须剔除，并扫净墙面。

2）分档、弹线：以门窗洞口边为基准，向两边按板宽 600 mm 分档。按保温层厚度在墙顶上弹出保温墙面的边线。按防水保温踢脚层的厚度在地面上弹出防水保温踢脚面的边线，在墙面上弹出踢脚的上口线并画出贴饼点位置。

3）配板、修补：按分档进行配板。复合保温板的长度略小于顶板到踢脚上口的净高尺寸。计算并测量窗口下部和门窗洞口上部的保温板尺寸，并按此尺寸配板。当保温板与墙的长度不相适应时，应将部分保温板预先拼接加宽或锯窄至适合宽度。

4）墙面贴饼：在贴饼位置，用钢丝刷刷出直径大于等于 100 mm 的洁净面并浇水润湿，再刷一道 107 胶素水泥浆。然后检查墙面的平整度和垂直度，照规矩贴饼，并在需设置埋件处做灰饼（200 mm×200 mm）。冲筋材料为 1∶3 水泥砂浆，灰饼直径 100 mm，厚度 20 mm 要保证空气层厚度。

5）粘贴防水保温踢脚板：在踢脚板内侧上、下口处，各自按 200～300 mm 间距布置 EC-6 砂浆胶黏剂粘结点，同时在踢脚板底面及相邻的已粘贴上墙的踢脚板侧面满刮胶黏剂。粘贴时要保证踢脚板上口平、板面垂直，保证踢脚板与结构墙间的空气层厚度（10 mm 左右）。

6）安装复合板：将接线盒、管卡、预埋件的位置准确地翻样到板面，并开出洞口。复合板安装顺序宜从左至右。安装时用手推挤，并用橡胶锤敲振，使所有拼合面挤紧冒浆，然后用开刀将挤出的胶黏剂刮平，使复合板贴紧灰饼。

7）板缝及阴角、阳角处理：复合板安装 10 d 后，应检查所有缝隙是否粘结良好，如出现裂缝，应查明原因后进行修补。已粘结良好的所有板缝、阴角缝，先清理浮灰，刮一层接缝腻子，粘贴一层 50 mm 宽的玻纤网格带，压实粘牢，表面再用接缝腻子刮平。所有阳角粘贴 200 mm 宽的玻纤布（每边各粘贴 100 mm），方法同板缝。

8）胶黏剂配制：胶黏剂要使用时配制，不得提前配制备用，现场配制的胶黏剂应在 30 min

内用完。

9）板面装修：板面打磨平整后满刮石膏腻子一道，待干后均需打磨平整，最后按设计规定做内饰面层。

2. 挤塑板外墙内保温施工

施工流程：基层处理→弹控制线→挂基准线→配制专用粘结剂→粘贴翻包网格布→粘贴挤塑板→安装固定件→划分格凹线条→打磨找平→抹聚合物砂浆底层→压入网格布→抹面层聚合物砂浆→补洞及修理→饰面层。

二、门窗节能工程

门窗节能的主要措施是减少传热量和空气渗透量。窗户是建筑外围护结构的开口部位，是阻隔外界气候侵扰的基本屏障，窗户的面积是建筑面积的 1/5 左右，占外围护结构面积的 1/6～1/3。目前我国窗户能耗约占建筑空调能耗的 2/5。窗户是建筑保温、隔热的薄弱环节，是建筑节能的关键部位。

窗户节能：窗户的节能性能指标主要由 3 个部分组成，即围框、玻璃及窗柜与玻璃接合部位。

外窗保温性能即外窗阻止室外温差引起的传热的能力，外窗隔热性能是指外窗阻止太阳辐射热通过窗户进入室内的能力，用外窗的遮阳系数乘以外窗的综合遮阳系数 SW 来表示。遮阳系数越大，表示通过的太阳辐射越大，隔热越差。

窗户传热系数的正确评估应综合考虑影响窗户热传递系数的各个因素，包括玻璃层数、玻璃类型、玻璃之间的空气间隔、玻璃之间的气体种类、中空玻璃隔条、窗框的材料、窗户的设计等。

（一）常用节能玻璃

1. 热反射玻璃

热反射玻璃是对太阳光具有较高反射比和较低总透射比，可较好地隔绝太阳辐射并对可见光具有较高透射比的一种节能玻璃。

2. 中空玻璃

中空玻璃又称为密封隔热玻璃，它是两片或多片性质与厚度相同或不同的平板玻璃，切割成预定尺寸，在中间夹层充填干燥剂的金属隔离框上用胶粘结压合后，四周边部再用焊接、胶接或熔接的办法密封所制成的玻璃构件，如图 3-15 所示。

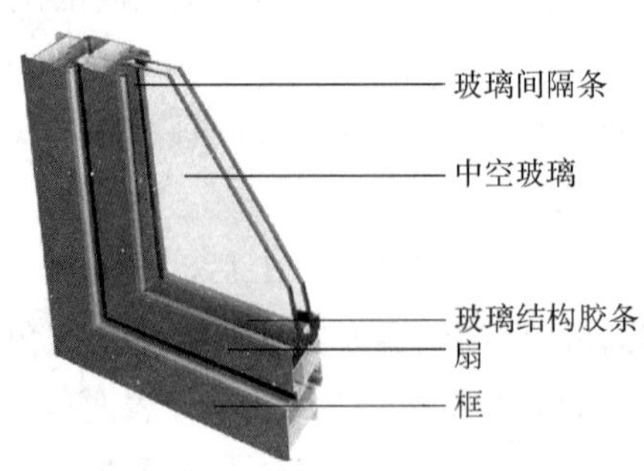

图 3-15　中空玻璃结构

3. 低辐射镀膜玻璃

低辐射镀膜玻璃是在玻璃表面镀上多层金属或其他金属化合物组成的膜系产品。该产品对可见光有较高的透射率，因此其具有良好的隔热性能，在夏季能防止过多的阳光进入室内，冬季能阻挡室内的热能外溢，满足节能性要求。

（二）断桥铝合金门窗施工

断桥式铝塑复合窗的原理是利用塑料型材将室内、外两层铝合金既隔开又紧密连接成一个整体，构成一种新的隔热型的铝型材。该型材两面为铝材，中间用塑料型材腔体做断热材料。

施工流程：弹线找规矩→门窗洞口处理→安装连接件的检查→塑钢门窗外观检查→塑钢门窗安装→门窗四周嵌缝→安装五金配件→清理、工程验收。

第八节　装配式建筑工程

一、构件成型施工方法

（一）剪力墙

1. 剪力墙的施工流程

模板安装与清理→钢筋绑扎→验收→混凝土浇筑→蒸汽养护与脱模→出池、码放→成品验收。

2. 施工方法

（1）模板安装与清理。

1）模板侧模与侧模、侧模与底模采用螺栓固定牢固。

2）侧模与侧模，侧模与底模之间一定要保证准确固定，用作底模的台座、胎模、地坪及铺设的底板等均应平整光洁，不得下沉、裂缝、起砂或起鼓，以保证墙体与梁的截面尺寸。

3）模具的部件与部件之间应连接牢固；预制构件上的预埋件均应有可靠固定措施，清水混凝土构件的模具接缝应紧密，不得漏浆、漏水。

4）每次使用完模板后，将模板上的残渣、铁锈等杂物清理干净，并涂刷脱模剂，脱模剂应具有良好的隔离效果。

5）模板安装验收合格后，方可进行下一道工序。

（2）钢筋绑扎。

钢筋、预埋件入模安装，注意以下几点：

1）钢筋绑扎前对钢筋除锈，确保钢筋清洁到位表面应无损伤、裂纹、油污、颗粒状或片状老锈。

2）箍筋、横纵向钢筋的规格、数量、位置按设计要求安装。

3）钢筋的连接方式、接头位置、接头数量、接头面积百分率等按设计要求布置。

4）按设计要求留设预留孔洞、安装预埋件，对灌浆孔、排气孔、锚固区局部加强构造等。

5）绑扎时注意钢筋的间距及距构件边的距离、位置的精确，确保钢筋保护层的厚度。

6）绑扎成型的钢筋骨架周边两排钢筋不得缺扣，绑扎骨架其余部位缺扣、松扣的总数量不得超过绑扣总数的20%，且不应有相邻两点缺扣或松扣。

7）纵向钢筋采用浆锚搭接连接时，丝杠及灌浆孔的位置要精确无误。

（3）混凝土浇筑。

1）注意构件所需混凝土品种与标号的达到要求。

2）混凝土浇筑过程中人员配置要合理，振捣棒等工具配置到位，振捣棒在振捣过程中应保证将混凝土里的气体全部排出，且振出浮浆。

3）混凝土浇筑成型后，应根据各类型构件要求将其操作面抹平压光。

4）预制构件节点及接缝处后浇混凝土强度等级不应低于预制构件的混凝土强度等级；预埋件和连接件等外露金属件应按不同环境类别进行封闭或防腐、防锈、防火处理，并应符合耐久性要求。

（4）蒸汽养护与脱模。

1）混凝土验收合格后，进行蒸汽养护，养护时间为12 h，养护过程中应进行温度测试，时间为自混凝土养护开始后每小时进行测温一次，每一批次设置三个测温点，并做好记录。

2）同种配合比的混凝土每工作班取样一次，做抗压强度试块不少于3组（每组3块），分别代表脱模强度、出厂强度及28 d强度。试块与构件同时制作，同条件蒸汽养护，达到脱模强度（75%）方可起吊脱模。

3）拆模后的预制构件应及时检查，并记录其外观质量和尺寸偏差；对于出现的一般缺陷应按要求对其进行处理，并对该构件进行重新检查。

4）检查预制构件的预埋件、插筋、预留孔的规格、数量是否符合设计要求。

5）检查预制构件的叠合面或键槽成型质量是否满足设计要求。

6）构件出池过程中，应保证所需要的机械及人员到位，确保不损坏构件及安全，将构件放置码放区进行码放。

（二）楼梯

1. 楼梯的施工流程

钢模板及其配件的维护→施工准备→铺设底模及一面侧模→钢筋绑扎→另一面钢侧模板安装→混凝土浇筑→蒸汽养护→质量验收→出池吊装。

2. 施工方法

（1）模具清理。

1）模板清渣、除锈。先用扁铲清理模板上的灰块，然后用角磨机（安装钢丝刷）清理模板上的灰渣和浮锈，角磨机打磨不到位的部位用钢刷清灰、除锈，要求清理彻底，不留死角。

2）板面维护。用靠尺、塞尺检查表面平整情况，平整度超过2 mm的模板需要在钢平台上平整板面，禁止用铁锤直接捶打板面，板面平整度要求达到 2 mm 以内，用靠尺、塞尺检查。对板面的孔洞用 2.5 mm 厚钢板进行堵塞，补焊找平，再用角磨机打磨平整。

（2）楼梯钢模板安装、钢筋绑扎。

1）钢模板安装、涂刷脱模剂。模板接缝处用密封条沿模板内缝边进行密封，不得出现跑浆、漏浆现象，模板与混凝土接触面应清理干净并涂刷脱模剂；模板内的杂物应清理干净，脱模剂应涂刷均匀且不得沾污钢筋和混凝土接茬处。

2）钢筋绑扎。

① 钢筋外观应平直、无损伤，表面不得有裂纹、油污、颗粒状或片状老锈。

② 检查钢筋（钢筋型号、直径、数量、间距、位置）是否符合设计及规范要求。另一侧钢模板安装应紧固牢靠，接缝处用密封条沿模板内缝封堵密实，严禁出现跑浆、漏浆现象。混凝土施工质量标准必须按要求施工，严禁出现烂根、蜂窝、气泡、漏振、孔洞。

3）混凝土浇筑及养护。

浇筑混凝土时应分段分层连续进行，浇筑层高度应根据结构特点、钢筋疏密决定，一般为振捣器作用部分长度的 1.25 倍，最大不超过 40 cm。使用插入式振捣器应快插慢拔，插点要均匀排列，逐点移动，顺序进行，不得遗漏，做到均匀振实。移动间距不大于振捣作用半径的 1.5 倍（一般为 30～40 cm）。振捣上一层时应插入下层 50 mm，以消除两层间的接缝。浇筑混凝土应连续进行。如必须间歇，其间歇时间应尽量缩短，并应在混凝土凝结之前，将次层混凝土浇筑完毕。间歇的最长时间应按所用水泥品种、气温及混凝土凝结条件确定，一般超过 2 h 应按施工缝处理。浇筑混凝土时应经常观察模板、钢筋、预留孔洞、预埋件和插筋等有无移动、变形或堵塞情况，发现问题应立即处理，并应在已浇筑的混凝土凝结前修正完好。

4）成型检查。

预制楼梯外观质量、尺寸偏差及结构性能应符合表 3-8 的要求，不应有影响结构性能和安装、使用功能的尺寸偏差。

表 3-8　预制楼梯尺寸的允许偏差及检验方法

项目	允许偏差/mm	检查方法
长度	±5	钢尺检查
宽度、高（厚）度	±5	钢尺量一端及中部，取其中较大值
预留孔	中心线位置 5	钢尺检查
对角线差	10	钢尺量两个对角线
表面平整度	5	2 m 靠尺和塞尺检查
翘曲	L/750	调平尺在两端测量

注：L 为构件长度（mm）。

5）出池吊装。

混凝土楼梯蒸养后经过试压试块强度值达到设计强度 70%以上时方可出池吊装。出池时先将篷布叠好与篷布架放置指定位置，然后拆除钢模板。出池吊车吊装到码放区，梯段前后摆放好方木，注意梯段与梯段之间的间距以便于今后的修理。

（三）楼板

1. 楼板的施工流程

模板安装与清理→钢筋张拉→钢筋绑扎→钢筋验收→蒸汽养护→出池、码放→成品验收。

2. 施工方法

（1）模具施工。

生产线清理：将生产线上有用材料设备上的沙石、渣土清理干净，并检查设备是否运转正常。

脱模剂涂刷：在涂刷脱模剂时先清理模板、生产线上的水泥、污垢、灰尘等，保证表面的洁净。脱模剂涂刷均匀一致，不得出现流挂、漏刷、气泡、杂质等。

（2）钢筋张拉。钢筋张拉时一人将钢筋延生产线拉钢筋至生产线端部，钢筋一端由钢筋输筋板穿过。穿过端部后用夹具固定。钢筋固定完成后一端按尺寸切断。钢筋切断后钢筋由另一端输筋板穿过，穿过后用张拉机拉力夹具夹住钢筋，夹筋长度不得小于 10 cm 并用墩头机进行墩头（墩头次数不少于两遍），整线布筋完成后通知质检人员用钢筋测力仪对预应力钢筋拉力进行检测并对张拉机拉力值（限位器）进行调试设置。调试检测无误后启动张拉机进行张拉，张拉机加力至设计钢筋拉力值处（有限位器）停止张拉。用夹具夹住钢筋后，缓慢松开张拉机并用墩头机进行墩头（墩头次数不少于两遍）。

（3）模具支设。每次组合模具前，将模具表面混凝土残渣、灰尘打磨干净，模具内侧需光滑平整，平整度要小于 2 mm，模具组合严格按要求尺寸进行组合，组合模具时模具接缝处要保证严密，边模与底模不应有缝隙，缝隙处可采用重物压或密封条、密封胶棒封堵，防止漏浆。组模前模具需进行涂刷，涂刷要求均匀防止出现流挂、漏刷、杂质等；模具校正时模具尺寸必须符合设计要求的尺寸，其误差需在验收规范规定的范围内；模具固定分为磁力盒固定、压杆固定，磁力盒固定适用于钢底模板生产线，压杆固定适用于混凝土地面生产线。

（4）钢筋绑扎。组模固定完成后开始绑扎钢筋，钢筋绑扎前确保预应力钢筋表面无油污、脱模剂等，钢筋先绑扎板底分布筋再绑扎板端构造筋，根据设计图纸及图集要求绑扎钢筋，钢筋绑扎过程中保证钢筋的间距及距模具边的距离、位置的精确、边筋出板长度一致，确保预应力筋、分布筋、构造筋保护层的厚度，楼板两端外露钢筋尺寸，两侧外露钢筋尺寸长度必须符合要求，楼板均按设计要求荷载值进行配筋。绑扎成型的板端钢筋骨架不得缺扣，绑扎板端骨架其余部位跳扣的总数量不得超过绑扣总数的 30%，且不应有相邻两点缺扣。

（5）混凝土浇筑。混凝土施工前应对混凝土品种与标号进行核对，对模具几何尺寸钢筋绑扎间距、出筋长度等进行检验，检验合格确认无误后方可混凝土施工。采用商品混凝土时，需核对混凝土发货单上混凝土品种、标号等无误后方可进行混凝土浇筑施工。人工平整注意虚铺厚度，防止楼板薄厚不均。人工平整完成后采用平板式振动器振捣，振捣时间要掌握准确，边振捣边人工平整，每次振动时间不应超过 1 min，当混凝土在模内泛浆流动或表面平整边角两端饱满即可停振，不得在混凝土初凝状态时再振，楼板板面平整度应小于 5 mm。平板式振动器作业时，应使平板与混凝土保持接触，使振波有效地振实混凝土，待表面出浆，不再下沉后，即可缓慢向前移动，移动速度应能保证混凝土振实出浆。在振的振动器，不得搁置在已凝或初凝的混凝土上。用绳拉平板振捣器时，拉绳应干燥绝缘，移动或转向时，不得用脚踢电动机，作业转移时电动机的导线应保持有足够的长度和松度，严禁用电源线拖拉振捣器。振捣过后应及时清理模具周边散落的混凝土及漏浆，施工完成后，待楼板表面混凝土“水汽”吸收用木抹子抹平后，及时用塑料布或薄膜覆盖楼板，防止楼板水分流失过快导致的干裂。

（6）蒸汽养护。蒸养前同种配合比的混凝土每池取样一次，做抗压强度试块不少于 3 组（每组 3 块），分别代表脱模强度、出厂强度及 28 d 强度。试块与构件同时制作，同条件蒸汽养护，达到脱模强度 75%方可停汽脱模出池。

（7）出池吊装。混凝土楼板蒸养后经过试压试块强度值达到设计强度 75%以上时方可出池吊装。出池时先将篷布叠好与篷布架放置指定位置，然后应先从生产线中间楼板位置开始断筋，单块楼板应从两侧往中间对称断筋，预应力钢筋长度不得超过上部筋长度。出池吊车装车需运输车辆前后两段枕木平整坚实，堆放场地要平整夯实，堆放时使板与地面之间留有一定空隙，并有排水措施。

二、构件吊装及临时支撑施工方法

（一）墙板吊装及支撑

1. 预制墙板的吊装方法

（1）预制墙板的临时支撑系统由 2 组槽钢限位和 2 组斜向可调节螺杆组成。根据现场施工情况对重量过重或悬挑构件采用 2 组水平连接两头设置和 3 组可调节螺杆均布设置，确保施工安全。

（2）根据给定的水准标高、控制轴线引出层水平标高线、轴线，然后按水平标高线、轴线安装板下搁置件。板墙垫灰采用硬垫块软砂浆方式，即在板墙底按控制标高放置墙厚尺寸的硬垫块，然后沿板墙底铺砂浆，预制墙板一次吊装，坐落其上。

（3）吊装就位后，采用靠尺检验挂板的垂直度，如有偏差用调节杆进行调整。

（4）预制墙板通过可调节螺杆与现浇结构联系固定。

（5）预制墙板安装、固定后，再进行下一道工序施工。

2. 预制墙板斜支撑安装

用螺栓将预制墙板的斜支撑杆安装在预制墙板上预留套筒连接件上，下端连接预制板上预埋的铆环进行固定，根据靠尺刻度调节对预制墙板进行垂直度调整，直到墙板垂直度达到设计要求。在墙底部利用之前测量放线留下的 500 mm 距离的控制线进行为之复核，进一步控制墙板位置的精度。待垂直度和位置都符合设计要求后在墙底部安装定位件固定，锁死斜支撑下端拉环以防人为转动斜支撑造成垂直度偏差（如图 3-16 所示）。

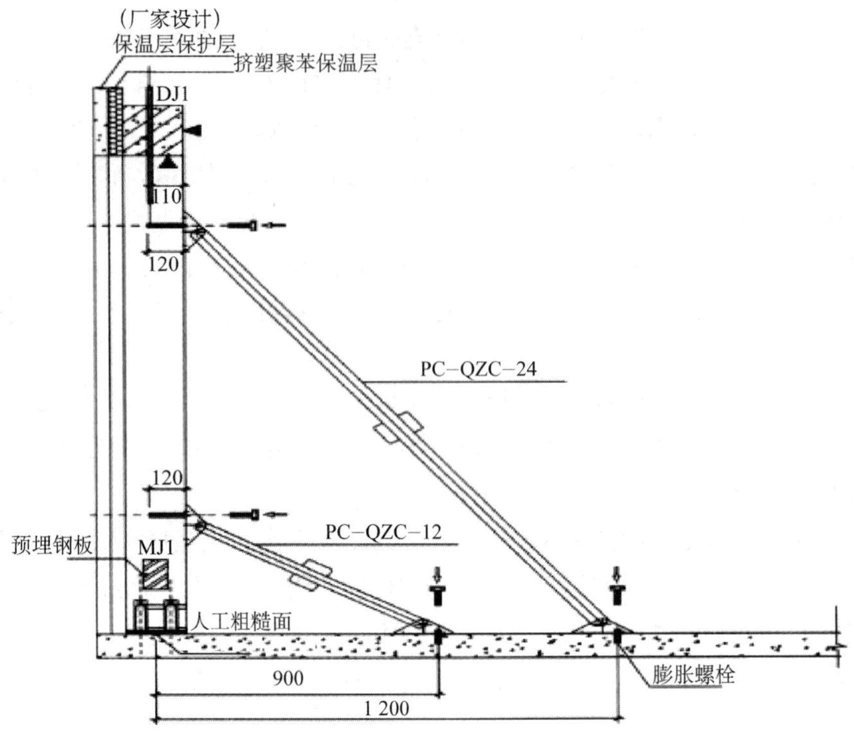

图 3-16　墙板斜支撑示意图

斜支撑和定位件安装及拆除要求：斜支撑设置两道支撑，长斜支撑墙板上固定高度为 1.7 m，下端连接的铆环距离墙板水平距离为 1.2 m，安装角度在 45°～60°；短斜支撑墙板上固定高度为 0.65 m，下端连接的铆环距离墙板水平距离为 0.8 m，安装角度在 30°～45°，拆除及安装时间见施工流程图中时间节点，斜支撑拆除时间为楼板混凝土浇筑完成后，且现浇混凝土强度达到 1.2 MPa 以上。定位件与墙板、楼板连接通过预埋套筒螺栓连接。

（二）楼板吊装及支撑

1. 楼板吊装

（1）楼板吊具可采用吊运钢梁，保证吊点同时受力、构件平稳。避免起吊过程中出现裂缝、扭曲等问题。

（2）塔吊缓缓将预制板吊起，待板的底边升至距地面 500 mm 时略作停顿，再次检查吊挂是否牢固，板面有无污染破损，若有问题必须立即处理。确认无误后，继续提升使之慢慢靠近安装作业面。

（3）楼板要从上垂直向下安装，在作业层上空 20 cm 处略作停顿，施工人员手扶楼板调整方向，将板的边线与墙上的安放位置线对准，注意避免楼板上的预留钢筋与墙体钢筋碰撞，放下时要停稳慢放，严禁快速猛放，以避免冲击力过大造成板面震折裂缝。5 级以上风时应停止吊装。

（4）调整板位置时，要垫以小木块，不要直接使用撬棍，以避免损坏板边角，要保证搁置长度，其允许偏差不大于 5 mm。

（5）楼板安装完后进行标高校核，调节板下的可调支撑。

2. 三角独立支撑体系

预制叠合楼板采用三角工具式独立支撑体系。每块叠合板支撑三组铝梁，三脚架距铝梁端部为 250 mm，铝梁距叠合板长方向两端均为 500 mm，铝梁间距为（*L*−1 000）/2（*L* 为板长）。

（三）楼梯吊装

1. 吊装流程

弹出控制线→楼梯上下口基层处理→楼梯起吊→楼梯就位、校正。

2. 施工方法

（1）根据施工图纸，弹出楼梯安装控制线，对控制线及标高进行复核。楼梯侧面距结构墙体预留 30 mm 空隙（具体根据工程施工图进行预留），为后续初装的抹灰层预留空间；梯井之间根据楼梯栏杆安装要求预留空隙。

（2）基层处理。在吊装预制楼梯之前将楼梯埋件处砂浆灰土等杂质清除干净，确保预制楼梯连接质量。在楼梯段上下口梯梁处铺 20 mm 厚的 1∶1 水泥砂浆找平灰饼（强度等级≥M15），找平层灰饼标高要控制准确。

（3）楼梯段吊装。预制楼梯板采用水平吊装，用螺栓将通用吊耳与楼梯板预埋吊装内螺母连接，起吊前检查卸扣卡环，确认牢固后方可继续缓慢起吊。

（4）预制楼梯板就位。待楼梯板吊装至作业面上 500 mm 处略作停顿，根据楼梯板方向调整，就位时要求缓慢操作，严禁快速猛放，以免造成楼梯板震折损坏。

（5）楼梯段校正。楼梯板基本就位后，根据控制线，利用撬棍微调，校正。预留螺栓和预制楼梯端部的预留螺栓孔一定要确保居中对正。

三、构件安装施工方法

（一）预制墙板安装施工

1. 施工流程

基层清理→测量放线→外露连接钢筋校正→设置墙体标高调节垫片→预制墙板起吊、就位→临时固定→预制墙板校正→预制墙板间后浇节点钢筋绑扎→机电管线埋设→灌浆施工→现浇墙体（预制墙板间后浇节点）支模→现浇墙体（预制墙板间后浇节点）混凝土→墙体模板及支撑拆除。

2. 预制墙板校正

墙板吊装后可使用斜支撑进行校正，具体调节校正措施如下：

平行和垂直墙板方向水平位置矫正措施：通过在楼板面上弹出墙板控制线进行墙板位置校正，墙板按照位置线就位后。若水平位置有偏差需要调节时，则可利用撬棍进行微调。

墙板垂直度校正措施：待墙板水平就位调节完毕后，利用拉环斜支撑调节，在墙板光滑面放上靠尺，然后同时同旋转方向调节斜支撑直到尺度达到设计要求，墙侧面放靠尺检查墙板水平度，通过加减垫块直达水平度达到设计要求即可。

（二）预制楼板安装施工

1. 预制楼板施工流程

基层处理→弹线处理→支撑体系安装→预制叠合板底板吊装→预制叠合板底板调整→预制叠合板底板拼缝→机电线管敷设→叠合层钢筋绑扎及预埋件安放→叠合层混凝土浇筑→叠合层混凝土养护→拼缝模板及底板支撑拆除。

2. 板缝及叠合层部位施工

叠合层钢筋为双向单层钢筋。

绑扎钢筋前清理干净叠合板上杂物，根据钢筋间距准确绑扎，钢筋绑扎时穿入叠合楼板上的桁架，钢筋上铁的弯钩朝向要严格控制，不得平躺。

双向板钢筋放置：当双向配筋的直径和间距相同时，短跨钢筋应放置在长跨钢筋之下；当双向配筋直径或间距不同时，配筋大的方向应放置在配筋小的方向之下（如图 3-17、图 3-18 所示）。

拼缝处钢筋严禁漏放、错放；浇筑混凝土时下方需采用模板封堵。

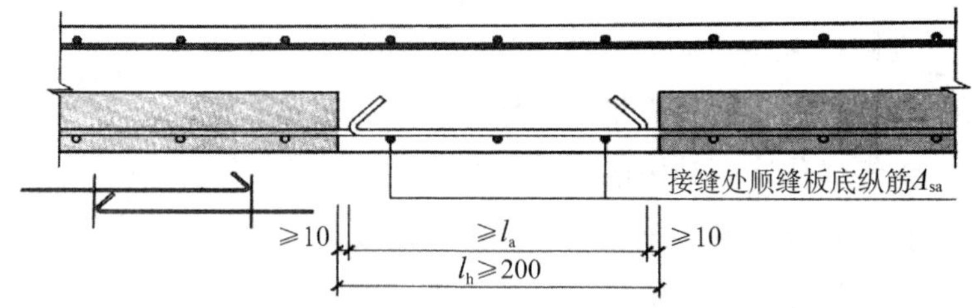

图 3-17　双向板接缝做法

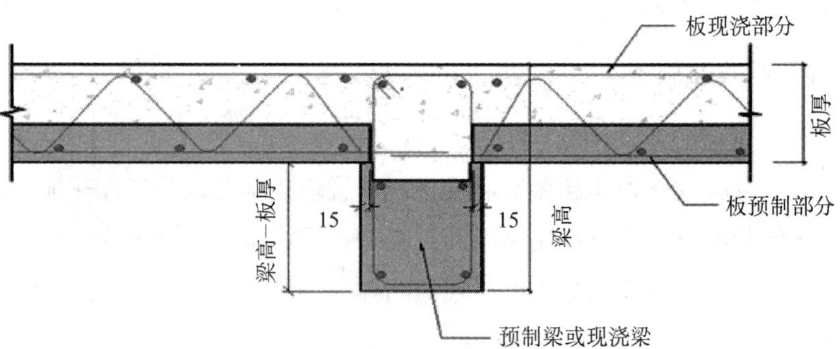

图 3-18　预制板与梁之间的连接

（三）预制楼梯施工方法

预制楼梯的预埋螺栓与楼梯预留孔校正后用专用灌浆料灌浆，预留孔口部砂浆封堵（如图 3-19 所示）。

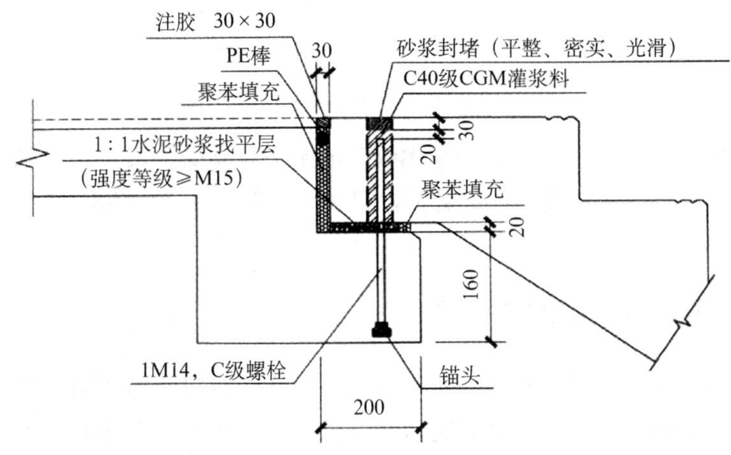

图 3-19 预制楼梯固定铰端安装示意图

四、钢筋套筒灌浆连接和钢筋浆锚连接施工方法

（一）钢筋套筒灌浆施工

1. 钢筋套筒灌浆施工工艺操作流程

连接部位检查→灌浆连接→灌浆料检验→灌浆区分仓→灌浆。

2. 施工要点

（1）分仓与接缝封堵。

1）分仓。采用电动灌浆泵灌浆时，一般单仓长度不超过 1 m。舱体越大，灌浆阻力越大、灌浆压力越大、灌浆时间越长、对封缝的要求越高、灌浆不满的风险越大。

2）封堵。对构件接缝的外沿应进行封堵，一定保证封堵严密、牢固可靠，否则压力灌浆时一旦漏浆处理很难。

（2）灌浆。

1）在正式灌浆前，逐个检查各接头的灌浆孔和出浆孔内有无影响浆料流动的杂物，确保孔路畅通。

2）用灌浆泵（枪）从接头下方的灌浆孔处向套筒内压力灌浆。但必须注意，同一仓只能在一个灌浆孔灌浆，不能同时选择两个或两个以上的灌浆孔灌浆；同一仓应连接灌浆，不得中途停顿。如果中途停顿，再次灌浆时，应保证已灌入的浆料有足够的流动性后，还需要将已封堵的出浆孔打开，待灌浆料再次流出后逐个封堵出浆孔。

3）封堵灌浆、排浆孔，巡视构件接缝处有无漏浆。接头灌浆时，待接头上方的排浆孔流出浆料后，使用专用橡胶塞封堵。灌浆泵（枪）口撤离灌浆孔时，也应该立即封堵。

通过水平缝连通腔一次向构件的多个接头灌浆时，应按灌浆料排出先后依次封堵灌浆排浆孔，封堵时灌浆泵一直保持灌浆压力，直至所有灌浆排浆孔出浆堵严密后再停止灌浆。如有漏浆须立即补灌损失的浆料。

在灌浆完成、浆料凝前，应检查已灌浆的接头，如有漏浆及时处理。

（二）钢筋浆锚连接

钢筋浆锚连接即在混凝土中预埋波纹管，使预制构件连接部位一端为空腔，待混凝土达到要求强度后，通过灌注专用水泥基高强无收缩灌浆料与螺纹钢筋连接（浆锚连接灌浆料是一种以水泥为基本材料，配以适当的细骨料，以及少量的外加剂和其他材料组成的干混料），以起到锚固钢筋的作用。

五、外墙接缝防水及密封施工方法

装配式建筑预制外墙接缝的防水一般采用构件防水和材料防水相结合的双重防水措施：连接止水条、空腔构造防水、外墙密封防水胶。连接止水条方式即预制外墙连接时，预先在墙板侧边粘贴防水止水条。空腔构造防水，即预制外墙板之间在预制板侧边和上下设置沟槽排水。外墙密封防水胶，即预制外墙板外侧用胶封闭。

1. 外墙拼缝防水打胶施工工艺流程

基层清理→基层修复→填塞背衬材料→贴美纹纸→涂刷底漆→施胶→胶面修整→清理美纹纸。

2. 外墙拼缝打胶施工方法

（1）接缝基层清理。

1）用角磨机清理水泥浮浆。

2）用钢丝刷清理杂质及不利于粘结的异物。

3）用羊毛刷清理残留灰尘。

（2）接缝处修复。

1）清除破损松散的混凝土，剔除突出的鼓包，采用防水砂浆分层修补。随机抹压防水砂浆，防水砂浆应压实、压光使其与基层紧密结合。

2）接缝宽度大于 40 mm 时应进行修补。

（3）填塞背衬。

1）背衬材料主要是控制密封胶的施胶深度（接缝宽小于 10 mm 时宽深比为 1∶1，接缝宽大于 10 mm 时宽深比为 2∶1）以及避免密封胶三面粘结。

2）背衬材料应大于接缝 25%，一般采用柔软闭孔的圆形聚乙烯泡沫棒。

（4）粘贴美纹纸。美纹纸胶带应遮盖住边缘，要注意纸胶带本身的顺直美观。

（5）涂刷底漆。

1）底漆涂刷根据密封胶提供商材料性能对基层要求确定是否需要涂刷。

2）底漆涂刷应一次涂刷好，避免漏刷以反复涂刷。

3）底漆应晾置完全干燥后才能施胶。

（6）施胶。

1）施胶前应确保基层干净、干燥。

2）施胶时胶嘴探到接缝底部，保持匀速连续足够地打密封胶并有少许外溢，避免胶体和胶条下产生空腔。当接缝宽度大于 30 mm 时，应分两部施工，即打一半之后用刮刀或刮片下压密封胶，然后再打另一半。

（7）胶面修整。

密封胶施工完成后用压舌棒、刮片或其他工具将密封胶刮平压实，用抹刀修饰出平整的凹型边缘，加强密封胶效果，禁止来回反复刮胶动作，保持刮胶工具干净。

（8）清理。

密封胶修整完后清理美纹纸胶带，美纹纸胶带必须在密封胶表面干之前揭下。

第九节　道路工程

一、路基（路堤、路堑）施工方法

（一）路基施工的基本方法

道路路基土石方的施工作业主要包括开挖、运输、填筑、压实、整理等工作。路基施工方法有人工施工、机械化施工、水力机械化施工和爆破施工。

（二）施工前的准备工作

施工准备工作包括组织准备、技术准备、物质准备和现场准备四个方面。

（三）路堤施工

1. 基底处理

（1）密实土质基底。基底土密实稳定，地面横坡不陡于 1∶10 且路堤填高超过 0.5 m 时，基底可不做处理，路堤直接填筑在天然地面上；路堤高度低于 0.5 m 的地段，应清除原地面的草皮杂物；地面横坡为 1∶10～1∶5 时，应清除草皮杂物等再填筑；地面横坡陡于 1∶5 时，在清除草皮杂物后，还应将坡面挖成台阶，台阶宽度不小于 1 m，高度为 0.2～0.3 m。

（2）耕地土或松土基底。

基底为耕地土或松士时，应先将原地面压实后再填筑。若松土厚度较大，应先翻挖至紧密土层，将土块打碎，然后分层回填找平、压实。当路线经过水田、池塘或洼地时，应根据具体情况采取排水疏干、挖除淤泥、换土、打砂桩、抛填砂砾石等处理措施，将基底加固后再进行填筑。

（3）倾斜岩石基底。

对于覆盖层不厚的岩石基底，当地面横坡为 1∶5～1∶2.5 时，需挖除覆盖层，并将基岩挖成台阶或进行凿毛。当地面横坡陡于 1∶2.5 时，应进行个别设计，如设置石砌护脚或护墙。当路基受到地下水的影响时，应对地下水加以拦截或排除，将之引至路堤基底范围以外。

2. 路堤填筑

（1）水平分层填筑：填筑时按照横断面全宽分成水平层次，逐层向上填筑。如原地面不平，应由最低处分层填起，每填一层，经压实合格后再填上层，如图 3-20（a）所示。

（2）纵向分层填筑：宜用推土机从路堑取土填筑距离较短的路堤，依纵坡方向分层，逐层向上填筑，原地面纵坡小于 20°的地段可采用该方法施工，如图 3-20（b）所示。

（3）竖向填筑：从路基一端按横断面的全部高度，逐步推进填筑，仅用于无法自下而上填土的陡坡、断岩或泥沼地区，如图 3-20（c）所示。此法不易压实，且还有沉陷不均匀的缺点。为此，应采用必要的技术措施，如选用高效能的压实机械（振动压路机）；采用沉陷量较小的砂性土或废石方作填料；采用混合填筑法，路堤上部水平分层填筑等。

（4）混合填筑：路堤下层用竖向填筑而上层用水平分层填筑，以使上部填土经分层时获得足够的密实程度，如图 3-20（d）所示。

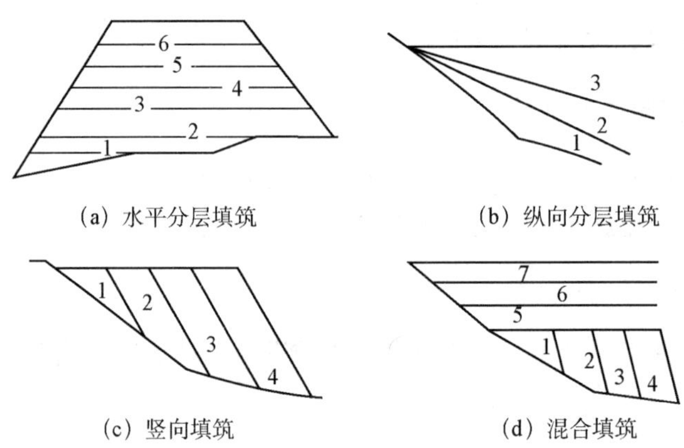

（a）水平分层填筑　　（b）纵向分层填筑

（c）竖向填筑　　（d）混合填筑

图 3-20　路堤填筑方式

1～7-所挖的每层土

（四）路堑施工

1. 土质路堑的开挖方法

土质路堑施工一般采用挖掘机或装载机直接挖取土方，配合自卸汽车进行土方调配，其具体施工方案根据现场情况可分为横挖法、纵挖法和混合法。

横挖法适用于较短的路堑，当路堑深敦不深时，可以一次挖到设计标高，称为单层横挖法，如图 3-21（a）所示；当路堑较深时，可以分成若干个台阶进行开挖，称为分层横挖法。分层开挖的台阶高度一般为 2 m 左右，如图 3-21（b）所示。

纵挖法可以分为分段纵挖法、分层纵挖法和通道纵挖法。分段纵挖法适用于路堑较长，运距较远，但一侧路堑壁有条件挖穿，把长路堑分成若干段同时开挖的路段，如图 3-22（a）所示。分层纵挖法是沿线路全宽，以深度不大的纵向分层开挖，如图 3-22（b）所示。通道纵挖法是先沿纵向挖出通道，然后开挖两旁，若路堑较深，可以分若干次进行开挖，如图 3-22（c）所示。

2. 石质路堑开挖

石质路堑的施工方法主要有松土法、破碎法、爆破法三种。

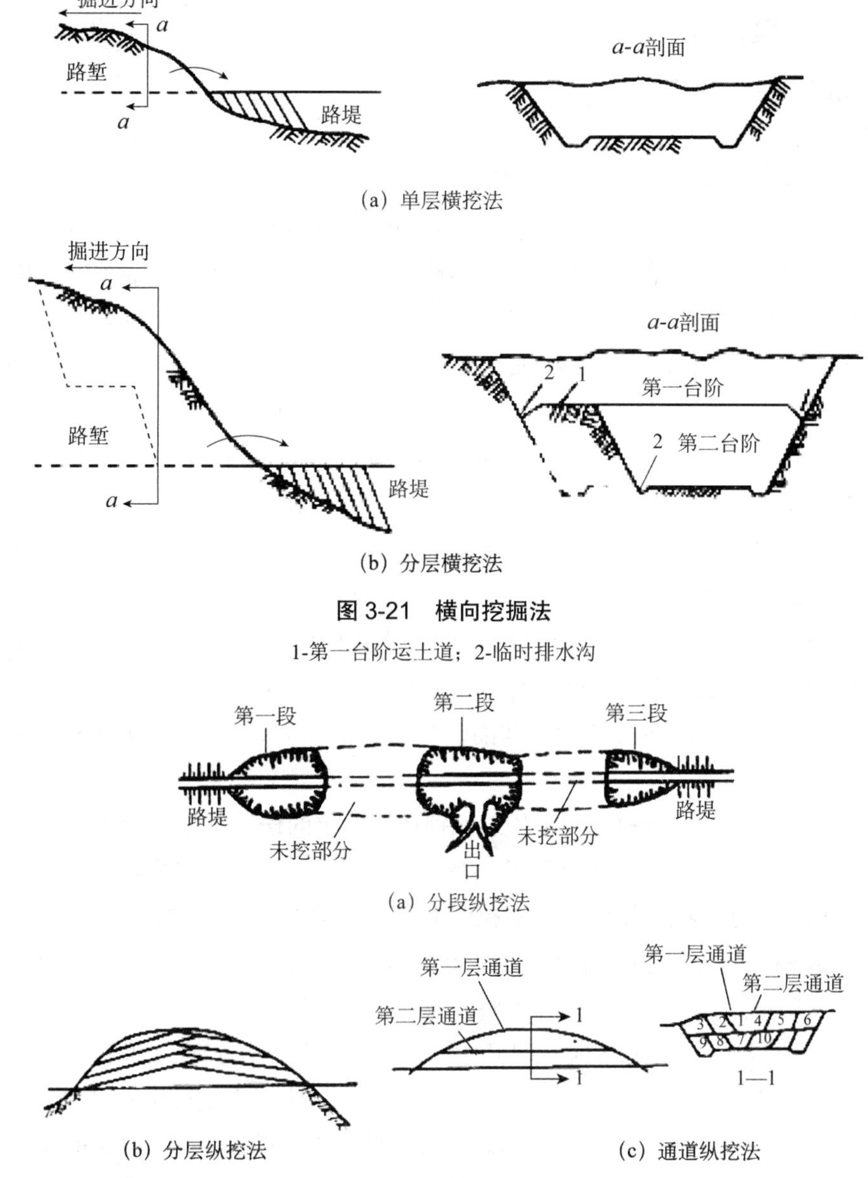

(a) 单层横挖法

(b) 分层横挖法

图 3-21　横向挖掘法

1-第一台阶运土道；2-临时排水沟

(a) 分段纵挖法

(b) 分层纵挖法　　(c) 通道纵挖法

图 3-22　纵挖法

（五）路基压实

压实前可自路中线向路两边做 2%～4%的横坡，对松铺层进行整平，并严格控制松铺厚度及最佳含水量。碾压时，相邻两次的轨迹应有一部分重叠，对振动压路机一般重叠 40～50 cm，对三轮压路机一般重叠 1/2 后轮宽；对两轮压路机重叠 1/3 轮宽；前后相邻两区段亦宜纵向重叠 1～1.5 m，应做到无漏压、无死角和确保碾压均匀。路堤边缘两侧可采取多填宽度 30～50 cm，压实完成后再刷坡整平；也可采取小型振动压路机从坡脚向上碾压；坡度不陡于 1∶1.75 时，可用履带式推土机从下向上压实。

二、路面工程施工方法

（一）路面基层施工

1. 石灰稳定类基层施工

（1）路伴法施工。

1）准备工作：备灰；备土；混合料配比设计。

2）摊铺。摊铺土料前，应先在土基上洒水湿润，但不应过分潮湿而造成泥泞。然后将土料按计算用量用平地机或其他合适的机具均匀地摊铺在预定的宽度上，表面应力求平整，并有规定的路拱。如黏土过干，则应事先洒水闷料，使其含水量略小于最佳值（一般至少闷料一夜）。施工过程中除了洒水车外，严禁其他车辆在土料层上通行。然后按计算用量摊铺石灰，石灰应摊铺均匀。摊铺完后，应量测石灰土的松铺厚度，并校核石灰用量是否合适。

3）拌和与洒水。石灰土拌和应采用拌和机。拌和机应先将拌和深度调整好，由两侧向中心拌和，每次拌和应重叠 10～20 cm，防止漏拌。先干拌一遍，然后视混合料的含水情况，根据碾压时最佳含水量的要求，考虑拌和后碾压前的蒸发，适当洒水，再进行补充拌和，以达到混合料颜色一致，没有灰条、灰团和花面为止。在两工作段的搭接部分，应在前一段拌和后留 5～8 m 不进行碾压，待后一段施工时，将前段留下未压部分一起再进行拌和。

洒水要求用喷管式洒水车，并及时检查含水量。洒水车起洒处和另一端调头处都应超出拌和段 2 m 以上。洒水车不应在进行拌和的以及当天计划拌和的路段上调头和停留，以防局部水量过大。

4）整型。拌和均匀的混合料运到现场经摊铺达到预定的松铺厚度时，应立刻进行初整型。在直线段，平地机由两侧向路中进行刮平；在平曲线超高段，平地机由内侧向外侧刮平。初整型的灰土可用履带拖拉机或轮胎压路机稳压 1～2 遍，再用平地机进行整型，并用上述压实机械再碾压一遍。在整型过程中，禁止任何车辆通行。对局部低洼处，应用齿耙将其表层 5 cm 以上耙松，并用新拌的灰土混合料找补平整，再用平地机整型一次。

5）碾压。混合料表面整型后应立即开始压实，混合料的压实含水量应在最佳含水量的 ±1%范围内，如因整型工序导致表面水分不足，应适当洒水。直线段由两侧路肩向路中心碾压，超高段由内侧路肩向外侧路肩碾压。碾压时后轮（压实轮）应重叠 1/2 的轮宽，后轮必须超过两段的接缝处。后轮压完路面全宽时，即为一遍。一般需碾压 6～8 遍。压路机的碾压速度，开始两遍采用 1 挡（1.5～1.7 km/h）为宜，以后用 2 挡（2.0～2.5 km/h）。路面两侧应多压 2～3 遍。

碾压过程中，石灰土的表面应始终保持湿润，如表面水分蒸发太快，应及时补充洒水，以防表面开裂。石灰土碾压中如出现弹簧、松散、起皮等现象，应及时翻开晾晒或换新混合料重新拌和碾压。在碾压结束之前，用平地机再终平一次，使其纵向顺适、路拱和超高都符合设计要求。终平时必须将局部高出部分刮除，并扫出路外。

6）养生。刚压实成型的石灰土基层，至少在保持潮湿状态下养生7 d。养生方法可视具体情况采用洒水、覆盖砂等。养生期间石灰土表层不应忽干忽湿，每次洒水后应用两轮压路机将表层压实。

以上方法是路拌法施工，除此之外石灰土基层施工还可以采用厂拌法施工。两种方法的区别主要在于拌和和摊铺两道工序的差异。

（2）厂拌法施工。

1）拌和。石灰稳定土应在中心站用强制式拌和机、双转轴桨叶式拌和机等稳定土拌和设备进行集中拌和。拌和要均匀。加水量要略大于最佳含水量的1%左右，使混合料运至现场摊铺后碾压时的含水量能接近最佳含水量。

2）摊铺。可用稳定土摊铺机、沥青混凝土摊铺机或水泥混凝土摊铺机摊铺混合料。如没有上述摊铺机，也可用摊铺箱摊铺。石灰土层分层摊铺时，应先将下层顶面拉毛，再摊铺上层混合料。厂拌混合料的摊铺段，应安排当天摊铺当天压实。

2. 水泥稳定类基层施工

水泥稳定粒料基层的施工方法与程序和石灰土基层相似，施工中应根据组成材料和强度形成特点，使各工序紧密连续进行（从拌和到碾压结束必须在6 h内完成）。应先干拌再洒水湿拌，以保证水泥均匀地分散在土中。碾压完成应加强养生以防缺水和因温度变化产生裂缝。

3. 石灰工业废渣基层施工

石灰稳定工业废渣基层施工程序和方法基本上与石灰稳定土基层相同，但要加强养生施工时，应尽量安排在温暖高温季节，以利于形成早期强度而成型，防止出现早期破坏现象。石灰粉煤灰稳定土可以利用常规的施工设备进行拌和、摊铺和碾压。其施工要点是混合料的组成成分要拌和均匀，摊铺到合适的厚度，压实至规定的密实度。目前工程中，采用集中拌和法与路拌法。

4. 粒料类基层施工

粒料类基层按强度构成原理可分为嵌锁型与级配型。嵌锁型包括泥结碎石、泥灰结碎石、填隙碎石等；级配型包括级配碎石、级配砾石、符合级配的天然砂砾、部分砾石经轧制掺配而成的级配砾、碎石等。

（1）级配碎（砾）石基（垫）层施工。

1）准备下承层。级配碎（砾）石的下承层的要求同稳定类基层。

2）施工放样。

3）备料。

4）运输和摊铺集料。采用粗细不同的多种集料时，应将粗集料铺在下面，并处于湿润状态，再将细集料铺在上面。级配碎石的未筛分碎石摊铺平整后，在其较湿润的情况下，向上运送石屑，用平地机并辅以人工将石屑均匀摊铺在碎石层上，或用石屑撒布机将石屑直接均匀撒布在碎石层上。摊铺碎石每层应按虚厚一次铺齐，颗粒分布应均匀，厚度一致，不得多次找补。

5）拌和及整形。对于级配碎石，应用稳定土拌和机拌和。若没有，也可用平地机或多铧犁与缺口圆盘耙配合拌和。对于级配砾石，可采用平地机拌和。拌和时，稳定土拌和机应拌两遍以上，且深度应到级配碎石层底，在最后一遍拌和前，可先用多铧犁贴底面翻拌一遍。用平地机拌和时，平地机宜翻拌 5～6 遍，使石屑均匀分布于碎石料中。平地机拌和的作业长度为 300～500 m。拌和结束后，混合料的含水量应均匀，并较最佳含水量大 1%左右，并且没有颗粒离析现象。

用拖拉机、平地机和轮胎压路机在已初平的路段上碾压一遍，找出潜在的不平整的地方，进行处理。最后用平地机进行整平和整形。

6）碾压。整平后，应根据材料的含水量适当洒水，当含水量满足要求时，应立即用 12 t 以上三轮压路机、振动压路机或轮胎压路机进行碾压。应由两侧向路中心，小半径曲线由内侧向外侧进行碾压，后轮应重叠 12 轮宽，且须超过两段的接缝处。一般需碾压 6～8 遍，碾压至缝隙嵌挤密实，稳定坚实，表面平整，轮迹小于 5 mm。压路机的碾压速度头两遍宜为 25～30 m/min，以后为 35～40 m/min。路面两侧区域应多压 2～3 遍。含有土的级配碎（砾）石层，应进行滚浆碾压，直到表层没有多余的细土泛出为止，然后将表层薄层土清除干净。

7）接缝处理。作业段的衔接处应搭接拌和。第一段拌和后，应留 5～8 m 先不碾压，等第二段施工时，将留下的部分一起加水拌和，整平后进行碾压。

施工时，应尽量避免纵向接缝。当必须分幅铺筑时，应搭接拌和。前半幅全宽碾压密实，后半幅拌和时，应将前半幅相邻处的边部 0.3 m 左右搭接拌和，整平后一起碾压。

8）养护。

（2）填隙碎石基层施工。

1）备料；

2）运输和摊铺粗碎石；

3）撒铺填隙料和碾压。

（二）路面面层施工

1. 沥青路面施工

（1）热拌沥青混合料路面施工。

施工过程主要可分为准备工作，沥青混合料的拌制、运输、摊铺、压实，接缝施工，透层、黏层施工等内容。

（2）沥青路面层铺法施工。

1）沥青表面处治施工。沥青表面处治施工方法有单层式、双层式、三层式三种，可先油后料，亦可先料后油。三层式先油后料沥青表面处治的施工流程为：

清扫基层，洒布第一层沥青；撒布第一层主集料；碾压；第二、第三层施工；双层式或单层式沥青表面处治施工。

2）沥青贯入式路面施工。沥青贯入式路面空隙率较大，为了防止水分浸入路面结构内部，常在沥青贯入式路面结构上加铺上封层或拌和层，形成上拌下贯式路面结构。沥青贯入式路面的施工工艺介绍如下。

① 摊铺主层集料：采用碎石摊铺机、平地机或人工摊铺主层集料。

② 碾压主层集料：撒布后应采用 6～8 t 的轻型钢筒式压路机自路两侧向路中心碾压，碾压速度宜为 2 km/h，每次轮迹重叠约 300 mm，碾压一遍后检验路拱和纵向坡度，当其不符合要求时调整找平后再压。然后用重型的钢轮压路机碾压，每次轮迹重叠轮宽的 1/2 左右，宜碾压 4～6 遍，直至主层集料嵌挤稳定，无显著轮迹为止。

③ 浇洒第一层沥青：浇洒方法应按沥青表面处治层铺法施工的方法进行。采用乳化沥青灌入时，为防止乳液下漏过多，可在主层集料碾压稳定后，先撒布部分上一层的嵌缝料，再浇洒主层沥青。

④ 撒布第一层嵌缝料：采用集料撒布机或人工撒布第一层嵌缝料。撒布后尽量扫匀，不足处应找补。使用乳化沥青时，石料撒布必须在乳液破乳前完成。

⑤ 碾压嵌缝料：立即用 8～12 t 钢筒式压路机碾压嵌缝料，轮迹重叠轮宽的 1/2 左右，宜碾压 4～6 遍，直至稳定为止。碾压时随压随扫，使嵌缝料均匀嵌入。因气温较高使碾压过程中发生较大推移现象时，则立即停止碾压，待气温稍低时再继续碾压。

⑥ 第二、第三层沥青和嵌缝料的撒铺。

⑦ 撒布封层料。

⑧ 最终碾压：采用 6～8 t 压路机作最后碾压，宜碾压 2～4 遍，然后开放交通。

3）冷拌沥青混合料路面施工。

冷拌沥青混合料路面施工是指将一定配比的集料和沥青在常温下进行拌和、摊铺和碾压的施工方法。冷拌沥青混合料宜采用厂拌法施工，也可以采用现场路拌法施工。冷拌沥青混合料路面施工流程为：拌和；摊铺；碾压；透层、黏层的施工。

2. 水泥混凝土路面施工

（1）施工准备。

（2）安装模板。

在摊铺混凝土之前，应先安装模板。如果采用人工摊铺混凝土，则模板的作用仅用于支撑混凝土，可采用厚 4～8 cm 的木模板，在弯道和交叉口路缘处，应采用 1.5～3 cm 厚的薄模板，以便弯成弧形。条件许可时应采用钢模，不仅节约木材，而且保证工程质量。钢模可用 4～5 mm 厚的钢板冲压制成，或用 3～4 mm 厚钢板与边宽 40～50 m 的角钢或槽钢组合而成。

（3）钢筋安装及安设传力杆。

传力杆是指沿水泥混凝土路面板横缝，每隔一定距离在板厚中央布置的圆钢筋。其一端固定在一侧板内，另一端可以在邻侧板内滑动，其作用是在两块路面板之间传递行车荷载和防止错台。当两侧模板安装好后，即在需要设置传力杆的膨胀缝或伸缩缝位置上安设传力杆。

（4）混凝土的搅拌和运输。

混凝土依据具体要求来进行拌制，混合料的制备可以采用在工地由拌和机拌制或在中心工厂集中制备，然后用汽车运送到工地这两种方式。

（5）混凝土拌和物的摊铺、振实和整平。

（6）接缝施工。

（7）养护。

1）湿治养护。混凝土抹面 2 h 后，当表面已有相当硬度，用手指轻压不显痕迹时即可开始养生。一般采用保湿膜、土工毡、土工布、麻袋、草袋、草帘等覆盖物，或者用 20～30 mm 厚的湿砂覆盖于混凝土表面。每天均匀洒水数次，使其保持潮湿状态，至少延续 14 d。

2）塑料薄膜养护。塑料薄膜养护是将几种化工原料按照一定的比例配制成油状溶液，用喷洒机具喷（或刷）在拉毛后的混凝土表面，等溶液中挥发物挥发后形成一层较坚韧的纸状薄膜，利用薄膜不透水的特性，将混凝土中的水化热和蒸发水大部分积蓄下来自行养护混凝土的方法。

3）养生剂养护。

当混凝土表面不见浮水，用手指轻压无痕迹时，即可均匀喷洒养生剂塑料溶液，形成不透水的薄膜黏附于表面，从而阻止混凝土中水分的蒸发，保证混凝土的水化作用。喷洒养生剂的高度应控制在 0.5～1 cm，最小喷洒量不得少于 0.3 kg/m^2，不得使用容易被雨水冲刷掉的和对混凝土强度、表面耐磨性有影响的养生剂。

第十节　桥梁工程

一、桥梁施工概述

不同类型桥梁结构的主要施工方法有就地浇筑法、预制安装法、悬臂施工法、转体施工法、顶推施法、移动模架逐孔施工法、横移施工法、提升式与浮运施工法。对于当前建造的特大桥梁，通常采用两种或两种以上的组合施工方法。

二、桥梁下部结构施工

桥梁下部结构施工包括墩台基础施工、墩台施工、支座安装和桥台锥坡施工等。

（一）桥梁基础施工

浅基础（一般小于 5 m）一般采用明挖施工，深基础（一般埋深大于 5 m）采用多种方法施工，如沉入桩、钻孔灌注桩、沉井、沉箱等。沉井基础施工工艺如下：

1. 平整场地及筑岛

沉井在制作至下沉过程中，位于无被水淹没可能的岸滩上时，若地基承载力满足设计要求，可就地整平夯实制作；若地面土质松软，应铺设一层不小于 0.5 m 厚的粗砂或砂夹卵石，并整平夯实。

当沉井位于水中下沉施工时，需要先在水中筑岛，再在筑岛上制作沉井。常用的筑岛有两种形式，第一种为无围堰人工筑岛法（也称为土岛）。当在水深较浅（小于 2 m），流速较小（小于 0.5 m/s）时，水中筑岛宜采用填土筑岛。填筑的方法为从岛的设计位置中间开始向水中填土，逐步向四周扩展；在靠近岸边的半岛水中筑岛时，应从岸边平行向前推进填筑。筑岛材料宜用黏土、砂质黏土、中粗砂等，不得使用细砂、淤泥和大块砾石等。第二种为有围堰人工筑岛法。常用的有草袋围堰、板桩围堰、石笼围堰等。考虑沉井对围堰产生侧向压力影响，护道宽度一般不小于 2.0 m，其余施工过程之方法与旱地施工相同。

2. 制作低节沉井

（1）铺设垫木。在整平的场地上刃脚踏面位置处，应对称地铺一层垫木（垫木可用 200 mm×200 mm 的方木），并使长短垫木相间布置，以加大支撑面积，使沉井重量在垫木下产生的压应力不大于 0.1 MPa。为抽垫方便，沉井垫木应沿刃脚周边的垂直方向铺设。垫木下须垫一层约 0.3 m 厚的沙。垫木间的间隙也用沙填平。垫木的顶面应与刃脚的底面相吻合。

（2）立沉井模板、绑扎钢筋。在垫木上面放出刃脚踏面大样，铺上踏面底模，安放刃脚的型钢，立刃脚斜面底模、隔墙底模和沉井内模，绑扎钢筋，最后立外模和模板拉杆。在场地土质较好处，也可采用土模。

（3）浇筑混凝土。灌注沉井混凝土时应沿井壁四周对称均匀地进行，最好一次灌注完成。混凝土灌注后 10 h 即可遮盖浇水养护。底节沉井混凝土养护强度必须达到 100%，其余各节允许达到设计强度的 70%时进行下沉。

3. 沉井下沉

（1）拆模及抽出垫木。沉井混凝土达到设计强度等级的 70%，即可拆除模板，当强度达到设计强度等级后，才能抽拆垫木。抽拆垫木时应分组、依次、对称、同步地进行，以免引起沉井开裂、移动和倾斜。抽除时先将枕木底部的土挖去，利用推土机等的牵引将枕木抽出。每抽出一根枕木，刃脚下应立即用砂填实。抽除时应加强观测，注意沉井下沉是否均匀。在整个拆除垫木的过程中，应每抽出一根垫木立即用砂进行回填并捣实。

（2）沉井下沉。

1）排水开挖下沉。当土质松软时，可在沉井中部逐渐向四周均匀扩挖；土质较坚实时，在沉井中部挖深 0.4～0.5 m 后继续向四周扩挖；对坚硬土层，可将刃脚下掏空并回填砂土（定位垫木处最后掏空），再分层分次挖回填砂土；对岩层可用风庙成风挖除，亦可打眼爆破。排水开挖时，应选择适当位置布设集水井排水或采用井点系统降水。排水下沉速度不宜过快，应根据沉井大小、入土深度、地质情况而定。

2）不排水开挖下沉。常用抓斗作为挖土机械，抓斗遇到细沙和粉沙时，土粒很易从抓斗中流失，效率不高。这时可以采用吸泥机，常用的是空气吸泥机，将水和泥沙一起排出井外，为防止水位下降，产生流沙现象，应向井内灌水，以保持井内水位高于外水位 1.0～3.0 m。

（3）沉井接高。第一节沉井下沉至距地面还剩 1～2 m 时，应停止挖土，浇筑第二节沉井。浇筑第二节沉井前，校正第一节沉井并凿毛顶面，然后立模浇筑混凝土，待混凝土达到设计强度等级后，再拆模继续挖土下沉。

（4）筑井顶围堰。当沉井沉至接近基底标高时，井顶面低于地面或水面时，应在沉井上面修筑围堰。围堰的平面略小于沉井尺寸，其下端与井顶预埋锚杆相连以防止沉井下沉时围堰与井顶脱离。围堰是临时性结构，待墩身出水后应拆除。

4. 沉井封底

（1）沉井基底检验和处理。

（2）沉井封底。当井内无水时，可浇筑混凝土进行封底；当沉井内的水无法抽干，只能用浇筑水下混凝土的方法封底，但沉井底面积较大，需用多根导管同时依次浇筑，一根导管的作用半径为 2.5～4.0 m。

（3）井孔填充及浇筑顶盖板。封底混凝土达到设计强度后，才允许抽干井内的水，进行井孔填充。填充前应清除封底混凝土面上的浮浆，若用砂夹卵石填充时，应分层夯实。填充后的沉井，不需设置顶盖板，可直接在填充后的井顶浇承台；对于不填充的沉井，需设置钢筋混凝土顶盖板或模板，以作为浇筑承台的底模板。

（二）桥梁墩台施工

桥梁墩台的施工方法通常分为现场就地浇筑、砌筑墩台和拼装预制墩台三类。

1. 现场就地浇筑

就地浇筑墩台多为钢筋混凝土墩台，其主要工序包括制作与安装墩台模板和混凝土浇筑。

2. 砌筑墩台

砌筑基础的第一层砌块时，如基底为土质，只在已砌块体的侧面铺上砂浆即可，不需坐浆；如基底为石质，应将其表面清洗、润湿后，先坐浆再砌筑。砌筑斜面墩台时，斜面应逐层放坡，以保证规定的坡度。同一层石料及水平灰缝的厚度要均匀一致，每层按水平砌筑，丁顺相间，砌石灰缝互相垂直，灰缝宽度和错缝应符合规范要求。

3. 拼装预制墩台

柱式桥墩是将桥墩分解成若干轻型部件，在工厂或工地集中预制，再运送到现场拼装。其施工工序为构件预制、安装连接与混凝土养护等。

三、桥梁上部结构施工

（一）装配式梁桥施工

装配式钢筋混凝土简支梁的施工程序包含装配式梁等构件预制、构件移运堆放、运输、预制梁架设安装、横向联结施工、桥面系施工。

1. 预制

混凝土梁的预制工作可在专业桥梁预制厂内进行，也可在桥位处的预制场内进行。

2. 运输

装配式预制梁及其他预制构件通常在桥头附近的预制场或桥梁预制厂内预制，需要配合吊装架梁的方法，通过一定的运输工具将预制梁运到桥头或桥孔下。从施工现场的预制场到桥头或桥孔下的运输称为场内运输，将预制梁从桥预制厂运往桥孔或桥头的运输称为场外运输。

短距离的场内运输可采用龙门架配合轨道平板车来实现，这时需铺设钢轨便道，由龙门架或木扒杆起吊移运构件出坑，横移至预制构件运输便道，卸落到轨道平车上，然后用绞车牵引至桥头或桥孔下。场外运输通常采用汽车、大型平板拖车、火车或驳船。受车厢长度、载重量的限制，一般中小跨径的预制梁或构件可用汽车运输。50 kN 以内的小构件可用汽车吊装卸；大于 50 kN 的构件可用轮胎吊、履带吊、龙门架或扒杆装卸。对于特别长的构件可采用大型平板拖车或特制的运梁车运输。

3. 安装

预制梁的安装是预制装配式混凝土梁桥施工中的关键性工序。对于简支梁的拼装，一般包括起吊、纵移、横移、落梁就位等工序。从架设的现场条件来分有陆地架梁法、浮吊架梁法和高空架梁法等。

（1）陆地架梁法。

1）移动式支架架梁法。

对于高度不大的中小跨径桥梁，当桥下地基良好能设置简易轨道时，可采用木制或钢制的移动支架来架设，如图 3-23（a）所示。随着牵引索前拉，移动支架带梁沿轨道前进，到位后用千斤顶落梁，再横移就位。

2）摆动式支架架梁法。

将预制梁沿路基牵引到桥台上并稍悬出一段，悬出距离根据梁的截面尺寸和配筋确定。从桥孔中心河床上悬出的梁端底下设置人字扒杆或木支架，前方用牵引绞车牵引梁端，此时支架随之摆动而到对岸。为防止摆动过快，应在梁的后端用制动绞车牵引制动。

3）自行式吊机架梁法。

在桥不高，场内又可设置行车便道的情况下，用自行式吊车（汽车吊车或履带吊车）架设小跨径的桥梁十分方便。此法视吊装重量不同，还可采用单吊（一台吊车）或双吊（两台吊车）或履带吊机直接将梁片吊起就位的方法。

4）跨墩龙门架架梁法。

用胶轮平板拖车、轨道平车或跨墩龙门架将预制梁运送到桥孔，然后用跨墩龙门架或墩侧高低脚龙门架将梁吊起，再横移到梁设计位置，然后落梁就位完成架梁工作，如图 3-23（b）所示。

（2）浮吊架设法。

1）浮吊船架梁。可回转的伸臂式浮吊架梁法在海上和深水大河上修建桥梁时是比较方便的。鉴于浮吊船来回运梁航行时间长，要增加费用，故一般采取用装梁船储梁后成批一起架设的方法。

2）固定式悬臂浮吊架梁。如果缺乏大型伸臂式浮吊，可以用钢制万能杆件或贝雷钢架拼装固定式的悬臂浮吊进行架梁。架梁前，先从存梁场将预制梁吊运至下河栈桥，再由固定式悬臂浮吊接运并安放稳妥，重载的浮吊用拖轮拖运至待架桥孔处，并使浮吊初步就位。将船上的定位钢丝绳与桥墩锚系，慢慢调整定位，对准梁位后就落梁就位。用此法架设跨度 30 m 的 T 形梁或 T 形钢构挂梁在流速不大、桥墩不高的情况下很方便。

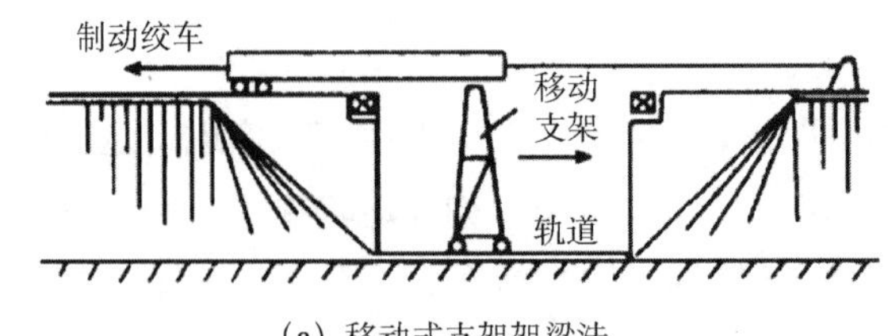

(a) 移动式支架架梁法

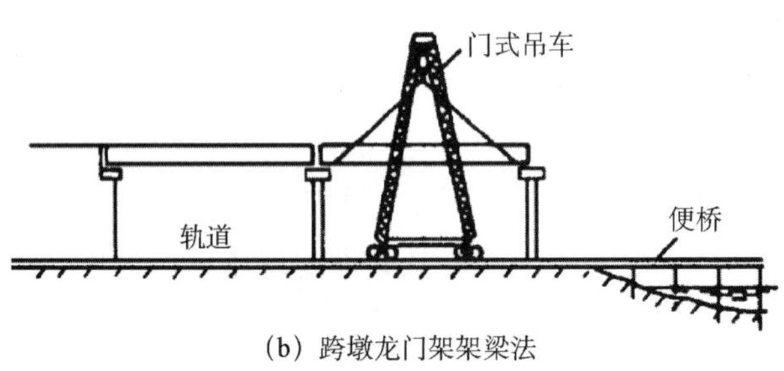

(b) 跨墩龙门架架梁法

图 3-23 陆地架梁法

(3) 高空架设法。

1) 联合架桥机架设。在架设中小跨径的多跨简支梁桥时，联合架桥机架设法是很方便的。联合架桥机是由一根总长大于两倍桥跨的钢导梁、两套门式吊机和一个托架三部分组成。

架梁操作步骤如下：

① 在桥头拼装钢导梁，铺设钢轨，并用绞车纵向拖拉就位。

② 拼装托架和门式吊机，用托架将两个门式吊机移运至架梁孔的桥墩（台）上。

③ 由平车轨道运送预制梁至架梁孔位，将导梁两侧可以安装的预制梁用两个门式吊机起吊、横移并落梁就位。

④ 将导梁所占位置的预制梁临时安放在已架设的梁上。

⑤ 用绞车纵向拖拉导梁至下一孔后，将临时安装的梁架设完毕。

⑥ 在已架设的梁上铺接钢轨后，用托架顺次将两个门式吊车托起并运至前一孔的桥墩上。

重复以上步骤，直至将各孔梁全部架设好为止。

2) 闸门式架桥机架梁。闸门式架桥机可以用来架设在桥高、水深情况下的多孔中小跨径的装配式梁桥，这种架设方法也适用于架设比较重的梁。闸门式架桥机是由两根分离布置的安装梁、两根起重横梁和可伸缩的钢支腿三部分组成。

采用闸门式架桥机架梁步骤如下：

① 用绞车纵向拖拉拼装好的安装梁就位，使可伸缩支腿支撑在架梁孔的前墩上。如果遇到安装梁不够长的情况，可以在其尾部用前方起重横梁吊起预制梁作为平衡压重。

② 前方起重横梁运梁前进，当预制梁尾端进入安装梁巷道时，用后方起重横梁将梁吊起，继续运梁前进至安装位之后，固定起重横梁。

③ 借起重小车落梁安放在滑道垫板上，并接墩顶横移将除一片中梁之外的梁安装就位。

④ 用以上步骤并直接用起重小车架设中梁，整孔梁架完后即铺设移运安装梁的轨道。

重复以上步骤，直至全桥架梁完毕。

（二）预应力混凝土悬臂体系梁桥施工

预应力混凝土悬臂体系梁桥根据梁体的制作方式，可以分为悬臂浇筑法和悬臂拼装法两种施工方式。悬臂施工法就是直接利用支承在桥墩上的悬出支架来进行浇筑混凝土、钢筋张拉等施工，并逐段向径跨方向延伸施工。

1. 悬臂拼装法

悬臂拼装法的施工流程是在工厂或桥位附近将梁体沿轴线划分成适当长度的块件进行预制，然后用船或平车从水上或从已建成部分的桥上运至架设地点，并用活动吊机等起吊后向墩柱两侧对称均衡地拼装就位，张拉预应力筋。重复这些工序直至拼装完悬臂梁全部块件为止。

（1）块件预制。块件预制通常采用间隔浇筑法，使得先完成块件的端面成为浇筑相邻块件时的端模，这样可以保证预制块件尺寸准确，拼装接缝密贴，预留孔道对接顺畅。在浇筑相邻块件之前，应在先浇块件端面上涂刷隔离剂，以便分离出坑。在预制好的块件上应精确测量各块件相对标高，在接缝处做出对准标志，以便拼装时易于控制块件位置，保证接缝密贴，外形准确。

（2）块件拼装。预制块件的悬臂拼装可根据现场布置和设备条件采用不同的方法来实现。当靠岸边的桥跨不高且可在陆地或便桥上施工时，可采用自行式吊车、门式吊车来拼装。在水上施工时，可采用水上浮吊进行安装。如果桥墩很高或水流湍急而不便在陆上、水上施工时，就可利用各种吊机进行高空悬拼施工。

（3）穿束与张拉。

1）穿束。60 m 以下的钢丝束穿束时可采用人工推送。较长钢丝束的穿入端，应点焊成箭头状并缠裹黑胶布。60 m 以上的钢丝束穿束时可先从孔道中插入一根钢丝与钢丝束引丝连接，然后一端以卷扬机牵引，一端以人工送入。

2）张拉。钢丝束张拉前应首先确定合理的张拉次序，以保证箱梁在张拉过程中每批张拉合力都接近于该断面钢丝束总拉力重心处。一般情况下，纵向钢丝束的张拉次序按下述原则确定：对称于箱梁中轴线，钢丝束两端同时张拉；先张拉肋束，后张拉板束；若横断面为三根肋，且仅有两对千斤顶时，肋束的张拉次序是先张拉边肋，后张拉中肋；同一肋上的钢丝束先张拉下边的，后张拉上边的；板束的张拉次序是先张拉顶板中部的，后张拉顶板边部的。

2. 悬臂浇筑法

悬臂浇筑法施工过程中，使用的悬吊式活动脚手架通常称为挂篮。悬臂浇筑法的施工流程是利用挂篮在墩柱两侧对称平衡地浇筑梁段混凝土（每段长 2~5 m），每浇筑完一对梁段，待达到规定强度后张拉预应力筋并锚固，然后向前移动挂篮，进行下一梁段的施工，直到悬臂端为止。

（1）施工挂篮。施工挂篮是能够沿轨道行走的活动脚手架，悬挂在已经张拉锚固与墩身连成整体的箱梁节段上。挂篮由底模架、悬吊系统、承重结构、行走系统、平衡重及锚固系统、工作平台等部分组成，如图 3-24 所示。挂篮的承重结构可以用万能杆件或贝雷钢架拼成，或采取专门设计的结构。

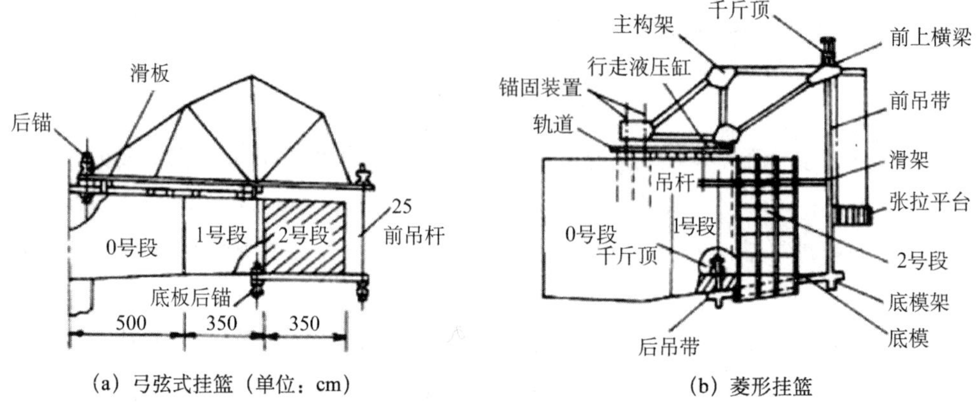

（a）弓弦式挂篮（单位：cm）　　（b）菱形挂篮

图 3-24　常用挂篮类型

1）挂篮安装。

① 检查安装质量，并做载重试验，以测定其各部位的变形量，并设法消除其永久变形。

② 在墩顶拼装挂篮，拼装时应对称进行。

③ 挂篮的操作平台下应设置全封闭形式的安全网，四周设围护，上下应有专用扶梯，方便施工人员上下挂篮。

④ 在挂篮行走时，为了防止倾覆，必须在挂篮尾部压平衡重。浇筑混凝土梁段时，必须在挂篮尾部将挂篮与梁进行锚固。

2）挂篮移动。

① 首先在梁段顶面找平并测量好轨道位置，铺设垫枕和轨道，然后脱模，将底模用倒链滑车吊挂在外模走行梁上，松开主构架后锚，用倒链牵引前支座使挂篮、底模架、外侧模一起向前移动至下一节段预定位置并重新锚固在轨道上。安装后吊带，将底模架吊起。

② 其次在该梁段上安装外侧模走行梁后吊架，然后解除一个前一梁段上的后吊架，移至该梁段预留孔道安装好，再解除另一个。走行梁就位后调整好外模板和底模标高，内模在底板和腹板钢筋绑扎完成后才拖出，最后封端模。

3）挂篮试压。

为了检验挂篮的性能和安全，并消除结构的非弹性变形，应对挂篮进行试压。试压通常采用试验台加压法、水箱加压法等。

（2）悬臂浇筑法施工程序（如图 3-25 所示）：

每浇一个箱形梁段的工艺流程为：安装挂篮→移挂篮→装底、侧模→装底、肋板钢筋和预留管道→装内模→装顶板钢筋和预留管道→浇筑混凝土→养护→穿预应力钢筋、张拉和锚固→管道压浆。

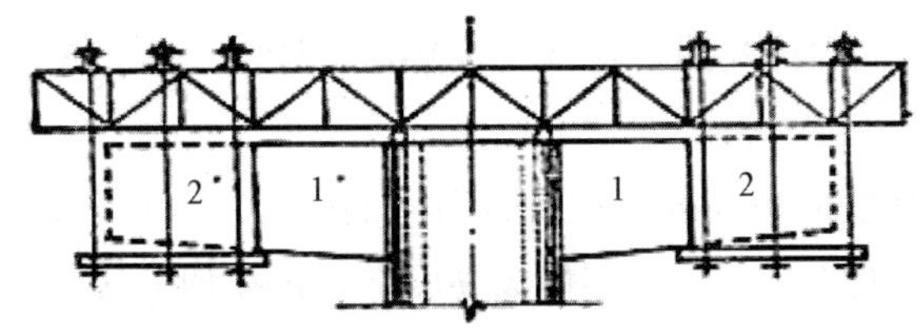

图 3-25　悬臂浇筑法施工

（三）预应力混凝土连续梁桥施工

预应力混凝土连续梁桥目前已得到广泛应用，其优点是跨越能力大、施工方法灵活、适应性强、结构刚度大、抗地震能力强、通车平顺性好以及造型美观等。预应力混凝土连续梁桥的施工方法很多，常用的有悬臂施工法、顶推法施工等。

1. 悬臂施工法

用悬臂施工法建造预应力混凝土连续梁桥，也分悬浇和悬拼两种，其施工程序和特点，与悬臂施工法建造预应力混凝土悬臂梁桥基本相同。在悬浇或悬拼过程中，也要采取使上、下部结构临时固结的措施，待悬臂施工结束、相邻悬臂端连接成整体并张拉了承受正弯矩的下缘预应力筋后，再卸除固结措施，使施工中的悬臂体系换成连续体系。

（1）合龙段施工。连续梁的分段悬浇施工，常采用对称施工，但在一定条件下也可以用不对称施工。全梁施工过程是从各墩顶 0 号段开始至该 T 构的完成，再将各 T 构拼接面形成整体连续梁。这种 T 构的拼接就是合龙。

合龙是连续梁施工和体系转换的重要环节，合龙施工必须满足受力状态的设计要求和保持梁体线形，控制合龙段的施工误差。因此，合龙施工时满足以下要求：

1）合龙前，应对两端悬臂梁段的轴线高程和梁长受温度影响时的偏移值进行观测，并应根据实际观测值进行合龙的施工计算，确定准确的合龙温度、合龙时间及合龙程序。

2）合龙时，宜采取措施将合龙口两侧的悬臂端予以临时刚性连接，再浇筑合龙段混凝土。合龙段混凝土宜在一天中气温最低且最稳定的时段浇筑，浇筑后应及时覆盖洒水养护。

3）合龙时，桥面上设置的全部临时施工荷载应符合施工控制的要求。

4）对预应力混凝土连续梁桥，合龙后应在规定时间内尽快拆除墩梁临时固结装置，按设计的规定程序完成体系转换和支座反力的调整。

5）多跨连续梁合龙段施工的顺序通常为：先各边跨，再各次边跨，最后为中跨。

（2）体系转换。利用连续梁成桥设计的负弯矩预应力筋为支承，是连续梁分段悬浇施工的受力特点。悬浇中各独立 T 构的梁体处于负弯矩受力状态，随着各 T 构的依次合龙，梁体也依次转化为成桥状态的正负弯矩交替分布形式，这一转化就是连续梁的体系转换。因此，连续梁悬浇施工的过程就是其应力体系转换的过程，也就是悬浇时实行支座临时固结、各 T 构的合龙、固结的适时解除、预应力的分配以及分批依次张拉的过程。

2. 顶推法施工

顶推法施工程序是沿桥轴方向，在台后开辟预制场地，分节段预制梁身，并用纵向预应力筋将各节段连成整体，然后通过水平液压千斤顶施力，借助不锈钢板与聚四氟乙烯模压板组成的滑动装置，将梁段向对岸推进。这样分段预制，逐段顶推，待全部顶推就位后，落梁、更换正式支座，完成桥梁施工。

顶推法的施工工序如图 3-26 所示：在桥台后面的引道上或在刚性好的临时支架上设置制梁场。采用现浇或预制装配的方法集中制作等高度的箱形梁段（10～30 m 一段），待制成 2～3 段后，在上、下翼板内施加能承受施工中变号内力的预应力，然后用水平千斤顶等顶推设备将支承在塑料板与不锈钢板滑道上的箱梁向前推移，推出一段再接长一段，这样周期性地反复操作直至最终位置。卸除支点区段底部和跨中区段顶部的部分预应力筋，并且增加和张拉一部分支点区段顶部和跨中区段底部的预应力筋来调整预应力，使满足后加恒载和活载内力的需要。最后，将滑道支承移置成永久支座。顶推法施工可分为单向顶推和多点顶推等。

（1）单向顶推。单向单点顶推的顶推设备只设在一岸桥台处，在施工之前要在梁的前端安装一节长度为顶推跨径 0.6～0.7 倍的钢导梁，目的是为了减少在顶推中的悬臂负弯矩。导梁应自重轻而刚度大。单向顶推最宜于建造跨度为 40～60 m 的多跨连续梁桥。当跨度更大时，就需在桥墩间设置临时支墩。

（2）多点顶推。对于特别长的多联多跨桥梁，也可以应用多点顶推的方式使每联单独顶推就位。这种情况下，在墩顶上均可设置顶推装置，且梁的前后端都应安装导梁。

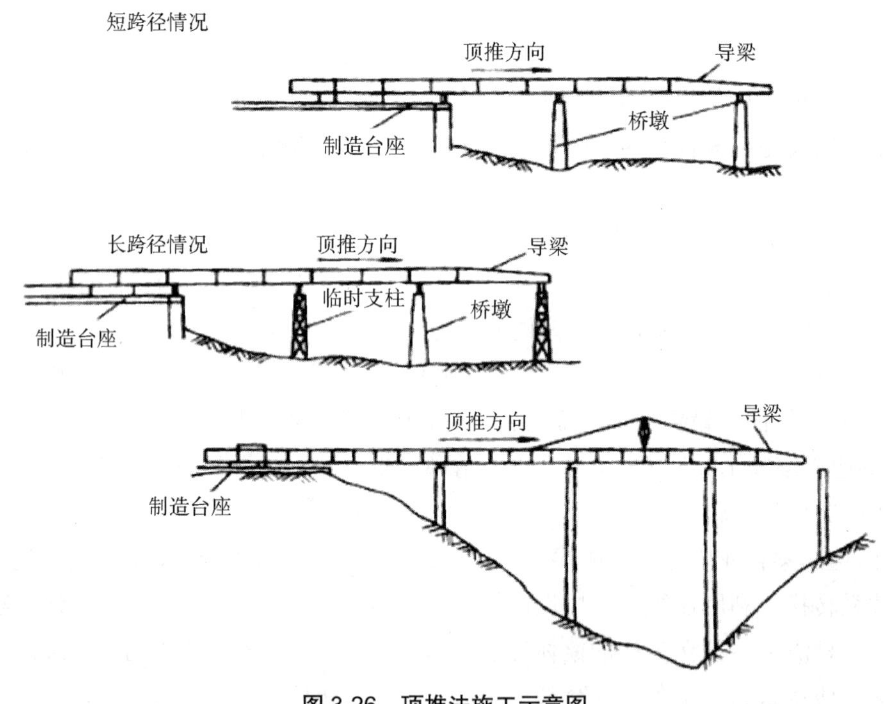

图 3-26　顶推法施工示意图

四、桥梁桥面系施工

桥面系又称为桥面构造，它直接与车辆、行人接触，对桥梁的主要结构既能传力又能起保护作用。桥面构造的内容包括桥面铺装、排水和防水系统、人行道或安全带、缘石、栏杆、灯柱、安全护栏和伸缩缝等（如图 3-27 所示）。

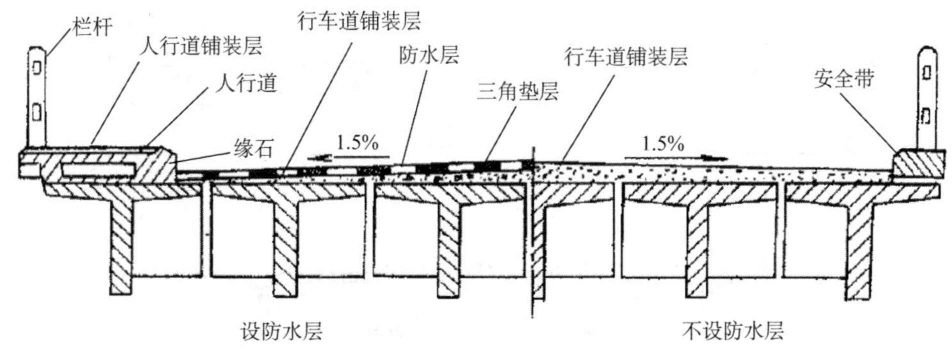

图 3-27　桥面系

（一）桥面铺装

桥面铺装又称为行车道铺装或桥面保护层，它具有保护属于主梁整体部分的行车道板不受车辆轮胎的直接磨耗，防止主梁遭受雨水的侵蚀，并对车辆轮重的集中荷载起一定分布的作用。钢筋混凝土和预应力混凝土梁桥的桥面铺装，常用的有以下几种形式：

（1）普通水泥混凝土或沥青混凝土铺装。

（2）防水混凝土铺装。

（3）具有贴式防水层的水泥混凝土或沥青混凝土铺装。

贴式防水层设在低强度等级混凝土三角垫层上面，通常采用“三油二毡”防水层法进行施工：先做三角垫层，垫层用水泥砂浆找平，硬化后涂一层热沥青底层，贴一层油毛毡或麻袋布、玻璃纤维织物等，再涂一层沥青胶砂，贴一层油毛毡，最后再涂一层沥青胶砂，防水层总厚度为 1～2 cm。防水层在桥面伸缩缝处应连续铺设，不可切断；桥面纵向应铺过桥台背；桥面横向两侧应伸过缘石地面，从人行道与缘石砌缝里向上叠起 0.10 m。上述卷材防水层一般还需做 4 cm 细石混凝土的保护层，最后再按要求铺设沥青混凝土或水泥混凝土路面。为使铺装层具有足够的强度和良好的整体性，并能起连接各主梁的作用，还要在混凝土中设置直径为 4～6 mm 的钢筋网。

（二）桥面横坡

为了快速排除雨水，桥梁除设纵坡外，还应将桥面铺装沿横向设双向的桥面横坡，坡度为 1.5%～3.0%。桥面横坡通常有三种设置形式：

（1）对于板桥或现场浇筑的肋板式桥梁，可将横坡直接设在墩台顶部而做成倾斜的桥面板，铺装层是等厚的，如图 3-28（a）所示。

（2）对于装配式肋梁桥，横坡直接做在行车道板上，先铺混凝土三角垫层，形成双向倾斜，再铺设等厚的混凝土铺装层，如图 3-28（b）所示。

（3）在宽度大的桥中，为减轻三角垫层重量，可将行车道板做成斜面，形成横坡，这样会使梁的施工和构造趋向复杂化，如图 3-28（c）所示。

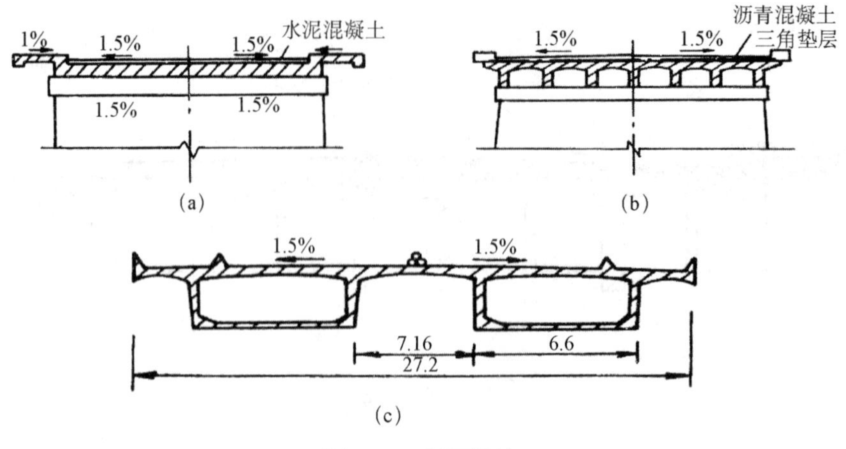

图 3-28　桥面横坡

（三）桥面排水设施

为防止雨水滞积于桥面并渗入梁体而影响桥梁的耐久性，除在桥面铺装内设置防水层外，还应在桥上设置纵向、横向排水坡以及一定数量的泄水管。

当公路桥桥面纵坡大于 2%而桥长小于 50 m 时，一般能保证通过桥头引道排水，桥上可不设泄水管，可在引道两侧设置流水槽，以免雨水冲刷引道路基；当公路桥桥面纵坡大于 2%而桥长大于 50 m 时，为防止雨水滞积于桥面，就需设置泄水管，一般每隔 12～15 m 长度设置一个；当桥面纵坡小于 2%时，泄水管就需要设置更密一些，一般每隔 6～8m 设置一个。要求泄水管的过水面积不小于 2～3 cm^2/m^2，左右对称或交错排列，距缘石 20～50 cm，也可在人行道下设置。梁式桥上常用的泄水管道有金属泄水管、钢筋混凝土泄水管和横向排水孔道等几种形式。

（四）伸缩缝

根据桥梁伸缩缝的传力方式和构造的特点，伸缩缝大体可分成五大类：对接式、钢制支承式、橡胶组合剪切式、模数支承式和无缝式。在做好桥梁伸缩缝施工前相关的准备工作后，方可进行桥梁伸缩缝的施工。

1. 开槽

桥面沥青混凝土铺装层完成并验收合格后，根据施工图的要求确定开槽宽度，准确放样，打上线后用切割机锯缝、顺直，锯缝线以外的沥青混凝土路面，必须仔细用塑料布覆盖并用胶带纸封好，以防锯缝时产生的石粉污染路面。为了避免开槽时缝外混凝土松动，锯缝应整齐、顺直，并注意把沥青混凝土切透。

开槽通常使用风镐，开槽深度不得小于 12 cm，应将槽内的沥青混凝土、松动的水泥混凝土凿除干净，应凿毛至坚硬层，并用强力吹风机或高压水枪清除浮尘和杂物。为了避免槽两侧沥青混凝土受损，开槽后应禁止车辆通行，严禁施工人员踩踏槽两侧边缘。梁端间隙内的杂物，尤其是混凝土块必须清理干净，然后用泡沫塑料填塞密实。如有梁板顶至背墙情形，须将梁端部分凿除。理顺、调整槽内预埋筋，对漏埋或折断的预埋筋应进行修复，统一采用植筋胶或环氧树脂进行钢筋补植，补植深度不小于 15 cm，补植后的钢筋须请业主代表、监理人员共同验看。开槽后产生的所有弃料必须及时清理干净，确保施工现场整洁。

2. 安装

安装伸缩缝的中心线与梁端中心线相重合。如果伸缩缝较长，需将伸缩缝分段运输，到现场后再对接。对接时，应将两段伸缩缝上平面置于同一水平面上，使两段伸缩缝接口处紧密靠拢，并校直调整。用高质量的焊条，逐条焊接，焊接时宜先焊接顶面，再焊侧面，最后焊底面要分层焊接，确保质量，并及时清除焊渣。焊接结束后用手提砂轮机磨平伸缩缝的顶面。

固定后应对伸缩缝的标高再复测一遍，确认在临时固定过程中未出现任何变形、偏差后，把异型钢梁上的锚固钢筋与预埋钢筋在两侧同时焊牢，最好一次全部焊牢。如有困难，可先将一侧焊牢，待达到预定的安装气温时，再将另一侧全部焊牢。注意焊点与型钢距离不小于 5 cm，以免型钢变形。为了避免出现跳车现象，在焊接的同时，应随时用三米直尺、塞尺检测异型钢的平整度，平整度应控制在 0～2 mm。在固定焊接时，对经常出现的预留槽内预埋筋与异型钢梁锚固筋不相符现象，要采用 U 形、L 形、S 形钢筋进行加固连接，以确保缝体与梁体的牢固连接。连接处焊缝长度应不小于 10 cm，应按照规范要求，采用浅接触，保证焊接长度。严禁出现点焊、跳焊、漏焊等现象。伸缩缝焊接牢固后，应尽快将预先设定的临时固定卡具、定位角钢用气割枪割去，使其自由伸缩，此时应严格保护现场，防止车辆误压。

3. 浇筑混凝土

模板多采用泡沫板、纤维板、薄铁皮等，模板应做得牢固、严密，能在混凝土振捣时不出现移动，并能防止砂浆流入伸缩缝内，以免影响伸缩。型钢的上面必须要用胶布封好，以免混凝土从上部缝口进入型钢内侧沟槽内。为了保证混凝土不污染路面，浇筑前应在缝两侧铺上塑料布。混凝土振捣时应两侧同时进行，为保证混凝土密实，特别是型钢下混凝土的密实，应用振捣棒振至不再有气泡为止。混凝土振捣密实后，用抹板搓出水泥浆，分 4～5 次按常规抹压平整为止。这道工序应特别注意平整度，混凝土面比沥青路面的顶面略低 1～2 mm 为宜，过高或过低都会出现跳车现象。

4. 养护

混凝土浇筑完成后，应覆盖麻袋、草苫子等，并洒水养护，养生期不少于 7 d，养护期间严禁车辆通行。在混凝土的强度达到设计强度的 50%以上时，可以安装橡胶密封条，安装前必须把缝内充当模板的泡沫板、纤维板、漏浆的混凝土硬块全部掏干净后，方可嵌入橡胶条。并且必须在混凝土强度达到设计强度后方允许通行。

五、管涵及箱涵施工

（一）管涵施工

公路工程中的管涵有混凝土管涵和钢筋混凝土管涵，目前我国公路工程中多采用钢筋混凝土管涵。公路管涵通常在工厂预制成长度为 1 m 的管节，然后运往现场安装。

1. 涵管的预制和运输

预制混凝土圆管可以采用振动制管法、离心法、悬辊法和立式挤压法。公路工程中涵管也可以采用外购，但涵管进场后必须对其质量进行检验。

管节运输途中每个管节底面应铺以稻草，并用木块、圆木揳紧，用绳索捆绑固定。常用的运输工具有汽车、拖拉机拖车，不通公路地段也可采用马车。管节的装卸可根据工地条件，使用各种起重设备如龙门吊机、汽车吊和小型起重工具、滑车、链滑车等。

2. 管涵施工程序

管涵可分为单孔、双孔的有圬工基础和无圬工基础管涵的施工，下面介绍单孔有圬工基础和单孔无圬工基础管涵施工程序。

（1）单孔有圬工基础管涵。

1）挖基并准备修筑管涵基础的材料。

2）砌筑圬工基础或浇筑混凝土基础。

3）安装涵洞管节，修筑涵管出入口端墙、翼墙及涵底。

4）铺设管涵防水层及修整。

5）铺设管涵顶部防水黏土（设计需要时），填筑涵洞缺口填土及修建加固工程。

（2）单孔无圬工基础管涵。

1）挖基并准备修筑管涵基础的材料。

2）在捣固夯实的天然土表层或矿砂垫层上，修筑截面为圆弧状的管座，其深度等于管壁的厚度。

3）在圆弧管座上铺设垫层的防水层，然后安装管节，管节间接缝宜留 1 cm 宽。

4）在管节的下侧再用天然土或砂砾垫层材料做培填料，并捣实至设计高程，并切实保证培填料与管节密贴。再将防水层向上包裹管节，防水层外再铺设黏质土，水平径线以下的部分应立即填筑，以免管节下面的砂垫层松散，并保证其与管节密贴。在严寒地区，这部分特别填土必须填筑不冻胀土料。

5）修筑管涵出入口端墙、翼墙及两端涵底和进行整修工作。

3. 管涵基础修筑

地基土为岩石时，管节下采用无圬工基础，管节下挖去风化层或软层后，填筑 0.4 m 厚砂垫层；出入口两端端墙、翼墙下，在岩石层上用 C15 混凝土做基础，埋置深度至风化层以下 0.15～0.25 m，其中最小深度应等于管壁厚度加 5 cm。风化层过深时，可采用片石圬工基础，最深不大于 1 m。管节下为硬岩时，可用混凝土抹成与管节密贴的垫层。

地基土为砾石土、卵石土或砂砾、粗砂、中砂、细砂或匀质黏性土时，管节下一般采用无圬工基础，对砾、卵石土先用砂填充地基土空隙并夯实，然后填筑 0.4 m 厚砂垫层；对粗、中、细砂地基土表层应夯实；对匀质黏性地基土应做砂垫层；出入口两端端墙、翼墙的圬工基础埋置深度，设计无规定时为 1.0 m，对于匀质黏性土，负温时的地下水位在冻结深度以上时，出入口两端端墙、翼墙圬工基础埋置深度为 1.0～1.5 m；当冻结土深度不深时，基础埋深宜等于冻结深度的 0.7 倍，当此值大于 1.5 m 时，可采用砂夹卵石在圬工基础下换填至冻结深度的 0.7 倍。

地基土为黏性土时，管节下应采用 0.5 m 厚的圬工基础，出入口两端端墙、翼墙基础埋置深度为 1.0～0.5 m；当地下水冻结深度不深时，埋深应等于冻结深度；当冻结深度大于 1.5 m 时，可在圬工基础下用砂夹卵石换填至冻结深度。

4. 管节安装

管节安装应从下游开始，使接头面向上游；每节涵管应紧贴于垫层或基座上，使涵管受力均匀；所有管节应按正确的轴线和图纸所示坡度敷设。如管壁厚度不同，应使内壁齐平。管节的安装方法通常有滚动安装法、滚木安装法、压绳下管法、龙门架安装法、吊车安装法等，可根据施工现场实际情况选用。

（二）箱涵施工

1. 箱涵就地浇筑法

（1）箱涵基础。

涵身基础分为有圬工基础和无圬工基础两种。

（2）箱涵身和底板混凝土的浇筑。

现场浇筑应连续进行，尽量避免施工缝。当涵身较长时，可沿涵长方向分段进行，每段应连续一次浇筑完成，施工缝应设在涵身沉降缝处。

2. 箱涵顶进施工法

（1）箱涵顶进前检查工作。

1）箱涵主体结构混凝土强度必须达到设计强度，防水层及保护层按设计完成。

2）顶进作业面包括路基下地下水位已降至基底 500 mm 以下，并宜避开雨期施工，若在雨期施工，必须做好防洪及防雨排水工作。

3）后背施工、线路加固达到施工方案要求；顶进设备及施工机具符合要求。

4）顶进设备液压系统安装及预顶试验结果符合要求。

5）将工作坑内与顶进无关人员、材料、物品及设施撤出现场。

6）所穿越的线路管理部门的配合人员、抢修设备、通信器材准备完毕。

（2）箱涵顶进启动。

1）启动时，现场必须由主管施工技术人员专人统一指挥。

2）液压泵站应空转一段时间，检查系统、电源、仪表无异常情况后试顶。

3）液压千斤顶顶紧后（顶力为 0.1 倍结构自重），应暂停加压，检查顶进设备后背和各部位，无异常时可分级加压试顶。

4）每当油压升高 5～10 MPa 时，需停泵观察，应严密监控顶镐、顶柱、后背、滑板、箱涵结构等部位的变形情况，如发现异常情况，应立即停止顶进；找出原因并采取措施解决后方可重新加压顶进。

5）当顶力达到 0.8 倍结构自重时箱涵未启动，应立即停止顶进；找出原因并采取措施解决后方可重新加压顶进。

6）箱涵启动后，应立即检查后背、工作坑周围土体的稳定情况，如无异常情况，方可继续顶进。

（3）顶进挖土。

1）可以采取人工挖土或机械挖土的方式进行，实际施工时应根据箱涵的净空尺寸、土质情况合理选择。一般宜选用小型反铲按设计坡度开挖，每次开挖进尺为 0.4～0.8 m，配装载机或直接用挖掘机装汽车出土。顶板切土，侧墙刃脚切土及底板前清土须由人工配合。挖土顶进应三班连续作业，不得间断。

2）两侧应欠挖 50 mm，钢刃脚切土顶进。当属斜交涵时，前端锐角一侧清土困难应优先开挖。如没有中刃脚时应紧切土前进，使上下两层隔开，不得挖通漏天，平台上不得积存土料。

3）列车通过时严禁继续挖土，人员应撤离开挖面。当挖土或顶进过程中发生塌方，影响行车安全时，应迅速组织抢修加固，做出有效防护。

4）挖土工作应与观测人员密切配合，随时根据箱涵顶进轴线和高程偏差，采取纠偏措施。

（4）顶进作业。

1）每次顶进应检查液压系统、顶铁安装和后背变化等情况。

2）挖运土方与顶进作业循环交替进行。每前进一顶程，即应切换油路，并将顶进千斤顶活塞恢复原位；按顶进长度补放小顶铁，更换长顶铁，安装横梁。

3）箱涵身每前进一顶程，应观测轴线和高程，发现偏差时应及时纠正。

4）箱涵吃土顶进前，应及时调整好箱涵的轴线和高程。在铁路路基下吃土顶进，不宜对箱涵做较大的轴线、高程调整动作。

（5）监控与检查。

箱涵顶进前，应测定箱涵原始位置的里程、轴线及高程的原始数据并做好记录。顶进过程中，每一顶程要观测并记录各观测点左右偏差值、高程偏差值、顶程及总进尺。为了便于控制和校正误差，观测结果要及时报告现场指挥人员。自箱涵启动起，在顶进全过程的每一个顶程中，都应当详细记录千斤顶开动数量、位置，油泵压力表读数、总顶力及着力点。如出现异常应立即停止顶进，并检查原因，采取措施处理后方可继续顶进。

箱涵顶进过程中，每天应定时观测箱涵底板上设置的观测标钉高程，计算相对高差，展图，分析结构竖向变形。对中边墙应测定竖向弯曲，当底板侧墙出现较大变位及转角时，应及时分析研究采取措施。顶进过程中要定期观测箱涵裂缝及开展情况，重点监测底板、顶板、中边墙、中继间牛腿或剪力铰和顶板前后悬臂板，发现问题应及时研究并采取措施。

第十一节　管道工程和构筑物工程

一、沟埋管道施工方法

（一）沟槽开挖

管道开槽施工时，如遇到地下水，应采用明沟排水法或井点降水法做好施工排水工作。

沟槽降水进行一段时间，水位降低达到一定深度，为沟槽开挖创造了一定的便利条件后，即可进行沟槽开挖工作。常用的沟槽断面形式有直槽、梯形槽、混合槽和联合槽四种（如图 3-29 所示）。

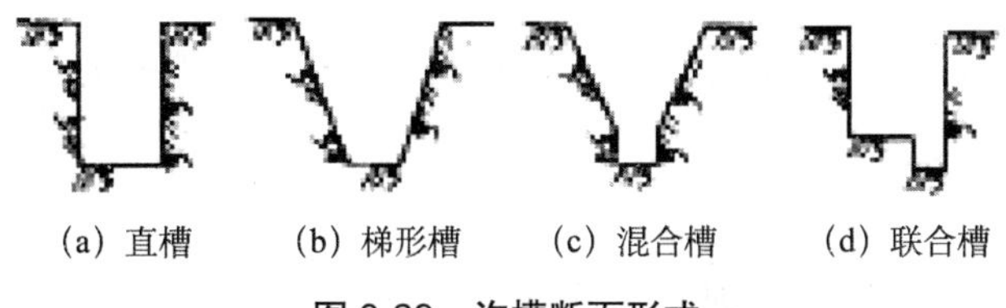

图 3-29　沟槽断面形式

（1）沟槽放线。

（2）开挖方法。

土方开挖可以采用人工开挖或机械开挖两种方式。沟槽机械开挖常用的施工机械有单斗挖土机和液压挖掘装载机。

（二）沟槽支撑

沟槽支撑是由木材或钢材做成的一种防止沟槽土壁坍塌的临时性挡土结构。一般情况下，当沟槽土质较差、深度较大而又挖成直槽时，或高地下水位砂性土质并采用明沟排水措施时，均应支设支撑。在排水管道工程施工中，常用的沟槽支撑有横撑、竖撑和板桩撑三种形式。

横撑由撑板、立柱和撑杠组成，可分成疏撑和密撑两种。疏撑的撑板之间有间距，密撑的各撑板间则密接铺设。疏撑（如图 3-30 所示）又叫断续式支撑，适用于土质较好、地下水含率较小的黏性土且挖土深度小于 3 m 的沟槽。密撑又叫连续式支撑，适用于土质较差且挖深在 3～5 m 的沟槽。井字撑是疏撑的特例，一般用于沟槽的局部加固，如地面上建筑物距沟槽较近处。

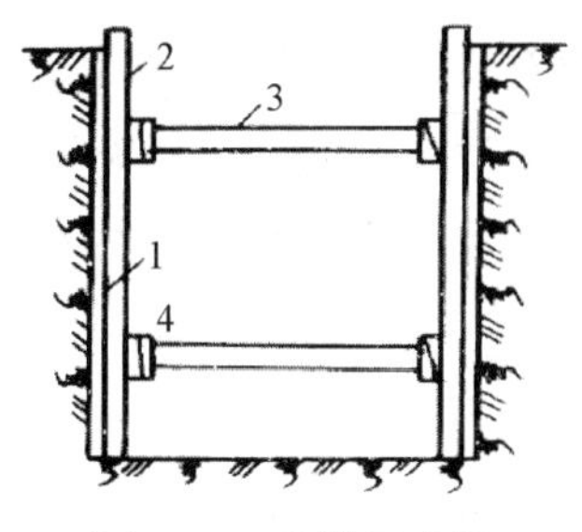

图 3-30　疏撑示意图

1-撑板；2-立柱；3-木撑杠；4-扒钉

竖撑由撑板、横梁和撑杠组成，用于沟槽土质较差，地下水较多或有流沙的情况。竖撑的特点是撑板可先于沟槽挖土而插入土中，回填以后再拔出。因此，竖撑便于支设和拆除，操作安全，挖土深度可以不受限制。

板桩撑一般有钢板桩和木板桩两种，是在沟槽土方开挖前就将板桩打入槽底以下一定深度，适用于沟槽挖深较大，地下水丰富、有流沙现象或沙性饱和土层以及采用一般支撑不能奏效的情况。在各种支撑中，板桩撑是安全度最高的支撑。因此，在弱饱和土层中，经常选用板桩撑。

（三）排水管道的铺设

市政排水管道属重力流管道，铺设的方法通常有平基法、垫块法，应根据管道种类、管径大小、管座形式、管道基础、接口方式等进行选择。

1. 平基法铺设

平基法铺设排水管道适用于地质条件不良的地段或雨期施工的场合，其施工程序为先进行地基处理，浇筑混凝土带形基础，待基础混凝土达到一定强度后，再进行下管、稳管、浇筑管座及抹带接口。

（1）地基处理就是对软弱地基进行加固。加固的方法主要有换填法、短木桩加固法和长木桩加固法等。换填法是将淤泥层挖除后换填干土、塘渣、砂石料等，并夯实到要求的密实度。短木桩加固法是用长 0.8～1.2 m 的木桩，每隔 1.0 m 左右打入 2～3 根木桩将土层挤密，以增加其承载能力。长木桩加固法是通过打入长 2.0 m 以上的木桩，将荷载传递到深层地基中去。

（2）混凝土带形基础的施工，包括支模、浇筑混凝土、养护等工序。排管应在沟槽和管材质量检查合格后进行。根据施工现场条件，将管道在沟槽堆土的另一侧沿铺设方向排成一长串称为排管。排管时，要求管道与沟槽边缘的净距不得小于 0.5 m。排管时，对承插接口的管道，宜使承口迎着水流方向排列，并满足接口环向间隙和对口间隙的要求。不管何种管口的排水管道，排管时均应扣除沿线检查井等构筑物所占的长度，以确定管道的实际用量。当施工现场条件不允许排管时，亦可以集中堆放，但其缺点是管道铺设安装时需在槽内运管，施工不便。

（3）按设计要求经过排管，核对管节，位置无误后方可下管。下管前，应按设计要求对开挖好的沟槽进行复测；检查槽底土层有无扰动、有无软泥及杂物；设置管道基础的沟槽，应检查基础的宽度、顶面高程和两侧工作宽度是否符合设计要求；基础混凝土是否达到了规定的设计抗压强度等。

（4）下管方法分为人工下管和机械下管两种。应根据管材种类、单节重量和长度以及施工现场情况选用。不管采用哪种下管方法，一般宜沿沟槽分散下管，以减少在沟槽内的运输工作量。

1）人工下管适用于管径小、重量轻、沟槽浅、施工现场狭窄、不便于机械操作的地段。目前常用的人工下管方法是压绳下管法（如图 3-31 所示）。

压绳下管法有撬棍压绳下管法和立管压绳下管法两种。撬棍压绳下管法是在距沟槽上口边缘一定距离处，将两根撬棍分别打入地下一定深度，然后用两根大绳分别套在管道两端，下管时将大绳的一端缠绕在撬棍上并用脚踩牢，另一端用手拉住，控制下管速度，两大绳用力一致，听从一人号令，徐徐放松绳子，直至将管道放至沟槽底部就位为止。

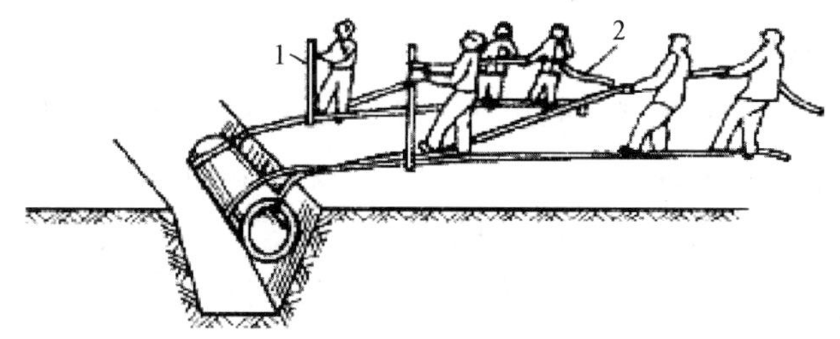

图 3-31　压绳下管法

1-撬棍；2-压绳

立管压绳下管法是在距沟槽上口边缘一定距离处，直立埋设一节或两节混凝土管道，埋入深度为管长的 1/2，管内用土填实，将两根大绳缠绕（一般绕一圈）在立管上，绳子一端固定，另一端由人工操作，利用绳子与立管管壁之间的摩擦力控制下管速度，操作时两边要均匀松绳，防止管道倾斜。该法适用于较大直径的管道集中下管。

2）机械下管适用于管径大、自重大、特别适用于大管径的承插口钢筋混凝土管及铸铁管、钢管等；也适用于沟槽深、工程量大且施工现场便于机械操作的条件。下管操作有条件应尽量采用机械下管。机械下管一般采用履带起重机或汽车式起重机。

下管时，机械沿沟槽移动，因此土方开挖最好单侧堆土，另一侧作为下管机械的工作面。若必须双侧堆土时，其一侧的土方与沟槽之间应有足够的机械行走和保证沟槽不致塌方的距离。若采用集中下管，也可以在堆土时每隔一定距离留设豁口，起重机在堆土豁口处进行下管操作。

（5）稳管是将管道按设计的高程和平面位置稳定在地基或基础上，一般由下游向上游进行稳管。稳管通常包括对中和对高程两个环节。稳管要借助于坡度板进行，坡度板埋设的间距，一般为 10 m。在管道纵向高程变化、管径变化、转弯、检查井等处应埋设坡度板。坡度板距槽底的垂直距离一般不超过 3 m。坡度板应在人工清底前埋设牢固，不应高出地面，上面钉管线中心钉和高程板，高程板上钉高程钉，以便控制管道中心线和高程。

2. 垫块法铺设

垫块法铺设排水管道，是在预制的混凝土垫块上安管和稳管，然后再浇筑混凝土基础和接口的施工方法。这种方法可以使平基和管座同时浇筑，缩短了工期，是污水管道常用的施工方法。垫块法施工时，预制混凝土垫块的强度等级应与基础混凝土相同；垫块的长度为管径的 0.7 倍，高度等于平基厚度，宽度不小于高度；每节管道应设两个垫块，一般放在管道两端；为了防止管道从垫块上滚下伤人，铺管时管道两侧应立保险杠；垫块应放置平稳，高程符合设计要求，稳管合格后一定要用砖块或碎石在管道两侧卡牢，并及时浇筑混凝土基础和管座。

（四）排水管道的接口

市政排水管道经常采用混凝土管和钢筋混凝土管，其接口形式有刚性、柔性和半柔半刚性三种。下面简单介绍刚性接口的施工方法。

目前，常用的刚性接口有水泥砂浆抹带接口和钢丝网水泥砂浆抹带接口两种。

1. 水泥砂浆抹带接口

水泥砂浆抹带接口是在管道接口处用 1∶(2.5～3)的水泥砂浆抹成半椭圆形或其他形状的砂浆带，带宽为 120～150 mm。一般适用于地基较好或具有带形基础、管径较小的雨水管道和地下水位以上的污水支管。企口管、平口管和承插管均可采用此种接口。

水泥砂浆抹带接口的工具有浆桶、刷子、铁抹子、弧形抹子等。材料的质量配合比为水泥∶砂＝1∶(2.5～3)，水灰比一般不大于 0.5。水泥采用 42.5 级普通硅酸盐水泥，砂子应用 2 mm 孔径的筛子过筛，含泥量不得大于 2%。

抹带前将接口处的管外皮洗刷干净，并将抹带范围的管外壁凿毛，然后刷一遍水泥浆；抹带时，管径小于 400 m 的管道可一次完成；管径大于 400 mm 的管道应分两次完成，抹第一层水泥砂浆时，应注意调整管口缝隙使其均匀，厚度约为带厚的 1/3，压实表面后划成线槽，以利于与第二层结合；待第一层水泥砂浆初凝后再用弧形抹子抹第二层，由下往上推抹形成一个弧形接口，初凝后赶光压实，并将管带与基础相接的三角区用混凝土填捣密实。

抹带完成后，用湿纸覆盖管带，3～4 h 后洒水养护。管径不小于 700 mm 时，应在管带水泥砂浆终凝后进入管内勾缝。勾缝时，人在管内用水泥砂浆将内缝填实抹平，灰浆不得高出管内壁；管径小于 700 mm 时，用装有黏土球的麻袋或其他工具在管内来回拖动，将流入管内的砂浆拉平。

2. 钢丝网水泥砂浆抹带接口

钢丝网水泥砂浆抹带接口，是在抹带层内埋置钢丝网，钢丝网规格为 20 号镀锌钢丝，网孔为 10 mm×10 mm 的孔眼，两端插入基础混凝土中。这种接口的强度高于水泥砂浆抹带接口，适用于地基较好或具有带形基础的雨水管道和污水管道。

施工时先将管口凿毛，抹一层 1∶2.5 的水泥砂浆，厚度为 15 m 左右，待其与管壁黏牢并压实后，将两片钢丝网包拢挤入砂浆中，搭接长度不小于 100 mm，并用绑丝扎牢，两端插入管座混凝土中。第一层砂浆初凝后再抹第二层砂浆，并按抹带宽度和厚度的要求抹光压实。抹带完成后，立即用湿纸养护，炎热季节用湿草袋覆盖洒水养护。

（五）土方回填

市政管道施工完毕后，应通过闭水试验对管道的严密性进行检验，检验合格后应及时进行土方回填。回填施工一般包括还土、摊平、夯实、检查四道工序。

沟槽回填，应在管座混凝土强度达到 5 MPa 后进行。回填时，两侧胸腔应同时分层还土摊平，夯实也应同时以同一速度进行。管道上方土的回填，从纵断面上看，在厚土层与薄土层之间，已夯实土与未夯实土之间，均应有一段较长的过渡地段，以免管子受压不匀发生开裂。相邻两层回填土的分段位置应错开。

沟槽回填夯实是利用夯锤下落的冲击力来夯实土层。通常有人工夯实和机械夯实两种。管顶 500 m 以下和胸腔两侧必须采用人工夯实；管顶 500 mm 以上可采用机械夯实。人工夯实主要采用木夯、石夯进行，用于回填土密实度要求不高处。机械夯实的机具类型较多，常采用蛙式打夯机。一般而言，采用功率 2.8 kW 的蛙式夯，在最佳含水率条件下，虚铺厚度

200 m，夯击 3～4 遍，回填土密实度便可达到 95%左右。

二、不开槽管道施工方法

排水管道穿越障碍物或城市干道而又不能中断交通时，常采用不开槽法施工。不开槽铺设的排水管道多为圆形预制管道，也可为方形、矩形和其他非圆形的预制钢筋混凝土管沟。不开槽施工一般适用于非岩性土层。

管道不开槽施工的方法有很多，常用的可归纳为顶管法、盾构法及其他不开槽施工法等。顶管法施工的工作过程是先在顶进管道的一端建一个工作井，在工作井内修筑基础、设置导轨、安装后背和千斤顶，将敷设的管道放在导轨上，管道的最前端安装工具管。顶进前，先在管子前端开挖土方，形成井道，然后操纵千斤顶将管子顶入土中。反复操作，直到顶到设计长度为止。千斤顶支承于后背，后背支承于后座墙，千斤顶的顶力主要克服管壁与土层之间的摩擦阻力和管端切土阻力。

（一）顶管施工的准备工作

1. 制定施工方案

2. 工作坑

（1）工作坑的布置。

工作坑尽量选在有可利用的坑壁原状土作后背处和检查井处；与被穿越的障碍物应有一定的安全距离且距水源和电源较近处；应便于排水、出土和运输，并具有堆放少量管材和暂时存土的场地；单向顶进时应选在管道下游以利排水。

工作坑根据顶进管道方向的不同可以分为单向坑、双向坑、转向坑、多向坑和交汇坑。工作坑的平面形状一般有圆形和矩形两种。圆形工作坑的占地面积小，一般采用沉井法施工，竣工后沉井可作为管道的附属构筑物，但需另外修筑后背。矩形工作坑是顶管施工中常用的形式，其短边与长边之比一般为 2∶3。此种工作坑的后背布置比较方便，坑内空间能充分利用，覆土厚度深浅均可使用。

（2）工作坑的施工。

工作坑的施工一般采用开槽法、沉井法和连续墙法等。开槽法是常用的施工方法。根据操作要求，工作坑最下部的坑壁应为直壁，其高度一般不少于 3 m。如需开挖斜槽，则管道顶进方向的两端应为直壁。土质不稳定的工作坑，坑壁应加设支撑。撑杠到工作坑底的距离一般不小于 3.0 m，工作坑的深度一般不超过 7.0 m，以便于操作施工。

在地下水位下修建工作坑，如不能采取措施降低地下水位，可采用沉井法施工。

连续墙式工作坑，即先钻深孔成槽，用泥浆护壁，然后放入钢筋网，浇筑混凝土时将泥浆挤出来形成连续墙段，再在井内挖土封底而形成工作坑。连续墙法比沉井法工期短，造价低。

为了防止工作坑地基沉降，导致管道顶进误差过大，应在坑底修筑基础或加固地基。常见的基础形式有土槽木枕、卵石木枕及混凝土木枕基础三种形式。

为了保证管道在将要入土时的位置正确，需要在工作坑内安装导轨。导轨一般都固定安装，有时也可以采用滚轮式导轨。

3. 后座墙与后背

后座墙与后背是千斤顶的支承结构，后背是紧靠后座墙设置的受力结构，一般由横排方木、立铁和横铁构成。后座墙有原土后座墙和人工后座墙两种。原土后座墙修建方便，造价低。黏土、粉质黏土均可作原土后座墙。根据施工经验，管道覆土厚度为2～4 m时，原土后座墙的长度一般需4～7 m。选择工作坑位置时，应考虑有无原土后座墙可以利用。当无法建立原土后座墙时，可修建人工后座墙。即用块石、混凝土、钢板桩填土等方法构筑后背，或加设计支撑来提高后座墙的强度。

（二）顶进施工

顶进一般是由下游向上游进行，管道顶进的过程包括挖土、顶进、测量、纠偏等工序。

1. 挖土

管前挖土是保证顶进质量及防止地面沉降的关键。由于管子在顶进中是顺着已挖好的土壁前进的，所以管前挖土的方向和开挖形状，会直接影响顶进管位的正确性，因此管前周围超挖应严格控制。在允许超挖的稳定土层中正常顶进时，管端上方允许有≤15 mm 的空隙，以减少顶进阻力。管端下部 135°中心角范围内不得超挖，保持管壁与土壁相平，也可以留10 mm 厚土层不挖，在管子顶进时切去，防止管端下沉。在不允许顶管上部土下沉地段如铁路、重要建筑物等，顶进时，管周围一律不准超挖。

管前挖土深度，应视土质情况和千斤顶的工作行程而定，一般为千斤顶的出镐长度。如果超挖过大，土壁开挖形状不易控制，容易引起管位偏差和上方土坍塌。特别对松软土层，应对管顶上部土进行加固，或在管前安装管檐。操作人员工作时，要警惕土方坍塌伤人。管前挖出的土应及时外运，一般通过管内水平运输和工作井的垂直提升送到地面。

2. 顶进

顶进是利用千斤顶出镐在后背不动的情况下，将管子推入土中。其操作过程如下：

（1）安装U形顶铁或环形顶铁并挤牢，待管前挖土满足要求后，启动油泵，操纵控制阀，使千斤顶进油，活塞伸出一个行程，将管子推进一段距离。

（2）操纵控制阀，使千斤顶反向进油，活塞回缩。

（3）安装顶铁，重复上述操作，直到管端与千斤顶之间可以放下一节管子为止。

（4）卸下顶铁，下管，在混凝土管接口处放一圈油麻、橡胶圈或其他柔性材料，管口内侧留有适当间隙，以利于接口和应力均匀。

（5）在管内口安装内涨圈。如设计有外套环时，可同时安装外套环。

（6）重新装好U形顶铁或环形顶铁，重复上述操作。

顶进时应遵照“先挖后顶，随挖随顶”的原则，连续作业，尽量避免中途停止。在管道顶进中，若发现管前方坍塌，后背倾斜、偏差过大或油泵压力表指针骤增等情况，应停止顶进，查明原因，排除障碍后再继续顶进。

3. 测量

顶管施工时，为了使管节按设计的方向顶进，除了在顶进前精确地安装导轨、修筑后背及布置顶铁，还应在管道顶进的全部过程中控制工具管前进的方向，应对工具管的中心和高程进行测量。测量工作应频繁地进行，以便及时发现管道的偏移。当第一节管就位于导轨上以后立即进行校测，符合要求后开始进行顶进。一般在工具管刚进入土层时，应加密测量次数。常规做法每顶进 30 cm，测量不少于 1 次，进入正常顶进作业后，每顶进 100 cm 测量不少于 1 次；每次测量都以测量管子的前端位置为准。

4. 纠偏

在顶管过程中，如发现首节管子发生偏斜，必须及时给予纠正，否则偏斜就会越来越严重，甚至发展到无法顶进的地步。出现偏斜的主要原因有管节接缝断面与管子中心线不垂直，工具管迎面阻力的分布不均，多台千斤顶顶进时出镐不同步等。工程中通常采用以下方法进行纠偏校正。

（1）挖土校正法。一般顶进偏差值较小时可采用此法。当管子偏离设计中心一侧时，可在管子中心另一侧适当超挖，而在偏离一侧少挖或留台，这样继续顶进时，借预留的土体迫使管端逐渐回位。该法多用于黏土或地下水位以上的砂土中。

根据施工部位的不同，挖土校正法可分为管内挖土校正和管外挖土校正两种。当采用管内挖土校正时，开挖面一侧保留土体，另一侧开挖，顶进时土体的正面阻力移向保留土体的一侧，管道向该侧校正。如采用管外挖土校正，则管内的土被挖净，并挖出刃口，管外形成洞穴。洞穴的边缘，一边在刃口内侧，一边在刃口外侧，顶进时管道顺着洞穴方向移动。

（2）斜撑校正法。当偏差较大或采用挖土校正无效时，可采用斜撑校正法，用圆木或方木，一端顶在偏斜反向的管子内壁上，另一端支撑在垫有木板的管前土层上。开动千斤顶，利用顶木产生的分力使管子得到校正。此法也适合管子错口的校正。

（3）衬垫校正法。对于在淤泥或流砂地段施工的管子，因地基承载力较弱，经常出现管子“低头”现象，这时可在管底或管子一侧添加木楔，使管道沿着正确的方向顶进。

三、构筑物（场站）工程施工方法

（一）现浇钢筋混凝土水池的施工

给水处理的任务是通过必要的处理方法去除水中杂质，使之符合生活饮用或工业使用要求。给水处理方法应根据水源水质和用水对象对水质的要求确定，以地表水作为水源时，处理工艺流程中通常包括混凝、沉淀或澄清、过滤及消毒。在施工实践中，常采用现浇钢筋混凝土来建造各类水池构筑物。水处理中大中型永久性水池，如滤池、沉淀池等大多采用现浇钢筋混凝土结构。有关钢筋混凝土工程的施工方法，可参照本书第三章第三节的相关内容，这里仅讨论水池结构现浇混凝土施工中的几个问题。

1. 模板结构形式

水池构筑物一般都是薄壁、密筋、表面积大，其模板结构通常可采用工具式定型组合模板。但因结构类型或工艺构造要求等，又常需现场拼装木制模板，以保证结构和构件各部分形状、尺寸及相互位置的正确，并应具有足够的强度、刚度和稳定性。同时，模板拼装还要便于钢筋绑扎、混凝土浇筑和养护。

2. 提高水池混凝土防水性的措施

水处理构筑物由于经常储存大量水且埋于地下或半地下，一般承受较大水压和土压，因此，除须满足结构强度外，还应保证它的防水性能，以及在长期正常使用条件下具有良好的水密性、耐蚀性、抗冻性等耐久性能。

（1）材料的选择。现浇钢筋混凝土水池常用普通防水混凝土进行现场浇筑施工。

（2）改善施工条件，精心组织施工。

1）混凝土搅拌。防水混凝土应采用机械搅拌，搅拌时间比普通混凝土略长，以保证混凝土拌合物充分拌和。

2）混凝土运输。在运输过程中要防止漏浆和产生离析现象，常温下应在 30 min 内运至浇筑地点，并及时进行浇灌。在运距远或气温较高时，可掺入适量缓凝剂。

3）混凝土浇筑和振捣。浇筑前，检查模板是否严密并用水湿润。如混凝土拌合物发生严重泌水离析现象，应复拌均匀，方可浇灌。浇筑时应采用串筒、溜槽，以防发生混凝土拌合物中粗骨料堆积现象。混凝土应分层浇筑，每层厚度在 30～40 cm，相邻两层浇筑时间间隔不应超过 2 h，夏季可适当缩短。

防水混凝土应尽量采用连续浇筑方式，对于因结构复杂、工艺构造要求或体积庞大受施工条件限制的池类结构，而必须间歇浇筑作业时，应选择合理部位设置施工缝。底板混凝土应连续浇筑，不得留施工缝。池壁一般只允许留设水平施工缝。池壁的施工缝，底部宜留在底板上面不小于 20 cm 处，当底板与池壁连接有腋角时，宜留在腋角上面不小于 20 cm 处；顶部宜留在顶板下面不小于 20 cm 处，当有腋角时，宜留在腋角下部。池壁设有孔洞时，施工缝距孔洞边缘不宜小于 30 mm。当必须留设垂直施工缝时，应留在结构的变形缝处。

施工缝的形式通常采用钢板止水缝，这种施工缝防水效果可靠，但耗费钢材，在池壁为现浇混凝土，底板与池壁连接处的施工缝留在基础上口 20 cm 处时，按设计要求在浇捣混凝土之前，应将止水钢板固定，设置钢板止水缝。

混凝土的振捣应采用机械振捣，不应采用人工振捣。

4）混凝土的养护。混凝土浇筑达到终凝（一般为 4～6 h）即应覆盖，浇水湿润养护不应少于 14 d。由于对防水混凝土的养护要求较严，故不宜过早拆除模板，拆模时应使混凝土表面温度与环境温度之差不超过 15℃。以防产生裂缝。

此外，为了确保水池的防水性良好，可在结构表面喷涂防护层或水泥砂浆（掺适量防水粉）抹面。为防止地下水渗透，亦可增加沥青防水层。

（3）做好施工排水工作。

在有地下水地区修建水池结构工程，必须做好排水工作。施工排水须在整个施工期间不间断进行，防止因地下水上升而发生水池底板裂缝。

混凝土工程施工完毕，应分段进行成品检验。成品检验主要采用满水试验，按设计规定验收合格，回填土方施工完毕后，方可投入使用。

（二）装配式预应力钢筋混凝土水池施工

与普通钢筋混凝土水池相比较，装配式预应力钢筋混凝土水池更具有比较可靠的抗裂性及不透水性。水池底板位于地下水位以下时，有可能因基坑内地下水位急剧上升，或外表水大量涌入基坑，使构筑物的自重小于浮力时，会导致构筑物浮起。因此施工前应验算施工阶段的抗浮稳定性，当不能满足抗浮要求时，应采取必要的抗浮措施。

1. 水池壁板构造

水池壁板的结构形式一般有两种：有搭接钢筋的壁板和无搭接钢筋的壁板，实际操作中多采用后一种壁板形式。水池壁板安插在底板外周槽口内。缠绕预应力钢丝时，须在水池壁外侧留设锚固设备。

2. 装配式预应力混凝土水池构件吊装

构件吊装前，应结合水池结构、直径与构件的最大重量确定采用的吊装机械、吊装方法、吊装顺序及构件堆放地点等。常用的吊装机械多采用自行式起重机，如汽车式和履带式起重机等。

吊装顺序可按选定的机械性能而定。通常有两种吊装顺序，一种是连续吊装柱、梁盖板，由中心向外进展，然后吊装壁板；另一种是依次分别吊完柱、梁、壁板后再吊装顶盖板。

构件吊装校正之后用水泥砂浆连接或预埋件焊接。采用预埋件焊接可提高结构整体性及抗震性，而且无须临时支撑。

壁板吊装前，在底板槽口外侧弧形尺宽度的距离弹墨线。吊装前，弧形尺外边贴墨线，内侧贴壁板外弧面，同时用垂球找正，即可确定壁板位置，然后用预埋件焊接或临时固定。

壁板全部吊装完毕后，在接缝处安装模板，浇灌豆石混凝土堵缝。

3. 板缝混凝土的浇注

现浇壁板缝混凝土的具体操作要点如下：

（1）预制安装混凝土水池，分圆形和矩形两种。圆形水池依靠高强钢丝缠绕并施加预应力箍定，矩形水池用四角现浇混凝土壁板及预制壁板缝间钢筋结构保证水池整体性，故矩形水池在板缝混凝土浇筑前必须严格按设计要求完善板缝钢筋施工。

（2）板缝混凝土内模宜一次安装到顶，外模随混凝土浇筑陆续安装并保证不跑模不漏浆。分段支模高度不宜超过一块板高度。

（3）板缝混凝土浇筑前，应将壁板侧面和模板充分湿润，并检查模板是否稳妥，模内是否洁净。

（4）板缝混凝土强度应符合设计规定，当无设计规定时，其强度等级应大于壁板一个等级，宜采用微膨胀混凝土。

（5）浇筑板缝混凝土，应在板缝宽度最大时进行，以防板缝受温度变化影响产生裂缝。有顶板水池，由于壁板受顶板约束，一般当日气温最高时板缝宽度最大。

（6）板缝混凝土分层浇筑高度不宜超过 250 mm，并注意混凝土和易性，二次混凝土入模时间不得超过混凝土初凝时间。

（7）采用机械振捣并辅以人工插动。

（8）做好混凝土养生，确保连续湿润养生不少于 7 d。

4. 池壁环向预应力施工

预制安装圆形水池壁板缝在浇筑混凝土后，缠绕环向预应力钢丝是保证水池整体性、严密性的必需措施。水池环向预应力钢筋应张拉工作在环槽杯口，且壁板接缝浇注的混凝土强度需达到设计强度的 70%。

缠丝工作是利用缠丝机完成的，缠丝开始时，将钢丝一端锚固在锚定槽上，然后开动缠丝机，缠丝机顺着链条转动，链条紧贴池壁并可随着缠丝工作进行而逐渐上升或下降。施工前，对所用的低碳高强度钢丝应做外观检验和强度检测。

缠丝应从池壁顶向下进行，第一圈距池顶高度应符合设计要求，但不宜大于 500 mm，如遇到缠丝不能按设计要求达到的部位时，可与设计员洽商采取加密钢丝的措施。缠丝时应严格控制钢丝间距，当缠到锚固槽时，应用锚固锚定每缠一盘钢丝测定一次应力值，以便及时调整牵制的松紧，并按规定格式填写记录。

钢丝需做搭接时，应使用 18～20 号钢丝密排绑扎牢固，其搭接长度不小于 250 mm。

5. 预应力钢筋保护层的施工

预应力钢筋保护层的施工应在水池满水试验合格后的满水条件下进行。试水一旦结束，应尽快进行钢丝保护层的喷浆，以免钢丝暴露在大气中发生锈蚀。

喷浆前，必须对池外壁污物进行清理检验。喷浆应沿池壁的圆周方向自池身上端开始；喷口至受喷面的距离应以回弹物较少、喷层密实而定；每次喷浆厚度为 15～20 mm，共喷三遍，总厚度不小于 40 mm；喷浆应与喷射面保持垂直，当受障碍物影响时，其入射角不应大于 15°；喷浆宜在气温高于 15℃时施工，当有大风、降雨、冰冻或当日最低气温低于 0℃时，不得进行喷浆施工；喷浆凝结后，应加遮盖湿润养护 14 d 以上。

第十二节　地下暗挖工程

一、矿山法隧道施工技术要点

矿山法因最早应用于采矿坑道而得名，在矿山中，多数情况下都需采用钻眼爆破进行开挖，故又称钻爆法。在矿山法中，坑道开挖后的支护方法，大致可以分为钢木构件支撑和锚杆喷射混凝土支护两类。作为隧道施工方法，人们习惯上将采用钻爆开挖加钢木构件支撑的施工方法称为“传统的矿山法”；而将采用钻爆开挖加锚喷支护的施工方法称为“新奥法”。

传统的矿山法施工程序包含施工准备、确定施工方案、开挖、临时支撑、整体式衬砌等步骤。

（一）矿山法施工的基本原则

传统矿山法施工的基本原则是“少扰动、早支撑、慎撤换、快衬砌”。

（二）矿山法施工顺序

传统矿山法的施工顺序，按衬砌的施作顺序分为：先墙后拱法和先拱后墙法。

（1）先墙后拱法又称为顺作法，它通常是在隧道开挖成形后，再由下至上施作模筑混凝土衬砌。先墙后拱法施工速度较快，施工各工序及各工作面之间相互干扰较小，衬砌结构的整体性较好，受力状态也较好。

（2）先拱后墙法又称为逆作法，它是先将隧道上部开挖成形并施作拱部衬砌后，在拱圈的掩护下面再开挖下部并施作边墙衬砌。先拱后墙法施工速度较慢，上部施工较困难。但是当上部拱圈完成之后，下部施工就会比较安全和快速了。先拱后墙法施工衬砌结构的整体性较差，受力状态不好。并且拱部衬砌结构的沉降量较大，要求的预拱度较大，增加了开挖工作量。

二、盾构法与 TBM 法隧道施工技术要点

（一）盾构法施工

盾构法是以盾构设备在地下掘进，边稳定开挖面边在盾构内安全地进行开挖作业和衬砌作业，从而构筑隧道的施工方法。盾构法是在软土层中修建隧道的一种主要方法。用盾构法可以修建水底公路隧道、地下铁道、水工隧道等。目前我国很多城市在地铁施工中主要采用盾构法施工。

盾构法施工主要程序为：在盾构法隧道的起始端和终端各建一个工作井；盾构机在起始端工作井内安装就位；依靠盾构千斤顶推力将盾构机从起始井墙壁开孔处推出；盾构机在地层中沿着设计轴线推进，在推进的同时不断出土和安装衬砌管片；及时地向衬砌背后的空隙注浆，防止地层移动和固定衬砌环位置；施工过程中，适时施工衬砌防水；盾构机进入终端，工作井后拆除，如施工需要，也可穿越工作井再向前推进。

1. 建造盾构工作井

盾构工作井主要建在盾构施工段的始端和终端，用以完成盾构的安装和拆卸工作。若盾构推进长度较长时，还应设检修工作井。这些盾构工作井和检修工作井一般都应尽量结合盾构施工线路上的通风井、排水泵房、地铁车站以及立体交叉、平行交叉、施工方法转换处等来设置。

作为拼装和拆卸用的竖井，其尺寸应满足盾构装、拆的施工工艺要求，一般井宽应大于盾构直径 1.6～2.0 m，井的长度主要考虑盾构设备安装余地，以及盾构出洞施工所需的最小尺寸。盾构拆卸井要满足起吊、拆卸工作的方便，其要求一般比拼装井稍低，但应考虑留有进行洞门与隧道外径间空隙充填工作的余地。

2. 盾构基座

盾构基座在井内主要的作用是放置盾构机和使盾构机通过其上设置的导轨在施工前获得正确的导向。基座可以采用钢筋混凝土浇筑或采用钢结构制作。导轨一般由两根或多根钢轨组成，其平面位置和高程应根据隧道设计、施工要求等进行测量定位。

3. 盾构进出洞

盾构工程的出洞始发与进洞到达施工，在盾构隧道施工中处于非常重要的位置，处理好盾构的进出洞，能减少很多后患，提高施工速度。

（1）盾构出洞始发

盾构出洞始发工作包括：始发端头地层加固→安装始发基座→盾构机组装、空载调试→安装反力架、洞口洞门密封→安负环管片、盾构机负载调试→盾尾通过洞口密封后进行注浆回填→盾构始发设施安装、盾构机组装与调试→盾构掘进与管片安装。

盾构出洞在可能产生流砂的地区应在工作井外大约 20 m 的区段内，对土质较差的地段采用降水、局部冻结或化学灌浆等方法改良土体。

应在始发井内按设计要求和推进方向预留出孔洞及临时封门，待盾构在井内安装就位，盾构调试完成，出洞口加固土体达到一定强度，井内的盾构后座混凝土浇筑（或后支撑安装）、洞口止水装置安装等所有工作准备就绪后，拆除封门，在千斤顶的推力作用下靠后座管片的反作用力将盾构推入地层。

（2）盾构进洞到达。

盾构进洞到达工作内容包括：盾构机定位及接收洞门位置复核测量→端头地层加固→洞门处理和安装洞门圈临时密封装置→安装接收基座→盾构机步上安装接收基座→盾构洞门圈封堵等。

为防止地下水和流砂涌入工作井，应对土质较差的地段采用降水、局部冻结或化学灌浆等方法改良土体，以减少水、土压力和稳定洞口土体。改良土体方法同始发端头地层加固。

盾构接收井施工完成后，对洞门位置的中心坐标测量确认，安装盾构接收基座（参照出洞盾构基座安装形式），接收井内混凝土洞门凿除和洞门封堵材料等各项工作全部准备就绪。

盾构进洞前应在 100 m 范围内做隧道贯通测量，进洞口中心坐标测量，要求复测两次。根据测量数据及时调整盾构推进姿态，确保盾构顺利进洞。

当盾构逐渐靠近洞门时，要在洞门混凝土上开设观察孔，加强对其变形和土体的观测，并控制好推进时的土压值。在盾构切口距洞门 20～50 cm 时，停止盾构推进，尽可能掏空平衡仓内的泥土，使正面的土压力降到最低值，以确保封门拆除的施工安全。封门拆除后，盾构应尽快连续推进并拼装管片，尽量缩短盾构进洞时间。洞圈特殊环管片脱出盾尾后，用弧形钢板与其焊接成一个整体，并用水硬性浆液将管片和洞圈的间隙进行充填，以防止水土流失。

4. 盾构推进

（1）盾构推进和纠偏。盾构操作主要是使盾构运动轨迹始终在设计轴线容许偏差值范围内，使隧道衬砌拼装在理想的位置上。盾构的方向控制方法主要有：

1）采用隧道自动导向系统和人工测量辅助进行盾构姿态监测。

2）千斤顶工作组合的调整。盾构在土层中向前受到土的阻力，需借用布置在切口环四周的千斤顶顶力来克服。但两者的合力位置始终不在一条直线上，从而形成一力偶，导致盾构偏向。为使其千斤顶合力位置与外力合力位置组成一个有利于纠偏的力偶，一般应对千斤顶分组编号，进行工作组合。每次推进后应测量盾构的位置，并根据每次纠偏量的要求，决定下次推进时启动哪些编号的千斤顶，停止哪些编号的千斤顶，进行纠偏。

3）调整千斤顶区域油压。目前多数盾构将千斤顶分为上、下、左、右四个区域，每一区域为一个油压系统。通过区域油压调整，起到调整千斤顶合力位置的作用，使其合力与作用于盾构上阻力的合力形成一个有利于控制盾构轴线的力偶。

4）控制盾构纵坡。控制纵坡的目的主要是调整盾构高程，还可调整盾构与已成管片端面间的间隙，以减少下一环拼装施工的困难。盾构推进时的纵坡也是依靠调整千斤顶的工作组合来控制的，一般要求每次推进结束时，盾构纵坡应尽量接近隧道纵坡。

（2）盾构推进时的壁后注浆。随着盾构的推进，在管片和土体之间会出现建筑空隙，必须采用水泥浆或化学浆液等进行壁后注浆及时填充这些空隙，从而避免地层出现变形、地表发生沉降，以稳定管片结构、控制盾构掘进方向。注浆一般采用设置在盾构外壳上的注浆管随盾构推进同步注浆和二次注浆。

1）注浆压力。同步注浆时要求在地层中的浆液压力大于该点的静止水压及土压力之和，做到尽量填补而不易劈裂。

2）注浆量。同步注浆量可为建筑间隙的150%～250%。

3）注浆时间及速度。盾构机向前掘进的同时，进行同步注浆，同步注浆的速度与盾构机推进速度相匹配。

4）注浆顺序。采用多个注浆孔同时压注，在注浆孔出口设置压力检测器，以便对各注浆孔的注浆压力和注浆量进行检测与控制，实现对管片背后的对称均匀压注。

5）二次补强注浆。同步注浆后使管片背后环形空隙得到填充，多数地段的地层变形沉降得到控制。在局部地段，同步浆液凝固过程中，可能存在局部不均匀、浆液的凝固收缩和浆液的稀释流失，为提高背衬注浆层的防水性及密实度，并有效填充管片后的环形间隙，根据检测结果，必要时进行二次补强注浆。施工时可采用地表沉降监测信息反馈，结合洞内超声波探测背衬后有无空洞的方法，综合判断是否需要进行二次补强注浆。

5. 盾构衬砌

盾构顶进后应及时进行衬砌工作，衬砌的作用是在施工过程中，作为施工临时支撑，并承受盾构千斤顶后背的顶力；盾构结束后，作为永久性承载结构，承受周围的水、土压力；同时防止泥、水的渗入，满足盾构内部的设计使用要求。

（1）盾构衬砌管片分类。

盾构衬砌管片有以下三类：

1）按材料分：铸铁管片、钢管片、复合管片（外壳采用钢板制作、其内部浇筑钢筋混凝土）、钢筋混凝土管片。其中以装配式钢筋混凝土管片使用最广泛。

2）按结构形式分：装配式钢筋混凝土管片按使用要求不同分为箱形管片、平板形管片等几种结构形式。

3）按构造形式分：有单层衬砌和双层衬砌两种形式。

（2）管片拼装。

隧道管片拼装按其整体组合，可分为通缝拼装和错缝拼装。

1）通缝拼装。各环管片的纵缝对齐的拼装，这种拼法在拼装时定位容易，纵向螺栓容易穿，拼装施工应力小，但容易产生环面不平，并有较大累计误差，而导致环向螺栓难穿，环缝压密量不够。

2）错缝拼装。即前后环管片的纵缝错开拼装，一般错开 1/3～1/2 块管片弧长。用错缝拼装法建造的隧道整体性较好，环面较平整，环向螺栓比较容易穿。但施工应力大，容易使管片产生裂缝，纵向穿螺栓困难，纵缝压密差。

管片与管片之间一般采用螺栓连接，管片拼装后形成隧道。

6. 衬砌防水

（1）衬砌管片自身防水。衬砌管片自身防水主要靠提高混凝土抗渗能力和管片制作精度实现。钢筋混凝土管片的抗渗等级应根据隧道埋深及地下水压力确定，一般要求达到 P4～P8，混凝土级配需选用干硬性密实级配，且可掺入塑化剂，调整级配，增加混凝土的和易性，严格控制水灰比，一般不大于 0.4。浇筑、养护、堆放和运输中应严格执行质量管理。管片制作时一般要求管片几何尺寸的误差不应大于±1 mm。

（2）管片接缝防水。管片之间的接缝是隧道防水的薄弱环节。管片衬砌的接缝防水主要包括密封垫防水、嵌缝防水和螺栓孔防水。

1）密封垫防水。目前已普遍使用弹性密封橡胶条防水，并以粘结力强、延伸性好、耐久、能适应一定量变形的防水材料嵌缝。弹性密封垫防水条由天然橡胶、合成橡胶、遇水膨胀橡胶等制作。防水条在管片拼装前粘贴于接缝面的预留沟槽内。

2）嵌缝防水。嵌缝防水作业一般在管片拼装完成和变形已达到相对稳定时进行，是以接缝密封垫防水作为主要防水措施的补充措施。管片内弧面边缘留有嵌缝槽，嵌缝材料可选用乳胶水泥、环氧树脂和焦油聚胺酯材料、遇水膨胀橡胶等。

3）螺栓孔防水。管片上的螺栓孔易渗漏水，需要采取措施加以密封。常见的做法是在螺栓上穿上由合成树脂或合成橡胶类材料制作的圆环形密封垫，然后拧紧螺母，使其充填或覆盖螺孔壁与螺杆之间的空隙，堵塞漏水通道。

7. 冷冻法联络通道施工

盾构隧道其联络通道在地下水位以下时，施工难度大，易发生水砂突出，一般采用冷冻法施工。其施工步骤一般为：施工准备→冻结孔施工和冻结管路安装→积极冷冻，隧道管片加固保暖→钻孔检验冻结效果→在钢管片上安装防淹门→打开钢管片→通道开挖并实施临时支护，全过程维护冷冻→防水层施工联络通道内衬结构施工→停止冷冻、冻结孔封孔、地层跟踪注浆。

（二）TBM 法隧道施工

TBM 是全断面岩石隧道掘进机的简称，它是目前使用最为广泛的掘进机。全断面岩石掘进机的工作原理是支撑机构撑紧洞壁，刀盘旋转，推进液压缸，盘形滚刀破碎岩石，出渣系统出渣而实现隧洞的连续循环开挖作业。全断面岩石隧道掘进机在掘进工况时，必须具有掘进、出渣、导向、支护四个基本功能，并配置完成这些功能的机构。

全断面岩石掘进机（TBM）分敞开式和护盾式掘进机两类。敞开式掘进机的掘进作业循环过程：

1）掘进循环开始时，水平支撑已移动到主机架的前端，将撑靴撑紧在洞壁上。仰拱刮板与仰拱处的岩面轻微接触，收回后下支撑，此时大刀盘可以转动，推进千斤顶将转动的大刀盘向前推进一个行程，此即是掘进状态。

2）在向前推进到达推进千斤顶行程终点处，结束开挖，大刀盘停止转动，放下后下支撑，同时仰拱刮板支撑大刀盘，此时整个机器的重量全部由前、后支撑支承。

3）收回两对水平支撑靴，移动水平支撑到主机架的前端。掘进机掘进方向的调整可以通过后下支撑进行水平、垂直的调整，达到调整目标。

4）当水平支撑移到前端限位后，又重新撑紧在洞壁上。此时收回后下支撑，仰拱刮板与仰拱又转换成浮动接触状态。此时掘进机即处于准备进行下一个掘进循环。

第四章　工程质量管理

第一节　质量管理基本知识

一、质量管理体系标准术语

《质量管理体系 基础和术语》（ISO 9000：2015；GB/T 19000—2016）的基本概念：

质量：一个关注质量的组织倡导一种通过满足顾客和其他有关相关方的需求和期望来实现其价值的文化，这种文化将反映在其行为、态度、活动和过程中。

管理：指挥和控制组织的协调活动。

质量管理：关于质量的管理，可包括制定质量方针和质量目标，以及通过质量策划、质量保证、质量控制和质量改进实现这些质量目标的过程。

质量管理体系包括组织确定其目标以及为获得期望的结果确定其过程和所需资源的活动。质量管理体系管理相互作用的过程和所需的资源，以向有关相关方提供价值并实现结果。质量管理体系能够使最高管理者通过考虑其决策的长期和短期影响而优化资源的利用。质量管理体系给出了在提供产品和服务方面，针对预期和非预期的结果确定所采取措施的方法。

二、质量管理体系基本要求

《质量管理体系 要求》（GB/T 19001—2015）对质量管理体系的要求：

1. 质量管理原则

（1）以顾客为关注焦点；

（2）领导作用；

（3）全员积极参与；

（4）过程方法；

（5）改进；

（6）循证决策；

（7）关系管理。

2. 过程方法

过程方法包括按照组织的质量方针和战略方向，对各过程及其相互作用进行系统的规定和管理，从而实现预期结果。可通过采用 PDCA 循环以及始终基于风险的思维对过程和整个体系进行管理，旨在有效利用机遇并防止发生不良结果。

3. PDCA 循环

PDCA 循环可以简要描述为以下几点：

（1）策划（Plan）：根据顾客的要求和组织的方针，建立体系的目标及其过程，确定实现结果所需的资源，并识别和应对风险和机遇；

（2）实施（Do）：执行所做的策划；

（3）检查（Check）：根据方针、目标、要求和所策划的活动，对过程以及形成的产品和服务进行监视和测量（适用时），并报告结果；

（4）处置（Act）：必要时，采取措施提高绩效。

三、施工质量管理的特点、影响因素及原则

（一）施工质量概念

施工质量是指建设工程项目的施工质量，即指工程满足业主（顾客）需要的，符合国家法律、法规、技术规范标准、设计文件及合同规定的要求，包括在安全、使用功能、耐久性、环境保护等方面所有明确和隐含需要能力的特性综合。其质量特性主要体现在建筑工程的适用性、安全性、耐久性、可靠性、经济性及与环境的协调性六个方面。

（二）特点

1. 影响因素多

房屋建筑工程的施工质量受到多种因素的影响，如设计、材料、机械、地质、水文、气象、施工工艺、操作方法、技术措施、管理制度等。因此，工程项目的施工质量控制必须考虑这些因素的影响。

2. 质量波动大

由于房屋建筑产品生产的单件性和流动性，不具有一般工业产品生产的固定生产流水线、规范化的生产工艺、完善的检测技术、成套的生产设备和稳定的生产环境，所以工程质量易产生波动而且波动大。同时由于影响工程质量的因素多，任何一种因素发生变动，都会导致工程质量出现波动，如材料的规格、品种的使用错误、施工方法的不当、操作的失误、机械的故障等。

3. 质量隐蔽性

工程项目在施工过程中，由于工序交接多、中间产品多、隐蔽工程多，因此质量存在隐蔽性。在施工质量控制中，应加强对施工过程的质量检查，及时发现存在的质量问题，避免事后从表面进行检查，而难以再发现其内在的质量问题，造成质量隐患。

4. 终检局限大

房屋建筑工程建成以后不能像一般工业产品那样，依靠终检来判断产品的质量和控制产品的质量。也不可能像工业产品那样将其拆卸或解体检查内在质量，或更换不合格的零部件。

所以，工程项目的终检（竣工）验收存在一定的局限性。故此，工程项目的施工质量控制应以预防为主，防患于未然。

（三）影响因素

影响施工质量的因素主要有人（Man）、材料（Material）、机械（Machine）、方法（Method）及环境（Environment）五大方面（简称 4M1E）。施工过程中对这五个方面的因素进行严格控制，是保证施工质量的关键工作。

（1）人是指直接参与工程建设的决策者、组织者和操作者，其素质的高低、技术水平的高低，以及是否有责任感，是否积极主动，都会影响工程项目的质量水平。项目管理者进行质量管理时，应从实施者的素质、理论及技术水平、生理状况、心理行为、错误行为和违纪违章等方面对人的因素加以考虑并控制。

（2）材料包括原材料、成品、半成品、构配件等，是工程项目施工的物质条件，材料质量是工程质量的基础。项目管理者对材料质量的控制应着重于以下要点掌握信息，择优选择供应商合理组织材料供应，确保工程正常进行。正确使用定额，减少材料的损失和浪费，加强质量检查验收和试验，使用质量有认证的材料，以确保材料质量。

（3）方法包含了工程项目实施过程中所采用的设计方案、技术方案、工艺流程、组织措施、检测手段、施工组织设计等的控制，会直接影响工程项目三大目标的实现。项目管理者应结合工程实际，从技术、组织、管理、工艺、操作、经济等方面进行全面的分析和考虑，力求方法技术可行、经济合理、工艺先进，以提高工程质量、加快工程进度、降低成本。

（4）机械是工程实施机械化的重要物质基础，对工程质量和进度都有影响。在项目施工阶段，项目管理者应综合考虑施工现场、建筑结构形式、机械设备性能、施工工艺和方法、施工组织与管理等因素，制定机械化施工方案，使之合理装备、配套使用、有机联系，充分发挥建筑机械的效能，获得较好的综合经济效益。

（5）环境包括工程技术环境、工程管理环境、劳动环境等诸多因素，而且复杂多变。项日管理者在选择设计、施工方案时，应根据工程项目的特点和具体条件，对影响质量的环境因素加以考虑。

（四）原则

（1）坚持“质量第一”。工程质量必须达到设计要求和标准规范的规定。对工程项目的质量要严格要求，达不到标准要求的，应坚决返工，甚至推倒重建。

（2）“一切为用户服务”。所谓用户一是指工程的使用者，二是指下道工序是上道工序的用户。一切为用户服务是质量管理系统运行的基本目标，就工序而言，是不给下道工序造成麻烦和隐患，保证本工序的质量；就产品而言，是通过监理工作为业主提供高质量的建筑工程。

（3）“以预防为主”。工程建设工序繁多，施工周期长，控制工序质量，以预防为主尤为重要。在各工序施工过程中，进行抽样检测，统计分析，控制质量动态，发现质量不稳定时，分析原因，采取措施，消除隐患，达到事先预防的目的。

（4）坚持质量标准、严格检查，一切用数据说话。质量标准是评价产品质量的尺度，数据是质量控制的基础。产品质量是否符合质量标准，必须通过严格检查，以数据为依据。

（5）贯彻科学、公正、守法的职业规范。工程管理人员在监控和处理质量问题时，应尊重客观事实，尊重科学、正直、公正、不持偏见；遵纪、守法，杜绝不正之风；要坚持原则、严格要求、秉公办事。

四、施工质量控制的基本内容、要求、基本程序及方法

为了加强对施工项目的质量控制，明确各施工阶段质量控制的重点，可把施工项目质量分为事前控制、事中控制和事后控制三个阶段。

（一）事前控制

1. 质量管理体系的建立

（1）组建质量管理机构，使质量管理权限得以实施。

（2）建立项目经理部的质量管理体系。

2. 编制施工组织设计

编制施工组织设计时应掌握的原则：

（1）施工组织设计的编制应符合规定的程序；

（2）施工组织设计应符合国家的技术政策，充分考虑承包合同规定的条件、施工现场条件及法规条件的要求，突出“质量第一、安全第一”的原则；

（3）施工组织设计的针对性：应了解并掌握本工程的特点及难点，施工条件应分析充分。

（4）施工组织设计的可操作性：有能力执行并保证工期和质量目标；施工组织设计切实可行；

（5）技术方案的先进性：施工组织设计采用的技术方案和措施应先进适用，技术成熟；

（6）质量管理和技术管理体系，质量保证措施健全且切实可行；

（7）安全、环保、消防和文明施工措施切实可行并符合有关规定。

3. 现场施工准备

（1）工程定位及标高基准控制。施工承包单位对建设单位给定的原始基准点、基准线和标高等测量控制点进行复核，并将复测结果报监理工程师审核，经批准后施工承包单位才能据此进行准确的测量放线，建立施工测量控制网，并应对其正确性负责，同时做好基桩的保护。复测施工测量控制网。在工程总平面图上，各种建筑物或构筑物的平面位置是用施工坐标系统的坐标来表示的。施工测量控制网的初始坐标和方向一般是根据测量控制点测定的，测定好建筑物的长向主轴线即可作为施工平面控制网的初始方向，以后在控制网加密或建筑物定位时，即不再用控制点定向，以免使建筑物发生不同的位移及偏转。复测施工测量控制网时，应抽检建筑方格网、控制高程的水准网点以及标桩埋设位置等。施工平面布置的控制：根据建设单位按照合同约定提供给承包单位现场范围绘制施工总平面图，并在图中详细注明各工作区的位置及施工顺序。施工现场总体布置要合理，要有利于保证施工的顺利进行，有

利于保证质量，特别是要对场区的道路、防洪排水、器材存放、给水及供电、混凝土供应及主要垂直运输机械设备布置等方面予以重视。

（2）材料构配件采购订货的控制。

1）凡是由承包单位负责采购的原材料、半成品或构配件，在采购订货前应向监理工程师申报；对于重要的材料，还应提交样品，供试验或鉴定，有些材料则要求供货单位提交理化试验单（如预应力钢筋的硫、磷含量等），经监理工程师审查认可后，方可进行订货采购。

2）对于半成品或构配件，应按经过审批认可的设计文件和图纸要求采购订货，质量应满足有关标准和设计的要求，交货期应满足施工及安装进度安排的需要。

3）供货厂家是制造材料、半成品、构配件主体，所以通过考查优选合格的供货厂家，是保证采购、订货质量的前提。为此，大宗的器材或材料的采购应当实行招标采购的方式。

4）对于半成品和构配件的采购、订货，应有明确的质量要求，质量检测项目及标准，出厂合格证或产品说明书等质量文件的要求，以及是否需要权威性的质量认证等。

5）某些材料，诸如瓷砖等装饰材料，订货时最好一次性订齐和备足货源，以免由于分批出现色泽不一的质量问题。

6）供货厂方应向需方（订货方）提供质量文件，用以表明其提供的货物能够完全达到需方提出的质量要求。此外，质量文件也是承包单位（当承包单位负责采购时）将来在工程竣工时应提供的竣工文件的一个组成部分，用以证明工程项目所用的材料或构配件等的质量符合要求。

（3）施工机械配置的控制。

1）施工机械设备的选择，除应考虑施工机械的技术性能、工作效率、工作质量、可靠性及维修难易、能源消耗，以及安全、灵活等方面对施工质量的影响与保证外，还应考虑其数量配置对施工质量的影响与保证条件。

2）施工机械设备的数量应足够。

3）所需的施工机械设备，应按计划备妥且都处于完好的可用状态。机械设备的类型、规格、性能不能保证施工质量的，以及维护修理不良，不能保证良好的可用状态的，都不准使用。

（4）分包单位资质的确认。控制的重点一般是分包单位施工组织者、管理者的资格与质量管理水平，特殊专业工种和关键施工工艺或新技术、新工艺、新材料等应用方面操作者的素质与能力。

（5）设计交底与施工图纸的现场核对。

1）参加设计交底应着重了解的内容：有关地形、地貌、水文气象、工程地质及水文地质等自然条件方面；主管部门及其他部门（如规划、环保等）对本工程的要求、设计单位采用的设计规范、建筑材料的供应情况等；设计意图方面：设计思想、设计方案比选的情况、基础开挖及基础处理方案、结构设计意图、设备安装和调试要求、施工进度与工期安排等；施工应注意事项方面：如基础处理的要求、对建筑材料方面的要求、主体工程设计中采用新结构或新工艺对施工提出的要求、为实现进度安排而采用的施工组织和技术保证措施等。

2）施工图纸的现场核对。施工图是工程施工的直接依据，为了充分了解工程特点、设计要求，减少图纸的差错，确保工程质量，减少工程变更，施工承包单位应做好施工图的现场核对工作。主要包括以下几个方面：施工图纸合法性的认定；图纸与说明书是否齐全，如分期出图，图纸供应是否满足需要；地下构筑物、障碍物、管线是否探明并标注清楚；图纸中有无遗漏、差错或相互矛盾之处，图纸的表示方法是否清楚和符合标准等；地质及水文地质等基础资料是否充分、可靠，地形、地貌与现场实际情况是否相符；施工图或说明书中所涉及的各种标准、图册、规范、规程等是否备齐。对于存在的问题，施工单位应以书面形式提出，在设计单位以书面形式进行解释或确认后，才能进行施工。

（二）事中控制

1. 技术交底

作业技术交底是对施工组织设计或施工方案的具体化，是更细致、明确、更加具体的技术实施方案，是工序施工或分项工程施工的具体指导文件。为做好技术交底，项目经理部必须由主管技术人员编制技术交底书，并经项目总工程师批准。技术交底的内容包括施工方法、质量要求和验收标准，施工过程中需注意的问题，可能出现意外的措施及应急方案。技术交底要紧紧围绕和具体施工有关的操作者、机械设备、使用的材料、构配件、工艺、工法、施工环境、具体管理措施等方面进行，交底中要明确做什么、谁来做、如何做、作业标准和要求、完成时间等。

关键部位或技术难度大施工复杂的检验批，分项工程施工前，承包单位的技术交底书（作业指导书）要报监理工程师。经监理工程师审查后，如技术交底书不能保证作业活动的质量要求，承包单位要进行修改补充。没有做好技术交底的工序或分项工程，不得进入正式实施。

2. 材料构配件质量控制

凡运到施工现场的原材料、半成品或构配件，进场前应向项目监理机构提交《工程材料/构配件设备报审表》，同时应附有产品出厂合格证及技术说明书，由施工承包单位按规定要求进行检验的检验报告，经监理工程师审查并确认其质量合格后，方准进场。凡是没有产品出厂合格证明及检验不合格者，不得进场。进口材料的检查、验收，应会同国家商检部门进行。如在检验中发现质量问题或数量不符合规定要求时，应取得供货方及商检人员签署的商务记录，在规定的索赔期内进行索赔。材料构配件存放条件的控制：质量合格的材料、构配件进场后，到其使用或安装时，通常都要经过一定的时间间隔。在此时间内，如果对材料等的存放、保管不良，可能导致质量状况的恶化，如损伤、变质、损坏，甚至不能使用。因此，承包单位应注意材料、半成品、构配件的存放、保管条件及时间。对于材料、半成品、构配件等，应当根据它们的特点、特性以及对防潮、防晒、防锈、防腐蚀、通风、隔热以及温度、湿度等方面的不同要求，安排适宜的存放条件，以保证其存放质量。例如，对水泥的存放应当防止受潮，存放时间一般不宜超过 3 个月，以免受潮结块；某些化学原材料应当避光、防晒；某些金属材料及器材应防锈蚀等。

3. 环境状态的控制

（1）施工作业环境的控制。

主要是指水、电或动力供应、施工照明、安全防护设备、施工场地空间条件和通道以及交通运输和道路条件等。这些条件是否良好，直接影响施工能否顺利进行，以及施工质量。所以，承包单位应认真做好施工作业环境条件方面的有关准备工作，安排和准备妥当，为施工的顺利进行创造必要的条件。

（2）施工质量管理环境的控制。

主要是指施工承包单位的质量管理体系和质量控制自检系统是否处于良好的状态；系统的组织结构、管理制度、检测制度、检测标准、人员配备等方面是否完善和明确；质量责任制是否落实，这些都是保证作业效果的重要前提。

（3）现场自然环境条件的控制。

自然环境条件可能出现对施工作业质量的不利影响时，应事先有充分的认识并已做好充足的准备和采取了有效措施与对策以保证工程质量。例如，对严寒季节的防冻；夏季的防高温；高地下水位情况下基坑施工的排水或细砂地基防止流砂；施工场地的防洪与排水等。又如，深基础施工中主体建筑物完成后是否可能出现不正常的沉降，影响建筑的综合质量；以及现场因素对工程施工质量与安全的影响，有应对方案及有针对性的保证质量及安全的措施等。

4. 进场施工机械设备性能及工作状态的控制

机械设备进场时，承包单位应对进场机械设备的型号、规格、数量、技术性能（技术参数）、设备状况等进行检查，合格后方可进场。施工作业中应经常检查机械设备的运行状况，防止“带病”工作。发现问题及时修理，以保持良好的作业状态。对于现场使用的塔吊及有特殊安全要求的设备，进入现场后在使用前，必须经当地劳动安全部门鉴定，符合要求并办好相关手续后方可投入使用。

5. 施工测量及计量器具性能、精度的控制

施工测量及计量开始前，承包单位应向项目监理机构提交测量及计量仪器的型号、技术指标、精度等级、法定计量部门的标定证明，测量工的上岗证明，监理工程师审核确认后，方可进行正式测量及计量作业。

6. 施工现场劳动组织及作业人员上岗资格的控制

劳动组织涉及从事作业活动的操作者及管理者，以及相应的各种制度。从事特殊作业的人员（如电焊工、电工、起重工、架子工、爆破工），必须持证上岗。

7. 承包单位自检与专检工作

承包单位是施工质量的直接实施者和责任者。承包单位的自检体系表现在以下三点：作业活动的作业者在作业结束后必须自检；不同工序交接、转换必须由相关人员交接检查；承包单位专职质检员的专检。为实现上述三点，承包单位必须有整套的制度及工作程序；具有相应的试验设备及检测仪器，配备数量满足需要的专职质检人员及试验检测人员。凡涉及施工作业技术活动基准和依据的技术工作，都应该严格进行专人负责的复核性检查，以避免基准失误给整个工程质量带来难以补救的或全局性的危害。例如：工程的定位、轴线、标高，预留孔洞的位置和尺寸，预埋件，管线的坡度、混凝土配合比等。常见的施工测量复核有：

（1）民用建筑的测量复核：建筑物定位测量、基础施工测量、墙体皮数杆检测、楼层轴线检测、楼层间高层传递检测等。

（2）高层建筑测量复核：建筑场地控制测量、基础以上的平面与高程控制、建筑物中垂准检测、建筑物施工过程中沉降变形观测等。

8. 质量记录资料的控制

（1）施工现场质量管理检查记录资料。主要包括承包单位现场质量管理制度，质量责任制；主要专业工种操作上岗证书；分包单位资质及总包单位对分包单位的管理制度；施工图审查核对资料。地质勘察资料；施工组织设计、施工方案及审批记录；施工技术标准；工程质量检验制度；混凝土搅拌站计量设置；现场材料、设备存放与管理等。

（2）工程材料质量记录。主要包括进场工程材料、半成品、构配件、设备的质量证明资料；各种试验检验报告；各种合格证；设备进场维修记录或设备进场运行检验记录。

（3）施工过程作业活动质量记录资料。

施工或安装过程可按分项、分部、单位工程建立相应的质量记录资料。在相应的质量记录资料中应包含有关图纸的图号、设计要求；质量自检资料；监理工程师的验收资料；各工序作业的原始施工记录；检测及试验报告；材料、设备质量资料的编号、存放档案卷号；此外，质量记录资料还应包括不合格项的报告、通知以及处理及检查验收资料等。施工质量记录资料应真实、齐全、完整，相关各方人员的签字齐备、字迹清楚、结论明确，与施工过程的进展同步。

（三）事后控制

1. 控制的内容

（1）基槽（基坑）验收。

基槽开挖质量验收主要涉及地基承载力的检查确认；地质条件的检查确认；开挖边坡的稳定及支护状况的检查确认。由于部位的重要，基槽开挖验收均要有勘察设计单位的有关人员参加，并请当地或主管质量监督部门参加，经现场检查，测试（或平行检测）确认其地基承载力是否达到设计要求，地质条件是否与设计相符。如果相符，则共同签署验收资料，如果达不到设计要求或与勘察设计资料不符，则应采取措施进一步处理或工程变更，由原设计单位提出处理方案，经承包单位实施完毕后重新验收。

（2）隐蔽工程验收。

隐蔽工程是指将被其后工程施工所隐蔽的分项、分部工程，在隐蔽前所进行的检查验收。它是对一些已完成的分项、分部工程质量的最后一道检查，由于检查对象就要被其他工程覆盖，给以后的检查整改造成障碍，故显得尤为重要，它是质量控制的一个关键过程。

房屋建筑工程主要进行以下隐蔽验收：

1）基础施工前对地基质量的检查，尤其要检测地基承载力；

2）基坑回填土前对基础质量的检查；

3）混凝土浇筑前对钢筋的检查（包括模板检查）；

4）混凝土墙体施工前，对敷设在墙内的电线管质量检查；

5）防水层施工前对基层质量的检查；

6）建筑幕墙施工挂板之前对龙骨系统的检查；

7）屋面板与屋架（梁）埋件的焊接检查；

8）避雷引下线及接地引下线的连接；

9）覆盖前对直埋于楼地面的电缆、封闭前对敷设于暗井道、吊顶、楼板垫层内的设备管道；

10）易出现质量通病的部位。

（3）工序交接验收。上道工序应满足下道工序的施工条件和要求。通过工序间的交接验收，使各工序间和相关专业工程之间形成一个有机整体。

（4）检验批、分项、分部工程的验收。检验批的质量应按主控项目和一般项目验收。

（5）单位工程或整个工程项目的竣工验收。在一个单位工程完工后或整个工程项目完成后，施工承包单位应先进行竣工自检，自检合格后，向项目监理机构提交《工程竣工报验单》，总监理工程师组织专业监理工程师进行竣工初验，对拟验收项目初验合格后，总监理工程师对承包单位的《工程竣工报验单》予以签认，并上报建设单位，由建设单位组织正式竣工验收。

（6）不合格的处理。

上道工序不合格，不准进入下道工序施工，不合格的材料、构配件、半成品不准进入施工现场且不允许使用，已经进场的不合格品应及时做出标识、记录，指定专人看管，避免用错，并限期清除出现场；不合格的工序或工程产品，不予计价。

（7）成品保护。

1）防护就是针对被保护对象的特点采取各种防护的措施。例如，对清水楼梯踏步，可以采取护棱角铁上下连接固定；对于进出口台阶可垫砖或方木搭脚手板供人通过的方法来保护台阶；对于门口易碰部位，可以钉上防护条或槽型盖铁保护；门扇安装后可加楔固定等。

2）包裹就是将被保护物包裹起来，以防损伤或污染。例如，对镶面大理石柱可用立板包裹捆扎保护；铝合金门窗可用塑料布包扎保护等。

3）覆盖就是用表面覆盖的办法防止堵塞或损伤。例如，对地漏、落水口排水管等安装后可以覆盖，以防止异物落入而被堵塞；预制水磨石或大理石楼梯可用木板覆盖加以保护；地面可用锯末等覆盖以防止喷浆等污染。

4）封闭就是采取局部封闭的办法进行保护。例如，垃圾道完成后，可将其进口封闭起来，以防止建筑垃圾堵塞通道；房间水泥地面或地面砖完成后，可将该房间局部封闭，防止人们随意进入而损害地面；室内装修完成后，应加锁封闭，防止人们随意进入而受到损伤等。

5）合理安排施工顺序。主要是通过合理安排不同工作间的施工顺序先后以防止后道工序损坏或污染已完施工的成品或生产设备。例如，采取房间内先喷浆或喷涂而后装灯具的施工顺序可防止喷浆污染、损害灯具；先做顶棚、装修而后做地坪，也可避免顶棚及装修施工污染、损害地坪。

2. 质量检验程序及方法

（1）检验程序。

1）实测即采用必要的检测手段，对实体进行的几何尺寸测量、测试或对抽取的样品进行检验，测定其质量特性指标（如混凝土的抗压强度）。

2）分析即是对检测所得数据进行整理、分析、找出规律。

3）判断是根据对数据分析的结果，判断该作业活动效果是否达到了规定的质量标准；如果未达到，应找出原因。

4）纠正或认可。如发现作业质量不符合标准规定，应采取措施纠正；如果质量符合要求则予以确认。

（2）质量检验的主要方法。

对于现场所用原材料、半成品、工序过程或工程产品质量进行检验的方法，一般可分为目测法、检测工具量测法以及试验法三类。

第二节　工程质量检查、验收、评定

一、常见工程质量检查仪器、设备

（一）常见工程质量检查仪器、设备

在工程质量检查过程中应使用到检测结果做出判断的计量器具、标准物质以及辅助仪器设备，以检查和判断工程质量问题，根据《房屋建筑和市政基础设施工程质量检测技术管理规范》（GB 50618—2011）规定，常用建筑工程检测项目及检测设备如下。

表 4-1　常用建筑工程检测项目、检测设备表

序号	专业	检测项目（参数）	主要设备
1	建筑材料	水泥、粉煤灰的物理力学性能和化学分析	水泥检验设备。含胶砂搅拌机、净浆搅拌机、胶砂振实台、胶砂跳桌、稠度测定仪、安定性沸煮箱、雷氏夹测定仪、细度负压筛、抗折试验机、恒应力压力试验机和标准养护设备、凝结时间测定仪等
		建筑钢材、钢绞线专用夹具、力学工艺性能和化学分析	300 kN、600 kN、1 000 kN 拉力试验机（或液压式万能试验机）、弯曲试验机、钢绞线专用夹具、洛氏硬度仪、钢材化学成分分析设备
		混凝土用骨料物理性能和有害物质检测	砂、石试验用电热鼓风干燥箱、砂石筛、振筛机、压碎指标测定仪、针片状规准仪、天平、台秤、量瓶、量桶等
		砂浆、混凝土及外加剂的物理力学性能和耐久性检测	混凝土搅拌机、振动台、坍落度筒、混凝土拌合物凝结时间测定仪、含气量测定仪、压力泌水率测定仪、混凝土收缩测长仪、砂浆搅拌机、混凝土抗渗仪、砂浆抗渗仪、混凝土标准养护室（湿度 95%以上）、混凝土收缩养护室（湿度 60±5%）、1 000 kN、2 000 kN、3 000 kN 压力试验机等
		砖、砌块的物理力学性能检测	带大变形检测的电子万能试验机、低温试验箱、低温弯折仪、抗穿孔仪、动态抗干不透水仪、邵氏硬度计、天平、大烘箱、实验室温湿度监控设备
		沥青及沥青混合料的物理力学性能及有害物含量检测；防水卷材、涂料物理力学性能检测	沥青延度仪、针入度仪、软化点仪、旋转薄膜烘箱、闪点仪、蜡含量测定仪、马歇尔测定仪、马歇尔电动击实仪、沥青混合搅拌机、恒温水浴箱、天平、卡尺、离心抽提仪（四流抽提仪）或燃烧炉、车辙试样成型机、自动车辙试验仪、鼓风干燥箱、100 kN 压力机、游标卡尺、钢直尺等

续表

序号	专业	检测项目（参数）	主要设备
2	地基基础	土工试验	电子秤、烘箱、环刀、标准击实仪、千斤顶、300 kN 压路机、密度测量仪等
		土工布、土工膜、排水板（带）等土工合成材料的物理力学性能检测	分析天平、游标卡尺、土工布厚度仪、等效孔径试验仪、动态穿孔试验仪、电子万能试验机、CBR 顶破装置、土工合成材料渗透仪、低温试验箱、空气热老化试验箱、排水板通水量仪等
		桩（完整性、承载力、强度）、地基、成孔、基础施工监测	静载反力系统（钢梁、千斤顶、配重等）。加载能力均不低于 10 000 kN，100 t、200 t、300 t、500 t 千斤顶；高应变动测仪、不低于 8t 的重锤和锤架；低应变动测仪、不同锤重的激振锤；高速液压钻机、测斜仪、标准贯入试验设备及地基承载力试验设备、复合地基检测设备；张拉千斤顶；精密水准仪、经纬仪、全站仪、测斜仪、钢弦频率仪、静态电阻应变仪、孔压计、水位计等
3	混凝土结构	回弹法检测强度、钻芯法检测强度、超声法检测缺陷、钢筋保护层厚度检测、后锚固件拉拔试验、碳纤维片正拉粘结强度试验	回弹仪、钻芯机、钢筋位置测试仪、600 kN 拉力试验机、1 000 kN 压力试验机、后锚固件拉拔仪、碳纤维片拉拔仪、结构构件变形测量仪等
4	砌体结构	回弹法检测砌筑砂浆强度、贯入法检测砌筑砂浆强度、回弹法检测烧结普通砖强度	砂浆回弹仪、砂浆灌入仪、砖回弹仪等
5	钢结构	无损检测（超声、射线、磁粉）、防火和防腐涂层厚度检测、节点、螺栓等连接件力学性能检测、钢结构变形测量、化学成分分析	超声探伤仪、射线探伤仪、磁粉探伤仪、600 kN、1 000 kN 拉力试验机、涡流测厚仪、电磁测厚仪、结构变形测量仪器、钢材化学成分分析设备等
6	室内环境	空气中氡、甲醛、苯、TVOC、氨的检测、装饰有害物质含量的检测、土壤中氡浓度检测	气相色谱仪（其中应有直接进样），空气采样器，空气流量计、气压计、土壤测氡仪、紫外可见分光光度计、粒料粉磨机、低本底能谱仪，具备化学实验室的设施环境，常用器皿，常用试剂等
7	结构鉴定	各种结构、地基基础检测项目、建筑物变形测量、结构荷载试验	各种结构、地基基础检测项目仪器、建筑变形测量仪器、位移计、万能试验机、结构计算软件等
8	建筑节能	温材料导热系数、密度、抗压强度或压缩强度、燃烧性能（限有机保温材料），保温绝热材料的检测	量程不小于 20 kN 电子万能试验机、导热分散测定仪、分析天平、砂浆搅拌机、分层度仪、收缩仪、标准养护箱、300 kN 压力试验机、低温试验箱、高温炉、漆膜冲击仪、吸水率检测用真空装置、电位滴定仪、围护结构稳态热传递检测系统、导热系数测定仪、钻芯机、电线电缆导体电阻测试仪、含（0～3 300 mm）全波段分光光度仪、（2 500～25 000 mm）红外光谱仪、燃烧性能试验室等
		外墙外保温系统及其构造材料的物理力学性能检测；料密度、抗压强度、墙体砌块（砖）材构造的热阻或传热系数测定；墙体、屋面的浅色饰面材料的太阳辐射吸收系数，遮阳材料太阳光透射比、太阳光反射比检测	
		围护结构实体构造的现场检测	

续表

序号	专业	检测项目（参数）	主要设备
9	建筑幕墙、门窗及外墙面砖	幕墙门窗的“三性”检测、现场抽样玻璃的遮阳系数、可见光透射比、传热系数、中空玻璃露点检测、门窗保温性能检测、隔热型材的抗拉强度、抗剪强度检测等	幕墙“三性”测试系统（箱体高度≥16 m，宽度≥10 m，压力≥12 kPa）、门窗“三性”测试系统（压力≥5.0 kPa）、型材镀（涂）测厚仪、焊角测试仪、幕墙门窗玻璃光学性能测试设备[含（0～3 300 mm）全波段分光光度计、红外分光光度计、中空玻璃露点测试仪]、电子万能试验机（附−60℃和 300℃下的拉伸附件）、硅酮结构胶相容性试验箱等、饰面砖粘结强度检测仪等
		幕墙门窗用型材的镀（涂）层厚度检测	
		塑料门窗的焊角（可焊性）检测	
		硅酮结构胶的相容性试验	
		饰面砖粘结强度检测	
10	建筑电气	电线电缆的电性能、机械性能、结构尺寸和燃烧性能的检测、电线电缆截面、芯导体电阻值	电子万能试验机、导体电阻测试仪、绝缘电阻测试仪、闪络击穿试验装置、燃烧试验装置、低倍投影仪、电能质量分析仪、照度计、接地电阻测量仪、防雷检测设备等
		变配电室的电源质量分析	
		典型功能区的平均照度、接地电阻值、防雷检测和功率密度检测	
11	建筑给排水及采暖	管道、管件强度及严密性检测、管道保温、焊缝检测、水温、水压	水泵、各式压力表、温度仪、焊缝检测设备等
12	通风与空调	风管和风管系统的漏风量、系统总风量和风口风量、空调机组水流量、系统冷热水、冷却水流量的检测，制冷机性能系数，水泵能效系数检测，室内空气温湿度检测、全空气空调系统送、排风风机的风量、风压及单位风量耗功率、风量平衡、空调机组冷冻水供回温差、冷冻水系统水力平衡、冷却塔效率、循环水泵流量、扬程、电机功率及输送能效（ER），冷却塔热力性能、流量、电机功率、冷热源设备的制冷、制风量、输入功率性能系数（COP）现场检测	风管漏风量测装置、风量罩、超声波流量计、电力质量分析仪、数字温湿度计，温湿度自动采集仪、压力传感器、数据采集仪、皮托管、温湿度传感器；风机盘管机组焓差试验装置、噪声测试系统等
		空调系统风机盘管机组的供冷量、供热量、风量、出口静压和噪声检测	
		幕墙门窗用型材的镀（涂）层厚度检测	幕墙门窗玻璃光学性能测试设备[含（0～3 300 mm）全波段分光光度计、红外分光光度计、中空玻璃露点测试仪]、电子万能试验机（附−60℃和 300℃下的拉伸附件）、硅酮结构胶相容性试验箱等、饰面砖粘结强度
		塑料门窗的焊角（可焊性）检测	
		硅酮结构胶的相容性试验	检测仪等
		饰面砖粘结强度检测	

续表

序号	专业	检测项目（参数）	主要设备
13	建筑电梯运行	各种电梯性能检测	电梯性能检测系统设备、电气检测设备及有关材料性能检测设备等
14	建筑智能	各系统性能测试	各系统性能的各种测试设备、能形成综合调试检测成果、电气检测设备等
15	燃气管道工程	管道强度严密性等项目；燃气器具检测	项目相应的设备、仪器等（同管道专业）
16	其他	施工升降机及作业平台	建筑机械检测设备、建筑电梯检测设备、脚手架扣件测定仪、安全帽检测设备、安全带及安全网检测设备等
		建筑机械检测	
		安全器具及设备检测	

（二）施工阶段质量控制的方法

1. 审核技术报告和文件

（1）审核施工单位提出的开工报告；

（2）审核有关的技术资质证明文件；

（3）审核施工单位提交的施工组织设计、施工方案；

（4）审核施工单位提交的材料、半成品、构配件的质量检验报告，包括出厂合格证、技术说明书、试验资料等质量保证文件；

（5）审核新材料、新技术、新工艺的现场试验报告；

（6）审核永久设备的技术性能和质量检验报告；

（7）审查施工单位的质量保证体系文件，包括对分包单位质量控制体系和质量控制措施的审查；

（8）审核设计变更和图纸修改及技术核定书；

（9）审核施工单位提交的反映工程质量动态的统计资料或管理图表；

（10）审核有关工程质量事故的处理方案；

（11）审核有关应用新材料、新技术、新工艺的鉴定报告。

2. 现场质量检查的内容

（1）开工前的检查。开土前检查的目的是检查现场是否具备开工条件，开工后能否正常施工，能否保证工程质量。

（2）工序施工中的跟踪监督、检查与控制。主要是监督、检查在工序施工过程中，人员、施工机械设备、材料、施工方法及工艺或操作以及施工环境条件等是否均处于良好的状态，是否符合保证工程质量的要求，若发现问题应及时纠偏和加以控制。

（3）对于重要的和对工程质量有重大影响的工序（如预应力张拉工序），还应在现场进行施工过程的旁站监督与控制，确保使用材料及工艺过程的质量。

（4）工序产品的检查、工序交接检查及隐蔽工程检查。在施工单位自检与互检的基础上，隐蔽工程须经监理人员检查确认其质量后，才允许加以覆盖。

（5）复工前的检查。工程项目由于某种原因停工后，在复工前应经监理人员检查认可后，下达复工指令，方可复工。

（6）分项、分部工程完成后，在施工单位自检合格的基础上，监理人员检查认可后，签署中间交工证书。

（7）对于施工难度大的工程结构或容易产生质量通病的施工对象，监理人员进行现场的跟踪检查。

（8）成品保护质量检查。成品保护检查是指在施工过程中，某些分项工程已完工，而其他分项工程尚在施工，或分项工程的一部分已完成，另一部分在继续施工，要求施工单位对已完成的成品采取完善的保护措施，以免受到损伤和污染，从而影响工程整体的质量。根据产品特点的不同，成品保护可分别采用防护、包裹、封闭等方法。

1）防护是对被保护的成品采取相应的防护措施，如为了保护清水楼梯踏步不被磕损，可以加护棱角铁等。

2）包裹是将被保护的成品包裹起来，以防其受到损伤和污染。例如楼梯扶手在油漆前应裹纸保护，以防污染变色。

3）覆盖是对被保护的成品表面用覆盖的方法加以保护，以防堵塞或损伤。例如，地漏、落水口、排水管安装施工完成后，要加以覆盖，以防落入异物而将其堵塞。

4）封闭是对被保护的成品用局部封闭的方法加以保护。例如，预制磨石楼梯、水泥磨面楼梯完工后，应将楼梯口暂时封闭。

3. 施工质量检验的主要方法

对于现场所用原材料、半成品、工序过程或工程产品质量进行检验的方法，一般可分为目测法、量测法以及试验法三类。

（1）目测法：凭借感官进行检查，也可以叫作观感检验。这类方法主要是根据质量要求，采用看、摸、敲、照等手法对检查对象进行检查。

1）看：根据质量标准要求进行外观检查；

2）摸：通过触摸手感进行检查、鉴别；

3）敲：运用敲击方法进行音感检查；

4）照：通过人工光源或反射光照射，仔细检查难以看清的部位。

（2）量测法：就是利用量测工具或计量仪表，通过实际量测结果与规定的质量标准或规范的要求相对照，从而判断质量是否符合要求。量测的手法可归纳为：靠、吊、量、套。

1）靠：用直尺检查诸如地面、墙面的平整度等。

2）吊：用托线板线坠检查垂直度。

3）量：用量测工具或计量仪表等检查断面尺寸、轴线、标高、温度、湿度等数值并确定其偏差。

4）套：以方尺套方辅以塞尺，检查诸如踢脚线的垂直度，预制构件的方正，门窗口及构件的对角线等。

（3）试验法：通过现场试验或试验室试验等理化试验手段，取得数据，分析判断质量情况。包括：

1）力学性能试验。如测定抗拉强度、抗压强度、抗弯强度、抗折强度、冲击韧性、硬度、承载力等。

2）物理性能试验。如测定相对密度、密度、含水量、凝结时间、安定性、抗渗性、耐磨性、耐热性、隔声等。

3）化学性能试验。如材料的化学成分、耐酸性、耐碱性、抗腐蚀等。

4）无损测试。探测结构物或材料、设备内部组织结构或损伤状态。如超声检测、回弹强度检测、电磁检测、射线检测等。它们一般可以在不损伤被探测物的情况下了解被探测物的质量情况。

此外，必要时还可在现场通过诸如对桩或地基的现场静载试验或打试桩，确定其承载力；对混凝土现场取样，通过试验室的抗压强度试验，确定混凝土达到的强度等级；以及通过管道压力试验判断其耐压及渗漏情况等。

二、检验批和分项工程的检查验收评定的内容及要求

根据《建筑工程施工质量验收统一标准》（GB 50300—2013）的规定，建筑工程施工质量检查验收评定应按照相关要求进行。

1. 检验批检查验收的内容及要求

检验批是分项中的最小基本单元，是分项工程质量验收的基础。

（1）检验批质量合格应符合下列规定：

1）主控项目和一般项目的质量经抽样检验合格；

2）具有完整的施工操作依据、质量检查记录。

（2）检验批质量验收。

主控项目和一般项目的检验：

1）主控项目：主控项目是保证工程安全和使用功能的重要检验项目，是对安全、卫生、环境保护和公众利益起决定性作用的检验项目，它决定该检验批的主要性能。如果达不到规定的质量指标，降低要求就相当于降低该工程项目的性能指标，就会严重影响工程的安全性能；如果提高要求就等于提高性能指标，就会增加工程造价。如混凝土、砂浆的强度等级是保证混凝土结构、砌体工程强度的重要性能，是必须全部达到要求的。

主控项目包括的内容主要有：

① 重要材料、构件及配件、成品及半成品、设备性能及附件的材质、技术性能等。检查出厂证明及试验数据，如水泥、钢材的质量；预制楼板、墙板、门窗等构配件的质量；风机等设备的质量。检查出厂证明，其技术数据、项目符合有关技术标准规定。

② 结构的强度、刚度和稳定性等检验数据、工程性能的检测。如混凝土、砂浆的强度，钢结构的焊缝强度，管道的压力试验，风管的系统测定与调整，电气的绝缘、接地测试，电梯的安全保护、试运转结果等。检查测试记录，其数据及项目要符合设计要求和相关验收规范的规定。

③ 一些重要的允许偏差项目，必须控制在允许偏差限值之内。对一些有龄期的检测项目，在其龄期不到，不能提供数据时，可先将其他评价项目先评价，并根据施工现场的质量保证和控制情况，暂时验收该项目，待检测数据出来后，再填入数据。如果数据达不到规定数值，或者对一些材料、构配件质量及工程性能的测试数据有疑问时，应进行复试、鉴定及实地检验。

2）一般项目：一般项目是除主控项目以外的检验项目，其条文也是应该达到的，只不过对影响工程安全和使用功能较小的少数条文可以适当放宽一些。这些条文虽不像主控项目那

样重要，但对工程安全、使用功能、建筑美观都有较大的影响。

一般项目包括的内容主要有：

① 在一般项目中是允许有一定偏差的，如用数据标准来判断，其偏差范围不得超过规定值。

② 对不能确定偏差值而又允许出现一定缺陷的项目，则以缺陷的数量来区分。如砖砌体预埋拉结筋的留置间距偏差、混凝土钢筋露筋等。

③ 一些无法定量的而采用定性的项目。如碎拼大理石地面颜色协调，无明显裂缝和坑洼；油漆工程中，油漆的光亮和光滑项目；卫生器具给水配件安装项目，接口严密，启闭部分灵活；管道接口项目，无外露油麻等需要监理工程师来合理控制。

检验批的质量合格与否主要取决于对主控项目和一般项目的检验结果。主控项目是对检验批的基本质量起决定性影响的检验项目，因此必须全部符合有关专业工程验收规范的规定。这意味着主控项目不允许有不符合要求的检验结果，即这种项目的检查具有否决权。而其一般项目则可按专业规范的要求处理。

（3）验收内容。

验收内容包括实物检查和资料检查。

1）实物检查。

① 原材料、构配件和设备等的检验，按进场的批次和行业标准规定的抽样检验方案来执行。

② 混凝土性能指标的检验，按验标规定的抽样检验方案执行。

③ 验标中采用计数检验的项目，按抽查点数符合验标规定的百分率检查。

2）资料检查。

对检验批质量控制资料完整性检查就是确认施工过程的质量控制是否符合规定要求，这是检验批合格的前提。所要检查的资料主要包括：

① 图纸会审、设计变更、洽商记录；

② 建筑材料、成品、半成品、建筑构配件、器具和设备的质量证明书及进场检（试）验报告；

③ 工程测量，放线记录；

④ 按专业质量验收规范规定的抽样检验报告；

⑤隐蔽工程检查记录；

⑥ 施工过程记录和施工过程检查记录；

⑦ 新材料、新工艺的施工记录；

⑧ 质量管理资料和施工单位操作依据等。

（4）不合格的处理

1）经返工重做的或更换构配件、设备后的检验批，重新按验标验收。

2）当试块试件的试验结果有怀疑时，或因试块试件丢失损坏、试验资料丢失等无法判断实体质量时，应邀请有资质的法定检测单位对实体质量检测鉴定，凡达到设计要求的检验批可予以验收。

（5）检验批质量验收要求。

1）检验批验收，标准应明确。各专业施工质量验收规范中对各检验批中的主控项目和一般项目的验收标准都有具体的规定，但对有一些不明确的还需进一步查证，施工单位应按照规范要求的内容编制施工组织设计，并报监理审查签认，作为相关验收的依据。

2）检验批验收，施工单位自检合格是前提。《建筑工程施工质量验收统一标准》（GB 50300—2013）的强制条文规定：工程质量的验收均应在施工单位自行检查评定的基础上进行。

3）检验批验收、报验是手续。《建筑工程质量管理条例》中规定，未经监理工程师签字，建筑材料、建筑构配件和设备不得在工程上使用或安装，施工单位不得进行下一道工序的施工。未经总监理工程师签字，建设单位不拨付工程款，不得进行竣工验收。《建设工程监理规范》（GB 50319—2013）规定，实行监理的工程，施工单位对工程质量检查验收实行报验制，并规定了报验表的格式。

4）检验批验收，内容要全面，资料要完备。检验批验收，要仔细、慎重，对照规范、验收标准、设计图纸等一系列文件，应进行全面、仔细的检查，对主控项目、一般项目中所有要求核查施工过程中的施工记录，隐蔽工程检查记录，材料、构配件、设备复验记录等，通过检验批验收，消除发现的不合格项，避免遗留质量隐患。

5）检验批验收，验收人员即主体要合格。检验批验收的记录，应由施工项目的专业质量检查员填写，专业监理工程师、施工方为专业质量检查员，只有他们才有权在检验批质量验收记录上签字。

2. 分项工程检查验收的内容及要求

分项工程由一个或若干个检验批组成。分项工程合格质量验收，即只要构成分项工程的各检验批的验收资料文件完整，并且均已验收合格，则分项工程验收合格。

（1）分项工程质量验收合格应符合的规定。

1）分项工程所含的检验批均应符合合格质量规定。

2）分项工程所含的检验批的质量验收记录应完整。

（2）分项工程检查验收评定的内容。

工程项目质量评定和验收程序是按分项工程、分部工程、单位工程依次进行的，所以对分项工程的质量评定，涉及分部工程、单位工程的质量评定和工程能否验收。监理工程师应按《建筑安装工程质量检验评定标准》（TJ 301—74）对分项工程进行仔细评定。分项工程的质量评定主要有以下内容：

1）保证项目是涉及结构安全或重要使用性能的分项工程，它们应全部满足标准规定的要求。

保证项目中包括的主要内容有：

① 原材料、成品、半成品及附件的材质，检查出厂证明及试验数据。

② 结构的强度、刚度和稳定性等数据，检查试验报告。

③ 工程进行中和完毕后必须进行检测，现场抽查或检查试验记录。

2）检验项目是否对结构的使用要求、使用功能、美观等都有较大影响，必须通过抽样检查来确定是否合格，是否达到优良的工程内容，它在分项工程质量评定中的重要性仅次于保证项目。

主要内容有：

① 允许有一定的偏差项目，但又不宜纳入实测项目，因此在检验项目中用数据规定出“优良”和“合格”的标准。

② 对不能确定偏差值而又允许出现一定缺陷的项目，则以缺陷的数量来区分“合格”和

“优良”。

③ 采用不同影响部位区别对待的方法来划分“合格”和“优良”。

④ 用程度来区分项目的“合格”与“优良”。

实测项目是指对每个分项工程操作中容易或必然产生一定偏差的项目。根据一般操作水平，结合对结构性能或使用功能、观感等所允许的影响程度，给予一定的允许偏差范围。允许偏差值的数据有以下几种：

a. “正”“负”要求的数值；

b. 偏差值无“正”“负”概念的数值；

c. 要求大于或小于某一数值；

d. 要求在一定范围内的数值；

e. 采用相对比例值确定偏差值。

（3）分项工程验收的要求。

分项工程质量的验收是在检验批验收的基础上进行的，是一个统计过程，在验收分项工程时应注意：

1）核对检验批的部位、区段是否全部覆盖分项工程的范围，是否有缺漏的部位没有验收。

2）在一些检验批中无法检验的项目，在分项工程中直接验收，如砌体工程中全高垂直度、砂浆强度的评定等。

检验批验收记录的内容及签字人员是否正确、齐全。

三、检验批和分项工程质量验收记录表的填写内容及方法

（一）检验批质量验收记录表

检验批质量验收记录表是各分项工程分批验收的专用表格，其中的检验项目（主控项目、一般项目）要按各验标所规定的全部项目数量列全，做到一一对应，防止漏项。验标中规定的质量指标和质量控制要求，应简要反映在检验批质量验收记录表格上，便于与实体检查验收结果对照，直观地判定合格与否。所填检验项目和质量数据，需经各方签字认可后，质量验收才能生效（见表 4-2）。

表 4-2 ____________检验批质量验收记录表 编号：__________

<table>
<tr><td colspan="3">单位（子单位）工程名称</td><td></td><td>分部（子分部）工程名称</td><td></td><td>分项工程名称</td><td></td></tr>
<tr><td colspan="3">施工单位</td><td></td><td>项目负责人</td><td></td><td>检验批容量</td><td></td></tr>
<tr><td colspan="3">分包单位</td><td></td><td>分包单位项目负责人</td><td></td><td>检验批部位</td><td></td></tr>
<tr><td colspan="3">施工依据</td><td colspan="2"></td><td>验收依据</td><td colspan="2"></td></tr>
<tr><td rowspan="5">主控项目</td><td colspan="2">验收项目</td><td>设计要求及规范规定</td><td>最小/实际抽样数量</td><td colspan="2">检查记录</td><td>检查结果</td></tr>
<tr><td>1</td><td></td><td></td><td></td><td colspan="2"></td><td></td></tr>
<tr><td>2</td><td></td><td></td><td></td><td colspan="2"></td><td></td></tr>
<tr><td>3</td><td></td><td></td><td></td><td colspan="2"></td><td></td></tr>
<tr><td>4</td><td></td><td></td><td></td><td colspan="2"></td><td></td></tr>
</table>

续表

<table>
<tr><td rowspan="5">一般项目</td><td>1</td><td></td><td></td><td></td><td></td><td></td></tr>
<tr><td>2</td><td></td><td></td><td></td><td></td><td></td></tr>
<tr><td>3</td><td></td><td></td><td></td><td></td><td></td></tr>
<tr><td>4</td><td></td><td></td><td></td><td></td><td></td></tr>
<tr><td>5</td><td></td><td></td><td></td><td></td><td></td></tr>
<tr><td colspan="2">施工单位
检查结果</td><td colspan="5">专业长工：
项目专业质量检查员：
年 月 日</td></tr>
<tr><td colspan="2">监理单位
验收结论</td><td colspan="5">专业监理工程师：
年 月 日</td></tr>
</table>

1. 编号

统一采用12位及以上数字编码，样式如下：专业代码（01—10）＋单位工程（01—06）＋分部工程代码（01—…）＋分项工程代码（01—…）＋□□□□（检验批顺序号，其中：第一位为作业队或工区代码，后三位数为检验批顺序编号）。

2. 表头

（1）单位工程名称：按验标划分的单位工程名称填写。

（2）分部工程名称：按验标划分的分部工程名称填写。

（3）分项工程名称：按验标划分的分项工程名称填写。

（4）验收部位：一个分项工程中每个检验批的验收范围或抽样检验范围或所处部位。

（5）施工单位：填写该单位工程的具体施工单位（工区或作业队）。

（6）项目负责人：填写该单位工程的工区区长或作业队队长。

3. 验收内容

检验批表的核心是验收内容，从左至右分三部分：

（1）施工质量验收标准的规定。分主控项目和一般项目，是验标中相应条文内容的归纳或简化描述；对于质量要求，直接标列验标指标，或因内容较多而只列验标条文号；内容和编号分列描述。

（2）施工单位检查评定记录。由专职质量检查员填写，填写要求：

1）定量项目，当检查点少时，可直接在表中填写检查数据。当检查点数较多填写不下时，可在表中填写综合结论，如“共检查20处，不大于7 mm，符合设计要求”。

2）定性项目，按验标条文所规定的质量要素全面描述。填写“合格或不合格”“符合设计要求或不符合设计要求”“符合验标要求或不符合验标要求”等。

3）既有定量又有定性的项目，填写验标要求的全部检验数据，并按验标条文所规定的质量要素全面描述。

4）对于有允许偏差的抽查点，将实测数据直接填入。

5）对于有试验要求的项目，可填写试验报告的编号。

6）对于混凝土、砂浆强度等级，可先填报份数和编号，待试件养护至28 d或56 d试压后，再对检验批判定和验收。

7）在同一项分项工程或规模较小的单位工程，当第一次填写《混凝土（原材料）检验批质量验收记录表》以后的工序、部位、分项工程所使用的混凝土原材料生产厂家（含砂，石）、生产批号、进场抽检指标均与第一次一致时，可不再填写《混凝土（原材料）检验批质量验收记录表》，但必须在该分项工程《检验批质量验收记录表》的底部注明第一次《混凝土（原材料）检验批质量验收记录表》的编号，《混凝土（配合比）检验批质量验收记录表》亦比照上述原则办理。

对主控项目和一般项目验收情况的描述，需填写数值，可分列描述。

（3）监理单位验收记录。对主控项目和一般项目验收情况的描述。

1）主控项目：除核对施工单位的检查评定记录，还要填写监理单位按验标规定采用平行检验、见证取样检测、见证检验等方法取得的质量数据与施工单位的检验结果互为对照，监理单位的检验数量须符合验标规定。

2）一般项目：按验标规定，监理单位的检查数量和方法自定。一般项目的监理单位验收记录可填写具体数据，也可填写“符合要求或规定、合格”。

对于原材料的质量结论，或者具体定量数据的判定，填写“合格”；对于一些定性要求的结论，填写“符合要求”；对于不符合验标规定的项目，可暂不填写，待处理后再验收，但应做出标记。

4. 验收结论

由施工单位检查评定结果和监理单位验收结论两部分组成，特殊情况加上 “勘察设计单位现场确认地基地质条件情况”一栏。

1）施工单位检查评定结果。由施工单位负责该分项工程的专职质量检查员填写“检查评定合格或自检评定合格”结果，分项工程的负责人、技术负责人签名。

2）监理单位验收结论。由监理工程师填写“同意验收或验收合格”结论并签名。

5. 验收时间

施工单位、监理单位签字的时间是检验批表所含项目均合格以后的时间。对于特殊试验，试验的时间通常滞后，为体现检验批表对分部工程质量验收评定的完整性，待完成试验之后，施工单位凭试验报告，约请监理工程师确认，经监理工程师确认合格后，由监理工程师填写验收时间。

（二）分项工程质量验收记录表

在检验批验收合格后进行归纳整理，形成分项工程质量验收记录表（见表 4-3）。

1. 表头

（1）标题填写具体分项工程名称。

（2）单位工程名称、分部工程名称、施工单位、项目负责人填写应与检验批质量验收记录表一致。

（3）检验批数：填写整个分项工程所含检验批的总数量。

2. 验收内容

（1）检验批部位：按检验批逐一注明检验批所处（属）部位和区段，可合并。

（2）施工单位检查评定结果和监理单位验收结论：按检验批评定结果和验收结论，直接抄列即可。

3. 验收结论

（1）施工单位检查评定结果：由分项工程技术人员填写“质量合格”并签字。

（2）监理单位验收结论：如同意，由监理工程师填写“同意验收”并签字；如不同意，应指出存在的问题。

表 4-3 ＿＿＿＿＿＿分项工程质量验收记录表 编号：＿＿＿＿＿

<table>
<tr><td colspan="2">单位（子单位）工程名称</td><td colspan="2"></td><td>分部（子分部）工程名称</td><td colspan="3"></td></tr>
<tr><td colspan="2">分项工程数量</td><td colspan="2"></td><td>检验批数量</td><td colspan="3"></td></tr>
<tr><td colspan="2">施工单位</td><td colspan="2"></td><td>项目负责人</td><td></td><td>项目技术负责人</td><td></td></tr>
<tr><td colspan="2">分包单位</td><td colspan="2"></td><td>分包单位项目负责人</td><td></td><td>分包内容</td><td></td></tr>
<tr><td>序号</td><td>检验批名称</td><td>检验批数量</td><td>部位/区段</td><td colspan="2">施工单位检查结果</td><td colspan="2">监理单位验收结论</td></tr>
<tr><td>1</td><td></td><td></td><td></td><td colspan="2"></td><td colspan="2"></td></tr>
<tr><td>2</td><td></td><td></td><td></td><td colspan="2"></td><td colspan="2"></td></tr>
<tr><td>3</td><td></td><td></td><td></td><td colspan="2"></td><td colspan="2"></td></tr>
<tr><td>4</td><td></td><td></td><td></td><td colspan="2"></td><td colspan="2"></td></tr>
<tr><td colspan="8">说明：</td></tr>
<tr><td colspan="3">施工单位
检查结果</td><td colspan="5">项目专业技术负责人：
年　　月　　日</td></tr>
<tr><td colspan="3">监理单位
验收结论</td><td colspan="5">专业监理工程师：
年　　月　　日</td></tr>
</table>

四、分部工程和单位工程质量验收的内容及要求

1. 分部（子分部）工程质量验收

在一个分部工程中只有一个子分部工程时，子分部工程是分部工程；当不只一个子分部工程时，可以一个子分部、一个子分部地进行质量验收（见表 4-4）。

（1）分部（子分部）工程质量验收合格应符合下列规定。

1）分部（子分部）工程所含分项工程的质量均应验收合格：

① 检查每个分项工程验收是否正确。

② 注意核对所含分项工程，有没有漏、缺的分项工程没有归纳进来，或是没有进行验收。

③ 注意检查分项工程的资料完整不完整，每个验收资料的内容是否有缺漏项以及分项验收人员的签字是否齐全及符合规定。

2）质量控制资料应完整。质量控制资料主要包括以下三个方面的资料：

① 核查和归纳各检验批的验收记录资料，核对其是否完整。

② 检验批验收时，应具备的资料应准确完整才能验收。在分部、子分部工程验收时，主

要是核查和归纳各检验批的施工操作依据、质量检查记录，查对其是否配套完整，包括有关施工工艺（企业标准）、原材料、构配件出厂合格证及按规定进行的试验资料的完整程度。一个分部（子分部工程）能否具有数量和内容完整的质量控制资料，是验收规范指标能否通过验收的关键，但在实际工程中，有时资料的类别、数量会有欠缺，不够完整，要靠验收人员来掌握其程度，具体操作可参照单位工程的做法。

③ 注意核对各种资料的内容、数据及验收人员的签字是否规范等。

3）地基与基础、主体结构设备安装分部工程有关安全及功能的检测和抽样检测结果应符合有关规定，验收时应注意三个方面的工作：

① 检查各规范中规定的检测项目是否都进行了验收，不能进行检测的项目应该说明原因。

② 检查各项检测记录（报告）的内容、数据是否符合要求，包括检测项目的内容、所遵循的检测方法标准、检测结果的数据是否达到规定的标准。

③ 核查资料的检测程序、有关取样人、检测人、审核人、试验负责人，以及公章签字是否齐全等。

表 4-4　＿＿＿＿＿＿分部工程质量验收记录表　　　　编号：＿＿＿＿＿＿

<table>
<tr><td>单位(子单位)
工程名称</td><td colspan="2"></td><td>子分部工程数量</td><td></td><td>分项工程
数量</td><td></td></tr>
<tr><td>施工单位</td><td colspan="2"></td><td>项目负责人</td><td></td><td>技术（质量）负
责人</td><td></td></tr>
<tr><td>分包单位</td><td colspan="2"></td><td>分包单位
负责人</td><td></td><td>分包内容</td><td></td></tr>
<tr><td>序
号</td><td>子分部工
程名称</td><td>分项工程
名称</td><td>检验批
数量</td><td colspan="2">施工单位检查结果</td><td>监理单位验收结论</td></tr>
<tr><td>1</td><td></td><td></td><td></td><td colspan="2"></td><td></td></tr>
<tr><td>2</td><td></td><td></td><td></td><td colspan="2"></td><td></td></tr>
<tr><td>3</td><td></td><td></td><td></td><td colspan="2"></td><td></td></tr>
<tr><td>4</td><td></td><td></td><td></td><td colspan="2"></td><td></td></tr>
<tr><td>5</td><td></td><td></td><td></td><td colspan="2"></td><td></td></tr>
<tr><td>6</td><td></td><td></td><td></td><td colspan="2"></td><td></td></tr>
<tr><td>7</td><td></td><td></td><td></td><td colspan="2"></td><td></td></tr>
<tr><td>8</td><td></td><td></td><td></td><td colspan="2"></td><td></td></tr>
<tr><td colspan="4">质量控制资料</td><td colspan="2"></td><td></td></tr>
<tr><td colspan="4">安全和功能检验结果</td><td colspan="2"></td><td></td></tr>
<tr><td colspan="4">观感质量检验结果</td><td colspan="2"></td><td></td></tr>
<tr><td>综
合
验
收
结
论</td><td colspan="6"></td></tr>
<tr><td colspan="2">施工单位

项目负责人：

年　月　日</td><td colspan="2">勘察单位

项目负责人：

年　月　日</td><td colspan="2">设计单位

项目负责人：

年　月　日</td><td>监理单位

项目负责人：

年　月　日</td></tr>
</table>

4）观感质量验收应符合要求：观感质量评价是全面评价一个分部工程（子分部工程）、单位工程（子单位工程）的外观及使用功能质量的必要手段与过程，它可以促进施工过程的管理、成品保护，提高社会效益和环境效益。

分部工程的验收在其所含各分项工程验收的基础上进行。由于各分项工程的性质不尽相同，因此作为分部工程不能简单地组合而加以验收，尚需增加以下两类检查。

涉及安全和使用功能的地基基础、主体结构、有关安全及重要使用功能的安装分部工程，应进行有关见证取样送样试验或抽样检测。如建筑物垂直度、标高、全高测量记录，建筑物沉降观测测量记录，给水管道通水试验记录，暖气管道、散热器压力试验记录，照明动力全负荷试验记录等。

观感质量验收，检查往往难以定量，只能以观察、触模或简单量测的方式进行，并由各人的主观印象判断，检查结果并不给出“合格”或“不合格”的结论，而是综合给出质量评价。评价的结论为“好”“一般”和“差”三种。在检查时应注意：

① 要注意一定将工程的各个部位全部看到，能操作的应操作，观察其方便性、灵活性或有效性等；能打开观看的应打开观看，不能只看“外观”，应全面了解分部（子分部）的实物质量。

② 评价标准由检查评价人员宏观掌握，如果没有较明显达不到要求的，就可以评为一般；如果某些部位质量较好，细部处理到位，就可评好；如果有的部位达不到要求，或有明显的缺陷，但不影响安全或使用功能的，则评为差。评为差的项目能进行返修的应进行返修，不能返修的只要不影响结构安全和使用功能的可通过验收。有影响安全或使用功能的项目，不能评价，应修理后再评价。

观感质量验收评价人员必须具有相应的资格，由总监理工程师组织，不少于三位监理工程师来检查，在听取其他参加人员的意见后，共同做出评价，但总监理工程师的意见应为主导意见。在做评价时，应分项目逐点评价，也可按项目进行综合评价，最后对分部（子分部）做出评价验收结论。

（2）分部工程质量验收记录。

1）表头。

① 标题填写具体分部工程名称。

② 单位工程名称、施工单位、项目负责人、项目技术负责人、项目质量负责人填写与检验批质量验收记录表一致。

2）验收内容。

① 分项工程。将分部工程所含分项工程按顺序逐一分列，并分别填写各分项工程所含的检验批数量，评定结果和验收结论由分项工程质量验收记录表直接抄列，并将各项分项工程质量验收记录表按顺序附在表后。

② 质量控制资料。按“单位工程质量控制资料核查表”的内容，在检验批栏中填写质量控制资料项目；施工单位在评定结果中填写“合格”“完整”等；监理单位在验收结论栏中填写“符合要求”“完整”等。

③ 实体质量和主要功能检验（检测）报告。按“单位工程实体质量和主要功能核查记录表”的内容，在检验批栏中填写项目；施工单位在评定结果中填写“合格”“符合要求”“符合规定”等；监理单位在验收结论栏中填写“符合要求”。

3）验收单位签字。

只需签字、填写日期，无须填写其他内容。

施工单位由该单位工程负责人签字。

勘察设计单位由项目现场负责人签字，不参加时此栏用“/”划掉。

监理单位由专业监理工程师签字。

2. 单位工程质量验收

（1）单位（子单位）工程质量验收合格应符合下列规定。

1）单位（子单位）工程所含分部（子分部）工程的质量应验收合格。

① 核查各分部工程中所含的子分部工程验收是否齐全。

② 核查各分部、子分部工程质量验收记录表的质量评价是否齐全、完整。

③ 核查各分部、子分部工程质量验收记录表的验收人员是否是规定的有相应资质的技术人员，并进行了评价和签认。

2）质量控制资料应完整。

单位（子单位）工程质量验收应加强建筑结构、设备性能、使用功能方面主要技术性能的检验。总承包单位应将各分部（子分部）工程应有的质量控制资料进行核查，图纸会审及变更记录、定位测量放线记录、施工操作依据、原材料、构配件等质量证书、按规定进行检验的检测报告、隐蔽工程验收记录、施工中有关施工试验、测试、检验以及抽样检测项目的检测报告等，由总监理工程师进行核查确认，可按单位工程所包含的分部（子分部）工程分别核查，也可综合抽查。检查单位工程的质量控制资料时，应对主要技术性能进行系统的核查。如一个空调系统只有分部（子分部）工程全部完成后才能进行综合调试，取得需要的检验数据。

施工操作工艺、企业标准、施工图纸及设计文件、工程技术资料和施工过程的见证记录，必须齐全完整。

单位工程质量控制资料是否完整，通常可按以下三个层次进行判定：

① 发生的资料项目必须有。

② 在每个项目中该有的资料必须有，没有发生的资料应该没有。

③ 在每个资料中该有的数据必须有。

工程资料是否完整，要视工程项目的具体情况、特点和已有资料的情况而定，验收人员关键一点是应看其工程的结构安全和使用功能是否达到设计要求。如果资料能保证该工程结构安全和使用功能，能达到设计要求，则可认为是完整。否则，不能判为完整。

3）单位（子单位）工程所含分部工程有关安全和功能的检验资料应完整。

为确保工程的安全和使用功能，在分部（子分部）工程中提出了一些有关安全和功能的检测项目，在分部（子分部）工程检查和验收时，应进行检测来保证和验证工程的综合质量和最终质量。这种检测（检验）由施工单位来检测，检测过程中可请监理工程师或建设单位有关负责人参加监督检测工作，达到要求后，并形成检测记录签字认可。在单位（子单位）工程验收时，监理工程师应对各分部（子分部）工程应检测的项目进行核对，对检测资料的数量、数据、检测方法、标准、检测程序、有关人员的签认情况等进行核查。核查后，将核查的情况填入单位（子单位）工程安全和功能检测资料核查和主要功能抽查记录表，并对该项内容做出通过或不通过的结论。

4）主要功能项目的抽查结果应符合相关专业质量验收规范的规定。

主要功能项目抽查的目的是综合检验工程质量能否保证工程的功能，满足使用要求。主要功能抽测项目已在各分部（子分部）工程中列出，有的是在分部（子分部）工程完成后进行检测，有的还要待相关分部（子分部）工程完成后才能检测，有的则需要待单位工程全部完成后进行检测，这些检测项目应在由施工单位向建设单位提交工程验收报告之前全部进行完毕，并将检测报告写好。建设单位组织单位工程验收时，抽测项目一般由验收委员会（验收组）来确定。但其项目应包含在单位（子单位）工程安全和功能检测资料核查和主要功能抽查记录表中所含项目里，不能随便提出其他项目。如需要进行表中未有的检测项目时，应经过专门研究来确定。通常监理单位应在施工过程中，提醒将抽测的项目在分部（子分部）工程验收时抽测。多数情况是在施工单位检测时，监理、建设单位都参加，不再重复检测，防止造成不必要的浪费及对工程的损害。

通常主要功能抽测项目，应为有关项目最终的综合性的使用功能，如室内环境检测、屋面淋水检测、用电设备全负荷试验检测、智能建筑系统运行等。只有在最终抽测项目效果不符合验收标准要求，必须进行中间过程有关项目的检测时，才须与有关单位共同制订检测方案，并制订完善的成品保护措施；主要功能抽测项目的进行，以不损坏建筑成品为原则。

5）观感质量验收应符合要求。

分项、分部工程的验收，对其本身来讲是属产品检验，只有单位工程的验收，才是最终建筑产品的验收。观感质量检查绝不是单纯的外观检查，而是实地对工程的一个全面检查，核实质量控制资料，核实分项、分部工程验收的正确性，对在分项工程中不能检查的项目进行检查等。如工程完工，绝大部分的安全可靠性能和使用功能已达到要求，但出现不应出现的裂缝和严重影响使用功能的情况时，应该首先弄清原因，然后再评价。分项、分部工程无法测定和不便测定的项目，在单位工程感观评价中，必须给予核查。如建筑物的全高垂直度、上下窗口位置偏移及一些线角顺直等项目，只有在单位工程质量最终检查时，才能了解得更确切。

单位（子单位）工程观感质量评价方法同分部（子分部）工程观感质量验收项目。

（2）单位工程质量验收记录表。

1）表头。单位工程名称、施工单位、项目负责人、项目技术负责人、项目质量负责人等内容的填写应与检验批质量验收记录表一致。

2）验收内容。

① 分部工程：验收记录栏填写汇总，验收结论由监理单位填写“同意验收”。

② 质量控制资料核查：验收记录栏填写汇总，按“单位工程质量控制资料核查表”进行，验收结论由监理单位填写“齐全完整”。

③ 实体质量和主要功能核查：统计核查的项数、抽查的总项数，并分别统计符合要求的项数，填入验收记录栏中，按“单位工程实体质量和主要功能核查表”进行，验收结论由监理单位填写“符合要求”。

④ 观感质量验收：按“单位工程观感质量检查记录表”统计，验收结论由监理单位填写“合格”。

⑤ 综合验收结论：综合上述 4 项检查结论，由建设单位填写“通过验收”。

3）签字盖章。由验收各方负责人签字，并加盖单位公章、标记日期。

五、隐蔽工程验收的内容及要求

隐蔽工程是指将被其后面的工程施工所隐蔽的分项、分部工程，在隐蔽前所进行的检查验收，它是对一些已完分项、分部工程质量的最后一道检查，由于检查对象就要被其他工程覆盖，给以后的检查整改造成障碍，故显得尤为重要，它是质量控制的一个关键过程。

（1）隐蔽工程验收工作程序。

1）隐蔽工程施工完毕，承包单位按有关技术规程、规范、施工图纸先进行自检，自检合格后，填写《报验申请表》，附上相应的工程检查证（或隐蔽工程检查记录）及有关材料证明、试验报告、复试报告等，报送项目监理机构。

2）监理工程师收到报验申请后首先应对质量证明资料进行审查，并在合同规定的时间内到现场检查（检测或核查），承包单位的专职质检员及相关施工人员应随同一起到现场。

3）经现场检查，如符合质量要求，监理工程师在《报验申请表》及工程检查证（或隐蔽工程检查记录）上签字确认，准予承包单位隐蔽、覆盖，进入下一道工序施工。

如经现场检查发现不合格，监理工程师签发“不合格项目通知”指令承包单位整改，整改后自检合格再报监理工程师复查。

（2）隐蔽工程检查验收的质量控制要点。

建筑工程施工中，防止出现质量隐患。下述工程部位进行隐蔽检查时必须重点控制：

1）基础施工前对地基质量的检查，尤其要检测地基承载力；

2）基坑回填土前对基础质量的检查；

3）混凝土浇筑前对钢筋的检查（包括模板检查）；

4）混凝土墙体施工前，对敷设在墙内的电线管质量检查；

5）防水层施工前对基层质量的检查；

6）建筑幕墙施工挂板之前对龙骨系统的检查；

7）屋面板与屋架（梁）埋件的焊接检查；

8）避雷引下线及接地引下线的连接；

9）覆盖前对直埋于楼地面的电缆，封闭前对敷设于暗井道、吊顶、楼板垫层内的设备管道；

10）易出现质量通病的部位。

第三节 质量缺陷防治及处理知识

在工程施工质量中，会存在一些检验点或检验项与规定不符的情况，这即是所谓的工程质量缺陷，根据程度的不同，工程质量缺陷包括一般缺陷和严重缺陷两种。不会对结构构件的安装使用性能或受对使用性能造成决定性影响的缺陷，即一般缺陷，而能够造成决定性影响的缺陷，则属于严重缺陷。

一、工程施工质量问题分类

（一）按一般建筑工程质量问题分类

可分为安全性能、使用功能、外观质量。

1. 安全性能

（1）地基沉降：主要表现为房子的四周墙体出现 45°裂缝，阳台悬挑梁、悬挑板因钢筋设计不合理或表面钢筋下沉；

（2）电气系统不合格，电线接触不良引起火灾，接地不良存在安全隐患；

（3）高层排水管未安装防火圈，一旦楼下起火会存在安全隐患。

（4）栏杆安装不合格，栏杆玻璃、窗户玻璃质量不合格。

2. 使用功能

（1）电器不能正常使用，如设计不合理，材料不合格，安装不规范等。

（2）给水管水压不足，排水不畅通，给排水管渗水、漏水。

（3）屋面、窗户、卫生间、厨房、外墙渗水、漏水。

（4）房间大面积空鼓开裂，门窗开启不灵活。

3. 外观质量

（1）阴阳角不顺直，墙面不平整，地面不平整、起沙，垂直度偏差，墙地面细微裂缝。

（2）开关插座排列不整齐，给排水管未横平竖直。

（3）卫生清理不干净。

（二）按工程质量事故分类

工程项目的设计、勘察、施工、建设以及监理等单位在具体工作过程中与工程建设标准以及有关工程质量的法律、法规相违背，导致工程在重要使用功能及结构安全等方面出现质量缺陷，带来重大的经济损失甚至出现人身伤亡事故。具体可分成以下四个等级。

1. 一般质量事故

（1）使建筑物的工程结构安全以及使用功能受到影响，所导致的质量缺陷具有永久性；

（2）直接经济损失在 100 万元以上，不满 1 000 万元的。

具备上述二者之一即属于一般质量事故。

2. 严重质量事故

（1）事故致2人以下重伤，性质恶劣；

（2）有重大质量隐患存在，建筑物的工程结构安全化及使用功能受到严重影响；

（3）造成5万～10万元的直接经济损失。

具备上述三者之一即属于严重质量事故。

3. 重大质量事故

（1）事故致超过3人重伤甚至死亡；

（2）工程报废或倒塌；

（3）造成超过10万元的直接经济损失。

具备上述三者之一即属于重大质量事故。

4. 特别重大质量事故

（1）造成30人以上死亡，或者100人以上重伤（包括急性工业中毒）；

（2）工程完全报废或倒塌。

具备上述二者之一即属于特别重大质量事故。

（三）按施工过程分类

建筑工程是人类生存、生活、工作的重要物质基础，是创造世界、改造世界不可缺少的设施。自进入21世纪以来，我国国民经济得到飞速发展，建筑也插上了腾飞的翅膀，并取得了可喜的成绩。但是建筑工程的质量受诸多因素的影响，在设计、施工过程中，质量问题仍时有发生。

1. 基础工程

根据大量的工程实践证明，基础工程的常见质量问题有桩基偏位、离析等。在桩基工程施工中，首先应保证桩基不能发生超出规范的位移。

2. 混凝土工程

在拆除模板后，发现混凝土柱、梁、板出现鼓凸或翘曲等，不仅影响外表美观，而且严重影响使用功能，有时甚至要拆除重新浇筑。

在混凝土浇筑振捣时产生漏浆，轻者使表面出现蜂窝麻面。严重的出现孔洞、漏筋。

3. 砌体工程

众多工程实践证明，砌块墙体出现裂缝的主要原因有砌体结构的强度不足，建筑物发生较大的不均匀沉降，不同构件、材料兼变形不协调，材料有很大的干缩变形，温度较大变化等。

4. 脚手架，模板工程

自20世纪90年代以来我国一些地区多次发生脚手架、模板倒塌重大事故，造成很大损失。脚手架、模板工程在整个过程施工中具有极其重要的作用，不仅影响工程质量、工程进度和工程造价，而且影响施工的声誉和发展。

5. 屋面防水工程

屋面防水工程位于房屋建筑的顶部，它不仅受外界气候变化和周围环境的影响，而且还与地基不均匀沉降和主体结构的变位密切相关。屋面防水工程的质量，直接影响到建筑物的使用功能和寿命，关系到人民生活和生产的正常进行，因此历来普遍受到关注。

二、工程施工质量问题控制点的确定及等级划分

质量控制点是指为了保证作业过程质量而确定的重点控制对象、关键部位或薄弱环节。设置质量控制点是保证达到施工质量要求的必要前提，在拟订质量控制工作计划时，应予以详细的考虑，并以制度来保证落实。对于质量控制点，一般要事先分析可能造成质量问题的原因，再针对原因制定对策和措施进行预控。

1. 质量预控对策的检查

所谓工程质量预控，就是针对所设置的质量控制点或分部、分项工程，事先分析施工中可能发生的质量问题和隐患，分析可能产生的原因，并提出相应的对策，采取有效的措施进行预先控制，以防在施工中发生质量问题。

质量预控及对策的表达方式主要有：

（1）文字表达；

（2）用表格形式表达；

（3）解析图形式表达。

承包单位在工程施工前应根据施工过程质量控制的要求，列出质量控制点明细表，表中详细地列出各质量控制点的名称或控制内容、检验标准及方法等，提交监理工程师审查批准后，在此基础上实施质量预控。

2. 施工质量控制点的确定原则

质量控制点的确定应以现行国家或行业工程施工质量验收规范、工程施工及验收规范、工程质量检验评定标准中规定应检查的项目作为依据，引进项目或国外承包工程可参照国家规定结合特殊要求拟定质量控制点并与用户协商确定。

质量控制点的确定原则一般为：

（1）施工过程中的关键工序或环节，如电气装置的高压电器和电力变压器、钢结构的梁柱板节点、关键设备的设备基础、压力试验、垫铁敷设等；

（2）关键工序的关键质量特性，如焊缝的无损检测、设备安装的水平度和垂直度偏差等；

（3）施工中的薄弱环节或质量不稳定的工序，如焊条烘干、坡口处理等；

（4）关键质量特性的关键因素，如管道安装的坡度、平行度的关键因素是人，冬期焊接施工的焊接质量关键因素是环境温度等；

（5）对后续工程施工、后续工序质量或安全有重大影响的工序、部位或对象；

（6）隐蔽工程；

（7）采用新工艺、新技术、新材料的部位或环节。

可作为质量控制点的对象涉及面广，它可能是技术要求高、施工难度大的结构部位，可

能是影响质量的关键工序、操作或某一环节。总之，结构部位、影响质量的关键工序、操作、施工顺序、技术、材料、机械、自然条件、施工环境等均可作为质量控制点来控制。

质量控制点的选择要准确、有效。为此，一方面需要有经验的工程技术人员来进行选择，另一方面也要集思广益，集中群体智慧由有关人员充分讨论。在此基础上进行选择。选择时要根据对重要的质量特性进行重点控制的要求，选择质量控制的重点部位、重点工序和重点的质量因素作为质量控制点，进行重点控制和预控，这是进行质量控制的有效方法。

3. 作为质量控制点重点控制的对象

（1）人的行为。

对某些作业或操作，应以人为重点进行控制，如高空作业等，对人的身体素质或心理应有相应的要求；技术难度大或精度要求高的作业，如复杂模板放样、复杂的设备安装等对人的技术水平均有相应的较高要求。

（2）物的质量与性能。

施工设备和材料是直接影响工程质量和安全的主要因素，对某些工程尤为重要，常作为控制的重点。如作业设备的质量、计量仪器的质量都是主要的直接影响因素。

（3）关键的操作。

如预应力钢筋的张拉工艺操作过程及张拉力的控制，是可靠地建立预应力值和保证预应力构件质量的关键过程。

（4）施工技术参数。

例如，冬期施工混凝土受冻临界强度等技术参数是质量控制的重要指标。

（5）施工顺序。

某些工作必须严格作业之间的顺序，例如，对于屋架固定一般应采取对角同时施焊，以免焊接应力使已校正的屋架发生变位等。

（6）技术间歇。

有些作业之间需要有必要的技术间歇时间，例如，混凝土浇筑后至拆模之间应保持一定的间歇时间；混凝土大坝坝体分块浇筑时，相邻浇筑块之间必须保持足够的间歇时间等。

（7）新工艺、新技术、新材料的应用。

由于缺乏经验，施工时可作为重点进行严格控制。

（8）产品质量不稳定、不合格率较高及易发生质量通病的工序。

应列为重点，仔细分析、严格控制。

（9）易对工程质量产生重大影响的施工方法。

如升板法施工中提升差的控制等，都是一旦施工不当或控制不严即可引起重大质量事故问题，也应作为质量控制的重点。

（10）特殊地基或特种结构。

例如，大孔性湿陷性黄土、膨胀土等特殊土地基的处理、大跨度和超高结构等难度大的施工环节和重要部位等都应予以特别重视。

4. 施工质量控制点的等级划分

根据各控制点对工程质量的影响程度，分为 A、B、C 三级。

（1）A 级控制点：影响装置（产品）安全运行、使用功能和开车后出现质量问题有待停车才可处理或合同协议有特殊要求的质量控制点，必须由施工、监理和业主三方质检人员共同检查确认并签证；

（2）B 级控制点：影响下道工序质量的质量控制点，由施工、监理双方质检人员共同检查确认并签证；

（3）C 级控制点：对工程质量影响较小或开车后出现问题可随时处理的次要质量控制点，由施工方质检人员自行检查确认。

三、常见施工质量问题的产生原因及预防、处理方法

（一）建筑工程质量问题的基本原因

建筑工程建设牵涉的部门有很多，如管理、设计、建设、施工、监理、使用等，而且大多是在露天施工，因此，发生质量事故必然离不开工程项目各级管理机构的责任、施工条件、自然环境以及社会因素等。常见原因有以下几种：

1. 质量控制体系不健全

在建筑工程项目具体的施工过程中，一些施工企业没有提前制定好一个完整健全的质量控制体系，不同工序、不同工种之间没有设立一个明确的交接措施，交接工作没有做好就会导致前一道程序留下的隐患不能在下一道工序中得到及时的处理弥补。还有就是有些项目技术人员在一些重要的施工部位没有做详细具体的技术交底，这样就给整个建筑工程留下了隐患。

2. 工程设计上存在问题

在对整个工程项目进行设计的过程中，一些工程师由于个人专业水平的问题或者没有结合实际情况会出现工程设计有遗漏、设计不严谨等现象。如在建筑物防水的设计中，经常会出现防水檐高度不够、墙面出现渗水等现象。另外在厨房和卫生间的设计上，不刷防水层、不加套管等都会造成渗漏。

3. 选择的建筑原材料质量不过关

这是造成豆腐渣工程的主要原因之一。建筑结构的物质基础是建筑材料，建筑物的质量与建筑材料的质量关系密切。所以，在工程项目的设计以及施工过程中，这是决不可忽视的一项基础性工作，即科学地选择建筑材料。在选择原材料的过程中，有些企业会受利益的驱使，购进不合格的原材料，如其所购进的水泥强度等级不够、安定性不合格、袋装重量不足等，所购进钢筋强度不合格、钢板出现裂缝、钢材易于断裂等，所购进砌筑墙体的材料强度不足、尺寸形状有问题、体积稳定性有问题等，所购进的砂石集料活性氧化硅含量过高、粒径不合格、含泥量不合格等，所购进混凝土中含有不好的外加剂，所购进沥青与油蜡质量不良，所购进保湿隔热材料质量不合格，所购进装饰材料有质量问题等。

4. 施工人员操作不当

在由于建筑物质量问题发生的多起事故中，施工人员的操作不当是主要的原因。受资金

等各方面的限制，施工企业的技术培训跟不上，导致工人的技术能力比较低，甚至出现有些工人上了工地才知道自己要干什么的现象，这样就会导致操作时不按规则进行，项目质量难以保证。尤其是近些年来，农民工大量涌入城市，成了建筑工地的主力。他们大多没有经过专业的培训，再加上他们大多是中小学毕业，基本的知识素养不够，导致施工队伍的整体技术素质下降。据统计，现在建筑施工企业中能真正到现场规范操作的只有 4%。

5. 工程造价太低

可以说建筑工程的质量与该工程的造价有着直接的密切的关系。造价过低的话，就会削减各个程序的成本，使建筑原材料的质量无法得到保证。比如说铝合金窗户的质量，铝的厚度虽然可以达到设计要求，但是材质不均匀，表面防氧化层质量较差，那么很短时间内材料就会被氧化。工程造价低，施工企业就会选用一些劣质的原材料，有些建筑物屋面防水材料本应选择价格较贵的新型防水材料，但是由于资金限制，很多企业多选用石油沥青与油蜡等较低档的防水材料，这样的话就容易导致建筑物防水功能差，特别容易发生渗漏。因此建筑物的投资价格应该严格控制，但是应当在合理的范围内。

6. 工程施工队伍素质过低

各施工企业内部新工人比较多，技术培训跟不上，工人技术素质较低，甚至个别工人对本身所施工部位在整体建筑物中所起的作用不了解，操作时不按规程顺序进行，这就很难达到质量标准。尤其是许多未经过专业训练的农民工涌入建筑行业，导致了施工队伍整体素质下降很快。农民工、合同工占总数的 2/3，而他们大部分都是没有受过建筑施工的专业培训。据统计，现在建筑施工企业中的自有工人真正能到现场规范操作的只有 4%；建筑施工现场直接从事操作的工人中，90%的都是流动性质的农民工。用这些农民工可以使房屋建筑中的人工造价降低，可其技术水平也很低。不少建筑企业缺乏相应的专业技术人员，无法按照设计与施工图纸的规定和要求进行房屋建筑工程的规范性施工。

（二）建筑工程质量问题防治措施

1. 制订治理质量问题方案

从日常的工程质量监督检查的情况来看，目前建筑工程质量通病治理起来还具有一定的难度，不可能在短时期内消除，有针对性地采取措施进行治理，分期分批，有重点有目的地来控制治理质量通病。当有些质量通病涉及多个方面因素时，还要通过协调或组织力量攻关，抓住重点，以点带面，制定行之有效的治理方案。

2. 消除设计欠周出现的质量问题

设计单位及设计人员对出现的工程质量问题要进行认真分析研究，如果属于设计欠周造成的，应通过改进设计方案来治理。当施工图完成之后，应详细地向施工人员做好技术交底工作，听取他们的意见，修改设计中的欠周之处，为了使设计切合实际和避免差错，设计人员不仅要经常去现场参加实践，积累设计经验外，还应学习有关的施工验收规范及质量检验评定标准，设计人员应考虑业主投资的综合效益，如果设计考虑周到，即使建造工程的造价难以降低，也可以有效地减少质量问题，建成之后减少维修费用。

3. 提高施工企业的综合素质，改进施工工艺，提高质量意识

据统计，我国由于施工因素造成的质量问题占所有质量问题的 80%左右，因此提高施工企业人员的综合素质，减少因施工不当造成的质量问题至关重要，我们可以从以下几方面入手：

（1）提高施工企业管理人员的技术素质，熟练掌握工程质量问题形成的规律并具有预防工程质量问题的技能，有效地指导本企业施工技术工作。

（2）改进施工操作工艺，对一些不能保证工程质量的工艺要加以改进。对某些容易形成工程质量问题的部位或工艺要加大管理力度，以预防工程质量问题形成。

（3）加强施工技术人员对规范、规程的学习，认真组织施工，倡导优质服务，建立有效的奖罚机制。对违反规范、规程施工造成质量问题的予以严惩，对能按质按量有效消除工程质量问题的技术人员做出奖励。

4. 治理难度大的质量问题

对治理难度大的质量问题，要组织科研力量研究攻关；对不配套、不成熟的施工技术，应禁止推广。

对于一些治理难度大的工程质量问题，应动用科研力量来攻关，有关管理部门应有足够的重视，增加科研投入，鼓励推广使用产生实效的新技术和新工艺。但有的新技术、新工艺不成熟，尚未达到推广使用阶段的，就不能盲目上马，一些质量问题就是由于采用了不成熟、不配套的技术或工艺形成的。如某种高分子防水片材，自身具有良好的防水性和耐久性，但其黏合剂还不成熟，使用之后仍然出现渗漏现象。

5. 把好质量关

重点把好材料、制品及设备质量关，材料使用前严格遵守“先检后用”的原则，做到以下几点：

（1）择优选购，不要采购生产厂家不清、质量不明的建筑材料、制品或设备。

（2）购入的材料、制品在使用前，必须严格按照规定进行质量检验和检测，合格后方可使用。

（3）对一些性能尚未完全过关的新材料，要慎重使用。

（4）对于地方生产的建筑材料、制品及设备应该加强质量管理，实施生产许可证和质量认证制度，从根本上杜绝不合格的产品流入社会。

6. 适当提高质量通病的易发部分的工程造价

从我国国情和经济发展的状况出发，国家的建筑工程质量标准还是比较低的，有的工程造价也比较低，在短期内大幅提高工程造价存在困难，但对一些由于造价较低而易出现工程质量问题的部位，应适当提高工程造价，有关管理部门应重视，杜绝一味地降低工程造价，而忽视工程质量的现象。

（三）常见建筑工程施工质量通病防治要点

结合重庆区域建筑工程施工特点，在施工过程中应按照施工质量验收标准要求，加强防止施工质量通病，减少质量问题发生，确保施工质量符合相关要求。主要施工质量防治要点如下：

1. 混凝土结构质量通病防治要点

（1）钢筋调直后应进行力学性能抽检，调直后钢筋的强度、伸长率、截面尺寸应符合标准要求。

（2）直螺纹连接的钢筋下料应保证端面与轴线垂直、无马蹄形或翘曲。丝头加工应经环通规、环止规螺纹检验和外观检查合格并形成记录。接头连接完毕后，应进行拧紧力矩值检验和外露有效螺纹检查。标准型接头丝头有效螺纹长度应不小于 1/2 连接套筒长度，连接后应有外露有效螺纹，但不得超过 2 P。

（3）框架梁柱的纵向钢筋不应与箍筋、拉筋及预埋件等焊接，竖向构件（框架柱、剪力墙边缘柱）纵筋定位不得采用纵筋与水平筋点焊的方式。

（4）框架柱、剪力墙暗柱箍筋采用直径 12 及以上的钢筋时，设计时应考虑调整纵筋保护层厚度，施工时应注意插筋定位，保证柱、墙中箍筋和构造钢筋的保护层厚度满足《混凝土结构设计规范》（GB 50010—2010）（2015 年版）的要求。

（5）长度 L 大于 8 m 的混凝土墙，或 5 m≤L≤8 m 且两端有端柱约束的混凝土墙，混凝土配比应采取补偿收缩或添加合成纤维等抗裂措施，同时水平分布钢筋的配筋率应超过 0.3%（含）。浇筑后，应在 12 h 内进行保湿养护，养护时间不得少于 7 d。

（6）同一节点三条轴线及以上的梁交会时，应由设计明确各梁纵筋叠放顺序。梁、异型柱、剪力墙暗柱截面宽度相同时，应有明确构造设计。施工时因钢筋交叉造成梁角部纵筋远离箍筋弯角位置（不蹬角）的，应会同设计明确处理措施，不得随意添加蹬角纵筋。

（7）施工梁、柱的节点区域，穿扎梁筋应保证箍筋复位，防止单肢箍、内箍漏设。框架节点核心区，宜先按加密区要求确定箍筋圈数、肢数并穿套好（不固定）后，再穿扎梁筋，同时按间距调整固定箍筋。主次梁交接处主梁宜先绑扎基本箍筋后，再按设计文件要求绑扎附加箍筋。框架柱和剪力墙边缘柱内的单肢箍应在加工时就两端弯到位，采用落套箍的方式绑扎。

（8）布置在建筑平面转折处的现浇板、屋面现浇板，板内应采用双层双向布筋，钢筋间距宜取 150～200。不规则现浇板内阳角、建筑平面外转角房间有墙约束的现浇板板角应设置放射形钢筋，钢筋数量不少于 7 ϕ8@100，长度应大于板短边净跨的 1/3，且不小于 1.5 m。

角部房间设置转角窗时，该角部房间板厚不宜小于 120 mm，板角应设置联系窗端混凝土墙（柱）的板内暗梁，并设置放射形钢筋。

（9）板面钢筋在制作时应控制钢筋下料长度及负弯矩筋的弯钩长度。采用冷轧扭钢筋单边弯钩时，弯钩端应置于锚固区，并保证锚固长度要求。

（10）梁底、板底钢筋支垫应采用统一规格的瓜米石、花岗石垫块，或选用合格的建筑塑料支撑件，布置间距不应大于 1 000 mm。钢筋材质支撑件不得直接放置在模板上。板面钢筋的支撑件应具有足够的强度和刚度，宜优先选用长板凳铁，分离式配筋应选用长板凳铁，支撑件间距不宜大于 800 mm。

（11）强弱电管线采用竖向穿梁方式布置时，应采用沿梁轴线方向分散穿梁方式埋设，管线距梁边≥50 mm。穿梁段梁箍筋间距不宜大于 100 mm。若采用集中穿梁方式，应由设计明确加强措施。现浇板内电气及智能等线管应避免交叉和过度集中布置，禁止三层及三层以上管线交错叠放，现浇板中的线管必须布置在钢筋网片之间，线管直径应小于 1/3 板厚，在板分离式配筋无上层钢筋区域沿管线方向应增设 ϕ6@150，宽度不小于 450 mm 的钢筋网片。严禁板内水平埋设水管。

（12）严格控制现浇板厚度，在混凝土浇筑前应做好现浇板厚度的控制标识，每 1.5～2 m^2 宜设置一处，浇筑过程应进行插签检查厚度。

混凝土楼板成型后厚度的检测按分户检验要求执行；板厚达不到设计要求的应由设计单位进行结构复算，并出具设计处理意见。

（13）施工缝的位置和处理、后浇带的位置和混凝土浇筑应严格按设计要求和施工技术方案执行。后浇带应设在对结构受力影响较小的部位，宽度为 700～1 000 mm。梁底模应设置独立支撑，保证梁板拆模后的楼盖受力状态符合设计要求，后浇带的混凝土浇筑宜在主体结构浇筑 60 d 后进行，浇筑时应采用微膨胀混凝土。

2. 填充墙与钢筋混凝土构造柱质量通病防治要点

（1）外围护砌体无约束的端部应增设构造柱或采取其他可靠拉接措施。

（2）外墙砌体的配砖选用应符合建筑设计要求。

（3）厕浴间等有防水要求的房间，楼板四周除门洞外，应做混凝土翻边，其高度不应小于 120 mm，混凝土强度等级不应小于 C20。

（4）顶层框架填充墙和高层建筑的外墙采用非烧结砌块等材料时，墙面应增加满铺钢丝网或钢板网等防裂措施，钢丝网的直经不小于 0.8 mm，钢板网为厚 0.8 mm，9×25 mm 孔。

（5）在两种不同基体交接处、暗埋管线开槽处，应先分别清理、补槽后，再增加钢丝网抹灰处理，钢丝网加强带与各基体的搭接宽度不应小于 150 mm，并进行隐蔽验收。

（6）填充墙上不应留设脚手眼、穿墙洞等。对墙上留设的孔洞，应有防治渗漏开裂的专项方案，可采用防水微膨胀混凝土分次填实，不得用干砖填塞。

（7）构造柱钢筋宜采用预埋，上下钢筋应与主体结构牢固连接，漏设的钢筋经处理后应进行检测。拉结筋伸入墙内的长度，应符合现行规范的要求。拉结筋应与墙、柱连接牢固，可采用预埋和植筋的方式。

（8）填充墙砌至接近梁底、板底时，应留有一定的空隙，砌筑完应至少隔 7 d 后，方可将其补砌挤紧；补砌时，对双侧竖缝用水泥砂浆嵌填密实。外墙的补砌砖灰缝，应先进行清理后，再用水泥砂浆嵌填密实，并形成施工检查记录。砌体结构砌筑完成后不宜少于 30 d 再进行抹灰。

3. 建筑物临空防护栏杆质量通病防治要点

（1）护栏的安全高度应符合《民用建筑设计通则》（GB 50352—2005）和相应建筑设计规范的规定要求。建筑设计规范规定的高度为面层以上的净空高度，初装饰房必须扣除相应面层的厚度。安全高度起量位置应从可踏面起算。

（2）护栏施工应编制专项施工方案，并应按设计及审批的施工方案要求先进行“样板”的施工，经建设、设计、监理、施工单位检查合格后方可进行大面积的安装，检查时应提供原材料合格证明、复验报告以及相关检测报告。

（3）栏杆（板）安装预埋件的数量、规格、位置以及防护与预埋件的连接接点应符合设计要求。预埋件（或后置预埋件）连接节点、防雷连接节点应进行隐蔽工程验收。

（4）栏杆（板）的涂装应均匀，无明显起皱、流坠，无漏刷，附着良好；金属栏杆的除锈等级和涂层干膜总厚度应符合设计要求，检查验收时应检查涂层的附着力和涂层干膜的总厚度，设计无要求时应按《钢结构工程施工质量验收规范》（GB 50205—2001）执行，并有相应的记录资料。

4. 建筑幕墙工程质量通病防治要点

（1）幕墙所用的材料应符合设计要求和规范的规定。幕墙在施工前，应进行抗风压性能、气密性能、水密性能和平面变形性能的检验，检验结果应符合设计要求和规范的规定。

（2）幕墙的金属框架与主体结构应通过预埋件连接，预埋件应在主体结构混凝土施工时埋入。当没有条件采用预埋件连接时，应采用其他可靠的连接措施，并通过试验确定其承载力。采用后置埋件（不得采用膨胀螺栓）时，应进行现场拉拔试验并应符合设计要求。当后置埋件采用化学螺栓时，不应在定位后的螺杆上进行焊接作业。

（3）硅酮结构密封胶应打注饱满、密实、连续、均匀、无气泡，并应在温度 15～30℃、相对湿度 50%以上洁净的室内进行；不得在现场打注硅酮结构胶。玻璃幕墙构件在打注结构胶后，应在温度 20℃左右、湿度 50%以上的干净室内养护，待完全固化后才能进行下道工序。

（4）钢构件防腐应符合钢结构的防腐要求，因焊接或施工破坏的防腐层应重新进行处理。设计要求不得低于规范规定，设计无要求时应按《钢结构工程施工质量验收规范》施工，涂层干膜总厚度应符合设计及规范要求。

（5）玻璃幕墙（全玻幕墙除吊挂点外）的玻璃安装时，玻璃与构件不得直接接触，每块玻璃下部应至少设置两块弹性定位垫块，其宽度与槽口宽度相同，长度不应少于 100 mm。玻璃面板不得与结构面、装饰面的其他刚性材料直接接触，交接处之间的空隙应留置不小于 5 mm 的空隙。

（6）石材和金属幕墙的面板应通过干挂件与主框架连接，禁止直接用胶粘贴。干挂件的选择应符合《干挂饰面石材及其干挂件》（JC 830.2—2005）的要求，并不得使用焊接方式固定于横梁上。

（7）石材幕墙加工制作过程中应符合下列规定：

石板开槽（孔）尺寸、深度、位置，应符合要求，槽口石材单侧厚度不应小于 8 mm，开槽后用清水冲洗干净，使用时槽内清洁、干燥，不得有损坏，崩裂、穿透现象。石材干挂件与龙骨通过不锈钢螺栓连接应拧紧上牢，石板与干挂件间应采用环氧树脂型石材专用结构胶粘结，面板四周所开槽、孔必须采用环氧树脂型石材专用结构胶填充密实、饱满。

（8）幕墙板缝拼接处必须注胶饱满、密实、连续、均匀、无气泡，宽度和厚度应符合设计要求和技术标准的规定。隐框及半隐框玻璃幕墙耐候胶施工厚度应大于 3.5 mm，宽度不应小于施工厚度的 2 倍，且不得三边搭接，较深的槽口底部应采用聚乙烯发泡材料填塞。石材和金属幕墙用中性硅酮耐候密封胶嵌缝时，应在面板缝两侧贴防污染胶带，缝内杂物清理干净，泡沫条嵌入深度符合要求，嵌缝厚度应大于 3.5 mm，嵌缝应密实饱满，表面光洁平整，板材清洁无污染。

5. 外墙饰面砖质量通病防治要点

（1）外墙饰面砖的使用必须执行国家及本市有关规定要求，面砖应按规定进场复验。容重大于 20 kg/m^2 的饰面砖（如文化石）应采用专用粘结材料粘贴或采取拴、挂等措施。文化石粘贴高度不应大于 7 m。

（2）饰面砖施工前，在相同基层上应预先做出样板墙，并进行粘结强度试验，样板墙经设计、监理、建设单位确认后，方能进行饰面砖施工。

（3）面砖施工前，对基体积尘应刷洗干净，并浇水润湿，表面晾干，含水率适度。砌体灰缝应填塞饱满，脚手架孔洞应用细石混凝土填塞密实。

（4）面砖粘贴材料应使用专用粘结剂或聚合物砂浆，面砖勾缝应用勾缝剂或聚合物防水砂浆。

（5）大面积面砖铺贴前，必须进行预排砖；面砖间缝隙应合适、均匀一致。小于 1/3 边长的面砖，不得铺贴。非整砖使用部位应适宜，管线、设备的支架等突出物，应使用整砖套割吻合，边缘整齐；临边的部位，饰面砖的压向应正确。流水坡向应正确，滴水线的高度或深度不得低于 1 cm，滴水线部位的面砖勾缝应与面砖表面齐平。

（6）面砖勾缝应用专用工具，灰缝应密实、平整、无裂纹、砂眼。饰面砖施工完毕后，面砖清洗应合理选择清洗材料和材料配合比，清洗后灰缝形成了砂眼、裂纹及表面反砂部位，必须进行重新勾缝处理。

（7）拆除外架前，施工、监理（建设）单位必须全面检查面砖空鼓情况，对检查发现问题应进行返工处理，并填写检查记录。

（8）应有饰面砖粘结强度检测方案，明确检测部位、数量等；检测方案经建设、监理同意后，报监督机构备案。

6. 外墙湿法安装饰面板质量通病防治要点

（1）外墙湿法安装石材饰面板的施工方法必须符合国家规定和设计要求规定。施工前，在相同基层上应预先做出样板墙，经设计、监理、建设单位确认后，方能进行湿法饰面板施工。

（2）湿法粘贴饰面板安装，应用专用石材胶黏剂粘贴，或采取拴、挂等措施。厚度大于 12 mm 可湿法饰面板安装，板与基体间应设置钢筋网，通过钢筋网连接拴挂。室内高于 2 m 的大尺寸饰面板湿法安装应采取拴挂措施，门窗洞上侧边长大于 200 mm 饰面板湿法安装，也应采取拴、挂等有效措施。有外保温的墙面不得使用湿作法安装石材饰面板及文化石粘贴。大理石板材不得用于室外墙面。

（3）湿法饰面板安装的每块板材拴挂点不得少于 3 个，通过不小于 1.5 mm^2 的铜丝、不绣钢丝等防腐材料或专用挂件与预埋件连接牢固。后置埋件设置在空心砌块或加气混凝土上时，后置埋件应用穿墙螺栓或穿墙钢筋。

（4）湿法施工石材饰面板前，应对板材的背面涂刷防碱剂，刷浆后阴干养护。

（5）灌浆工艺湿法饰面板安装，板材应钻孔，通过不小于 1.5 mm^2 的铜丝、不绣钢丝等防腐材料或专用挂件拴挂在钢筋网上，钢筋网直径及间距不得少于 ϕ8@500，钢筋网应通过锚栓与基体连接牢固、稳定。

（6）拆除外架前，施工、监理（建设）单位必须全面检查饰面板空鼓情况，对检查发现问题应进行返工处理，并填写检查记录。

7. 铝合金、塑钢门窗工程质量通病防治要点

（1）门窗二次设计单位必须要具备相应的设计资质，设计施工图必须经主体设计单位签章认可，有节能性能改变的门窗设计施工图必须经施工图审查单位审查合格。

门窗设计施工图应达到相应的深度，明确型材、配件等材料的规格及质量要求，连接固定的构造形式。

（2）门窗加工前，应对其抗风压性能、空气渗透性能和雨水渗透性能进行定型检测，有节能要求的门窗应有传热性能检测。检测结果达不到设计要求时，必须对门窗型式进行修改，重新检测合格后才能进行加工。

（3）门窗安装应进行样板检查。现场至少抽取一樘门窗进行解剖，检查内部构造、材质及拼装质量；防火、防盗、节能等特种门窗进场应提供有效的型式检验报告。

（4）门窗洞口四周应按照门窗框固定连结位置设置预埋件，不得将门窗外框直接埋入墙体，砌体上的预埋件应使用小型混凝土砌块。固定连结件位置应距边框及中横框、中竖框与边框交接处的两侧不大于 150 mm，其他固定点间距不大于 500 mm，每个连结件不得少于两个固定点。

（5）连结件应采用厚度不小于 1.5 mm，宽度不小于 15 mm 的镀锌冷轧钢板，两端伸出窗框与墙体固定；组合门窗拼樘料的规格、材质及连接固定方式应符合设计和规范要求。

（6）门窗的密封：分层填充缝隙用的材料选用闭孔泡沫塑料、发泡聚苯乙烯等弹性材料，填塞厚度不宜大于 20 mm，填塞不宜过紧，以能自行发泡膨胀，起到防水止漏、隔音保温、防止窗周结露的作用为准；应按规范要求在缝隙外表留 5～8 mm 深的槽口，注胶前应清洁表面，注胶后应检查注胶是否连续，防止漏注。嵌缝胶不得有脱落、起皮、无弹性、胶面开裂等缺陷。副框与门窗框以及拼樘料之间的拼接缝处均应用密封胶封严。

8. 建筑电气安装质量通病防治要点

（1）电气配管进盒、箱顺直，必须一管一孔，并用锁紧螺母或进盒接头固定平直，禁止柔性导管暗埋于墙内或混凝土内。

（2）导线按相分色符合规范规定，A 相用黄色，B 相用绿色，C 相用红色，中性线 N 用浅蓝或蓝色，保护接地线 PE 用黄绿双色。照明开关后相线可采用原相色或白色。

（3）导线连接应采用压接或焊接，导线连接不得采用绕接，禁止接头处虚接；禁止接头只用黑胶布不采用绝缘带包扎。

（4）插座接地支线禁止串联连接。

（5）金属线管（槽）及其支吊架应做好跨接接地处理，采用紧定连接、卡套连接的金属导管不做跨接接地时，必须有可靠持久的保证接地导通的连接工艺及其工艺标准；低于 2.4m 以下灯具的外露可导电部位必须进行接地处理。

9. 采暖卫生安装质量通病防治要点

（1）管道穿楼板时必须按设计或验收规范要求设置套管或止水环。套管设置要求下口平楼面，上口高出最后地面 20～30 mm，厨、厕为 50 mm，套管填塞应符合规范要求。

（2）地漏的选型、规格应符合设计要求。有水封要求的地漏，其水封高度应不小于 50 mm。连接构造内无存水弯的排水器具的排水支管应设存水弯，其水封高度应不小于 50 mm。

10. 沥青混凝土路面施工质量通病防治要点

（1）沥青混合料级配应符合设计及规范要求；检测沥青材料的针入度、软化点、黏度、延度、含蜡量、闪点、溶解度、密度等技术指标。

（2）沥青混凝土应控制加热及摊铺温度；热拌沥青混凝土的加热温度为 145～170℃，沥青混合料出厂时应逐车检测沥青混合料的重量和温度、记录出厂时间，签发运料单，摊铺温度根据所用材料标号不低于 135～160℃。

（3）控制基层的标高、平整度、清洁度、摊铺时的干燥情况。

（4）沥青混凝土每日作抽提试验及马歇尔稳定度试验。

（5）沥青混凝土摊铺的厚度、平整度、压实度控制。

（6）严禁雨天及气温低于 10℃时摊铺沥青混凝土。

第五章　安全管理

第一节　施工现场安全事故的分类

建筑工程施工安全事故的分类如下。

一、按安全事故类别分类

根据《企业职工伤亡事故分类》（GB 6441—1986）的规定，将事故类别划分为20类，即物体打击、车辆伤害、机械伤害、起重伤害、触电、淹溺、灼烫、火灾、高处坠落、坍塌、冒顶片帮、透水、放炮、瓦斯爆炸、火药爆炸、锅炉爆炸、容器爆炸、其他爆炸、中毒和窒息、其他伤害。

二、按事故后果严重程度分类

（1）轻伤事故：造成职工肢体或某些器官功能性或器质性轻度损伤，表现为劳动能力轻度或暂时丧失的伤害，一般每个受伤人员休息1个工作日以上，105个工作日以下。

（2）重伤事故：一般指受伤人员肢体残缺或视觉、听觉等器官受到严重损伤，能引起人体长期存在功能障碍或劳动能力有重大损失的伤害，或者造成每个受伤人损失105个工作日以上的失能伤害。

（3）死亡事故：一次事故中死亡1～2人的事故。

（4）重大伤亡事故：一次事故中死亡3人以上（含3人）的事故。

（5）特大伤亡事故：一次死亡10人以上（含10人）的事故。

（6）急性中毒事故：是指生产性毒物一次或短期内通过人的呼吸道、皮肤或消化道大量进入体内，使人体在短时间内发生病变，导致职工立即中断工作，并须进行急救或死亡的事故；急性中毒的特点是发病快，一般不超过一个工作日，有的毒物因毒性有一定的潜伏期，可在下班后数小时发病。

三、按生产安全事故造成的人员伤亡或直接经济损失分类

《生产安全事故报告和调查处理条例》规定：生产安全事故造成的人员伤亡或者直接经济损失，事故一般分为以下等级：

（1）特别重大事故是指造成 30 人以上死亡，或者 100 人以上重伤，或者 1 亿元以上直接经济损失的事故。

（2）重大事故是指造成 10 人以上 30 人以下死亡，或者 50 人以上 100 人以下重伤，或者 5 000 万元以上 1 亿元以下直接经济损失的事故；

（3）较大事故是指造成 3 人以上 10 人以下死亡，或者 10 人以上 50 人以下重伤，或者 100 万元以上 5 000 万元以下直接经济损失的事故；

（4）一般事故是指造成 3 人以下死亡，或者 10 人以下重伤，或者 1 000 万元以下 100 万以上直接经济损失的事故。

第二节　施工现场危险源管理知识

一、危险源的定义

施工安全危险源存在于施工活动场所及周围区域，是安全管理的主要对象。虽然危险源的表现形式不同，但从本质上来说，能够造成危害的（如伤亡事故、人身健康损害、物体受破坏和环境污染等），均可称为危险源。

根据危险源在事故发生发展中的作用把危险源分为第一类危险源和第二类危险源。

（一）第一类危险源

能量和危险物质的存在是危害产生的最根本原因，通常把可能发生意外释放的能量（能源或能量载体）或危险物质称作第一类危险源。第一类危险源的危险性主要表现为导致事故和造成事故后果的严重程度。第一类危险源危险性的大小主要取决于以下几方面：

（1）能量或危险物质的数量；

（2）能量或危险物质意外释放的强度；

（3）意外释放的能量或危险物质的影响范围。

（二）第二类危险源

造成约束、限制能量和危险物质措施失控的各种不安全因素称作第二类危险源。第二类危险源主要体现在设备故障或缺陷（物的不安全状态）、人为失误（人的不安全行为）、环境因素和管理缺陷等几个方面。

事故的发生是两类危险源共同作用的结果，第一类危险源是事故发生的前提，第二类危险源的出现是第一类危险源导致事故的必要条件。在事故的发生和发展过程中，两类危险源相互依存、相辅相成。第一类危险源是事故的主体，决定事故的严重程度，第二类危险源出现的难易，决定事故发生的可能性大小。

二、危险源的识别与风险评估

建筑工程在施工前应进行危险源识别（见表 5-1）。

（一）危险源的识别

表 5-1　危险源的类别、名称及危险特性界限量值表

<table>
<tr><th>序号</th><th>类别</th><th>危险源名称</th><th>临界量</th><th>亚临界量</th></tr>
<tr><td rowspan="2">1</td><td rowspan="2">基坑（槽）工程</td><td>无支护基坑（槽）的土方开挖、降水工程</td><td rowspan="2">（1）开挖深度 5 m；
（2）开挖深度虽未达到 5 m，但地质条件、周围环境和地下管线复杂，或影响毗邻建（构）筑物安全</td><td rowspan="2">（1）开挖深度 3 m；
（2）开挖深度虽未达到 3 m，但地质条件、周围环境和地下管线复杂，或影响毗邻建（构）筑物安全</td></tr>
<tr><td>有支护基坑（槽）的土方开挖、降水工程</td></tr>
<tr><td rowspan="2">2</td><td rowspan="2">边坡工程</td><td>高切坡工程</td><td rowspan="2">（1）岩土边坡高度 30 m；
（2）岩土混合边坡高度 25 m 且土层厚度 4 m；
（3）土质边坡高度 15 m；
（4）填方边坡高度 12 m；
（5）施工过程中出现过塌滑等险情或发生过生产安全事故的高边坡、高填方；
（6）地质和环境条件复杂、稳定性极差的一级边坡；
（7）边坡塌滑区有重要建（构）筑物、稳定性较差的边坡工程；
（8）采用新结构、新技术的；一级、二级边坡</td><td rowspan="2">（1）岩土边坡高度 15 m；
（2）岩土混合边坡高度 12 m 且土层厚度 4 m；
（3）土质边坡高度 8 m；
（4）填方边坡高度 8 m；
（5）地质灾害危险性评估危险较大</td></tr>
<tr><td>高填方工程</td></tr>
<tr><td>3</td><td colspan="2">钢围堰工程</td><td>（1）钢吊箱；
（2）钢套箱；
（3）钢板桩；
（4）钢管桩</td><td></td></tr>
<tr><td>4</td><td colspan="2">沉井工程</td><td>（1）气压法沉井；
（2）浮式沉井</td><td>一般沉井</td></tr>
<tr><td>5</td><td colspan="2">人工挖孔桩工程</td><td>开挖深度 16 m</td><td>人工挖孔桩</td></tr>
<tr><td rowspan="3">6</td><td rowspan="3">地下暗挖、顶管、水下作业工程</td><td>地下暗挖工程</td><td>（1）矿山法隧道施工；
（2）盾构法隧道施工；
（3）TBM 法隧道施工</td><td></td></tr>
<tr><td>顶管工程</td><td>（1）人工顶管；
（2）机械顶管</td><td></td></tr>
<tr><td>水下作业工程</td><td>（1）水下焊接；
（2）水下拆除、爆破；
（3）潜水作业</td><td></td></tr>
<tr><td rowspan="4">7</td><td rowspan="4">脚手架工程</td><td>落地式钢管脚手架工程</td><td>搭设高度 50 m</td><td>搭设高度 24 m</td></tr>
<tr><td>附着式整体和分片提升脚手架工程</td><td>提升高度 120 m</td><td>（1）附着式整体提升脚手架；
（2）附着式分片提升脚手架</td></tr>
<tr><td>悬挑式脚手架工程</td><td>（1）架体高度 20 m；
（2）作业高度 100 m</td><td>悬挑式脚手架</td></tr>
<tr><td>其他脚手架工程</td><td></td><td>（1）吊篮脚手架；
（2）新型及异型脚手架；
（3）自制卸料平台、移动操作平台</td></tr>
</table>

续表

序号	类别	危险源名称	临界量	亚临界量
8	作业平台与施工通道工程	作业平台工程	（1）搭设高度 20 m； （2）面积 500 m^2； （3）用于承载机械、车辆、材料或构件对方的施工平台	一般作业平台
		支撑式施工通道工程	（1）搭设长度 18 m； （2）搭设高度 20 m； （3）用于行驶汽车、运输货物的栈桥或便桥； （4）跨越既有道路、铁路的通道	一般支撑式施工通道
		悬索式施工通道工程	（1）搭设长度 18 m； （2）搭设高度 20 m； （3）悬索桥猫道	一般悬索式施工通道
9	末班工程及支撑体系	工具式模板工程	（1）滑模； （2）爬模； （3）飞模； （4）悬臂施工挂篮； （5）移动模架	一般大模板工程
		混凝土模板支撑工程	（1）搭设高度 8 m； （2）搭设跨度 18 m； （3）施工总荷载 15 kN/m^2； （4）集中线荷载 20 kN/m^2； （5）梁柱式模板支撑架； （6）托架式模板支撑架	（1）搭设高度 5 m； （2）搭设跨度 10 m； （3）施工总荷载 10 kN/ m^2； （4）集中线荷载 15 kN/ m^2； （5）高度大于支撑水平投影宽度且相对独立无联系构件的混凝土模板支撑架
		承重支撑体系	用于钢结构安装等满堂支撑体系，承受单点集中荷载 700 kg	用于钢结构安装等满堂支撑体系
10	起重吊装及安装拆卸工程	采用非常规起重设备、方法的起重吊装工程	单件起吊重量 100 kN	
		采用常规起重设备、方法的起重吊装工程	（1）起重设备吊装重量 300 kN； （2）内爬起重设备的拆除高度 200 m； （3）起重吊装高度 100 m	（1）采用起重机械进行安装； （2）起重机械设备自身的安装、拆卸
		载人起重机	（1）施工升降机高度 100 m （2）施工升降机额定载 10 人	施工升降机
11	拆除、爆破工程	拆除工程	（1）采用爆破方法进行的拆除； （2）码头、桥梁、高架、烟囱、水塔或拆除中容易引起有毒有害气（液）体或粉尘扩散、易燃易爆事故发生的特殊建（构）筑物的拆除； （3）可能影响行人、交通、电力设施、通讯设施或其他特殊建（构）筑物安全的拆除； （4）文物保护建设、优秀历史建设或历史文化风貌区控制范围的拆除	一般特殊建（构）筑物采用常规方法进行拆除

续表

序号	类别	危险源名称	临界量	亚临界量
11	拆除、爆破工程	爆破工程	（1）土石方爆破； （2）爆炸物和爆破器材的储存与使用	
12	安装工程	建筑安装工程	（1）建筑幕墙安装工程施工高度 50 m； （2）钢结构安装工程跨度 36 m； （3）网架和索模结构安装工程跨度 60 m	一般建筑安装
		桥梁拼装工程	（1）顶推法安装； （2）吊机悬臂拼装； （3）转体法安装； （4）钢管拱、箱拱拼装； （5）预制桥梁架桥机安装	
13	其他工程	预应力工程		预应力施工
		四新技术及其他工程	采用新技术、新工艺、新材料、新设备及尚无相关技术标准的危险性较大的分部分项工程	
14	临时建筑物		（1）楼层数三层； （2）楼层数二层但每层额定使用人数 50 人	（1）楼层数二层； （2）楼层数一层但每层额定使用人数 50 人； （3）砖砌围墙
15	检查或者参观活动		（1）检查（参观）人数 30 人； （2）重要领导参观、考察； （3）庆典活动	检查（参观）人数 10 人

注：①本表所列为建筑工程施工常见的危险源，实际施工过程中应根据施工现场实际情况辨识危险源，如其他危险性的分部分项工程，危爆品储存场所、锅炉、临时用电、运输活动等；

②确定临界量、亚临界量时，危险特性量值不是指单元形成过程中某一阶段的量值，而是指本单元最终的量值；

③当表中危险特性量值大于或等于临界量时为重大危险源；当表中危险特性量值低于临界量但大于或等于亚临界量时为较大危险源；当表中危险特性量值小于亚临界量时为一般危险源；

④支撑式施工通道主要指为车辆行走、货物运输和人员行走而设置的支撑类施工通道。包括桥梁施工中岸侧与墩之间，墩与墩（或跨与跨）之间的车辆行走、货物运输和人员行走的栈桥或便桥等施工通道；

⑤悬索式施工通道主要指为人员操作、人员行走和货物运输而设置的悬索类（非支撑式）施工通道，包括桥梁施工中悬索桥施工猫道，岸侧与墩之间、墩与墩之间的人员行走和货物运输便道等施工通道。

（二）危险源风险评估

重大危险源应进行风险评估；较大危险源可根据实际情况进行是否评估；一般危险源可不进行评估。

（1）危险源发生事故可能性评估。

危险源发生事故可能性评估层次，应按危险源构成的因素，划分为 3 个层次的评估结构进行评估（见表 5-2）：

1）第一层为目标层，为待评危险源；

2）第二层为中间层，为构成危险源评估的基本因素，由作业人员、施工机具、临时设施、施工方法、环境因素和安全管理六大评估因素构成；

3）第三层为操作层，为构成六大中间层评估因素的操作层评估因素，由表 5-2 所规定的 50 项因素构成。

表 5-2　危险源发生事故可能性评估层次结构

第一层	第二层	第三层	
待评估危险源	作业人员	（1）技能	（4）工作经历
		（2）健康状况	（5）起重、爆破作业人员岗位证书
		（3）年龄	（6）其他特种作业人员岗位证书
	施工机具	（1）规格型号及数量配备	（4）安装、使用与拆除
		（2）出产证件	（5）使用前验收
		（3）产权单位自检报告	（6）维护保养
	临时设施	（1）设施规模	（5）设施防护与标志
		（2）设施用物资出厂证件	（6）设施使用前验收
		（3）设施构造	（7）设施监测监控
		（4）试验或检定	（8）维护保养
	施工方法	（1）专项方案审批	（5）专项方案内容
		（2）专项方案论证	（6）临时设施设计计算
		（3）专项方案相关审核	（7）施工工艺
		（4）熟练程度	（8）安全技术交底
	环境因素	（1）相邻环境的影响	（6）场地狭窄情况
		（2）水文条件	（7）安全出口和通道
		（3）地质条件	（8）温度、湿度和气压
		（4）地形条件	（9）光照情况
		（5）恶劣气候	
	安全管理	（1）总承包企业资质	（8）安全管理制度和操作规程的建立与执行
		（2）分包单位能力与安全管理协议	（9）安全教育培训
		（3）分包单位项目管理机构和人员	（10）班组安全活动
		（4）项目管理机构、主要负责人及安全职责	（11）日常安全隐患整改
		（5）项目专职安全人员配备	（12）相关方评价
		（6）项目负责人履责	（13）评估现场监测
		（7）生产负责人及施工人员履责	

（2）危险源发生事故可能性评估过程中，针对危险源的现状或所处阶段，按表 5-3 确定中间层评估因素的缺项和评估项。

表 5-3　中间层检测评估因素的缺项和评估项

序号	危险源的现状或所处的阶段	缺项	评估项
1	以临时设施为主的危险性高的分部分项工程处于使用阶段时	施工机具	作业人员、临时设施、施工方法、作业环境和安全管理
2	临时建筑物处于使用阶段	施工机具	作业人员、临时设施、施工方法、作业环境和安全管理
3	检查（参观）活动	施工机具	作业人员、临时设施、施工方法、作业环境和安全管理
4	其他的现状或所处的阶段	根据施工现场实际情况确定	

（3）通过检测获得危险源风险评估的相关信息后，应按表 5-4 所规定的评估因素及评估方法进行判定并给出得分，形成危险源发生事故可能性评估一览表。

表 5-4　危险源发生事故可能性评估因素分类及分值

评估因素		评估方法及分值				说明
		1	2	3	4	
作业人员	技能	中级工 50%以上，起重高级工 10%以上	中级工 40%以上	中级工 30%以上	中级少于 30%	针对除特种作业以外的其他作业人员
	健康状况	无异常人员	有异常人员但不从事禁忌作业	有异常人员但从事禁忌作业	未体检或有受重伤人员作业	针对全体作业人员
	年龄	45 岁以下 80%，且 60 岁以下 100%	45 岁以下 70%，且 60 岁以下 100%	45 岁以下 60%，且 60 岁以上小于 10%	45 岁以下 50%，且 60 岁以上大于 10%	针对全体作业人员
	工作经历	五年以上 100%	五年以上 80%	五年以上 60%	五年以上少于 60%	针对全体作业人员
	起重、爆破作业人员岗位证书	持证上岗 100%	持证上岗 90%	持证上岗 80%	持证上岗 80%以下	针对该危险源直接相关的人员
	其他特种作业人员岗位证书	持证上岗 100%	持证上岗 80%	持证上岗 70%	持证上岗 70%以下	针对该危险源直接相关的人员
施工机具	规格型号及数量配备	符合	基本符合	基本不符合	完全不符合	查是否符合安全专项方案的规定
	出产证件	齐全	一项证件无，但有相关文件证明齐全	多项证件无，但有相关文件证明齐全	无出厂证件	查生产许可证、产品合格证。当为建筑起重机械时，则包括制造监督检查证明
	产权单位自检报告	检测合格	主要指标合格，其他一项指标不合格	主要指标合格，其他多项指标不合格	无检测报告或主要指标不合格	查入场前产权单位的安全性检测报告
	安装、使用与拆除	符合	基本符合	基本不符合	完全不符合	包括安装方案、过程实施、防护等
	使用前验收	一次通过验收	有一项整改后通过验收	有多项整改后通过验收	有诸多限制后通过验收	当为建筑起重机械时，应有产权备案文件、检定单位的检验报告
	维护保养	好	较好	一般	差	查维护周期、内容记录和结论
临时设施	设施规模	小于亚临界量	大于亚临界量	大于临界量	大于临界量 50%	按相关表格执行
	设施用物资出厂证件	齐全	一项证件无，但有相关文件证明齐全	多项证件无，但有相关文件证明齐全	无出厂证件	查产品合格证和送检报告。当为建筑起重机械时，则包括制造监督检查证明
	设施构造	合理	基本合理	基本不合理	完全不合理	

续表

评估因素		评估方法及分值				说明
		1	2	3	4	
临时设施	试验或检定	试验或检定合格	主项指标合格，其他一项指标不合格	主项指标合格，其他多项指标不合格	未试验或检定，或主项指标不合格	指临时设施使用前的功能试验，当为建筑起重机械时，则为检定单位的检定
	设施防护与标志	齐全	基本齐全	基本不齐全	无	查临时设施的防护、警示标志的设置
	设施使用前验收	一次性通过验收	有一项整改后通过验收	有多项整改后通过验收	有诸多限制后通过验收	指临时设施安装后的使用前验收。当临时设施为起重机械时，则包括产权备案文件、检定单位的检查报告
	设施监测监控	全部检测项目100%，监测记录真实、完整	主要检测项目100%，其他检测项目一项未检测，检测记录真实、完整	主要检测项目100%，其他检测项目多项未检测，检测记录真实、完整	未监测，或主要检测项目未监测，或检测记录不真实、不完整	必要时查监测分析报告
	维护保养	好.	较好	一般	差	差维护周期、内容、记录和结论
施工方法	专项方案审批	已审批，完成所提意见	已审批，但未完成所提意见	未审批，完成所提意见	未审批，未完成所提意见	针对内部审批
	专项方案论证	已论证，一次通过	已论证，修改后通过	已论证，不通过	未论证	
	专项方案相关审核	审核完毕	审核仍提出意见	部分未审核	全部未审核	查专项方案在实施时专家组长、监理、建设单位的审核
	熟练程度	有案例，完全熟悉	基本熟悉	部分不熟悉	完全不熟悉	针对类似的危险源
	专项方案内容	完整	基本完整	不完整	主要内容缺项	
	临时设施设计计算	计算正确	计算基本正确	部分计算失误	主要计算有误	
	施工工艺	符合实际需求	基本符合实际需求	部分不符合实际需求	完全不符合实际需求	
	安全技术交底	100%人员参加	80%以上人员参加	60%以上人员参加	60%以下人员参加	针对该危险源
环境因素	相邻环境的影响	无影响	影响不大	影响较大	影响很大	包括相邻的边坡、建（构）筑物、船舶、设备、车辆、山洪、风口等外部环境因素对本危险源的影响

续表

评估因素		评估方法及分值				说明
		1	2	3	4	
环境因素	水文条件	无影响	影响不大	影响较大	影响很大	河水对临时设施的影响
	地质条件	无影响	影响不大	影响较大	影响很大	地质对临时设施的影响
	地形条件	平坦	较平坦	不平坦	陡峭	地形对临时设施的影响
	恶劣气候	无影响	影响不大	影响较大	影响很大	气候对临时设施的影响
	场地狭窄情况	宽敞	局部狭窄	大部狭窄	很狭窄	—
	安全出口和通道	畅通	基本畅通	不畅通	无出口和通道	—
	温度、湿度和气压	适宜	基本适宜	不适宜	极不适宜	—
	光照情况	好	较好	一般	差	查临时设施安装、使用和拆除过程中的光照
安全管理	总承包企业资质	特级	一级	二级	三级	—
	分包单位能力与安全管理协议	能力符合，安全管理协议约定职责明确	能力符合，安全管理协议约定职责部分不明确	能力符合，安全管理协议约定职责不明确	能力不符合，无安全管理协议	能力包括企业资质和安全生产许可证
	分包单位项目管理机构和人员	符合	基本符合	基本不符合	完全不符合	查分包单位项目有关负责人的任命，查生产、安全生产负责人员的确定
	项目管理机构、主要负责人及安全职责	符合	基本符合	基本不符合	完全不符合	查项目经理部成立文件及项目负责人、生产负责人、技术负责人等主要负责人的任命，查项目经理部职能部门和安全职责
	项目专职安全人员配备	符合，无兼职	有 1 人兼职	有 2 人兼职或专职少 1 人	专职少 2 人	按住建部的规定查
	项目负责人履责	履责	基本履责	基本不履责	完全不履责	查项目负责人在现场的代班记录以及组织召开安全会议的情况
	生产负责人及施工人员履责	履责	基本履责	基本不履责	完全不履责	查在安全会议上提出的安全问题或建议，以及施工日志上的安全要求

续表

评估因素		评估方法及分值				说明
		1	2	3	4	
安全管理	安全管理制度和操作规程的建立与执行	符合	基本符合	基本不符合	完全不符合	查安全管理制度和操作规程的建立或张贴。查制度的执行结果包括考核与奖惩、会议制度、隐患与整改等
	安全教育培训	培训 100%	培训 80%以上	培训 60%以上	培训 60%以下	针对所有作业人员
	班组安全活动	开展很好	偶然一次没开展	偶然开展一次	未开展	针对该危险源相关的班组，查开展的时间和记录
	日常安全隐患整改	整改符合，记录真实	整改基本符合，记录真实	整改基本不符合，记录真实	未整改，或记录不真实	查项目经理部通过安全生产例会、安全检查提出的隐患整改
	相关方评价	评价好	评价较好	评价一般	评价不好	通过政府、行业、建设、监理获得的评价结果
	评估现场监测	未见明显隐患	有少量一般隐患	有较多一般隐患	有重大隐患	现场监测

（4）危险源发生事故可能性等级应根据发生事故可能性综合评估指数 C 和第二层评估因素指数 C1～C6 的双控指标大小，根据表 5-5 的规定予以判定，并按就高原则判定发生事故可能性等级。

表 5-5　危险源发生事故可能性等级

危险源发生事故可能性综合评估指数 C/%	第二层评估因素评估指数/%						可能性等级	
	C1	C2	C3	C4	C5	C6	定性等级	定量等级
<25	<25						可能性极小	1
≥25	≥25						可能性小	2
≥50	≥50						可能	3
≥80	≥80						很可能	4

注：表中 C1-作业人员评估因素评估指数，C2-施工机具评估因素评估指数，C3-临时设施评估因素评估指数，C4-施工方法评估因素评估指数，C5-作业环境评估因素评估指数，C6-安全管理评估因素评估指数，C-危险源发生事故可能性综合评估指数。

（5）危险源可能导致的事故宜按下列规定进行识别：

1）危险源可能导致的事故可按表 5-6 中规定的 16 类事故进行识别；

2）当危险源尚有其他可能发生的事故时，可予以增加；

3）对危险源发生事故可能性进行评估时，应对坍塌、起重伤害、火灾、爆炸、冒顶片帮、中毒和窒息等严重性等级较高或易导致群死群伤的事故进行识别。

表 5-6 危险源可能发生的事故识别一览表

序号	危险源	可能发生的事故														
		物体打击	车辆伤害	机械伤害	起重伤害	触电	淹溺	火灾	高处坠落	坍塌	冒顶片帮	透水	放炮	火药爆炸	瓦斯爆炸	中毒和窒息
1	基坑（槽）开挖工程	✓	✓	✓			✓		✓	✓			✓	✓		
2	边坡工程	✓	✓	✓					✓	✓			✓	✓		
3	围堰和沉井工程						✓			✓						
4	人工挖孔桩工程	✓	✓	✓		✓	✓	✓	✓	✓						✓
5	地下暗挖、顶管工程	✓	✓	✓			✓	✓	✓		✓	✓	✓	✓	✓	✓
6	水下作业工程						✓									
7	脚手架工程	✓							✓	✓						
8	作业平台工程	✓					✓		✓	✓						
9	支撑式施工通道工程	✓					✓		✓	✓						
10	悬索式施工通道工程	✓					✓			✓						
11	模板工程及支撑体系	✓							✓	✓						
12	起重吊装及安装拆卸工程				✓											
13	拆除、爆破工程	✓		✓					✓	✓			✓	✓		
14	安装工程	✓		✓			✓		✓	✓						
15	临时建筑物	✓						✓	✓	✓						✓
16	检查（参观）活动	✓	✓						✓							

表 5-7 危险源风险等级

严重性等级 / 可能性等级		轻微	一般	较大	重大
		一	二	三	四
可能性极小	1	Ⅰ	Ⅰ	Ⅱ	Ⅲ
可能性小	2	Ⅰ	Ⅱ	Ⅲ	Ⅳ
可能	3	Ⅱ	Ⅲ	Ⅳ	Ⅳ
很可能	4	Ⅱ	Ⅲ	Ⅳ	Ⅳ

表 5-8 危险源风险接受准则

风险等级	接受准则
低度风险	可忽略
中度风险	可接受
高度风险	不期望
极高度风险	不可接受

第三节　施工现场安全技术管理要点

一、基坑开挖与支护安全技术要点

（一）基坑开挖安全技术要点

1. 做好地下水处理

（1）基坑施工常遇地下水，尤其深度施工处理不好不但影响基坑施工，还会给周边建筑造成沉降不均的危险，此时需要采取防水措施。

开挖深度较浅时，可采用明沟排水。沿槽底挖出两道水沟，每隔 30～40 m 设置一个集水井，用抽水设备将水抽走。有时深基坑施工，为排除雨季的暴雨突然而来的明水，也采用明排；开挖深度大于 3 m 时，可采用井点降水。在基坑外设置降水管，管壁有孔并有过滤网，可以防止在抽水过程中将土粒带走，保持土体结构不被破坏。井点降水每级可降低水位 4.5 m，再深时可采用多级降水，水量大时也可采用深井降水。当降水可能造成周围建筑物不均匀沉降时，应在降水的同时采取回灌措施。回灌井是一个较长的穿孔井管，和井点的过滤管一样，井外填以适当级配的滤料，井口用黏土封口，防止空气进入。回灌与降水同时进行，并随时观测地下水位的变化，以保持原有的地下水位不变。

（2）基坑隔渗是用高压旋喷、深层搅拌形成的水泥土墙和底板而形成的止水帷幕，阻止地下水渗入基坑内。隔渗的抽水井可设在坑内，也可设在坑外。

1）坑内抽水：不会造成周边建筑物、道路等沉降问题，可以坑外高水位、坑内低水位干燥条件下作业。但最后封井技术上应注意防漏，止水帷幕采用落底式，向下延伸到不透水层以内对坑内封闭。

2）坑外抽水：含水层较厚，帷幕悬吊在透水层中。由于采用了坑外抽水，从而减轻了挡土桩的侧压力。但坑外抽水对周边建筑物有不利的沉降影响。

（3）做好止水堵漏的准备工作。

1）围护体系有渗漏时，必须及时采取有效的堵漏措施。基坑开挖后，必须及时铺筑垫层，必要时可在垫层中加钢筋。

2）严格控制周边的堆载。在载重车辆频繁通过的地段，应铺设走道板或进行地基加固。

① 坑边堆置土方和材料包括沿挖土方边缘移动运输工具和机械不应离槽边过近，堆置土方距坑槽上部边缘不小于 1.2 m，弃土堆置高度不超过 1.5 m。

② 大中型施工机具距坑槽边距离，应根据设备重量，基坑支护情况、土质情况经计算确定。规范规定“基坑周边严禁超堆荷载”。土方开挖如有超载和不可避免的边坡堆载，包括挖土机平台位置等，应在施工方案中进行设计计算确认。

③ 当周边有条件时可采用坑外降水，以减少墙体后面的水压力。

2. 边坡放坡

开挖时，坡度和坡高应通过计算确定，当分级放坡时，应同时验算小坡和大坡的稳定性，并考虑卸荷回弹、雨季施工、土壤扰动等影响。控制在坡顶堆放弃土或其他荷载。保持坡体干燥并做好坡面和坡脚保护措施。

3. 作业环境

建筑施工现场作业条件，被忽视的往往是地下作业条件，坑槽内作业不应降低规范要求：

（1）人员作业必须有安全立足点，脚手架搭设必须符合规范规定，临边防护符合要求。当基坑施工深度达到 2 m 时，对坑边作业已构成危险，按照高处作业和临边作业的规定，应搭设临边防护设施；基坑周边搭的防护栏杆，从选材、搭设方式及牢固程度都应符合《建筑施工高处作业安全技术规范》（JGJ 80—2016）的规定。

（2）交叉作业、多层作业上下设置隔离层。垂直运输作业及设备也必须按照相应的规范进行检查。

（3）深基坑施工的照明问题，电箱的设置及周围环境以及各种电气设备的架设使用均应符合电气规范规定。

4. 深基坑施工安全技术

（1）基坑周围的地面应进行防水处理，严防雨水等地面水侵入基坑周边的土体。

（2）基坑边坡开挖时边开挖边支护。

（3）基坑边缘堆置土方或沿挖土方边缘移动运输工具和机械，一般应距基坑上部边缘不少于 2 m，堆置高度不应超过 1.5 m。

（4）山坡上进行基坑开挖前，将坑口上坡山体的松动石块清理干净，如有松软的浮土或者不稳定土层，需将其全部清理干净，坑口上方需留不小于 2 m 宽的工作平台，在平台上设置 60 cm 高砖墙，阻挡山体滑落的石块或者地表水流入基坑。

（5）土方开挖的过程中，根据边坡条件系数控制在 0.5～1.0，确保边坡稳定，设一名专职人员在作业前、作业中进行全方位监护，并做好记录。机械挖土和人工清边修脚时，起重臂回转半径内严禁站人，按合理的顺序挖土，边挖边清，但不准在同一个地点作业。

（6）基坑开挖过程，应按设计要求，及时做好防护工作。

（7）基坑开挖到设计标高后，坑底应及时封闭，及时进行下一道工序施工，防止基坑暴露时间过长。

（二）支护桩及锚杆施工安全技术要点

1. 钢板桩施工安全技术要点

（1）基坑前对作业队进行技术和安全交底，开挖顺序、方法必须与设计交底一致，并遵循“边开挖边支撑，分层开挖，严禁超挖”的原则。挖掘机等机械在坑顶进行挖基坑作业时，机身距坑边的安全距离视基坑的深度、坡度、土质情况而定，一般不小于 1 m，堆放材料和机具时不小于 0.8 m。

（2）为防止钢板桩基坑开挖过程中漏水，在钢板桩插打之前认真检查钢板桩质量，对钢板桩存在缺口或锁扣破损的钢板桩严禁使用，并且在钢板桩锁扣处涂抹黄油，以起到防水、止水的作用。

（3）钢板桩施工时，周边应该设置安全防护围栏及安全警示标志，周边设置不低于 1.2 m 高的防护栏，内部设置一条步梯和四个爬梯，方便人员上下和逃生。必须制作导向架。

（4）插打钢板桩的导向设备按照施工方法，一般先打定位桩，然后在定位桩上安装导向架，组成框架式围笼作为插桩时的导向设备，因此在打桩前必须制作导向架。

2. 挖孔桩施工安全技术要点

（1）孔桩作业区采取带警戒色钢管双护栏防护措施隔离，并设安全标准。地面孔口必须设护栏，高度不低于 1.2 m，无关人员不得靠近桩孔口，孔口机械操作人员不准离开岗位。进入施工现场必须戴好安全帽，佩戴相应的劳动保护用品，特别是井下工作人员，必须穿好长筒绝缘胶鞋，井口作业人员必须系好安全带和保险钩，桩孔洞口应设置应急悬挂软爬梯，并随桩孔深度放长，供人员上下孔桩使用，电动吊篮或吊笼等应安全、可靠并配有防坠落安全装置，不得使用麻绳和尼龙绳吊挂或脚踏井壁凸阶上下，作业人员上下井时必须乘坐专用安全吊笼，不得随意攀爬护壁和乘坐吊桶（或土筐）、吊绳等方式上下井，上下孔桩必须有可靠的联络信号。挖孔桩作业人员下班休息前，必须盖好孔口，采用钢管焊接钢板网将孔口封闭围挡，钢板网必须有一定的冲击力，确保人员不坠入孔桩内。

（2）每天工作开始前及施工中，现场的作业人员都应配合项目机电人员认真检查提升机的轱辘轴、支架、吊绳、挂钩、保险装置和吊桶（或土筐）、刹车制动等设备和工具是否完好无损，防护措施是否安全到位和正确牢固可靠，发现问题及时向机电人员报告，并在修复及设备试运行正常完好后方准许正式使用。

（3）预防物体打击的安全措施有：施工现场项目部建立预防物体打击应急预案及应急救援措施。混凝土护壁浇筑前，应注意高出井沿（厚度与护壁相同），保护井口和防止物体滑落井内伤人。孔内运出的土石料应堆放在离井口以外的地方并及时清理出场，在井口周边 1 m 范围内不堆放杂物，保持作业场所整洁，混凝土护壁不得放置与施工无关的工具和站人。

（4）预防孔壁坍塌的安全措施有：施工现场项目部建立预防坍塌应急预案及应急救援措施。人工挖孔桩开挖顺序，应采取间断挖孔方法，以减少水的渗透和防止土体滑移，防止成孔过程中因邻桩混凝土未初凝而发生窜孔现象。在熟悉场地地质条件的基础上，开挖桩孔按要求做钢筋混凝土护壁，特别是直径在 1.2 m 以上孔桩，混凝土护壁每节 1 m，厚 0.1 m，应加相应钢筋，混凝土强度等级不低于 C20，每节护壁混凝土应保证设计厚度、同心度、直径及垂直度，每挖成一节就应及时绑扎钢筋支模并浇灌混凝土，护壁混凝土浇灌要周围同步上升，振捣密实，待混凝土达到规定强度后方可拆模，第二天继续施工。严禁不按设计要求不做混凝土护壁，严禁采用挖地道的方法。

（5）预防触电的安全措施有：施工现场项目部建立预防触电应急预案及应急救援措施。施工现场的一切临时用电安装和拆除必须有特种作业证和上岗证的专业电工操作。井底抽水时，原则上应在挖孔作业人员上到地面后再合闸抽水，然后立即关闭电源，严禁带电作业。

（6）预防窒息中毒的安全措施有：施工现场项目部建立预防窒息中毒应急预案及应急救

援措施。地下特殊地层中因有机物腐化或其他化学物质往往含有 CH_4、SO_2、H_2S 或其他有毒气体，可能造成毒气中毒甚至死亡事故，故当挖孔深度超过一定深度时，每日开工前应检测井下有无危害气体和不安全因素，孔深大于 10 m 以及腐殖质土层较厚时，应有专门的送风设备，风量不应小于 25 L/s，采用风力压管引至井底进行送风，特别是对存在臭水、污泥和异味的井孔，下井作业前必须对井内送风，送风时间要超过 20 min 以上，并用小动物（如鸽子）等检测，确认无有毒气体后方可下井，作业过程中要不间断送风，以防有害气体中毒窒息事故发生。

3. 锚杆施工安全技术要点

（1）施工中，定期检查电源线路和设备的电器部件，确保用电安全。

（2）喷射机、水箱、风包、注浆罐等应进行密封性能和耐压试验，合格后方可使用。

（3）注浆施工作业中，要经常检查出料弯头、输料管、注浆管和管路接头等有无磨薄、击穿或松脱现象，发现问题应及时处理。

（4）处理机械故障时，必须使设备断电、停风。向施工设备送电、送风前，应通知有关人员。

（5）向锚杆孔注浆时，注浆罐内应保持一定数量的砂浆，以防罐体放空，砂浆喷出伤人。

（6）非操作人员不得进入正进行施工的作业区。施工中，喷头和注浆管前方严禁站人。

（7）施工操作人员的皮肤应避免和速凝剂、树脂胶泥直接接触，严禁树脂卷接触明火。施工过程中指定专人加强观察，定期检查锚杆抗拔力，确保安全。

（8）锚杆安设后不得随意敲击，其端部 3 天内不得悬挂重物，在砂浆凝固前，确实做好锚杆防护工作，防止敲击、碰撞、拉拔杆体和在加固下方开挖；粘结锚杆用水泥砂浆强度达到 80%以上后，才能进行锚杆外端部弯折施工。

（9）进入施工作业必须戴好安全帽，施工人员要随时观察洞口及路面地形变化，一旦有异常马上通知人员撤离至安全区，严禁冒险作业。

（10）对于正在作业的路段，在路口竖立醒目的施工标志牌，提醒过往行人、车辆，以免行人、车辆在开挖区内行驶。

（三）基坑监测

1. 水平位移监测

测定特定方向上的水平位移时可采用视准线法、小角度法、投点法等；测定监测点任意方向的水平位移时可视监测点的分布情况，采用前方交会法、自由设站法、极坐标性等；当基准点距基坑较远时，可采用 GPS 测量法或三角、三边、边角测量与基准线法相结合的综合测量方法。当监测精度要求比较高时，可采用微变形测量雷达进行自动化全天候实时监测。

水平位移监测基准点应埋设在基坑开挖深度 3 倍范围以外不受施工影响的稳定区域，或利用已有稳定的施工控制点，不应埋设在低洼积水、湿陷、冻胀、胀缩等影响范围内；基准点的埋设应按有关测量规范、规程执行。宜设置有强制对中的观测墩；采用精密的光学对中装置，对中误差不宜大于 0.5 mm。

2. 竖向位移监测

竖向位移监测可采用几何水准或液体静力水准等方法。坑底隆起（回弹）宜通过设置回弹监测标，采用几何水准并配合传递高程的辅助设备进行监测，传递高程的金属杆或钢尺等应进行温度、尺长和拉力改正等。基坑围护墙（坡）顶、墙后地表与立柱的竖向位移监测精度应根据竖向位移报警值确定。

3. 倾斜监测

建筑物倾斜监测应测定监测对象顶部相对于底部的水平位移与高差，分别记录并计算监测对象的倾斜度、倾斜方向和倾斜速率。应根据不同的现场观测条件和要求，选用投点法、水平角法、前方交会法、正垂线法、差异沉降法等。

4. 支护结构内力监测

基坑开挖过程中支护结构内力变化可通过在结构内部或表面安装应变计或应力计进行量测。对于钢筋混凝土支撑，宜采用钢筋应力计（钢筋计）或混凝土应变计进行量测；对于钢结构支撑，宜采用轴力计进行量测。围护墙、桩及围檩等内力宜在围护墙、桩钢筋制作时，在主筋上焊接钢筋应力计的预埋方法进行量测。支护结构内力监测值应考虑温度变化的影响，对钢筋混凝土支撑尚应考虑混凝土收缩、徐变以及裂缝开展的影响。

5. 土压力监测

土压力计埋设可采用埋入式或边界式（接触式）。埋设时应符合下列要求：

1）受力面与所需监测的压力方向垂直并紧贴被监测对象；

2）埋设过程中应有土压力膜保护措施；

3）采用钻孔法埋设时，回填应均匀密实，且回填材料宜与周围岩土体一致；

4）做好完整的埋设记录。

6. 空隙水压力监测

空隙水压力宜通过埋设钢弦式、应变式等孔隙水压力计，采用频率计或应变计量测。孔隙水压力计应满足以下要求：量程应满足被测压力范围的要求，可取静水压力与超孔隙水压力之和的 1.2 倍；精度不宜低于 0.5%F.S，分辨率不宜低于 0.2%F.S。孔隙水压力计埋设可采用压入法、钻孔法等。

二、脚手架、吊篮搭拆安全技术要点

（一）脚手架搭设与拆除及安全要求

1. 脚手架的搭设与拆除

（1）脚手架搭设和拆除作业应按专项施工方案施工。

（2）脚手架搭设和拆除作业前，应向作业人员进行安全技术交底。

（3）脚手架的搭设场地应平整、坚实，场地排水应顺畅，不应有积水。脚手架附着于建筑结构处的混凝土强度应满足安全承载要求。

（4）脚手架应按顺序搭设，并应符合下列规定：

1）落地作业脚手架、悬挑脚手架的搭设应与工程施工同步，一次搭设高度不应超过最上层连墙件两步，且自由高度不应大于 4 m；

2）支撑脚手架应逐排、逐层进行搭设；

3）剪刀撑、斜撑杆等加固杆件应随架体同步搭设，不得滞后安装；

4）构件组装类脚手架的搭设应自一端向另一端延伸，自下而上地按步架设，并应逐层改变搭设方向；

5）每搭设完一步架体后，应按规定校正立杆间距、步距、垂直度及水平杆的水平度。

（5）作业脚手架连墙件的安装必须符合下列规定：

1）连墙件的安装必须随作业脚手架搭设同步进行，严禁滞后安装；

2）当作业脚手架操作层高出相邻连墙件两个步距及以上时，在上层连墙件安装完毕前，必须采取临时拉结措施。

（6）悬挑脚手架、附着式升降脚手架在搭设时，其悬挑支承结构、附着支座的锚固和固定应牢固可靠。

（7）附着式升降脚手架组装就位后，应按规定进行检验和升降调试，符合要求后方可投入使用。

（8）脚手架的拆除作业必须符合下列规定：

1）架体的拆除应从上而下逐层进行，严禁上下同时作业；

2）同层杆件和构配件必须按先外后内的顺序拆除；剪刀撑、斜撑杆等加固杆件必须在拆卸至该杆件所在部位时再拆除；

3）作业脚手架连墙件必须随架体逐层拆除，严禁先将连墙件整层或数层拆除后再拆架体。拆除作业过程中，当架体的自由端高度超过两个步距时，必须采取临时拉结措施。

（9）模板支撑脚手架的安装与拆除作业应符合《混凝土结构工程施工规范》（GB 50666—2011）的规定。

（10）脚手架的拆除作业不得重锤击打、撬别。拆除的杆件、构配件应采用机械或人工运至地面，严禁抛掷。

（11）当在多层楼板上连续搭设支撑脚手架时，应分析多层楼板间荷载传递对支撑脚手架、建筑结构的影响，上层、下层支撑脚手架的立杆宜对位设置。

（12）脚手架在使用过程中应分阶段进行检查、监护、维护、保养。

2. 安全要求

（1）脚手架作业层上的荷载不得超过设计允许荷载。

（2）严禁将支撑脚手架、缆风绳、混凝土输送泵管、卸料平台及大型设备的支承件等固定在作业脚手架上。严禁在作业脚手架上悬挂起重设备。

（3）雷雨天气、6 级及以上强风天气应停止架上作业；雨、雪、雾天气应停止脚手架的搭设和拆除作业；雨、雪、霜后上架作业应采取有效的防滑措施，并应清除积雪。

（4）作业脚手架外侧和支撑脚手架作业层栏杆应采用密目式安全网或其他措施全封闭防护。密目式安全网应为阻燃产品。

（5）作业脚手架临街的外侧立面、转角处应采取硬防护措施，硬防护的高度不应小于 1.2 m，转角处硬防护的宽度应为作业脚手架宽度。

（6）作业脚手架同时满载作业的层数不应超过 2 层。

（7）在脚手架作业层上进行电焊、气焊和其他动火作业时，应采取防火措施，并应设专人监护。

（8）在脚手架使用期间，立杆基础下及附近不宜进行挖掘作业。当因施工需要需进行挖掘作业时，应对架体采取加固措施。

（9）在搭设和拆除脚手架作业时，应设置安全警戒线、警戒标志，并应派专人监护，严禁非作业人员入内。

（10）脚手架与架空输电线路的安全距离、工地临时用电线路架设及脚手架接地、防雷措施应按《施工现场临时用电安全技术规范》（JGJ 46—2012）执行。

（11）支撑脚手架在施加荷载的过程中，架体下严禁有人。当脚手架在使用过程中出现安全隐患时，应及时排除；当出现可能危及人身安全的重大隐患时，应停止架上作业，撤离作业人员，并应由工程技术人员组织检查、处置。

（二）扣件式脚手架作业安全技术要点

（1）脚手架搭设之前，应根据工程的特点和施工工艺确定搭设（包括拆除）施工方案。脚手架的施工方案应与施工现场搭设的脚手架类型相符，当现场因故改变脚手架类型时，必须重新修改脚手架方案并经审批后，方可施工。

（2）脚手架地基与基础的施工，应根据脚手架所受的荷载、搭设高度、搭设场地土质情况与现行国家标准有关规定进行。当脚手架下有设备基础、管沟时，在脚手架使用过程中不应开挖，否则必须采取加固措施。

（3）单、双排扣件式脚手架必须配合施工进度搭设，一次搭设高度不应超过相邻连墙件以上 2 步，否则应采取撑拉固定措施与建筑结构拉结。单排脚手架搭设高度不应超过 24 m；双排脚手架一次搭设高度不宜超过 50 m，高度超过 50 m 的双排脚手架，应采用分段搭设的措施。

（4）每根立杆底部宜设置底座或垫板。单排、双排与满堂脚手架立杆接长除顶层顶步外，其余各层各步接头必须采用对接扣件连接。

（5）主节点处必须设置一根横向水平杆，用直角扣件扣接且严禁拆除。主节点处两个直角扣件的中心距不应大于 150 mm。在双排脚手架中，横向水平杆靠墙一端的外伸长度不应大于杆长的 0.4 倍，且不应大于 500 mm。

（6）脚手架必须设置纵、横向扫地杆。纵向扫地杆应采用直角扣件固定在距底座上皮部大于 200 mm 处的立杆上，横向扫地杆亦应采用直角扣件固定在紧靠纵向扫地杆下方的立杆上。脚手架立杆基础不在同一高度时，必须将高处的纵向扫地杆向低处延长两跨与立杆固定，高低差不应大于 1 m。靠边坡上方的立杆轴线到边坡的距离不应小于 500 mm。

（7）脚手板应铺满、铺稳、铺实。脚手板的铺设应采用对接平铺或搭接铺设。脚手板对接平铺时，接头处应设两根横向水平杆，脚手板外伸长度应取 130～150 mm，两块脚手板外伸长度的和不应大于 300 mm；脚手板搭接铺设时，接头应支在横向水平杆上，搭接长度不应小于 200 mm，其伸出横向水平杆的长度不应小于 100 mm。作业层端部脚手板探头长度应取 150 mm，其板的两端均应固定于支承杆件上。凡脚手板伸出小横杆大于 200 mn 的称为探头板，最有可能造成人员坠落事故发生，必须严禁出现探头板现象。

（8）连墙件必须采用可承受拉力和压力的构造。高度在 24 m 以下的单、双排脚手架，宜采用刚性连墙件与建筑物可靠连接。高度 24 m 及以上的单、双排脚手架，应采用刚性连墙件与建筑物可靠连接。50 m 以下（含 50 m）脚手架连墙件应按 3 步 3 跨进行布置，50 m 以上的脚手架连墙件应按 2 步 3 跨进行布置。开口型脚手架的两端必须设置连墙件，连墙件的垂直间距不应大于建筑物的高度，并且不应大于 4 m。

（9）双排脚手架应设置剪刀撑和横向斜撑，单排脚手架应设置剪刀撑。高度在 24 m 以下单、双排脚手架，均必须在外侧两端、转角及中间间隔不超过 15 m 的立面上，各设置一道剪刀撑，并应由底至顶连续设置。高度在 24 m 及以上的双排脚手架应在外侧全立面连续设置剪刀撑。开口型双排脚手架的两端必须设置横向斜撑。剪刀撑、横向斜撑搭设应随立杆、纵向扫地杆和横向水平杆等同步搭设，各底层斜杆下端均必须支承在垫块或垫板上。

（10）脚手架在使用期间，严禁拆除主节点处的纵向横向水平杆、连墙件、纵横向扫地杆。拆除作业必须由上而下逐层进行，严禁上下同时作业。连墙件必须随脚手架逐层拆除，严禁先将连墙件整层拆除后再拆脚手架；分段拆除高差不应大于 2 步，如高差大于 2 步，应增设连墙件加固。各构配件严禁抛掷至地面。

（三）碗扣式钢管脚手架作业安全技术要点

（1）脚手架施工前必须制定施工设计或专项方案，保证其技术可靠和使用安全。经技术审查批准后方可实施。工程技术负责人应按脚手架施工设计或专项方案的要求对搭设和使用人员进行技术交底。

（2）对进入现场的脚手架构配件，使用前应对其质量进行复检。构配件应按品种、规格分类放置在堆料区内或码放在专用架上，清点好数量备用。脚手架堆放场地排水应畅通，不得有积水。连墙件如采用预埋方式，应提前与设计师协商，并保证预埋件在混凝土浇筑前埋入。

（3）脚手架搭设场地必须平整、坚实、排水措施得当。脚手架地基基础必须按施工设计进行施工，按地基承载力要求进行验收。地基高低差较大时，可利用立杆 0.6 m 节点位差调节。土壤地基上的立杆必须采用可调底座。

（4）脚手架搭设应按立杆、横杆、斜杆、连墙件的顺序逐层搭设，每次上升高度不大于 3 m。脚手架的搭设应分阶段进行，第一阶段的撂底高度一般为 6 m，搭设后必须经检查验收后方可正式投入使用。脚手架的搭设应与建筑物的施工同步上升，每次搭设高度必须高于即将施工楼层 1.5 m。脚手架内外侧加挑梁时，挑梁范围内只允许承受人行荷载，严禁堆放物料。

（5）连墙件必须随架子高度上升及时在规定位置处设置，严禁任意拆除。

（6）作业层设置应符合下列要求：

1）必须满铺脚手板，外侧应设挡脚板及护身栏杆；

2）护身栏杆可用横杆在立杆的 0.6 m 和 1.2 m 的碗扣接头处搭设两道；

3）作业层下的水平安全网应按规定设置。

（7）脚手架拆除前现场工程技术人员应对在岗操作工人进行有针对性的安全技术交底。应清理脚手架上的器具及多余的材料和杂物。脚手架拆除时必须划出安全区，设置警戒标志，派专人看管。拆除作业应从顶层开始，逐层向下进行，严禁上下层同时拆除。连墙件必须拆到该层时方可拆除，严禁提前拆除。脚手架采取分段、分立面拆除时，必须事先确定分界处的技术处理方案。

（8）模板支撑架搭设应与模板施工相配合，利用可调底座或可调托撑调整底模标高。按施工方案弹线定位，放置可调底座后分别按先立杆后横杆再斜杆的搭设顺序进行。建筑楼板多层连续施工时，应保证上下层支撑立杆在同一轴线上。搭设在结构的楼板、挑台上时，应对楼板或挑台等结构承载力进行验算。模板支撑架拆除应符合有关规定。

（9）作业层上的施工荷载应符合设计要求，不得超载，不得在脚手架上集中堆放模板、钢筋等物料。混凝土输送管、布料杆及塔架拉结缆风绳不得固定在脚手架上。大模板不得直接堆放在脚手架上。遇 6 级及以上大风、雨雪、大雾天气时应停止脚手架的搭设与拆除作业。

（10）拆除的构配件应采用起重设备吊运或人工传递到地面，严禁抛掷，拆除的构配件应分类堆放，以便于运输、维护和保管。

（四）附着式升降脚手架作业安全技术要点

（1）附着式升降脚手架（整体提升脚手架或爬架）作业针对提升工艺和施工现场作业条件编制专项施工方案。专项施工方案要包括设计、施工、检查、维护和管理等阶段全部内容。

（2）安装搭设须严格按照设计要求和规定程序进行，安装后经验收并进行荷载试验，确认符合设计要求后，方可正式使用。

（3）升降前必须仔细检查附着连接和提升设备的状态是否良好，发现异常时应及时查找原因和采取措施解决。

（4）附着式升降脚手架必须按照设计性能指标进行使用，不得随意扩大使用范围；架体上的施工荷载必须符合设计规定，严禁超载，严禁放置影响局部杆件安全的集中荷载；升降作业应统一指挥、规范指令。升、降指令只能由总指挥一人下达，但当有异常情况出现时，任何人均可立即发出停止指令。

（5）在安装、升降、拆除作业时，应划定安全警戒范围并安排专人进行监护。拆除工作必须按专项施工方案及安全操作规程的有关要求进行。必须对拆除作业人员进行安全技术交底。拆除作业必须在白天进行。遇 5 级（含 5 级）以上大风和大雨、大雪、浓雾和雷雨等恶劣天气时，严禁进行拆卸作业。

（五）门式钢管脚手架作业安全技术要点

（1）门式脚手架与模板支架搭拆施工应编制专项施工方案，搭设与拆除前，应向搭拆和使用人员进行安全技术交底。

（2）门架与配件、加固杆等在使用前应进行检查和验收。经检验合格的构配件及材料应按品种、规格分类堆放整齐、平稳。

（3）对搭设场地应进行清理、平整，并应做好排水。门式脚手架与模板支架的地基与基础施工，应符合相关规定和专项施工方案的要求。

（4）在搭设前，应先在基础上弹出门架立杆位置线，垫板、底座安放位置应准确，标高应一致。

（5）门式脚手架与模板支架的搭设程序应符合下列规定：

1）门式脚手架的搭设应与施工进度同步，一次搭设高度不宜超过最上层连墙件两步，且自由高度不应大于 4 m；

2）满堂脚手架和模板支架应采用逐列、逐排和逐层的方法搭设；

3）门架的组装应自一端向另一端延伸，应自下而上按步架设，并应逐层改变搭设方向；不应自两端相向搭设或中间向两端搭设；

4）每搭设完两步门架后，应校验门架的水平度及立杆的垂直度。

（6）搭设门架及配件应符合下列要求：

1）交叉支撑、脚手板应与门架同时安装；

2）连接门架的锁臂、挂钩必须处于锁住状态；

3）钢梯的设置应符合专项施工方案组装布置图的要求，底层钢梯底部应加设钢管并应采用扣件扣紧在门架立杆上；

4）在施工作业层外侧周边应设置 180 mm 高的挡脚板和两道栏杆，上道栏杆高度应为 1.2 m，下道栏杆应居中设置。挡脚板和栏杆均应设置在门架立杆的内侧。

（7）水平加固杆、剪刀撑等加固杆件必须与门架同步搭设；水平加固杆应设于门架立杆内侧，剪刀撑应设于门架立杆外侧。

（8）门式脚手架连墙件安装必须随脚手架搭设同步进行，严禁滞后安装；当脚手架操作层高出相邻连墙件以上两步时，在连墙件安装完毕前必须采用确保脚手架稳定的临时拉结措施。

（9）悬挑脚手架搭设前应检查预埋件和支承型钢悬挑梁的混凝土强度。门式脚手架斜撑杆、托架梁及通道口两侧的门架立杆加强杆件应与门架同步搭设，严禁滞后安装。

（10）拆除作业必须符合下列规定：

1）架体的拆除应从上而下逐层进行。严禁上下同时作业。

2）同一层的构配件和加固杆件必须按先上后下、先外后内的顺序进行拆除。

3）连墙件必须随脚手架逐层拆除。严禁先将连墙件整层或数层拆除后再拆架体。拆除作业过程中，当架体的自由高度大于两步时，必须加设临时拉结。

4）连接门架的剪刀撑等加固杆件必须在拆卸该门架时拆除。

（11）拆卸连接部件时，应先将止退装置旋转至开启位置，然后拆除，不得硬拉，严禁敲击。拆除作业中，严禁使用手锤等硬物击打、撬别。

（12）当门式脚手架需分段拆除时，架体不拆除部分的两端应按相关规定采取加固措施后再拆除。

（13）门架与配件应采用机械或人工运至地面，严禁抛投。拆卸的门架与配件、加固杆等不得集中堆放在未拆的架体上，并应及时检查、整修与保养，并宜按品种、规格分别存放。

三、高处作业安全技术要点

（一）高处作业安全须知

凡在坠落高度基准面 2 m 以上（含 2 m）有可能坠落的高处进行的作业均称为高处作业。由于高处作业活动面小，四周临空、风力大，且垂直面交叉作业多，因此是一项十分复杂危险的工作，稍有疏忽，就将造成严重事故，建筑施工中的高处作业主要包括临边、洞口、攀登、悬空、交叉、操作平台、建筑施工安全网等七种基本类型，这些类型的高处作业是高处作业伤亡事故可能发生的主要地点。

1. 高处作业的种类及划分

（1）高处作业级别划分。

1）高处作业高度在 2～5 m 时称为一级高处作业。

2）高处作业高度在 5～15 m 时称为二级高处作业。

3）高处作业高度在 15～30 m 时称为三级高处作业。

4）高处作业高度在 30 m 以上时称为特级高处作业。

（2）高处作业的种类。

高处作业的种类分为一般高处作业和特殊高处作业两种。

特殊高处作业包括：

1）在阵风风力 6 级（风速 10.8～13.8 m/s）的情况下进行的高处作业称为强风高处作业。

2）在高温或低温环境下进行的高处作业称为异温高处作业。

3）降雪时进行的高处作业称为雪天高处作业。

4）降雨时进行的高处作业称为雨天高处作业。

5）室外完全采用人工照明进行的高处作业称为夜间高处作业。

6）在接近或接触带电体条件下进行的高处作业统称为带电高处作业。

7）在无立足点或无牢靠立足点的条件下进行的高处作业统称为悬空高处作业。

8）对突然发生的各种灾害事故，进行抢救的高处作业称为抢救高处作业。

9）一般高处作业系指除特殊高处作业以外的高处作业。

（3）高处作业的标记。

高处作业的分级，以级别、类别和种类做标记。一般高处作业作标记时，写明级别和种类；特殊高处作业做标记时，写明级别和类别，种类可省略不写。例如三级，一般高处作业；一级，强风高处作业；二级，异温高处作业。

（4）以下情况均视为高处作业。

1）凡是框架结构生产装置，虽有护栏，但工作人员进行非经常性作业时有可能发生意外的视为高处作业。

2）在无平台、护栏的塔、釜、炉、罐等化工设备、架空管道、汽车、特种集装箱上进行作业时视为高处作业。

3）在高大塔、釜、炉、罐等设备内进行登高作业视为高处作业。

4）作业下部或附近有排液沟、排放管、液体贮池、熔融物或在易燃、易爆、易中毒区域等部位登高作业视为部位登高作业。

2. 高处作业安全要求

（1）高处作业人员必须经安全教育，熟悉现场环境和施工安全要求。必须严格遵守有关高处作业的安全规定。

（2）凡患有高血压、心脏病、贫血病、癫痫以及其他不适于高处作业的人员不准登高作业。

（3）高处作业人员必须按要求穿戴整齐个人防护用品，安全带的拴挂应为高挂低用。不得用绳子代替，酒后人员不许登高作业。

（4）6 级强风或其他恶劣气候条件下，禁止登高作业。抢险需要时，必须采取可靠的安全措施，部门总监、经理要现场指挥，确保安全。

（5）凡高处作业与其他作业交叉进行时，必须同时遵守所有的有关安全作业的规定。交叉作业，必须戴安全帽，并设置安全网。严禁上下垂直作业，必要时设专用防护棚或其他隔离措施。

（6）高处作业所用的工具、零件、材料等必须装入工具袋，上下时手中不得拿物件；必须从指定的路线上下，不准在高处掷材料工具或其他物品；不得将易滚、易滑的工具、材料堆放在脚手架上，工作完毕应及时将工具、零星材料、零部件等一切易坠落物件清理干净，防止落下伤人，上下大型零件时，须采取可靠的起吊工具。

（7）登高作业严禁接近电线，特别是高压线路，应保持间距 2.5 m 以上。避免人体或导电体触及电压线路。

（8）在吊笼内作业时，应事先检查吊笼和拉绳是否牢固、可靠，承载物重量不能超出吊笼所承受的额定重量，同时作业人员必须系好安全带，并设有专人监护。

（9）高处作业使用的脚手架，材料要坚固，能承受足够的负荷强度。几何尺寸、性能要求，要按照《建筑施工安全技术统一规范》（GB 50870—2013）及当地实际情况的安全要求。

（10）使用各种梯子时，首先要检查梯子坚固，要放置牢稳，立梯坡度一般以 60°左右为宜，并应设防滑装置。梯顶无搭钩，梯脚不能稳固时必须有人扶梯。人字梯拉绳须牢固。金属梯不应在电气设备附近使用。大风中使用梯子必须戴安全帽，并有专人监护。

（11）冬期及雨雪天登高作业时，要有防滑措施。

（12）在自然光线不足或者在夜间进行高处作业时，必须有充足的照明。

（13）坑、井、沟、池、吊装孔等都必须有栏杆栏护或盖板盖严，盖板必须坚固，几何尺寸要符合安全要求。

（14）上石棉瓦（或薄板材料、轻型材料）、瓦楞铁、塑料屋顶工作时，必须铺设坚固、防滑的脚手板，如果工作面有玻璃时必须加以固定。

（15）非生产高处作业。如打扫卫生、贴刷标语、擦玻璃等需要登高也要按高处作业要求去做，系好安全带，并且要把安全带拴在牢固的构筑物上。

3. 高处作业安全技术措施

（1）凡在坠落高度基准面 2 m 及以上有可能坠落的高处进行的作业，叫高处作业。进行高处作业施工，应使用脚手架、平台、梯子、防护围栏、挡脚板、安全带和安全网等安全防护设施。高处作业安全防护设施的主要受力杆件，必须通过力学计算，满足施工使用要求后搭设。

（2）高处作业前，工程项目部应对安全防护设施进行验收，经验收合格后方可作业。需要临时拆除或变动安全设施的，应经项目部技术负责人审查批准后方可实施。安全设施使用完毕需拆除时，应设警戒区，派专人监护。拆除时先上后下，禁止上下同时拆除。

（3）制定安全生产责任制、安全检查制度，高处作业前逐级进行安全技术交底及教育，从事高处作业人员应接受高处作业安全知识的教育；特殊工种高处作业人员应持证上岗，上岗前应依据有关规定进行安全技术交底。采用新工艺、新技术、新材料和新设备的，应按规定对作业人员进行相关的安全技术教育。

（4）高处作业人员应尽可能地选用熟练工人，且经过体检合格后方可上岗。项目部应为作业人员提供合格的安全帽、安全带等必备的个人防护用具，作业人员应按规定正确佩戴和使用。建立劳保用品发放登记卡，并在实物上做标记。项目部组织人员半月进行一次劳保用品检查，做记录；班组长班前班后检查；个人在施工过程中自检。发现有损坏，立即更换。

（5）高处作业人员应配有工具袋，工具、螺丝、焊条及零星废料头应随手放入工具袋，完工后，随人及时带回地面。高处禁止摆放任何未固定的物件，以防坠落。

（6）高处作业中的走道、安全通道要保证畅通，物件、余料、废料不得任意乱置，更不得向下丢弃。传递物件用绳子系住，做到工完场清。

（7）高处作业所用工具、材料严禁投掷，上下立体交叉作业时，中间须设隔离设施。

（8）用于高处施工的机械设备，进场前由项目专业人员进行仔细检查，确认完好后才准许进场，并有设备完好登记卡，定期或不定期地进行检查，检查情况应进行记录。

（9）高处作业应设置可靠扶梯，作业人员应沿着扶梯上下，不得沿着立杆与栏杆攀登。

（10）在雨天确需高处作业时应采取切实可靠的防滑措施，当风速在 1.8m/s 以上和雷电、雷雨大雾气候条件下，不得露天高处作业。

（11）高处作业上下应有联系信号或通信装置，并制定专人负责。

4. 高处作业安全检查

高处检查是一项综合性的安全生产管理措施，是科学地评价高处作业安全生产情况，提高安全生产工作和文明施工的管理水平，预防伤亡事故发生，确保职工安全和健康，实现检查评价工作的标准化、规范化，建立良好的安全生产环境，做好安全生产工作的重要手段之一，也是企业防止事故、减少职业病的有效方法。

（1）安全检查的主要内容。

1）查高处作业人员安全技术知识和自我保护意识。

2）查高处作业安全措施、设备是否健全。

3）查被蹬踏物材质强度。

4）查高处作业移动位置时有无蹭空、滑倒、失稳。

5）查立体垂直交叉作业有无按规范采取防护措施。

6）查高处作业时，站位与操作是否发生物体碰撞、风刮面坠落等。

（2）安全检查的分类。

安全检查可分为日常性检查和定期检查、专业性检查、综合性检查、季节性检查、节假日前后的检查和不定期检查。

1）日常性检查和定期检查是指企业在安全制度中规定的，一般来说企业（局、公司）每年进行 2～4 次，下设分支单位（公司）每月至少一次，项目部应每天进行日常巡查检查一次，班组长和作业人员应严格根据自身职责履行交接班检查和班中及班后各检查一次。

2）专业性检查是针对特种作业、特种设备、特种场所进行的检查，如电焊、高处作业机械、危险品仓库等。

3）综合性检查是指由公司领导负责，根据企业的生产特点和安全情况，组织发动广大职工群众进行检查，同时组织各有关职能部门及工会组织的专业人员进行认真细致全面检查。

4）季节性检查是根据季节特点，为保障安全生产的特殊要求所进行的检查，如雨季“八防”即防触电、中暑、工伤事故、淹溺、洪汛、倒塌、车祸、中毒，冬期“六防”即防火灾、防寒防冻、中毒、触电、机械伤害、防台风。

5）节假日前后的检查包括节前的安全生产检查，节后的遵章守纪检查。

6）不定期检查是指对设备装置运行检查，设备开工前和停工前检查，检修检查等。

（3）安全检查的基本要求及奖罚。

安全检查是发现不安全行为和不安全状态的重要途径，是消除事故隐患、落实整改措施、防止事故伤害的重要方法。

1）定期安全检查：每周进行一次安全大检查。针对高处作业有联系的安全隐患重点检查，发现隐患及时整改，并在每月安全通报中重点强调。

2）专业性检查：组织专人对存在高处作业工种的施工过程进行专业性跟踪管理、检查，发现隐患及违规作业及时提出要求整改，必要时停工整改。

3）经常性安全检查：在高处作业前与作业过程中，安全管理人员每日对高处作业设施进行检查，以便及时发现隐患，及时消除，实现安全生产。

4）针对上述安全检查，要讲科学、讲效果，管理人员要做到人性化管理。实际操作中，发现事故隐患及违规作业时不及时整改的，不要盲目训斥，因高处作业违规操作本身就存在坠落的危险，如果盲目训斥会造成作业人员心理紧张或心情不稳定，会造成更大的危害或坠落。所以管理人员要对当事人讲解事故隐患及违规作业的危害性，促使作业人员认识安全作业的重要性，使当事人从心里服从你的管理。对经多次提出，屡教不改者，根据有关安全奖罚条例进行处罚，重者驱逐出施工现场。

5. 高处作业安全技术规定

（1）建筑施工高处作业前，应对安全防护措施进行检查、验收，验收合格后方可进行作业；验收可分层或分阶段进行。

（2）高处作业前，应检查安全标志、安全设施，工具、仪表、防火设施，电器设施和设备，确认其完好，方可施工。

（3）严禁在未固定、无防护的构件及安装中的管道作业或通行。

（4）施工现场在使用密目式安全网前，应检查产品分类标记、产品合格证、网目数及网体重量，确认合格后方可使用。

（5）高处作业中除安全技术设施和人身防护用品外，操作时涉及的物料、废料、工具等都存在高处坠落的可能而引起伤亡事故，故应对相应的安全防范措施做出规定。

（6）安全防护措施本身的安全与否，更关系施工的安全，故规定要专人检查并建立保养制度。

（7）对于专业性较强，结构复杂，危险性较大的项目或采用新结构、新材料、新工艺或特殊结构的高处作业，强调要求编制专项方案以及专项方案必须须经过相关管理人员的审批。

（8）安全技术措施，施工期间原则上禁止变动机拆除。因施工作业要求必须临时拆除时，为施工安全考虑，必须采取相应的替换措施，并予以及时修复。

（9）依据上层高低确定的可能坠落半径应符合《高处作业分级》（GB/T 3608—2008）的规定，凡必须在可能坠落范围半径之内进行交叉作业的，应搭设能防止坠落物伤害下方人员的安全防护棚，设置隔离区是为了防止无关人员进入可能有落体造成意外打击事故的区域。

（二）临边作业与洞口作业

1. 临边作业安全防护措施

在施工现场，高处作业中工作面的边沿设有维护设施，当维护设施的高度低于 80cm 时，这类作业称为临边作业。下列作业条件属于临边作业：基坑周边，无防护的阳台、料台与挑平台等；无防护楼层、楼面周边；无防护的楼梯口和梯段口；井架、施工电梯和脚手架等的通道两侧面；各种垂直运输卸料平台的周边。

（1）洞口作业时，应采取防坠落措施，并应符合下列规定：

1）当竖向洞口短边边长小于 500 mm 时，应采取封闭措施，当垂直洞口短边边长大于或等于 500 mm 时，应在临空一侧设置高度不小于 1.2 m 的防护栏杆，并应采取密目式安全网或工具式栏板封闭，设置踢脚板。

2）当非竖向洞口短边边长为 25～500 mm 时，应采用承载力满足使用要求的盖板覆盖，盖板四周搁置应均衡，且应防止盖板移位，盖板用红白油漆标识（警示），井喷涂“严禁私自拆除”字样。

3）当非竖向洞口短边长为 500～1 500 mm 时，应在洞口作业侧设置高度不小于 1.2 m 的防护栏杆，并挂设标识标志，洞口应采用盖板进行硬性封闭。

（2）电梯井口应设置防护门，其高度不应低于 1.8 m，防护门底端齐地面高度设置，并外设挡脚板。

（3）在电梯施工面，电梯井道内应做好层层封闭，电梯开内的施工层上部与下一层业面，应设置隔离防护设施。

（4）施工现场通道附近的洞口、坑、槽、高处临边等危险作业处，除应挂设安全警示标识外，夜间应设灯光警示。

（5）边长不大于 500 m 的洞口所加盖板，应能承受不小于 1.1 kN/m^2 的荷载。

（6）墙面等处落地的竖向洞口，窗台高度低于 800 mm 的竖向洞口及框架结构在浇筑完混凝土没有砌筑墙体时的洞口，应按临边防护要求设置防护栏杆。

（7）基坑周边、尚未安装栏杆或拦板的阳台、料台与挑平台周边，没砌围护墙的楼层周边与屋面边缘以及屋面饰物等处，均应设置防护栏杆。无外脚手架的高度超过 2.0m 的周边，均在框架周边搭设高度为 1.2 m 的防护栏杆一道。分层施工的楼梯口和楼段边，须安装临时护栏。施工电梯、井架物料提升机和脚手架与建筑物通道的两侧边，设防护栏杆。地面通道上部应装设安全防护棚。垂直运输的接料平台，除两侧设防护栏杆外，平台口还需设置安全门或活动防护栏杆。

（8）临边防护栏杆杆件的规格及连接要求。

防护栏杆的钢管横杆及栏杆柱均采用 48 mm×3.5 mm 的管材，以扣件或电焊固定。

防护栏杆应由上下两道横杆及栏杆柱组成，上杆离地高度为 1.2 m，下杆离地高度为 0.6 mm。横杆长度大于 2 m 时，应加设栏杆柱。沿地面设防护栏杆时，立杆应埋入土中 50～70 cm，立杆距坑槽边的距离应不小于 50 cm。在砖结构和混凝土楼面上固定时，可采用预埋铁件或预埋地脚螺栓的方法，进行焊接或用螺栓固定。

（9）栏杆柱的固定要求。

在混凝土楼面、屋面或墙面固定时，可用预埋件与钢管或钢筋焊牢。栏杆柱的固定及其与横杆的连接，其整体构造应使防护栏杆在上杆任何处，能经受任何方向的 1 kN 外力。

（10）防护栏杆其他要求。

防护栏杆必须自上而下用安全网封闭，或在栏杆下边设置严密固定的高度为 18 cm 的挡脚板。接料平台两侧的栏杆，自上而下用模板或竹笆封闭。

2. 临边作业基本安全技术规定

进入现场，必须戴好安全帽，扣好安全带，并正确使用个人劳动防护具。

对临边高处作业，必须设置防护措施，并符合下列规定：

（1）基坑周边，如尚未安装栏杆或栏板的阳台、料台与挑平台周边，挑檐边，都必须设置防护栏杆。

（2）分层施工的楼梯口和梯段边，必须安装临时护栏。顶层楼梯口应随工程结构进度安装正式的防护栏杆。

（3）井架与施工用电梯和脚手架等与建筑通道的两侧边，必须设防护栏杆。地面通道上部应装设安全防护棚。双笼井架通道中间，应予分隔封闭。

（4）各种垂直运输接料平台，除两侧设防护栏杆外，平台口还应设置安全门或活动防护栏杆。

3. 洞口作业安全防护措施

施工现场，结构体上往往存在各式各样的孔和洞，在孔和洞边口旁的高处作业统称为洞口作业。在楼板、屋面、平台等水平向的面上，短边尺寸≥25c m的，在墙等垂直的面上，高度≥75 cm，宽度>45 cm的，均称为洞。此外，凡深度在2 m及2 m以上的高处作业，亦称为洞口作业。

在建筑物的楼梯口、电梯口及设备安装预留洞口等（未安装正式栏杆，门窗等未有围护结构），还有一些施工需要预留的上料口、通道口、施工口等施工均属于洞口作业。凡是在2.5 cm 以上，洞口若没有防护时，就有造成作业人员高处坠落的危险；或者若不慎将物体从这些洞口坠落时，还可能造成下面的人员发生物体打击事故。

（1）洞口作业防护设施设置部位。板与墙的洞口，设置牢固的盖板、防护栏杆、安全网或其他防坠落的防护设施。人孔、管道井口等处，均应按洞口防护设置稳固的盖件，并加以固定，防止移动或移位。施工现场通道附近的各类洞口与坑槽等处，除设置防护设施与安全标志外，夜间还应设红灯示警。电梯井口应用固定的钢制防护门或防护栏杆、固定栅门。

（2）洞口设置防护栏杆、加盖板、张挂安全网要求。

楼面、屋面、平台面上短边尺寸为2.5～25 cm的孔口，必须用坚实的盖板覆盖，盖板能防止挪动移位。楼面边长在 25～50 cm 的洞口，用木盖板盖住洞口，盖板四周搁置均匀，并加以固定。楼面边长在50～150 cm的洞口，设置以扣件扣接钢管而成网格，并在其上部满铺脚手板。边长在150 cm以上的洞口，四周设防护栏杆。墙面处的竖向洞口，凡落地的洞口，下边沿至楼面或底面低于 80 cm 的窗台加设 1.2 m 高临时防护栏杆，下设挡脚板。对邻近的人与物有坠落危险的其他竖向的孔、洞口，均予以封盖或加以防护，并有固定位置的措施。电梯井内应每隔两层并最多隔10 m设道安全网或用竹笆满铺封闭。

4. 洞口作业基本安全技术规定

进行洞口作业以及在因工程和工序需要而产生的，使人与物有坠落危险或危及人身安全的其他洞口进行高处作业时，必须按下列规定设置防护措施：

（1）板与墙的洞口，必须设置牢固的盖板、防护栏杆、安全网或其他防坠落的防护措施。

（2）电梯井口必须设置防护栏杆或固定栅门；电梯井内应每隔两层并最多隔10m设一道安全网。

（3）钢管桩、钻孔桩等桩孔上口，杯形、条形基础上口，未填土的坑槽，以及人孔、天窗、地板等处，均应按洞口防护设置稳固的盖件。

（4）施工现场通道附近的各类洞口与坑槽等处，除设置防护设施与安全标志外，夜间还应设红灯警示。

（三）攀登与悬空作业

1. 攀登作业安全防护措施及要求

在施工现场，凡借助于登高用具或登高设施，在攀登条件下进行的高处作业，称之为攀登作业。在建筑物周边搭拆脚手架、张挂安全网、装拆搭机、龙门架、井字架、施工电梯、桩架，登高安装钢结构构件等作业都属于这种作业。在施工组织设计和施工技术方案中应确定用于现场的登高和攀登设施。现场登高应借助于建筑结构或脚手架上的登高设施，也可采用载人的垂直运输设备，进行攀登作业时可使用梯子或采用其他攀登设施。攀登作业安全防护要点如下：

（1）柱、梁和行车梁等构件吊装所需的直爬梯及其他登高拉攀件，应在构件施工图说明书内做出规定。

（2）攀登的工具，结构构造上必须牢固可靠。供人上下的踏板其使用荷载应符合要求，作用在踏步上的荷载不应小于 1.1 kN，有特殊作业重量超过上述荷载时，应按实际情况验算。

（3）移动式梯子，均应按现行规定标准质量。梯脚底部应坚实，不得垫高使用。梯子的上端应有固定措施。立梯工作角度为 75°为宜，踏板上下间距以 30 cm 为宜，不得缺档。梯子如需接长使用，必须有可靠的连接措施。

（4）折梯使用时上部夹角以 35°～45°为宜，铰链必须牢固，并应有可靠的拉撑措施。

（5）固定式直爬梯应用金属材料制成。梯宽不应大于 50 cm，支撑应采用角钢，埋设与焊接必须牢固。直爬梯进行攀登作业时，以 5 m 且不超过 10 m 为宜，超过 2 m 时，需加设护笼，超过 8m 时，必须设置梯间平台。

（6）作业人员应从规定的通道上下，不得在阳台之间等非规定通道进行攀登，也不得任意利用吊臂架等施工设备进行攀登。上下梯子时，必须面向梯子，不得手持器物。

（7）当安装三角形屋架时，应在屋脊处设置上下扶梯，当安装梯形屋面架时，应在两端设置上下的扶梯，扶梯的踏步间距不应大于 400 mm，屋架玄杆安装时，搭设的操作平台，应设置防护栏杆或用于作业人员拴挂安全带的安全绳。

（8）深基坑施工、人坑踏步及专用载人设备或斜道等应设置扶梯，采用斜道时，应加设间距不大于 400 mm 的防滑条等防滑措施，严禁沿坑壁支撑或乘运土工具上下。

2. 攀登作业基本规定

（1）严格遵守各项安全规章制度，开展脚手架、安全网、施工电梯等检查作业；严禁简化作业程序，降低作业标准，违章作业。

（2）工作期间必须按规定着装，正确佩戴、使用劳动保护用品，必须穿防滑绝缘鞋、靴。脚手架检查作业中，必须系安全带、戴安全帽，安全带要高挂低用。

（3）作业前应认真检查安全防护装置是否良好，存在隐患和病害的应及时处理，否则严禁使用。严禁使用技术状态不良的材料；严禁使用定检过期的安全带和设备。

（4）凡遇大雨、6 级以上大风等恶劣天气时，严禁进行露天攀登作业。

（5）站台两侧必须设专人防护，并设置封闭施工警示牌，施工现场所用的电器设备必须由专人负责使用和保管，操作人员应熟悉设备性能和操作方法，各种电器设备必须安装有良好的漏电保护设施，应设危险警示牌并设专职监护人员。

（6）登高机械设备必须有检验合格证，机械的调试和运行应做好安全监护，疏散无关人员，按照机械设备启动顺序进行启动；停车后再次启动，应进行启停间隔时间的控制，防止频繁启动造成电动机过热及过流烧损。

（7）登高机械设备的运输绳具、机具是否安全可靠，如有损坏立即更换。

（8）除确认设备断电、专人监护后，应清除机械上方和内部的垃圾、废物、高温物体等，防止维修过程中掉落伤人；清除下方积水、拆除密闭装置。

（9）统一指挥、统一作业、统一撤离。

（10）严格执行车站调度施工、撤离指令，且必须做到工完场清。

3. 悬空作业安全防护措施及要求

施工现场中，在周边临空的状态下进行作业时，高度在 2 m 及 2 m 以上的，属于悬空作业。悬空作业为：在无立足点或无牢靠立足点的条件厂进行的高处作业。因此，悬空作业无立足点，必须适当地建立牢靠的立足点，如搭设操作平台、脚手架或吊篮等，方可进行施工。建筑施工中的构件吊装，利用吊篮进行外装修，悬挑或者悬空梁板、雨篷等特殊部位支拆模板、扎筋、浇混凝土等项作业都属于悬空作业，由于是在不稳定的条件下施工作业，危险性很大。悬空作业安全防护要点如下：

（1）悬空作业处应有牢固的立足处，并必须视具体情况，配置防护栏网、栏杆或其他安全设施。

（2）悬空作业的索具、脚手板、吊篮、吊笼、平台等设备均需经过技术鉴定或检验方可使用。

（3）安装管道时必须有已完结构或操作平台为立足点，严禁在安装中的管道上站立和行走。

（4）模板支撑和拆卸时的悬空作业，必须遵守下列规定：

1）支模应按规定的作业程序进行，模板未固定前不得进行下道工序。严禁在连接件和支撑件上攀登上下，严禁在上下同一垂直面装、拆模板。结构复杂的模板，装、拆应严格按照施工组织设计的措施进行。

2）支设高度在 2 m 以上的模板，四周应设斜撑，并应设操作平台。

3）支设悬挑形式的模板时，应有稳固的立足点。支设临空构筑物模板时，应搭设支架或脚手架。模板上有预留洞时，应在安装后将洞口覆盖。混凝土板上拆模后形成的临边洞口，应按规范进行防护。拆模高处作业，应配置登高用具或搭设支架。

（5）钢筋绑扎时悬空作业，必须遵守下列规定：

1）绑扎钢筋和安装钢筋骨架时，必须搭设脚手架和马道。

2）绑扎圈梁、挑梁、挑檐、外墙和边柱等钢筋时，应搭设操作台架和张挂安全网。悬空大梁钢筋的绑扎，必须在满铺脚手板的支架或操作平台上操作。

3）绑扎立柱钢筋时，不得站在钢筋骨架上或攀登骨架上下。

（6）混凝土浇筑时的悬空作业，必须遵守下列规定：

1）浇筑离地 2 m 以上框架、过梁、雨篷和小平台时，应设操作平台，不得直接站在模板或支撑件上操作。

2）特殊情况如无可靠安全设施，必须系好安全带保险钩或架设安全网。

（7）悬空进行门窗作业时，必须遵守下列规定：

1）安装门窗、油漆及安装玻璃时，严禁操作人员在阳台栏板上操作。门窗临时固定，封填材料未达到强度，以及电焊时，严禁手拉门窗进行攀登。

2）在高处外墙安装门窗，无外脚手架时，应张挂安全网。无安全网时，操作人员应系好安全带，其保险钩应挂在操作人员上方的可靠的物体上。不得使用座板式单人吊具。

3）进行各项窗口作业时，操作人员的重心应位于室内，不得站在窗台上，必要时应系好安全带进行操作。

（8）在坡度大于 1∶2.2 的屋面上作业，当无脚手架时，应在屋檐边设置不低于 1.5m 高的防护栏杆，并应采用密目式安全网全封闭。

4. 悬空作业基本规定

（1）悬空作业处应有牢靠的立足处并必须视具体情况设置防护网、栏杆或其他安全设施。

（2）悬空作业所用的索具、脚手板、吊篮、平台等设备均需检查或技术鉴定后方可使用。

（3）悬空安装大模板，必须站在操作平台上操作。

（4）绑扎钢筋和安装钢筋骨架时，必须搭设脚手架和通道用安全网封闭。

（5）混凝土高处浇筑时应设操作平台以防作业人员坠落。

（6）进行各项高处悬空作业时，应系好安全带和做好安全防护，防止坠落和造成损伤。

（四）操作平台与交叉作业

1. 操作平台安全防护措施

在施工现场常搭设各种临时性的操作平台或操作架，进行各种砌筑、装修和粉刷等作业，一般来说，可在一定工期内用于承载物料，并在其中进行各种操作的构架式平台，称为操作平台。操作平台有移动式操作平台和悬挑式钢平台两种。

操作平台施工安全要点。

（1）操作平台应由专业技术人员按现行的相应规范进行设计，计算书及图纸应编入施工组织设计。

（2）操作平台的面积不应超过 10 m^2，高度不应超过 5 m，高宽比不应大于 3∶1，施工荷载不应超过 1.5 kN/m^2，还应进行稳定验算，并采用措施减少立柱的长细比。超出本规定的，应编制专项施工方案。

（3）装设轮子的移动式操作平台，轮子与平台的接合处应牢固可靠，立柱底端离地面不得超过 80 mm。

（4）操作平台可用 ϕ（48～51）×3.5 mm 钢管以扣件连接，也可采用门架式或承插式钢管脚手架部件，按产品使用要求进行组装。平台的次梁，间距不应大于 40 cm；台面应满铺 3 cm 厚的木板或竹笆。

（5）操作平台四周必须按临边作业要求设置防护栏杆，并应布置登高扶梯。

（6）悬挑式钢平台施工安全要点：

1）悬挑式钢平台应按现行的相应规范进行设计，其结构构造应能防止左右晃动，计算书及图纸应编入施工组织设计。

2）悬挑式钢平台的搁支点与上部拉结点，必须位于建筑物上，不得设置在脚手架等施工设备上。

3）斜拉杆或钢丝绳，构造上宜两边各设前后两道，两道中的每一道均应作单道受力计算。

4）应设置4个经过验算的吊环。吊运平台时应使用卡环，不得使吊钩直接钩挂吊环。吊环应用甲类3号沸腾钢制作。

5）钢平台安装时，钢丝绳应采用专用的挂钩挂牢，采取其他方式时卡头的卡子不得少于3个。建筑物锐角利口围系钢丝绳处应加衬软垫物，钢平台外口应略高于内口。

6）钢平台左右两侧必须装置固定的防护栏杆。

7）钢平台吊装，需待横梁支撑点电焊固定，接好钢丝绳，调整完毕，经过检查验收，方可松卸起重吊钩，上下操作。

8）钢平台使用时，应有专人进行检查，发现钢丝绳有锈蚀损坏应及时调换，焊缝脱焊应及时修复。

9）操作平台应具有必要的强度和稳定性，使用过程中，不得晃动。操作平台制作前都要由专业技术人员按所用的材料，依照现行的相应规范进行设计，计算书或图纸要编入施工组织设计，操作平台上人员和物料的总重量，严禁超过设计的容许荷载，另外应配备专人加以监督。

2. 操作平台本规定

（1）操作员必须熟练掌握设备的操作要领和技术性能，并认真做好设备的维修保养，使设备始终处于完好状态。

（2）使用前必须认真检查设备的各部位是否完好，检查电源线、液压油泵、油缸是否完好，检查电器开关、换向阀门是否灵敏可靠，严禁“带病”作业。

（3）登高前要进行上下空运行一次，检查压力表数据是否符合技术要求。

（4）登高作业要注意安全，操作时地面要有人看管，严禁在高处将物品抛向地面。

（5）开机登高前，平台的四支撑架必须向外伸足，安放位置要均匀，支撑螺栓要坚固适当。

（6）登上平台后，要立即装好防护栏杆，操作者及所带物品要尽量靠近平台中心位置，确保平台升降平稳。

3. 交叉作业安全防护措施

在施工现场上下不同层次同时进行的高处作业，于空间贯通状态下同时进行的高处作业，称为交叉作业。现场施工上部搭设脚手架、吊运物料、地面上的人员搬运材料、制作钢筋或外墙装修下面打底抹灰、上面进行面层装饰等，都是施工现场的交叉作业。交叉作业中，若高处作业不慎碰掉物料，失手掉下工具或吊运物体散落，都可能砸到下面的作业人员，发生物体打击伤亡事故。因此，应该做好交叉作业安全防护措施。

针对交叉作业施工现场和人员，在遵守文明施工一般安全要求的基础上，还应遵守交叉作业中相互安全防护措施，以及施工作业的一般安全要求，交叉作业施工中需遵守的一般安全要求主要有以下几点：

（1）施工作业前对各班组进行班前安全交底；

（2）施工前应对高处作业的防护器具进行自检；

（3）交叉作业时要设安全栏杆、安全网、防护棚和示警围栏；

（4）交叉作业中应设专人进行安全巡视和现场安全指挥；

（5）夜间工作要有足够照明；

（6）施工人员必须体检合格，作业时需戴安全帽，不准穿凉鞋、硬底鞋、塑料鞋及赤脚攀登；

（7）作业中不准将工具、材料上、下投掷，要用绳索绑牢后吊运；

（8）6 级以上大风时不能进行施工工作；

（9）在机械下方交叉作业时，塔吊必须严格遵守“十吊十不吊”原则进行；

（10）所有特殊工种操作人员必须持证上岗；

（11）支模、绑扎钢筋、挖掘机、运输车辆交叉操作时：

1）上下作业时不得在同一垂直方向同时操作；

2）下层作业的位置，必须处于上层高度确定的可能坠落范围半径之外，不符合此条件时，中间必须设计安全防护层（隔离层）；

3）吊运大型模板、砖、砌块、预制构件、石材等材料时不准超重、超高，提前警示吊运物路线上的操作人员；

4）施工人员严禁进入机械正在作业的范围，施工人员必须让在道路上行驶的车辆，不能人机抢道。

（12）拆除脚手架与模板时：

1）地面应设有安全区域，并派专人进行监护操作人员，下方不得有其他操作人员；

2）拆下的模板、脚手架等部件，临时堆放处离楼层边沿应不小于 1 m，堆放高度不得超过 1 m；

3）道路边口、通道口、脚手架边缘等处，严禁堆放拆下物件。

4. 交叉作业基本规定

（1）同一区域内各施工方，应互相理解、互相配合，建立联系机制，及时解决可能发生的安全问题，并尽可能为对方创造安全工作条件和作业环境。

（2）在同一作业区域内施工应尽量避免交叉作业，在无法避免交叉作业时，应尽量避免立体交叉作业。双方在交叉作业或发生相互干扰时，应根据该作业面的具体情况共同商讨制定具体安全措施，明确各自的职责。

（3）因工作需要进入他人作业场所，必须以书面形式（交叉作业通知单）向对方申请，说明作业性质、时间、人数、动用设备、作业区域范围、需要配合事项。其中必须进行告知的作业有：土石方开挖爆破作业、设备（检修）安装、起重吊装、高处作业、模板安装、脚手架搭设拆除、焊接（动火）作业、施工用电、材料运输、其他作业等。

（4）双方应加强从业人员的安全教育和培训，提高从业人员作业的技能和自我保护意识，预防事故发生的应急措施和综合应变能力，做到“四不伤害”，即不伤害自己、不伤害他人、不被他人伤害、保护他人不受伤害。

（5）交叉作业双方施工前，应当互相通知或告知本方施工作业的内容、安全注意事项。当施工过程中发生冲突和影响施工作业时，各方要先停止作业，保护相关方财产、周边建筑物及水、电、气、管道等设施的安全；由各自的负责人或安全管理负责人进行协商处理。施工作业中各方应加强安全检查，对发现的隐患和可预见的问题要及时协调解决，消除安全隐患，确保施工安全和质量。

四、模板工程安全技术要点

（一）模板工程安全防范重点

（1）安装和拆除模板时，操作人员应佩戴安全帽、系安全带、穿防滑鞋。安全帽和安全带应定期检查，不合格者严禁使用。

（2）模板及配件进场应有出厂合格证或当年的检验报告，安装前应对所用部件（立柱、楞梁、吊环、扣件等）进行认真检查，不符合要求者不得使用。

（3）模板工程应编制施工设计和安全技术措施，并应严格按施工设计与安全技术措施规定施工。满堂模板、建筑层高 8 m 及以上和梁跨大于或等于 15 m 的模板，在安装、拆除作业前，工程技术人员应以书面形式向作业班组进行施工操作的安全技术交底，作业班组应对照书面交底进行上下班的自检和互检。

（4）施工过程中应经常对下列项目进行检查：

1）立柱底部基土回填夯实的状况；

2）垫木应满足设计要求；

3）底座位置应正确，顶托螺杆伸出长度应符合规定；

4）立杆的规格尺寸和垂直度应符合要求，不得出现偏心荷载；

5）扫地杆、水平拉杆、剪刀撑等的设置应符合规定，固定应可靠；

6）安全网和各种安全设施应符合要求。

（5）在高处安装和拆除模板时，周围应设安全网或搭脚手架，并应加设防护栏杆。在临街面及交通要道地区，应设警示牌，派专人看管。作业时，模板和配件不得随意堆放，模板应放平放稳，严防滑落。脚手架或操作平台上临时堆放的模板不宜超过 3 层，连接件应放在箱盒或工具袋中，不得散放在脚手板上。脚手架或操作平台上的施工总荷载不得超过其设计值。

（6）若遇恶劣天气，如大雨、大雾、沙尘、大雪及 6 级以上大风时，应停止露天高处作业。5 级及以上风力时，应停止高处吊运作业。雨雪停止后，应及时清除模板和地面上的冰雪及积水。

（7）有关避雷、防触电和架空输电线路的安全距离应遵守《施工现场临时用电安全技术规范》（JGJ 46—2005）的有关规定。

（8）施工用的临时照明和动力线应用绝缘线和绝缘电缆线，且不得直接固定在钢模板上。施工用临时照明和机电设备线严禁非电工乱拉乱接。同时还应经常检查线路的完好情况，严防绝缘破损漏电伤人。

（9）夜间施工时，应有足够的照明，并应制订夜间施工的安全措施。

（二）现浇混凝土工程模板支撑系统安装要求

（1）支撑系统的安装按设计要求进行，基土上的支撑点应牢固平整，支撑在安装过程中应考虑必要的临时固定措施，以保证稳定性。

（2）立柱底部支承结构必须具有支承上层荷载的能力。为合理传递荷载，立柱底部应设置木垫块板，禁止使用砖及脆性材料铺垫。当支承在地基土上时，应验算地基土的承载力。

（3）立柱接长严禁搭接，必须采用对接扣件连接，相邻两立柱的对接接头不得在同步内，且对接接头沿竖向错开的距离不小于 500 mm，各接头中心距主节点不宜大于步距的 1/3。

（4）为保证立柱的整体稳定，在安装立柱的同时，应加设水平拉结和剪刀撑。

（5）立柱的间距应经过计算确定，按照施工方案要求进行施工。若采用多层支模，上下层立柱要保持垂直，并应在同一垂直线上。

（6）当层高在 8～20 m 时，在最顶两步距水平拉杆中间应加设一道水平拉杆；当层高大于 20 m 时，最顶步距两水平拉杆中间应分别加设一道水平拉杆；所有水平拉杆的端部均应与四周建筑物顶紧顶牢。无处可顶时，应于水平拉杆端部和中部沿竖向设置连续式剪刀撑。

（三）保证模板安装施工安全的基本要求

（1）模板工程安装高度超过 3.0 m，必须搭设脚手架，除操作人员外，脚手架下不得站其他人。

（2）模板工程作业高度在 2 m 及 2 m 以上时，要有安全可靠的操作架子或操作平台，并按要求进行防护。

（3）施工人员上下通行必须借助马道、施工电梯或上人扶梯等设施，不允许攀爬模板、斜撑杆、拉条或绳索等上下，不允许在高处的墙顶、独立梁或在其模板上行走。

（4）操作架子上、平台上不宜堆放模板，必须短时间堆放时，一定要码放平稳，数量控制在架子和平台允许荷载范围内。

（5）冬期施工，对于操作地点和人行通道上的冰雪应事先清除。雨期施工，高耸结构的模板作业，要安装避雷装置，沿海地区要考虑抗风和加固措施。

（6）5 级以上大风天气，不宜进行大块模板拼装和吊装作业。

（7）在架空输电线路下方进行模板施工，如果不能停电作业，应采取隔离措施。

（8）夜间施工，必须有足够的照明。并应制定夜间施工的安全措施。

（9）高处支模作业人员所用工具和连接件应放在箱盒或工具袋中，不得散放在脚手板上，以免坠落伤人。

（10）模板安装时，上下应有人接应，随装随运，严禁抛掷。且不得将模板支搭在门窗框上，也不得将脚手板支搭在模板上，并严禁将模板与上料井架及有车辆运行的脚手架或操作平台支成一体。

（11）若进行模板支撑和拆卸时需悬空作业，严禁在上下同一垂直范围内装拆模板，不可借助连接和支撑攀登上下，支设临空构筑模板时应搭设支架或脚手架，模板留有预留口洞时，应在安装后将洞口覆盖。

（四）保证模板拆除施工安全的基本要求

（1）现浇混凝土结构模板及其支架拆除时的混凝土强度应符合设计要求。当设计无要求时，应符合下列规定：

1）不承重的侧模板，包括梁、柱、墙的侧模板，只要混凝土强度能保证其表面及棱角不因拆除模板而受损，即可进行拆除。

2）承重模板，应在与结构同条件养护的试块强度达到规定要求时，方可拆除。

3）后张法预应力混凝土结构底模必须在预应力钢筋张拉完毕后，才能进行拆除。

4）在拆模过程中，如发现实际混凝土强度并未达到要求，有影响结构安全的质量问题时，应暂停拆模，经妥善处理实际强度达到要求后，才可继续拆除。

5）已拆除模板及其支架的混凝土结构，应在混凝土强度达到设计的混凝土强度标准值后，才允许承受全部设计的使用荷载。

6）拆除芯模或预留孔的内模时，应在混凝土强度能保证不发生塌陷和裂缝时，方可拆除。

（2）拆模之前必须要办理拆模申请手续，在同条件养护试块强度记录达到规定要求时，技术负责人方可批准拆模。

（3）各类模板拆除的顺序和方法，应根据模板设计的要求进行。如果模板设计无具体要求时，可按先支的后拆，后支的先拆，先拆非承重的模板，后拆承重的模板及支架。

（4）模板不能采取猛撬以致大片塌落的方法拆除。

（5）拆模作业区应设安全警戒线，以防有人误入。拆除的模板必须随时清理。

（6）用起重机吊运拆除模板时，模板应堆码整齐并捆牢，才可吊运。吊运大块或整体模板时，竖向吊运不应少于两个吊点，水平吊运不应少于四个吊点。吊运必须使用卡环连接，并应稳起稳落，待模板就位连接牢固后，方可摘除卡环。

（7）冬期施工的模板拆除应遵守冬期施工的有关规定，其中主要是考虑混凝土模板拆除后的保温养护，如果不能进行保温养护，必须暴露在大气中，要考虑混凝土受冻临界强度。

（8）拆除的模板必须随时清理，以免钉子扎脚、阻碍通行。

（五）使用后的木模规定

使用后的木模板应拔除铁钉，分类进库。堆放整齐。若为露天堆放，顶面应遮防雨布。

五、施工用电安全技术要点

（1）建筑施工现场临时用电工程专用的电源中性点直接接地的220/380V三相四线制低压电力系统，必须符合下列规定：

1）采用三级配电系统；

2）采用 TN-S 接零保护系统；

3）采用二级漏电保护系统。

（2）施工现场临时用电设备在 5 台及以上或设备总容量在 50 kW 及以上者，应编制用电组织设计。施工现场临时用电设备在 5 台以下或设备总容量在 50 kW 以下者，应制定安全用电和电气防火措施。临时用电组织设计及变更时，必须履行“编制、审核、批准”程序，由电气工程技术人员组织编制，经相关部门审核及具有法人资格企业的技术负责人批准后实施。变更用电组织设计时应补充有关图纸资料。

（3）电工必须经过按国家现行标准考核合格后，持证上岗工作；其他用电人员必须通过相关安全教育培训和技术交底，考核合格后方可上岗工作。

（4）在建工程（含脚手架）的周边与外电架空线路的边线之间的最小安全操作距离应符合表 5-9 规定。

表 5-9　在建工程（含脚手架）的周边与架空线路的边线之间的最小安全操作距离

外电线路电压等级/kV	＜1	1～10	35～110	220	330～550
最小安全操作距离/m	4	6	8	10	15

（5）施工现场的机动车道与外电架空线路交叉时，架空线路的最低点与路面的最小垂直距离应符合表 5-10 规定。

表 5-10　施工现场的机动车道与架空线路交叉时的最小垂直距离

外电线路电压等级/kV	＜1	1～10	35
最小垂直距离/m	6	7	7

（6）起重机严禁越过无防护设施的外电架空线路作业，在外电架空线路附近吊装时，起重机的任何部位或被吊物边缘在最大偏斜时与架空线路边线的最小安全距离应符合表 5-11 规定。

表 5-11　起重机与架空线路边线的最小安全距离

电压/kV 安全距离/m	＜1	10	35	110	220	330	500
沿垂直方向	1.5	3	4	5	6	7	8.5
沿水平方向	1.5	2	3.5	4	6	7	8.5

（7）架设防护设施时，必须经有关部门批准，采用线路暂时停电或其他可靠的安全技术措施，并应有电气工程技术人员和专职安全人员监护。防护设施与外电线路之间的安全距离不应小于表 5-12 所列数值。

表 5-12　防护设施与外电线路之间的最小安全距离

外电线路电压等级/kV	≤10	35	110	220	330	500
最小安全距离/m	1.7	2	2.5	4	5	6

（8）在施工现场专用变压器的供电的TN-S接零保护系统中，电气设备的金属外壳必须与保护零线连接。保护零线应由工作接地线、配电室（总配电箱）电源侧零线或总漏电保护器电源侧零线处引出。

（9）施工现场与外电线路共用同一供电系统时，电气设备的接地、接零保护应与原系统保持一致。不得一部分设备做保护接零，另一部分设备做保护接地。采用TN系统做保护接零时，工作零线（N线）必须通过总漏电保护器，保护零线（PE线）必须由电源进线零线重复接地处或总漏电保护器电源侧零线处引出形成局部TN-S接零保护系统。PE线上严禁装设开关或熔断器，严禁通过工作电流，且严禁断线。

（10）TN系统中的保护零线除必须在配电室或总配电箱处做重复接地外，还必须在配电系统的中间处和末端处做重复接地。在TN系统中，保护零线每一处重复接地装置的接地电阻值不应大于10 Ω。在工作接地电阻值允许达到10 Ω的电力系统中，所有重复接地的等效电阻值不应大于10 Ω。

（11）多台用电设备的PE线应分别由PE接线排处引出，不得串联。做防雷接地机械上的电气设备，所连接的PE线必须同时做重复接地，同一台机械电气设备的重复接地和机械的防雷接地可共用同一接地体，但接地电阻应符合重复接地电阻值的要求。

（12）配电柜应装设电源隔离开关及短路、过载、漏电保护电器。电源隔离开关分断时应有明显可见分断点。配电柜或配电线路停电维修时，应挂接地线，并应悬挂“禁止合闸、有人工作”停电标志牌。停送电必须由专人负责。

（13）电缆线路应采用埋地或架空敷设，严禁沿地面明设，并应避免机械损伤和介质腐蚀。埋地电缆路径应设方位标志。电气设备或电气线路发生火灾时，通常首先要设法切断电源。

（14）配电系统应设置配电柜或总配电箱、分配电箱、开关箱，实行三级配电。总配电箱以下可设若干分配电箱；分配电箱以下可设若干个开关箱。总配电箱应设在靠近电源的区域，分配电箱应设在用电设备或负荷相对集中的区域。分配电箱与开关箱的距离不得超过30 m，开关箱与其控制的固定式用电设备的水平距离不宜超过3 m。

（15）动力配电箱与照明配电箱宜分别设置。当合并设置为同一配电箱时，动力和照明应分路配电；动力开关箱与照明开关箱必须分设。每台用电设备必须有各自专用的开关箱，严禁用同一个开关箱直接控制2台及2台以上用电设备（含插座）。

（16）各级配电箱的箱体和内部设置必须符合安全规定，开关电器应标明用途，箱体应统一编号。停止使用的配电箱应切断电源，箱门上锁。固定式配电箱应设围栏，并有防雨、防砸措施。

（17）配电箱的电器安装板上必须分设N线端子板和PE线端子板。N线端子板必须与金属电器安装板绝缘；PE线端子板必须与金属电器安装板做电气连接。进出线中的N线必须通过N线端子板连接，PE线必须通过PE线端子板连接。

（18）总配电箱中漏电保护器的额定漏电动作电流应大于30 mA，额定漏电动作时间应大于0.1 s，但其额定漏电动作电流不应大于30 mA，额定漏电动作时间不应大于0.1 s。使用于潮湿或有腐蚀介质场所的漏电保护器应采用防溅型产品，其额定漏电动作电流不应大于

15 mA，额定漏电电动作时间不应大于 0.1 s。

（19）配电箱、开关箱的电源进线端严禁采用插头和插座做活动连接。对配电箱、开关箱进行定期维修、检查时，必须将其前一级相应的电源隔离开关分闸断电，并悬挂“禁止合闸、有人工作”停电标志牌，严禁带电作业。

（20）照明变压器必须使用双绕组型安全隔离变压器，禁止使用自耦变压器。一般场所宜选用额定电压为 220 V 的照明器。下列特殊场所应使用安全特低电压照明器：

1）隧道、人防工程、高温、有导电灰尘、比较潮湿或场所的照明灯具离地面高度低于 2.5 m 等场所的照明，电源电压不应大于等场用所的照明，电源电压不应大于 36 V；

2）潮湿和易触及带电体场所的照明，电源电压不得大于 24 V；

3）特别潮湿场所、导电良好的地面、锅炉或金属容器内的照明，电源电压不得大于 12 V。

（21）室外 220 V 灯具距地面不得低于 3 m，室内 220 V 灯具距地不得低于 2.5 m。普通灯具与易燃物距离不宜小于 300 mm；聚光灯、碘钨灯等高热灯具与易燃物距离不宜小于 500 mm，且不得直接照射易燃物。达不到规定安全距离时，应采取隔热措施。碘钨灯及钠、铊、铟等金属卤化物灯具的安装高度宜在 3 m 以上，灯线应固定在接线柱上，不得靠近灯具表面。

（22）对夜间影响飞机或车辆通行的在建工程及机械设备，必须设置醒目的红色信号灯，其电源应设在施工现场总电源开关的前侧，并应设置外电线路停止供电时的应急自备电源。

（23）对混凝土搅拌机、钢筋加工机械、木工机械、盾构机械等设备进行清理、检查、维修时，必须首先将其开关箱分闸断电，呈现可见电源分断点，并关门上锁。

六、垂直运输机械及起重吊装安全技术要点

（一）物料提升机安全技术

（1）用于物料提升机的材料、钢丝绳及配套零部件产品应有出厂合格证。起重量限制器、防坠安全器应经型式检验合格。

（2）物料提升机的基础应能承受最不利工作条件下的全部荷载。30 m 及以上物料提升的基础应进行设计计算。对 30 m 以下物料提升机，当设计无要求时，应符合下列规定：

1）基础土层的承载力不应小于 80 kPa；

2）基础混凝土强度等级不应低于 C20，厚度不应小于 300 mm；

3）基础表面应平整，水平度不应大于 10 mm；

4）基础周边应有排水设施，不得有积水浸泡基础。

（3）物料提升机安装、拆除前，应根据工程实际情况编制专项安装、拆除方案，且应经安装、拆除单位技术负责人审批后实施。安装、拆除单位应具有起重机械安拆资质及安全生产许可证；安装、拆除作业人员必须经专门培训，取得特种作业资格证。物料提升机必须由取得特种作业操作证的人员操作。

（4）安装作业前的准备，应符合下列规定：

1）物料提升机安装前，安装负责人应依据专项安装方案对安装作业人员进行安全技术

交底；

2）应确认物料提升机的结构、零部件和安全装置经出厂检验，并符合要求；

3）应确认物料提升机的基础已验收，并符合要求；

4）应确认辅助安装起重设备及工具经检验检测，并符合要求；

5）应明确作业警戒区，并设专人监护。

（5）物料提升机安装完毕后，应由工程负责人组织安装单位、使用单位、租赁单位和监理单位等对物料提升机安装质量进行验收，并应按规定填写验收记录。物料提升机验收合格后，应在导轨架明显处悬挂验收合格标志牌。

（6）物料提升机额定起重量不宜超过 160 kN；安装高度不宜超过 30 m。当安装高度超过 30 m 时，物料提升机除应具有起重量限制、防坠保护、停层及限位功能外，尚应符合下列规定：

1）吊笼应有自动停层功能，停层后吊笼底板与停层平台的垂直高度偏差不应超过 30 mm；

2）防坠安全器应为渐进式；

3）应具有自升降安拆功能；

4）应具有语音及影像信号。

（7）物料提升机自由端高度不宜大于 6 m；附墙架间距不宜大于 6 m。

（8）物料提升机严禁使用摩擦式卷扬机。

（9）当物料提升机安装条件受到限制不能使用附墙架时，可采用缆风绳，当物料提升机安装高度大于或等于 30 m 时，不得使用缆风绳。缆风绳的设置应符合说明书的要求，并应符合下列规定：

1）每一组四根缆风绳与导轨架的连接点应在同一水平高度，且应对称设置；缆风绳与导轨架的连接处应采取防止钢丝绳受剪破坏的措施；

2）缆风绳宜设在导轨架的顶部；当中间设置缆风绳时，应采取增加导轨架刚度的措施；

3）缆风绳与水平面夹角宜在 45°～60°，并应采用与缆风绳同等强度的花篮螺栓与地锚连接。

（10）物料提升机严禁载人。

（11）物料提升机地面进料口应设置防护围栏；围栏高度不应小于 1.8 m，围栏立面可采用网板结构。

（12）在雷雨季节使用高度超过 30 m 的钢井架设避雷装置，没有装置的井架在雷雨天气暂停使用。

（13）井架自地面 5 m 的四周应使用安全网或其他遮挡材料进行封闭，避免吊盘上材料坠落伤人。

（14）吊盘内的材料应居中放置，同时不要长杆材料和零乱堆放的材料，以免材料坠落或长杆材料卡住井架造成事故。

（15）吊盘不得长时间悬于井架中，应及时降落至地面。

（16）应经常检查井架和杆件是不是发生变形和连接松动情况。经常观察有没有发生地基的不均匀沉降情况，并及时加以解决。

（二）施工升降机安全技术

（1）安装前具备的条件。

1）施工升降机安装作业前，安装单位应编制施工升降机安装、拆卸工程专项施工方案，由安装单位金属负责人批准后，报送施工总承包单位、使用单位、监理单位审核，并告知工程所在地县级以上建设行政主管部门。专项施工方案应根据使用说明书的要求、作业场地基周边环境的实际情况、施工升降机使用要求等编制。当安装、拆卸过程中专项施工方案发生变更时，应按程序更新对方案进行审批，未经审批不得继续进行安装、拆卸作业。

2）安装作业前，安装单位应根据施工升降机基础验收表、隐蔽工程验收单和混凝土强度报告等相关资料，确认所安装的施工方施工升降机和辅助起重设备的基础、地基承载力、预拆卸工程专项施工方案的要求。

3）施工升降机安装前应对各个部件进行检查。对有可见裂纹的构件应进行修复或更换，对有严重锈蚀、严重磨损、整体或局部变形的构件必须进行更换，符合产品标准的有关规定后方能进行安装。

4）安装作业前，应对辅助起重设备和其他安装辅助用具的机械性能和安全性能进行检查，合格后方能投入作业。

5）安装作业前，安装技术人员应根据施工升降机安装、拆卸工程专项施工方案和使用说明书的要求，对安装作业人员进行安全技术交底，并由安装作业人员在交底书上签字。在施工期间内，交底书应留存备查。

6）施工升降机必须安装防坠安全器。防坠安全器应在一年有效标定期内使用。

（2）施工升降机的安装。

1）进入现场的安装作业人员应佩戴安全防护用品，高处作业人员应系安全带，穿防滑鞋。作业人员严禁酒后作业。安装作业人员应按施工安全技术交底内容进行作业。安装单位的专业技术人员、专职安全生产管理人员应进行现场监督。

2）施工升降机的安装作业范围应设置警戒线及明显的警示标志。非作业人员不得进入警戒范围。任何人不得在悬吊物下方行走或停留。安装作业中应统一指挥，明确分工。危险部位安装时应采取可靠的防护措施。当指挥信号传递困难时，应使用对讲机等通信工具进行指挥。

3）安装作业过程中安装作业人员和工具等总载荷不得超过施工升降机的额定安装载重量。当需安装导轨架加厚标准节时，应确保普通标准节和加厚标准节的安装部位正确，不得用普通标准节替代加厚标准节。

4）当遇大雨、大雪、大雾或风速大于 13m/s 等恶劣天气时，应停止安装作业。当发现故障或危及安全的情况时，应立刻停止安装作业，采取必要的安全防护措施，应设置警示标志并报告技术负责人。在故障或危险情况未排除之前，不得继续安装作业。当遇意外情况不能继续安装作业时，应使已安装的部件达到稳定状态并固定牢靠，经确认合格后方能停止作业。作业人员下班离岗时，应采取必要的防护措施，并应设置明显的警示标志。

（3）施工升降机的使用。

1）施工升降机司机应持有建筑施工特种作业操作资格证书，不得无证操作。使用单位应对施工升降机司机进行全面安全技术交底，交底资料应留存备查。

2）严禁施工升降机使用超过有效标定期的防坠安全器。施工升降机使用期间，每 3 个月应进行不少于一次的额定载重量坠落试验。坠落试验的方法、时间间隔及评定标准应符合使用说明书和《施工升降机》（GB/T 10054—2005）的有关要求。

3）应在施工升降机作业范围内设置明显的安全警示标志，应在集中作业区做好安全防护。建筑物超过 2 层时，施工升降机地面通道上方应搭设防护棚。当建筑物高度超过 24 m 时，应设置双层防护棚。

4）当遇大雨、大雪、大雾、施工升降机顶部风速大于 20 m/s 或导轨架、电缆表面有冰层时，不得使用施工升降机。

5）严禁用行程限位开关作为停止运行的控制开关。严禁在施工升降机运行中进行保养、维修作业。

6）作业结束后应将施工升降机返回最底层停放，将各控制开关拨到零位，切断电源，锁好开关箱、吊笼门和地面防护围栏门。

（4）施工升降机的拆卸。

1）施工升降机拆卸作业应符合拆卸工程专项施工方案的要求。

2）应有足够的工作面作为拆卸场地，应在拆卸场地周围设置警戒线和醒目的安全警示标志，并应派专人监护。拆卸施工升降机时，不得在拆卸作业区域内进行与拆卸无关的其他作业。

3）夜间不得进行施工升降机的拆卸作业。

4）拆卸附墙架时施工升降机导轨架的自由端高度应始终满足使用说明书的要求。

5）应确保与基础相连的导轨架在最后一个附墙架拆除后，仍能保持各方向的稳定性。

6）施工升降机拆卸应连续作业。当拆卸作业不能连续完成时，应根据拆卸状态采取相应的安全措施。

7）吊笼未拆除之前，非拆卸作业人员不得在地面防护围栏内、施工升降机运行通道内、导轨架内以及附墙架上等区域活动。

（三）塔式起重机安全技术

（1）塔式起重机在安装和拆卸之前，必须针对其类型特点，说明书的技术要求，结合作业条件制定详细的施工方案。塔式起重机的安装和拆卸作业必须由取得相应资质的专业队伍进行，安装完毕经验收合格，取得政府相关主管部门核发的《准用证》后方可使用。

（2）行走式塔式起重机和轨道的铺设，必须严格按照其说明书的规定进行；固定式塔式起重机的基础施工应按设计图纸进行，其设计计算和施工详图应作为塔吊专项施工方案内容之一。

（3）塔式起重机在操作、维修处应设置平台、走道、踢脚板和栏杆。平台和走道宽度不应小于 500 mm，局部有妨碍处可以降至 400 mm。平台或走道的边缘应设置不小于 100 mm 高的踢脚板。在需要施工操作人员穿越的地方，踢脚板的高度可以降低。离地面 2 m 以上的平台及走道应设置防止操作人员跌落的手扶栏杆。手扶栏杆的高度不应低于 1 m，并能承受 1 000 N 的水平移动集中载荷。在栏杆一半高度处应设置中间手扶横杆。

（4）塔吊的重量限制器，力矩限制器，起升高度、变幅、回转、行走限位器，吊钩保险，卷筒保险，爬梯护圈等安全装置必须齐全、灵敏、可靠。钢丝绳在卷筒上的固定应安全可靠，且符合有关要求。钢丝绳在放出最大工作长度后，卷筒上的钢丝绳至少应保留 3 圈。

（5）施工现场多塔作业时，塔机间应保持安全距离，以免作业过程中发生碰撞。两台塔机之间的最小架设距离应保证处于低位塔机的起重臂端部与另台塔机的塔身之间至少有 2m 的距离；处于高位塔机的最低位置的部件（吊钩升至最高点或平衡重的最低部位）与低位塔机中处于最高位置部件之间的垂直距离不应小于 2 m。

（6）安装、拆卸、加节或降节作业时，塔机的最大安装高度处的风速不应大于 13m/s，当有特殊要求时，按用户和制造厂的协议执行。遇 6 级及 6 级以上大风、大雨、大雾等恶劣天气时，应停止作业，将吊钩升起。行走式塔式起重机要夹好轨钳。雨雪过后，应先经过试吊，确认制动器灵敏可靠后方可进行作业。

（四）外用电梯安全技术

（1）外用电梯在安装和拆卸之前必须针对其类型特点，说明书的技术要求，结合施工现场的实际情况制定详细的施工方案。

（2）外用电梯的安装和拆卸作业必须由取得相应资质的专业队伍进行，安装完毕经验收合格，取得政府相关主管部门核发的《准用证》后方可投入使用。

（3）外用电梯的制动器，限速器，门连锁装置，上下限位装置，断绳保护装置，缓冲装置等安全装置必须齐全、灵敏、可靠。

（4）外用电梯底笼周围 2.5 m 范围内必须设置牢固的防护栏杆，进出口处的上部应根据电梯高度搭设足够尺寸和强度的防护棚。

（5）外用电梯与各层站过桥和运输通道，除应在两侧设置安全防护栏杆、挡脚板并用安全立网封闭外，进出口处尚应设置常闭型的防护门。

（6）多层施工交叉作业同时使用外用电梯时，要明确联络信号。

（7）外用电梯梯笼乘人、载物时，应使载荷均匀分布，防止偏重，严禁超载使用。

（8）外用电梯在大雨、大雾和 6 级及 6 级以上大风天气时，应停止使用。暴风雨过后应组织对电梯各有关安全装置进行一次全面检查。

（五）混凝土结构吊装安全技术

（1）单层工业厂房结构吊装。

1）柱的吊装应符合以下规定：

① 柱的起吊方法应符合施工组织设计规定。

② 柱就位后，应将柱底落实，每个柱面应采用不少于两个钢楔揳紧，但严禁将楔子重叠放置。初步校正垂直后，打紧楔子进行临时固定。对重型柱或细长柱以及多风或风大地区，在柱子上部应采取稳妥的临时固定措施，确认牢固可靠后，方可指挥脱钩。

③ 校正柱时，严禁将楔子拔出，在校正好一个方向后，应稍打紧两面相对的四个楔子，方可校正另一个方向。待完全校正好后，除将所有楔子按规定打紧外，还应采用石块将柱底脚与杯底四周全部揳紧。采用缆风或斜撑校正柱时，应在杯口第二次浇筑的混凝土强度达到设计强度的75%时，方可拆除缆风或斜撑。

④ 杯口内应采用强度高一级的细石混凝土浇筑固定。采用木楔或钢楔作临时固定时，应分二次浇筑，第一次灌至楔子下端，待达到设计强度 30%以上，方可拔出楔子，再二次浇筑至基础顶；当使用混凝土楔子时，可一次浇筑至基础顶面。混凝土强度应做试块检验，冬季施工时，应采取冬季施工措施。

2）梁的吊装应符合以下规定：

① 梁的吊装应在柱永久固定和柱间支撑安装后进行。吊车梁的吊装，应在基础杯口二次浇筑的混凝土达到设计强度 50%以上，方可进行。

② 重型吊车梁应边吊边校，然后再进行统一校正。

③ 梁高和底宽之比大于 4 时，应采用支撑撑牢或用 8 号钢丝将梁捆于稳定的构件上后，方可摘钩。

④ 吊车梁的校正应在梁吊装完，也可在屋面构件校正并最后固定后进行。校正完毕后，应立即焊接固定。

3）屋架吊装应符合以下规定：

①进行屋架或屋面梁垂直度校正时，在跨中，校正人员应沿屋架上弦绑设的栏杆行走，栏杆高度不得低于 1.2 m；在两端，应站在悬挂于柱顶上的吊篮上进行，严禁站在柱顶操作。垂直度校正完毕并进行可靠固定后，方可摘钩。

②吊装第一榀屋架和天窗架时，应在其上弦杆拴缆风绳作临时固定。缆风绳应采用两侧布置，每边不得少于 2 根。当跨度大于 18 m 时，宜增加缆风绳数，间距不得大于 6 m。

4）天窗架与屋面板分别吊装时，天窗架应在该榀屋架上的屋面板吊装完毕后进行，并经临时固定和校正后，方可脱钩焊接固定。

5）校正完毕后应按设计要求进行永久性的接头固定。

6）屋架和天窗架上的屋面板吊装，应从两边向屋脊对称进行，且不得用撬杠沿板的纵向撬动。就位后应采用铁片垫实脱钩，并应立即电焊固定，应至少保证 3 点焊牢。

7）托架吊装就位校正后，应立即支模浇灌接头混凝土进行固定。

8）支撑系统应先安装垂直支撑，后安装水平支撑；先安装中部支撑，后安装两端支撑，并与屋架、天窗架和屋面板的吊装交替进行。

（2）多层框架结构吊装。

1）框架柱吊装应符合以下规定：

① 上节柱的安装应在下节柱的梁和柱间支撑安装焊接完毕、下节柱接头混凝土达到设计强度的 75%及以上后，方可进行。

② 多机抬吊多层 H 型框架柱时，递送作业的起重机应使用横吊梁起吊。

③ 柱就位后应随即进行临时固定和校正。榫式接头的，应对称施焊四角钢筋接头后，方可松钩；钢板接头的，应各边分层对称施焊 2/3 的长度后，方可脱钩；H 型柱则应对称焊好四角钢筋后，方可脱钩。

④ 重型或较长柱的临时固定，应在柱间加设水平管式支撑或设缆风绳。

⑤ 吊装中用于保护接头钢筋的钢管或垫木应捆扎牢固。

2）楼层梁的吊装应符合以下规定：

① 吊装明牛腿式接头的楼层梁时，应在梁端和柱牛腿上预埋的钢板焊接后，方可脱钩。

② 吊装齿槽式接头的楼层梁时，应将梁端的上部接头焊好两根后，方可脱钩。

3）楼层板的吊装应符合以下规定：

① 吊装两块以上的双 T 形板时，应将每块的吊索直接挂在起重机吊钩上。

② 板重在 5 kN 以下的小型空心板或槽形板，可采用平吊或兜吊，但板的两端应保证水平。

③ 吊装楼层板时，严禁采用叠压式，并严禁在板上站人、放置小车等重物或工具。

（3）墙板结构吊装。

1）装配式大板结构吊装应符合以下规定：

① 吊装大板时，宜从中间开始向两端进行，并应按先横墙后纵墙，先内墙后外墙，最后隔断墙的顺序逐间封闭吊装。

② 吊装时应保证坐浆密实均匀。

③ 当采用横吊梁或吊索时，起吊应垂直平稳，吊索与水平线的夹角不宜小于 60°。

④ 大板宜随吊随校正。就位后偏差过大时，应将大板重新吊起就位。

⑤ 分墙板应在焊接固定后，方可脱钩，内墙和隔墙板可在临时固定可靠后脱钩。

⑥ 校正完后，应立即焊接预埋筋，待同一层墙板吊装和校正完后，应随即浇筑墙板之间立缝做最后固定。

⑦ 圈梁混凝土强度应达到 75%及以上，方可吊装楼层板。

2）框架挂板吊装应符合以下规定：

① 挂板的运输和吊装不得用钢丝绳兜吊，并严禁用钢丝捆扎。

② 挂板吊装就位后，应与主体结构临时或永久固定后方可脱钩。

3）工业建筑墙板吊装应符合以下规定：

① 各种规格墙板均应具有出厂合格证。

② 吊装时应预埋吊环，立吊时应有预留孔。无吊环和预留孔时，吊索捆绑点距板端不应

大于 1/5 板长。吊索与水平面夹角不应小于 60°。

③ 就位和校正后应做可靠的临时固定或永久固定后方可脱钩。

（六）钢结构吊装安全技术

1. 钢结构厂房吊装

1）钢结构厂房吊装钢柱吊装应符合以下规定：

① 钢柱起吊至柱脚离地脚螺栓或杯口 300～400 mm 后，应对准螺栓或杯口缓慢就位，经初校后，立即进行临时固定，然后方可脱钩。

② 柱校正后，应立即紧固地脚螺栓，将承重垫板点焊固定，并随即对柱脚进行永久固定。

2）吊车梁吊装应符合以下规定：

① 吊车梁吊装应在钢柱固定后、混凝土强度达到 75%以上和柱间支撑安装完后进行。吊车梁的校正应在屋盖吊装完成并固定后方可进行。

② 吊车梁支承面下的空隙应采用楔形铁片塞紧，应确保支承紧贴面不小于 70%。

3）钢屋架吊装应符合以下规定：

① 应根据确定的绑扎点对钢屋架的吊装进行验算，不满足时应进行临时加固。

② 屋架吊装就位后，应在校正和可靠的临时固定后方可摘钩，并按设计要求进行永久固定。

4）天窗架宜采用预先与屋架拼装的方法进行一次吊装。

2. 高层钢结构吊装

1）高层钢结构吊装钢柱吊装应符合以下规定：

① 安装前，应在钢柱上将登高扶梯和操作挂篮或平台等固定好。

② 起吊时，柱根部不得着地拖拉。

③ 吊装时，柱应垂直，严禁碰撞已安装好的构件。

④ 就位时，应待临时固定可靠后，方可脱钩。

2）钢梁吊装应符合以下规定：

① 吊装前应按规定装好扶手杆和扶手安全绳。

② 吊装应采用两点吊。水平桁架的吊点位置，应保证起吊后桁架水平，并应加设安全绳。

③ 梁校正完毕，应及时进行临时固定。

3）剪力墙板吊装应符合以下规定：

① 当先吊装框架后吊装墙板时，临时搁置应采取可靠的支撑措施。

② 墙板与上部框架梁组合后吊装时，就位后应立即进行侧面和底部的连接。

4）框架的整体校正，应在主要流水区段吊装完成后进行。

3. 轻型钢结构和门式刚架吊装

1）轻型钢结构的吊装应符合以下规定：

① 轻型钢结构的组装应在坚实平整的拼装台上进行。组装接头的连接板应平整。

② 屋盖系统吊装应按屋架→屋架垂直支撑→檩条、檩条拉杆→屋架间水平支撑→轻型屋面板的顺序进行。

③ 吊装时，檩条的拉杆应预先张紧，屋架上弦水平支撑应在屋架与檩条安装完毕后拉紧。

④ 屋盖系统构件安装完后，应对全部焊缝接头进行检查，对点焊和漏焊的地方进行补焊或修正后，方可安装轻型屋面板。

2）门式刚架吊装应符合以下规定：

① 轻型门式刚架可采用一点绑扎，但吊点应通过构件重心，中型和重型门式刚架应采用两点或三点绑扎。

② 门式刚架就位后的临时固定，除在基础杯口打入 8 个楔子楔紧外，悬臂端应采用工具式支撑架在两面支撑牢固。在支撑架顶与悬臂端底部之间，应采用千斤顶或对角楔垫实，并在门式刚架间做可靠的临时固定后，方可脱钩。

③ 支撑架应经过设计计算，且应便于移动并有足够的操作平台。

④ 第一榀门式刚架应采用缆风或支撑作临时固定，榀可用缆风、支撑或屋架校正器做临时固定。

⑤ 已校正好的门式刚架应及时装好柱间永久支撑。当柱间支撑设计少于两道时，应另增设两道以上的临时柱间支撑，沿纵向均匀分布。

⑥ 基础杯口二次灌浆的混凝土强度应达到 75%及以上方可吊装屋面板。

七、地下暗挖与顶管安全技术要点

（一）地下暗挖施工安全技术

施工单位应对施工人员进行技术、质量、安全的交底，对有关施工作业人员进行法制教育以及安全生产教育。严格按基坑结构支护设计要求及有关国家、行业、地方的技术标准、规范、规程进行施工，实行技术交底、自检、工序交接、工程隐蔽验收等制度，使工程质量和安全得以控制。

1. 基础施工应具备的资料

1）施工区域内建筑基地的工程地质勘察报告。勘察报告中，要有土壤的常规物理力学指标，必须提供土的固结块剪内摩擦角 ψ、内聚力 c，渗透系数 K 等数据和有关建议。

2）暗挖施工图。

3）场地内和邻近地区地下管线图和有关资料，如位置、深度、直径、构造及埋设年份等。

4）邻近的原有建筑、构筑物的结构、基础情况，如有裂缝、倾斜等情况，需作标记、拍片或绘图，形成原始资料文件。

5）基础施工组织设计。

2. 安全施工方案

暗挖专项施工组织设计（方案），对施工准备、暗挖方法、初支、施工抢险应急措施等根据有关的规范要求进行设计、计算。施工方案要经过主管领导及有关部门批准后方可实施作业。作业前，要对作业人员进行三级安全教育及具有针对性的安全技术交底。

3. 土方开挖

机械开挖时，严格按照土石方施工中的技术规程要求去做。挖掘土方应由上而下进行，不可掏空底脚，不得上下同时开挖，也不得上挖下运，如果必须上下层同时开挖，一定要岔开进行。挖土分层计划，高差，软土地区的基坑开挖，基坑内土面高度应保持均匀，高差不应超过 1 m。

4. 坑边荷载及上下通道

坑边一般不宜堆放重物，如坑边确须堆放重物，边坡坡度和板桩墙的设计须考虑其影响；基坑开挖后，坑边的施工荷载严禁超过设计规定的荷载值。坑边堆土、料具堆放及机械设备距坑边距离应根据土质情况、基坑深度进行计算确定。作业人员上下应搭设稳固安全的阶梯。挖土的土方不得堆置在基坑附近，应离基坑 1.5 m 以上，高度 1.5 m。机械挖土时必须有足够措施确保基坑内的桩体不受损坏。

5. 管道防裂措施

暗挖施工时，由于降水、土方开挖等因素，影响邻近建筑物、构筑物和管线的使用安全时，应事先采取有效措施，如加固、改迁等，特别是各种压力管道要有防裂措施，以确保安全。

6. 临边防护及坑壁支护

深度超过 2 m 的基础施工要根据《建筑施工高处作业安全技术规范》（JGJ 80—2016）的要求在基坑周围设置符合要求的防护栏杆，防护栏杆侧用密目式安全网封闭；无法放坡的基坑按照施工方案进行支护。防护及支护设施完成后要及时进行验收。施工过程中如果支护设施产生变形、位移，必须立即采取措施进行调整或加固。

7. 作业环境

1）暗挖施工属于危险作业场所，要对施工现场设施及周边环境做好变形监测。监测要做好记录，主要是对支护设施、周边已有建筑物、构筑物、重要管线和道路的沉降、位移、变形情况及时掌握。

2）当发生异常时，及时采取有效可靠的措施，防止事故的发生。

3）坑内人员不得在未加固处理的坑壁下方操作、走动、停留，要离开坑壁一定的距离。

4）操作时应随时注意上方土质的变化情况，发现问题时，作业人员要迅速撤离并及时加固处理。

5）夜间施工要尽量安排在地形平坦、施工干扰较少和运输道路畅通的地段，并备足够的照明和警示灯。

6）严禁在危险地段搭建临时建筑物。

（二）顶管施工安全技术

（1）顶管施工前，根据地下顶管法施工技术要求，按施工现场实际情况制定出符合规范、标准、规程的专项安全技术方案（如顶管机吊装和吊拆方案、顶管施工方案等），并组织安全技术交底会。机械人员准备、吊装前吊装环境验收，根据施工现场实际情况，编制实际可行的顶管机吊装方案。吊装之前组织安全交底。地基采取加固措施，须符合承载力要求。各类机具设备符合方案实施需求，设备性能满足要求。

（2）刚顶进时要防止反弹，很容易被洞外泥土压力挤出，因此在顶进到位收泵时，要注意观察反弹现象，如有反弹停止收泵，采取止回措施，方可收泵。

（3）顶管工作坑采用机械挖土方时，现场应有专人指挥装车，堆土应符合有关规定，不得损坏任何构筑物和预埋立撑；工作坑如果采用混凝土灌注桩连续壁，应严格执行有关的安全技术规程操作；工作坑四周或坑底必须有排水设备及措施；工作坑内应设符合规定并固定牢固的安全梯，下管作业的全过程中工作坑内严禁有人作业。

（4）吊装顶铁或管材时，严禁人员在回转半径内停留；往工作坑内下管时，应穿保险钢丝绳，并缓慢地将管子送入轨道就位，以便防止滑脱坠落或冲击轨道，同时坑下人员应站在安全角落。

（5）垂直运输设备的操作人员，在作业前对设备各部分进行安全检查，确认无异常后方可作业，作业时精力集中，服从指挥，严格执行起重设备作业有关的安全操作规程。

（6）安装后的轨道应牢固，不得在使用中产生移位，并应经常检查校核；两导轨应顺直、平行、等高，其纵坡应与管道设计坡度一致。

（7）在拼接管段前或因故障停顿时，应加强联系，及时通知管头操作人员停止挖进，防止因超挖造成塌方，并应在长距离顶进过程中加强通风。

（8）顶进过程对机头进行维修和排除障碍时，必须采取防止冒顶塌方的安全措施，严禁在运行的情况下进行检查和调整，以防伤人。

（9）顶进过程中，油泵操作工应严格注意观察油泵压力是否均匀渐增，若发现压力骤然上升，应立即停止顶进，待查明原因后方能继续顶进。

（10）管子的顶进或停止，应以管头发出信号为准。遇到顶进系统发生故障或在拼管子前20 min，立即发出信号给管头操作人员，引起注意。

（11）顶进作业时，所有操作人员不得在顶铁上方、两侧站立操作，严禁穿行。对顶铁要有专人观察，以防发生崩铁伤人事故。

（12）顶进作业一般应连续进行，不得长期停顿，以防止地下水渗出，造成坍塌。顶进时应保持管头部有足够多的土塞；若遇土质差、因地下水渗流可能造成塌方时，则将管头部灌满以增大水压力。

（13）管道内的照明电信系统应采用 12 V 安全电压，每班顶管前电工要仔细检查各种线路是否正常，确保安全施工。

（14）纠偏千斤顶应与管节绝缘良好，操作电动高压油泵应戴绝缘手套。

（15）顶进中应有防毒、防燃、防爆、防水淹的措施，顶进长度超过 50 m 时，应有通风供氧的措施，防止管内人员缺氧窒息。

（16）在土质较差、土中含水量大、容易塌方的地段施工时，管前端应加一定长度的刚性管帽，管帽应先顶入土层中，再按规定的掏挖长度挖土。

（17）顶进作业中，坑内上下吊运物品时，坑下人员应站在安全位置。吊运机具作业应遵守有关的安全技术操作规程。

（18）在公路、铁路段施工时，应对路基采取一定的保护措施。确保汽车、列车运行安全。

当列车通行时，应停止作业，人员应暂时撤离到离土坡（作业区）1m 以外的安全地区。

（19）管道内，未经许可不得动用明火。

第四节　施工现场安全事故的报告及调查处理程序

一、施工现场安全事故报告

事故发生后，事故现场有关人员应当立即向本单位负责人报告；单位负责人接到报告后，应当于 1 小时内向事故发生地县级以上人民政府安全生产监督管理部门和负有安全生产监督管理职责的有关部门报告。情况紧急时，事故现场有关人员可以直接向事故发生地县级以上人民政府安全生产监督管理部门和负有安全生产监督管理职责的有关部门报告。

安全生产监督管理部门和负有安全生产监督管理职责的有关部门接到事故报告后，应当依照以下规定上报事故情况，并通知公安机关、劳动保障行政部门、工会和人民检察院：

（1）特别重大事故、重大事故逐级上报至国务院安全生产监督管理部门和负有安全生产监督管理职责的有关部门；

（2）较大事故逐级上报至省、自治区、直辖市人民政府安全生产监督管理部门和负有安全生产监督管理职责的有关部门；

（3）一般事故上报至设区的市级人民政府安全生产监督管理部门和负有安全生产监督管理职责的有关部门。

安全生产监督管理部门和负有安全生产监督管理职责的有关部门依照前款规定上报事故情况，应当同时报告本级人民政府。国务院安全生产监督管理部门和负有安全生产监督管理职责的有关部门以及省级人民政府接到发生特别重大事故、重大事故的报告后，应当立即报告国务院。必要时，安全生产监督管理部门和负有安全生产监督管理职责的有关部门可以越级上报事故情况。安全生产监督管理部门和负有安全生产监督管理职责的有关部门逐级上报事故情况，每级上报的时间不得超过 2 小时。

报告事故应包含以下内容：

（1）事故发生单位概况；

（2）事故发生的时间、地点以及事故现场情况；

（3）事故的简要经过；

（4）事故已经造成或者可能造成的伤亡人数（包括下落不明的人数）和初步估计的直接经济损失；

（5）已经采取的措施；

（6）其他应当报告的情况。

事故报告后出现新情况的，应当及时补报。自事故发生之日起 30 日内，事故造成的伤亡人数发生变化的，应当及时补报。道路交通事故、火灾事故自发生之日起 7 日内，事故造成的伤亡人数发生变化的，应当及时补报。事故发生单位负责人接到事故报告后，应当立即启动事故相应应急预案，或者采取有效措施，组织抢救，防止事故扩大，减少人员伤亡和财产损失。事故发生地有关地方人民政府、安全生产监督管理部门和负有安全生产监督管理职责的有关部门接到事故报告后，其负责人应当立即赶赴事故现场，组织事故救援。事故发生后，有关单位和人员应当妥善保护事故现场以及相关证据，任何单位和个人不得破坏事故现场、毁灭相关证据。因抢救人员、防止事故扩大以及疏通交通等原因，需要移动事故现场物件的，应当做出标志，绘制现场简图并做出书面记录，妥善保存现场重要痕迹、物证。事故发生地公安机关根据事故的情况，对涉嫌犯罪的，应当依法立案侦查，采取强制措施和侦查措施。犯罪嫌疑人逃匿的，公安机关应当迅速追捕归案。

安全生产监督管理部门和负有安全生产监督管理职责的有关部门应当建立值班制度，并向社会公布值班电话，受理事故报告和举报。

二、施工现场安全事故调查

特别重大事故由国务院或者国务院授权有关部门组织事故调查组进行调查。重大事故、较大事故、一般事故分别由事故发生地省级人民政府、设区的市级人民政府、县级人民政府负责调查。省级人民政府、设区的市级人民政府、县级人民政府可以直接组织事故调查组进行调查，也可以授权或者委托有关部门组织事故调查组进行调查。未造成人员伤亡的一般事故，县级人民政府也可以委托事故发生单位组织事故调查组进行调查。上级人民政府认为必要时，可以调查由下级人民政府负责调查的事故。自事故发生之日起 30 日内（道路交通事故、火灾事故自发生之日起 7 日内），因事故伤亡人数变化导致事故等级发生变化，依照本条例规定应当由上级人民政府负责调查的，上级人民政府可以另行组织事故调查组进行调查。

特别重大事故以下等级事故，事故发生地与事故发生单位不在同一个县级以上行政区域的，由事故发生地人民政府负责调查，事故发生单位所在地人民政府应当派人参加。事故调查组的组成应当遵循精简、效能的原则。

根据事故的具体情况，事故调查组由有关人民政府、安全生产监督管理部门、负有安全生产监督管理职责的有关部门、监察机关、公安机关以及工会派人组成，并应当邀请人民检察院派人参加。事故调查组可以聘请有关专家参与调查。事故调查组成员应当具有事故调查所需要的知识和专长，并与所调查的事故没有直接利害关系。事故调查组组长由负责事故调查的人民政府指定。事故调查组组长主持事故调查组的工作。

事故调查组应履行以下职责：

（1）查明事故发生的经过、原因、人员伤亡情况及直接经济损失；

（2）认定事故的性质和事故责任；

（3）提出对事故责任者的处理建议；

（4）总结事故教训，提出防范和整改措施；

（5）提交事故调查报告。

事故调查组有权向有关单位和个人了解与事故有关的情况，并要求其提供相关文件、资料，有关单位和个人不得拒绝。事故发生单位的负责人和有关人员在事故调查期间不得擅离职守，并应当随时接受事故调查组的询问，如实提供有关情况。事故调查中发现涉嫌犯罪的，事故调查组应当及时将有关材料或者其复印件移交司法机关处理。事故调查中需要进行技术鉴定的，事故调查组应当委托具有国家规定资质的单位进行技术鉴定。必要时，事故调查组可以直接组织专家进行技术鉴定。技术鉴定所需时间不计入事故调查期限。事故调查组成员在事故调查工作中应当诚信公正、恪尽职守，遵守事故调查组的纪律，保守事故调查的秘密。未经事故调查组组长允许，事故调查组成员不得擅自发布有关事故的信息。事故调查组应当自事故发生之日起 60 日内提交事故调查报告；特殊情况下，经负责事故调查的人民政府批准，提交事故调查报告的期限可以适当延长，但延长的期限最长不超过 60 日。

事故调查报告应当包括以下内容：

（1）事故发生单位概况；

（2）事故发生经过和事故救援情况；

（3）事故造成的人员伤亡和直接经济损失；

（4）事故发生的原因和事故性质；

（5）事故责任的认定以及对事故责任者的处理建议；

（6）事故防范和整改措施。

事故调查报告应当附具有关证据材料。事故调查组成员应当在事故调查报告上签名。事故调查报告报送负责事故调查的人民政府后，事故调查工作即告结束。事故调查的有关资料应当归档保存。

三、施工现场安全事故处理

重大事故、较大事故、一般事故，负责事故调查的人民政府应当自收到事故调查报告之日起 15 日内做出批复；特别重大事故，30 日内做出批复，特殊情况下，批复时间可以适当延长，但延长的时间最长不超过 30 日。有关机关应当按照人民政府的批复，依照法律、行政法规规定的权限和程序，对事故发生单位和有关人员进行行政处罚，对负有事故责任的国家工作人员进行处分。事故发生单位应当按照负责事故调查的人民政府的批复，对本单位负有事故责任的人员进行处理。负有事故责任的人员涉嫌犯罪的，依法追究刑事责任。事故发生单位应当认真吸取事故教训，落实防范和整改措施，防止事故再次发生。防范和整改措施的落实情况应当接受工会和职工的监督。安全生产监督管理部门和负有安全生产监督管理职责的有关部门应当对事故发生单位落实防范和整改措施的情况进行监督检查。事故处理的情况由负责事故调查的人民政府或者其授权的有关部门、机构向社会公布，依法应当保密的除外。

第六章　施工组织设计与施工方案

第一节　施工组织设计的基本知识

一、施工组织设计的类型及编制依据

（一）施工组织设计的类型

施工组织设计是以施工项目为对象编制的，用以指导其施工全过程各项施工活动的技术、组织、进度、经济、协调及控制的综合性文件。

（1）按编制阶段或编制目的的不同分类。

1）投标性施工组织设计，又称为技术标。在投标前，由施工单位有关职能部门负责牵头编制，在投标阶段以招标文件为依据，为满足投标书和签订施工合同的需要编制，以中标为目的。

2）实施性施工组织设计：在中标后施工前，由施工单位项目经理负责牵头编制，在实施阶段以施工合同和中标施工组织设计（技术标）为依据，为满足施工准备和施工需要编制。实施阶段施工组织设计强调的是可操作性，也鼓励企业技术创新。

（2）按编制对象范围不同分类。

根据施工组织设计编制的广度、深度和作用的不同，可分为施工组织总设计、单位工程施工设计、分部分项工程施工方案。

1）施工组织总设计。

一般是在初步设计或扩大设计批准之后，由总承包单位的总工程师负责，会同建设、设计和分包单位的总工程师共同编制。是以整个建设工程项目（如一个工厂、住宅小区、医院、学校等）为对象或若干单位工程组成的群体工程或特大型项目为主要对象编制的施工组织设计，规划其施工全过程各项活动的技术、经济的全局性、指导性文件，是整个建设项目施工的战略部署，内容上显得比较概括。

在我国，大型房屋建筑工程标准一般是指：

① 25 层以上的房屋建筑工程；

② 高度为 100 m 及以上的构筑物或建筑物工程；

③ 单体建筑面积为 3 万 m^2 及以上的房屋建筑工程；

④ 单跨跨度为 30 m 及以上的房屋建筑工程；

⑤ 建筑面积为 10 万 m^2 及以上的住宅小区或建筑群体工程；

⑥ 单项建安合同额 1 亿元及以上的房屋建筑工程。

但在实际操作中，具备上述规模的建筑工程很多只需编制单位工程施工组织设计。需要编制施工组织总设计的建筑工程，其规模应当超过上述大型建筑工程的标准，通常需要分期分批建设，可称为特大型项目。

2）单位工程施工组织设计。

以施工图为依据，由工程项目经理或主管工程师负责编制的。是以单位工程为对象编制的，是用以直接指导单位工程施工全过程各项活动的技术，经济的局部性、指导性文件，是施工组织总设计的具体化，具体地安排人力、物力及工程实施。单位工程施工组织设计是指以单位工程（子单位）为主要对象编制的施工组织设计，对单位工程的施工过程起指导和制约作用。对于已经编制了施工组织总设计的项目，单位工程施工组织设计应是施工组织总设计的进一步具体化，直接指导单位工程的施工管理和技术经济活动。单位工程施工组织设计是一个工程的战略部署，是宏观定性的，体现了指导性和原则性，是一个将建筑物的蓝图转化为实物的总文件，内容包含了施工全过程的部署、选定技术方案、进度计划及相关资源计划安排、各种组织保障措施，是对项目施工全过程的管理性文件。

3）分部分项工程施工方案

分部分项工程施工方案一般针对工程规模大、特别重要的、技术复杂、施工难度大的建筑物或构筑物，或采用新工艺、新技术的施工部分，或冬雨季施工等为对象编制，是专门的、更为详细的专业工程施工组织设计文件。是以分部分项工程或专项工程为主要对象编制的施工技术与组织方案，用以具体指导其施工过程。分部分项工程施工方案在某些时候也被称为分部分项工程或专项工程施工组织设计，通常情况下施工方案是施工组织设计的进一步细化，是施工组织设计的补充，施工组织设计的某些内容在施工方案中不需赘述，因而将其定义为施工方案，它是在编制单项（位）工程施工组织设计的同时，由项目技术负责人编制，作为该项目专业工程具体实施的依据。

（二）施工组织设计编制依据

（1）与工程建设有关的现行法律、法规和文件；

（2）国家现行有关标准、规范、规程和技术经济指标；

（3）工程所在地区行政主管部门的批准文件，建设单位对施工的要求；

（4）工程施工合同或招标投标文件；

（5）工程设计文件；

（6）工程施工范围内的现场条件，工程地质及水文地质、气象等自然条件；

（7）与工程有关的资源供应情况；

（8）施工企业的生产能力、机具设备状况、技术水平等。

二、施工组织设计编制、审查、批准等的流程及要求

（一）编制流程及要求

施工组织设计应由项目负责人主持编制，可根据需要分阶段编制和审批。以单位工程施工组织设计为例进行介绍其编制要求与程序：

（1）收集并熟悉编制单位工程施工组织设计所需的有关资料和施工图纸，熟悉工程概况，进行项目特点和施工条件的调查研究；

（2）计算单位工程主要工种工程的工程量；

（3）确定单位工程施工部署；

（4）编制施工进度计划；

（5）编制施工准备工作计划和资源需求量计划；

（6）编制主要分部分项工程施工方案；

（7）进行施工平面图设计；

（8）编制施工质量保证措施；

（9）编制安全、文明施工保证措施、环境保护措施；

（10）编制施工成本等计划；

（11）计算施工风险防范主要技术经济指标。

（二）审查与批准流程及要求

（1）施工组织总设计应由总承包单位技术负责人审批；

（2）单位工程施工组织设计应由施工单位技术负责人审批；

（3）分部分项施工方案应由项目技术负责人审批；

（4）重点、难点分部（分项）工程和专项工程施工方案应由施工单位技术部门组织相关专家评审，施工单位技术负责人批准；

（5）由专业承包单位施工的分部（分项）工程或专项工程的施工方案，应由专业承包单位技术负责人审批；有总承包单位时，应由总承包单位项目技术负责人核准备案；

（6）规模较大的分部（分项）工程和专项工程的施工方案应按单位工程施工组织设计进行编制和审批。

三、施工组织设计包括的主要内容

（一）施工组织总设计的内容

施工组织总设计主要内容包括：建设项目工程概况、总体施工部署、施工总进度计划、总体施工准备与主要资源配置计划、主要施工方法、施工总平面布置及总的施工管理计划等。

（1）工程概况。

1）工程概况应包括项目主要情况和项目主要施工条件等。

2）项目主要情况应包括以下内容：

① 项目名称、性质、地理位置和工程建设规模；

② 项目的建设、勘察、设计和监理等相关单位的情况；

③ 项目设计概况；

④ 项目承包范围及主要分包工程范围；

⑤ 施工合同或招标文件对项目施工的重点要求；

⑥ 其他应说明的情况。

3）项目主要施工条件应包括以下内容：

① 项目建设地点、气象状况；

② 项目施工区域地形和工程水文地质状况；

③ 项目施工区域地上、地下管线及相邻的地上、地下建（构）筑物情况；

④ 与项目施工有关的道路、河流等状况；

⑤ 当地建筑材料、设备供应和交通运输等服务能力状况；

⑥ 当地供电、供水、供热和通信能力状况；

⑦ 其他与施工有关的主要因素。

（2）总体施工部署。

1）施工组织总设计应对项目总体施工做出以下部署：

① 确定项目施工总目标，包括进度、质量、安全、成本和环境目标；

② 根据项目施工总目标的要求，确定项目分阶段（期）交付的计划；

③ 确定项目分阶段（期）施工的合理顺序及空间组织。

2）对于项目施工的重点和难点应进行简要分析。

3）总承包单位应明确项目管理组织机构形式，并宜采用框图的形式表示。

4）对于项目施工中开发和使用的新技术、新工艺应做出部署。

5）对主要分包项目施工单位的资质和能力应提出明确要求。

（3）施工总进度计划。

1）施工总进度计划应按照项目总体施工部署的安排进行编制。

2）施工总进度计划可采用网络图或横道图表示，并附必要说明。

施工总进度计划的内容应包括：编制说明，施工总进度计划表（图），分期（分批）实施工程的开、竣工日期、工期一览表等。施工总进度计划宜优先采用网络计划。

（4）施工准备及资源配置计划。

1）总体施工准备应包括技术准备、现场准备和资金准备等。

2）技术准备、现场准备和资金准备应满足项目分阶段（期）施工的需要。

3）主要资源配置计划应包括劳动力配置计划和物资配置计划等。

4）劳动力配置计划。

① 确定各施工阶段（期）的总用工量；

② 根据施工总进度计划确定各施工阶段（期）的劳动力配置计划。

5）物资配置计划。

① 根据施工总进度计划确定主要工程材料和设备的配置计划；

② 根据总体施工部署和施工总进度计划确定主要施工周转材料和施工机具的配置计划。

（5）主要施工方法。

1）施工组织总设计应对项目涉及的单位（子单位）工程和主要分部（分项）工程所采用的施工方法进行简要说明。

2）对脚手架工程、起重吊装工程、临时用水用电工程、季节性施工等专项工程所采用的施工方法应进行简要说明。

（6）施工总平面布置。

1）施工总平面布置应符合以下原则：

① 平面布置科学合理，施工场地占用面积少；

② 合理组织运输，减少二次搬运；

③ 施工区域的划分和场地的临时占用应符合总体施工部署和施工流程的要求，减少相互干扰；

④ 充分利用既有建（构）筑物和既有设施为项目施工服务，降低临时设施的建造费用；

⑤ 临时设施应方便生产和生活，办公区、生活区和生产区宜分离设置；

⑥ 符合节能、环保、安全和消防等要求；

⑦ 遵守当地主管部门和建设单位关于施工现场安全文明施工的相关规定。

2）施工总平面布置图应符合以下要求：

① 根据项目总体施工部署，绘制现场不同施工阶段（期）的总平面布置图；

② 施工总平面布置图的绘制应符合国家相关标准要求并附必要说明。

3）施工总平面布置图应包括下列内容：

① 项目施工用地范围内的地形状况；

② 全部拟建的建（构）筑物和其他基础设施的位置；

③ 项目施工用地范围内的加工设施、运输设施、存贮设施、供电设施、供水供热设施、排水排污设施、临时施工道路和办公、生活用房等；

④ 施工现场必备的安全、消防、保卫和环境保护等设施；

⑤ 相邻的地上、地下既有建（构）筑物及相关环境。

（二）单位工程施工组织设计的内容

单位施工组织设计主要内容包括：工程概况、施工部署、施工进度计划、施工准备与资源配置计划、施工平面布置及主要施工管理计划等。

（1）工程概况。

1）工程概况应包括工程主要情况、各专业设计简介和工程施工条件等。

2）工程主要情况应包括以下内容：

① 工程名称、性质和地理位置；

② 工程的建设、勘察、设计、监理和总承包等相关单位的情况；

③ 工程承包范围和分包工程范围；

④ 施工合同、招标文件或总承包单位对工程施工的重点要求；

⑤ 其他应说明的情况。

3）各专业设计简介应包括以下内容：

① 建筑设计简介应依据建设单位提供的建筑设计文件进行描述，包括建筑规模、建筑功能、建筑特点、建筑耐火、防水及节能要求等。并应简单描述工程的主要装修做法；

② 结构设计简介应依据建设单位提供的结构设计文件进行描述，包括结构形式、地基基础形式、结构安全等级、抗震设防类别、主要结构构件类型及要求等；

③ 机电及设备安装专业设计简介应依据建设单位提供的各相关专业设计文件进行描述，包括给水、排水及采暖系统、通风与空调系统、电气系统、智能化系统、电梯等各个专业系统的做法要求。

4）工程施工条件应参照相关规范进行说明。

（2）施工部署。

1）工程施工目标应根据施工合同、招标文件以及本单位对工程管理目标的要求确定，包括进度、质量、安全、环境和成本等目标。各项目标应满足施工组织总设计中确定的总体目标。

2）施工部署中的进度安排和空间组织应符合以下规定：

① 工程主要施工内容及其进度安排应明确说明，施工顺序应符合工序逻辑关系；

② 施工流水段应结合工程具体情况分阶段进行划分；单位工程施工阶段的划分一般包括地基基础、主体结构、装修装饰和机电设备安装三个阶段。

3）对于工程施工的重点和难点应进行分析，包括组织管理和施工技术两个方面。

4）确立工程管理的组织机构形式，并确定项目经理部的工作岗位设置及其职责划分。

5）对于工程施工中开发和使用的新技术、新工艺应做出部署，对新材料和新设备的使用应提出技术及管理要求。

6）对主要分包工程施工单位的选择要求及管理方式应进行简要说明。

（3）施工进度计划。

1）单位工程施工进度计划应按照施工部署的安排进行编制。

2）施工进度计划可采用网络图或横道图表示，并附必要说明；对于工程规模较大或较复杂的工程，宜采用网络图表示。

（4）施工准备与资源配置计划。

1）施工准备应包括技术准备、现场准备和资金准备等。

① 技术准备应包括施工所需技术资料的准备、施工方案编制计划、试验检验及设备调试工作计划、样板制作计划等。

主要分部（分项）工程和专项工程在施工前应单独编制施工方案，施工方案可根据工程进展情况，分阶段编制完成；对需要编制的主要施工方案应制订编制计划；试验检验及设备调试工作计划应根据现行规范、标准中的有关要求及工程规模、进度等实际情况制定；样板制作计划应根据施工合同或招标文件的要求并结合工程特点制定。

② 现场准备应根据现场施工条件和实际需要，准备现场生产、生活等临时设施。

③ 资金准备应根据施工进度计划编制资金使用计划。

2）资源配置计划应包括劳动力计划和物资配置计划等。

① 劳动力配置计划应包括：确定各施工阶段用工量；根据施工进度计划确定各施工阶段劳动力配置计划。

② 物资配置计划应包括：主要工程材料和设备的配置计划应根据施工进度计划确定，包括各施工阶段所需主要工程材料、设备的种类和数量；工程施工主要周转材料和施工机具的配置计划应根据施工部署和施工进度计划确定，包括各施工阶段所需主要周转材料、施工机具的种类和数量。

（5）主要施工方案

1）单位工程应按照《建筑工程施工质量验收统一标准》（GB 50300—2013）中分部、分项工程的划分原则，对主要分部、分项工程制定施工方案。

2）对脚手架工程、起重吊装工程、临时用水用电工程、季节性施工等专项工程所采用的施工方案应进行必要的验算和说明。

（6）施工现场平面布置。

1）施工现场平面布置图应按照有关规定并结合施工组织总设计，按地基与基础、主体结构、装饰装修和机电安装三个不同施工阶段分别绘制。

2）施工现场平面布置图应包括以下内容：

① 工程施工场地状况；

② 拟建建（构）筑物的位置、轮廓尺寸、层数等；

③ 工程施工现场的加工设施、存贮设施、办公和生活用房等的位置和面积；

④ 布置在工程施工现场的垂直运输设施、供电设施、供水供热设施、排水排污设施和临时施工道路等；

⑤ 施工现场必备的安全、消防、保卫和环境保护等设施；

⑥ 相邻的地上、地下既有建（构）筑物及相关环境。

（三）分部分项工程施工方案的内容

施工方案的主要内容包括工程概况、施工安排、施工进度计划、施工准备与资源配置计划、施工方法及工艺要求及施工管理计划等。

（1）工程概况。

1）工程概况应包括工程主要情况、设计简介和工程施工条件等；

2）工程主要情况应包括分部（分项）工程或专项工程名称，工程参建单位的相关情况，工程的施工范围，施工合同、招标文件或总承包单位对工程施工的重点要求等；

3）设计简介应主要介绍施工范围内的工程设计内容和相关要求；

4）工程施工条件应重点说明与分部（分项）工程或专项工程相关的内容。

（2）施工安排。

1）工程施工目标包括进度质量、安全、环境和成本等目标，各项目标应满足施工合同、招标文件和总承包单位对工程施工的要求。

2）工程施工顺序及施工流水段应在施工安排中确定。

3）针对工程的重点和难点，进行施工安排并简述主要管理和技术措施。

4）工程管理的组织机构及岗位职责应在施工安排中确定并应符合总承包单位的要求。

（3）施工进度计划。

1）分部（分项）工程或专项工程施工进度计划应按照施工安排，并结合总承包单位的施工进度计划进行编制。

2）施工进度计划可采用网络图或横道图表示，并附必要说明。

（4）施工准备与资源配置计划。

1）施工准备应包括以下内容。

① 技术准备包括施工所需技术资料的准备、图纸深化和技术交底的要求、试验检验和测试工作计划、样板制作计划以及与相关单位的技术交接计划等。

② 现场准备包括生产、生活等临时设施的准备以及与相关单位进行现场交接的计划等。

③ 资金准备包括编制资金使用计划等。

2）资源配置计划应包括以下内容。

① 劳动力配置计划是指确定工程用工量并编制专业工种劳动力计划表。

② 物资配置计划包括工程材料和设备配置计划、周转材料和施工机具配置计划以及计量、测量和检验仪器配置计划等。

（5）施工方法及工艺。

1）明确分部（分项）工程或专项工程施工方法并进行必要的技术核算，对主要分项工程（工序）明确施工工艺要求。

2）对易发生质量通病、易出现安全问题、施工难度大、技术含量高的分项工程（工序）等应做重点说明。

3）对开发和使用“四新”技术（新材料、新设备、新技术、新工艺）的应通过必要的试验或论证并制订计划。

4）对季节性施工应提出具体要求。

四、危险性较大的分部分项专项施工方案编制要求

（一）危险性较大的分部分项工程范围和超过一定规模的危险性较大的分部分项工程范围

《危险性较大的分部分项工程安全管理办法》明确了房屋建筑和市政基础设施工程的新建、改建、扩建、装修和拆除等建筑安全生产活动及安全管理中危险性较大的分部分项工程、超过一定规模的危险性较大的分部分项工程的范围。

（二）危险性较大的分部分项工程安全专项施工方案

危险性较大的分部分项工程安全专项施工方案是专项施工方案的一种，是施工单位在编制施工组织（总）设计的基础上，针对建筑工程在施工过程中存在的、可能导致作业人员群死群伤或造成重大不良社会影响的危险性较大的分部分项工程而单独编制的安全技术措施文件。

（三）危险性较大的分部分项工程安全专项施工方案的内容

（1）工程概况：危大工程概况和特点、施工平面布置、施工要求和技术保证条件；

（2）编制依据：相关法律、法规、规范性文件、标准、规范及施工图设计文件、施工组织设计等；

（3）施工计划：施工进度计划、材料与设备计划；

（4）施工工艺技术：技术参数、工艺流程、施工方法、操作要求、检查要求等；

（5）施工安全保证措施：组织保障措施、技术措施、监测监控措施等；

（6）施工管理及作业人员配备和分工：施工管理人员、专职安全生产管理人员、特种作业人员、其他作业人员等；

（7）验收要求：验收标准、验收程序、验收内容、验收人员等；

（8）应急处置措施；

（9）计算书及相关施工图纸。

（四）危险性较大分部分项工程安全专项施工方案的编制方法

（1）建设单位在申请领取施工许可证或办理安全监督手续时，应当提供危险性较大的分部分项工程清单和安全管理措施。

（2）施工单位应当在危险性较大的分部分项工程施工前编制专项方案；对于超过一定规模的危险性较大的分部分项工程，施工单位应当组织专家对专项方案进行论证。

（3）建筑工程实行施工总承包的，专项方案应当由施工总承包单位组织编制。其中，起重机械安装拆卸工程、深基坑工程、附着式升降脚手架等专业工程实行分包的，其专项方案可由专业承包单位组织编制。施工单位技术负责人应当定期巡查专项方案实施情况。

（4）危险性较大的分部分项工程安全专项施工方案应当由施工单位技术部门组织本单位施工技术、安全、质量等部门的专业技术人员进行审核。经审核合格的，由施工单位技术负责人签字。实行施工总承包的，专项方案应当由总承包单位技术负责人及相关专业承包单位技术负责人签字。

不需要专家论证的危险性较大的分部分项工程安全专项施工方案，经施工单位审核合格后报监理单位，由项目总监理工程师审核签字。

（5）超过一定规模的危险性较大的分部分项工程专项方案应当由施工单位组织召开专家论证会。实行施工总承包的，由施工总承包单位组织召开专家论证会。下列人员应当参加专家论证会：

1）专家；

2）建设单位项目负责人；

3）有关勘察、设计单位项目技术负责人及相关人员；

4）总承包单位和分包单位技术负责人或授权委派的专业技术人员、项目负责人、项目技术负责人、专项施工方案编制人员、项目专职安全生产管理人员及相关人员；

5）监理单位项目总监理工程师及专业监理工程师。

专家组成员应当由 5 名及以上符合相关专业要求的专家组成。本项目参建各方的人员不得以专家身份参加专家论证会。

（6）专家论证的主要内容。

对于超过一定规模的危大工程专项施工方案，专家论证的主要内容应当包括：专项施工方案内容是否完整、可行；专项施工方案计算书和验算依据、施工图是否符合有关标准规范；专项施工方案是否满足现场实际情况，并能够确保施工安全。

危险性较大的分部分项工程安全专项施工方案经论证后，专家组应当提交论证报告，对论证的内容提出明确的意见，并在论证报告上签字。该报告作为专项方案修改完善的指导意见。

（7）专项施工方案修改。超过一定规模的危大工程专项施工方案经专家论证后结论为“通过”的，施工单位可参考专家意见自行修改完善；结论为“修改后通过”的，专家意见要明确具体修改内容，施工单位应当按照专家意见进行修改，并履行有关审核和审查手续后方可实施，修改情况应及时告知专家。施工单位应当根据论证报告修改完善危险性较大的分部分项工程安全专项施工方案，并经施工单位技术负责人、项目总监理工程师、建设单位项目负责人签字后，方可组织实施。实行施工总承包的，应当由施工总承包单位、相关专业承包单位技术负责人签字。

（8）危险性较大的分部分项工程安全专项施工方案经论证后需做重大修改的，施工单位应当按照论证报告修改，并重新组织专家进行论证。

（9）施工单位应当严格按照危险性较大的分部分项工程安全专项施工方案组织施工，不得擅自修改、调整专项方案。如因设计、结构、外部环境等因索发生变化确需修改的，修改后的危险性较大的分部分项工程安全专项施工方案应当按上述办法重新审核。对于超过一定规模的危险性较大工程的专项方案，施工单位应当重新组织专家进行论证。

（10）安全专项方案实施前，编制人员或项目技术负责人应当向现场管理人员和作业人员进行安全技术交底。

（11）施工单位应当指定专人对专项方案实施情况进行现场监督和按规定进行监测，发现不按照专项方案施工的，应当要求其立即整改；发现有危及人身安全紧急情况的，成当立即组织作业人员撤离危险区域。施工单位技术负责人应当定期巡查专项方案实施情况。

（12）对于按规定需要验收的危险性较大的分部分项工程，施工单位、监理单位应当组织有关人员进行验收。验收合格的，经施工单位项目技术负责人及项目总监理工程师签字后，方可进入下一道工序。

第二节　专项施工方案的基本知识

专项施工方案是针对单位工程施工中的专项工程、重点、难点、“四新”技术和危险性较大的分部分项工程编制的施工方案。

专项施工方案的内容包括：分部分项工程或特殊工程概况、施工方案、施工方法、劳动力组织、材料及机械设备等供应计划、工期安排及保证措施、质量标准及保证措施、安全标准及保证措施、安全防护和保护环境措施等。

一、主要分部分项工程施工方案编制原则与方法

专项施工方案是以分部分项工程或专项工程为主要对象编制的施工技术与组织方案，用以指导其施工的具体过程。

（一）专项施工方案编制原则

（1）国家现行有关法规、标准及《危险性较大的分部分项工程安全管理规定》（住房城乡建设部令 第 37 号）等规定应编制施工方案的分部分项工程和专项工程，应单独编制施工方案。专项施工方案由项目技术负责人组织相关专业技术人员结合工程实际编制。

（2）对于超过一定规模的危险性较大分部分项工程，应当由施工单位组织专家组对已编制的专项施工方案进行论证审查。专家组成员应由 5 名及以上符合相关专业要求的专家组成。专家组应当对论证的内容提出明确的意见，形成论证报告，并在论证报告上签字。论证审查报告作为安全专项施工方案的附件。本项目参建各方人员不得以专家身份参加专家论证会。

（3）建筑工程实行施工总承包的，专项方案应当由施工总承包单位组织编制。其中，起重机械安装拆卸工程、深基坑工程、附着式升降脚手架等专业工程实行分包的，其专项方案可由专业承包单位组织编制，专项方案应当由施工总承包单位、相关专业分包单位技术负责人签字。

（4）专项施工方案应当由施工单位技术部门组织本单位施工技术、安全、质量部门的专业技术人员进行审核。经审核合格的，由施工单位技术负责人签字。实行施工总承包的，专项方案应当由总承包单位技术负责人及相关专业承包单位技术负责人签字。经审核合格后报监理单位，由项目总监理工程师审查签字。

（5）施工单位在专项方案实施前，应分级进行安全技术交底即公司或分公司技术部门或编制人员向项目部施工管理人员进行安全技术交底，项目部技术负责人再向操作人员进行安全技术交底。安全技术交底的主要内容至少应包括：准备施工项目的作业特点和危险点、针对危险点的具体预防措施、应注意的安全事项、相应的安全操作规程和标准、发生事故后应及时采取的避难和急救措施等。

（6）在实施中应指定专人对专项方案实施情况进行现场监督和按规定进行监测。施工单

位技术部门和技术负责人应当定期巡查专项方案实施情况。

（7）如因设计、结构、外部环境等因素发生变化确需修改的，修改后的专项方案应当重新履行审核批准手续。对于超过一定规模的危险性较大工程的专项方案，施工单位应当重新组织专家进行论证。

（8）对于按规定需要验收确认的危险性较大的分部分项工程，施工单位、监理单位应当组织有关人员进行现场验收确认。

（9）应加强对新标准和规范的学习应用，适时淘汰老标准、老规范，使计算和施工更加符合要求。

（二）专项施工方案的编制方法

（1）收集与专项工程施工方案编制相关的法律、法规、规范性文件、标准、规范及施工图纸（国标图集）、单位工程施工组织设计等。

（2）熟悉专项工程概况，进行专项工程特点和施工条件的调查研究，如单位工程的施工平面布置、对专项工程的施工要求、可以提供的技术保证条件等。

（3）计算专项工程主要工种工程的工程量。

（4）根据单位工程施工进度计划编制专项施工方案施工进度计划。

（5）确定专项施工方案的施工技术参数、施工工艺流程、施工方法及检查验收。

（6）确定专项施工方案的材料计划、机械设备计划、劳动力计划等。

（7）确定专项施工方案的施工质量保证措施。

（8）确定专项施工方案的施工安全组织保障、技术措施、应急预案、监测监控等安全与文明施工保证措施。

（9）提供专项施工方案的计算书及相关图纸。

（三）专项施工方案的编制、审批

（1）建筑工程实施施工总承包的，专项方案应当由施工总承包单位组织编制。专项施工方案应由施工单位技术部门组织相关专家评审，施工单位技术负责人批准。

（2）由专业承包单位施工的专项工程的施工方案，应由专业承包单位技术负责人或技术负责人授权的技术人员审批；有总承包单位的，应由总承包单位项目技术负责人核准备案。

（3）规模较大的专项工程的施工方案应按单位工程施工组织设计进行编制和审批，即由施工单位技术负责人或技术负责人授权的技术人员审批。

（4）项目实施过程中，发生工程设计有重大修改；有关法律、法规、规范和标准实施、修订和废止；主要施工方法有重大调整；施工环境有重大改变时，专项施工方案应及时进行修改或补充。

（5）专项方案如因设计、结构、外部环境等因素发生变化确需修改的，修改后的专项方案应当重新审核。

二、基坑支护与降水工程、土方开挖工程专项施工方案编制原理与方法

（一）基坑支护与降水工程施工方案编制原理与方法

1. 编制说明及依据

简述安全专项施工方案的编制目的，以及方案编制所依据的相关法律、法规、规范性文件、标准、规范及图纸（国标图集）、施工组织设计，编制依据的版本、编号等。采用电算软件的，应说明方案计算使用的软件名称、版本。

2. 工程概况与施工难点分析

（1）工程地质、工程地质情况、水文地质情况、气候条件（极端天气状况，最低温度、最高温度、暴雨）。

（2）施工区域内建筑基坑的工程地质勘察报告中，要有土的常规物理试验指标，必须提供土的固结块剪内摩擦角 ϕ、内聚力 C、渗透系数 K 等数据。

（3）施工区域内及邻近地区地下水情况。

（4）场地内和邻近地区地下管道、管线图和有关资料，如位置、深度、直径、构造及埋设年份等。

（5）邻近的原有建筑、构筑物的结构类型、层数、基础类型、埋深、基础荷载及上部结构现状，如果有裂缝、倾斜等情况，需做标记、拍片或绘图，形成原始资料文件。

（6）基坑四周道路的距离及车辆载重情况。基坑周边的围墙、临时设施、塔吊位置、出土口、施工道路、河流和池塘等情况。

（7）施工要求和技术保证条件。

（8）施工难点、重点部位、工序的分析：

施工的重点难点描述非常重要，如砂性土中的土钉墙支护，基坑降水的处理就是一个关键点。对井点降水等要有详细的叙述，要有确保降水成功的措施，还要有备用井点、备用发电机等。在软黏土中的挖土也是一个关键点，应有详细的措施，确保工程桩不歪斜、不断裂，确保支护结构的安全性等。

3. 方案选择与总体施工安排

支护（降水）结构选型依据，支护（降水）系统构造的总体安排。支护工程的使用时间，降水工程的持续时间。基坑围护的设计单位应具有相应资质条件，其中深基坑设计方案应经专家论证取得专家意见书，设计单位再根据专家论证意见出设计变更联系单，连同设计方案一起报建设行政主管部门办理备案手续。

4. 施工部署

（1）管理机构及劳动力组织。要描述质量、安全管理机构的组成，给出质量、安全管理机构网络图。简单描述劳动力组织。

（2）阐述施工目标、施工准备、要说明采取的保证措施。主要材料设备计划及进场时间、材料工艺的试验计划、施工现场平面布置、施工进度计划和施工总体流程。

（3）分析和说明施工的难点和重点，特别是支护和降水工程对周围建筑的影响，并简要说明采取的保证措施。

（4）总体的施工流程和进度计划安排，各工序的开始时间、交叉时间、结束时间，总进度计划表。安排的管理力量、劳动力、机械设备能否满足总进度计划的要求等。

5. 主要施工方法及技术措施

（1）描述施工技术参数、工艺流程（设计的基坑开挖工况）施工顺序、施工测量、土石方工程施工、基坑支护的施工工艺、变形观测、基坑周边建筑物（地下管网）的监测和保护措施。

（2）方案中应绘制相应的基坑支护平面图、立面图、剖面图及节点大样施工图、降水井点布置图和构造图。应有相应的基坑水平、竖向和相邻建（构）筑物沉降变形的监测技术措施和基坑周边的地下管网的监测和保护措施。

（3）各类桩墙施工技术措施（钻孔桩、搅拌桩、旋喷桩、振动灌注桩、人工挖孔桩、预制桩、咬合桩、地下连续墙等）、土钉墙施工技术措施、压顶梁（围檩）、内支撑、锚杆施工技术措施、格构柱施工技术措施、土方开挖施工技术措施，这是关键施工措施（特别是软黏土）。降水与排水措施（轻型井点、深井、明排等），砂性土层中是关键施工措施。传力带施工（拆除）、支撑拆除、土方回填等施工技术措施。

（4）冬季、雨季、台风和夏季高温季节的施工措施。

6. 质量保证措施

描述施工质量的标准和要求，保证施工质量的技术措施及施工质量标准。

7. 安全文明施工保证措施

描述安全生产组织措施、施工安全技术措施。措施应包括：

（1）坑壁支护方法及控制坍塌的安全措施。

（2）基坑周边环境及防护措施。

（3）施工作业人员安全防护措施。

（4）基坑临边防护及坑边载荷安全要求、进行危险源辨识，施工用电安全措施等。

（5）现场安全文明施工、环境因素辨识及保护措施。

8. 施工应急处置措施

方案中应有应急救援处置措施，内容应包括各方主体的职责，针对各种突发情况的应急处理方案、应急物资储备、应急演练、报警救援及联络电话、异常情况报告制度等，针对每项安全事故的应急措施。

9. 支护结构的设计计算书（降水或截水计算书）

依据《建筑基坑支护技术规程》（JGJ 120—2012）、工程地质勘察报告进行支护方案选择及设计，内容包括设计原则、支护结构选型、荷载标准、支护设计计算、降水措施、降水系统设计计算、质量检测等。

10. 各种附件与技术资料

施工材料机械设备表、施工进度计划表、质量安全环境因素辨识表、施工布置平面图、支护结构的施工图、节点图、降（排）水或截水施工图（井点布置平面图、井点详图）、基坑安全防护做法图、基坑内外排水图节点及示意图、基坑监测点平面布置图，基坑围护设计平面图、典型剖面图及节点大样图，土方开挖平面流向图、剖面图、工况图、运输组织图，典型地质剖面图及土工指标一览表，基坑围护设计专家论证意见书和设计院对论证意见的回复，基坑支护专项施工方案专家论证意见书等。

（二）土方开挖工程施工方案编制要点

1. 编制说明及依据

简述安全专项施工方案的编制目的，以及方案编制所依据的相关法律、法规、规范性文件、标准、规范及图纸（国标图集）、施工组织设计，编制依据的版本、编号等。采用电算软件的，应说明方案计算使用的软件名称、版本。

2. 工程概况与施工难点分析

（1）工程地址、施工场地形、地貌情况，施工环境（运输道路、卸土点位置、邻近建筑物、地下基础、管线、电缆坑基、防空洞、地面上施工范围内的障碍物和堆积物状况，供水、供电）情况。

（2）工程（基坑平面尺寸、基坑开挖深度与坡度、地下水位标高、工程地质、水文水质）情况，测量控制点位置。

（3）邻近的原有建筑、构筑物的结构类型、层教、基础类型、埋深、基础荷载及上部结构现状。如有裂缝、倾斜等情况，需做标记、拍片或绘图，形成原始资料文件。

（4）场地内和邻近地区地下管道、管线图和有关资料，如位置、深度、直径、构造及埋设年份等。基坑周边的用墙、临时设施、塔吊位置、埋设年份等。

（5）基坑四周道路的距离及车辆载重情况。基坑周边的用墙、临时设施、塔吊位置、出土口、施工道路、河流和池塘等情况。

（6）施工重点与难点分析，主要施工要求和自身技术保证条件等。

3. 方案选择与总体施工安排

选择确定土方开挖采取的方式，描述施工进度计划、材料与设备计划（列表描述材料名称、力学性能、计算数据等参数），劳动力计划（含专职安全生产管理人员、特种作业人员等）。

4. 施工方法与技术保证措施

（1）勘察测量、场地平整，清除地面及地上障碍物；排降水设计、支护结构体系选择和设计情况。做好施工场地防洪排水工作，全面规划场地，平整各部分的标高，保证施工场地排水通畅不积水，场地周围设置必要的截水沟、排水沟；保护测量基准桩，以保证土方开挖的标高位置与尺寸准确无误；备好施工用电、用水、道路及其他设施。

（2）土方开挖设计包括基坑开挖工况、开挖顺序与工艺流程、测量放线、开挖路线、范围、各层底部标高，机械和运输车辆行驶路线，地面和坑内排水措施，冬期、雨期、汛期施工措施，边坡坡度，排水沟、集水井位置及流向，弃土堆放位置等。特别是对定位放线的控制，内容主要为复核建筑物的定位桩、轴线、方位和几何尺寸。开挖应根据边坡形式、降排水要求，确定开挖方案。施工边界周围地面应设排水沟，且应避免漏水、渗水进入坑内；放坡开挖时，应对坡顶、坡面、坡脚采取降排水措施。基坑周边严禁超堆荷载。

（3）对土方开挖的控制，内容主要为检查挖土标高、截面尺寸、放坡和排水；基坑（槽）验收。

（4）监测监控。基坑及周围建筑物、构筑物道路管线的监测方案及保护措施，土方开挖变形监测措施。挖前应做出系统的开挖监控方案，监控方案应包括监控目的、监测项目、监控报警值、监测方法及精度要求、监测点的布置、监测周期、工序管理和记录制度以及信息反馈系统等。

（5）施工注意事项。

① 根据土方工程开挖深度和工程量的大小，选择机械和人工挖土或机械挖土方案。

② 如开挖的深度比邻近建筑物基础深时，开挖应保持一定的距离和坡度，以免在施工时影响邻近建筑物的稳定，如不满足要求，应采取坡支撑加固措施。并在施工中进行沉降和位移观测。

③ 弃土应及时运出，如需要临时堆土，或留作回填土，堆土坡脚至坑边距离应在开挖深度、边坡坡度和土的类别来确定（应考虑堆土附加侧压力）。

④ 人工挖土方时，操作人员之间要保持安全距离，一般大于 2.5 m；多台机械开挖，挖土机间距应大于 10 m，挖土要自上而下，逐层进行，严禁先挖坡脚的危险作业。

⑤ 挖土方前对于周围环境要认真检查，不能在危险岩石或建筑物下面进行作业。

⑥ 开挖应严格按要求放坡，操作时应随时注意边坡的稳定情况，发现问题及时进行加固处理。

⑦ 开挖土方时，应验算边坡的稳定，并根据相关规定和验算结果确定挖土机离边坡的安全距离。

⑧ 边坡四周设置防护栏杆，人员上下应有专用爬梯。

5. 安全文明施工与环境保证措施

组织保障、技术措施包括：避免基坑漏水，渗水措施；边坡放坡坡度及控制避免坍塌的安全措施；机械化联合作业时的安全措施；施工作业人员安全防护措施，临边防护及坑边荷载安全要求等；环境保护措施（防止扬尘、遗洒）等安全保证措施。

6. 应急处置措施

说明对土方工程施工过程中可能发生的各种紧急情况（包括坍塌、洒水、流砂等）进行处置的方案，报警救援及联络电话，异常情况报告制度等及针对每项安全事故的应急措施。

7. 计算书及相关图纸

主要包括土方平衡计算、边坡稳定分析，开挖平面图、土方开挖路线图，土方开挖剖面图、基坑安全防护做法图、基坑内外降排水图等计算成果与技术资料。

三、起重吊装工程专项施工方案编制原理与方法

（一）起重吊装工程施工方案编制原理与方法

1. 编制依据

相关法律、法规、规范性文件、标准、国标图集、施工组织设计、重吊装设备的使用说明等。

2. 工程概况

（1）工程名称、结构形式、层高与其他相关的建筑设计情况。

（2）起重吊装部位、主要构件的重量与尺寸，构件形状。

（3）明确进度要求、施工平面布置、施工难点分析和施工技术保证条件。

3. 施工部署

（1）明确吊装的内容，安排吊装步骤和确定吊装设备。

（2）施工进度计划、材料与设备计划。

（3）劳动力计划：专职安全生产管理人员，特种作业人员（司机、信号指挥、司索工）等。

4. 施工方法与技术保证措施

（1）运输与吊装设备选型、吊装设备性能与运输架安排、验算构件强度。

（2）运输、堆放和拼装、吊装顺序，构件的绑扎、起吊、就位、临时固定、校正、最后固定。

（3）工序质量控制要点，检查验收标准及方法等。

5. 施工质量与安全保证措施

根据现场情况分析吊装安拆过程应重点注意的质量安全问题，描述组织保障、技术措施、监测监控等安全保证措施。

6. 应急措施

分析安装过程中可能遇到的紧急情况和事故类型，从组织机构、物资设备、应急联络、险情与事故处置等方面应采取的应对措施。

7. 计算书及相关图纸

（1）构件的吊装吊点位置、强度、验算。

（2）吊具的验算、校正和临时固定的稳定验算。

（3）承重结构的强度验算。

（4）起重设备地基承载力验算。

（5）吊装的平面布置图。

（6）构件卸载顺序示意图。

（二）起重设备安拆施工方案编制方法

1. 塔吊安装、拆卸方案

（1）编制依据。有关塔吊的技术标准和施工安装规范、规程。随机的使用、安拆说明书；

随机、部件的装配图、电气原理图及接线图；已有的拆装工艺及过去拆装作业中积累的技术资料等。采用电算软件的，应说明方案计算使用的软件名称、版本。

（2）工程概况。工程名称、地点、结构类型、建筑面积、高度、层数、标准层高。安装位置平面和立面图。

（3）塔吊主要技术参数及进场安装条件。

① 塔吊的基本性能与工作数据。包括塔吊的型号、规格、回转半径、起重力矩、起重量、扭矩、起升高度（安装高度）、附墙道数、整机（主要零部件）重量和尺寸、塔吊基础受力、用电负荷等。

② 塔吊进场前对塔吊进行验收的要求，对塔吊的结构、工作机构、保护装置、电气系统等进行全面检查的要求。

③ 基础处理设计施工要求和附着装置设置的安排，爬升工况分析确认及附着点安排。

（4）安装顺序、工艺要求和质量安全规定

① 详细描述塔吊安装的程序、方法及安全技术；顶升的程序、方法及安全技术；附着锚固作业的程序、方法及安全技术；内爬升的程序、方法及安全技术；塔吊拆除的程序、方法及安全技术。

② 主要安装部件的重量和吊点位置的分析确定，安装、顶升、附着、拆除等各个作业工序的质量控制要点、质量标准及保证措施。

③ 对施工电源的要求，安装气候、场地等环境条件的要求等。

④ 塔吊工作机构和安全装置调试的内容、方法、质量标准等。

⑤ 安装、顶升、附着锚固、拆除危险源分析与施工应急处置措施。

（5）基础承载及有关节点的受力计算

① 描述塔吊基础的选型与结构设计要求。

② 根据塔吊地基（如灰土地基、原状土或地下室底板）及其承载力，进行塔吊基础承载能力计算，确定塔吊基础几何尺寸、钢筋配置、混凝土强度等级等。

③ 描述辅助机械设备支承点承载能力（如汽车式起重机在地下室顶板上支承点承载能力验算，以确定地下室顶板是否采取加固措施）。

（6）附件及图表。

① 吊索具和专用工具配备清单。

② 塔机各主要部件尺寸和重量表。

③ 塔吊安装场地总平面布置图（包括离建筑物、高压线的距离）。

④ 群塔工作时的各塔吊间相互关系平面图。

⑤ 塔吊基础定位详图，基础施工图（图上需有塔吊基础配筋、混凝土强度等级、基础尺寸）。

⑥ 立面布置图、附墙杆标高及位置图。

⑦ 附墙件结点详图、塔吊与结构间的上人通道详图。

⑧ 塔吊拆卸场地布置图。

2. 施工升降机的安装拆除方案

（1）工程概况。

工程名称、地点、结构类型、建筑面积、建筑高度、层数、标准层高、计划工期等。设备选择有关的参数，确定设备安装位置、数量，明确设备的使用时间，分析现场安装、使用、拆除的环境条件。

（2）基础施工要求。

详细描述基础的位置、尺寸、对地基的要求、防排水措施等。如在地下室作为地基需进行承载力计算或楼板加固。

（3）施工升降机的装拆工艺。

① 装拆组织机构、机具设备、装拆顺序、顶开和附着的程序等，特别是拆卸前应对升降机的金属结构、工作机构、安全装置、电气系统等进行全面检查的要求。

② 附着及做法。描述附着道数、附墙架的间距和导轨架最大自由端的高度，每次附着道数、标准节节数，升降机最终安装高度，建筑物最高点标高等。

（4）装拆质量标准与安全措施。

① 描述装拆工艺要求，质量安全控制要点。

② 劳动防护用品和安全装置的使用要求，禁止作业的情况，现场警戒的安排，容易出现的误操作和避免方法等。

③ 验收和试运转的规定。根据设备安装、使用、拆卸说明书和有关技术标准，安装后进行质量验收和试运转试验的要求。

（5）应急处置措施。

安装与顶升、使用、拆除过程中可能遇到的紧急情况、事故类型，从人员组织、物资设备、应急联络、现场处置等方面应采取的应对措施。

（6）附图及技术资料。

① 施工升降机总平面布置图。

② 施工升降机基础定位图、基础施工图（需含基础配筋、混凝土强度等级、基础尺寸）。

③ 施工升降机立面图、附墙件标高。

④ 附墙件节点详图。

⑤ 接料平台与防护装置平、立、剖面图。

3. 物料提升机安装（拆除）施工方案

（1）工程概况。

工程概况，特别是与设备选择有关的参数要叙述清楚。描述设备名称、性能参数，安装位置、使用高度、使用时间等。分析现场安装、使用、拆除的环境条件。

（2）基础选型与做法。

描述基础型式、尺寸、地基承载力要求、接地装置的埋设、基础埋件做法、设备安装前的基础强度要求等。

（3）准备工作与管理安排。

① 作业场地、人员、工具及材料的准备要求。

② 安装管理组织机构。对安装施工的现场负责人、安装作业指导书（安全技术交底）、作业班组人员、安全员的配置要求，明确负责人和各工种、岗位的相应职责。

（4）安装（拆除）施工及质量安全措施。

① 安装（拆除）顺序、附墙件的安装（拆除）操作步骤和质量标准。

② 安装（拆除）的组织、技术、经济等施工质量与安全措施及施工过程中的注意事项。

（5）应急处置措施。

安装过程中可能遇到的紧急情况和应采取的应对措施（包括人员、物资、通信等应急准备和相应的处置程序、方法、恢复条件等）。

（6）附图及技术资料。

① 物料提升机总平面布置图（包括离建筑物、高压线的距离）。

② 物料提升机基础定位详图、基础施工图（如有需要的话，需含基础配筋、混凝土强度等级、基础尺寸）。

③ 物料提升机立面布置图、附墙杆标高及位置图。

④ 物料提升机附墙件结点详图。

⑤ 提升机接料平台与安全防护设施的平、立、剖面图。

四、模板工程与支撑体系、脚手架工程及其他专项施工方案编制原理与方法

（一）模板工程施工方案编制原理与方法

1. 编制说明及依据

简述安全专项施工方案的编制目的，以及方案编制所依据的相关法律、法规、规范性文件、标准、规范及图纸（国标图集）、施工组织设计，编制依据的版本、编号等。采用电算软件的，应说明方案计算使用的软件名称、版本。

2. 工程概况、施工重点、难点与施工方案说明

（1）模板工程概况与特点、施工平面及立面。具体明确支模区域、支模标高、高度、支模范围内的梁截面尺寸、跨度、板厚、支撑的地基情况等。梁、板、柱的混凝土强度等级。

（2）依据上述所采用的模板与支撑体系的材料选择与构造设计的总体安排。

（3）施工进度、质量、安全控制重点与难点分析，据此所提出的施工要求和技术保证条件。

3. 施工部署

（1）模板工程与支撑体系选择的具体描述（材料确定、配模、组模方法、支撑体系构造设计）等。对于工具式模板应具体描述辅助材料确定、配模、组模方法与工艺、滑升与爬升施工附着支撑体系、滑升系统、工作机构、防护装置、用电系统等的安装、使用与构造要求。

（2）施工安排。施工进度、材料与设备计划（列表描述材料名称、自重、力学性能、计算数据）等，施工流水段划分、模板支设与拆除顺序及区域划分，模板支设与拆除条件，滑

升爬升与拆除顺序及区域划分，支设与拆除安全保证措施。说明模板加工区域、周转料具堆放场地及模板堆放场地。

4. 施工方法与技术保证措施

（1）模板支撑系统的基础处理。工具式模板（滑模、爬模等）附着的方法与特殊情况处理措施。

（2）模板与支撑体系的主要搭设方法、工艺要求、对主要材料的使用与验收要求，构造设置以及检查、验收要求等。

（3）模板体系的搭设发装流程，主要辅助周转材料的使用与验收要求，爬、滑升模板系统的工序检查、验收标准等。

（4）明确混凝士的施工方法：为保证施工质量与模板支撑体系稳定，明确混凝土浇筑的顺序、混凝土卸料点的布置、堆料高度、振捣要求，布料设备与振捣机械的选择及使用规定等。

（5）模板施工养护、拆除要求，模板的各项验收标准与程序要求。

5. 劳动力与管理人员配备计划

包括专职安全生产管理人员、特种作业人员的配置等，宜用列表的形式。

6. 施工质量安全保证措施

（1）模板及支撑系统的安装质量要求，包括模板的几何尺寸、平整度、连接方式，支撑系统安装的各项质量标准与施工过程控制要求。对于工具式模板系统应包括附着、工作机构、架体、安全装置与防护设施。

（2）模板支撑体系搭设及混凝土浇筑区域管理人员组织机构、施工技术措施、模板安装、使用和拆除等施工过程控制的安全技术措施。

（3）模板与支撑系统在搭设、钢筋安装、混凝土浇捣过程中及混凝土终凝前后模板支撑体系位移的监测监控措施等。

（4）模板应支撑在坚实的地基上，并应有足够的支撑面积，严禁受力后地基产生下沉，应在支撑柱下用有一定强度和刚度的材料作为热板。

（5）模板在荷载作用下，应具有必要的强度、刚度和稳定性；并应保证结构的各部分形状、尺寸和位置的正确性。

（6）模板设计时应考虑便于安装和拆除，同时还要考虑便于安装钢筋和浇捣混凝土。

（7）跨度不小于 4 m 的现浇钢筋混凝土梁、板，安装模板时应按设计要求起拱；如设计无要求时，起拱高度宜为跨度的 1/1 000～3/1 000。

（8）设计模板时应优先采用桁架支模、架空支模、工具式支模等先进的施工方法，便于加速模板的周转。

7. 施工应急处置措施

施工应急处置措施应包括各相关人员的职责、针对此种施工的各种突发情况的应急处理方案，包括应急人员、物资、应急方式，报警救援及联络电话、检测中异常情况报告制度与处置方法等。

8. 计算书及相关图纸

（1）验算项目及计算。内容包括模板、模板支撑系统的主要结构强度、截面特征、各项荷载设计值及荷载组合，梁、板模板支撑系统的强度和刚度计算，梁、板下立杆稳定性计算，立杆基础承载力验算，支撑系统支撑层承载力验算，转换层下支撑层承载力验算等。每项计算列出计算简图和截面构造大样图，注明材料尺寸、规格、纵横支撑方法及构造间距；

（2）对于工具式模板系统，应进行模板系统与结构附着的验算，包括混凝土结构强度、截面特征，各项荷载设计值及荷载组合最不利的情况下的抗倾覆验算；

（3）对于计算大模板、立体组装模的脱模荷载时，应计算脱模吸力；

（4）滑、爬模板施工区域平面布置图、立面图和必要的剖面图；

（5）支模区域立杆、纵横水平杆平面布置图、立面图和必要的剖面图；

（6）水平剪刀撑布置平面图，竖向剪刀撑布置投影图，架体与结构拉结点（连墙点）平面、立面布置图与节点详图；

（7）梁下、板下支撑详图、立杆下垫板、底座做法详图；

（8）施工流水平面布置示意图；

（9）支撑体系监测平面布置示意图。

（二）脚手架工程施工方案编制原理与方法

1. 落地式或悬挑式钢管扣件式脚手架施工方案

（1）编制依据。

相关法律、法规、规范性文件、标准、规范及图纸（国标图集）、施工组织设计等，以及编制依据的版本、编号等。采用电算软件的，应说明方案计算使用的软件名称、版本。

（2）工程概况。

① 描述建筑物的建筑设计与结构设计情况，包括平面尺寸、层数、层高、总高度、建筑面积、结构形式、地质情况。

② 脚手架的使用时间与工作内容。施工难点分析，方案比选与架体选型确定。

（3）脚手架设计。

① 架体材料要求。描述脚手架钢管、扣件、脚手板及连墙件材料。

② 架体构造设计。确定脚手架基本结构尺寸、搭设高度（悬挑架为分段搭设，落地架为次搭设）及基础处理方案（悬挑架为悬挑梁的设置）；确定脚手架步距、立杆纵、横距、杆件相对位置；确定剪刀撑的搭设位置及要求；确定连墙件连接方式、布置间距。

③ 确定上、下施工作业面通道设置方式及位置；挡脚板的设置、安全杆、安全网的设置。

④ 对于悬挑脚手架，应明确悬挑梁（工字钢或槽钢）的规格型号、悬挑和锚固长度、锚固点位置、锚固环详细做法和安装要求，阳台、阴阳角部或核心筒等特殊部位的架体设计及节点的详细做法。卸载钢丝绳规格（需要的话）。明确拉结点位置与钢丝绳连接做法。

（4）施工工艺与技术措施。

① 描述脚手架基础的施工要求与质量控制标准（悬挑架为悬挑梁设置）。

② 架体搭设、拆除工艺流程，施工方法，质量控制要点与检查验收（质量标准）要求等。特别是对脚手架杆配件的质量和允许缺陷的规定；脚手架的结构要求及对控制误差的规定。

③ 构造设施。连墙点和剪刀撑的设置方式、布点间距，对支承物的加固要求（需要时）以及某些部位不能设置时的弥补措施；在工程体形和施工要求变化部位的特殊加强构架措施。

④ 作业面与防护设施。作业层铺板和防护的设置要求，对脚手架中荷载大、跨度大、高空间部位的加固措施。

（5）施工质量标准及险收。

脚手架搭设、使用、拆除的质量控制要点、控制标准和技术要求，允许偏差与检查验收内容与方法。

（6）脚手架搭设、使用、拆除的安全措施。

① 制定有针对性的搭设、使用、拆除的安全措施，脚手架安全控制要点，包括日常定时检查的内容与标准、特殊情况和停工复工后的检查要求等；

② 对实际使用荷载（包括架上人员、材料机具以及多层同时作业）的限制，对施工过程中需要临时拆除杆部件和拉结件的限制以及在恢复前的安全弥补措施；

③ 安全网、防护杆及其他防（围）护措施的设置要求。

（7）应急处置措施。

根据脚手架搭设、使用、拆除等各阶段危险因素制定有针对性的应急处置方案，包括危险源分析，应急物资设备、人员联络、处置方法、监测监控要求等。

（8）计算书。

① 明确脚手架设计计算依据；确定脚手架设计荷载组合与计算的内容，包括纵向、横向水平杆等受弯构件的强度及连接扣件的抗滑承载力计算；立杆稳定性及立杆段轴向力计算；基础承载力计算；连墙件的强度、稳定性和连接强度计算。

② 脚手架底部如安放在结构上，要论证下部结构的承载能力，否则应采取的加固措施。

③ 悬挑脚手架的相关计算：除要进行上述一般架体的计算内容外，要进行悬挑梁的强度、抗弯、抗剪和锚固环的强度与抗拔验算等。

④ 架体均应进行风荷载的验算。局部特殊部位按照规范规定，如大阳台、阴阳角、较大跨度处等亦应进行相应内容的验算。

（9）图表及技术资料。

① 材料明细表、进度计划表、人员配置表。

② 脚手架平面图、立面图。

③ 剪刀撑布置图。

④ 连墙件布置图与详图。

⑤ 悬挑脚手架悬挑梁布置平面图、剖面图、悬挑或锚固节点大样图。

⑥ 安全通道、上人坡道、卸料平台位置图及详图。

⑦ 塔吊、施工电梯、物料提升机处架体搭设节点详图。

2. 附着式（整体和分片）提升脚手架施工方案

附着式提升脚手架按提升方式分整体提升和分片提升，按工作性能分为电动提升、液压顶升和手动提升，它们有一个共同的特点，即架体的导座与建筑结构进行刚性附着。架体滑轨与导座连接提供架体开降的轨道，使架体在稳定的状态下工作，它兼有施工工作面和施工防护的作用，是一种整体稳定性、施工操作性、安全性均佳的施工设施。

（1）编制依据。

相关标准、规范及图纸（国标图集）、施工组织设计、安装使用说明书、检验检测报告、产品型式鉴定报告等。

（2）工程概况。

建筑物的平面尺寸、层数、层高、总高度、建筑面积、结构形式、工期；脚手架的使用时间、工作内容、安装工况等。

（3）施工总体安排。

① 根据施工对象安排架体品数、布置方式，据此安排所需的劳力、设备工具和施工时间。

② 针对具体施工对象，描述架体高度、宽度、直线布置的架体支承跨度、折线或曲线布置的架体支承跨度、架体的悬挑长度、升降和在使用工况下架体悬臂高度、架体全高与支承跨度的乘积等参数。

（4）安装与提升规定。

附着升降脚手架的安装要求。附着升降脚手架组装完毕，进行检查验收的要求，附着升降脚手架的升降操作的规定。附着升降脚手架升降到位架体固定后，应进行检查验收的项目。

（5）使用要求。

① 附着升降脚手架在使用时的性能指标，架体上的施工荷载的规定。

② 附着升降脚手架在使用过程中严禁进行的作业内容。

③ 附着升降脚手架在使用过程中的检查要求。说明附着升降脚手架停用和恢复使用中的加固和检查要求。使用过程中对螺栓连接件、升降动力设备、防倾装置、防坠落装置、电控设备等的维修保养要求。

（6）拆除。

说明附着升降脚手架的拆卸程序、安全控制要点以及拆除时的防止人员与物料坠落的措施。

（7）特殊部位的处理措施。

① 说明与附着支承结构的连接处；架体上升降机构的设置处；架体上防倾、防坠装置的设置处；架体吊拉点设置处；架体平面的转角处；架体因碰到塔吊、施工电梯、物料平台等设施而需要断开或开洞处；其他有加强要求的部位的处理措施。

② 说明物料平台、防倾防坠装置、安全维护装置的设置、检查和验收的要求。

③ 说明对架体进行分阶段和整体验收的内容、方法、程序。

（8）附图及技术资料。

① 脚手架平面布置图（标明提升机位、塔吊、电梯、物料提升机位）。

② 架体总装配剖面图、架体装配图。

③ 升降机构、防坠机构详图。

④ 预埋件（安装预留孔）详图、洞口处架体详图（阳台、窗台等）。

⑤ 卸料平台位置及架体处理做法图。

3. 吊篮脚手架工程

（1）工程概况。

建筑物的平面尺寸、层数、层高、总高度、建筑面积、结构形式、工期；脚手架的使用时间、工作内容。

（2）吊篮的进场验收内容与标准。

吊篮进场前应检查吊篮的安全情况，如安全锁标定记录、安全保护装置是否有效、电气系统是否正常、钢丝绳是否老化等。

（3）施工部署。

① 根据施工对象的安装工况安排吊篮数量（最大、最小伸出量、配重计划）和安装位置。

② 施工进度计划、材料与设备计划、劳动力计划；专职安全生产管理人员、特种作业人员等。

（4）施工工艺与技术措施。

① 说明结构安全系数、提升机构、安全保护装置、钢丝绳直径、悬挂机构、配重、电气系统、建（构）筑物的支承等技术参数。明确配重采用的形式、数量及固定的要求等。

② 描述包括配重、悬挂机构、穿绕钢丝绳等工艺流程、施工方法、检查验收内容要求等。

（5）安装、使用、拆除质量安全保证措施。

按照安装工艺确定各个过程的质量安全控制要点、方法和程序，监测监控及使用过程中的注意事项等。

（6）计算书及相关图纸。

① 吊篮使用说明书。

② 吊篮产品结构验算书、产品鉴定报告或形式鉴定报告、出厂合格证、设备定期验收报告。

③ 架体装配图、架体节点构造与安装节点详图。

④ 吊篮布置平面图。

⑤ 特殊部位吊篮安装图。

4. 碗扣式（承插式）脚手架施工方案

碗扣式（承插式）脚手架多用于工业与民用建筑、桥梁及其他构筑物的高净空、大面积、大体积混凝土结构的水平支撑系统和外围施工作业平台，它稳定性好，经济适用，施工方便，从而得到广泛采用。

（1）编制依据。

相关法规、标准、规范及图纸（国标图集）、施工组织设计、安装使用说明等，以及编制依据的版本、编号等。采用电算软件的，应说明方案计算使用的软件名称、版本。

（2）工程概况。

描述建筑物的建筑设计与结构设计情况，包括平面尺寸、层数、层高、总高度、建筑面积、结构形式、地质情况；脚手架的使用时间与工作内容，施工难点分析，方案比选与架体选型确定。

（3）架体设计。

① 根据施工对象的荷载组合、平面立面特征和其他施工要求，说明架体构造设计（模数选择）。确定脚手架基本结构尺寸、搭设高度及基础处理方案。

② 确定脚手架步距、立杆供、横距、杆件相对位置；确定剪刀撑的搭设位置及要求；确定连墙件连接方式、布置间距。

③ 确定上、下施工作业面通道设置方式及位置，挡脚板的设置，安全料、安全网的设置。

④ 特殊部位的安装要求，如阳台、阴阳角部、挑檐或核心筒等特殊部位的架体设计及节点的详细做法。

⑤ 架体基础的要求与处理方法，检验标准与方法。

（4）施工工艺与技术措施。

① 脚手架搭设与拆除工艺流程、施工方法、检查验收（质量标准）等，特别是对脚手架杆配件的质量和允许缺陷的规定；脚手架的结构要求及对控制误差的规定。

② 连墙点和剪刀撑（需要的话）的设置方式、布点间距，某些部位不能设置时的弥补措施；在工程体形和施工要求变化部位的构架措施。

③ 作业层铺板和防护的设置要求；对脚手架中荷载大、跨度大、高空间部位的加固措施。

④ 脚手架地基或其他支承物的技术要求和处理措施。

⑤ 混凝土施工工艺、施工顺序、质量安全控制要点及程序。

（5）脚手架质量标准及验收规定。

脚手架搭设、使用、拆除的质量控制要点、控制标准和技术要求、允许偏差与检查验收内容与方法。

（6）脚手架安全措施与使用管理。

① 制定有针对性的搭设、使用、拆除的安全措施。包括日常定期检查的内容与标准、特殊情况和停工复工后的检查要求等。

② 对实际使用荷载（包括架上人员、材料机具以及多层同时作业）的限制；对施工过程中需要临时拆除杆部件和拉结件的限制以及在恢复前的安全弥补措施。

③ 安全防（围）护措施的设置要求。

（7）应急处置措施。

根据脚手架搭设、使用、拆除等各阶段危险因素制订有针对性的应急处置方案，包括危险源分析，应急物资设备、人员联络、处置方法、监测监控要求等。

（8）计算书。

说明脚手架设计计算依据，确定脚手架设计荷载组合与计算内容，包括：

① 立杆稳定性及立杆段轴向力计算；立杆基础承载力计算；连墙件的强度、稳定性和连接强度计算。

② 脚手架底部如安放在结构上，要论证下部结构的承载能力，否则应采取加固措施。

③ 按照规范规定，如有必要，应对架体进行风荷载的验算。局部特殊部位（大阳台、阴阳角、较大跨度处、荷载变化处）亦应进行相应内容的验算。

（9）图表及技术资料。

① 材料明细表进度计划表、人员配置表。

② 脚手架平、立面图。

③ 剪刀撑、连墙件布置图与详图。

④ 安全通道、上人坡道、卸料平台位置图及详图。

5. 门式脚手架施工方案

门式脚手架构、配件轻便灵活，装拆方便，施工机动性强，用于多层建筑的内、外作业和建筑物、构筑物的内、外装饰装修施工并兼软座作施工防护架体，是一种用途较为广泛的工具式施工架体。

（1）编制依据。

相关法规、标准规范及图纸（国标图集）、施工组织设计、安装使用说明等以及编制依据的版本、编号等。

（2）工程概况。

描述建筑物的建筑设计与结构设计情况，包括平面尺寸，层数、层高、总高度，建筑面积、结构形式；脚手架的使用时间与工作内容。施工难点分析，方案比选与架体选型确定等。

（3）架体设计。

① 根据施工对象的荷载组合、平面立面特征和其他施工要求，说明架体构造设计（模数选择）。确定脚手架基本结构尺寸、搭设高度及基础处理方案；确定脚手架步距、立杆纵、横距、杆件相对位置。

② 特殊部位的安装要求，如阳台、挑檐、荷载变化处等特殊部位的架体模数设计及节点的详细做法。

③ 架体基础的要求与处理方法，检验标准与方法。

④ 架体防护设施的搭设与使用要求。

（4）施工工艺与技术措施。

① 脚手架搭设与拆除工艺流程、施工方法、检查验收（质量标准）等。特别是对脚手架杆配件的质量和允许缺陷的规定。

② 连墙点和剪刀撑的设置方式、布点间距，对支承物的加固要求（需要时）以及某些部位不能设置时的弥补措施；在工程体形和施工要求变化部位的构架措施。

③ 作业层铺板和防护的设置要求；对脚手架中荷载大、跨度大、高空间部位的加固措施（如有的话）。

④ 脚手架地基或其他支承物的技术要求和处理措施。

（5）施工质量标准及验收规定。

脚手架搭设、使用、拆除的质量控制要点、控制标准和技术要求、检查验收的内容与方法。

（6）安全措施与使用管理。

① 制定有针对性的搭设、使用、拆除安全措施。包括日常定期检查的内容与标准、特殊情况和停工复工后的检查要求等。

② 对实际使用荷载（包括架上人员、材料机具以及多层同时作业）的限制，对施工过程中需要临时拆除杆部件和拉结件的限制以及在恢复前的安全弥补措施。

③ 安全防（围）护措施的设置要求。

（7）应急处置措施。

根据架体搭设、使用、拆除等各阶段危险因素制定有针对性的应急处置方案，包括危险源分析，应急物资设备、人员联络、处置方法、监测监控要求等。

（8）计算书。

① 脚手架设计荷载组合与计算内容，包括：纵向、横向水平杆等受弯构件的强度及连接扣件的抗滑承载力计算；立杆稳定性计算；架体基础承载力计算；连墙件的强度、稳定性和连接强度计算。

② 脚手架底部如安放在结构上，要论证下部结构的承载能力，否则应采取加固措施。

③ 按照规范规定，如有必要，应对架体进行风荷载的验算。局部特殊部位（大阳台、阴阳角、较大跨度处、荷载变化处）亦应进行相应内容的验算。

（9）图表及技术资料。

同碗扣式（承插式）脚手架施工方案。

（三）人工挖扩孔桩工程施工方案编制原理与方法

1. 工程概况

桩基工程的数量、承重方式、断面形状、桩下特力层以及所处地理位置的相应地质资料（土质、埋深、地下水位高低、有无淤泥、流砂等特殊土层）等。施工现场周围环境情况。如所处地段状况、桩孔离周边建（构）筑物的距离、挖桩施工时降低地下水是否会对建（构）筑物产生不利影响、建议采取什么保障措施等。按合同要求施工中需要采取的措施。如工期要求、施工程序要求上与其他分部分项工程的交叉作业状况等。

2. 施工组织与准备

场地平整、熟悉桩基础工程设计图纸、准备挖孔施工机具、气体检测仪、模板、通风机、水泵、照明及动力电器以及土建钢筋混凝土工程的施工机具等。开工前的现场准备、资源准备、技术准备，现场组织管理机构和质量、安全、特种作业人员安排与工作制作要求等。

3. 施工工艺与技术措施

挖孔桩的施工工艺，包括作业流程、人员、材料、设备要求、操作工艺、质量标准及验收等。

4. 安全防护和保护环境措施

针对项目特点、现场环境、施工方法、劳动组织、作业使用的机械设备、变配电设施、架设工具以及各项安全防护设施等制定确保安全施工、保护环境、防止工伤事故和职业病危害的针对性措施，重点是从技术上采取的预防措施。

5. 应急处置措施

针对施工可能发生的险情和事故类型，从人员组织、应急联络、物质准备、应急方式与处置措施等方面做出具体安排。

6. 附图与技术资料

1）施工现场平面图；

2）桩孔口的防护做法图；

3）提升设备安装图；

4）护壁做法施工图或详图；

5）照明用电平面图，通风机安装图。

7. 人工挖孔桩工程专项施工方案常见问题和解决办法

对于超过 16 m 的人工挖孔桩工程，应根据土质情况和设计要求做好混凝土护壁施工，防止塌孔，人员上下要有专用梯（软梯或爬梯），每天上班前要对孔内是否有毒气进行检测，同时要做好输送新鲜空气工作，井口要用盖板遮盖。

（四）其他危险性较大工程专项施工方案编制原理与方法

采用“四新”技术的经行政许可，尚无相关技术标准的其他危险性较大的分部分项工程的专项施工方案的编制，可按照上述各专项施工方案编制的思路、目录和框联结构参考进行编制。方案的编制制定要主题清晰、按照相关标准规范，结合施工实际有针对性地制订，并能起到指导施工、规范作业的作用。切不可照抄规范和现成的东西、笼统模糊、篇幅过长、无针对性；不结合工程实际，无的放矢、与管理脱节；方案的专业性不强，执行人不知所云。对于其他危险性较大的分部分项工程，其安全专项施工方案可参考下列目录进行有选择的编制：

（1）编制依据。

相关法律、法规规范性文件、标准、规范及图纸（国标图集）、施工组织设计等以及编制依据的版本，编号等。采用电算软件的，应说明方案计算使用的软件名称、版本。

（2）工程概况。

分部分项工程概况、施工平面布置、施工要求和技术保证条件。

（3）方案比选与施工部署。

方案选择确定，施工总体安排，施工进度计划、材料与设备计划、劳动力计划。

（4）施工工艺与要求。

施工顺序、技术参数与要点、工艺流程、施工方法与质量标准、工序质量控制与检查验收内容、要点、程序等。

（5）施工质量安全保证措施。

组织机构人员保障，质量技术措施，安全技术措施，安全控制要点与施工注意事项，监测监控内容、时点、程序等。

（6）现场应急处置措施。

（7）计算书及相关图纸。

第三节　施工技术交底文件的编写方法及要点

施工技术交底是在某单位工程开工前，或一个分项工程施工前，施工单位项目总工程师及技术人员依据设计文件和设计技术交底纪要，将施工方案及施工工艺、施工进度计划、过程控制及质量标准、作业标准、材料及机械设备配置、安全措施及施工注意事项等向参与施工的技术管理人员和作业人员传达的过程。其目的是使施工人员对工程特点、施工方法、技术质量要求与措施和安全等方面有较详细的了解，以便于科学地组织施工，避免技术质量等事故的发生。

各项施工技术交底记录也是工程技术档案资料中不可缺少的部分，同时各工序安全技术交底也是澄清责任的关键所在。

一、施工技术交底的程序

施工技术交底应分级进行，由施工管理层到作业人员依次进行施工技术交底。

（1）由施工企业总工程师向项目部项目经理、项目总工程师（技术负责人）进行技术交底。

（2）项目总工程师（技术负责人）对项目部各部室及技术人员进行技术交底。

（3）项目部技术人员（责任工程师）对作业队技术负责人进行技术交底。

（4）作业队技术负责人对班组长及全体作业人员进行技术交底。

二、施工技术交底编制依据

（1）国家、行业、地方标准、规范、规程，当地主管部门有关规定，本公司的企业技术标准及质量管理体系文件。

（2）工程施工图纸、标准图集、图纸会审记录、设计变更及工作联系单等技术文件。

（3）施工组织设计、施工方案对本分项工程、特殊工程等的技术、质量和其他要求。

（4）其他有关文件：工程所在地省（直辖市）级和地市级建设主管部门（含工程质量监督站）有关工程管理、技术推广、质量管理及治理质量通病等方面的文件；本公司发布的年度工程技术质量管理工作要点、工程检查通报等文件。特别应注意落实其中提出的预防和治理质量通病、解决施工问题的技术措施等。

三、施工技术交底文件的内容和编写方法

（一）一般施工技术交底的内容

（1）施工准备。

1）作业人员。

说明劳动力配置、培训、特殊工种持证上岗要求等。

2）主要材料。

说明施工所需材料名称、规格、型号；材料质量标准；材料品种规格等直观要求，感官判定合格的方法；强调从有“检验合格”标识牌的材料堆放处领料；每次领料批量要求等。

3）主要机具。

① 机械设备。包括说明所使用机械的名称、型号、性能、使用要求等。

② 主要工具。说明施工应配备的小型工具，包括测量用设备等，必要时应对小型工具的规格、合法性（对一些测量用工具，如经纬仪、水准仪、钢卷尺、靠尺等，应强调要求使用经检定合格的设备）等进行规定。

（2）作业条件。

说明与本道工序相关的上道工序应具备的条件，是否已经过验收并合格。本工序施工现场工前准备应具备的条件等。

（3）施工工艺。

1）工艺流程。

详细列出该项目的操作工序和顺序。

2）施工要点。

根据工艺流程所列的工序和顺序，分别对施工要点进行叙述，并提出相应要求。

（4）质量标准。

1）主控项目。

国家质量检验规范要求，包括抽检数量、检验方法。

2）一般项目。

国家质量检验规范要求，包括抽检数量、检验方法和合格标准。

（5）成品保护。

对上道工序成品的保护提出要求；对本道工序成品提出具体保护措施。

（6）安全注意事项。

安全注意事项包括作业相关安全防护设施要求；个人防护用品要求；作业人员安全素质要求；接受安全教育要求；项目安全管理规定；特种作业人员执证上岗规定；应急响应要求；隐患报告要求；相关机具安全使用要求；相关用电安全技术要求；相关危害因素的防范措施；文明施工要求；相关防火要求；季节性安全施工注意事项。

（7）环境保护措施。

国家、行业、地方法规环保要求；企业对社会承诺；项目管理措施；环保隐患报告要求。

（二）各级责任人施工技术交底的内容

（1）施工单位总工程师向项目经理、项目技术负责人的技术交底内容包括：

1）工程概况和各项技术经济指标和要求；

2）施工组织设计、施工部署、进度要求、网络计划、施工机械、劳动力安排与组织、主要施工方法；

3）关键性的施工技术及实施中存在的问题；

4）特殊工程部位的技术处理细节及其注意事项；

5）总包与分包单位之间互相协作配合关系及其有关问题的处理；

6）施工质量标准和安全技术，推行的工法等标准化作业。

（2）项目总工程师（技术负责人）对项目部各部室及技术人员的技术交底，主要内容包括：

1）工程概况和当地地形、地貌、工程地质及各项技术经济指标；

2）施工图纸的具体要求、做法及其施工难度；

3）实施性施工组织设计、总体施工顺序、主要施工方案的具体要求及其实施步骤与方法；

4）施工班组任务确定；

5）工期安排和主要节点进度计划安排；

6）施工现场情况、施工场地布局和临时设施布置；

7）工程的重点、难点、主要危险源；

8）主要工程材料、机械设备、劳动力安排及资金需求计划；

9）采用的“四新”技术的操作规程，技术规定及注意事项；

10）设计变更内容、施工中应注意的问题等；

11）工程技术和质量标准、重大技术安全环保措施。

（3）技术人员（责任工程师）对作业队技术负责人进行技术交底，主要内容包括：

1）总体施工组织安排、作业场所、作业方法、操作规程及施工技术要求；

2）测量放样桩、测量控制网、监控量测等；

3）试验参数及混凝土、砂浆配合比；

4）采用“四新”技术的操作要求；

5）工程质量标准、成品保护方法及措施；

6）安全环保的具体措施、重大危险源的应急救援措施；

7）其他施工注意事项等。

（4）作业队技术负责人向班组长及全体作业人员的技术交底，主要内容包括：

1）作业内容、现场作业条件、材料要求、主要机具；

2）施工工艺流程、施工先后顺序、施工操作要点、技术措施；

3）质量标准、质量问题预防、成品保护及注意事项；

4）安全技术措施、出现紧急情况下的应急救援措施、紧急逃生措施等。

（三）施工技术交底的编写方法

施工技术交底应特别重视施工操作技术交底。施工操作技术交底是在每个分项工程开始施工前，将完成该分项工程的施工方法和相关要求直接向施工作业层进行书面交底，该交底是施工方案的具体细化，是指导实际施工必不可少的管理程序。

技术交底的编写应在施工组织设计或施工方案编制以后进行。将施工组织设计或施工方案中的有关内容纳入施工技术交底中。技术交底工作必须在开始施工以前进行，不能后补。

通过施工操作技术交底使操作人员都能掌握正确的施工操作方法，明确自己应完成的工作及其质量要求。技术交底不是一次性的，要根据施工过程中出现的情况，及时补充新内容，施工方案、施工方法改变时也要及时进行重新交底。

（1）技术交底内容要详尽。

在施工前必须深入了解设计意图，结合各专业图纸之间的对照比较，在熟悉图纸的前提下，将相应的规范、标准、图集、大样等吃透。

根据施工组织设计和施工方案确定具体的施工工艺，然后开始编制施工技术交底。在交底中应详细说明每个分项工程各道工序如何按工艺要求进行正确施工。

技术交底中应详细介绍分项工程关键、重点、难点工序的主要施工要求和方法。对关键部位、重点部位的施工方法应有详图进行说明。

技术交底内容应是施工图纸的全面反映，不得有遗漏和缺项的现象，交底内容应涵盖整个施工过程，包括工序的衔接、每道工序内操作工艺的配套步骤，做到细致、准确、真切，使工人在接受交底后能清楚自己所要操作的项目内容、细节要求，依此进行操作。

（2）技术交底针对性要强。

在编写技术交底时，一定要针对建筑工程特点、设计意图，清晰明了地讲述，做到每一分项工程都有自己的工艺操作要点。选择施工工艺时需注重新工艺和新技术的运用，再结合工艺标准进行技术交底的编写，要充分体现技术交底的针对性。

当采用“四新”技术时，技术交底中应详细介绍其主要施工方法和要求。

（3）技术交底要有可操作性。

可操作性包括两个方面：在工人方面，要充分考虑现场工人的文化素质，制定略高于现场工人能力的技术标准要求，使其经过努力后能够达到，激励工人的创造性；在经营方面，要清晰地了解本工程的经营状况和外部环境，只有在资金投入有保证、产出收入较佳的前提下，才能确定其为最佳方案。

（4）技术交底表达方式要通俗易懂。

施工技术交底编写时，一定要用操作工人熟悉的方式将意图表达出来，力求通俗易懂。交底人员一定要将复杂、专业的标准、术语，用相应的、通俗易懂的文字传达给现场的操作工人，力求每一个操作工人都能明了活要怎么干，是怎么一个要求，要达到什么样的效果。只有这样，技术交底才能真正发挥指导操作的目的。

第七章　工程测量

第一节　标高、轴线、水平测量基本知识

一、水准仪、经纬仪、全站仪、激光铅垂仪及钢尺的使用方法

（一）水准仪的使用方法

水准仪是建立水平视线测定地面两点间高差的仪器。根据水准测量原理测量地面两点之间的高差。水准仪的主要部件有望远镜、管水准器、垂直轴、基座、脚螺旋。按结构分为微倾水准仪、自动安平水准仪、激光水准仪和数字水准仪（又称电子水准仪），如图 7-1 所示。如果按精度可分为精密水准仪和普通水准仪。

微倾水准仪

自动安平水准仪

数字水准仪

图 7-1　水准仪

微倾水准仪借助微倾螺旋获得水平视线。其管水准器分划值小、灵敏度高。望远镜与管水准器联结成一体。凭借微倾螺旋使管水准器在竖直面内微作俯仰，符合水准器居中，视线水平。

自动安平水准仪借助自动安平补偿器获得水平视线。当望远镜视线有微量倾斜时，自动安平水准仪补偿器在重力作用下对望远镜作相对移动，从而迅速获得视线水平时的标尺读数。这种仪器较微倾水准仪工效高、精度稳定。

激光水准仪利用激光束代替人工读数。将激光器发出的激光束导入望远镜筒内使其沿视准轴方向射出水平激光束。在水准标尺上配备能自动跟踪的光电接收靶，即可进行水准测量。

数字水准仪是 20 世纪 90 年代发展的水准仪，集光机电、计算机和图像处理等高新技术为一体，是现代科技最新发展的结晶。

1. 水准仪的使用步骤

（1）安置三脚架。将仪器安装在可以伸缩的三脚架上并置于两观测点之间，使前后视距大致相等。将三脚架腿调节至适当的高度，尽量使三脚架顶面水平。假如遇到地面比较松软的情况，则需要将架腿用力踩入土中，以保持稳定。

（2）粗平。调节脚螺旋，使圆水准气泡居中。如图 7-2 所示，首先对向转动脚螺旋①②，使气泡移至①②方向的中间，再转动脚螺旋③，使气泡居中。气泡移动方向与左手大拇指运动的方向一致。

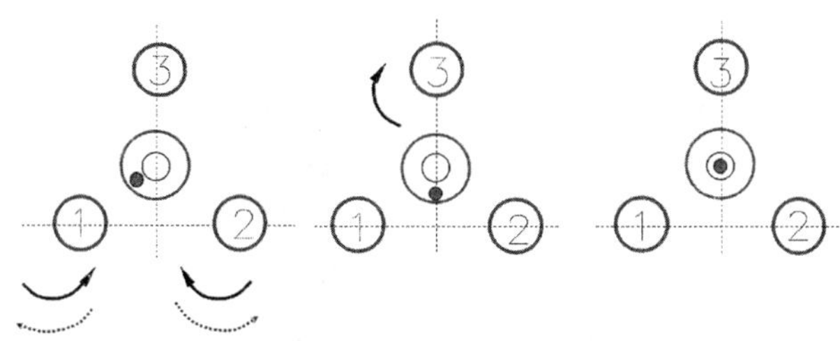

图 7-2　圆水准气泡粗平

（3）瞄准。用望远镜准确地瞄准目标时，先用准星器粗瞄，再用微动螺旋精瞄。先调节目镜使十字丝清晰，再调节物镜看清测量目标。

（4）精平。

使望远镜的视线精确水平。如果使用微倾式水准仪，调节微倾螺旋，使水准管气泡成像抛物线符合。如果使用自动安平水准仪，仪器无微倾螺旋，故不需进行精平工作。

（5）读数。

一定要用十字丝的中丝在水准尺上读数。读数在尺面上由小到大的方向读，读数保留四位，读数精确至毫米。

2. 水准仪的保养

（1）水准仪是精密的光学仪器，正确合理使用和保管对仪器精度和寿命有很大的作用。

（2）应避免阳光直晒仪器，不允许随便拆卸仪器。

（3）仪器有故障时，由熟悉仪器结构者或专业的修理人员维修校正。

（4）每个微调都应轻轻转动，不要用力过大。镜片、光学片不准用手直接接触。

（5）每次使用完后，应把仪器擦试干净，保持干燥。

（二）经纬仪的使用方法

经纬仪是一种根据测角原理设计的测量水平角和竖直角的测量仪器，分为光学经纬仪和电子经纬仪两种（如图 7-3 所示），目前最常用的是电子经纬仪。

经纬仪根据度盘刻度和读数方式的不同，分为电子经纬仪和光学经纬仪。目前我国主要使用光学经纬仪和电子经纬仪，游标经纬仪早已淘汰。

光学经纬的水平度盘和竖直度盘用玻璃制成，在度盘平面的周围边缘刻有等间隔的分划线，两相邻分划线间距所对的圆心角称为度盘的格值，又称度盘的最小分格值。一般以格值的大小确定精度。DJ6 是指一测回方向中误差不超过 6″，DJ2 是指一测回方向中误差为 2″，DJ1 是指一测回方向中误差为 1″。按精度从高精度到低精度分为：DJ0.7、DJ1、DJ2、DJ6、DJ30 等（D、J 分别为大地和经纬仪的首字母）。

电子经纬仪是利用光电技术测角，带有角度数字显示和进行数据自动归算及存储装置的经纬仪。

经纬仪是测量任务中用于测量角度的精密测量仪器，可以用于测量角度、工程放样以及粗略的距离测取。整套仪器由仪器、脚架部两部分组成。

光学经纬仪

电子经纬仪

图 7-3　经纬仪

将经纬仪安置在测站点上，包括对中和整平两项内容。对中的目的是使仪器中心与测站点标志中心位于同一铅垂线上；整平的目的是使仪器竖轴处于铅垂位置，水平度盘处于水平位置。经纬仪的操作步骤如下。

1. 初步对中整平

（1）用锤球对中（激光对中）。

将三脚架调整到合适高度，张开三脚架安置在测站点上方，在脚架的连接螺旋上挂上锤球，如果锤球尖离标志中心太远，可固定一脚移动另外两脚，或将三脚架整体平移，使锤球尖大致对准测站点标志中心，并注意使架头大致水平，然后将三脚架的脚尖踩入土中。

将经纬仪从箱中取出，用连接螺旋将经纬仪安装在三脚架上。调整脚螺旋，使圆水准器气泡居中。

此时，如果锤球尖偏离测站点标志中心，可旋松连接螺旋，在架头上移动经纬仪，使锤球尖精确对中测站点标志中心，然后旋紧连接螺旋。

（2）用光学对中器对中。

使架头大致对中和水平，连接经纬仪；调节光学对中器的目镜和物镜对光螺旋，使光学对中器的分划板小圆圈和测站点标志的影像清晰。

转动脚螺旋，使光学对中器对准测站标志中心，此时圆水准器气泡偏离，伸缩三脚架架腿，使圆水准器气泡居中，注意脚架尖位置不得移动。

2. 精确对中和整平

（1）整平。

先转动照准部，使水准管平行于任意一对脚螺旋的连线，如图 7-4（a）所示，两手同时向内或向外转动这两个脚螺旋，使气泡居中，注意气泡移动方向始终与左手大拇指移动方向一致；然后将照准部转动 90°，如图 7-4（b）所示，转动第三个脚螺旋，使水准管气泡居中。再将照准部转回原位置，检查气泡是否居中，若不居中，按上述步骤反复进行，直到水准管在任何位置，气泡偏离零点不超过一格为止。

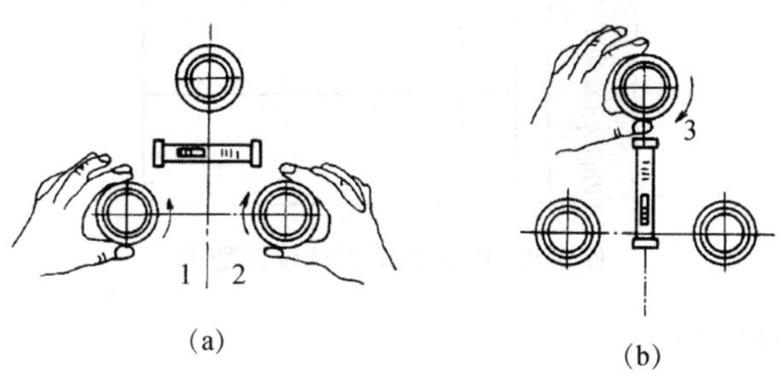

图 7-4　经纬仪的整平

（2）对中。

先旋松连接螺旋，在架头上轻轻移动经纬仪，使锤球尖精确对中测站点标志中心，或使对中器分划板的刻划中心与测站点标志影像重合；然后旋紧连接螺旋。锤球对中误差一般可控制在 3 mm 以内，光学对中器对中误差一般可控制在 1 mm 以内。

对中和整平，一般都需要经过几次“整平—对中—整平”的循环过程，直至整平和对中完全符合要求。

3. 瞄准目标

（1）松开望远镜制动螺旋和照准部制动螺旋，将望远镜朝向明亮背景，调节目镜对光螺旋，使十字丝清晰。

（2）利用望远镜上的照门和准星粗略对准目标，拧紧照准部及望远镜制动螺旋；调节物镜对光螺旋，使目标影像清晰，并注意消除视差。

（3）转动照准部和望远镜微动螺旋，精确瞄准目标。测量水平角时，应用十字丝交点附近的竖丝瞄准目标底部，如图 7-5 所示。

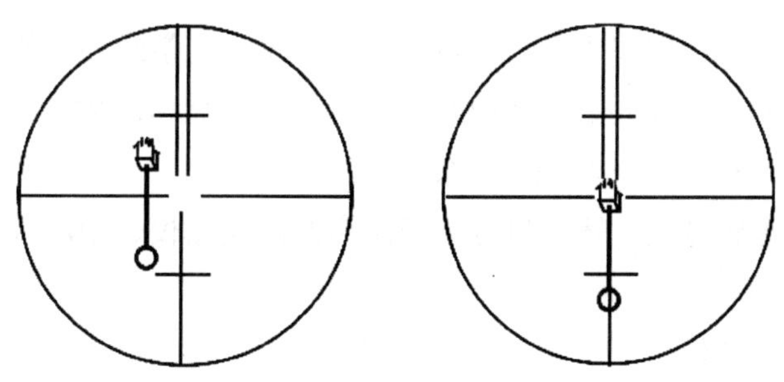

图 7-5　目标瞄准

4. 读数

（1）光学经纬仪打开反光镜，调节反光镜镜面位置，使读数窗亮度适中。

（2）转动读数显微镜目镜对光螺旋，使度盘、测微尺及指标线的影像清晰。

（3）根据仪器的读数设备读数。如图 7-6 所示，盘上的度数为 30°，度盘上整十分数为 20′，测微尺上分、秒数为 8′00″，经纬仪全部读数为 30°28′00″。

（4）电子经纬仪直接在显示器上读数即可。

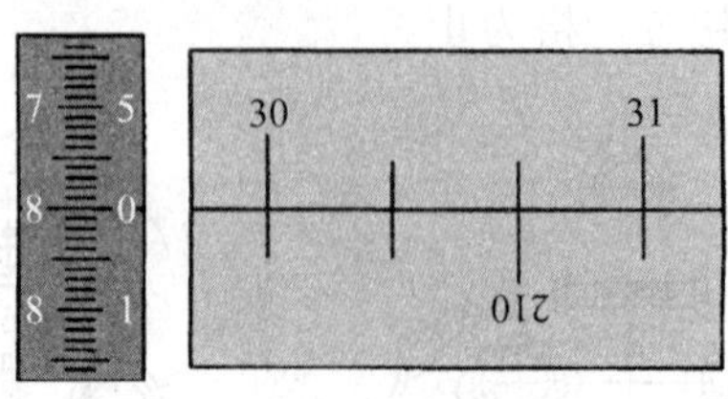

图 7-6　DJ2 光学经纬仪读数窗

（三）全站仪的使用方法

全站仪（如图 7-7 所示），即全站型电子测距仪，是一种集光、机、电为一体的高技术测量仪器，是集水平角、垂直角、距离（斜距、平距）、高差测量功能于一体的测绘仪器系统。与光学经纬仪比较，电子经纬仪将光学度盘换为光电扫描度盘，将人工光学测微读数代之以自动记录和显示读数，使测角操作简单化，且可避免读数误差的产生。全站仪一次安置仪器就可完成该测站上全部测量工作，所以广泛应用于地上大型建筑和地下隧道施工等精密工程测量或变形监测领域。

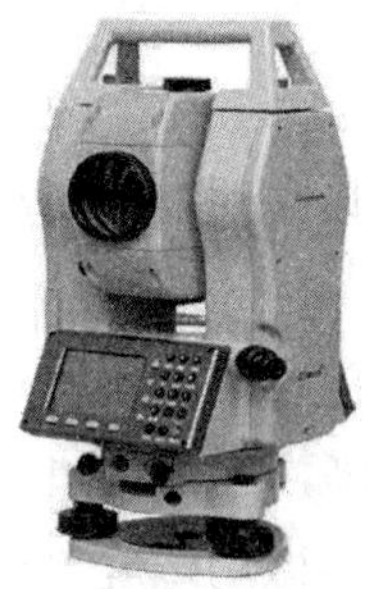

图 7-7　全站仪

全站仪与光学经纬仪区别在于度盘读数及显示系统，光学经纬仪的水平度盘和竖直度盘及其读数装置是分别采用（编码盘）或两个相同的光栅度盘和读数传感器进行角度测量的。根据测角精度可分为 0.5″、1″、2″、3″、5″、7″等几个等级。

全站仪按测距仪测距分类，还可以分为短距离测距全站仪、中测程全站仪、长测程全站仪三类。

（1）短距离测距全站仪。

测程小于 3 km，一般精度为±（5 mm＋5 ppm），主要用于普通测量和城市测量。

（2）中测程全站仪。

测程为 3～15 km，一般精度为±（5 mm＋2 ppm），±（2 mm＋2 ppm）通常用于一般等级的控制测量。

（3）长测程全站仪。

测程大于 15 km，一般精度为±（5 mm＋1 ppm），通常用于国家三角网及特级导线的测量。

全站仪的发展经历了从组合式即光电测距仪与光学经纬仪组合，或光电测距仪与电子经纬仪组合，到整体式即将光电测距仪的光波发射接收系统的光轴和经纬仪的视准轴组合为同轴的整体式全站仪等几个阶段。全站仪主要由控制系统、测角系统、测距系统、记录系统和通信系统 5 个系统组成。

（4）全站仪的使用步骤。

常用的全站仪操作板面上各按键名称及功能如表 7-1 所示，功能键如表 7-2 所示。

表 7-1　按键名称及功能

按键	名称	功能
⏻	电源键	控制电源的开/关
0～9	数字键	输入数字，用于欲置数值
A～/	字母键	输入字母
⊡	输入面板键	显示输入面板
★	星键	用于仪器若干常用功能的操作
α	字母切换键	切换到字母输入模式
B.S	后退键	光标向左一格删除一位
ESC	退出键	退回到前一个显示屏或前一个模式
ENT	回车键	数据输入结束并认可时按此键
◀▲▼▶	光标键	上下左右移动光标

表 7-2　功能键

模式	显 示	软键	功能
测角	置零	1	水平角置零
	置角	2	预置一个水平角
	锁角	3	水平角锁定
	复测	4	水平角重复测量
	V%	5	垂直角/百分度的转换
	左/右角	6	水平角左角/右角的转换
测距	模式	1	设置单次精测/*N* 次精测/连续精测/跟踪测量模式
	m/ft	2	距离单位米/国际英尺/美国英尺的转换
	放样	3	放样测量模式
	悬高	4	启动悬高测量功能
	对边	5	启动对边测量功能
	线高	6	启动线高测量功能
坐标	模式	1	设置单次精测/*N* 次精测/连续精测/跟踪测量模式
	设站	2	预置仪器测站点坐标
	后视	3	预置后视点坐标
	设置	4	预置仪器高度和目标高度
	导线	5	启动导线测量功能
	偏心	6	启动偏心测量功能

1）全站仪角度测量。

角度测量是测定测站点至两个目标点之间的水平夹角，观测方法与电子经纬仪相同。水平角重复测量用于累计角度重复观测值，显示角度总和以及全部观测角的平均值，同时记录观测次数。其操作步骤如下：

① 单击[复测]键，进入角度复测功能；

② 瞄准第 1 个目标；

③ 单击[置零]键，将水平角置零；

④ 用水平制动和微动螺旋照准第 2 个目标点；

⑤ 单击[锁定]键；

⑥ 用水平制动和微动螺旋重新照准第 1 个目标；

⑦ 单击[解锁]键；

⑧ 用水平制动和微动螺旋重新照准第 2 个目标；

⑨ 单击[锁定]键。屏幕显示角度总和与平均角度；

⑩ 根据需要重复步骤⑥～⑨，进行角度复测。

2）全站仪距离测量。

距离测量必须选用与全站仪配套的合作目标，即反光棱镜。由于电子测距为仪器中心到棱镜中心的倾斜距离，因此仪器站和棱镜站均需要精确对中、整平。在距离测量前应进行气象改正、棱镜类型选择、棱镜常数改正、测距模式的设置和测距回光信号的检查，然后才能进行距离测量。只有合理设置仪器参数，才能得到高精度的观测成果（如图 7-8 所示）。其操作步骤如下：

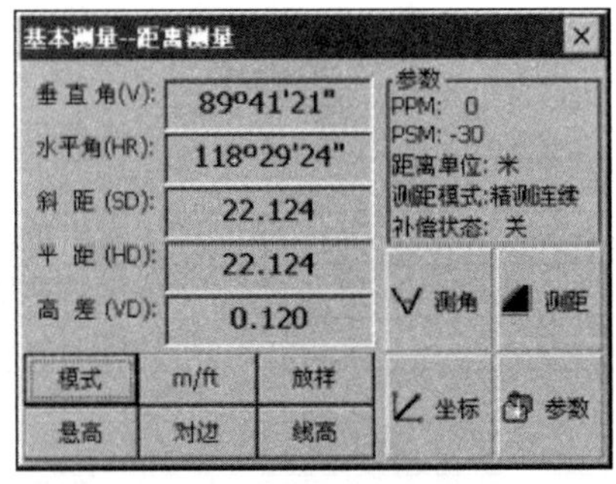

图 7-8　距离测量结果

① 在角度测量模式下照准棱镜中心；

② 单击[测距]键进入距离测量模式。系统根据上次设置的测距模式开始测量；

③ 单击[模式]键进入测距模式设置功能。这里以“连续精测”为例；

④ 显示距离测量结果，如图 7-8 所示。

3）全站仪坐标测量。

设置好测站点相对于原点的坐标后，仪器便可求出显示未知点（棱镜位置）的坐标（如图 7-9 所示）。其操作步骤如下：

① 设置测站坐标和仪器高、棱镜高；

② 设置后视方位角；

③ 单击[坐标]键。测量结束（如图 7-10 所示）。

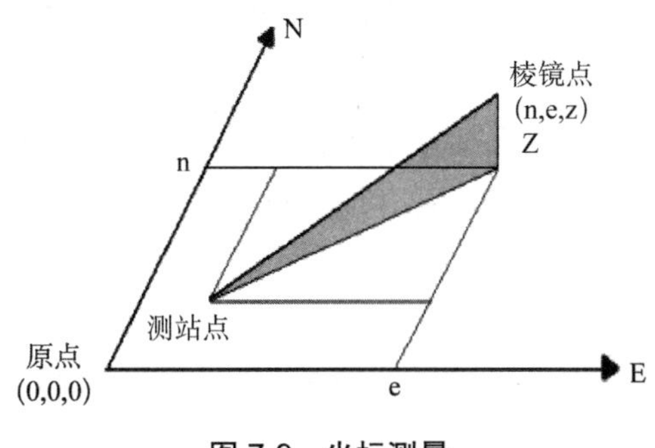

图 7-9　坐标测量

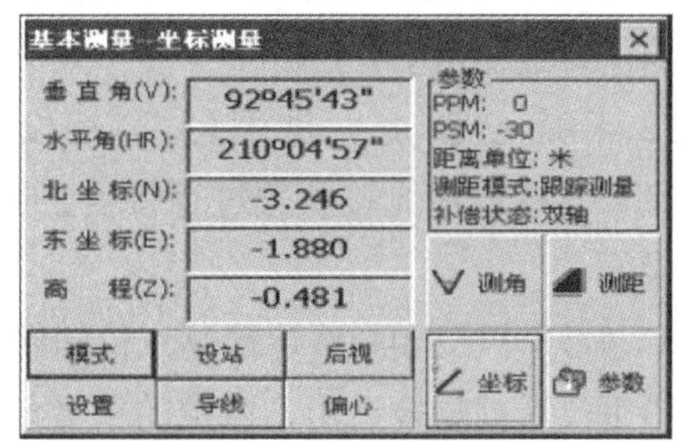

图 7-10　坐标测量结果

（四）激光铅垂仪的使用方法

激光铅垂仪是一种专用的铅直定位仪器（如图 7-11 所示）。适用于高层建筑物、烟囱及高塔架等高大建筑物的铅直定位测量。

激光铅垂仪主要由氦氖激光管、精密竖轴、发射望远镜、水准器、基座、激光电源及接收屏等部分组成。

激光器通过两组固定螺钉固定在套筒内。激光铅垂仪的竖轴是空心筒轴，两端有螺扣，上、下两端分别与发射望远镜和氦氖激光器套筒相连接，二者位置可对调，构成向上或向下发射激光束的铅垂仪。仪器上设置有两个互成 90°的管水准器，仪器配有专用激光电源。

图 7-11　激光铅垂仪

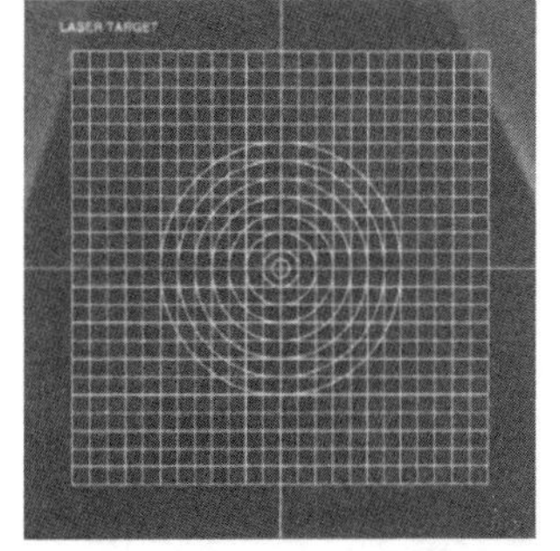

图 7-12　激光标靶

（1）激光铅垂仪的使用步骤。

1）在首层±0.000 层设置控制点位相当重要。首先，选择控制点要根据工程自身的形状和结构布置情况确定最佳的控制线。其次，在控制线上选择最合理的控制点位置。控制点位一定要避开钢筋混凝土构件和其他影响通视的不利因素。确保点位之间有良好的通视条件。

2）点位初步确定后，注意一定要看清楚点位上部的结构图，确保点位的垂直上方投影均在混凝土板面，因实际中有结构错层的情况，要确保都能投测到每层楼板上。

3）将确定好的点位进行精确的符合、校验。在首层±0.000 层点位的精度直接影响主体结构的轴线投测精度。

4）在上层模板支撑好后，在绑钢筋之前，在模板上吊准控制点位，预留 150 mm×150 mm 的空洞，一定要凿空。

5）混凝土浇筑后，进行上层轴线投测。在控制点位上架设铅垂仪，对准点位向上投射激光束，上层用激光接收靶进行接受。并旋转垂准仪 360°，看其偏心量，取中进行该楼层的测设。

6）做好首层±0.000 层控制点位的保护工作，确保不受破坏。

铅垂仪对高层较适用，内控的精度要高，受天气的影响较小。铅垂仪缺点在于架设仪器的频率较高，混凝土板面的预留洞不好修补，影响板面的完整性，投测时安全隐患大，要特别注意防护。投测时，每层孔洞都要打开，如不小心洞内有掉物，易对铅垂仪造成破坏。虽然铅垂仪的精度很高，但从实际应用的效果来看，建议 10 层设一次控制网。

（五）钢尺的使用方法

测量距离是测量的重要工作之一，所谓距离是指两点间的水平长度。如果测得的是倾斜距离，还必须改算为水平距离。按照所用仪器、工具的不同，测量距离的方法有钢尺直接量距、光电测距仪测距和光学视距法测距等。

钢尺是钢制的带尺（如图 7-13 所示），常用钢尺宽 10 mm，厚 0.2 mm。长度有 20 m、30 m 及 50 m 三种，卷放在圆形盒内或金属架上。钢尺的基本分划为厘米，在每米及每分米处有数字注记。一般钢尺在起点处一分米内刻有毫米分划；有的钢尺，整个尺长内都刻有毫米分划。

由于尺的零点位置的不同，有端点尺和刻线尺的区别。端点尺是以尺的最外端作为尺的零点，当从建筑物墙边开始丈量时使用很方便。刻线尺是以尺前端的一刻线作为尺的零点。

图 7-13　钢尺

图 7-14　标杆

丈量距离的工具，除钢尺外，还有标杆、测钎和垂球。标杆长 2～3 m，直径 3～4 cm，杆上涂以 20 cm 间隔的红、白漆，以便从远处清晰可见，用于标定直线（如图 7-14 所示）。测钎用粗铁丝制成，用来标志所量尺段的起、讫点和计算已量过的整尺段数。测钎一组为 6 根或 11 根。垂球用来投点。此外还有弹簧秤和温度计，以控制拉力和测定温度。

当两个地面点之间的距离较长或地势起伏较大时，为使量距工作方便起见，可分成几段进行丈量。这种把多根标杆标定在已知直线上的工作称为直线定线（如图 7-15 所示）。一般量距用目视定线。

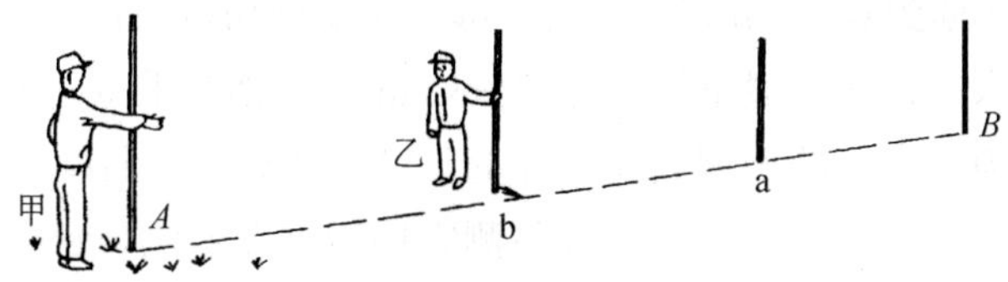

图 7-15 直线定线

（1）平坦地区的距离丈量。

丈量前，先将待测距离的两个端点 *A*、*B* 用木桩（桩上钉一小钉）标志出来，然后在端点的外侧各立一标杆，清除直线上的障碍物后，即可开始丈量。丈量工作一般由两人进行。后尺手持尺的零端位于 *A* 点，并在 *A* 点上插一测钎。前尺手持尺的末端并携带一组测钎的其余 5 根（或 10 根），沿 *AB* 方向前进，行至一尺段处停下。后尺手以手势指挥，前尺手将钢尺拉在 *AB* 直线方向上；后尺手以尺的零点对准 *B* 点，当两人同时把钢尺拉紧、拉平和拉稳后，前尺手在尺的末端刻线处竖直地插下一测钎，得到点 1，这样便量完了一个尺段。随之后尺手拔起 *A* 点上的测钎与前尺手共同举尺前进，同法量出第二尺段。如此继续丈量下去，直至最后不足一整尺段时，前尺手将尺上某一整数分划线对准 *B* 点，由后尺手对准 *n* 点在尺上读出读数，两数相减，即可求得不足一尺段的余长，为了防止丈量中发生错误及提高量距精度，距离要往、返丈量。上述为往测，返测时要重新进行定线，取往、返测距离的平均值作为丈量结果。量距精度以相对误差表示，通常化为分子为 1 的分式形式。

（2）倾斜地面的距离丈量。

1）平量法。沿倾斜地面丈量距离，当地势起伏不大时，可将钢尺拉平丈量，丈量由 *A* 向 *B* 进行，甲立于 *A* 点，指挥乙将尺拉在 *AB* 方向线上。甲将尺的零端对准 *A* 点，乙将尺子抬高，并且目估使尺子水平，然后用垂球尖将尺段的末端投于地面上，再插以插钎。若地面倾斜较大，将钢尺抬平有困难对，可将一尺段分成几段来平量。

2）斜量法。当倾斜地面的坡度均匀时，可以沿着斜坡丈量出 *AB* 的斜距 *L*，测出地面倾斜角，然后计算 *AB* 的水平距离 *D*。

（3）钢尺精密量距的方法。

1）定线。欲精密丈量直线 *AB* 的距离，首先清除直线上的障碍物，然后安置经纬仪于 *A* 点上，瞄准 *B* 点，用经纬仪进行定线。用钢尺进行概量，在视线上依次定出此钢尺一整尺略短的 *A*1、12、23……尺段。在各尺段端点打下大木桩，桩顶高出地面 3～5cm。在桩顶钉一白铁皮。利用 *A* 点的经纬仪进行定线，在各白铁皮上画一条线，使其与 *AB* 方向重合，另画一条线垂直与 *AB* 方向，形成十字，作为丈量的标志。

2）量距。用检定过的钢尺丈量相邻两木桩之间的距离。丈量组一般由 5 人组成，2 人拉尺，2 人读数，1 人指挥兼记录和读温度计。丈量时，拉伸钢尺置于相邻两木桩顶上，并使钢尺有刻划线一侧贴切十字线。后尺手将弹簧秤挂在尺的零端，以便施加钢尺检定时的标准拉力（30 m 钢尺，标准拉力为 10 kg）；钢尺拉紧后，前尺手以尺上某一整分划对准十字线交点时，发出读数口令“预备”，后尺手回答“好”。在喊好的同一瞬间，两端的读尺员同时根据十字交点读取读数，估读到 0.5 mm 记入手簿。每尺段要移动钢尺位置丈量三次，三次测得的结果较差的视不同要求而定，一般不得超过 2～3 mm，否则要重量。如在限差以内，则取三次结果的平均值，作为此尺段的观测成果。每量一尺段都要读记温度一次，估读到 0.5℃。

按上述由直线起点丈量到终点是往测，往测完毕后立即返测，每条直线所需丈量的次数视量边的精度要求而定。

3）测量桩顶高程。

坡面所量的距离，是相邻桩顶间的倾斜距离，为了改算成水平距离，要用水准测量方法测出各桩顶的高程，以便进行倾斜改正。水准测量宜在量距前或量距后往、返观测一次，以资检核。相邻两桩顶往、返所测高差之差，一般不得超过±10 mm；如在限差以内，取其平均值作为观测成果。

4）尺段长度的计算。

精密量距中，每一尺段长需进行尺长改正、温度改正及倾斜改正，求出改正后的尺段长度。计算各改正数如下。

① 尺长改正。

钢尺在标准拉力、标准温度下的检定长度 L'，与钢尺的名义长度 L_0 往往不一致，其差 $L = L' - L_0$，即为整尺段的尺长改正。任一尺段 L 的尺长改正数为 $\Delta L_d = (L' - L_0)L / L_0$。

② 温度改正。

设钢尺在检定时的温度为 t_0℃，丈量时的温度为 t℃，钢尺的线膨胀系数为 α，则某尺段 L 的温度改正为 $\Delta L_t = \alpha(t℃ - t_0℃)L$。

③ 倾斜改正。

设 L 为量得的斜距，h 为尺段两端间的高差，现要将 L 改算成水平距离 d'，故要加倾斜改正数 $\Delta L_h = -h^2 / 2L$ 倾斜改正数永远为负值。

（4）光电测距。

长距离丈量是一项繁重的工作，劳动强度大，工作效率低，尤其是在山区或沼泽区，丈量工作更是困难。人们为了改变这种状况，于 20 世纪 50 年代研制了光电测距仪。近年来，由于电子技术及微处理机的迅猛发展，各类光电测距仪竞相出现，已在测量工作中得到了普遍的应用。

电磁波测距按测程来分，有短程（＜3 km）、中程（3～15 km）和远程（＞15 km）之分。按测距精度来分，有Ⅰ级（5 mm）、Ⅱ级（5～10 mm）和Ⅲ级（＞10 mm）。按载波来分，采用微波段的电磁波作为载波的称为微波测距仪；采用光波作为载波的称为光电测距仪。

如图 7-16 所示，欲测定 A、B 两点间的距离 D，可在 A 点安置能发射和接收光波的光电测距仪，在 B 点设置反射棱镜，光电测距仪发出的光束经棱镜反射后，又返回到测距仪。通过测定光波在 AB 之间传播的时间 t，根据光波在大气中的传播速度 c，则距离 $D = \frac{1}{2}ct$。

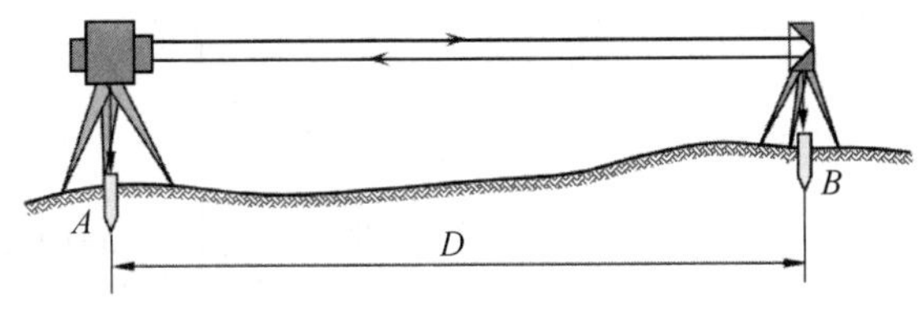

图 7-16　光电测距原理

光电测距仪根据测定时间 t 的方式，分为直接测定时间的脉冲测距法和间接测定时间的相位测距法。高精度的测距仪，一般采用相位式。

1）脉冲式测距。

在测站的一端将发射广播的光强调制成脉冲光，射向目标并接受反射光，并据此测定光波在测站和目标间往返传播的时间。适用于地形测量和目标难以到达时的测距。由于计数器的频率一般为 300 MHz，测距精度为 0.5 m，精度较低。

2）相位式测距。

由测距仪的发射系统发出一种连续的调制光波，测出该调制光波在测线上往返传播所产生的相位移，以测定距离 D。红外光电测距仪一般都采用相位测距法。

在砷化镓发光二极管上加了频率为 f 的交变电压（即注入交变电流）后，它发出的光强就随注入的交变电流呈正弦变化，这种光称为调制光。测距仪在 A 点发出的调制光在待测距离上传播，经反射镜反射后被接收器所接收，然后用相位计将发射信号与接受信号进行相位比较，由显示器显出调制光在待测距离往、返传播所引起的相位移 ϕ。

二、高程、距离、角度测量的要点

（一）高程测量的要点

确定地面点高程的测量工作，称为高程测量。高程测量又是测量三项基本工作之一。根据使用仪器和施测方法的不同，高程测量可分为水准测量、三角高程测量和气压高程测量。用水准仪测量高程，称为水准测量，它是高程测量中最常用、最精密的方法。

高程测量的原理：高程测量是利用一条水平视线，并借助水准尺，来测定地面两点间的高差，这样就可由已知点的高程推算出未知点的高程。

例 1　如图 7-17 所示，若已知 A 点的高程 H_A，欲测定 B 点的高程 H_B。在 A、B 两点上竖立两根尺子，并在 A、B 两点之间安置一架可以得到水平视线的仪器。假设水准仪的水平视线在尺子上的位置读数分别为 A 尺（后视）读数为 a，B 尺（前视）读数为 b，则 A、B 两点之间的高程差（简称高差 h_{AB}）为 $h_{AB}=a-b$。

于是 B 点的高程 H_B 为

$$H_B = H_A + h_{AB} = H_A + a - b$$

可得

$$h_{AB}=3.562-1.101=2.461\text{（m）}$$

$$H_B-215.780+2.461=218.241\text{（m）}$$

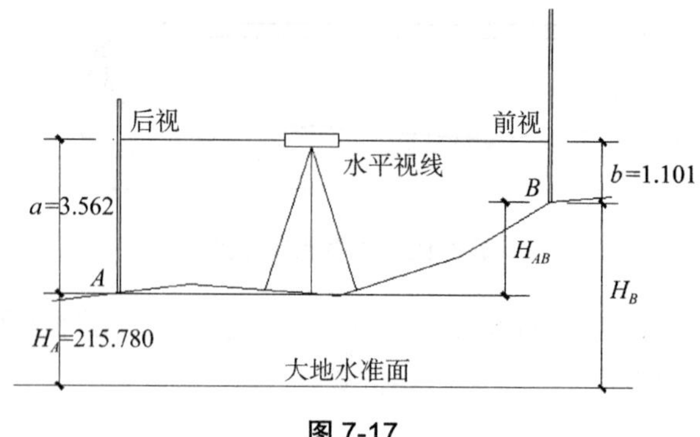

图 7-17

（1）基准水准点的建立。

1）根据业主提供的城市等级水准点，其数值以业主最新提供的数值为准。采用往返水准或闭合水准测量。用精密水准仪引测施工基准水准点。

2）施工基准水准点布置在受施工环境影响小且不易遭破坏的地方。

3）考虑季节的变化和环境的影响，定期对基准水准点进行复测。

（2）±0.000 以下部分的高程测量。

1）以基准水准控制点为依据，用精密水准仪采用往返水准测量的方法，将高程引测至基坑边的临时水准点处。

2）在基坑边寻找一个可垂直传递高程处，搭设一个固定支架，将钢尺一端固定在支架挂钩上用重锤锤心向下。

3）采用两台水准仪一上一下同时测量。上面的一台水准仪将临时水准点的高程传递至钢尺上，下面的一台水准仪将钢尺上的高程传递至施工层上。

（3）±0.000 以上部分的高程测量。

1）以基准点为依据，用精密水准仪采用往返水准测量的方法将高程引测至场地埋设的水准点上。

2）随着时间的推移与建筑物的不断升高，自重荷载的不断增加，建筑物会产生沉降。因此要定期检测施工水准点的高程修正值，以便及时进行修正。

3）从高程基准点用卷尺垂直向上引测至上一高程点。

4）用水准仪将高程传递至各个施工部位。

（4）水准仪测量的注意事项。

1）在观测中，不允许为通过限差规定而凑数，以免成果失去真实性。

2）记录员除了记录和计算，还必须检查观测条件是否合乎规定，限差是否满足要求，否则应及时通知观测员重测。记录员必须牢记观测程序，注意不要记录错误。字迹要整齐清晰，不得涂改，更不允许描字和就字改字。在一个测站上应等计算和检查完毕，确信无误后才可搬站。

3）扶尺员在观测之前必须将标尺立直扶稳。严禁双手脱开标尺，以防摔坏标尺的事故发生。

4）量距要保证通视，前、后视距相等和一定的视线高度，并尽量使仪器和前后标尺在一条直线上。

5）视线高度不得低于 0.5 m，视线长度一般不大于 50 m，前后视距应尽量相等。

（二）距离测量的要点

距离测量是测量的基本工作之一，所谓距离是指两点间的水平长度。如果测得的是倾斜距离，还必须改算为水平距离。按照所用仪器、工具的不同，测量距离的方法有钢尺直接量距、光电测距仪测距和光学视距法测距等。

使用钢卷尺的注意事项。

丈量距离有三个基本要求，即“直、平、准”。

1）尺条避卷不能折。

2）前后尺手要配合好，用力均匀，尺稳读数。

3）尺条表面不得有锈迹和明显的斑点、划痕，线纹应十分清晰。

例 2　用 30 m 长的钢尺往返丈量 A、B 两点间的水平距离，丈量结果分别为往测 4 个整尺段，余长为 9.98 m；返测 4 个整尺段，余长为 10.02 m。计算 A、B 两点间的水平距离 D_{AB} 及其相对误差 K。

得

$$D_{AB}=nl+q=4\times 30+9.98=129.98(\mathrm{m})$$

$$D_{BA}=nl+q=4\times 30+10.02=130.02(\mathrm{m})$$

$$D_{\overline{AB}}=\frac{1}{2}(D_{AB}+D_{BA})=\frac{1}{2}(129.98+130.02)=130.00(\mathrm{m})$$

$$K=\frac{|D_{AB}-D_{BA}|}{D_{\overline{AB}}}=\frac{|129.98-130.2|}{130.00}=\frac{0.04}{130.00}=\frac{1}{3\,250}$$

（三）角度测量的要点

角度测量包括水平角测量和竖直角测量，是测量的三项基本工作之一。角度测量最常用的仪器是经纬仪、全站仪。水平角测量用于计算点的平面位置，竖直角测量用于测定高差或将倾斜距离改算成水平距离。

1. 水平角观测

水平角观测是用经纬仪或全站仪获得水平角的角值、水平方向值的观测。其结果可根据需要取得水平角值，或取得各方向的水平方向值。

（1）测回法。测回法是观测水平角的一种基本方法，通常用以观测两个方向间所夹的水平角。这种方法用于观测两个方向之间的单角（如图 7-18 所示）。

① 盘左读数（即上半测回）：

上半测回 $\beta_{左}=B_{左}-A_{左}$，其中 $\beta_{左}$（即盘左）上半测回角值；$B_{左}$为目标 B 左盘读数；$A_{左}$为目标 A 左盘读数。

② 盘右读数（即下半测回）：

下半测回$\beta_{右}=B_{右}-A_{右}$，其中$\beta_{右}$（即盘右）下半测回角值；$B_{右}$为目标B右盘读数；$A_{右}$为目标A右盘读数。

③ 一测回值$\beta=(\beta_{左}+\beta_{右})/2$：

重复以上过程两次和两次以上求其平均值得水平角β值。

图 7-18 测回法

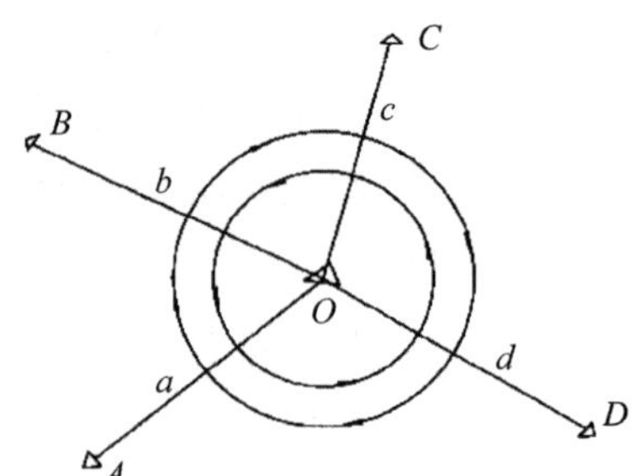

图 7-19 方向观测法

例 3 见表 7-3。

表 7-3 测回法水平角观测手簿

测站	测回	竖盘位置	目标	水平度盘数	半测回角值	一测回角值	各测回平均角值	备注
O	1	左	A	0°03′18″	89°30′12″	89°30′15″	89°30′21″	
			B	89°33′30″				
		右	A	180°03′24″	89°30′18″			
			B	269°33′42″				
O	2	左	A	90°03′30″	89°30′30″	89°30′27″		
			B	179°34′00″				
		右	A	270°03′24″	89°30′24″			
			B	359°33′48″				

（2）方向观测法。

适用于观测两个以上的方向。当方向多于两个时，每半测回都从一个选定的起始方向（零方向）开始观测，在依次观测所需的各个目标之后，应再次观测起始方向（称为归零）称为全圆方向法（如图 7-19 所示）。

① 盘左位置，瞄准起始方向A，转动度盘变换扭把水平度盘读数配置为 0°00′00″，而后再松开制动，重新照准A方向，读取水平度盘读数a，并记入方向观测法记录表中（见表 7-4）。

② 按照顺时针方向转动照准部，依次瞄准B、C、D目标，并分别读取水平度盘读数为b、c、d，并记入记录表中。

③ 最后回到起始方向A，再读取水平度盘读数为a'。这一步称为“归零”。a与a'之间的差称为“归零差”，其目的是检查水平度盘在观测过程中是否发生变动。“归零差”不能超过允许限值（J2 级经纬仪为 12″，J6 级经纬仪为 18″）。以上操作称为上半测回观测。

④ 盘右位置，按逆时针方向旋转照准部，依次瞄准A、D、C、B、A目标，分别读取水

平度盘读数，记入记录表中，并算出盘右的“归零差”，称为下半测回。上、下两个半测回合称为一测回。观测记录及计算方法见表 7-4。

例 4　见表 7-4。

表 7-4　方向观测法计算手簿

测站	测回数	目标	读数		2C	平均读数	归零方向值	各测回归零方向值之平均值
			盘左（L）	盘右（R）				
0	1					0°02′06″		
		A	0°02′06″	182°02′00″	6	0°02′03″	0°00′00″	0°00′00″
		B	51°15′42″	231°15′30″	12	51°15′36″	51°13′30″	51°13′28″
		C	131°54′12″	311°54′00″	12	131°54′06″	131°52′00″	131°52′02″
		D	182°02′24″	2°02′24″	0	182°02′24″	182°00′18″	182°00′22″
		A	0°02′12″	180°02′06″	6	0°02′09″		
	2					90°03′32″		
		A	90°03′30″	270°03′24″	6	90°03′27″	0°00′00″	
		B	141°17′00″	321°16′54″	6	141°16′57″	51°13′25″	
		C	221°55′42″	41°55′30″	12	221°55′36″	131°52′04″	
		D	272°04′00″	92°03′54″	6	272°03′57″	182°00′25″	
		A	90°03′36″	270°03′36″	0	90°03′36″		

注：手簿中两倍照准误差 2C 值的计算式为：2C=盘左读数−（盘右度数±180°）。

2. 竖直角观测

竖直角是同一竖直面内倾斜视线与水平视线间的夹角，与水平角计算原理一样，竖直角也是度盘上两个方向读数之差，但是由于视线水平时的竖盘读数为一常数（90°的整数倍）。

竖直度盘的结构特点是：当竖盘水准管气泡居中，且望远镜视线水平时，盘左位置的竖盘读数应为 90°，盘右应为 270°。

因此，进行竖直角测量时，只需读取目标方向的竖盘读数，便可根据不同度盘注记形式相对应的计算公式计算出所测目标的竖直角。

如图 7-20 所示，竖直角观测的计算步骤如下：

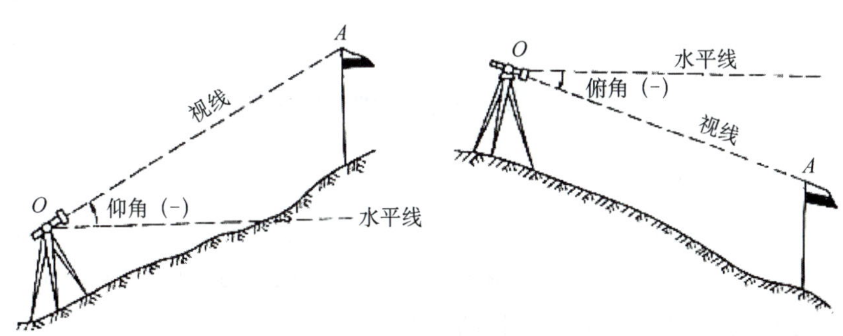

图 7-20　竖直角观测

（1）仪器安置于测站点 O 上，盘左瞄准目标点 A（中丝切于目标顶部）。

（2）调节竖盘指标水准管气泡居中，读数 L，并记入观测手簿中。

（3）盘右再瞄准 A 点并调节竖盘指标水准管气泡居中，读数 R，记入观测手簿中。

（4）计算竖直角 α。

竖直角 $\alpha=1/2（\alpha_L+\alpha_R）=1/2（R-L-180°）$，其中 L：盘左读数；R：盘右读数。

① 当顺时针注记：$\alpha_L=90°-L$；$\alpha_R=R-270°$

② 当逆时针注记：$\alpha_L=L-90°$；$\alpha_R=270°-R$

竖盘指标差 $C=1/2（\alpha_R-\alpha_L）=1/2（L+R-360°）$

注：竖盘指标差互差（即所求指标差之间的差值）DJ2≤±15″；DJ6≤±25″。

例 5 见表 7-5。

表 7-5 竖直角观测记录手簿

测站	目标	竖盘位置	竖盘读数	半测回竖直角	指标差 C	一测回竖直角	备注
O	*A*	左	76°30′6″	+13°29′54″	−6″	+13°29′48″	竖盘为全圆顺时针注记
		右	283°29′42″	+13°29′42″			
	B	左	109°26′12″	−19°26′12″	−9″	−19°26′21″	
		右	250°33′30″	−19°26′30″			

3. 角度测量的注意事项

（1）保证测角的精度，满足测量的要求。

（2）观测前应先检验仪器，发现仪器有误差时应立即进行校正，并采用盘左、盘右取平均值和用十字丝交点照准等方法，减小和消除仪器误差对观测结果的影响。

（3）安置仪器要稳定，脚架应踏牢，对中整平应仔细，短边时应特别注意对中，在地形起伏较大的地区观测时，应严格整平。

（4）观测时应严格遵守各项操作规定。照准时应消除视差；水平角观测时，切勿误动度盘；竖直角观测时，应在读取竖盘读数前，指标水准管气泡居中。

（5）水平角观测时，应以十字丝交点附近的竖丝照准目标根部。

（6）竖直角观测时，应以十字丝交点附近的横丝照准目标顶部。

（7）读数应准确，观测时应及时记录和计算。

（8）各项误差应在规定的限差以内，超限必须重测。

第二节 施工测量知识

在施工阶段所进行的测量工作称为施工测量。施工测量指的是在工程施工阶段进行的测量工作，是工程测量的重要内容。包括施工控制网的建立、建筑物的放样、竣工测量和施工期间的变形观测等。施工测量的目的是把图纸上设计的建（构）筑物的平面位置和高程，按设计和施工的要求放样到相应的地点，作为施工的依据。并在施工过程中进行一系列的测量工作，用于指导和衔接各施工阶段和工种间的施工。

民用建筑是指住宅、办公楼、食堂、俱乐部、医院和学校等建筑物。民用建筑施工测量的任务是按照设计的要求，把建筑物的位置测设到施工场地地面上，并配合施工以保证工程质量。民用施工建筑包括建筑物定位、放线，基础工程施工测量，墙体工程施工测量等。进行施工测量之前，应对所使用的测量仪器和工具检校。

为了满足地形测量和工程测量的需要，首先在整个测区范围内均匀选定若干数量的点，这些点称为控制点，然后以较高的观测精度测出这些点的坐标和高程，以作为测图及施工放样的依据，这项工作称为控制测量。

控制测量分为平面控制测量和高程控制测量两种。只测定控制点平面位置的控制测量称为平面控制测量，只测定控制点高程位置的控制测量称为高程控制测量。

建筑物的定位是指把建筑物的外廓各轴线交点测设到地面上去，根据设计要求在地面上标出拟建建筑物的准确位置，是进行细部放样的依据。根据控制网的形式及分布、放线的精度要求及施工现场的条件来选用。建筑物的定位主要有以下几种测设方法：

根据测量控制点测设。根据建筑物附近的导线点、三角点等测量控制点和建筑物各角点的设计坐标用极坐标或交会法测设建筑物的位置。

根据建立方格网和建筑基线测设。当建筑场地已经建立方格网或建筑基线时，可以采用直角坐标放样法，使用经纬仪和钢尺测设定位点。

根据与原有建筑物的关系测设，即根据设计图上绘出的新建建筑物与附近原有建筑物的相对位置关系，进行测设。

一、基础施工、墙体施工、构件安装测量的要点

（一）基础施工测量的要点

基础施工测量包括开挖深度和垫层标高控制、垫层上基础中线的投测和基础墙标高的控制等内容。

（1）开挖深度和垫层标高控制。

为了控制基槽的开挖深度，当快挖到槽底标高时，应用水准仪根据地面±0.000 控制点，在槽壁上测设一些小木桩（称为水平桩），如图 7-21 所示，使木桩的上表面离槽底的设计标高为一固定值（如 0.500 m），作为控制挖槽深度、槽底清理和基础垫层施工的依据。一般在基槽转角处均应设置水平桩，中间每隔 5 m 设一个。

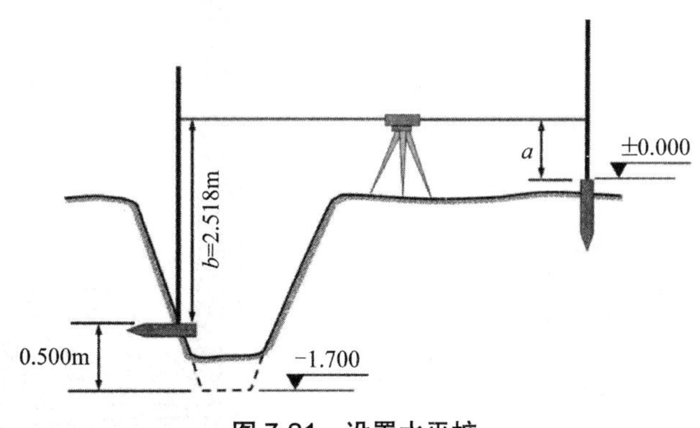

图 7-21　设置水平桩

（2）垫层上基础中线的投测。

基础垫层垫好后，根据龙门板上的轴线钉或轴线控制桩，用经纬仪或用拉绳挂锤球的方法，把轴线投测到垫层上，并用黑线弹出墙中心线和基础边线，以便砌筑基础。由于整个墙

身砌筑应以线为准，这是确立建筑物位置的关键环节，所以要严格校核后方可进行砌筑施工。

（3）基础墙标高的控制。

基础墙是指±0.000 以下的墙体，它的标高一般是用基础皮数杆来控制的。在杆上按照设计尺寸将砖和灰缝的厚度，按皮数画出，杆上注记从±0.000 向下增加，并标明防潮层和预留洞口的标高位置等。

（二）墙体施工测量的要点

（1）墙体定位。

在基础工程结束后，应对龙门板（或控制桩）进行认真检查复核。复核无误后，利用轴线控制桩或龙门板上的轴线和墙边线标志，用经纬仪或拉细线绳挂锤球的方法将轴线投测到基础面或防潮层上，然后用墨线弹出墙中线和墙边线，并再做检核，符合要求后，把墙轴线延伸并画在外墙基础上（如图 7-22 所示）。这样就确立了上部砌体的轴线位置，也可作为向上投测轴线的依据。

（2）墙体各部位标高的控制。

在墙体砌筑施工中，墙身上各部位的标高通常是用皮数杆来控制和传递的。

皮数杆应根据建筑物剖面图画有每块砖和灰缝的厚度，并注明墙体上窗台、门窗洞口、过梁、雨篷、圈梁、楼板等构件高度位置（如图 7-23 所示）。在墙体施工中，用皮数杆可以控制墙身各部位构件的准确位置，并保证每皮砖灰缝厚度均匀，每皮砖都处在同一水平面上。

皮数杆一般都立在建筑物拐角和隔墙处。立皮数杆时，先在地面上打一木桩，用水准仪测出±0.000 标高位置，并画一横线作为标志；然后，把皮数杆上的±0.000 线与木桩上±0.000 对齐，钉牢。皮数杆钉好后要用水准仪进行检测，并用锤球来校正皮数杆的竖直。

为了施工方便，采用里脚手架砌砖时，皮数杆应立在墙外侧，如采用外脚手架时，皮数杆应立在墙内侧，如系框架或钢筋混凝土柱间墙时，每层皮数杆可直接画在构件上，而不立皮数杆。

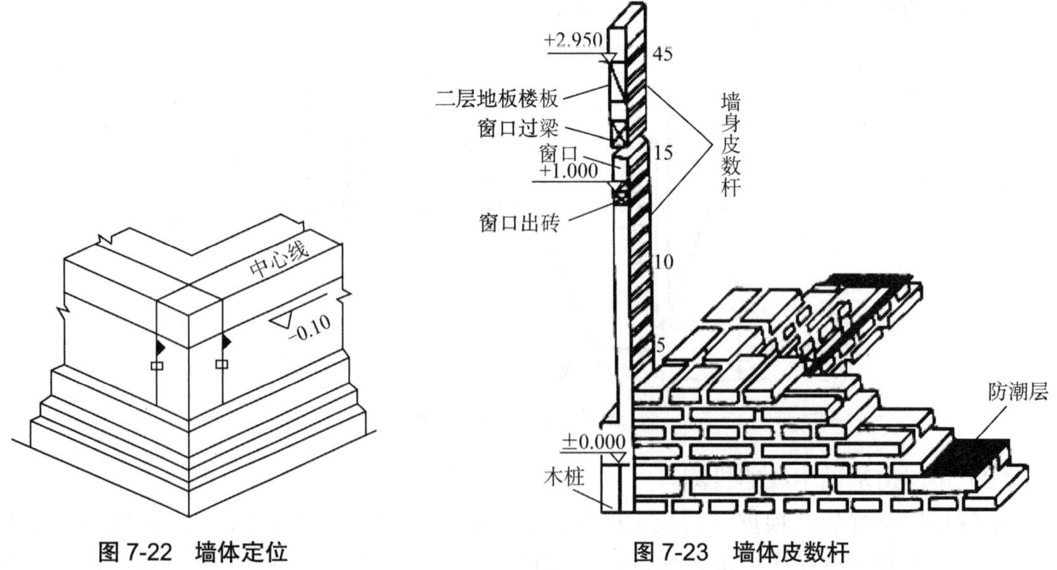

图 7-22　墙体定位　　　图 7-23　墙体皮数杆

（3）建筑物的轴线投测和高程传递。

1）轴线投测。在多层建筑墙身砌筑过程中，为了保证建筑物轴线位置正确，可用吊锤球或经纬仪将轴线投测到各层楼板边缘或柱顶上。

① 吊锤球法。将较重的锤球悬吊在楼板或柱顶边缘，当锤球尖对准基础墙面上的轴线标志时，线在楼板或柱顶边缘的位置即为楼层轴线端点位置，并画出标志线。各轴线的端点投测完后，用钢尺检核各轴线的间距，符合要求后，继续施工，并把轴线逐层自下向上传递。

吊锤球法简便易行，不受施工场地限制，一般能保证施工质量。但当有风或建筑物较高时，投测误差较大，应采用经纬仪投测法。

② 经纬仪投测法。在轴线控制桩上安置经纬仪，严格整平后，瞄准基础墙面上的轴线标志，用盘左、盘右分中投点法，将轴线投测到楼层边缘或柱顶上。将所有端点投测到楼板上之后，用钢尺检核其间距，相对误差不得大于 1/2 000。检查合格后，才能在楼板分间弹线，继续施工。

2）高程传递。建筑施工测量的另外一个主要任务就是高程控制问题，即各楼层的高程传递。楼层的高度或层高直接影响楼房的施工质量及施工项目的经济效益。建筑物施工中，传递高程的方法有以下几种：

① 利用皮数杆传递。在皮数杆上自±0.00 m 标高线起，门窗口、过梁、楼板等构件的标高都已注明。一层楼砌好后，则从一层皮数杆起一层一层往上接。

② 利用钢尺直接传递。用钢尺沿着结构外墙、边柱或楼梯间，由底层±0.000 标高线向上竖直量取设计高差，即可得到施工层的设计标高。同样的方法，至少向上量取三个点，以便相互校核，限差应小于±3 mm，合格后，取平均值作为该施工层的高差。

③ 悬吊钢尺法。在楼梯间悬吊钢尺，钢尺下端挂一个重锤，使钢尺处于铅垂状态，用水准仪在下面与上面楼层分别读数，按水准测量原理把高程传递上去。

（三）构件安装测量的要点

（1）设备基础控制网设置好后，即可进行设备基础及地脚螺栓的定位测量工作。对于中小型设备基础定位的测设方法基本与厂房基础定位相同。不过在基础平面图上，若设备基础的位置是以基础中心线与柱子中心线关系来表示的，这时计算测设数据时，需将设备基础中心线与柱子中心线的关系，换算成与矩形控制网上距离指示桩的关系尺寸，然后在矩形控制网的纵横对应边上测定基础中线的端点。对于采用封闭式施工的基础工程（即先厂房而后进行设备基础施工），则应根据测设的内控制网进行基础定位测量。

对于大型设备基础定位测量。由于大型设备基础中心线较多，为了方便施测，防止产生错误，在基础定位之前，必须根据基础设计原图编绘基础中心线测设图。将全部中心线及地脚螺栓组的中心线统一编号，并将其与柱子中心线和厂房控制网上距离指示桩的尺寸关系注明，定位放线时，按照中心线测设图，在厂房控制网或内控制网对应边上测出中心线的端点，然后在距离基础开挖边线 1～1.5 m 处，用经纬仪交会定出中心桩，以便开挖。

（2）设备基础定位放线之后，即进行基坑开挖施工。在开挖时，应根据厂房控制网或场地上的其他控制点测定挖土边界线，其容许误差为±5 cm；而标高可根据施工现场上布设的水准点来测量，其容许误差为±3 cm。在基坑挖土中，应经常检查挖土高度，当挖土竣工后，应实测挖土面标高，测量容许误差为±2 cm。

（3）在设备基础垫层施工中，应进行基础坑底抄平与垫层中线投点两项测设工作，以作为安装固定架，埋设地脚螺栓及支立基础模板的依据。

（4）完成垫层施工后，便可进行设备基础上层的放线测量工作，主要包括固定架的安置、地脚螺栓的埋设及抄平、基础模板的标高测设等工作，其施测方法同前。但应注意，大型设备基础地脚螺栓很多，而且大小类型和标高不一，为使安装地脚螺栓时其位置和标高都符合设计要求，必须在施测前绘制地脚螺栓图，作为施测的依据。

（5）最后进行设备基础中心线标板的埋设与投点工作，它是设备安装或砌筑时确定中点线的重要依据。标板埋设位置务必正确，且应牢固。

（6）利用经纬仪采用正倒镜法，将仪器安置在中线上，后视控制网边线上的中线端点，在埋设好的标板上进行中线投点；或者将仪器安置在厂房矩形控制网边线上的中线端点桩上，照准中线上的对应端点，在标板上完成中线投点工作。

第三节　竣工测量与建筑变形观测知识

一、竣工测量与建筑变形观测的概念

（一）竣工测量的概念

竣工测量就是在建筑物和构筑物竣工验收时，为获得工程建成后的各建筑物和构筑物以及地下管网的平面位置和高程等资料而进行的测量工作。竣工测量的最终成果就是竣工总平面图，它包括反映工程竣工时的地形现状、地上与地下各种建筑物以及各类管线平面位置与高程的地形图和各类专业图等。竣工总平面图是设计总平面图在工程施工后实际情况的全面反映和工程验收时的重要依据，也是竣工后工程改建、扩建的重要基础技术资料。竣工测量不仅是验收和评价工程是否按图施工的基本依据，更是工程交付使用后，进行管理、维修、改建及扩建的依据。因此，竣工图和竣工资料是国家基本建设工程的重要技术档案资料，必须按规定绘制和整理并长期保存。故施工单位必须认真、负责地做好这项工作。

（二）建筑变形观测的概念

变形观测就是对建筑物及其地基由于荷重和地质条件变化等外界因素引起的各种变形的测定工作。其目的在于了解建筑物的稳定性，监视它的安全情况，研究变形规律，检验设计理论及其所采用的计算方法和经验数据，是工程测量学的重要内容之一。变形观测主要包括沉降观测、倾斜观测、裂缝观测、水平位移观测等。

二、建筑沉降观测、倾斜观测、水平位移观测、裂缝观测的要点

（一）沉降观测

沉降观测是测定建筑物或其基础的高程随时间变化的工作。建筑物在施工和运营期间，对埋设在基础和建筑物上的观测点，定期用精密水准测量的方法测定它们的高程，比较观测点不同周期的高程即可求得其沉降值。有时也可用地面立体摄影测量的方法及液体静力水准测量的方法测定沉降值。在液体静力水准测量中，可采用探针探测液面高程，也可采用将液面高程的变化用传感器输出等方法实现自动化观测。

（1）实施沉降观测点的位置设置要合理，与建筑物的结构形式、基础处理的情况要有紧密的联系。沉降观测要点如下：

1）砖混结构中采用砖墙承重的建筑物：沉降观测点一般应沿墙的长度每隔 8～10m 设置 1 个，并应设置在建筑物的外墙转角处、纵墙与横墙的交接处及纵墙与横墙的中央、建筑物的沉降缝两侧。

2）框架结构的建筑物：沉降观测点应设在每个桩基或部分柱基上部。

3）新建筑物与原有建筑物连接处的两边应设置。

4）烟囱、水塔、油灌等其他类似的构筑物，应沿周边对称设置。

（2）实施沉降观测的次数和时间要适当，如砖混结构建筑物的第一次观测应当在观测点安设稳固且第 1 层已经完工后进行。其他结构的建筑物可以参考进行。

（3）水准测量的基点位置应该远离施工的建筑物或者做特殊处理。它的位置一定要选定相对稳定的其他建筑物、岩基等适当部位，一般不少于 2 个。

（4）测量宜采用精密水平仪及钢水准尺，观测前应严格校验仪器。

1）首次观测前要对所用仪器的各项指标进行检测校正，必要时经计量单位予以鉴定。连续使用 3～6 个月重新对所用仪器、设备进行检校。

2）每次观测的人员应相对固定、工具等也相对固定。

3）每次观测尽量采用相同的观测路线，当场进行相关检查，确保符合要求。同一观测点的两次观测之差不得大于 1 mm。

（5）各项相关的资料应妥善保管，存档备查。

（二）倾斜观测

倾斜观测是指对建筑物、构筑物中心线或其墙、柱等，在不同高度的点相对于底部基准点的偏离值进行的测量，包括建筑物基础倾斜观测、建筑物主体倾斜观测。

建筑主体倾斜观测应测定建筑顶部观测点相对于底部固定点或上层相对下一层观测点的倾斜度、倾斜方向及倾斜速率。刚性建筑的整体倾斜，可通过测量顶面或基础的差异沉降来间接确定。主体倾斜观测要点如下：

（1）当从建筑外部观测时，测站点的点位应选在与倾斜方向正交的方向线上距照准目标 1.5～2.0 倍的目标高度的固定位置。当利用建筑内部竖向通道观测时，可将通道底部中心点

作为测站点。

（2）对于整体倾斜，观测点及底部固定点应沿着对应测站点的建筑主体竖直线，在顶部和底部上下对应布设；对于分层倾斜，应按分层部位上下对应布设。

（3）按前方交会法布设的测站点，基线端点的选设应顾及测距或长度丈量的要求。按方向线水平角法布设的测站点，应设置好定向点。

（4）建筑顶部和墙体上的观测点标志可采用埋入式照准标志。当有特殊要求时，应专门设计。

（5）不便埋设标志的塔形、圆形建筑以及竖直构件，可以照准视线所切同高边缘确定位置或用高度角控制的位置作为观测点位。

（6）位于地面的测站点和定向点，可根据不同的观测要求，使用带有强制对中装置的观测墩或混凝土标石。

（7）对于一次性倾斜观测项目，观测点标志可采用标记形式或直接利用符合位置与照准要求的建筑特征部位，测站点可采用小标石或临时性标志。

（三）位移观测

根据平面控制点测定建筑物的平面位置随时间而移动的大小及方向，称为位移观测。建筑水平位移观测点的位置应选在墙角、柱基及裂缝两边等处。标志可采用墙上标志，具体形式及其埋设应根据点位条件和观测要求确定。

水平位移观测的精度可根据规范的规定确定。水平位移观测的周期，对于不良地基土地区的观测，可与一并进行的沉降观测协调确定；对于受基础施工影响的有关观测，应按施工进度的需要确定，可逐日或隔 2～3 d 观测一次，直至施工结束。

当测量地面观测点在特定方向的位移时，可使用视准线法、引张线法、激光准直法、垂线法、交会法和导线法等。

（1）视准线法。

以经过光学测量仪器的视准线建立一个平行或通过坝轴线的固定铅直平面作为基准面，定期观测确定的点位与基准面之间的偏离值的大小，即该点的水平位移。这种方法适用于混凝土建筑物顶部横向水平位移和土石建筑物横向水平位移的观测。视准线法要求在水工建筑物上及其附近分别布置位移测点、工作基点和校核基点。可采用经纬仪或视准线仪进行观测，观测方法有活动规标法和小角度法两种。

（2）引张线法。

利用张紧在两工作基点之间的不锈钢丝作为基准线，测量沿线测点和钢丝之间的相对位移，以确定该点的水平位移。这种方法适用于直线形的混凝土坝，一般设置在水平纵向廊道内。观测方法有以下两种。

1）用肉眼或光学仪器对准测线钢丝后，由测点上安装的标尺读数，经过计算求得该点的水平位移。

2）在测点上安装遥测引张线仪，在观测室利用接收仪表或自动检测装置进行遥测记录，然后求得水平位移。

（3）激光准直法。

利用激光束代替通过光学测量仪器的视线进行照准的准直方法。这种方法适用于直线形混凝土坝。根据观测装置不同分为激光准直仪、波带板激光准直系统和真空管道激光准直系统三种。其中，前两种的观测精度较视准线略有提高，但仍然不能消除空气折光影响，后一种方法消除了空气折光影响，而且可同时测定测点的垂直位移，但是造价高，维护困难。

（4）垂线法。

以坝体或坝基的铅垂线为基准线，运用坐标仪测定沿线坝体不同高程的点位和铅垂线之间的相对位移。由垂线上不同高程测点的水平位移观测资料可以绘制坝体沿垂线的挠度曲线。这种方法又称为挠度观测。适用于各种类型的混凝土坝，观测准确度高，便于实现集中遥测和自动化，是大坝安全自动监控的主要项目，少数高土石坝也利用垂线法观测坝基水平位移。根据垂线的固定方式，可分为正垂线和倒垂线。

1）正垂线，垂线上端固定在坝体上，下端吊重锤，使垂线保持铅直位置。

2）倒垂线，垂线的下端锚固定在深层基岩的稳定位置上，垂线上端与浮筒相连，利用浮筒承受的浮力使垂线保持在铅直位置上。

（5）交会法。

利用两个或 3 个已知坐标的固定点测定水工建筑物位移标点的坐标变化，从而确定建筑物位移的大小和方向，一般用于长度超过 500 m 的混凝土重力坝、土石坝以及拱坝坝顶和下游面的水平位移观测。这种方法的工作量大而准确度低，施测时受气候条件限制，因而较少使用。

（6）导线法。

在廊道内布置折线形导线，其两端点设置倒垂线以测定端点的绝对位移，然后用导线法测定导线点的切向位移和径向位移。导线法适用于观测大型拱坝廊道内的表面水平位移。导线法有两种测量方法。

1）精密边角导线法，通过测量导线点的角度变化和边长变化，计算导线点的位移。

2）精密弦矢导线法，测量导线的矢距代替测角，观测准确度较精密边角导线法高。

（四）裂缝观测

建筑物发现裂缝，为了了解其现状和掌握其发展情况，应立即进行裂缝变化的观测。建筑裂缝监测点应选择有代表性的裂缝进行布置，当原有裂缝增大或出现新裂缝时，应及时增设监测点。对需要观测的裂缝，每条裂缝的监测点至少应设两组，具体按现场情况而确定，且宜设置在裂缝的最宽处及裂缝末端。采用直接量取方法量取裂缝的宽度、长度，观察其走向及发展趋势。

裂缝观测应测定建筑上的裂缝分布位置和裂缝的走向、长度、宽度及其变化情况。对需要观测的裂缝应统一进行编号。每条裂缝应至少布设两组观测标志，其中一组应在裂缝的最宽处，另一组应在裂缝的末端。每组应使用两个对应的标志，分别设在裂缝的两侧。

裂缝观测标志应具有可供量测的明晰端面或中心。长期观测时，可采用镶嵌或埋入墙面的金属标志、金属杆标志或楔形板标志；短期观测时，可采用油漆平行线标志或用建筑胶粘贴的金属片标志。当需要测出裂缝纵横向变化值时，可采用坐标方格网板标志。使用专用仪器设备观测的标志，可按具体要求另行设计。

对于数量少、量测方便的裂缝，可根据标志形式的不同分别采用比例尺、小钢尺或游标卡尺等工具定期量出标志间距离求得裂缝变化值，或用方格网板定期读取"坐标差"计算裂缝变化值；对于大面积且不便于人工量测的众多裂缝宜采用交会测量或近景摄影测量方法；需要连续监测裂缝变化时，可采用测缝计或传感器自动测记方法观测。

裂缝观测的周期应根据其裂缝变化速度而定。开始时可半个月测一次，以后一个月测一次。当发现裂缝加大时，应及时增加观测次数。裂缝观测中，裂缝宽度数据应量至 0.1mm，每次观测应绘出裂缝的位置、形态和尺寸，注明日期，并拍摄裂缝照片。

第四节　GIS 系统基本知识

一、GIS 系统的基本概念及分类

（一）GIS 系统的基本概念

地理信息系统（简称 GIS）是一种特定的十分重要的空间信息系统。GIS 系统是在相关学科的支持下，对整个或部分地球表层（包括大气层）空间中的有关地理分布数据进行采集、储存、管理、运算、分析、显示和描述的技术系统。

GIS 系统处理、管理的对象是多种地理空间实体数据及其关系，包括空间定位数据、图形数据、遥感图像数据、属性数据等，用于分析、处理和模拟在一定地理区域内分布的各种现象和过程，解决复杂的规划、决策和管理问题。

（二）GIS 系统分类

GIS 系统按照范围大小可分为全球的、区域的和局部的三种。按照表达空间数据维数，可分为 2 维、2.5 维、布满整个三维空间的真 3 维地理信息系统、考虑时间维的时态地理信息系统和 4 维地理信息系统。按照地理空间数据模型或数据结构，可分为地理相关模型、地理关系模型和面向对象模型的地理信息系统。按照内容来分，可以分为专题地理信息系统、综合地理信息系统和地理信息系统工具。

二、GIS 系统在工程建设中的基本应用

近年来，随着 GIS 的飞速发展，GIS 也被应用到各个行业中。通过对 GIS 的深入探索，将 GIS 引入建筑工程中，已经取得了一定的成果。

我们平时接触到的每个实物都有它自身的属性，包括空间坐标、特有属性等。做到对这

些数据的有效管理，并不是一件简单的事情。GIS 能够处理大量的数据信息，同时传统的数据库管理十分抽象、烦琐，GIS 利用本身的图形显示优势能够将这些信息以直观的方式显示出来，将空间数据和属性数据通过特定的技术连接起来，真正做到图文并茂。

随着城市建设速度的加快，越来越多的建筑物需要在短时间建造，这样就需要对海量的数据进行管理。建筑施工包括开工前的工期计划、材料供应、人员组织、施工监管、质量审核等各个方面，每一个方面做的不到位，整个施工就不能很好地完成。施工过程中，会有大量资料需要整理保存，以便今后使用。建筑施工过程中涉及的大量数据，如果采用传统的数据管理方式来管理这些数据，不但耗费大量的人力、物力、财力，而且还不能起到很好的效果，究其原因就是数据量大、处理速度慢、数据枯燥不直观。GIS 在复杂工程施工中可以用于原始数据采集、存储和管理；空间信息查询；施工全过程三维动态演示；数据输出表达。

将 GIS 引入工程建设中能够高效地处理大量数据，利用自身成熟的数学模型快速地处理数据和强大的图形处理功能能够将这些数据以图形、文字的方式同时显示出来，给工程建设带来极大的方便。

第八章　施工机具

第一节　土石方工程施工机械使用知识

一、推土机、挖掘机、装载机的性能及使用注意事项

（一）推土机的性能及使用注意事项

推土机是一种常见的工程施工车辆。机械前方装有大型的金属推土刀，使用时放下推土刀，向前铲削并推送泥、沙及石块等，推土刀位置和角度可以调整，能单独完成挖土、运土和卸土工作。我国的推土机最初是在农用拖拉机上加装推土装置。随着国民经济和市场的发展，大型矿山、水利、电站和交通等部门对推土机的需求不断增加（如图 8-1 所示）。

图 8-1　推土机

1. 推土机的性能

推土机前面装有推土铲刀，主要用于对土石方或散状物料进行切削或短距离搬运，根据发动机功率确定其生产能力大小，推土机分为中型、大型和特大型三种。常用推土机种类有履带式推土机、轮胎式推土机、专用型推土机。

推土机能单独完成挖土、运土和卸土工作，具有操作灵活、转动方便、所需工作面小、行驶速度快等特点。其主要适用于Ⅰ～Ⅲ类土的浅挖短运，如场地清理或平整，开挖深度不大的基坑以及回填，推筑高度不大的路基等。推土机的用途十分广泛，是铲土运输机械中最常用的作业机械之一，在土方施工机械中占有十分重要的地位，推土机在工程建设施工中发挥着巨大的作用。

2. 推土机的使用注意事项

（1）推土不得埋压构筑物和设施，如测量人员设置的控制桩，在推土时，应和有关的人

员协商，采取一定的保护措施方可施工。

（2）推土时不得靠近变压器、民房和古建筑等，以免受力不均造成变压器和建筑物倒塌而影响安全。

（3）在行走和工作中，尤其在起落刀架时，应缓起缓落，避免刀架伤人。

（4）推土机上下坡时，其坡度不得大于30°。在横坡上作业时，其横坡度不得大于10°。下坡时，宜采用后退下行，严禁空挡滑行，必要时可放下刀片作辅助制动。

（5）在陡坡、高坎上作业时，必须设专人指挥，严禁铲刀超出边坡的边缘。送土终止时应先换成倒车挡后再提铲刀倒车。

（6）在垂直边坡的沟槽作业时，其沟槽深度，大型推土机不得超过 2 m，小型推土机不得超过 1.5 m。推土机刀片不得推坡壁上高于机身的石块或大土块。

（7）沟边一侧或两侧堆土，均距沟边 1 m 以外（遇软土地区堆土距沟边不得小于 1.5 m），其高度不得超过 1.5 m，堆土顶部要向外侧做流水坡度，还应考虑留出现场便道，以利施工和安全。每侧堆土量可根据现场情况确定，但必须保证施工安全。

（8）推土机在摘卸推土刀片时，必须考虑下次挂装的方便。摘刀片时辅助人员应同司机密切配合，抽穿钢丝绳时应带帆布手套，严禁将眼睛挨近绳孔窥视。

（9）多机在同一作业面作业时，前后两机相距不应小于 8 m，左右相距应大于 1.5 m。两台或两台以上推土机并排推土时，两推土机刀片之间应保持 20～30 cm 的间距。推土前进必须以相同速度直线行驶。后退时，应分先后，防止互相碰撞。

（10）禁止用推土机伐除大树、拆除旧有建筑或清除残墙断壁。

（11）推土机牵引其他设备时，必须有专人负责指挥。钢丝的连接牢固可靠，在坡道及长距离牵引时，施工人员应保持在安全距离以外。

（二）挖掘机的性能及使用注意事项

挖掘机是一种常用工程施工机械。挖掘机由行走底盘、旋转平台、大型铲子以及机械手臂组成。挖掘机底盘有轮式和履带式。挖掘机，又称挖土机，是用铲斗挖掘高于或低于停机面的物料，并装入运输车辆或卸至堆料场的土方机械。

挖掘机挖掘的物料主要是土壤、泥沙以及经过预松后的土壤和岩石。从工程机械的发展速度来看，挖掘机的发展相对较快，挖掘机已经成为工程建设中最主要的工程机械之一。按照铲斗来分，挖掘机又可以分为正铲挖掘机、反铲挖掘机、拉铲挖掘机和抓铲挖掘机。

1. 常见挖掘机的性能

（1）反铲挖掘机。反铲挖掘机多用于开挖地面以下的物料（如图 8-2 所示）。反铲式是最常见的施工机械，其特点是“向后向下，强制切土”。可以用于停机作业面以下的挖掘工作，基本作业方式有沟端挖掘、沟侧挖掘、直线挖掘、曲线挖掘、保持一定角度挖掘、超深沟挖掘和沟坡挖掘等。

（2）正铲挖掘机。正铲挖掘机主要用于开挖停机面以上的物料（如图 8-3 所示）。正铲挖掘机的铲土特点是“前进向上，强制切土”。正铲挖掘力大，能开挖停机面以上的土，宜用于开挖高度大于 2 m 的干燥基坑，但须设置上下坡道。正铲的挖斗比同当量的反铲挖掘机的斗要大一些，可开挖Ⅰ～Ⅲ类土，且与自卸汽车配合完成整个挖掘运输作业，还可以挖掘大型干燥基坑和土丘等。正铲挖土机的开挖方式根据开挖路线与运输车辆的相对位置的不同，挖土和卸土的方式有两种，一种是正向挖土，侧向卸土；另一种是正向挖土，反向卸土。

图 8-2 反铲挖掘机

图 8-3 正铲挖掘机

（3）拉铲挖掘机。拉铲挖土机也叫索铲挖土机（如图 8-4 所示）。其挖土特点是“向后向下，自重切土”。宜用于开挖停机面以下的Ⅰ类、Ⅱ类土。工作时，利用惯性力将铲斗甩出去，挖得比较远，挖土半径和挖土深度较大，但不如反铲灵活准确。尤其适用于开挖大而深的基坑或水下挖土。

（4）抓铲挖土机。抓铲挖土机也叫抓斗挖土机（如图 8-5 所示）。其挖土特点是“直上直下，自重切土”。宜用于开挖停机面以下的Ⅰ类、Ⅱ类土，在软土地区常用于开挖基坑、沉井等。尤其适用于挖深而窄的基坑，疏通旧有渠道以及挖取水中淤泥等，或用于装载碎石、矿渣等松散料等。开挖方式有沟侧开挖和定位开挖两种。

图 8-4 拉铲挖掘机

图 8-5 抓铲挖土机

现在挖掘机绝大部分是全液压全回转挖掘机。液压挖掘机主要由发动机、液压系统、工作装置、行走装置和电气控制等部分组成。液压系统由液压泵、控制阀、液压缸、液压马达、管路、油箱等组成。电气控制系统包括监控盘、发动机控制系统、泵控制系统、各类传感器、电磁阀等。

液压挖掘机一般由工作装置、上部车体和下部车体三大部分组成。据其构造和用途可以区分为履带式、轮胎式、步履式、全液压、半液压、全回转、非全回转、通用型、专用型、铰接式、伸缩臂式等多种类型。

工作装置是直接完成挖掘任务的装置。它由动臂、斗杆、铲斗三部分铰接而成。为了适应各种不同施工作业的需要，液压挖掘机可以配装多种工作装置，如挖掘、起重、装载、平整、夹钳、推土、冲击锤、旋挖钻等多种作业机具。

回转与行走装置是液压挖掘机的机体，转台上部设有动力装置和传动系统。发动机是液压挖掘机的动力源，大多采用柴油，要在方便的场地，也可改用电动机。

液压传动系统通过液压泵将发动机的动力传递给液压马达、液压缸等执行元件，推动工作装置动作，从而完成各种作业。

2. 挖掘机使用的注意事项

（1）挖掘机工作时，应停放在坚实、平坦的地面上。轮胎式挖掘机应把支腿顶好。

（2）挖掘机工作时应当处于水平位置，并将走行机构刹住。若地面泥泞、松软和有沉陷危险时，应用枕木或木板垫妥。

（3）铲斗挖掘时每次吃土不宜过深，提斗不要过猛，以免损坏机械或造成倾覆事故。铲斗下落时，注意不要冲击履带及车架。

（4）配合挖掘机作业，进行清底、平地、修坡的人员，须在挖掘机回转半径以外工作。若必须在挖掘机回转半径内工作时，挖掘机必须停回转，并将回转机构刹住后，方可进行工作。同时，机上机下人员要彼此照顾，密切配合，确保安全。

（5）挖掘机装载活动范围内，不得停留车辆和行人。若往汽车上卸料，应等汽车停稳，驾驶员离开驾驶室后，方可回转铲斗，向车上卸料。挖掘机回转时，应尽量避免铲斗从驾驶室顶部越过。卸料时，铲斗应尽量放低，但又注意不得碰撞汽车的任何部位。

（6）挖掘机回转时，应用回转离合器配合回转机构制动器平稳转动，禁止急剧回转和紧急制动。

（7）铲斗未离开地面前，不得做回转、走行等动作。铲斗满载悬空时，不得起落臂杆和行走。

（8）拉铲作业中，当拉满铲后，不得继续铲土，防止超载。拉铲挖沟、渠、基坑等项作业时，应根据深度、土质、坡度等情况与施工人员协商，确定机械离便坡的距离。

（9）反铲作业时，必须待臂杆停稳后再铲土，防止斗柄与臂杆沟槽两侧相互碰击。

（10）履带式挖掘机移动时，臂杆应放在走行的前进方向，铲斗距地面高度不超过 1 m。并将回转机构刹住。

（11）挖掘机上坡时，驱动轮应在后面，臂杆应在上面；挖掘机下坡时，驱动轮应在前面，臂杆应在后面。上下坡度不得超过 20°。下坡时应慢速行驶，途中不许变速及空挡滑行。挖掘机在通过轨道、软土、黏土路面时，应铺垫板。

（12）在高的工作面上挖掘散粒土壤时，应将工作面内的较大石块和其他杂物清除，以免塌下造成事故。若土壤挖成悬空状态而不能自然塌落时，则需用人工处理，不准用铲斗将其砸下或压下，以免造成事故。

（13）挖掘机不论是作业或走行时，都不得靠近架空输电线路。如必须在高低压架空线路附近工作或通过时，机械与架空线路的安全距离，必须符合规定的安全距离。雷雨天气严禁在架空高压线近旁或下面工作。

（14）在地下电缆附近作业时，必须查清电缆的走向，并用白粉显示在地面上，并应保持 1 m 以外的距离进行挖掘。

（15）挖掘机走行转弯不应过急。如弯道过大，应分次转弯，每次在 20°之内。

（16）轮胎挖掘机由于转向叶片泵流量与发动机转速成正比，当发动机转速较低时，转弯速度相应减慢，行驶中转弯时应特别注意。特别是下坡并急转弯时，应提前换挂低速挡，避免因使用紧急制动，造成发动机转速急剧降低，使转向速度跟不上造成事故。

（17）挖掘机走行时，应由穿耐压胶鞋或戴绝缘手套的工作人员移动电缆。并注意防止电缆擦损漏电。

（18）电动挖掘机在连接电源时，必须取出开关箱上的容断器。严禁非电工人员安装电器设备。挖掘机在工作中，严禁进行维修、保养、紧固等工作。工作过程中若发生异响、异味、温升过高等情况，应立即停车检查。

（19）臂杆顶部滑轮的保养、检修、润滑、更换时，应将臂杆落至地面。

（20）夜间工作时，作业地区和驾驶室应有良好的照明。

（三）装载机的性能及使用注意事项

装载机是一种广泛用于公路、建筑等建设工程的土石方施工机械，它主要用于铲装土壤、砂石、石灰、煤炭等散状物料（如图 8-6 所示）。在道路、特别是在高等级公路施工中，装载机用于路基工程的填挖、沥青混合料和水泥混凝土料场的集料与装料等作业。此外，还可进行推运土壤、刮平地面和牵引其他机械等作业。由于装载机具有作业速度快、效率高、机动性好、操作轻便等优点，因此它成为工程建设中土石方施工的主要机种之一。

图 8-6　装载机

1. 装载机的性能

装载机的铲掘和装卸物料作业是通过其工作装置的运动来实现的。装载机工作装置由铲斗、动臂、连杆、摇臂和转斗油缸、动臂油缸等组成。整个工作装置铰接在车架上。铲斗通过连杆和摇臂与转斗油缸铰接，用以装卸物料。动臂与车架、动臂油缸铰接，用以升降铲斗。铲斗的翻转和动臂的升降采用液压操纵。

装载机主要用来铲、装、卸运土和石料一类散状物料，也可以对岩石、硬土进行轻度铲掘作业。如果换不同的工作装置，还可以完成推土、起重、装卸其他物料的工作。在公路施工中主要用于路基工程的填挖，沥青和水泥混凝土料场的集料、装料等作业。由于它具有作业速度快，机动性好，操作轻便等优点，因而发展很快，成为土石方施工中的主要机械。

2. 装载机使用注意事项

（1）操作人员在进行驾驶与作业之前，应熟知装载机的各种性能、结构、技术保养、操作方法并按规定进行操作。

（2）除驾驶室外，机上其他地方严禁乘人。

（3）向车内卸料时必须将铲斗提升到不会触及车箱挡板的高度，严防铲斗碰车箱，严禁将铲斗从汽车驾驶室顶上越过。

（4）下坡时采用自动减速，不可踩离合器踏板，以防切断动力发生溜车事故。

（5）装载机涉水后应立即停机检查，如发现因浸水造成制动失灵，则应进行连续制动，利用发热排除制动片内的水分，以尽快使制动器恢复正常。

（6）装载机工作时，正前方不许站人，行车过程中，铲斗不许载人。

（7）工作时，铲臂下面严禁站人，禁止无关人员和其他机械在此工作和通行。

（8）严禁采用高速挡作业。

（9）操作人员离开驾驶位置时，必须将铲斗落地，发动机熄火，切断电源。

二、桩工机械的性能及使用注意事项

桩工机械是指在各种桩基础施工中，用来钻孔、打桩、沉桩的机械。桩工机械是进行桩基础工程施工的各种机械设备的总称。桩工机械包含打桩机和钻孔机两大类机械。打桩机由桩锤、桩架及附属设备等组成。桩锤按运动的动力来源可分为落锤、蒸汽锤、柴油锤、液压锤等。

（一）打桩机的性能

1. 桩锤

桩锤是打桩机的工作装置，提供沉桩能量。桩锤可分为落锤、蒸汽锤、柴油锤、液压锤和振动锤，前四种靠打入法沉桩，后一种靠振动法沉桩。桩锤除了用于沉预制桩，还可配以钢桩管，施工沉管灌注桩。

2. 桩架

桩架是桩工机械的重要组成部分，用来悬挂桩锤、吊桩就位和沉桩导向。它还可用来安装各种成孔装置，为成孔装置导向。

桩架种类很多。按桩架移动方式分类有履带式、轮胎式、轨道式、步履式等。履带式使用最方便、应用最广、发展最快。按桩架结构形式分类有三点支承式、悬挂式等。

（二）钻孔机的性能

在施工灌注桩和钻孔打入预制桩时，首先要在地基上成孔。机械成孔的方法主要有挤土成孔和取土成孔。挤土成孔适于沉管灌注桩，是采用打桩机将工具式钢管桩沉入地基土中而成桩孔，一般孔径不大于 0.5 m。取土成孔是利用钻孔机把桩位上的土取出成孔。常用的钻孔机有螺旋钻孔机、潜水工程钻孔机、全套管钻孔机和回转斗钻孔机等。

1. 螺旋钻孔机

螺旋钻孔机适用于地下水位以上的施工，所用的螺旋钻孔机包括长螺旋钻孔机、短螺旋钻孔机和螺旋钻扩机。在实际工程中长螺旋钻孔机应用最广。

2. 潜水工程钻孔机

潜水工程钻孔机用于循环法钻孔。所谓循环法钻孔，就是将钻头切下来的土以浆状排出孔外，钻孔过程中靠泥浆（静水压）护壁。有正、反循环法两种排渣方式。适用于地下水位较高的软、硬土层。

3. 全套管钻孔机

全套管钻机成孔，是先将钢制套管压入土中，再用锤式抓斗将套管内的土取出，压套管和取土交替循环进行，直至达到设计深度后，放置钢筋，浇注混凝土，最后将套管拔出。钻孔作业系统由钻机、套管、锤式抓斗等组成。

（三）桩工机械使用注意事项

（1）桩工应经过培训，取得上岗证后，方可作业。

（2）打桩作业应按照桩机说明书、施工方案规定的程序、要求进行，严禁跨越工艺流程及省略安全技术措施的行为。

（3）桩机周围 5 m 以内应无高压线路，作业区应有明显标志或围栏，严禁闲人进入。作业时，操作人员应在距桩锤中心 5 m 以外监视。压桩时应离机 10 m 以外，起重机的起重臂下严禁站人。

（4）水上打桩时，应选择排水量比桩机重量大 4 倍以上的作业船或牢固排架，打桩机与船体或排架应可靠固定，并采取有效的锚固措施，当打桩船或排架的偏斜度超过 3°时，应停止作业。

（5）安装时，应将桩锤运到立柱正前方 2 m 以内的位置，并不得斜吊。吊桩时，应在桩上拴好拉绳，不得与桩锤或机架相碰撞。

（6）严禁吊桩、吊锤、回转或行走等动作同时进行，桩机在吊有桩和锤的情况下，打桩工不得离开岗位。

（7）沉桩时，应及时校正桩的垂直度，桩入土 3 m 以上时，严禁用打桩机行走或回转动作来纠正桩的倾斜度。

（8）打桩时应采取与桩型、桩架和桩锤相适应的桩帽及衬垫，衬垫不得偏斜，发现损坏应及时修整或更换。

（9）锤击不宜偏心，开始时落距要小。如遇桩身突然倾斜、位移、桩头严重损坏、桩身断裂、桩锤严重回弹等情况时，应停止锤击，经采取措施后方可继续作业。

（10）熬制胶泥时要佩戴好防护用品，工作棚应通风良好，注意防火；容器不准用焊锡，防止熔穿漏泄；胶泥浇注后，上节桩应缓慢放下，防止胶泥飞溅。

（11）送桩拔出后，地面孔洞必须及时网填或加盖。钻孔灌注桩注混凝土前，孔口应加盖板，附近不准堆放重物。

（12）施工灌注桩时，桩管沉入设计深度后，应将桩帽及桩锤升高到 4 m 以上锁住，方可检查桩管或浇注混凝土。

（13）移动桩架和停止作业时，桩锤应放在最低位置，检修时不得悬吊桩锤。

（14）夯锤下落后，在吊钩尚未降至夯锤吊环附近前，不得提前下坑挂钩，从坑中提锤时，严禁挂钩人员站在锤上随锤提升。

（15）遇有雷雨、大雾和大风等恶劣天气时，应停止一切作业，当有风暴警报时，应增加缆风绳，或将桩机立柱放倒在地面上。

第二节　起重机械与施工升降设备使用知识

一、塔式起重机、桅杆式起重机、自行式起重机的性能及使用注意事项

（一）塔式起重机的性能及使用注意事项

塔式起重机简称塔机，亦称塔吊。动臂装在高耸塔身上部的旋转起重机。作业空间大，主要用于房屋建筑施工中物料的垂直和水平输送及建筑构件的安装。由金属结构、工作机构和电气系统三部分组成。塔式起重机分上旋转式和下旋转式两类。

1. 上旋转式塔式起重机

塔身不转动，回转支承以上的动臂、平衡臂等，通过回转机构绕塔身中心线作全回转。根据使用要求，又分运行式、固定式、附着式和内爬式。如在固定式塔式起重机塔身上每隔一定高度用附着杆与建筑物相连，即为附着式塔式起重机，它采用塔身接高装置使起重机上部回转部分可随建筑物增高而相应增高，用于高层建筑施工。

2. 下旋转式塔式起重机

回转支承装在底座与转台之间，除行走机构外，其他工作机构都布置在转台上一起回转。除轨道式外，还有以履带底盘和轮胎底盘为行走装置的履带式和轮胎式。它整机重心低，能整体拆装和转移，轻巧灵活，应用广泛，宜用于多层建筑施工。

3. 塔式起重机使用注意事项

（1）塔式起重机的安装应选用有合格资质的专业安装队伍，按技术要求和专业标准施工，并经安全检验部门检验合格后再投入使用。

（2）建立严格的安全操作规程和设备保养制度，司机和维护人员专人专职，经过专业技术培训后持证上岗，杜绝违章操作和违章指挥。

（3）起重机的选择应根据本地的气象条件、施工季节和工作级别来选择不同的机型。

（4）在塔式起重机的起重臂上方安装风速仪，当风速超过 20 m/s，应停止作业。作业现场应照明充足，视线良好，现场照明电源应与起重机供电电源分设，采用非安全电压照明灯具和电源线应与起重机做绝缘隔离。

（5）在塔式起重机设计的自由高度基础上仍需继续升高时，应加设附着装置，并适当减载使用。现场应设地面总电源开关，安装漏电保护器。在电网电压波动大的地区使用时，应加装欠压和过压保护，消除因欠压导致的电控失灵而造成的机构运动紊乱，保证各安全装置动作有效可靠。

（6）严禁在塔式起重机架体侧面张挂大面积的标语牌，以减小风载。机器的配重与压重按技术要求设置，连接固定可靠。

（二）桅杆式起重机的性能及使用注意事项

桅杆式起重机具有制作简单、装拆方便、起重量大、受地形限制小等特点。但它的灵活性较差，工作半径小，移动较困难，并需要拉设较多的缆风绳，故一般只适用于安装工程量比较集中的工程。桅杆式起重机可分为独脚把杆、人字把杆、悬臂把杆和牵缆式桅杆起重机。

1. 独脚把杆

独脚把杆由把杆、起重滑轮组、卷扬机、缆风绳和锚碇等组成，如图 8-7（a）所示。使用时，把杆应保持不大于 10°的倾角，以便吊装构件时不致撞击把杆。把杆底部要设置拖子以便移动。把杆的稳定主要依靠缆风绳，绳的一端固定在桅杆顶端，另一端固定在锚碇上，缆风绳一般设 4～8 根。

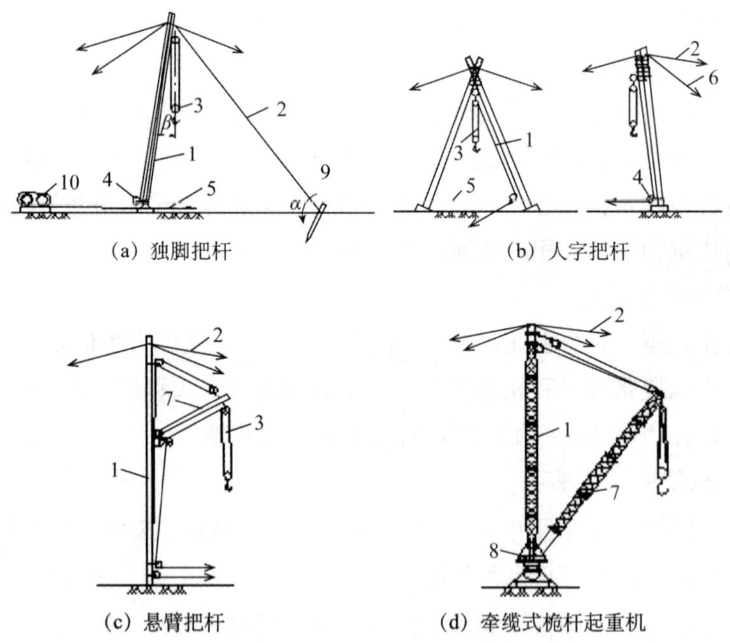

(a) 独脚把杆

(b) 人字把杆

(c) 悬臂把杆

(d) 牵缆式桅杆起重机

图 8-7 桅杆式起重机

1-把杆；2-缆风绳；3-起重滑轮组；4-导向装置；5-拉索；6-主缆风绳；7-起重臂；8-回转盘；9-锚碇；10-卷扬机

2. 人字把杆

人字把杆是由两根圆木或两根钢管以钢丝绳绑扎或铁件铰接而成，如图 8-7（b）所示。人字把杆的优点是侧向稳定性较好，缆风绳较少。缺点是起吊构件的活动范围小，故一般仅用于安装重型柱或其他重型构件。

3. 悬臂把杆

在独脚把杆的中部或 2/3 高度处装上一根起重臂，即成悬臂把杆。起重杆可以回转和起伏变幅，如图 8-7（c）所示。悬臂把杆的特点是能够获得较大的起重高度，起重杆能左右摆动 120°～270°，宜于吊装高度较大的构件。

4. 牵缆式桅杆起重机

在独脚把杆的下端装上一根可以 360°回转和起伏的起重杆而成，如图 8-7（d）所示。它具有较大的起重半径，能把构件吊送到有效起重半径内的任何位置。格构式截面的桅杆起重机，起重量可达 600 kN，起重高度可达 80 m，其缺点是缆风绳较多。

5. 桅杆式起重机使用注意事项

（1）桅杆式起重机的卷扬机应符合相关的规定。

（2）起重机的安装和拆卸应划出警戒区，清除周围的障碍物，在专人的统一指挥下，按照出厂说明书或制定的拆装技术方案进行。

（3）安装起重机的地基应平整夯实，底座与地面之间应垫两层枕木，并应采用木块揳紧缝隙。

（4）缆风绳的规格、数量及地锚的拉力、埋设深度等，应按照起重机性能经过计算确定，缆风绳与地面的夹角应在 30°～45°，缆绳与桅杆和地锚的连接应牢固。

（5）缆风绳的架设应避开架空电线。在靠近电线的附近，应装有绝缘材料制作的护线架。

（6）提升重物时，吊钩钢丝绳应垂直，操作应平稳，当重物吊起刚离开支承面时，应检查并确认各部无异常时，方可继续起吊。

（7）在起吊满载物前，应有专人检查各地锚的牢固程度。各缆风绳都应均匀受力，主杆应保持直立状态。

（8）作业时，起重机的回转钢丝绳应处于拉紧状态。回转装置应有安全制动控制器。

（9）起重机移动时，其底座应垫以足够承重的枕木排和滚杠，并将起重臂收紧处于移动方向的前方。移动时，主杆不得倾斜，缆风绳的松紧应配合一致。

（三）自行式起重机的性能及使用注意事项

自行式起重机是指自带动力并依靠自身的运行机构沿有轨或无轨通道运移的臂架型起重机。分为汽车起重机、轮胎起重机、履带起重机、铁路起重机和随车起重机等几种。

1. 汽车起重机

起重作业部分安装在汽车底盘上，一般利用汽车原有的发动机作动力，大型汽车起重机常采用两台发动机，分别驱动各个工作机构和行走机构。汽车起重机大多有两个司机室，分别操纵上车和下车。汽车起重机装有外伸支腿，以提高其工作时的稳定性。汽车起重机的行驶速度在 50 km/h 以上，它可迅速转移到较远的作业场地，但一般不能吊重行驶，行驶性能必须符合公路法则的要求。

2. 轮胎起重机

起重作业部分安装在特别的轮胎底盘上，一般只有一台发动机和一个司机室，有外伸支腿。其特点是当起重量小于额定起重量时可在平坦地面上吊重行驶，并可回转 360°作业。它适合在比较固定的场所作业。在轮胎起重机的基础上又发展了轮胎越野起重机。其特点是结构紧凑，机动性好，兼有汽车起重机和轮胎起重机两者的优点，但制造成本较高。适合在野外崎岖不平或无路的地区工作。

3. 履带起重机

行走装置为履带式的臂架起重，常用于建筑安装工地和石油钻探现场。最初，履带起重机是在单斗挖掘机上装设起重机臂架而形成的，后来逐渐发展成为独立的机种。

4. 自行式起重机使用注意事项

（1）起重作业时，应有足够的工作场所，起重臂杆起落及回转半径内无障碍物。

（2）作业前，必须对工作现场周围环境、行驶道路、架空电线、建筑物及构件重量和分布情况进行全面了解。

（3）操作人员在进行起重机回转、变幅、行走和吊钩升降动作前应鸣声示意。

（4）起重机的指挥人员必须经过培训，取得合格证后方可担任指挥。

（5）遇到 5 级及 5 级以上大风、大雨、大雾等恶劣天气时，应停止起重机作业。

（6）起重机变幅指示器、力矩限制器以及各种安全保护装置，必须齐全完整、灵敏可靠。

（7）起重机作业，不得超载进行。

（8）严禁使用起重机进行斜拉、斜吊和起吊地下埋设或凝结在地面上的重物。

（9）起吊重物时应绑扎平稳、牢固，不得在重物上堆放或悬挂零星物件。

（10）起吊作业时，应先进行试吊，将重物吊离地面 20～25 cm 后停止提升，然后检查起重机的稳定性、制动器的可靠性、绑扎的牢固性，经确认合格后再进行作业。

（11）起重机在雨天作业时，应先经过试吊，确认制动器是灵敏可靠后，方可进行作业。

（12）起重机不得靠近架空输电线作业，如限于现场条件，必须在线路旁作业时，应采取安全保护措施。

（13）起重机作业时，操作人员不得擅自离开工作岗位，严禁无关人员进入作业区和操作室。

（14）当使用起重机与安全发生矛盾时，必须服从安全的要求。

（15）起重机操作人员必须身体健康，并经过专业考试合格，在取得有关部门操作证后，方可操作。

二、施工升降机的性能及使用注意事项

（一）施工升降机的性能

施工升降机又叫建筑用施工电梯，也可以称为室外电梯、工地提升吊笼。施工升降机主要用于城市高层和超高层的各类建筑中，因为这样的建筑高度对于使用井字架、龙门架来完成作业是十分困难的。施工升降机是建筑中经常使用的载人载货施工机械，主要用于高层建筑的施工。

（二）施工升降机使用注意事项

（1）升降机应设专人管理。升降机的安装、操作、维修人员必须经过专业培训，并经考试合格方准操作。

（2）使用前先检查各部限位和安全装置情况，再将吊笼升高至离地面 1m 处停车，检查制动是否符合要求。然后继续上行检查各楼层站台、防护门、前后门及上限位，确认符合要求，方可正式投产。

（3）运行中如发现异常情况（如电气失控）时，应立即按下急停按钮，在未排除故障前不允许打开。

（4）运载货物应做到均匀分布，物料不得超出吊笼之外。严禁超载超负。

（5）运行到上、下尽端时，不准以限位停车。

（6）在运行中严禁进行保养作业。双笼升降机一只吊笼进行维修保养时，另一只吊笼不得运行。

（7）如遇雷雨、大风（6 级以上）、大雾、导轨结冰等情况时，应停止运行。

（8）工作后将吊笼降到底层，切断电源，做好班后检查保养作业，关锁门窗后再离去。

三、施工吊篮的性能及使用注意事项

（一）施工吊篮的性能

施工吊篮是建筑工程高空作业的建筑机械，作用于幕墙安装，外墙清洗。施工吊篮是一种能够替代传统脚手架，可减轻劳动强度，提高工作效率，并能够重复使用的新型高处作业设备。使用施工吊篮，可免搭脚手架，使施工成本降低，施工费用为传统脚手架的 1/3 左右，而且工作效率大幅提高。

（二）施工吊篮使用注意事项

（1）安装地面应选择水平面，遇有斜面时，应在角轮下面可靠垫平，如安装面是防水保温层面时，应在前、后座下加垫 2.5～3 cm 厚的木板，防止压坏防水保温层面。

（2）可调式悬挂支架的调节支座高度应使前梁下侧面略高于女儿墙高度。

（3）前梁伸出端悬伸长度额定调整范围为 0.3～1.5 m。超出额定悬伸长度时，必须采取

可靠的加强措施和额定工作载荷。

（4）前座、后座间距在场地允许条件下，应尽量调整至最大距离。

（5）两个支架间距离应调整至前梁悬伸端点间距离比悬吊平台长度小 3～5 cm。

（6）张紧加强钢丝绳时，应使前梁略上翘 3～5 cm，产生预应力，提高前梁钢度。

四、麻绳、尼龙绳、涤纶绳及钢丝绳的基本性能

（一）麻绳的基本性能

麻绳是取各种麻类植物的纤维。麻绳的常规直径为 0.5～60 mm。麻绳主要用于绑扎轻型构件或抬吊轻型物品、吊装轻型构件，当提升或吊装构件或重物时，用以拉紧，作溜绳用，以保证被吊构件或重物稳定在设计规定的位置上，防止碰、撞，有利于就位。

（二）尼龙绳的基本性能

尼龙绳就是由尼龙材料制成的绳子，又叫释电绳、防静电采样绳。尼龙化学名称叫聚酰胺（以下简称 PA）。尼龙的用途广泛，可制成性质各异的硬性及柔性产品。

尼龙绳不能暴晒，酸性腐蚀，可放在汽车后备箱里拉来拉去等。尼龙绳可以用清水洗涤后平摊在地上阴干，使用过程中避免硬物砸伤。虽然踩踏不会给绳子带来伤害但也应避免。

（三）涤纶绳的基本性能

涤纶特性是良好的透气性和排湿性。还有较强的抗酸碱性，抗紫外线的能力。涤纶是挂绳中的织带部分最通用、最流行的材质，目前不管是国内还是国外，市面上 90%以上的挂绳织带部分使用涤纶的材料。高空作业安全带又称全方位安全带或五点式安全带，是采用高强度涤纶织带或更高强度纤维材质加工而成的。

（四）钢丝绳的基本性能

钢丝绳是将力学性能和几何尺寸符合要求的钢丝按照一定的规则捻制在一起的螺旋状钢丝束，钢丝绳由钢丝、绳芯及润滑脂组成。钢丝绳是先由多层钢丝捻成股，再以绳芯为中心，由一定数量股捻绕成螺旋状的绳。在物料搬运机械中，供提升、牵引、拉紧和承载之用。钢丝绳的强度高、自重轻、工作平稳、不易骤然整根折断，工作可靠。

钢丝绳在我国都是标准产品，钢丝绳表面层的磨损、腐蚀程度或每个拧距内断丝数超过规定值时应予报废。钢丝绳主要用在吊运、拉运等需要高强度线绳的运输中。

五、小型起重机具的性能及使用注意事项

（一）小型起重机具的性能

小型起重机是小型吊机车和底盘组合在一起的一种运输车辆。由起重臂、转台、机架、支腿等部分组成。

小型起重机是小型吊车的简称，通常是由小型汽车、农用车二类底盘加装专用的小型吊机而生产的一种专用车辆。广泛应用于建筑工地、工矿企业、车站、码头等领域。

（二）小型起重机具使用注意事项

（1）对自己的车辆非常了解，必须知道它的功能和限制，以及它的一些特殊的操作特性。

（2）应完全熟悉对小吊车操作手册中规定的内容。

（3）应完全熟悉小吊车吊装图。必须懂得所有标识和警告的含义；要能够计算或判定小吊车的实际吊装能力。

（4）按厂家要求，定期检查和保养小吊车。

（5）做好小吊车工作日志，在日志里记录检测、维护以及对小吊车进行维修等的详细记录。

（6）找到负荷，装上锁具，并搞清楚负荷具体放置位置。尽管操作人员不负责确定负荷重量，但是如果他没有同监理人员核实重量，那么他就应对小吊车及其一切后果负责。

（7）考虑一切可能影响到小吊车吊装能力的因素，并据此调整吊装的重量。

（8）知晓如何在负荷上配装索具的基本程序，并保证在具体操作中实施。

（9）同信号员保持良好的沟通。

（10）平稳、安全地操作小吊车。

（11）小吊车没人操作时，应停工，并对其进行正确操作。

六、吊钩、滑轮和滑轮组的基本性能

吊钩是起重机械中最常见的一种吊具。吊钩常借助于滑轮组等部件悬挂在起升机构的钢丝绳上。吊钩按形状分为单钩和双钩；按制造方法分为锻造吊钩和叠片式吊钩。

单钩制造简单、使用方便，但受力情况不好，大多用在起重量为 80 t 以下的工作场合；起重量大时常采用受力对称的双钩。叠片式吊钩由数片切割成形的钢板铆接而成，个别板材出现裂纹时整个吊钩不会破坏，安全性较好，但自重较大，大多用在大起重量或吊运钢水盛桶的起重机上。吊钩在作业过程中常受冲击，须采用韧性好的优质碳素钢制造。

滑轮是用来提升重物并能省力的简单机械。典型的滑轮是可以绕着中心轴旋转的圆轮。在圆轮的圆周面具有凹槽，将绳索缠绕于凹槽，用力牵拉绳索两端的任一端，则绳索与圆轮之间的摩擦力会促使圆轮绕着中心轴旋转。滑轮实际上是变形的、能转动的杠杆。滑轮主要的功能是牵拉负载、改变施力方向、传输功率等。多个滑轮共同组成的机械称为“滑轮组”或“复式滑轮”。滑轮组的机械利益较大，可以牵拉较重的负载。滑轮也可以成为链传动或带传动的组件，将功率从一个旋转轴传输到另一个旋转轴。

滑轮组是由定滑轮和动滑轮组成的滑轮装置，既省力又可改变力的方向。但不可以省功，因为滑轮组省了力，但费了距离。为了既节省又能改变动力的方向，可以把定滑轮和动滑轮组合成滑轮组。

第三节　钢筋加工设备使用知识

一、数控钢筋加工机械的性能及使用注意事项

数控钢筋加工机械有数控钢筋调直切断机、数控钢筋笼滚焊机、数控钢筋弯箍机、数控钢筋锯切套丝机、数控液压钢筋剪切机、数控钢筋弯曲机等。数控钢筋加工机械大大方便了钢筋的加工制作，解决了大直径钢筋弯曲成型的效率问题，实现了精准制作，数控钢筋加工机械是钢筋工厂化流水线加工的理想工具。常见的数控钢筋加工机械有以下几种：

（一）数控钢筋弯曲机的性能及使用注意事项

1. 数控钢筋弯曲机的性能

数控钢筋弯曲机是由工业计算机精确控制弯曲以替代人工弯曲的机械，主要加工棒材钢筋，可弯曲 50 mm 以内的国标钢筋。该设备可一次加工多根钢筋，具有加工形状标准，加工量大的优点。可替代人工 20～30 人。该设备广泛用于建筑建设等领域。

2. 数控钢筋弯曲机使用注意事项

（1）开机前检查设备部件、附件是否完整，安全控制系统是否灵敏可靠。电气、气动装置及管路是否正常，PLC 线路连接是否良好，润滑点加注润滑油，确认正常后方可开机。

（2）按加工图形选择相应的机头、轴套、垫块、支撑挡板。

（3）打开设备总电源和设备电源，调整好图样要求的尺寸。

（4）开机后空运转 5 min，确认运转正常后方可生产。

（5）操作中注意空压缸磁性开关，定位碰块、行程开关等部位是否处于良好的运行状态，声响有无异常，如有异常立即关闭电源，停车检修。

（6）弯曲长拐时应注意弯拐运动方向，以免碰撞。

（7）润滑点经常注油。

（8）生产任务结束或下班后，关闭总电源及设备电源，锁好电源控制柜，清理设备上的灰尘杂物，扫除工作场所及责任区域的卫生，各类物品整齐归类，按规定放置。

（二）数控钢筋弯箍机的性能及使用注意事项

1. 数控钢筋弯箍机的性能

数控钢筋弯箍机采用先进计算机数字控制，可自动完成钢筋矫直、定尺、弯箍、切断等工序，能够弯曲最大直径 16 mm 钢筋，可连续生产任何平面形状的产品，广泛用于建筑业、大型钢筋加工厂等领域。该机效率极高，可替代 20～30 名钢筋工人。

2. 数控钢筋弯箍机使用注意事项

（1）操作人员应认真执行设备日常维护保养的有关规定。开机前仔细检查设备部件、附

件是否完整良好、润滑，电气、电源、控制部分及安全防护装置是否安全可靠，PE 线的连接是否牢固，气路有无漏气，齿轮油是否符合要求，所加工钢筋是否在允许的范围。

（2）空车运行 5 min，确认正常后打开电源和操纵开关，检查有无报警信号，如有报警指示，按故障提示排除故障。

（3）调整牵引气缸和送进气缸调压阀，调至钢筋夹紧且不受损伤的适当压力。

（4）调整矫直轮，使钢筋通过矫直轮时受力均匀。

（5）加工不同直径的钢筋时，选用适当的心轴。

（6）操作数字键盘，按加工料单输入加工图形、工件直径、角度和加工数量，正式生产。

（7）设备运行时，须关闭安全防护门和后门，避免钢筋弹出伤人。严禁直接或间接触摸机械运行部位及所加工钢筋，确保安全生产。

（8）当出现紧急情况或错误动作时，立即按下急停按钮。

（9）钢筋送进部位附近严禁站人。

（10）工作结束，关闭总电源及系统电源，按规定要求整理工件、擦拭设备及其周边责任卫生区域，工具、附件妥善保管。

（三）数控钢筋调直切断机的性能及使用注意事项

1. 数控钢筋调直切断机的性能

全自动数控钢筋调直切断机适用于建筑工地、钢筋加工店等盘圆钢筋的调直和定尺切断工作。采用电脑数控控制面板，直接输入所需要的切断长度数量就可以。实现了钢筋加工全过程智能化控制，大大减轻了工人劳动强度，提高了生产效率和加工质量。

2. 数控钢筋调直切断机使用注意事项

（1）开机前应认真检查设备各部位是否完整，安全防护装置及紧固件是否可靠，电气线路有无漏电破损，传动部分是否正常，液压及润滑系统是否畅通正常，确认无误后方可开机。

（2）根据加工钢筋直径，选用适当的调直块，电引轮槽及运转速度。调整调直块至满足加工要求。

（3）打开电源开关，设备空运转 5 min，确认无异常后，盖好防护罩，方可正式生产。

（4）设备运行中应经常观察液压站的工作状态是否良好，设备运行是否正常，有无异常声响，发现异常立即停车检修。

（5）工作结束或下班前，关闭电源，清理设备及周边的氧化皮、尘土杂物及料头，清理工作场地及责任区域卫生，做好设备运行记录或交接班记录。

二、电焊机的性能及使用注意事项

（一）电焊机的性能

电焊机有自身的特点，就是具有电压急剧下降的特性。在焊条引燃后电压下降，电焊机的工作电压的调节，除了一次的 220 V/380 V 电压变换，二次线圈也有抽头变换电压，同时还有用铁芯来调节的，可调铁芯电焊机一般是一个大功率的变压器，是利用电感的原理做成的，电感量在接通和断开时会产生巨大的电压变化，利用正负两极在瞬间短路时产生的高压电弧来熔化电焊条上的焊料达到使它们结合的目的。

（二）电焊机使用注意事项

（1）应根据工件技术条件，选用合理的焊接工艺，不允许超负载使用，并应尽量采用无载停电装置。不准采用大电流施焊，不准用电焊机进行金属切割作业。

（2）在载荷施焊中，焊机温升不应超过 A 级 60℃、B 级 80℃，否则应停机降温后再进行焊接。

（3）电焊机工作场地应保持干燥，通风良好。移动电焊机时，应切断电源，不得用拖拉电缆的方法移动焊机，如焊接中突然断电，应切断电源。

（4）在焊接中，不准调节电流，必须在停焊时使用手柄调节焊机电流，不得过快过猛，以免损坏调节器。

（5）直流电焊机启动时，应检查转子的旋转方向是否符合焊机标志的箭头方向。

（6）直流电焊机的碳刷架边缘和换向器表面的间隙不得少于 2～3 mm，并注意经常调整和擦净污物。

（7）硅整流电焊机使用时，必须先开启风扇电机，电压表指示值应正常，仔细察听应无异响。停机后，应清洁硅整流器及其他部件。

（8）严禁用摇表测试硅整流电焊机主变压器的次级线圈和控制变压器的次级线圈。

（9）必须在潮湿处施焊时，焊工应站在绝缘木板上，不准用手触摸焊机导线，不准用臂夹持带电焊钳，以免触电。

第四节　摊铺碾压设备使用知识

一、粒料摊铺机的性能及使用注意事项

（一）粒料摊铺机的性能

粒料摊铺机是一种主要用于高速公路上基层和面层各种材料摊铺作业的施工设备。是由各种不同的系统相互配合完成摊铺工作的，主要包含行走系统、液压系统、输分料系统等。

（二）粒料摊铺机使用注意事项

（1）摊铺机摊铺时要直线行驶，不能忽左忽右。转向要微调，否则容易造成路面的不平整。

（2）摊铺机要匀速行驶，不能忽快忽慢、随意改变速度，这样容易造成路面摊铺厚度的变化影响路面的平整度。

（3）摊铺机摊铺过程中要连续摊铺，不能随意停机，以免影响路面的平整度，当出现意

外情况必须停车时，要将摊铺机熨平板的防沉降锁打开，以免熨平板下沉，再次起步时要将摊铺机熨平板的防爬锁打开，以免熨平板前方的沥青料温度太低将熨平板抬起，增大摊铺厚度，影响路面的平整度。

（4）摊铺过程中要调整好螺旋布料器的转速，不能使转速忽快忽慢，要尽量使布料器匀速转动，尽量减少沥青混合料的离析。

（5）在料车往摊铺机里卸沥青料时，要有专门的人指挥倒车，在摊铺机推辊前 30 cm 左右处停下，让摊铺机推着料车前进，不能出现料车碰撞摊铺机的现象发生，并且料车在行驶过程中刹车不要刹死，以免出现摊铺机行驶阻力加大，出现打滑现象，影响路面的平整度。

二、压路机的性能及使用注意事项

（一）压路机的性能

压路机又称压土机，是一种修路的设备。压路机在工程机械中属于道路设备的范畴，广泛用于高等级公路、铁路、机场跑道、大坝、体育场等大型工程项目的填方压实作业，可以碾压沙性、半黏性及黏性土壤、路基稳定土及沥青混凝土路面层。压路机又分钢轮式和轮胎式两类。

（1）单钢轮振动压路机。单钢轮振动压路机具有静线载荷大、压实影响深、作业效率高等特点，适用于道路、机场、路堤填方、海港码头、大坝等土石方基础压实施工。

（2）双钢轮振动压路机。双钢轮振动压路机主要适用于沥青混凝土、RCC 混凝土等路面的压实，也可用于路基、次路基和稳定层等的压实。

（3）轮胎压路机。轮胎压路机是一种依靠机械自身重力，通过特制的充气轮胎对铺层材料以静力压实作用来增加工作介质密实度的压实机械，被广泛应用于各种材料的基础层、次基础层、填方及沥青面层的压实作业；尤其是在沥青路面压实作业时，其独特的柔性压实功能是其他压实设备无法代替的，是沥青混合料复压的主要机械，也是建设高等级公路、机场、港口、堤坝及工业建筑工地的理想压实设备。

（二）压路机使用注意事项

（1）作业时，压路机应先起步后才能起震，内燃机应先至于中速，然后再调制高速。

（2）变速与换向时应先停机，变速时应降低内燃机转速。

（3）严禁压路机在坚实的地面上进行振动。

（4）碾压松软路基时，应先在不振动的情况下碾压 1～2 遍，然后再振动碾压。

（5）碾压时振动频率应保持一致。对可调整的振动压路机，应先调好振动频率后再作业，不得在没有起震情况下调整振动频率。

（6）换向离合器、起震离合器和制动器的调整，应在主离合器脱开后进行。

（7）上、下坡时，不能使用快速挡。在急转弯时，包括铰接式振动压路机在小转弯绕圈碾压时，严禁使用快速挡。

（8）压路机在高速行驶时不得接合振动。

（9）停机时应先停振，然后将换向机构置于中间位置，变速器置于空挡，最后拉起手制动操纵杆，内燃机怠速运转数分钟后熄火。

（10）其他作业要求应符合静压压路机的规定。

第五节　其他施工设备使用知识

一、夯实机械的性能及使用注意事项

（一）夯实机械的性能

夯实机械是在建筑工程中用于需要对松土压实处理的机器，往往使用强夯机处理，强夯机种类有很多，有蛙式、震动式、跃步式、打夯式，还有吊重锤击式，根据工程需要，所以运用不同类型的强夯机。

（二）夯实机械的使用注意事项

（1）强夯作业的主机，应按照强夯等级的要求经过计算选用。用履带式起重机作主机的，应执行履带式起重机的有关规定。

（2）夯机的作业场地应平整，门架底座与夯机着地部位应保持水平，当下沉超过 100 mm 时，应重新垫高。

（3）强夯机械的门架、横梁、脱钩器等主要结构和部件的材料及制作质量，应经过严格检查，对不符合设计要求的，不得使用。

（4）夯机在工作状态时，起重臂仰角应置于 70°。

（5）梯形门架支腿不得前后错位，门架支腿在未支稳垫实前，不得提锤。

（6）变换夯位后，应重新检查门架支腿，确认稳固可靠，然后再将锤提升 100～300 mm，检查整机的稳定性，确认可靠后，方可作业。

（7）夯锤下落后，在吊钩尚未降至夯锤吊环附近前，操作人员不得提前下坑挂钩。从坑中提锤时，严禁挂钩人员站在锤上随锤提升。

（8）当夯锤留有相应的通气孔在作业中出现堵塞现象时，应随时清理。但严禁在锤下进行清理。

（9）当夯坑内有积水或因黏土产生的锤底吸附力增大时，应采取措施排除，不得强行提锤。

（10）转移夯点时，夯锤应由辅机协助转移，门架随夯机移动前，支腿离地面高度不得超过 500 mm。

（11）作业后，应将夯锤下降，放实在地面上。在非作业时严禁将锤悬挂在空中。

二、混凝土输送泵的性能及使用注意事项

（一）混凝土输送泵的性能

混凝土输送泵，又名混凝土泵，由泵体和输送管组成。是一种利用压力，将混凝土沿管道连续输送的机械，主要应用于房建、桥梁及隧道施工。

（二）混凝土输送泵使用注意事项

（1）拖式混凝土输送泵可使用机动车辆牵引拖行，但不得运载任何货物，拖行速度不得超过 8 km/h。

（2）混凝土输送泵液压系统各安全阀的压力应符合说明书要求，用户不得调整变更。

（3）在寒冷季节施工混凝土输送泵要有防冻措施。

（4）在炎热季节施工，混凝土输送泵要防止油温过高。当温度达 70℃时，应停止运转或采取其他措施降温。

（5）泵送混凝土完毕，要及时把料斗、S 阀、混凝土缸、输送管路清洗干净。泵机清洗后，应将蓄能器压力释放，切断电源，各开关在停止或断开位置。

（6）工作人员不得攀登或骑在输送管道上，在高空作业时更应绝对避免。

（7）泵送混凝土清洗完毕以前，要反泵数个行程以降低输送管内压力，避免造成事故。

（8）施工现场应设安全和预防事故装置，非操作人员未经许可不得擅入。

（9）真空表读数严禁大于 0.04 MPa 时作业，否则可能损坏主油泵。

（10）电气控制箱使用、安装、接线须由专业人员进行。

（11）混凝土输送泵料斗中的混凝土必须高于搅拌轴，避免由于吸入空气而造成混凝土喷溅。

（12）泵送作业结束转移泵机收支腿时，先收后支腿，放下支地轮，再收前支腿。

（13）泵工应按要求记录混凝土泵的工作情况。

（14）混凝土输送泵在使用前要切实固定好，支起 4 个支脚使轮胎脱离地面，或者卸掉轮胎。要检查泵上部的料斗及溜槽的支撑情况，保证稳定可靠。

（15）泵送时注意混凝土飞溅或其他物品进入眼内以致眼伤。

（16）混凝土输送泵电源接线必须有漏电保护开关，应经常检查电器原件是否工作正常，电缆线是否破损，防止触电造成伤亡。

（17）要保证输送管道连接可靠，定期检修，防止管卡、管道爆裂或堵塞冲开造成人员伤害。

（18）严禁在液压系统没有卸荷时就打开液压管接头或松开液压法兰螺栓，高压液压油喷射可造成很大伤害。

（19）泵机工作时，严禁手伸入料斗、水箱、换向油缸等有运动部件的区域，需要检查时应停机操作。

三、深水泵、泥浆泵的性能及使用注意事项

（一）深水泵的性能及使用注意事项

1. 深水泵的性能

深水泵是电机与水泵直联一体潜入水中工作的提水机具，它适用于从深井提取地下水，也可用于河流、水库、水渠等提水工程。主要用于农田灌溉及高原山区的人畜用水，也可供工地供排水使用。

2. 深水泵使用注意事项

（1）深水泵应使用在含砂量低于 0.01%的清水源，泵房内设预润水箱，容量应满足一次启动所预润水量。

（2）新装或经过大修的深水泵，应调整泵壳与叶轮的间隙，叶轮在运转中不得与壳体摩擦。

（3）深水泵在运转前应将清水通入轴与轴承的壳体内进行预润。

（4）深水泵启动前，检查项目应符合下列要求：

1）底座基础螺栓已紧固。

2）轴向间隙符合要求，调节螺栓的保险螺母已装好。

3）填料压盖已旋紧并经过润滑。

4）电动机轴承已润滑。

5）用手旋转电动机转子和止退机构均灵活有效。

（5）深水泵不得在无水情况下空转。水泵的一级、二级叶轮应浸入水位 1 m 以下。运转中应经常观察井中水位的变化情况。

（6）运转中，当发现基础周围有较大振动时，应检查水泵的轴承或电动机填料处磨损情况。当磨损过多而漏水时，应更换新件。

（7）已吸、排过含有泥砂的深水泵，在停泵前，应用清水冲洗干净。

（8）停泵前，应先关闭出水阀，切断电源，锁好开关箱。冬季停用时，应放净泵中积水。

（二）泥浆泵的性能及使用注意事项

1. 泥浆泵的性能

泥浆泵性能的两个主要参数为排量和压力。排量以每分钟排出若干升计算，它与钻孔直径及所要求的冲洗液自孔底上返速度有关，即孔径越大，所需排量越大。泵的压力大小取决于钻孔的深浅、冲洗液所经过的通道的阻力以及所输送冲洗液的性质等。钻孔越深，管路阻力越大，需要的压力越高。为了准确掌握泵的压力和排量的变化，泥浆泵上要安装流量计和压力表，随时使钻探人员了解泵的运转情况，同时通过压力变化判别孔内状况是否正常，以预防发生孔内事故。

2. 泥浆泵使用注意事项

（1）泥浆泵必须安装在稳固的基础架或地基上，不应有松动。

（2）泥浆泵启动前，吸水管、底阀、泵体内必须注满引水，压力表缓冲器上端注满油。

（3）泥浆泵启动前做好检查工作。

（4）用手转动泥浆泵，使活塞往复两次，无阻梗且线路绝缘良好时方可空载启动，启动后，待运转正常再逐步增加载荷。

（5）泥浆泵运转中应注意各密封装置的密封情况，必要时加以调整。拉杆及副杆要经常涂油润滑。

（6）泥浆泵运转中经常测试泥浆含沙量不得超过 10%。

（7）有几挡速度的泥浆泵为使飞溅润滑可靠，应在每班运转中将几挡速度分别运转，时间均不少于 30 s。

（8）严禁在运转中变速，需变速时应停泵换挡。

（9）运转中出现异响或水重、压力不正常或有明显高温时应停泵检查。

（10）长期停用，应彻底清洗各部泥砂、油垢，将曲轴箱内润滑油放尽，并采取防锈、防腐措施。

（11）在正常情况下应在空载时停泵。停泵时间较长时，必须全部打开放水孔，并松开缸盖，提起底阀放水杆，放尽泵体及管道中的全部泥浆。

四、履带式起重机、龙门吊的性能及使用注意事项

（一）履带式起重机的性能及使用注意事项

1. 履带式起重机的性能

履带式起重机是一种高层建筑施工用的自行式起重机。履带接地面积大，通过性好，适应性强，可带载行走，适用于建筑工地的吊装作业。可进行挖土、夯土、打桩等多种作业。长距离转移应用平板拖车或铁路平板车运输。

履带式起重机由行走机构、回转机构、机身及起重臂等部分组成。履带式起重机操作灵活。使用方便，有较大的起重能力，在平坦坚实的道路上还可负载行走，更换工作装置后可成为挖土机或打桩机，是一种多功能机械。

2. 履带式起重机使用注意事项

（1）起重机应在平坦坚实的地面上作业、行走和停放。在正常作业时，坡度不得大于 3°，并应与沟渠、基坑保持安全距离。

（2）起重机启动重点检查项目应符合下列要求：

1）各安全防护装置及各指示仪表安全完好。

2）钢丝绳及连接部位符合规定。

3）燃油、润滑油、液压油、冷却水等添加充足。

4）各连接件无松动。

（3）起重机启动前应将主离合器分离，各操纵杆放在空挡位置，并应按照规定启动内燃机。

（4）作业时，起重臂的最大仰角不得超过出厂规定。当无资料可查时，不得超过 78°。

（5）在起吊载荷达到额定起重量的 90%及以上时，升降动作应慢速进行，并严禁同时进

行两种及以上动作。

（6）采用双机抬吊作业时，应选用起重性能相似的起重机进行。抬吊时应统一指挥，动作应配合协调。载荷应分配合理，单机的起吊载荷不得超过允许载荷的80%。在吊装过程中，两台起重机的吊钩滑轮组应保持垂直状态。

（7）当起重机如需带载行走时，载荷不得超过允许起重量的70%，行走道路应坚实平整，重物应在起重机正前方向。重物离地面不得大于500 mm，并应拴好拉绳，缓慢行驶。严禁长距离带载行驶。

（8）起重机行走时，转弯不应过急。当转弯半径过小时，应分次转变。当路面凹凸不平时，不得转弯。

（9）起重机上下坡道时应无载行走，上坡时应将起重臂仰角适当放小，下坡时应将起重臂仰角适当放大。严禁下坡空挡滑行。

（二）龙门吊的性能及使用注意事项

1. 龙门吊的性能

门式起重机又称龙门起重机，是桥架通过两侧支腿支撑在地面轨道上的桥架型起重机。门式起重机的门架由上部桥架、支腿、下横梁等部分构成。门式起重机主要用于室外的货场、料场货、散货的装卸作业。门式起重机具有场地利用率高、作业范围大、适应面广、通用性强等特点。

2. 龙门吊使用注意事项

（1）应由受过起重机操纵训练人员操纵起重机，操作人员必须是合格的专职操作人员。严禁无证操作，非操作人员严禁登机作业。

（2）使用前要检查钢丝绳是否破损，电路是否漏电，制动是否可靠，各减速机加足润滑油并对开式齿轮进行润滑后方可进行作业。

（3）严禁超载超高使用，不得斜拉或斜吊物品并禁止用于拔桩等类似作业。

（4）必须安装有注明起重机额定起重量、跨度、工作级别及制造厂的标牌。

（5）工作时，门吊工作范围内严禁站人，禁止任何人停留在桥架上或小车上。

（6）进行检查或修理时，必须断电。

（7）起重机做无负荷运动时，吊钩必须升至超过一个人的高度。

（8）起重机带重物运行时，重物必须起升于运行路线上的最高障碍物0.5 m。

（9）严禁从起重机上往下抛物品，严禁吊运重物时在人头上越过，严禁用吊钩或重物上升人员，禁止将易燃物品（如煤油等）放在起重机上。

（10）起重机露天使用，正常工作风速低于6级。当风力大于6级时，应停止工作，雷雨天禁止作业并须切断电源。

（11）工具、备件及其他物品禁止存放在桥架或小车上，防止落下伤人。

（12）钢丝绳要在每次换班时，做表面及其固定件检查，每隔7～10 d做一次详细检查。

（13）在一年内，对起重机须进行一次安全技术检查。起重机每转移一次，重新安装后应按照前边有关安装、调试规程进行试验后方能进行作业。

（14）门吊的提升和纵、横移工作不得同时进行。

五、小型施工机具的性能及使用注意事项

在施工中除大型机械设备外，还有各种中、小型机具，常用中小型施工机械包括木工机械、钢筋机械、混凝土振捣器等。下面介绍几种常见小型施工机具。

（一）混凝土振捣器的性能及使用注意事项

1. 混凝土振捣器的性能

混凝土振捣器就是机械化捣实混凝土的机具。混凝土振捣器的种类较多，按传递振动的方法分有内部振捣器、外部振捣器和表面振捣器三种。内部振捣器多用于振压厚度较大的混凝土层。它的优点是重量轻，移动方便，使用很广泛。外部振捣器又称附着式振捣器，这种振捣器多用于薄壳构件、空心板梁等施工。根据施工的需要，外部振捣器除附着式外，还有一种振动式，它是用来振捣混凝土预制构件的。表面振捣器是将它直接放在混凝土表面上，振捣器产生振动波通过与之固定的振捣底板传给混凝土。它适用于厚度不大的混凝土工程的施工。

2. 混凝土振捣器使用注意事项

（1）电源线必须是耐久型的橡皮护套铜心软电缆。

（2）绝缘良好可靠。

（3）电源处漏电保护器必须灵敏可靠。

（4）振捣器电缆不得在钢筋网上拖来拖去，以防破损漏电，电缆长度不应超过 5 m。

（5）操作者应穿胶底鞋、戴绝缘手套。

（6）振捣器需维修保养时必须切断电源。

（二）钢筋直螺纹滚丝机的性能及使用注意事项

1. 钢筋直螺纹滚丝机的性能

钢筋直螺纹滚丝机是近年来广泛用于建筑行业的一种钢筋加工机械。它就把钢筋端头部位一次快速直接滚制，使纹丝机头部位产生冷性硬化，从而强度得到提高，使钢筋丝头达到与母材相同的强度。钢筋剥肋直螺纹滚丝机是加工钢筋直螺纹丝头的专用设备，通过剥肋刀将钢筋端头剥圆，然后用三个空心滚丝轮对钢筋进行滚轧直螺纹，从而达到钢筋直螺纹成型的质量要求。

2. 钢筋直螺纹滚丝机使用注意事项

（1）冷却液体必须使用水溶性乳化冷却液，严禁使用油性冷却液，更不可用普通润滑油代替。

（2）没有冷却液时严禁滚轧加工螺纹。

（3）待加工的钢筋端部应平整，必须用无齿锯下料。且在端部 500 mm 长度范围内应圆直，不允许弯曲，更不允许将气割或切断机下料的端头直接加工。

（4）在初始切削时进给应均匀，切勿猛进，以防刀刃崩裂。

（5）滑道及滑块应定期清理并涂油。

（6）铁屑应及时清理干净。

（7）冷却液体箱半个月清理一次。

（8）减速器应定期加油，保持规定油位。

（9）滚丝机应定期进行保养。

（10）机床的机壳必须可靠接地后再使用。

第九章　施工进度计划

第一节　施工区段划分及施工顺序确定基本知识

一、划分施工区段的原则、方法及注意事项

（一）施工段的定义

施工段是组织流水作业时，把施工对象划分为劳动量相等或相近的若干段，这些段即施工段。每一施工段在某一段时间内只供从事一个施工过程的工作队（或小组）工作。

划分施工区段的目的是确保不同的施工队能在不同的施工区段上同时进行施工，避免了由于不同的施工队不能同时在一个工作面上施工而产生的相互等待、停歇现象，同时又互不干扰。

（二）施工段划分原则

在同一时间内，一个施工段只容纳一个专业施工队施工，不同的专业施工队在不同的施工段上平行作业，为了保证拟建工程的结构整体完整性，不能破坏结构的力学性能，不能在不允许留施工缝的结构构件部位分段，应尽可能利用施工缝、沉降缝等自然分界线，合理划分施工段，一般应遵循以下原则：

（1）连续性原则。

施工段的划分应保证施工过程的连续性，确保施工过程流畅，没有断位。

（2）协作性原则。

施工段的划分应有利于各专业队伍协同作业，以提高工程建造效率。

（3）均衡性原则。

施工段的划分应确保各个施工环节按照施工生产计划的要求均衡推进。

（4）经济性原则。

施工段的划分应充分考虑工程建设的经济性。

（三）施工段划分的方法及注意事项

（1）施工段的划分方法。

在工程施工过程中，常采用依次施工、平行施工、流水施工三种施工组织形式，而在建

筑安装工程的施工过程中，流水施工法是最常用的施工组织形式。这三种组织形式都要将施工对象划分成若干个施工区段，在划分施工区段时，应根据具体情况采用科学合理的划分方法，同时施工区段划分时应综合考虑工程量、施工工期以及劳动力安排，合理安排施工区段，制定出完善的施工组织，保质保量地按时完成工程项目。

（2）施工段划分注意事项。

1）各施工段所花费的劳动量基本相等，确保流水施工的连续性和均衡性，通常一个作业队伍在各施工段所花费劳动量的差值控制在15%以内。

2）施工段的分界线应尽量与施工对象自身的结构界限相一致，施工对象自身的结构界限包括伸缩缝、沉降缝、抗震缝等。

3）施工段的数量要合适，施工段的数量过多会减少每个工作面的作业人数，导致工作面不能充分利用，从而延长了施工周期；施工段的数量过少造成劳动力、施工机械、材料供应过于集中，导致经常出现“断流”的现象，不利于组织流水施工，从而影响施工效率。

当施工对象有层间关系且分层又分段时，划分施工段数应尽量满足下式的要求：

$$A \cdot m \geqslant n$$

式中，A——参加流水施工的同类型建筑的栋数；

m——每栋建筑平面上所划分的施工段数；

n——参加流水施工的施工过程数或作业班组的总数。

当 $A \cdot m = n$ 时，每一施工过程或作业班组既能保证连续施工，又能使所划分的施工段不至空闲，是最理想的情况，有条件时应尽量采用。

当 $A \cdot m > n$ 时，每一施工过程或作业班组能保证连续施工，但所划分的施工段会出现空闲，这种情况也是允许的。实际施工时，有时为满足某些施工过程技术间歇的要求，有意让工作面空闲一段时间反而更趋合理。

当 $A \cdot m < n$ 时，每一施工过程或作业班组虽能保证连续施工，但施工过程或作业班组不能连续施工而会出现窝工现象，一般情况下应力求避免。但有时当施工对象规模较小，确实不可能划分较多的施工段时，可与同工地或同一部门内的其他相似的工程组织成大流水，以保证施工队伍连续作业，不出现窝工现象。

4）每个施工段都应有足够的工作面，保证每个施工段所能容纳的劳动力数量或机械台数能够满足合理劳动组织的要求，从而充分发挥工人和机械的效率。

二、确定施工顺序的原则、方法及注意事项

（一）确定施工顺序的原则

施工顺序是指各项工程或施工过程之间的先后次序。它既要满足施工的客观规律，又要合理解决好各工种之间在时间上的衔接问题。施工顺序需要根据实际的工程施工条件和采用的施工方法来确定，所以施工顺序不是固定不变的，但也不能随意修改，应符合工艺技术规律和当前的生产力水平，因而在确定施工顺序时应遵循以下原则。

1. 遵循施工程序

施工程序是经过大量实践工作所总结出来的工程建设过程中的客观规律，是工程项目科学决策和顺利进行的重要保证。因此，施工顺序应在不违背施工程序的前提下确定。

2. 符合施工工艺

任何项目的施工工艺都有自己的客观规律和相互制约因素，通常是不能违背的，确定施工顺序必须符合施工工艺的要求。

3. 与投入的机具相适应

施工顺序应与施工方法和施工机械的要求一致，在施工过程中，采用不同的施工方法和施工机械其施工顺序是不同的。

4. 符合施工组织要求

施工顺序应符合施工组织的要求，在施工过程中，当施工顺序存在几种方案时，应该结合施工组织方案，进行技术经济比较，最终选择技术可行、经济合理，同时有利于施工的施工方案。

5. 满足工程质量

施工顺序应考虑施工质量的要求，在施工过程中，为了满足施工质量的要求，施工过程要注意先后顺序。

6. 适应气候条件

施工顺序应符合当地的气候条件，不同地区的气候特点是不同的，施工顺序的安排应考虑当地气候特点对工程施工过程的影响。

7. 满足安全生产

施工顺序应考虑安全技术的要求，合理的施工顺序，必须使各施工过程的搭接不会产生安全事故为前提。

（二）典型工程施工顺序确定的方法

1. 现浇钢筋混凝土框架结构建筑

现浇框架结构建筑的施工，一般可划分为五个施工过程，即地基基础工程、主体结构工程、屋面工程、装饰装修工程和安装工程。具体施工顺序及安排要求如下：

（1）基础工程。

现浇框架建筑的基础工程一般可分为有地下室和无地下室的基础工程。若有一层地下室且又建在软土地基层上时，其施工顺序为：土方开挖→桩基→土方开挖→桩头及垫层→基础地下室底板→地下室墙、柱（防水处理）→地下室顶板→回填土。若无地下室且也建在软土地基上时，其施工顺序为：挖土→桩基→挖土→垫层→钢筋混凝土基础→钢筋混凝土地梁→基础回填土。

（2）主体结构工程。

主体结构工程的施工主要是指柱、梁、楼板的施工。由于柱、梁、板的施工工程量很大，所需的材料、劳力很多，而且对工程质量和工期起决定性作用，故需将多层框架在竖向上分层，在平面上分段进行流水施工。若采用木胶合板模板，其施工顺序为：绑扎柱钢筋→支柱、梁、板模板→浇筑柱混凝土→安装梁、板钢筋→浇梁、板混凝土。若采用钢模板，其施工顺序为：绑扎柱钢筋→支柱模板→浇筑柱混凝土→支梁、板模板→绑扎梁、板钢筋→浇梁、板混凝土。

（3）屋面工程。

屋面工程在主体结构完成后应及早进行，以避免屋面板因温度变形而影响结构，也为进行室内外装修创造条件。

屋面工程由于南北方区域不同，故选用的屋面材料不同，其施工顺序也不相同。北方地区卷材防水屋面的施工顺序为：抹找平层→铺隔气层及保温层→找平层→刷冷底子油结合层→做防水层及保护层。这里要注意的是刷冷底子油层一定要等到找平层干燥以后进行。南方地区卷材防水屋面的施工顺序为：抹找平层→做防水层→隔热层。

（4）装饰装修工程。

装饰装修工程应在主体结构完成并经验收合格后进行。主要工作包括砌筑围护墙及隔墙、墙面抹灰、楼地面砖铺砌、安装门窗、油漆涂料等分项工程。其中，砌墙、室内外抹灰是主要施工过程。安排施工顺序的关键是确定其施工的空间顺序，以保证施工质量和安全，并缩短工期。

室内、室外装饰施工顺序通常有先内后外、先外后内及内外同时进行三种。一般来说，先外后内有利于脚手架的及时拆除、周转，并避免脚手架连接结构杆对室内装修的影响，也有利于室内成品的保护。但室外装饰要注意气候条件，尽量避开不利季节。

室内抹灰工程在同一层内的顺序一般为：楼地面→天棚、墙体抹灰。这种顺序便于收集落地灰，可保证楼地面施工质量，但由于地面施工后需养护 7 d 以上，所以工期较长。当工期较紧时，也可按天棚、墙体抹灰→楼地面进行施工，但做楼地面前必须注意做好基层的清理。楼梯间和踏步易在施工期间受到破坏，故常在其他部位抹灰完成后，自上而下统一进行，并封闭养护。

某框架结构建筑的装饰施工顺序为：砌墙→安装门框、窗副框→外墙抹灰→养护、干燥→拆脚手架及外墙涂料施工→室内墙面抹灰→安室内门框或包木门口→铺贴楼地面砖→养护→吊顶安装→安装塑钢窗→木装饰→顶、墙腻子、涂料→安门扇→木质品油漆。

（5）安装工程。

安装工程包括水、暖、电、卫、燃、消防、电梯等管线及设备的安装，需要与土建工程穿插施工，且应紧密配合，以保证质量，便于施工操作，有利于成品保护作为确定配合关系的原则。一般配合关系为砌墙和现浇钢筋混凝土楼板的同时，预留上下水、暖立管和配电箱等的孔洞，预埋电线管、接线盒及其他预埋件；装饰装修施工前，完成各种管道、设备箱体的安装及电线管内的穿线；各种设备的安装与装饰装修施工穿插配合进行；室外上下水及暖气等管道安装，可安排在基础工程之前或主体结构完工后进行。

2. 多层砖混结构住宅建筑

多层砖混结构住宅建筑的施工，一般也划分为三个分部工程，具体施工顺序如下：

（1）基础工程。

基础工程的施工顺序一般是挖土→垫层→钢筋混凝土基础墙基础→墙基础→回填土或挖土→垫层→钢筋混凝土基础→墙基础→铺防潮层→地圈梁→回填土。有地下障碍物、坟穴、防空洞，并存在软弱地基的时候，则需要事先处理；有地下室时，应在基础完成后，砌地下室墙，然后做防潮层，最后浇筑地下室顶板和回填土。这里要特别注意，挖土与垫层之间的施工要紧凑，以防积水与暴晒地基，影响到地基承载能力。同时，垫层施工后，应留有一定的时间，使其达到一定的强度后，才能进行下一步工序施工。对于各种管沟的施工，应尽可能与基础同时进行，平行施工，在基础工程施工时，应注意预留孔洞。

（2）主体结构工程。

主体结构工程施工阶段的工作内容较多，有搭设脚手架、砌筑墙体、浇筑圈染、楼梯、阳台、楼板、梁、构造柱、雨篷等施工过程。若主体结构的楼板为现浇时，其施工顺序一般可归纳为绑扎构造柱筋→砌墙→支构造柱模→浇构造柱混凝土→梁板梯模→梁板梯筋→梁板梯混凝土，若楼板为预制构件时，则施工顺序一般为：绑扎构造柱筋→砌墙→支构造柱模→浇构造柱混凝土→圈梁支模绑筋→浇筑圈梁混凝土→吊装楼板→灌缝。在主体结构施工阶段，砌墙与楼板施工是主要施工过程，要注意这两者在流水施工中的连续性，避免不必要的窝工现象发生。

（3）屋面工程、装饰工程及安装工程。

屋面工程、装饰工程和安装工程的施工顺序与钢筋混凝土框架结构房屋的施工顺序相同。

3. 装配式单层工业厂房

装配式单层工业厂房的施工特点是基础施工复杂、构件预制量大，施工时要求土建与设备的安装要配合紧密。

（1）基础工程。

基础工程包括厂房的基础与设备基础两个方面。通常，这个阶段的施工顺序是挖土→铺垫层→杯形基础和设备基础→养护拆模→回填土。在基础施工阶段，如果厂房基础设备较多，就必须对设备基础和设备安装的施工顺序进行分析研究，根据建设工期来确定合理的施工顺序。基础施工与设备安装的施工顺序有两种：一种是先进行厂房建设，后进行设备安装，即封闭式施工；另一种是先进行厂房基础和设备基础施工，后进行厂房的结构吊装，即敞开式施工。前者适用于基础设备不大，厂房建成后再进行设备基础施工及设备安装的工程，而后者相反。

（2）预制工程。

非预应力混凝土预制工程的施工顺序为：场地平整→支模板→绑扎钢筋→埋设配件→浇混凝土→养护→拆模板。预应力混凝预制工程的施工顺序包括先张法和后张法两种。先张法的施工顺序为：场地平整→张拉预应力筋→支模板→扎普通钢筋→浇混凝土并养护→拆模。后张法施工顺序为：场地平整→浇筑混凝土并预留孔道→养护拆模→穿预应力筋并张拉→孔道灌浆。目前一般采用后张法施工。

（3）吊装工程。

结构吊装工程是装配式单层工业厂房的主导工程，通常其施工顺序是柱、梁（吊车梁与连系梁）、屋架、屋面板及天窗的吊装、校正及固定。在这一施工阶段，结构吊装顺序主要取决于施工方法。若采用分件吊装法时，其施工顺序为：吊装、固定、校正柱→吊装、固定、校正梁→吊装、固定、校正屋架及屋面板。若采用综合吊装法，其施工顺序是先吊装、校正、固定一个施工段的柱、梁、屋架及屋面板，然后再吊装下一个施工段的柱、梁、屋架及屋面板，如此按施工段进行吊装，直到全部厂房结构吊装完毕。

结构吊装流向通常与预制构件制作流向一致。如果车间为多跨且有高低跨时，结构吊装流向，应从高低跨并列处开始，以满足其施工工艺要求。

（三）确定施工顺序的注意事项

施工顺序的确定，不仅要考虑技术和工艺方面的要求，同时也要考虑组织安排及资源调配方面的因素，最终在满足施工的客观规律前提下，合理解决好各工种之间在时间上的衔接问题，使得施工组织方案最优。

第二节　施工进度计划的内容及编制

一、施工进度计划的类型及作用

（一）概述

1. 施工进度计划

施工进度即为工程施工进行的速度，在工程项目实施过程中要消耗时间、劳动力、材料、成本等才能完成项目的任务。施工进度计划是根据已批准的建设文件或签订的承发包合同，将工程项目的建设进度做出周密的安排，施工进度计划是把预期施工完成的工作按时间坐标序列表达出来的书面文件。

预期施工完成的工作可以用实物工程量表示，如建筑工程中的土石方开挖数量、建筑装饰工程中的抹灰面积等；也可用预期完成的产值金额数表示。前者称实物形象进度计划，后者称完成投资额度计划。时间坐标可以是年、季、月、周、日，按不同的需要选定。

施工进度计划是项目施工组织设计的重要组成部分，对工程履约起着主导作用。编制施工总进度计划的基本要求是保证工程施工在合同规定的期限内完成；迅速发挥投资效益；保证施工的连续性和均衡性；节约费用、实现成本目标。

2. 工程工期

工程工期是指工程从开工起到完成承包合同规定的全部内容，达到竣工验收标准所经历的时间，工程工期一般按日历日计算，有明确的起止日期。可以分为定额工期、计算工期与合同工期。

（1）定额工期是指在平均建设管理水平、施工工艺和机械装备水平及正常的建设条件（自然的、社会经济的）下，工程从开工到竣工过程中所经历的在一定的经济和社会条件下，在一定时间内由建设行政主管部门制定并发布项目建设所消耗的时间标准。定额工期具有一定的法规性。对具体建设项目的建设工期确定具有指导意义，体现了合理建设工期，反映了一定时期国家、地区或部门不同建设项目的建设和管理水平。

（2）计算工期指在根据项目方案具体的工艺、组织和管理方面的情况，排定网络计划后，根据网络计划计算出的工期。

（3）合同工期是在定额工期的指导下，由工程建设的承发包双方根据项目建设的具体情况，经招标投标或协商一致后在承包合同书中确认的建设工期。合同工期一经鉴定，对合同双方都具有强制性约束作用，受到国家经济合同法的保护和制约。

3. 施工进度管理基本概念

施工进度管理是施工管理的重要内容之一，其实质就是合理安排资源供给，有条不紊地实施施工项目各项活动，保证施工项目按业主的工期要求以及施工企业投标时在进度方面的承诺完成。施工进度管理的总目标是实现承包合同规定的目标工期。

施工进度管理的目的是保证进度计划的顺利实施，并纠正进度计划的偏差，即保证各工程活动按进度计划及时开工、按时完成，确保总工期不推迟。

施工进度管理是指根据施工项目工期目标要求编制出最优的施工进度计划，并在经确认的进度计划的基础上全面实施工程各项具体工作，在一定的控制期内检查实际进度完成情况，并将其与进度计划相比较，若出现偏差，分析产生的原因和对工期的影响程度，找出必要的调整措施，修改原计划，不断如此循环，直至工程项目竣工验收。施工进度管理应建立以项目经理为责任主体，由各子项目负责人、计划人员、管理人员、作业队长及班组长参加的项目进度控制体系。

4. 影响施工进度管理的因素

施工进度管理是一个动态的过程，受工程建设内部、外部因素影响较大，在施工工程中，应认真分析和预测，采取合理的措施，在动态管理中实现进度目标。影响施工进度管理的因素主要有以下几点：

（1）建设项目内部。

1）建筑工程土建工期的延误。不论工业或民用项目，土建工程先行是一个客观规律，土建工程包括装饰工程在内，只要工期延误，必然影响安装工程如期完成。

2）项目业主资金不到位。资金不足，不能如期按合同支付约定的工程款，进而影响工程设备、材料的如期供应，最终将影响进度的正常推进。

3）施工方法失误。由于施工方案中的施工方法不当，造成质量或安全事故，如后果严重，会导致返工或者重做，也会影响进度计划的执行。

4）施工组织管理不力。施工组织不合理、规划不善、管理混乱、资源得不到科学调度、施工中发现的问题不能及时处置，必然使施工进度失去有效的控制。

5）各专业分包单位不能如期履行分包合同。一个建筑工程项目往往由一个总包单位带领多个专业分包单位共同完成工程建设，只要其中一个专业分包单位违约耽误工期，就无法组织工程总体验收，导致总工期目标无法实现，所以加强总包对专业分包的管理至关重要。

（2）建设项目外部。

1）政府对建设的宏观调控。政府根据宏观政策的考虑，依法对某些项目建设发出放缓进度的指令，有的需要停建或缓建。

2）建筑工程的设备、材料供应商由于自身原因违约而导致不能如期供货。

3）水、电、气等管线单位不能如期接通供应，或供给不能满足需要导致试运转无法按计划执行。

4）工程项目的施工设计图纸不能按计划提供，或者施工过程中有重大施工设计变更。

5）施工过程中突发意外事件，主要指由于自然灾害等不可抗拒因素，如洪水、台风、地震等对工程建设的影响而造成进度的延误。

（二）施工进度计划的类型

1. 根据工程规模划分

（1）施工总进度计划；

（2）单位工程施工进度计划；

（3）分部分项工程施工进度计划。

2. 根据指导施工时间长短划分

（1）年度计划；

（2）季度计划；

（3）月度计划；

（4）旬或周计划。

3. 根据建筑装饰工程类别划分

（1）建筑土石方工程进度计划；

（2）建筑土建工程进度计划；

（3）建筑装饰工程进度计划；

（4）建筑安装工程进度计划。

4. 根据作用不同划分

（1）控制性进度计划；

（2）实施性进度计划。

（三）施工进度计划的作用

1. 控制性施工进度计划的作用

控制性施工进度计划通常为施工总进度计划，工程一般由多个单位工程组成或工期较长需要跨多个年度才能建成，其作用表现为：

（1）施工总进度计划描述的对象是单位工程的开工、竣工时间，是对整个项目工期目标实行的宏观控制，因而计划的时间坐标是以年、季、月为主，属于控制性计划。

（2）单位工程进度计划编制的工期目标应符合施工总进度计划时间节点的安排，仅在总进度计划做出调整后，新开工的单位工程进度计划才能与原总进度计划的安排有差异，这是计划安排严肃性的体现。

（3）在实施过程中经常检查实际进度是否按计划要求进行，对出现的偏差分析原因，采取措施或调整、修改原计划，直到工程竣工交付使用。

2. 实施性施工进度计划的作用

除对跨多年度的工程因其规模庞大具有控制性作用外，大多数单位工程施工进度计划均为实施性计划，其作用表现为：

（1）建筑安装工程的单位工程实施性施工进度计划应表达所有专业（分部）的施工内容，是编制该工程各专业的施工进度计划的依据；

（2）实施性施工进度计划编制时对生产资源情况、作业条件状况、作业环境分析等均做了充分的了解，因而计划的实施具有较强的可操作性。

3. 施工进度计划的作用

施工进度计划是组织施工活动的基础，在施工项目管理中主要有以下几个方面的作用：

（1）可以确立施工组织机构内部各成员及工作的责任范围以及相应的职权，以便按要求去指导和控制施工活动，减少风险。

（2）可以促进施工单位与施工项目相关组织如业主、设计单位、其他施工单位之间的交流与沟通，增加业主的满意度，促进施工项目经理部内部各部门之间的协调，从而使项目中各项活动协调一致。

（3）可以使项目经理部各职能部门、作业队及其成员明确各自的奋斗目标、实现目标的方法、途径及期限，并确保以时间、成本及其他资源需求的最小化实现项目目标。

（4）可作为进行分析、协商及记录施工范围变化的基础，也是约定时间、人员和费用的基础，这就为施工的跟踪控制过程提供了基线，用以衡量进度、计算各种偏差及决定或预防整改措施，便于对工程变更进行管理。

（5）作为向业主、监理工程师汇报，以及进行施工索赔的重要依据。

（6）施工进度计划通常采用横道图、网络计划等方法表示，便于工程人员及相关单位的理解和使用。

二、施工进度计划表达、检查及偏差纠正与方法

（一）施工组织

任何一个工程项目都是由许多施工过程组成的，而每个施工过程可以组织一个或者多个施工队来进行施工，如何组织各施工队的先后顺序或平行搭接施工，是组织施工的一个基本问题。通常，在工程施工过程中采用依次施工、平行施工、流水施工三种施工组织形式，具体如下：

1. 依次施工

依次施工又称顺序施工，是将工程对象任务分解成若干个施工过程，按照一定的施工顺序，前一个施工过程完成后，后一个施工过程才开始施工；或前一个施工段完成后，下一个

施工段才开始施工。它是一种最基本的、最原始的施工组织方式。

依次施工组织方式的优点是每天投入的劳动力较少，机械使用不集中，材料供应较单一，施工现场管理简单，便于组织和安排。依次施工组织方式的缺点如下。

（1）由于没有充分地利用工作面去争取时间，所以工期最长。

（2）各队组施工及材料供应无法保持连续和均衡，工人有窝工的情况。

（3）不利于改进工人的操作方法和施工机具，不利于提高工程质量和劳动生产率。

（4）按施工过程依次施工时，各施工队组虽能连续施工，但不能充分利用工作面，工期长，且不能及时为上部结构提供工作面。

由此可见，采用依次施工不但工期拖得较长，而且组织安排上也不尽合理。当工程规模比较小，施工工作面又有限时，依次施工是合适的，也是常见的。

2. 平行施工

平行施工可以组织几个相同的专业工作队，在同一时间、不同的工作面上进行施工。各单位工程同时开工，同时竣工。其特征是充分利用工作面，工期可以大大缩短，但单位时间投入的施工资源量成倍增长，现场临时设施也相应增加。

平行施工的优点是能充分利用工作面，完成工程任务的时间最短，即施工工期最短。但由于施工班组数成倍增加（即投入施工的人数增多），机具设备相应增加，材料供应集中，临时设施、仓库和堆场面积也要增加，从而造成组织安排和施工管理困难，增加施工管理费用。如果工期要求不紧，工程结束后又没有更多的工程任务，各施工班组在短期内完成施工任务后，就可能出现工人窝工现象。因此，平行施工一般适用于工期要求紧、大规模的建筑群及分期分批组织施工的工程任务，这种方式只有在各方面的资源供应有保障的前提下才是合理的。

3. 流水施工

流水施工是把施工对象划分成若干施工段，每个施工过程的施工队依次连续地在每个施工段上进行作业，当前一个施工队完成一个施工段的作业之后，就为下一个施工过程提供了作业面，不同的施工过程，按照工程对象的施工工艺要求，先后相继投入施工，使各施工队在不同的空间范围内可以互不干扰地同时进行不同的工作。流水施工能够充分、合理地利用工作面争取时间，减少或避免工人停工、窝工。而且，由于其连续性、均衡性好，有利于提高劳动生产率，缩短工期。同时，可以促进施工技术与管理水平的提高。

流水施工是在依次施工和平行施工的基础上产生的，它既克服了依次施工和平行施工的缺点，又具有它们两者的优点。它的主要特点是施工的连续性、均衡性和节奏性，使各种物资资源可以均衡地使用，使施工企业的生产能力可以充分地发挥，劳动力得到了合理的安排和使用，主要具有以下特点：

（1）科学地利用了工作面，争取了时间，工期比较合理。

（2）工作队及其工人实现了专业化施工，可使工人的操作技术熟练，更好地保证工程质量，提高劳动生产率。

（3）专业工作队及其工人能够连续作业，使相邻的专业工作队之间实现了最大限度地合理搭接。

（4）单位时间投入施工的资源量较为均衡，有利于资源供应的组织工作。

（5）为文明施工和进行现场的科学管理创造了有利条件。

（二）施工进度计划表示方法

工程建设是一个系统工程，要完成一项建设工程必须协调布置好人、财、物、时、空之间的关系，才能保证工程按预定的目标完成。当人、财、物一定的条件下，合理制订施工方案，科学制订施工进度计划，并统揽其他各要素的安排，是工程建设的核心。同时对于提高施工单位的管理水平，都具有十分重要的现实意义。常用的表示施工进度计划的方法有横道图、网络图。

1. 横道图

横道图是用水平线条表示工作流程的一种图表，它是由美国管理学家甘特于20世纪初提出的，故横道图也称甘特图。横道图是传统的进度计划表示方法，是反映施工与时间关系的进度图表，其图左边按工作的先后顺序列出项目的工作名称，图右边是进度表，图上边的横栏表示时间，用水平线段在时间坐标下标出项目的进度线，水平线段的位置和长短反映该项目从开始到完工的时间。利用横道图可将每天、每周或每月的实际进度情况定期记录在横道图上。

（1）横道图的编制步骤：

1）分析施工对象的性质，以专业或工序划分工作内容；

2）依据施工工艺规律确定各专业或工序的前后衔接关系；

3）将构成整个工程的全部分项工程纵向排列填入表中；

4）在总工期或上一级进度计划（如月计划要服从年或季计划安排）控制下，安排各工作内容的完成时间，从而作为生产要素（资源）配置数量的依据；横轴表示可能利用的工期；

5）绘制横道图。这个日程的分配是为了在预定的工期内完成整个工程，对各分项工程的所需时间和施工日期进行试算分配。

（2）案例说明。

某办公楼将进行基础工程施工，其施工工序为人工挖孔桩土石方、护壁工程、桩基础工程、地梁土石方工程、钢筋混凝土地梁工程、土石方回填工程6个工序，横道图的编制见图9-1。

工作序号	工作名称	工作时间/天	施工进度/天														
			1	2	3	4	5	6	7	8	9	10	11	12	13	14	15
1	人工挖孔桩土石方	4	—	—	—	—											
2	护壁工程	2					—	—									
3	桩基础工程	5							—	—	—	—	—				
4	地梁土石方工程	1												—			
5	钢筋混凝土地梁工程	2													—	—	
6	土石方回填工程	1															—

图9-1　基础工程施工进度计划横道图

（3）横道图的优缺点。

横道图是按时间坐标绘出的，横向线条表示工程各工序的施工起止时间先后顺序，整个计划由一系列横道线组成。它的优点是：

1）能够清楚地表达各项工作的起止时间，内容排列整齐有序，形象直观。

2）可直接根据横道图计算各时段的资源需要量，并绘制资源需要量计划。

3）使用方便，易于掌握。横道图易于编制、简单明了、直观易懂、便于检查和计算资源，特别适合现场施工管理。正是由于横道图这些非常明显的优点，使横道图自发明以来便被广泛应用于各行各业的生产管理活动中，直到现在还仍被普遍使用着。

横道图中的进度线（横道）与时间坐标相对应，这种表达方式较直观，易看懂计划编制的意图。但是，横道图也存在一些问题：

1）不能清楚地表达工作间的逻辑关系，因此，当某项工作出现进度偏差时，不便于分析进度偏差对后续工作及总工期的影响，难以调整进度计划。

2）不能反映各项工作的相对重要性，不便于掌握影响工期的主要矛盾。

3）不能在执行情况偏离原订计划时，迅速而简单地进行调整和控制，更无法实行多方案的优选。

4）对于大型复杂项目，由于计划内容多，逻辑关系不明，难以用计算机技术对项目计划进行处理和优化，其局限性更为明显。

2. 网络图

20 世纪 50 年代末，美国陆续出现了一些计划管理的新方法。这些方法的基本原理是：首先，应用网络形式来表达一项计划中各个工作（如任务、活动、过程、工序）的先后顺序和相互关系；其次，通过计算找出计划中的关键工作和关键线路；再次，通过不断改善网络计划，选择最优方案并付诸实践；最后，在计划执行过程中进行有效地控制与监督，保证最合理地使用各种资源，以最小的消耗取得最大的经济效果。因此，这种方法引起了世界各国的重视，在工业、农业、国防和科研计划与管理中得到了广泛的应用。由于这些方法是建立在网络模型的基础上，并且主要用来进行计划和控制，因此，它又被称为网络计划技术。网络计划技术在建筑工程中，主要应用于建筑工程项目的进度计划管理。经过长期的实践证明，网络图与横道图相比有许多优点：

（1）网络图能把工程项目过程中的各有关工作组成一个有机的整体，能全面而明确地表达出各项工作开展的先后顺序和反映出各项工作之间的相互制约、相互依赖的工作关系。

（2）能进行各种时间参数的计算，在名目繁多、错综复杂的计划中找出决定工程进度的关键工作，便于项目管理者集中力量抓主要矛盾，确保工期，避免盲目施工，给各层管理者以十分清晰的关键线路的概念。

（3）能够从许多可行方案中，选出最优方案。

（4）在计划的执行过程中，某一工作由于某种原因推迟或提前时，可以预见工作变更对整个计划的影响程度，并能针对变更迅速进行调整，保证对计划进行有效地控制与监督。

（5）利用网络计划中反映出来的各项工作的机动时间，可以更好地调配人力、物力，十分方便地进行工期和资源的优化。

（6）网络所表达的不仅仅是项目的工期计划，而且它实质上表示了项目活动的流程图。网络的使用能使项目管理者对项目过程具有富于逻辑性的、系统的、通盘的考虑。

根据《工程网络计划技术规程》（JCJ/T 121—2015）中的规定，推荐常用的工程网络计划类型有：双代号网络计划、单代号网络计划，其基本原理称统筹法。统筹法是应用网络图形来表达一项工程建设计划各项工作的开展顺序及其相互间的关系，通过时间参数计算，找出关键工作和关键线路，并通过优化，寻找计划的最佳方案，同时网络计划也便于在执行中对计划的监督，保证合理地使用人力、物力和财力，以最小的消耗取得最大的经济效果。目前已有不少计算机软件在工程建设领域推广网络计划的绘制和执行中的控制，使网络计划不便于计算资源消耗量的缺点得以改进和克服。

（三）施工进度计划的检查方法

在工程项目的实施过程中，为了进行进度控制，进度控制人员应经常地、定期地跟踪检查工程施工的实际进度情况，主要是收集工程项目进度材料，进行统计整理和对比分析，确定实际进度与计划进度之间的关系，其主要工作包括：

1. 跟踪检查工程实际进度

跟踪检查工程实际进度是项目进度控制的关键措施，其目的是收集实际施工进度的有关数据。跟踪检查的时间和收集数据的质量，直接影响控制工作的质量和效果。一般检查的时间间隔与工程项目的类型、规模、施工条件和对进度执行要求程度有关。通常可以确定每月、半月、旬或周进行一次。检查和收集资料的方式一般采用进度报表方式或定期召开进度工作汇报会。根据不同需要，检查的内容包括：

（1）检查期内实际完成和累计完成工程量；

（2）实际参加施工的劳动力、机械数量和生产效率；

（3）窝工人数、窝工机械台班数及其原因分析；

（4）进度管理情况；

（5）进度偏差情况；

（6）影响进度的特殊原因及分析。

2. 整理统计跟踪检查数据

收集到的工程项目实际进度数据，要进行必要的整理、按计划控制的工作项目进行统计，形成与计划进度具有可比性的数据。

3. 对比实际进度与计划进度

将收集的资料整理和统计成具有与计划进度有可比性的数据后，用工程项目实际进度与计划进度的比较方法进行比较。通过比较得出实际进度与计划进度一致、超前、拖后三种情况。

4. 工程项目进度检查结果的处理

按照检查报告制度的规定，将工程项目进度检查的结果，形成进度控制报告向有关主管人员和部门汇报。

进度控制报告是把检查比较的结果、有关施工进度现状和发展趋势，提供给项目经理及各级业务职能负责人的最简单的书面形式报告。进度控制报告是根据报告的对象不同，确定不同的编制范围和内容而分别编写的。一般分为项目概要级进度控制报告、项目管理级进度控制报告和业务管理级进度控制报告。

通过检查应向企业提供月度进度报告的内容主要包括：

（1）项目实施概况、管理概况、进度概要的总说明；

（2）项目施工进度、形象进度及简要说明；

（3）施工图纸，材料、物资、构配件的供应进度，劳务记录及预测，日历计划；

（4）对建设单位、业主和施工者的工程变更指令、价格调整、索赔及工程款收支情况；

（5）进度偏差的状况和导致偏差的原因分析，解决问题的措施，计划调整意见等。

（四）施工进度计划偏差的纠正办法

1. 施工进度计划偏差的原因分析

由于工程项目的工程特点，尤其是较大和复杂的工程项目，工期较长，影响进度因素较多。编制计划、执行和控制工程进度计划时，必须充分认识和估计这些因素，才能克服其影响，使工程进度尽可能按计划进行，当出现偏差时，应考虑有关影响因素，分析产生的原因。其主要影响因素：

（1）工期及相关计划的失误。

1）计划时遗漏部分必需的功能或工作。

2）计划值（如计划工作量、持续时间）不足，相关的实际工作量增加。

3）资源数或能力不足，例如计划时没有考虑到资源的限制或缺陷，没有考虑如何完成工作。

4）出现了计划中未能考虑到的风险或状况，未能使工程实施达到预定的效率。

5）在现代工程中，上级（业主、投资者、企业主管）常常在开始就提出很紧迫的工期要求，使承包方或其他设计人、供应商的工期太紧。而且许多业主为了缩短工期，常常压缩承包商做标期、前期准备的时间。

（2）工程条件的变化。

1）工作量的变化。可能是由于设计的修改、设计的错误、业主新的要求、修改项目的目标及系统范围的扩展造成的。

2）外界（如政府、上层系统）对项目新的要求或限制，设计标准的提高可能造成项目资源的缺乏，使得工程无法及时完成。

3）环境条件的变化。工程地质条件和水文地质条件与勘察设计不符，如地质断层、地下障碍物、软弱地基、溶洞，以及恶劣的气候条件等，都对工程进度产生影响，造成临时停工或破坏。

4）发生不可抗力事件。工程实施中如果出现意外的事件，如战争、内乱、拒付债务、工人罢工等政治事件；地震、洪水等严重的自然灾害；重大工程事故、试验失败、标准变化等技术事件；通货膨胀、分包单位违约等经济事件都会影响工程进度计划。

（3）管理过程中的失误。

1）计划部门与实施者之间、总分包商之间、业主与承包商之间缺少沟通。

2）工程实施者缺乏工期意识，例如，管理者拖延施工图纸的供应和批准，任务下达时缺少必要的工期说明和责任落实，拖延了工程活动。

3）项目参加单位对各个活动之间的逻辑关系没有清楚地了解，下达任务时也没有做详细的解释。

4）由于其他方面未完成项目计划规定的任务造成拖延。例如，设计单位拖延设计、运输不及时、上级机关拖延批准手续、质量检查拖延、业主不果断处理问题等。

5）承包商没有集中力量施工，材料供应拖延，资金缺乏，工期控制不紧。这可能是由于承包商同期工程太多，力量不足造成的。

6）业主没有集中资金的供应，拖欠工程款，或业主的材料、设备供应不及时。

（4）其他原因。

由于采取其他调整措施造成工期的拖延，如设计的变更、质量问题的返工、实施方案的修改。

2. 分析进度计划偏差的影响

（1）若出现偏差的工作为关键工作，则无论偏差大小，都会对后续工作及总工期产生影响，必须采取相应的调整措施，若出现偏差的工作不为关键工作，需要根据偏差值与总时差和自由时差的大小关系，确定对后续工作和总工期的影响程度。

（2）分析进度偏差是否大于总时差，若工作进度偏差的影响大于该工作的总时差，则说明此偏差必将影响后续工作和总工期，必须采取相应的调整措施；若工作的进度偏差小于或等于该工作的总时差，说明此偏差对总工期无影响，但它对后续工作的影响程度，需要根据比较偏差与自由时差的情况来确定。

（3）分析进度偏差是否大于自由时差。若工作的进度偏差大于该工作的自由时差，则说明此偏差对后续工作产生影响。应该做何调整，应根据后续工作允许影响的程度而定，若工作的进度偏差小于或等于该工作的自由时差，则说明此偏差对后续工作无影响，因此，原进度计划可以不做调整。

3. 施工进度计划的调整方法

（1）增加资源投入；

（2）改变某些工作间的逻辑关系；

（3）资源供应的调整；

（4）增减工作范围；

（5）提高劳动生产率。

三、常用的施工进度计划编制方法

建筑安装工程项目施工进度计划是进度控制的依据。通常，需要编制两种施工进度计划，即施工总进度计划和单位工程施工进度计划。

（一）建筑安装工程项目施工总进度计划的编制

建筑安装工程项目施工总进度计划是对整个群体工程编制的施工进度计划。由于施工的内容较多，施工工期较长，故其计划项目综合性大，较多控制性，较少作业性。

1. 编制依据

（1）施工合同。施工合同中的施工组织设计，合同工期，开工、竣工日期，关于工期的延误、调施等约定，均是编制施工总进度计划的依据施工进度计划的编制依据。

（2）施工进度目标。除了合同约定的施工进度目标，企业本身有自己的施工目标（一般要比合同目标短些，以求保险的进度目标），用以指导施工进度计划的编制工期。

（3）工期定额。工期定额中规定的工期，是施工项目的最大工期限额；在编制施工总进度计划时，以此为最大工期标准，力争缩短而绝对不能超限。

（4）有关技术经济资料。指可供参考的施工档案资料、地质资料、环境资料、统计资料等。

（5）施工部署与主要施工方案。施工部署与主要施工方案是施工组织总设计中的内容。编制总进度计划应在施工部署和主要施工方案确定后进行。

2. 编制步骤

（1）计算工程量。工程量的计算可按初步设计（或扩大初步设计）图纸和有关定额手册或资料进行。常用的定额、资料有：

1）概算指标和扩大结构定额。

2）每万元、每十万元投资工程量、劳动量及材料消耗扩大指标。

3）已建成的类似建筑物、构筑物的资料。

（2）确定各单位工程的施工期限。各单位工程的施工期限应根据合同工期确定，同时还要考虑建筑类型、结构特征、施工方法、施工管理水平、施工机械化程度及施工现场条件等因素。

（3）确定各单位工程开工、竣工的时间和相互搭接关系，主要考虑以下几点要求：

1）尽量做到均衡施工，使劳动力、施工机械和主要材料供应在整个工期范围内确定各单位达到均衡。

2）施工顺序必须与主要生产系统投入生产的先后次序相吻合，同时还要安排好配套工程的施工时间。

3）应注意季节对施工顺序的影响，使施工季节不导致工期拖延、不影响工程质量。

4）注意主要工种和主要施工机械连续施工。

（4）编制正式施工总进度计划。

1）初步施工总进度计划编制完成后，要对其进行检查。主要检查总工期是否符合要求，资源供应是否能够保证，资源使用是否均衡等。

2）如果出现问题，可进行调整。调整方法可以改变某些工程的起止时间或调整主导工程的工期。

3）如果是网络计划，可利用计算机分别进行工期优化、费用优化和资源计划优化。

4）初步施工总进度计划经过调整符合要求后，即可编制正式的施工总进度计划。

（5）编制施工总进度计划说明书，其内容包括：

1）本施工总进度计划安排的总工期。

2）该总工期与合同工期和指令工期的比较，得出施工提前率。

3）各单位工程的工期、开工日期、竣工日期与合同约定的比较和分析。

4）施工高峰人数、平均人数及劳动力不均衡系数。

5）本施工总进度计划的优点和存在的问题。

6）执行本计划的重点和措施，有关责任的分配等。

3. 编制内容

（1）施工总计划的内容包括编制说明、施工进度计划表、分期分批施工工程的开工日期和完工日期及工资一览表、资源需要量及供应平衡表等。

（2）施工总进度计划表是最主要内容，用来安排各单位工程计划开工、竣工日期、工期、搭接关系及其实施步骤。

（3）资源需要量及供应平衡表是根据施工总进度计划表编制的保证计划。包括劳动力、材料、构件、商品混凝土、预制构件和施工机械等资源计划。

（二）建筑安装施工进度计划的编制

建筑安装单位工程施工进度计划是对单位工程或单体工程编制的施工进度计划的总称。由于其所包含的施工内容具体明确，施工期较短，故其作业性较强，是进度控制的直接依据。

1. 编制依据

（1）项目管理目标。项目管理目标责任书中有六项内容，其中一项指“应达到的项目进度责任书目标”。这个目标既不是合同目标，也不是定额工期，而是项目管理的责任目标，不但有工期，而且还有开工时间和竣工时间及主要搭接关系等。

（2）施工总进度计划。单位工程进度计划应执行施工总进度计划中的开工、竣工时间、工期安排、计划搭接关系以及其说明书。如需要调整，应征得施工总进度计划审批者的同意。

（3）施工方案。施工方案中所包含的内容都对施工进度计划有约束作用。

（4）主要材料和设备的供应能力。在编制单位工程施工进度计划时，必须考虑主要材料和机械设备的供应能力是否能够满足需求量的要求。

（5）施工人员的技术素质和劳动效率。施工人员的技术素质高低，影响着施工的进度和质量。因此，施工人员技术素质和劳动效率必须满足施工规定的要求。

（6）对施工现场条件、气候条件、环境条件这三种条件的调查研究，如果在施工组织总设计中已经编制完成，可继续使用其作为依据，否则要重新调整。

（7）工程进度及经济指标。已建成的同类工程实际进度及经济指标。

2. 编制内容

（1）编制说明；

（2）进度计划图（表）；

（3）资源需要量计划；

（4）单位工程施工进度计划的风险分析及控制措施。

3. 风险分析及控制措施

（1）施工项目进度控制常见的风险。

1）工程变更，工程量增减。

2）材料等物资供应、劳动力供应、机械供应不及时。

3）自然条件的干扰。

4）拖欠工程款。

5）分包影响。

（2）风险控制措施。

1）风险分析及控制措施是根据“项目管理实施规则”中的“项目风险管理规则”和“保证进度目标的措施”调整并细化编制的，应具有可操作性。

2）控制措施可以从技术措施、组织措施、经济措施和合同措施4个方面来实施控制。

（三）建筑安装施工进度计划编制的注意事项

（1）编制的施工进度计划在实施中能控制和调整，便于沟通协调，使工期、资源、费用等目标获得最佳的效果，应能最大限度地调动积极性，发挥投资效益。

（2）确定工程项目施工顺序，要突出主要工程，满足先地下后地上，先干线后支线等施工基本顺序要求，满足质量和安全的需要，注意生产辅助装置和配套工程的安排，满足用户要求。

（3）确定各项工程的持续时间，应计算出工程量，根据类似施工经验，结合施工条件，加以分析对比和必要的修正，最后确认各项工程的持续时间。

（4）在确定各项工程的开工竣工时间和相互搭接协调关系时，应分清主次抓住重点，优先安排工程量大的工艺生产主线，保证重点兼顾一般。

（5）编制施工进度计划时，应满足连续均衡施工要求，使资源得到充分的利用，提高生产率和经济效益。

（6）进度计划安排中留出一些后备工程，以便在施工过程中作为平衡调剂使用。考虑各种不利条件的限制和影响，为施工进度计划的动态控制做准备。

四、工程施工进度计划的识读知识

（一）双代号网络计划

双代号绘图法就是利用箭线表示工作而在节点处将工作连接起来表示依赖关系的一种绘制项目网络图的方法。这种方法也叫箭线工作法。

1. 双代号网络图的基本概念

（1）工作（活动、作业或工序）。在双代号网络图中，工作用一根箭线和两个圆圈来表示。工作的名称写在箭线的上面，完成工作所需要的时间写在箭线的下面，箭尾表示工作开始，箭头表示工作结束。圆圈中的两个号码用来代表这项工作（如图 9-2 所示）。

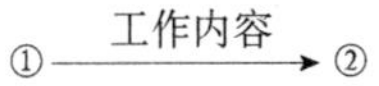

①——工作内容——→②

图 9-2　双代号表示法

工作通常分为两种：第一种为需要消耗时间和资源，用实箭线表示；第二种为既不消耗时间，也不消耗资源，我们称为虚工作，用虚箭线表示。虚工作是人为的虚设工作，只表示相邻前后工作之间的逻辑关系。

（2）节点（或结点）。在箭线的出发和交汇处画上圆圈，用以标志该圆圈前面一项或若干项工作的结束和允许后面一项或若干项工作开始时间点称为节点。

在双代号网络图（如图 9-3 所示）中，节点不同于工作，它不需要消耗时间或资源，只标志着工作的结束和开始的瞬间，起着连接工作的作用。

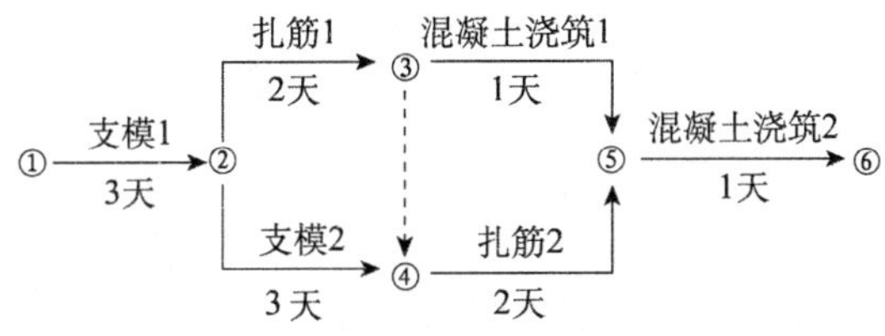

图 9-3　双代号网络图

起点节点是指网络图的第一个节点，表示执行项目计划的开始，没有内向箭线。终点节点是指达到了项目计划的最终目标，它没有外向箭线。除起点节点和终点节点外，其余称中间节点，它既表示完成一项或几项工作的结果，又表示一项或几项紧后工作开始的条件。

（3）线路。网络图中从起点节点开始，沿箭头方向顺序通过一系列箭线与节点，最后到达终点节点的通路称为线路。线路既可依次用该线路上的节点编号来表示，也可依次用该线路上的工作名称来表示，如图 9-3 所示，该网络图中有三条线路，这三条线路既可表示为：①－②－④－⑤－⑥、①－②－③－④－⑤－⑥、①－②－③－⑤－⑥，也可表示为：支模 1→支模 2→扎筋 2→混凝土浇筑 2、支模 1→扎筋 1→扎筋 2→混凝土浇筑 2、支模 1→扎筋 1→混凝土浇筑 1→混凝土浇筑 2。

线路上所有工作的持续时间之和称为该线路的总持续时间。总持续时间最长的线路称关键路径，其他线路长度均小于关键路径，称为非关键路径。关键线路的长度就是网络计划的总工期。如图 9-3 所示，线路①－②－④－⑤－⑥或支模 1→支模 2→扎筋 2→混凝土浇筑 2 为关键线路。

（4）紧前工作、紧后工作和平行工作。在网络图中，相对于某工作而言，紧排在该工作之前的工作称为该工作的紧前工作。在双代号网络图中，工作与其紧前工作之间可能有虚工作。如图 9-3 所示，支模 1 是支模 2 在组织关系上的紧前工作；扎筋 1 和扎筋 2 之间虽然存在虚工作，但扎筋 1 仍然是扎筋 2 在组织关系上的紧前工作；支模 1 则是扎筋 1 在工艺关系上的紧前工作。

在网络图中，相对于某工作而言，紧排在该工作之后的工作称为该工作的紧后工作。在双代号网络图中，工作与其紧后工作之间可能有虚工作。如图 9-3 所示，扎筋 2 是扎筋 1 在组织关系上的紧后工作。浇混凝土 1 是扎筋 1 在工艺关系上的紧后工作。

在网络图中，相对于某工作而言，可以与该工作同时进行的工作即为该工作的平行工作。如图 9-3 所示，扎筋 1 和支模 2 互为平行工作。

（5）逻辑关系。网络图中工作之间相互制约或相互依赖的关系称为逻辑关系。逻辑关系包括（工艺关系和组织关系）：

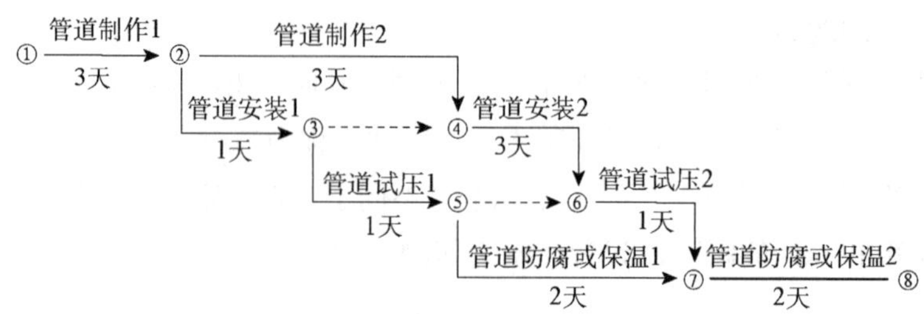

图 9-4　管道工程网络图

1）工艺关系。生产性工作之间由工艺过程决定的，非生产性工作之间由工作程序决定的先后顺序关系叫工艺关系。如图 9-4 所示，管道制作 1→管道安装 1→管道试压 1→管道防腐或保温 1 为工艺关系。工艺关系也称为硬逻辑关系。

2）组织关系。工作之间由于组织安排需要或资源（人力、材料、机械设备和资金等）调配需要而规定的先后顺序关系叫组织关系。如图 9-4 所示，管道制作 1→管道制作 2、管道安装 1→管道安装 2 等组织关系。组织关系也称为软逻辑关系，软逻辑关系可以由项目团队确定。

网络图必须正确地表达整个工程或任务的工艺流程和各工作开展的先后顺序，以及它们之间相互依赖和相互制约的逻辑关系。因此，绘制网络图时必须遵循一定的基本规则和要求。

2. 双代号网络图绘制的基本规则

（1）网络图必须按照已定的逻辑关系绘制。由于网络图是有向、有序的网状图形，所以必须严格按照工作之间的逻辑关系绘制，这是保证工程质量和资源优化配置及合理使用所必需的。例如有 A、B、C、D 四项工作，它们之间的逻辑关系见表 9-1，网络图见图 9-5（a）正确表达了它们之间的约束关系。若绘出的网络图如图 9-5（b）则错误，因 C 的紧前工作没有 B，所以，必须在 A 与 D 之间引入虚工作。

表 9-1　逻辑关系

工作	A	B	C	D
紧前工作	—	—	A	A、B

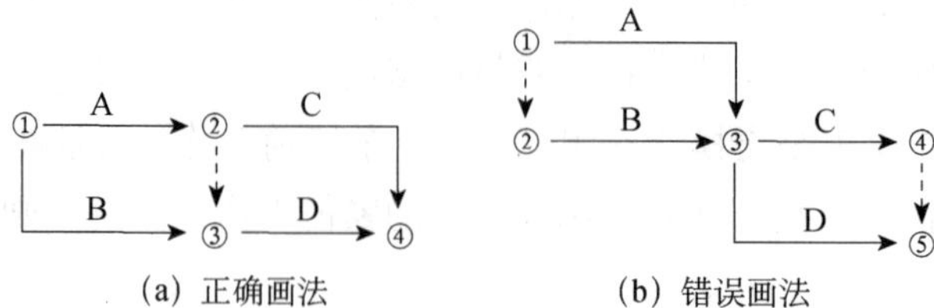

图 9-5　A、B、C、D 四项工作的网络图

（2）网络图应只有一个起点节点和一个终点节点（多目标网络计划除外）。除终点和起点节点外，不允许出现没有内向箭线的节点和没有外向箭线的节点。如果一个网络图中出现多个起点或多个终点，如图 9-6（a）所示，节点①、②皆为没有内向箭线的起点节点，节点⑧、⑨皆为没有外向箭线的终点节点。其解决方法就是将没有紧前工作的节点合并为一个点，把没有外向箭线的节点合并为一个点［如图 9-6（b）所示］。

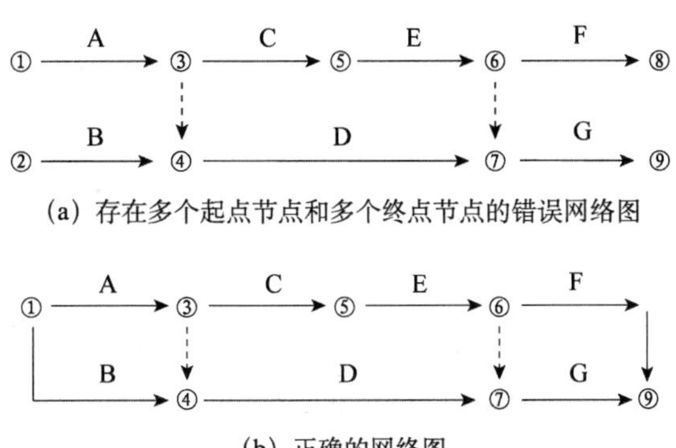

图 9-6 多个起点或终点的网络图

（3）网络图中所有节点都必须编号，并应使箭尾节点的编号小于箭头节点的编号。

（4）网络图中不允许出现从一个节点出发顺箭线方向又回到原出发点的循环回路。如果出现循环回路，会造成逻辑关系混乱，使工作无法按顺序进行。如图 9-7 所示，网络图中存在不允许出现的循环回路 CDGF，当然，此时的节点编号也发生错误。

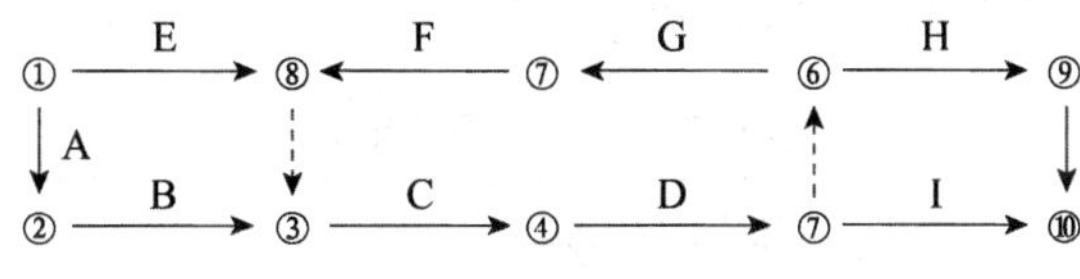

图 9-7 存在循环回路的错误网络图

（5）工作或事件的字母代号或数字编号，在同一任务的网络图中，不允许重复使用。

（6）网络图中的箭线（包括虚箭线，以下同）应保持自左向右的方向，不应出现箭头向左或偏向左方的箭线。若遵循该规则绘制网络图，就不会出现循环回路。

（7）网络图中不允许出现没有箭尾节点的箭线和没有箭头节点的箭线。图 9-8 即为错误的画法。

图 9-8 错误的画法

（8）严禁在箭线上引入或引出箭线，图 9-9 即为错误的画法。

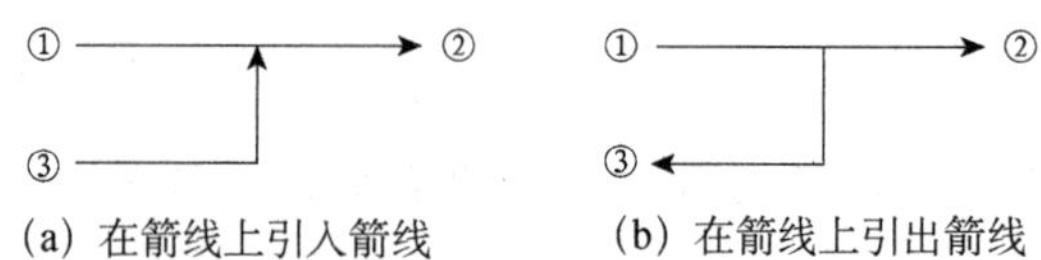

图 9-9　错误的画法

（9）应尽量避免网络图中工作箭线的交叉。当交叉不可避免时，可以采用过桥法或指向法处理（如图 9-10 所示）。

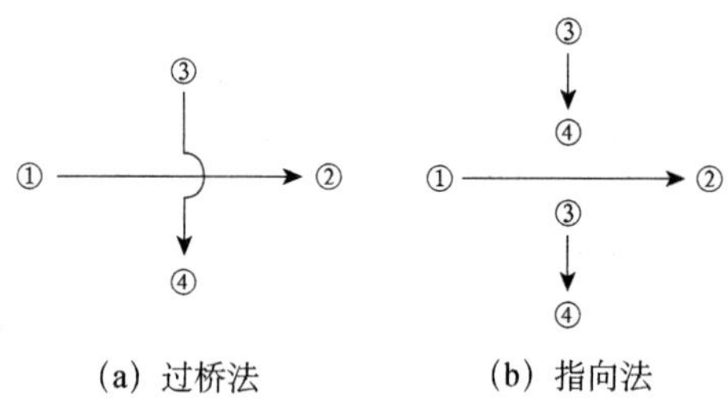

图 9-10　箭线交叉的表示方法

3. 双代号网络图的绘制步骤

（1）根据已知的紧前工作确定出紧后工作；

（2）从左到右确定出各工作的始节点位置号和终节点位置号；

（3）根据节点位置和逻辑关系绘出初步网络图；

（4）检查逻辑关系有无错误，如与已知条件不符，则可加虚工作予以改正。

4. 双代号网络图的绘制案例说明

已知工作之间的逻辑关系见表 9-2，可按下述步骤绘制其双代号网络图。

表 9-2　工作逻辑关系表

工作	A	B	C	D	E
紧前工作	—	—	A、B	B	C、D

（1）绘制工作箭线 A 和工作箭线 B，如图 9-11（a）所示。

（2）按前述规则分别绘制工作箭线 C、D 和 E，如图 9-11（b）所示。

（3）按前述规则绘制工作箭线 E。当确认给定的逻辑关系表达正确后，再进行节点编号。表中给定逻辑关系所对应的双代号网络图如图 9-11（c）所示。

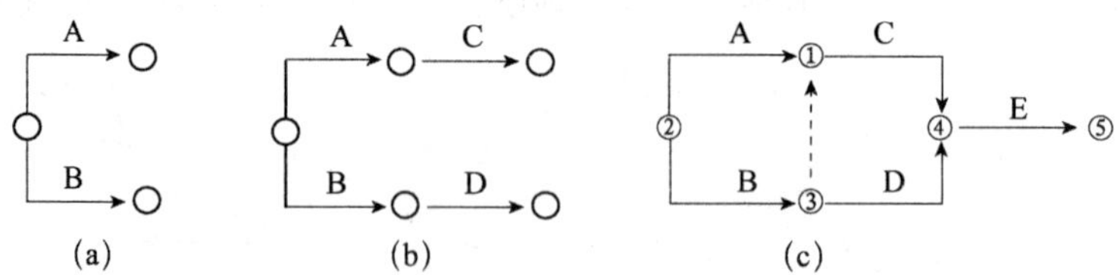

图 9-11　工作箭线图

5. 双代号网络图中时间参数的计算

（1）工作持续时间和工期。

1）工作持续时间 D_{ij} 是指一项工作从开始到完成的时间。

2）工期泛指完成一项任务所需要的时间。在网络计划中，工期一般有以下三种：

计算工期 T_c 是指根据网络计划时间参数计算而得到的工期。

要求工期 T_r 是指任务委托人所提出的指令性工期。

计划工期 T_p 是指根据要求工期和计算工期所确定的作为实施目标的工期。

当已规定了要求工期时，计划工期不应超过要求工期，即 $T_p<T_r$；当未规定要求工期时，可令计划工期等于计算工期，即 $T_p=T_c$。

（2）网络图中的 6 个时间参数。

网络图中的时间参数主要有：最早开始时间、最早完成时间、最迟开始时间、最迟完成时间、总时差和自由时差。各时间参数的含义如下：

1）工作最早开始时间 ES_{i-j}（Earliest Start Time）是指在其所有紧前工作全部完成后，本工作有可能开始的最早时刻。

2）工作最早完成时间 EF_{i-j}（Earliest Finish Time）是指在其所有紧前工作全部完成后，本工作有可能完成的最早时刻。工作的最早完成时间等于工作最早开始时间与其持续时间之和。

3）工作最迟完成时间 LF_{i-j}（Latest Finish Time）是指在不影响整个任务按期完成的前提下，本工作必须完成的最迟时刻。

4）工作最迟开始时间 LS_{i-j}（Latest Start Time）是指在不影响整个任务按期完成的前提下，本工作必须开始的最迟时刻。工作的最迟开始时间等于工作最迟完成时间与其持续时间之差。

5）总时差 TF_{i-j}（Total Float Time）是指在不影响总工期的前提下，本工作可以利用的机动时间。

6）自由时差 FF_{i-j}（Free Frlot Time）是指在不影响其紧后工作最早开始时间的前提下，本工作可以利用的机动时间。

（3）计算步和计算公式。

1）工作最早时间的计算。工作 $i\text{–}j$ 的最早开始时间 ES_{i-j}，应从网络计划的起始节点开始，顺着箭线的方向依次逐项计算。起始节点的最早开始时间，若无规定，其值应等于 0。即若网络计划起点节点的编号为 1，则 $ES_{i-j}=0$（$i=1$），其他工作 i 的最早开始时间 ES_{i-j}，应按照下式计算：

$$ES_{i-j}=\max\{ES_{h-i}+D_{h-i}\}$$

式中，ES_{i-j}——工作 $i\text{–}j$ 的各项紧前工作 $h\text{–}i$（非虚工作）的最早开始时间；

D_{h-i}——工作 $i\text{–}j$ 的各项紧前工作 $h\text{–}i$（非虚工作）的持续时间。

工作最早完成时间 EF_{i-j} 应按下式计算：

$$EF_{i-j}=ES_{i-j}+D_{i-j}$$

2）计算工期 T_c。T_c 应按下式计算：

$$T_c=\max\{EF_{i-n}\}$$

3）工作最迟时间的计算。工作 $i\text{–}j$ 的最迟完成时间 LF_{i-j} 应从网络计划的终止节点开始，逆着箭线的方向依次逐项计算。以终点节点（$j=n$）为箭头节点的工作，最迟完成时间 LF_{i-n} 应根据网络计划的计划工期 T_p 计算，即 $LF_{i-n}=T_p$。其他节点所代表工作 i 的最迟完成时间 LF_{i-j} 应按下列公式计算：

$$LF_{i-j}=\min\left\{LF_{j-k}-D_{j-k}\right\}$$

式中，LF_{j-k}——工作 $i-j$ 的各项紧后工作 $j-k$（非虚工作）的最迟完成时间；

D_{j-k}——工作 $i-j$ 的各项紧后工作 $j-k$（非虚工作）的持续时间。

工作 $i-j$ 的最迟开始时间 LS_{i-j} 应按下列公式计算：

$$LS_{i-j}=LF_{i-j}-D_{i-j}$$

4）工作总时差的计算。工作 $i-j$ 的总时差 TF_{i-j} 应按下列公式计算：

$$TF_{i-j}=LS_{i-j}-ES_{i-j}$$

或

$$TF_{i-j}=LF_{i-j}-EF_{i-j}$$

5）工作自由时差的计算。当工作 $i-j$ 有紧后工作 $j-k$ 时，其自由时差应按下式计算：

$$FF_{i-j}=\min\left\{ES_{j-k}\right\}-EF_{i-j}$$

式中，ES_{j-k}——工作 $i-j$ 的各项紧后工作 $j-k$（非虚工作）的最早开始时间。

以终点节点（$j=n$）为箭头节点的工作，其自由时差应按下式计算：

$$FF_{i-j}=T_P-EF_{i-n}$$

按工作计算法计算网络计划中各时间参数，其计算结果应标注在箭线之上（如图 9-11 所示）。

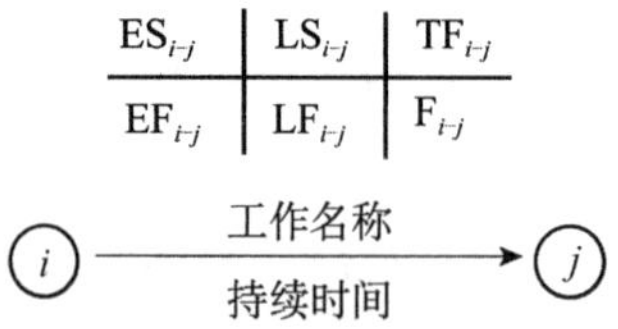

ES_{i-j}	LS_{i-j}	TF_{i-j}
EF_{i-j}	LF_{i-j}	F_{i-j}

i ——工作名称／持续时间——→ j

图 9-12　双代号网络计划的时间参数标注方法

（4）关键工作和关键路线的确定。

确定关键工作和关键线路是网络计划技术编制的核心。通过上述时间参数的计算，最终目的是找出关键线路，确定关键工作和关键线路的方法是根据计算的总时差来确定关键工作，将关键工作依次连接起来组成的线路，即为关键线路。关键线路表示工程施工中的主要矛盾，要合理调配人力、物力、集中力量保证关键工作的按时完工，以防延误工程进度。关键工作一般用双线箭线、彩色线或粗黑线箭杆表示。关键线路上各关键工作的时间和即为该网络计划的总工期。

综上所述，某些工作的总时差与其自由时差是相互关联的。也就是说，动用本工作自由时差不会影响紧后工作的最早开始时间，而在本工作总时差范围内动用机动时间（时差），若超过本工作自由时差范围，则会相应减少后续工作拥有的时差，并会引起该工作所在线路上所有后续非关键工作以及与该线路有关的其他非关键工作时差的重新分配。

可见，总时差具有以下性质：总时差 TF＝0 的工作称为关键工作；如果总时差为零，则自由时差也必然等于零；总时差不为本工作所专有而与前后工作都有关，它为一条线路（或线段）所共有。由于关键线路各工作的时差均为零，该线路就必然决定计划的总工期，因此，关键工作完成的快慢直接影响整个计划的完成。而自由时差则具有以下一些主要特点：自由时差总是小于或等于总时差，即 FF<TF；以关键线路上的节点为结束节点的工作，其自由时差与总时差相等；使用自由时差对紧后工作没有影响，紧后工作仍可按其最早开始时间开始。由于非关键工作一般都具有若干机动时间（时差），因此，可利用时差充分调动非关键工作的人力、物力资源来确保关键工作的加快或按期完成，从而使总工期的目标能得以实现。另外，在时差范围内改变非关键工作的开始和结束时间，灵活地应用时差也可达到均衡施工的目的。

6. 双代号网络图时间参数计算的案例说明

已知工作之间的逻辑关系见表 9-3，绘制其双代号网络图，并进行节点编号。

表 9-3　某分部工程各施工过程逻辑关系表

施工过程	A	B	C	D	E	F	G	H
紧前过程	—	A	B	B	B	C、D	C、E	F、G
紧后过程	B	C、D、E	F、G	F	G	H	H	—
持续时间	3	5	8	2	4	6	2	5

（1）列出关系表，确定各施工过程的节点位置（见表 9-4）。

表 9-4　由关系表确定节点位置号

施工过程	A	B	C	D	E	F	G	H
紧前过程	—	A	B	B	B	C、D	C、E	—、G
紧后过程	B	C、D、E	F、G	F	G	H	H	—
开始节点位置号	0	1	2	2	2	3	3	4
结束节点位置号	1	2	3	3	3	4	4	5

（2）绘制网络图，如图 9-13 所示。

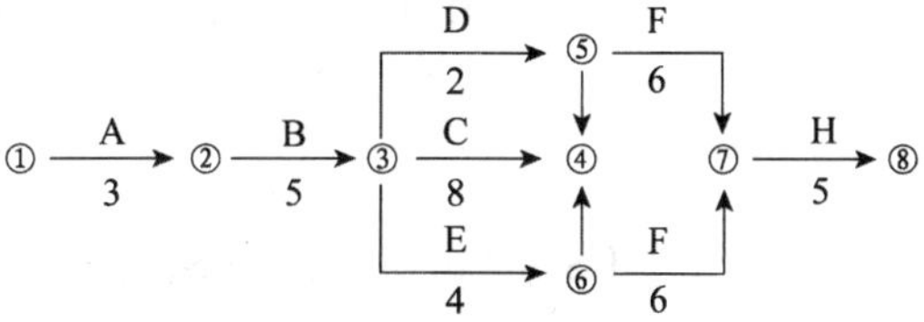

图 9-13　双代号网络图

（3）根据图 9-13 双代号网络图，用图上计算法计算其节点的时间参数 ET 和 LT；工作的时间参数 ES、EF、LS、TF、FF；并用双箭线表示关键线路，计算总工期 T。计算过程如下：

1）计算节点最早时间参数 ET：

$ET_1=0$，$ET_2=ET_1+D_{i-j}=0+3=3$，$ET_3=ET_2+D_{2-3}=3+5=8$，$ET_4=ET_3+D_{3-4}=16$

$$ET_5=\max\begin{Bmatrix}ET_3+D_{3\text{-}5}\\ET_4+D_{4\text{-}5}\end{Bmatrix}=\max\begin{Bmatrix}8+2\\16+1\end{Bmatrix}=16$$

$$ET_6=\max\begin{Bmatrix}ET_3+D_{3\text{-}6}\\ET_4+D_{4\text{-}6}\end{Bmatrix}=\max\begin{Bmatrix}8+4\\16+0\end{Bmatrix}=16$$

$$ET_7 = \max\begin{Bmatrix} ET_3 + D_{5\text{-}7} \\ ET_6 + D_{6\text{-}7} \end{Bmatrix} = \max\begin{Bmatrix} 16+4 \\ 16+2 \end{Bmatrix} = 20$$

$$ET_8 = ET_7 + D_{7-8} = 20+5 = 25$$

2）计算节点最迟时间参数 LT：

$$LT_8 = ET_8 = 25,\ LT_7 = LT_8 - D_{7-8} = 20,\ LT_6 = LT_7 - D_{6-7} = 18,\ LT_5 = LT_7 - D_{5-7} = 16$$

$$LT_4 = \min\begin{Bmatrix} LT_5 + D_{4\text{-}5} \\ LT_6 + D_{4\text{-}6} \end{Bmatrix} = \min\begin{Bmatrix} 16+0 \\ 18+0 \end{Bmatrix} = 16$$

$$LT_3 = \min\begin{Bmatrix} LT_4 - D_{3\text{-}4} \\ LT_5 - D_{3\text{-}5} \\ LT_6 - D_{3\text{-}6} \end{Bmatrix} = \min\begin{Bmatrix} 16-8 \\ 16-2 \\ 18-4 \end{Bmatrix} = 8$$

$$LT_2 = LT_3 - D_{2-3} = 3,\ LT_1 = LT_2 - D_{1-2} = 0$$

同理可得各工作 LT，填于图上相应位置。

3）工作最早可能开始时间 ES：

$$ES_{1\text{-}2} = ET_1 = 0,\ ES_{2\text{-}3} = ET_2 = 3,\ ES_{3\text{-}4} = ET_3 = 8$$

同理可得各工作 ES，填于图上相应位置。

4）工作最早可能完成时间 EF：

$$EF_{1\text{-}2} = ES_{1\text{-}2} + D_{1\text{-}2} = 0+3 = 3,\ EF_{2\text{-}3} = ES_{2\text{-}3} + D_{2\text{-}3} = 8$$

同理可得各工作 EF，结果填于图上相应位置。

5）工作最迟必须完成时间 LF：

$$LF_{1\text{-}2} = LT_2 = 3,\ LF_{2\text{-}3} = LT_3 = 8$$

同理将结果填于图上相应位置。

6）工作最迟必须开始时间 LS：

$$LS_{1\text{-}2} = LF_{1\text{-}2} - D_{1\text{-}2} = 3-3 = 0,\ LS_{3-6} = TL_6 - D_{3-6} = 18-4 = 14$$

同理将可得结果填于图上相应位置。

7）计算总时差 TF：

$$TF_{1\text{-}2} = LS_{1\text{-}2} - ES_{1\text{-}2} = 0,\ TF_{3\text{-}6} = LS_{3\text{-}6} - ES_{3\text{-}6} = 6$$

同理将结果标于图上相应位置。

8）计算自由时差 FF：

$$FF_{1\text{-}2} = ES_{2\text{-}3} - EF_{1\text{-}2} = 3-3 = 0,$$

$$FF_{3\text{-}6} = ES_{6\text{-}7} - EF_{3\text{-}6} = 16-12 = 4,$$

$$FF_{3\text{-}5} = ES_{5\text{-}7} - EF_{3\text{-}5} = 16-10 = 6,$$

同理可得结果标于图上相应位置。

9）确定关键线路和总工期 T：

凡总时差为最小的工作均为关键工作，用双箭线或粗黑箭线表示。由关键工作组成的线路为关键线路如图 9-14 所示，关键线路上各工作的时间和即为总工期：

$$T = (3+5+8+4+5)\ d = 25\ d$$

① —A/3→ ② —B/5→ ③ —C/8→ ④ - - -→ ⑤ —F/4→ ⑦ —H/5→ ⑧

图 9-14　关键线路图

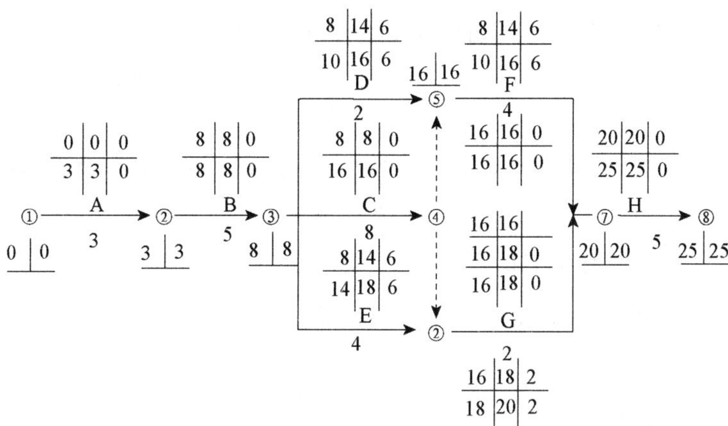

图 9-15　双代号网络图时间参数计算示例

（二）双代号时标网络图法

1. 双代号时标网路计划的表示方法

双代号时标网络计划（以下简称时标网络计划）是指以水平时间坐标为尺度绘制的网络计划。时标单位可以是小时、天、周、月、季、年，应根据需要在编制网络计划之前确定。在时标网络计划中，以实箭线表示工作，实箭线的水平投影长度表示该工作的持续时间：以虚线表示虚工作，由于虚工作的持续时间为零，故虚箭线只能垂直画；以波形线表示工作与其紧后工作之间的间隔时间（以终点节点为完成节点的工作除外，当计划工期等于计算工期时，这些工作箭线中波形线的水平投影长度表示其自由时差）。因此，时标网络计划既是一个网络计划，又类似于用横道图表示的一个水平进度计划。它既能标明确计划的时间过程，又能在图上显示出各项工作开始、完成时间、关键线路和关键工作所具有的时差。

2. 时标网络计划的绘制方法

时标网络计划宜按各项工作的最早开始时间编制。为此，在编制时标网络计划时应使每一个节点和每一项工作（包括虚工作）尽量向左靠，直至不出现从右向左的逆向箭线为止。同时在绘制时标网络计划时应先绘制无时标的网络计划草图，然后按间接绘制法或直接绘制法进行。

（1）间接绘制法，是指先根据无时标的网络计划草图计算其时间参数并确定关键线路，然后在时标网络计划表中进行绘制。其绘制步骤是先将所有节点按其最早时间定位在时标网络计划表中的相应位置，然后再用规定线型（实箭线和虚箭线）按比例绘出工作和虚工作。当某些工作箭线的长度不足以达到该工作的完成节点时，需用波形线补足，箭头应画在与该工作完成节点的连接处。

（2）直接绘制法，是指不计算时间参数而直接按无时标的网络计划草图绘制时标网络计划。

3. 关键线路和时间参数的确定

时标网络计划关键线路的确定，应自终点节点逆箭线方向朝起点节点观察，自始至终不出现波形线的线路为关键线路。时标网络计划的计算工期，应是其终点节点与起点节点所在位置的时标值之差。按最早时间绘制的时标网络计划，每条箭线箭尾和箭头所对应的时标值应为该工作的最早开始时间和最早完成时间。时标网络计划中工作的自由时差值应为表示该工作的箭线中波形线部分在坐标轴上的水平投影长度。

（1）时标网络计划中工作的总时差的计算应自右向左进行，且应符合下列规定：

以终点节点（$j=n$）为箭头节点的工作的总时差 TF_{i-j} 应按网络计划的计划工期计算确定，即 $TF_{i-j}=T_p-EF_{i-n}$；其他工作的总时差应为 $TF_{i-j}=\min\left\{TF_{j-k}+FF_{i-j}\right\}$。

（2）时标网络计划中工作的最迟开始时间和最迟完成时间应按下式计算：$LS_{i-j}=ES_{i-j}+TF_{i-j}$，$LF_{i-j}=EF_{i-j}+TF_{i-j}$。

（三）单代号网络计划

单代号绘图法是利用节点代表工作而用表示依赖关系的箭线将节点联系起来的一种绘制项目网络图的方法，这种方法也叫节点工作法，如图 9-16 所示。大多数项目管理软件包都使用单代号网络技术。

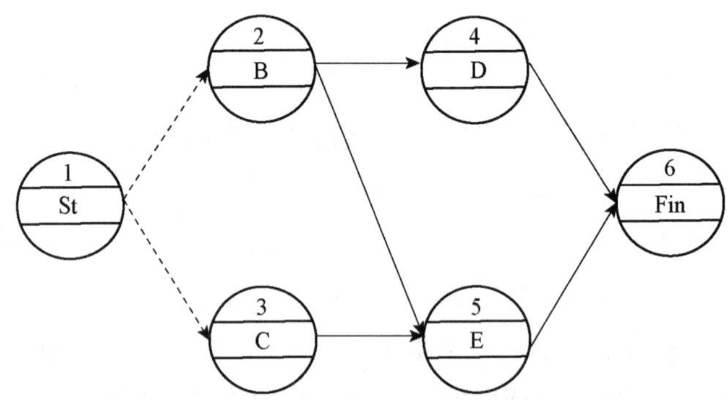

图 9-16 单代号网络计划图

1，2，3，4，5，6-节点编号；B，C，D，E-工作；

St-虚拟起点节点；Fin-虚拟终点节点

（1）单代号绘图符号。

1）节点。单代号网络图中的节点一般用圆圈或方框来绘制，它表示一项工作。在圆圈或方框内可以写上工作的编号、名称和需要的作业时间，如图 9-17 所示。

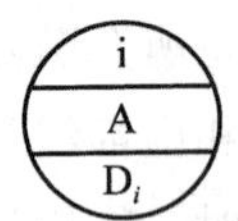

i	A	D_i
ES_i	EF_i	TF_i
LS_i	LF_i	FF_i

（a）圆节点表示方法　　（b）矩形节点表示方法

图 9-17 单代号网络图工作的表示方法

i-节点编号；A-工作；D_i-持续时间；ES_i-最早开始时间；EF_i-最早完成时间；

LS_i-最迟开始时间；LF_i-最迟完成时间；TF_i-总时差；FF_i-自由时差

单代号网络图中的节点必须编号，编号标注在节点内，其号码可简短，但严禁重复。箭线的箭尾节点编号应小于箭头节点的编号。一项工作必须有唯一的一个节点及相应的一个编号。

2）箭线。箭线表示紧邻工作之间的逻辑关系，既不占用时间，也不消耗资源。箭线应画成水平直线、折线或斜线。箭线水平投影的方向应自左向右，表示工作的行进方向。

3）线路。单代号网络图中，各条线路应用该线路上的节点编号从小到大依次表述。

4）单代号网络的时间参数标注。单代号网络计划中的时间参数应按照图 9-18 所示标注，其中 LAG_i 为间隔时间。

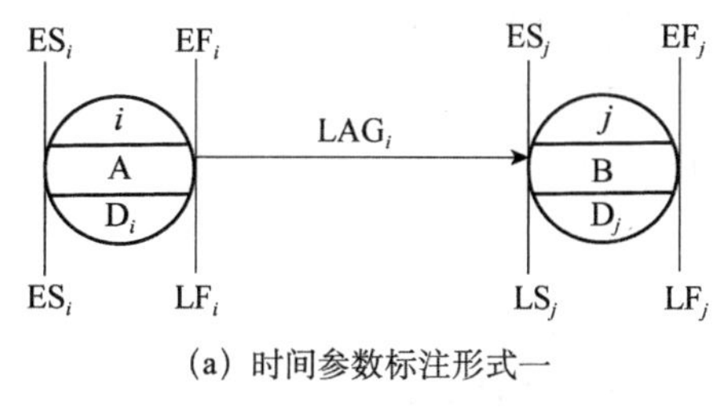

(a) 时间参数标注形式一

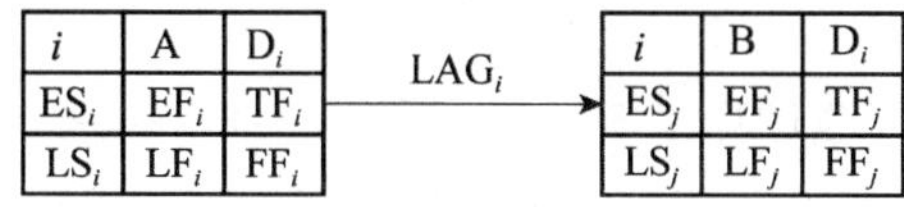

(b) 时间参数标注形式二

图 9-18　单代号网络计划时间参数标注形式

（2）绘制基本规则。

1）单代号网络图应正确表达已定的逻辑关系。

2）单代号网络图中不得出现回路。

3）单代号网络图中不得出现双向箭头或无箭头的连线。

4）单代号网络图中不得出现没有箭尾节点的箭线和没有箭头节点的箭线。

5）绘制网络图时，箭线不宜交叉。当交叉不可避免时，可采用过桥法或指向法绘制。

6）单代号网络图应只有一个起点节点和一个终点节点；当网络图中有多项起点节点或多项终点节点时，应在网络图的两端分别设置一项虚拟节点，作为该网络图的起点节点和终点节点。

单代号网络图的绘制规则大部分与双代号网络图的绘图规则相同，故不再进行解释。

（3）绘制步骤。

1）列出工作清单，包括工作之间的逻辑关系，找出每一工作的紧前工作有哪些。

2）根据工作清单，先绘没有紧前工作的工作节点。

3）逐个检查工作清单中的每一工作，如该工作的紧前工作节点已全部绘在图上，则绘制该工作节点用箭线与紧前工作连接起来。

4）重复上述步骤。直至绘出整个计划的所有工作节点。

5）检查起点节点和终点节点是否分别为唯一的节点，否则应设置相应的虚拟节点。

（4）单代号网络图中时间参数的计算如节点不太多，网络图绘制完以后，经检查正确无误后，即可在网络图上直接计算时间参数，计算方法与双代号网络相同，计算最早时间是从左向右逐个节点进行计算，即从第 1 个节点算到最后一个节点；计算最迟时间则从最后一个节点算起，一直算到第 1 个节点。有了最早与最迟时间参数后，即可计算工作的总时差和自由时差，将时差为零的节点用粗黑线连接起来即为关键线路。如节点数很多，时间参数的计算一般利用项目管理软件来完成。

1）工作最早时间的计算。工作 i 的最早开始时间 ES_i 应从网络计划的起始节点开始，顺着箭线的方向依次逐项计算。起始节点的最早开始时间，若无规定，其值应等于 0，即 $ES_i=0$（$i=0$）。其他工作 i 的最早开始时间 ES_i，应按照下式计算：

$$ES_i=\max\{ES_h+D_h\}=\max\{EF_h\}$$

式中，ES_i——工作 i 的各项紧前工作 h 的最早开始时间；

D_h——工作 i 的各项紧前工作 h 的持续时间；

EF_h——工作 i 的各项紧前工作 h 的最早完成时间。

工作最早完成时间 EF_i，应按下式计算：

$$EF_i=ES_i+D_i$$

2）计算工期 T_c。T_c 等于网格计划的终点节点 n 的最早完成时间 EF_n，即

$$T_c=EF_n$$

3）间隔时间的计算。相邻两项工作 i 和工作 j 的间隔时间 $LAG_{i,j}$ 的计算应符合下列规定：

① 当终点节点为虚报节点时，其间隔时间应按下式计算：

$$LAG_{i,n}=T_p-EF_i$$

② 其他节点之间的间隔时间应按下式计算：

$$LAG_{i,j}=ES_i-EF_t$$

4）工作总时差的计算。工作 i 的总时差 TF_i 应从网络计划的终点节点开始，逆着箭线方向依次逐项计算。终点节点所代表工作 n 的总时差 TF_n 的计算为 $TF_n=T_p-EF_n$。其他工作 i 的总时差 TF_i，应按下式计算：

$$TF_i=\min\{TF_j+LAG_{i,j}\}$$

式中，TF_i——工作 i 的各项紧后工作 j 的总时差。

5）工作自由时差的计算。终点节点所代表工作 n 的自由时差 FF_n 的计算为 $FF_n=T_p-EF_n$。其他工作 i 的自由时差 FF_i 的计算应按下式计算：

$$FF_i=\min\{LAG_{i,j}\}$$

6）工作最迟时间的计算。工作 i 的最迟完成时间 LF_i 应从网络计划的终止节点开始，逆着箭线的方向依次逐项计算。终止节点所代表的工作 n 的最迟完成时间 LF_n 应根据网络计划的计划工期 T_p 计算，即 $LF_i=T_p$。其他节点所代表工作 i 的最迟完成时间 LF_i，应按下列公式计算：

$$LF_i=\min(LS_j)$$

或　　$LF_i=EF_i+TF_i$

式中，LS_j——工作 i 的各项紧后工作 j 的最迟开始时间；

TF_i——工作 i 的总时差。

工作 i 的最迟开始时间 LS_i 应按下列公式计算：

$$LS_i=LF_i-D_i$$

或　　$LS_i=ES_i+TF_i$

（5）关键工作和关键线路的确定。

1）关键工作：总时差最小的工作是关键工作。

2）关键线路：从起点节点开始到终点节点均为关键工作，且所有工作的间隔时间为零的线路为关键线路。

（6）单代号网络图时间参数计算的案例说明。

有一个单代号网络图的结构和工作持续时间（天）如图 9-19 所示，计算各工作的时间参数，并求关键线路（表示粗黑箭）。

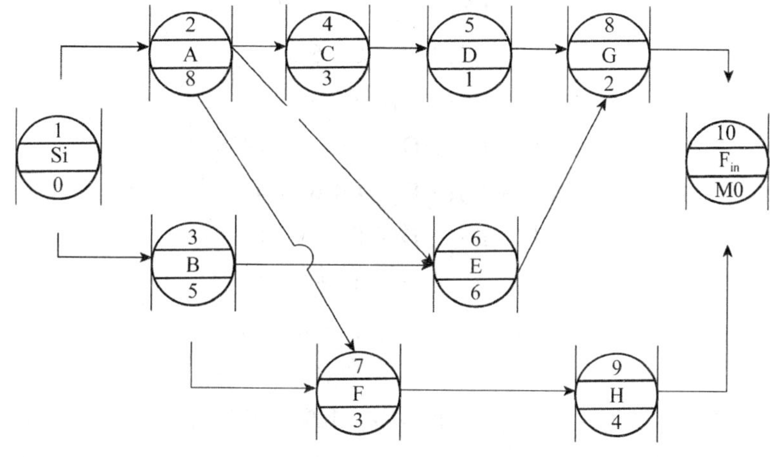

图 9-19　单代号网络图

计算结果如图 9-19 所示。现对其计算方法说明如下：

1）工作最早开始时间 ES_i 的计算。工作的最早开始时间从网络图的起点节点开始，顺着箭线方向自左往右，依次逐个计算。因起点节点的最早开始时间未做规定，故 $ES_1=0$。其紧后工作的最早开始时间是其各紧前工作的最早开始时间与其持续时间之和，并取其最大值，其计算公式 $ES_1=\max\{ES_h+D_h\}$，因此可得

$$ES_1=0$$

$$ES_2=ES_1+D_1=0+0=0$$

$$ES_3=ES_1+D_1=0+0=0$$

$$ES_4=ES_2+D_2=0+8=8$$

$$ES_5=ES_4+D_4=8+3=11$$

$$ES_6=\max\begin{Bmatrix}ES_2+D_2\\ES_3+D_3\end{Bmatrix}=\max\begin{Bmatrix}0+8\\0+5\end{Bmatrix}=8$$

$$ES_7=\max\begin{Bmatrix}ES_2+D_2\\ES_3+D_3\end{Bmatrix}=\max\begin{Bmatrix}0+8\\0+5\end{Bmatrix}=8$$

$$ES_8=\max\begin{Bmatrix}ES_5+D_5\\ES_6+D_6\end{Bmatrix}=\max\begin{Bmatrix}11+1\\8+6\end{Bmatrix}=14$$

$$ES_9=\max\begin{Bmatrix}ES_6+D_6\\ES_7+D_7\end{Bmatrix}=\max\begin{Bmatrix}8+6\\8+3\end{Bmatrix}=14$$

$$ES_{10}=\max\begin{Bmatrix}ES_8+D_8\\ES_9+D_9\end{Bmatrix}=\max\begin{Bmatrix}14+2\\14+4\end{Bmatrix}=18$$

2）工作最早完成时间 EF_i 的计算。每项工作的最早完成时间是该工作的最早开始时间与其工作持续时间之和，其计算公式为 $EF_i=ES_i+D_i$，因此可得

$$EF_1=ES_1+D_1=0+0=0$$

$$EF_2=ES_2+D_2=0+8=8$$

$$EF_3=ES_3+D_3=0+5=5$$

$$EF_4=ES_4+D_4=8+3=11$$

$$EF_5=ES_5+D_5=11+1=12$$

$$EF_6=ES_6+D_6=8+6=14$$

$$EF_7=ES_7+D_7=8+3=11$$

$$EF_8=ES_8+D_8=14+2=16$$

$$EF_9=ES_9+D_9=14+4=18$$

$$EF_{10}=ES_{10}+D_{10}=18+0=18$$

3）网络计划的计算工期 T_c。按公式 $T_c=EF_n$ 计算，因此得 $T_c=EF_{10}=18$ d。

网络计划计算工期 T_p 的确定。由于本计划没有要求工期，故，$T_p=T_c=18$ d。

4）相邻两项工作之间时间间隔 $LAG_{i,j}$ 的计算。相邻两项工作的时间间隔，是其后项工作的最早开始时间与前项工作的最早完成时间的差值，它表示相邻两项工作之间有一段时间间隔，相邻两项工作 i 与工作 j 之间的时间间隔按公式 $=ES_j-EF_i$ 计算。因此可得：

$$LAG_{1,2}=ES_2-EF_1=0-0=0$$

$$LAG_{1,3}=ES_3-EF_1=0-0=0$$

$$LAG_{2,4}=ES_4-EF_2=8-8=0$$

$$LAG_{2,6}=ES_6-EF_2=8-8=0$$

$$LAG_{2,7}=ES_7-EF_2=8-8=0$$

$$LAG_{3,7}=ES_7-EF_3=8-5=3$$

$$LAG_{4,5}=ES_5-EF_4=11-11=0$$

$$LAG_{5,8}=ES_8-EF_5=14-12=2$$

$$LAG_{6,8}=ES_8-EF_6=14-14=0$$

$$LAG_{6,9}=ES_9-EF_6=14-14=0$$

$$LAG_{7,9}=ES_9-EF_7=14-11=3$$

$$LAG_{8,10}=ES_{10}-EF_8=18-16=2$$

$$LAG_{9,10}=ES_{10}-EF_9=18-18=0$$

5）工作最迟完成时间 LF_i 的计算。工作 i 的最迟完成时间 LF_i 应从网络图的终点节点开始，逆着箭线方向依次逐项计算。终点节点 n 所代表的工作的最迟完成时间 LF_n，应按公式 $LF_n=T_p$ 计算；其他工作 i 的最迟完成时间 LF_i 按公式 $LF_i=\min\left\{LF_j-D_j\right\}$ 计算。因此可得

$$LF_{10}=T_p=T_c=18$$

$$LF_9=\min\left\{LF_{10}-D_{10}\right\}=\min\left\{18-0\right\}=18$$

$$LF_8=\min\left\{LF_{10}-D_{10}\right\}=\min\left\{18-0\right\}=18$$

$$LF_7=\min\left\{LF_9-D_9\right\}=\min\left\{18-4\right\}=14$$

$$LF_6=\min\begin{Bmatrix}LF_8-D_8\\LF_9-D_9\end{Bmatrix}=\min\begin{Bmatrix}18-2\\18-4\end{Bmatrix}=14$$

$$LF_5=\min\left\{LF_8-D_8\right\}=\min\left\{18-2\right\}=16$$

$$LF_4=\min\left\{LF_5-D_5\right\}=\min\left\{16-1\right\}=15$$

$$LF_3=\min\begin{Bmatrix}LF_6-D_6\\LF_7-D_7\end{Bmatrix}=\min\begin{Bmatrix}14-6\\14-3\end{Bmatrix}=8$$

$$LF_2=\min\begin{Bmatrix}LF_4-D_4\\LF_6-D_6\\LF_7-D_7\end{Bmatrix}=\min\begin{Bmatrix}15-3\\14-6\\14-3\end{Bmatrix}=8$$

$$LF_1=\min\begin{Bmatrix}LF_2-D_2\\LF_3-D_3\end{Bmatrix}=\min\begin{Bmatrix}8-8\\8-5\end{Bmatrix}=0$$

6）工作最迟开始时间 LS_i 的计算。工作的最迟开始时间 LS_i 按公式 $LS_i=LF_i-D_i$ 进行计算，因此可得

$$LS_{10}=LF_{10}-D_{10}=18-0=18$$

$$LS_9=LF_9-D_9=18-4=14$$

$$LS_8=LF_8-D_8=18-2=16$$

$$LS_7=LF_7-D_7=14-3=11$$

$$LS_6=LF_6-D_6=14-6=8$$

$$LS_5=LF_5-D_5=16-1=15$$

$$LS_4=LF_4-D_4=15-3=12$$

$$LS_3=LF_3-D_3=8-5=3$$

$$LS_2=LF_2-D_2=8-8=0$$

$$LS_1=LF_1-D_1=0-0=0$$

7）工作总时差 TF_i 的计算。每项工作的总时差，是该项工作在不影响计划工期（总工期）

的前提下所具有的机动时间（富余时间）。它的计算应从网络图的终点节点开始，逆着箭线方向依次计算。终点节点所代表的工作的总时差 TF_n 值，由于本例没有给出规定工期，故应为零，即 $TF_n=0$。其他工作的总时差可按公式 $TF_i=LS_i-ES_i$，或 $TF_i=LF_i-EF_i$ 或 $TF_i=\left\{LAG_{i,j}+TF_j\right\}$ 计算。因此可得

$$TF_1=LS_1-ES_1=0-0=0$$

$$TF_2=LS_2-ES_2=0-0=0$$

$$TF_3=LS_3-ES_3=3-0=3$$

$$TF_4=LS_4-ES_4=12-8=4$$

$$TF_5=LS_5-ES_5=15-11=4$$

$$TF_6=LS_6-ES_6=8-8=0$$

$$TF_7=LS_7-ES_7=11-8=3$$

$$TF_8=LS_8-ES_8=16-14=2$$

$$TF_9=LS_9-ES_9=14-14=0$$

$$TF_{10}=LS_{10}-ES_{10}=18-18=0$$

8）工作自由时差 FF_i 的计算。自由时差是指在不影响其紧后工作最早开始时间的前提下，本工作可以利用的机动时间。可按公式 $FF_i=\min\left\{ES_j-EF_i\right\}$ 或 $FF_i=\min\left\{ES_j-ES_i-D_i\right\}$，$FF_i=\min\left\{LAG_{i,j}\right\}$ 计算。因此可得

$$FF_1=\min\left\{\begin{matrix}ES_2-EF_1\\ES_3-EF_1\end{matrix}\right\}=\min\left\{\begin{matrix}0-0\\0-0\end{matrix}\right\}=0$$

$$FF_2=\min\left\{\begin{matrix}ES_4-EF_2\\ES_6-EF_2\\ES_7-EF_2\end{matrix}\right\}=\min\left\{\begin{matrix}8-8\\8-8\\8-8\end{matrix}\right\}=0$$

$$FF_3=\min\left\{\begin{matrix}ES_6-EF_3\\ES_7-EF_3\end{matrix}\right\}=\min\left\{\begin{matrix}8-5\\8-5\end{matrix}\right\}=3$$

$$FF_4=\min\left\{ES_5-EF_4\right\}=\min\left\{11-11\right\}=0$$

$$FF_5=\min\left\{ES_8-EF_5\right\}=\min\left\{14-12\right\}=2$$

$$FF_6=\min\left\{\begin{matrix}ES_8-EF_6\\ES_9-EF_6\end{matrix}\right\}=\min\left\{\begin{matrix}14-14\\14-14\end{matrix}\right\}=0$$

$$FF_7=\min\left\{ES_9-EF_7\right\}=\min\left\{14-11\right\}=3$$

$$FF_8=\min\left\{ES_{10}-EF_8\right\}=\min\left\{18-16\right\}=2$$

$$FF_9=\min\left\{ES_{10}-EF_9\right\}=\min\left\{18-18\right\}=0$$

$$FF_{10}=TP_{10}-EF_{10}=18-18=0$$

9）关键工作和关键线路的确定。单代号网络计划中将相邻两项关键工作之间的间隔时间为零的关键工作连接起来，而形成的自起点节点到终点节点的通路就是关键线路。因此本例中的关键线路是 1→2→6→9→10，用粗黑的箭线表示。

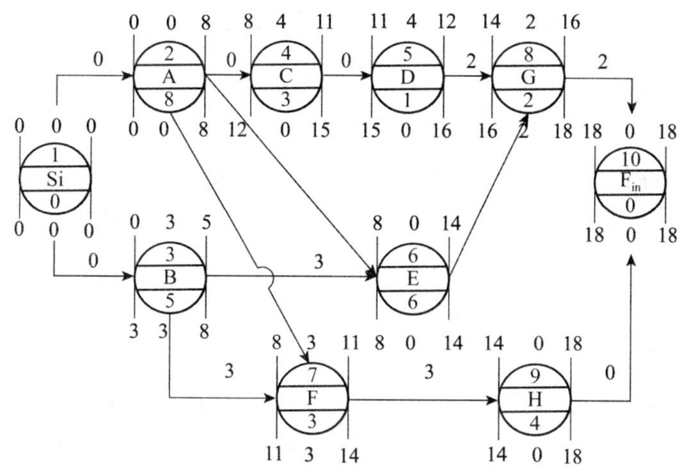

图 9-20　单代号网络图时间参数的计算

五、年、月、旬（周）作业进度计划及资源配备计划的编制原理与方法

（一）年、月、旬（周）作业进度计划

项目施工的月度施工计划和旬施工作业计划是用于直接组织施工作业的计划，它是实施性施工进度计划。实施性施工进度计划的编制应结合工程施工的具体条件，非以控制代施工进度计划所确定的里程碑事件的进度目标为依据。

一个项目的月度施工计划应反映这个月度中将进行的主要施工作业的名称，实物工程量、工作持续时间、所需的施工机械名称、施工机械的数量等。月度施工计划还反映各施工作业相应的日历天数的安排，以及各施工作业的施工顺序。

一个项目的旬施工作业计划应反映在这旬中，每一个施工作业（或称其为施工工席）的名称、实物工程量、工种、每天的出勤人数、工作班次、工效、工作持续时间、所需的施工机械名称、施工机械的数量、机械的台班产量等。施工作业计划还应反映各施工作业相应的日历天数的安排以及各施工作业的施工顺序。

实施性施工进度计划的主要作用包括：

（1）确定各分部分项工程的施工时间及其相互之间的衔接、穿插、平行搭接、协作配合等关系；

（2）确定一个月度或旬的人工需求；

（3）确定一个月度或旬的施工机械的需求；

（4）确定一个月度或旬的建筑材料的需求；

（5）确定一个月度或旬的资金的需求等；

（6）指导现场的施工安排，确保施工任务的如期完成。

（二）资源配置计划的编制

施工进度计划编制确定后，便可编制劳动力配置计划；编制主要材料、预制构件、门窗等的配置和加工计划；编制施工机具及周转材料的配置和进场计划。它们是做好劳动力与物资的供应、平衡、调度、落实的依据，也是施工单位编制施工作业计划的主要依据之一。

（1）劳动力配置计划。单位工程施工中所需要的各种技术工人、普通工人数，一般要求按月分旬编制计划，主要根据确定的施工进度计划提出，其方法是按进度表上每天需要的施工人数，分工种进行统计，得出每天所需工种及人数、按时间进度要求汇总编出。

（2）主要材料配置计划。这种计划是根据施工预算、材料消耗定额和施工进度计划编制的，主要反映施工过程中各种主要材料的需要量，作为备料、供料和确定仓库、堆场面积及运输量的依据。

（3）施工机具配置计划。这种计划是根据施工预算、施工方案、施工进度计划和机械台班定额编制的，主要反映施工所需机械和器具的名称、型号、数量和使用时间。

（4）构配件配置计划。这种计划是根据施工图、施工方案及施工进度计划要求编制的。主要反映施工中各种构配件的需要量及供应日期，并作为落实加工单位以及按所需规格、数量和使用时间组织构件进场的依据。

（5）当某一施工过程是由同工种、不同做法、不同材料的若干个分项工程合并组成时，应先计算综合产量定额，再求其劳动量。

（6）单位工程施工进度计划确定后，就可编制劳动力、主要材料、构件与半成品、施工机具等各项资源需要量计划。

（三）资源平衡计划的编制

资源平衡计划是资源优化的基础。所谓资源优化是指通过改变工作的开始时间，使资源按时间的分布符合优化目标，达到均衡施工。对工程网络计划进行优化，其目的是使该工程总费用最低；资源需用量尽可能均衡；计算工期满足要求工期。

均衡施工可以使各种资源的动态曲线尽可能不出现短期的高峰和低谷，因而可大大减少施工现场各种临时设施的规模，从而节省施工费用。

资源平衡是在不影响工期的条件下，利用关键工作的时差资源需求进行的调整。资源平衡计划的最终目的是均衡施工。

六、施工进度计划实施情况的检查要点及调整方法

（一）施工项目进度控制的概念

施工项目进度控制是指在既定的工期内，编制出最优的施工进度计划，在执行该计划的施工中，经常检查施工实际进度情况，并将其与计划进度相比较，若出现偏差，便分析产生的原因和对工期的影响程度，找出必要的调整措施，修改原计划，不断地如此循环，直至工程竣工验收。施工项目进度控制的总目标是确保施工项目的既定目标工期的实现，在保证施工质量和不增加施工实际成本的条件下，适当缩短工期。

（二）施工项目进度控制的原理

（1）动态控制原理。

工程进度控制是一个不断变化的动态过程。在项目开始阶段，实际进度按照计划进度的

规划进行运动，但由于外界因素的影响，实际进度的执行往往会与计划进度出现偏差，产生超前或滞后的现象。这时通过分析偏差产生的原因，采取相应的改进措施，调整原来的计划，使二者在新的起点上重合，并通过发挥组织管理作用，使实际进度继续按照计划进行。在一段时间后，实际进度和计划进度又会出现新的偏差。如此，工程进度控制又出现了一个动态的调整过程。

（2）系统原理。

为了对施工项目实施进度计划控制，必须有施工项目总进度计划、单位工程施工进度计划、分部分项工程进度计划及季度和月（旬）作业计划。这些计划组成一个施工项目进度计划系统。施工项目实施全过程的各级负责人，包括项目经理、施工队长、班组长及其所属全体成员组成施工项目实施的完整组织系统，遵照计划目标努力完成施工任务。为了保证项目进度的实施还有一个项目进度的检查控制系统，使计划控制得以落实，保证计划按期实施。

（3）信息反馈原理。

信息反馈是工程进度控制的重要环节，施工的实际进度通过信息反馈给基层进度控制工作人员，在分工的职责范围内，信息经过加工逐级反馈给上级主管部门，最后到达主控制室，主控制室整理统计各方面的信息，经过比较分析做出决策，调整进度计划。进度控制不断调整的过程实际上就是信息不断反馈的过程。

（4）弹性原理。

在编制施工项目进度计划时应留有余地，即使施工进度计划具有弹性。在项目进度控制时，可以利用这些弹性，缩短有关工作的时间，使检查前拖延的工期通过缩短剩余计划工期的方法仍能达到预期的计划目标。

（5）封闭循环原理。

项目进度控制通过计划、实施、检查、比较分析、确定调整措施、比较和分析实际进度与计划进度之间的偏差，找出产生的原因和解决的办法，确定调整措施，再修改原进度计划，形成一个封闭的循环系统。

（6）网络计划技术原理。

网络计划技术原理是工程进度控制的计划管理和分析计算的理论基础。在进度控制中要利用网络计划技术原理编制进度计划，根据实际进度信息，比较和分析进度计划，又要利用网络计划的工期优化、工期与成本优化和资源优化的理论调整计划。

（三）施工项目进度控制的方法

（1）行政方法。

用行政方法控制施工项目的进度，是指上级单位及上级领导人、本单位领导人，利用其行政地位和权力，发布进度指令，进行指导、协调和考核，利用激励手段（奖、罚、表扬、批评）、监督和督促等方式进行进度控制。使用行政方法进行进度控制，优点是直接、迅速和有效，但应当注意其科学性，防止武断、主观和片面。行政方法应结合政府监理开展工作，多一些指导，少一些指令。行政方法控制进度的重点应是进度控制目标的决策或指导，在实施中应尽量让实施者自行控制，尽量少进行行政干预。

（2）经济方法。

所谓的进度控制经济方法是指用经济类的手段对进度控制进行影响和制约。在承发包合同中，要有有关工期和进度的条款。建设单位可以通过工期提前奖励和延期罚款实施进度控制，也可以通过物资的供应数量和进度实施进行控制。施工企业内部也可以通过奖励或惩罚的经济手段进行施工项目的进度控制。

（3）管理技术方法。

进度控制的管理技术方法是指通过各种计划的编制、优化、实施和调整从而实现进度控制的方法，主要包括：流水作业方法、科学排序方法、网络计划方法、滚动计划方法和电子计算机辅助进度管理等。

（四）施工项目进度控制的措施

施工进度计划控制的措施包括组织措施、经济措施、技术措施和管理措施，其中最重要的措施是组织措施，最有效的措施是经济措施。

（1）组织措施包括以下内容：

1）系统的目标决定了系统的组织，组织是目标能否实现的决定性因素，因此应首先建立项目的进度控制目标体系。

2）充分重视健全项目管理的组织体系，在项目组织结构中应有专门的工作部门和符合进度控制岗位资格的专人负责进度控制工作。进度控制的主要工作环节包括进度目标的分析和论证、编制进度计划、定期跟踪进度计划的执行情况、采取纠偏措施，以及调整进度计划，这些工作任务和相应的管理职能应在项目管理组织设计的任务分工表和管理职能分工表中标示并落实。

3）建立进度报告、进度信息沟通网络、进度计划审核、进度计划实施中的检查分析、图纸审查、工程变更和设计变更管理等制度。

4）应编制项目进度控制的工作流程，如确定项目进度计划系统的组成，确定各类进度计划的编制程序、审批程序和计划调整程序等。

5）进度控制工作包含了大量的组织和协调工作，而会议是组织和协调的重要手段，建立进度协调会议制度，应进行有关进度控制会议的组织设计，以明确会议的类型，各类会议的主持人及参加单位和人员，各类会议的召开时间、地点，各类公议文件的整理、分发和确认等。

（2）经济措施。常见的经济措施包括以下几个方面：

1）为确保进度目标的实现，应编制与进度计划相适应的资源需求计划（资源进度计划），包括资金需求计划和其他资源（人力和物力资源）需求计划，以反映工程实施的各时段所需要的资源。通过资源需求的分析，可发现所编制的进度计划实现的可能性，若资源条件不具备，则应调整进度计划；同时考虑可能的资金总供应量、资金来源（自有资金和外来资金）以及资金供应的时间。

2）及时办理工程预付款及工程进度款支付手续。

3）在工程预算中应考虑加快工程进度所需要的资金，其中包括为实现进度目标将要采取的经济激励措施所需要的费用，如对应急赶工给予优厚的赶工费用及对工期提前给予奖励等。

4）对工程延误收取误期损失赔偿金。

（3）技术措施。技术措施包括以下几个方面：

1）不同的设计理念、设计技术路线、设计方案会对工程进度产生不同的影响。在设计工作的前期，特别是在设计方案评审和选用时，应对设计技术与工程进度的关系做分析比较。

2）采用技术先进和经济合理的施工方案，改进施工工艺和施工技术、施工方法，选用更先进的施工机械。

（4）管理措施。

建设工程项目进度控制的管理措施涉及管理的思想、管理的方法、管理的手段、承发包模式、合同管理和风险管理等。在理顺组织的前提下，科学和严谨的管理显得十分重要。采取相应的管理措施时必须注意以下问题：

1）建设工程项目进度控制在管理观念方面存在的主要问题是缺乏进度计划系统的观念，分别编制各种独立而互不联系的计划，形成不了计划系统；缺乏动态控制的观念，只重视计划的编制，而不重视及时地进行计划的动态调整；缺乏进度计划多方案比较和选优的观念。合理的进度计划应体现资源的合理使用、工作面的合理安排、有利于提高建设质量、有利于文明施工和有利于合理地缩短建设周期。因此对于建设工程项目进度控制必须有科学的管理思想。

2）用工程网络计划的方法编制进度计划必须很严谨地分析和考虑工作之间的逻辑关系，通过工程网络的计算可发现关键工作和关键路线，也可知道非关键工作可利用的时差，工程网络计划的方法有利于实现进度控制的科学化，是一种科学的管理方法。

3）重视信息技术（包括相应的软件、局域网、互联网以及数据处理设备）在进度控制中的应用。虽然信息技术对进度控制而言只是一种管理手段，但它的应用有利于提高进度信息处理的效率、有利于提高进度信息的透明度、有利于促进进度信息的交流和项目各参与方的协同工作。

4）承发包模式的选择直接关系到工程实施的组织和协调。为了实现进度目标，应选择合理的合同结构，以避免过多的合同交界面而影响工程的进展。

5）加强合同管理和索赔管理，协调合同工期与进度计划的关系，保证合同中进度目标的实现；同时严格控制合同变更，尽量减少由于合同变更引起的工程拖延。

6）为了实现进度目标，不但应进行进度控制，还应注意分析影响工程进度的风险，并在分析的基础上采取风险管理措施，以减少进度失控的风险量。常见的影响工程进度的风险有组织风险、管理风险、合同风险、资源（人力、物力和财力）风险及技术风险等。

（五）施工项目进度控制的内容

施工阶段进度控制的内容一般是从事前控制、事中控制、事后控制三个方面来体现的。

（1）施工进度事前控制内容。

1）编制建设项目施工进度规划；

2）编制单项工程施工进度计划；

3）编制工程项目施工进度实施细则；

4）协调工程项目施工进度实施过程。

（2）施工进度事中控制内容。

1）实施施工进度计划；

2）做好施工进度记录；

3）严格进行施工进度检查；

4）分析施工进度执行情况，并找出偏差；

5）修改和调整施工进度计划；

6）向有关单位和部门报告项目施工进展状况。

（3）施工进度事后控制内容。

1）及时进行项目施工验收工作；

2）办理工程索赔；

3）整理项目进度资料，并建立相应档案。

（六）施工项目进度计划的实施与检查

1. 项目进度计划的实施

项目进度计划的实施就是施工活动的进展，也是用施工进度计划指导施工活动、落实和完成计划。项目施工进度计划应通过编制年、季、月、旬、周施工进度计划实现。年、季、月、旬、周施工进度计划应逐级落实，最终通过施工任务书由班组实施。在施工进度计划实施过程中应进行下列工作：

（1）跟踪计划的实施并进行监督，当发现进度计划执行受到干扰时，应采取调度措施。

（2）在计划图上进行实际进度记录，并跟踪记载每个施工过程的开始日期、完成日期，记录每日完成数量、施工现场发生的情况、干扰因素的排除情况。

（3）执行施工合同中对进度、开工及延期开工、暂停施工、工期延误、工程竣工的承诺。

（4）跟踪形象进度并对工程量、总产值、耗用的人工、材料和机械台班等的数量进行统计与分析，编制统计报表。

（5）落实控制进度措施应具体到执行人、目标、任务、检查方法和考核办法。

（6）处理进度索赔。

对于分包工程，分包人应根据项目施工进度计划编制分包工程施工进度计划并组织实施。项目经理部应将分包工程施工进度计划纳入项目进度控制范畴，并协助分包人解决项目进度控制中的相关问题。在进度控制中，应确保资源供应进度计划的实现。当出现下列情况时，应采取处理措施：

第一种情况：当发现资源供应出现中断、供应数量不足或供应时间不能满足要求时，应及时通知供货单位，同时动用经常储备材料。

第二种情况：由于工程变更引起资源需求的数量变更和品种变化时，应及时调整资源供应计划。

第三种情况：当发包人提供的资源供应进度发生变化不能满足施工进度要求时，应督促发包人执行原计划，并对造成的工期延误及经济损失进行索赔。

2. 项目进度计划的检查

在施工项目的实施进程中，为了进行进度控制，进度控制人员应经常地、定期地跟踪检查施工实际进度情况，主要是收集施工项目进度材料，进行统计整理和对比分析，确定实际进度与计划进度之间的关系。其主要工作包括：

（1）跟踪检查施工的实际进度。跟踪检查施工的实际进度是项目施工进度控制的关键措施。其目的是收集实际施工进度的有关数据。跟踪检查的时间和收集数据的质量，直接影响控制工作的质量和效果。

一般检查的时间间隔与施工项目的类型、规模、施工条件和对进度执行要求的程度有关。通常可以确定每月、半月、旬或周进行一次。若在施工中遇到天气、资源供应等不利因素的严重影响，检查的时间间隔可临时缩短，次数应频繁，甚至可以每日进行检查，或派人员驻现场监督。检查和收集资料的方式一般采用进度报表方式或定期召开进度工作汇报会。为了保证汇报资料的准确性，进度控制的工作人员要经常到现场察看施工项目的实际进度情况，从而保证经常地、定期地准确掌握施工项目的实际进度。

检查的内容主要包括：在检查时间段内任务的开始时间、结束时间、已进行的时间，完成的实物工程量、资源消耗情况等。

（2）整理统计检查数据。对于收集到的施工项目实际进度数据，要进行必要的整理，并按计划的工作项目进行统计，要以相同的量纲和形象进度，形成与计划进度可比的数据。一般可以按实物工程量、工作量和劳动消耗量以及累计百分比，整理和统计实际检查的数据，以便与相应的计划完成量相对比分析。

（3）对比分析实际进度与计划进度。将收集的资料整理和统计成具有与计划进度可比性的数据后，用施工项目实际进度与计划进度的比较方法进行比较。通常用的比较方法有横道图比较法、S 形曲线比较法和“香蕉”形曲线比较法、前锋线比较法和列表比较法等。通过比较得出实际进度与计划进度是相一致的，还是超前的，或者拖后的结论，以便为决策提供依据。

（4）施工项目进度检查结果的处理。施工项目进度检查要建立报告制度，即将施工进度检查比较的结果、有关施工进度现状和发展趋势，以简要、明了的书面报告形式向有关主管人员和部门汇报。

进度控制报告的编写，原则上由计划负责人或进度控制人员与其他项目人员协作编写。进度报告时间应与进度检查时间相协调，一般每月报告一次，重要的、复杂的项目每旬或每周报告一次。

进度控制报告根据报告的对象不同，一般分为以下三个级别：

1）项目概要级的进度报告。它是以整个施工项目为对象描述进度计划执行情况的报告。它是报给项目经理、企业经理或业务部门以及监理单位或建设单位（业主）的。

2）项目管理级的进度报告。它是以单位工程或项目分区为对象说明进度计划执行情况的报告，重点是报给项目经理和企业业务部门及监理单位的。

3）业务管理级进度报告。它是以某个重点部位或某项重点问题为对象编写的报告，供项目管理者及各业务部门使用，以便采取应急措施。

进度控制报告的内容主要包括：项目实施概况、管理概况、进度概要；项目施工进度、形象进度及简要说明；施工图纸提供进度；材料、物资、构配件供应进度；劳务记录及预测；日历计划；对建设单位、业主和施工者的变更指令等。《建设工程项目管理规范》中对月度施工进度控制报告内容做了以下规定：

1）进度执行情况的综合描述。

2）实际施工进度图。

3）工程变更、价格调整、索赔及工程款收支情况。

4）进度偏差的状况和导致偏差的原因分析。

5）解决问题的措施。

6）计划调整意见。

（七）施工项目进度计划的调整

1. 进度偏差分析

通过上述进度比较方法，当发现实际进度与计划进度出现偏差时，应及时分析该偏差产生的原因及对后续工作和总工期的影响。如果进度偏差较小，应在分析其产生原因的基础上采取有效措施，解决矛盾，排除障碍，继续执行原计划。若进度偏差较大或经过努力确实不能按原计划实现时，再考虑对原计划进行必要的调整。即适当延长工期，或改变施工速度。计划的调整一般是不可避免的，但应当慎重，尽量减少调整。工作偏差分析概括起来包括以下几个方面：

（1）分析进度偏差的工序是否为关键工序。当产生偏差的工序为关键工序时，无论偏差大小，都将影响后续工作及总工期，必须采取相应的调整措施；若出现偏差的工序是非关键工序，则需要根据偏差值与总时差和自由时差的大小关系确定对后序工作和总工期的影响程度，采取相应的调整措施。

（2）分析进度偏差是否大于总时差。当工序的进度偏差大于该工序的总时差时，必将影响后续工作和总工期，必须采取相应的调整措施；若工序的进度偏差小于或等于该工序的总时差时对总工期无影响，但它对后续工序的影响程度需要根据比较偏差与自由时差的情况来确定。

（3）分析进度偏差是否大于自由时差。当工序的进度偏差大于该工序的自由时差时，对后续工序产生影响，可根据后续工作允许影响的程度而决定如何调整；若工序进度偏差小于或等于该工序的自由时差则对后续工序无影响，原计划可以不做调整。

综上分析，进度控制人员可以确认应该调整产生进度偏差的工序和调整偏差值的大小，以便确定采取调整的新措施，获得新的符合实际进度情况和计划目标的进度计划。

2. 施工项目进度计划的调整方法

（1）缩短某些工作的持续时间。通过检查分析，如果发现原有进度计划已不能适应实际情况，为了确保进度控制目标的实现或需要确定新的计划目标，则必须对原进度计划进行调整，以形成新的进度计划，作为进度控制的新依据。

这种方法的特点是不改变工作之间的先后顺序，通过缩短网络计划中关键线路上工作的持续时间来缩短工期，并考虑经济影响，实质是一种工期费用优化，通常优化过程需要采取一定的措施来达到目的，具体措施包括以下内容：

1）组织措施。如增加工作面，组织更多的施工队伍；增加每天的施工时间（如采用三班制等）；增加劳动力和施工机械的数量等。

2）技术措施。如改进施工工艺和施工技术，缩短工艺技术间歇时间；采用更先进的施工方法，以减少施工过程的数量（如将现浇方案改为预制装配方案）；采用更先进的施工机械，加快作业速度等。

3）经济措施。如实行包干奖励；提高奖金数额；对所采取的技术措施给予相应的经济补偿等。

4）其他配套措施。如改善外部配合条件；改善劳动条件；实施强有力的调度等。一般来说，不管采取哪种措施，都会增加费用。因此，在调整施工进度计划时，应利用费用优化的原理选择费用增加量最小的关键工作作为压缩对象。

（2）改变某些工作之间的逻辑关系。当工程项目实施中产生的进度偏差影响到总工期，且有关工作的逻辑关系允许改变时，不改变工作的持续时间，可以改变关键线路和超过计划工期的非关键线路上的有关工作之间的逻辑关系，达到缩短工期的目的。例如，将顺序进行的工作改为平行作业，对于大型建设工程，由于其单位工程较多且相互间的制约比较小，可调整的幅度比较大，所以容易采用平行作业的方法调整施工进度计划。而对于单位工程项目，由于受工作之间工艺关系的限制，可调整的幅度比较小，所以通常采用搭接作业以及分段组织流水作业等方法来调整施工进度计划，有效地缩短工期。但不管是平行作业还是搭接作业，建设工程单位时间内的资源需求量将会增加。

（3）其他方法。除了分别采用上述两种方法来缩短工期，有时由于工期拖延得太多，当采用某种方法进行调整，其可调整的幅度又受到限制时，还可以同时利用缩短工作持续时间和改变工作之间的逻辑关系等两种方法对同一施工进度计划进行调整，以满足工期目标的要求。

综上所述，施工项目进度计划在实施中的调整必须依据施工进度计划检查结果进行，施工进度计划的调整内容包括：施工内容、工程量、起止时间、持续时间、工作关系、资源供应。调整时应采用科学的方法，并应编制调整后的施工进度计划。项目经理部应及时进行施工进度控制总结。总结时应依据施工进度计划、施工进度计划执行的实际记录、施工进度计划的检查结果及施工进度计划的调整资料。总结内容包括：合同工期目标及计划工期目标的完成情况；施工进度控制经验；施工进度控制中存在的问题及分析；科学的施工进度计划方法的应用情况；施工进度控制的改进意见。

第十章　工程成本管理

工程项目的成本管理，通常是指在项目成本的形成过程中，对生产经营所消耗的人力资源、物质资源和费用开支，进行指导、监督、调节和限制，及时纠正将要发生和已经发生的偏差，把各项生产费用控制在计划成本的范围之内，以保证成本目标的实现。

第一节　工程成本的构成及影响因素

一、工程成本的构成

（一）建设项目投资及工程造价的构成

建设项目总投资是指在工程项目建设阶段所需要的全部费用的总和。工程造价又可称为固定资产投资，由建设投资、建设期贷款利息、固定资产投资方向调节税构成。生产性建设项目总投资包括建设投资、建设期利息和流动资金三部分；非生产性建设项目总投资包括建设投资和建设期利息（不含运营期资金利息）两部分。其中建设投资和建设期利息之和对应固定资产投资，固定资产投资与建设项目的工程造价在量上相等。由于工程造价具有大额性、动态性、兼容性等特点，要有效管理工程造价，必须按照一定的标准对工程造价的费用构成进行分解。一般可以按建设资金支出的性质、途径等方式来分解工程造价。工程造价基本构成包括用于购买工程项目所含各种设备的费用，用于建筑施工和安装施工所需要支出的费用，用于委托工程勘察设计应支付的费用，用于购置土地所要的费用，也包括用于建设单位自身进行项目筹建和项目管理所花费的费用等。总之，工程造价是按照确定的建设内容、建设规模、建设标准、功能要求和使用要求等将工程项目全部建成并验收合格交付使用，在建设期预计或实际支出的全部建设费用。建设项目总投资构成如图 10-1 所示。

工程造价中的主要构成部分是建设投资，建设投资是为完成工程项目建设，在建设期内投入且形成现金流出的全部费用。根据相关规定，建设投资包括工程费用、工程建设其他费用和预备费三部分。工程费用是指直接构成固定资产实体的各种费用，可以分为建设安装工程费和设备及工器具购置费；工程建设其他费用是指构成建设投资但不包括在工程费用中的费用，如土地使用权取得费；预备费是为了保证工程项目的顺利实施，在建设期内为各种不可预见因素的变化而预留的可能增加的费用，包括基本预备费和价差预备费。

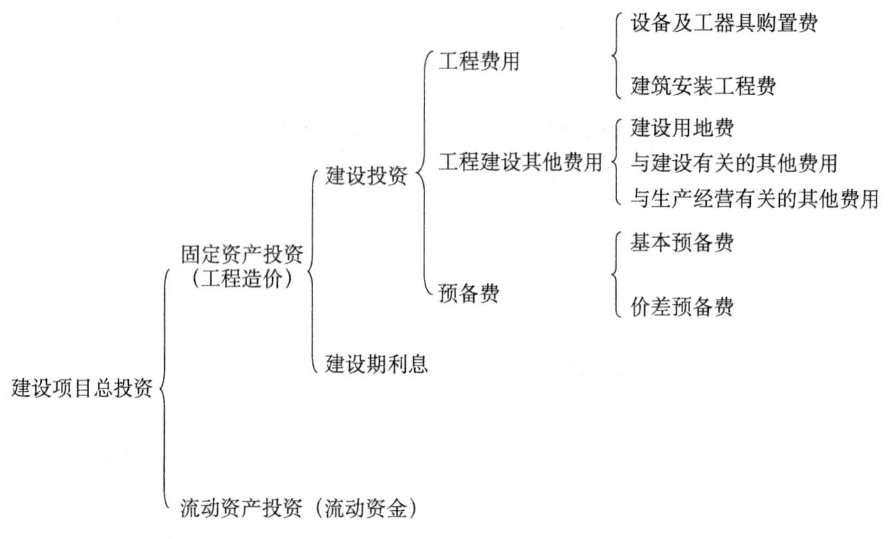

图 10-1　建设项目总投资构成图

（二）设备及工器具购置费用的构成

设备及工器具购置费用是由设备购置费和工具、器具及生产家具购置费组成的，它是固定资产投资中的积极部分。在生产性工程建设中，设备及工器具购置费用占工程造价比重的增大，意味着生产技术的进步和资本有机构成的提高。该笔费用由两项构成：一是设备购置费，由达到固定资产标准的设备、工具器及生产家具等所需的费用组成；二是工具器具及生产家具购置费，由不够固定资产标准的设备、仪器、工卡模具、器具、生产家具和备品备件等的购置费用组成。

1. 设备购置费

设备购置费是指为建设项目购置或自制的达到固定资产标准的各种国产或进口设备、工具、器具的购置费用。设备购置费由设备原价和设备运杂费构成。

设备购置费＝设备原价＋设备运杂费

其中，设备原价是指国产设备原价和进口设备的抵岸价；设备运杂费是指设备原价未包括的包装和包装材料费、运输费、装卸费、采购费及仓库保管费、供销部门手续费等方面支出费用的总和。如果设备是由设备成套公司供应的，成套公司的服务费也计入设备运杂费之中。

2. 国产设备原价的构成

国产设备原价一般指的是设备制造厂的交货价或订货合同价，分为国产标准设备原价和国产非标准设备原价。

3. 进口设备原价的构成

进口设备的原价是指进口设备的抵岸价，即抵达买方边境港口或边境车站，且交完各种手续费、关税后形成的价格。进口设备原价的构成与进口设备的交货方式有关。

4. 设备运杂费的构成

设备运杂费通常由运费和装卸费、包装费、设备供销部门的手续费、采购与仓库保管费四项构成。

设备运杂费＝设备原价×设备运杂费率

其中，设备运杂费率按各部门及省、市有关规定计取。

（1）运费和装卸费。国产设备由设备制造厂交货地点起至工地仓库（或施工组织设计指定的需要安装设备的堆放地点）所产生的运费和装卸费；进口设备则由我国到岸港口或边境车站起至工地仓库（或施工组织设计指定的需要安装设备的堆放地点）所产生的运费和装卸费。

（2）包装费。设备运杂费中的包装费是指设备原价中没有包含的，为运输而进行的包装支出的各种费用。

（3）设备供销部门的手续费。按有关部门规定的统一费率计算。

（4）采购与仓库保管费是指采购、验收、保管和收发设备所发生的各种费用，包括设备采购人员、保管人员和管理人员的工资、工资附加费、办公费、差旅交通费，设备供应部门办公和仓库所占固定资产使用费、工具用具使用费、劳动保护费、检验试验费等。这些费用可按主管部门规定的采购与保管费费率计算。

5. 工器具及生产家具购置费的构成

工器具及生产家具购置费是指新建或扩建项目初步设计规定的，保证初期正常生产必须购置的没有达到固定资产标准的设备、仪器、工卡模具、器具、生产家具和备品备件购置费用。一般以设备购置费为计算基数，按照部门或行业规定的工具、器具及生产家具费率计算。

（三）建筑安装工程费用项目组成

1. 建筑安装工程费用项目组成

建筑安装工程费由分部分项工程费、措施项目费、其他项目费、规费、税金组成，见表 10-1。

表 10-1　建筑安装工程费用项目表

<table>
<tr><td rowspan="14">建筑安装工程费</td><td>分部分项工程费</td><td colspan="3">建筑安装工程的分部分项工程费</td></tr>
<tr><td rowspan="13">措施项目费</td><td rowspan="5">施工技术措施项目费</td><td colspan="2">特大型、大型施工机械设备进出场及安拆费</td></tr>
<tr><td colspan="2">脚手架费</td></tr>
<tr><td colspan="2">混凝土模板及支架费</td></tr>
<tr><td colspan="2">施工排水及降水费</td></tr>
<tr><td colspan="2">其他技术措施费</td></tr>
<tr><td rowspan="8">施工组织措施项目费</td><td rowspan="5">组织措施费</td><td>夜间施工增加费</td></tr>
<tr><td>二次搬运费</td></tr>
<tr><td>冬雨季施工增加费</td></tr>
<tr><td>已完工程及设备保护费</td></tr>
<tr><td>工程定位复测费</td></tr>
<tr><td colspan="2">安全文明施工费</td></tr>
<tr><td colspan="2">建设工程竣工档案编制费</td></tr>
<tr><td colspan="2">住宅工程质量分户验收费</td></tr>
</table>

续表

<table>
<tr><td rowspan="15">建筑安装工程费</td><td rowspan="4">其他项目费</td><td colspan="2">暂列金额</td></tr>
<tr><td colspan="2">暂估价</td></tr>
<tr><td colspan="2">计日工</td></tr>
<tr><td colspan="2">总承包服务费</td></tr>
<tr><td rowspan="6">规费</td><td rowspan="5">社会保险费</td><td>养老保险费</td></tr>
<tr><td>工伤保险费</td></tr>
<tr><td>医疗保险费</td></tr>
<tr><td>生育保险费</td></tr>
<tr><td>失业保险费</td></tr>
<tr><td colspan="2">住房公积金</td></tr>
<tr><td rowspan="5">税金</td><td colspan="2">增值税</td></tr>
<tr><td colspan="2">城市维护建设税</td></tr>
<tr><td colspan="2">教育费附加</td></tr>
<tr><td colspan="2">地方教育附加</td></tr>
<tr><td colspan="2">环境保护税</td></tr>
</table>

2. 建筑安装工程费用项目内容

（1）分部分项工程费是指建筑安装工程的分部分项工程发生的人工费、材料费、施工机具使用费、企业管理费、利润和一般风险费。

1）人工费是指按工资总额构成规定，支付给从事建筑安装工程施工的生产工人和附属生产单位工人的各项费用。

2）材料费是指施工过程中耗费的原材料、辅助材料、构配件、零件、半成品或成品、工程设备的费用。

3）施工机具使用费是指施工作业所发生的施工机械、仪器仪表使用费。

4）利润是指施工企业完成所承包工程获得的盈利。

5）风险费是指一般风险费和其他风险费。

（2）措施项目费是指建筑安装工程施工前和施工过程中发生的技术、生活、安全、环境保护等费用，包括人工费、材料费、施工机具使用费、企业管理费、利润和一般风险费。措施项目费分为施工技术措施项目费与施工组织措施项目费。

1）施工技术措施项目费包括：特大型、大型施工机械设备进出场及安拆费；脚手架费；混凝土模板及支架费；施工排水及降水费；其他技术措施费。

2）施工组织措施项目费包括：组织措施费，安全文明施工费，建设工程竣工档案编制费和住宅工程质量分户验收费。

（3）其他项目费是指由暂列金额、暂估价、计日工和总承包服务费组成的其他项目费用。包括人工费、材料费、施工机具使用费、企业管理费、利润和一般风险费。

（4）规费是指根据国家法律、法规的规定，由省级政府和省级有关权利部门规定必须缴纳或计取的费用。包括社会保险费，住房公积金。

（5）税金是指国家税法规定的应计入建筑安装工程造价的增值税、城市维护建设税、教育费附加、地方教育附加以及环境保护税。

二、施工成本的影响因素

（一）合同价款调整

调整合同价款的事项大致包括五大类。一是法规变化类，主要包括“法律法规变化”；二是工程变更类，主要包括“工程变更”“项目特征不符”“工程量清单缺项”“工程量偏差”“计日工”；三是物价变化类，主要包括“物价波动”“暂估价”：四是工程索赔类，主要包括“不可抗力”“提前竣工（赶工补偿）”“误期赔偿”“索赔”；五是其他类，主要包括“现场签证”。

（二）法规变化类合同价款调整事项

（1）基准日的确定。对于实行招标的建设工程，一般以施工招标文件中规定的提交招标文件的截止时间前的第 28 天作为基准日；对于不实行招标的建设工程，一般以建设工程施工合同签订前的第 28 天作为基准日。

（2）工程延误期间的特殊处理。如果由于承包人的原因导致的工期延误，在工程延误期间国家的法律、行政法规和相关政策发生变化引起工程造价变化的，造成合同价款增加的，合同价款不予调整：造成合同价款减少的，合同价款予以调整。

（3）合同双方当事人应当依据法律、法规和政策的规定调整合同价款，如有关价格（如人工、材料和工程设备等价格）的变化已经包含在物价波动事件的调价公式中，则可以不予考虑。

（三）工程变更类合同价款调整事项

1. 工程变更的范围

根据《标准施工招标文件》中的通用合同条款，工程变更的范围和内容包括：

（1）取消合同中任何一项工作，但被取消的工作不能转由发包人或其他人实施；

（2）改变合同中任何一项工作的质量或其他特性；

（3）改变合同工程的基线、标高、位置或尺寸；

（4）改变合同中任何一项工作的施工时间或改变已批准的施工工艺或顺序；

（5）为完成工程需要追加的额外工作；

（6）合同中的遗漏在范围上比合同变更更重大，不能简单地概括为合同变更。

2. 工程变更的价款调整方法

（1）分部分项工程费的调整。已标价工程量清单中有适用于变更工程项目的，且工程变更导致的该清单项目的工程数量变化不足 15%时，采用该项目的单价。已标价工程量清单中没有适用但有类似于变更工程项目的，可在合理范围内参照类似项目的单价或总价调整。已标价工程量清单中没有适用也没有类似于变更工程项目的，由承包人根据变更工程资料、计量规则和计价办法、工程造价管理机构发布的信息（参考）价格和承包人报价浮动率，提出变更工程项目的单价或总价，报发包人确认后调整。已标价工程量清单中没有适用也没有类似于变更工程项目，且工程造价管理机构发布的信息（参考）价格缺价的，由承包人根据变更工程资料、计量规则、计价办法和通过市场调查等的有合法依据的市场价格提出变更工程项目的单价或总价，报发包人确认后调整。

（2）措施项目费的调整。安全文明施工费，按期实际发生变化的措施项目调整，不得浮动。采用单价计算的措施项目费，按照实际发生变化的措施项目按前述分部分项工程费的调整方法确定单价。按总价（或系数）计算的措施项目费，除安全文明施工费外，按照实际发生变化的措施项目调整，但应考虑承包人报价浮动因素，即调整金额按照实际调整金额乘以承包人报价浮动率计算。

（四）物价变化类合同价款调整事项

1. 物价波动

采用价格指数调整价格差额的方法，主要适用于施工中所用的材料品种较少，但每种材料使用量较大的土木工程，如公路、水坝等。采用造价信息调整价格差额的方法，主要适用于使用的材料品种较多，相对而言每种材料使用量较小的房屋建筑与装饰工程。

2. 暂估价

（1）给定暂估价的材料、工程设备。发包人在招标工程量清单中给定暂估价的材料和工程设备不属于依法必须招标的，由承包人按照合同约定进行采购，经发包人确认后以此为依据取代暂估价，调整合同价款；发包人在招标工程量清单中给定暂估价的材料和工程设备属于依法必须招标的，由发、承包双方以招标的方式选择供应商。依法确定中标价格后，以此为依据取代暂估价，调整合同价款。

（2）给定暂估价的专业工程。发包人在工程量清单中给定暂估价的专业工程不属于依法必须招标的，应按照工程变更事件的合同价款调整方法，确定专业工程价款。并以此为依据取代专业工程暂估价，调整合同价款。发包人在招标工程量清单中给定暂估价的专业工程，依法必须招标的，应当由发、承包双方依法组织招标选择专业分包人。

（五）工程索赔类合同价款调整事项

1. 不可抗力

不可抗力是指合同双方在合同履行中出现的不能预见、不能避免并不能克服的客观情况。不可抗力造成的损失应当按照以下原则承担责任：

（1）合同工程本身的损害、因工程损害导致第三方人员伤亡和财产损失以及运至施工场地用于施工的材料和待安装设备的损害，由发包人承担；

（2）发包人、承包人人员伤亡由其所在单位负责，并承担相应的费用；

（3）承包人的施工机械设备损坏及停工损失，由承包人承担；

（4）停工期间，承包人应发包人要求留在施工场地的必要的管理人员及保卫人员的费用由发包人承担；

（5）工程所需清理、修复费用，由发包人承担；

（6）因发生不可抗力事件导致工期延误的，工期相应顺延。发包人要求赶工的，承包人应采取赶工措施，赶工费用由发包人承担。

2. 提前竣工（赶工补偿）与误期赔偿

（1）提前竣工（赶工赔偿）。发包人应当依据相关工程的工期定额合理计算工期，压缩的工期天数不得超过定额工期的 20%，超过的，应在招标文件中明示增加赶工费用。如果承包人的实际竣工日期早于计划竣工日期，承包人有权向发包人提出并得到提前竣工天数和合同约定的每日历天应奖励额度的乘积计算的提前竣工奖励。一般来说，双方还应当在合同中约定提前竣工奖励的最高限额（如合同价款的 5%）。

（2）误期赔偿。合同工程发生误期的，承包人应当按照合同的约定向发包人支付误期赔偿费，如果约定的误期赔偿费低于发包人由此造成的损失的，承包人还应继续赔偿。一般来说，双方还应当在合同中约定误期赔偿费的最高限额（如合同价款的 5%）。即使承包人支付误期赔偿费，也不能免除承包人按照合同约定应承担的任何责任和义务。

3. 工程索赔的概念和分类

工程索赔是指在工程合同履行过程中，合同一方当事人因对方不履行或未能正确履行合同义务或者由于其他非自身原因而遭受经济损失或权利损害，通过合同约定的程序向对方提出经济和（或）时间补偿要求的行为。

（1）根据索赔的目的和要求不同，可以将工程索赔分为工期索赔和费用索赔。

（2）根据索赔事件的性质不同，可以将工程索赔分为工程延误索赔、加速施工索赔、工程变更索赔、合同终止索赔、不可预见的不利条件索赔、不可抗力事件的索赔及其他索赔。

《标准施工招标文件》的通用合同条款中，按照引起索赔事件的原因不同，对一方当事人提出的索赔可能给予合理补偿工期、费用和（或）利润的情况，分别做出了相应的规定。

第二节 工程成本控制的基本内容及要求

一、施工成本控制的基本内容

（一）材料费的控制

材料费的控制按照“量价分离”的原则，一是材料用量的控制；二是材料价格的控制。

（1）材料用量的控制。

在保证符合设计规格和质量标准的前提下，合理使用材料和节约使用材料，通过定额管理、计量管理等手段以及施工质量控制、避免返工等，有效控制材料物资的消耗。

（2）材料价格的控制。

由于材料价格是由买价、运杂费、运输中的合理损耗等所组成，因此控制材料价格，主要是通过市场信息、询价、应用竞争机制和经济合同手段等控制材料、设备、工程用品的采购价格，包括买价、运费和损耗等。

（二）人工费的控制

人工费的控制同样实行“量价分离”的原则。人工工日数通过项目经理与施工劳务承包人的承包合同，按照内部施工预算、钢筋翻样单或模板量计算出定额人工日，并将安全生产、文明施工及零星用工按定额工日的一定比例（一般为 15%～25%）一起发包。

（三）机械费的控制

机械费用主要由台班数量和台班单价两方面决定，主要从以下几个方面控制台班费的有效支出：

（1）合理安排施工生产，加强设备租赁计划管理，减少因安排不当引起的设备闲置。

（2）加强机械设备的调度工作，尽量避免窝工，提高现场设备利用率。

（3）加强现场设备的维修保养，避免因不正当使用造成机械设备的停置。

（4）做好上机人员与辅助生产人员的协调与配合，提高机械台班产量。

（四）管理费的控制

现场施工管理费在项目成本中占有一定比例，项目在使用和开支时弹性较大，控制与核算都较难把握，主要采取以下控制措施：

（1）根据现场施工管理费占工程项目计划总成本的比重，确定项目经理部施工管理费总额。

（2）在项目经理的领导下，编制项目经理部施工管理费总额预算和各管理部门的施工管理费预算，作为现场施工管理费的控制根据。

（3）制订项目管理开支标准和范围，落实各部门和岗位的控制责任。

（4）制订并严格执行项目经理部的施工管理费使用的审批、报销程序。

二、施工成本控制的基本要求

按照计划成本目标值控制生产要素的采购价格，认真做好材料、设备进场数量和质量的检查、验收与保管。

控制生产要素的利用效率和消耗定额，如任务单管理、限额领料、验工报告审核等。同时要做好不可预见成本风险的分析和预控，包括编制相应的应急措施等。

控制影响效率和消耗量的其他因素所引起的成本增加，如工程变更等。

把施工成本管理责任制度与对项目管理者的激励机制结合起来，以增强管理人员的成本意识和控制能力。

承包人必须健全项目财务管理制度，按照规定的权限和程序对项目资金的使用和费用的结算支付进行审核、审批，使其成为施工成本控制的重要手段。

第三节　施工过程中的成本控制

一、施工过程成本控制的步骤

（一）施工成本控制的依据

（1）工程承包合同；

（2）施工成本计划；

（3）进度报告；

（4）工程变更。

（二）施工成本控制的步骤

在确定了施工成本计划之后，必须定期进行施工成本计划值与实际值的比较，当实际值偏离计划值时，分析产生偏差的原因，采取适当的纠偏措施，以确保施工成本控制目标的实现。具体步骤如下：

（1）比较。

按照某种确定的方式将施工成本计划值与实际值逐项进行比较，由此可以得到每个分项工程的进度与成本的同步关系；每个分项工程的计划成本与实际成本之比（节约或超支），以及对完成某一时期责任成本的影响；每个分项工程施工进度的提前或拖延对成本的影响程度等，由此发现施工成本是否已超支。

（2）分析。

在比较的基础上，对比较的结果进行分析，以确定偏差的严重性及偏差产生的原因。这一步是施工成本控制工作的核心，其主要目的在于找出产生偏差的原因，从而采取有针对性的措施，减少或避免相同原因的再次发生或减少由此造成的损失。

（3）预测。

通过对成本变化的各个因素进行分析，预测这些因素对工程成本中有关项目（成本项目）的影响程度，按照完成情况预估完成项目所需的总费用。

（4）纠偏。

当工程项目的实际施工成本出现了偏差，应当根据工程的具体情况、偏差分析和预测的结果，采取适当的措施，以期达到使施工成本偏差尽可能小的目的。纠偏是施工成本控制中最具实质性的一步。只有通过纠偏，才能最终达到有效控制施工成本的目的。

（5）检查。

检查是指对工程的进展进行跟踪和检查，及时了解工程进展状况以及纠偏措施的执行情况和效果，为今后的工作积累经验。

二、施工过程成本控制的措施

为了取得施工成本管理的理想效果，必须从多方面采取有效措施实施管理，通常把这些措施归纳为组织措施、技术措施、经济措施、合同措施。

（一）组织措施

组织措施是从施工成本管理的组织方面采取的措施。项目经理部应将成本责任分解落实到各个岗位、落实到专人，对成本进行全过程控制、动态控制，形成一个分工明确、责任到人的成本控制责任体系。

组织措施的另一方面是编制施工成本控制工作计划、确定合理详细的工作流程。要做好施工采购规划，通过生产要素的优化配置、合理使用、动态管理，有效控制实际成本；加强施工定额管理和施工任务单管理；加强施工调度，避免因施工计划不周和盲目调度造成窝工损失、机械利用率降低、物料积压等而使施工成本增加。

（二）技术措施

施工过程中降低成本的技术措施，包括进行技术经济分析，确定最佳的施工方案；结合施工方法，进行材料使用的比选，在满足功能要求的前提下，通过代用、改变配合比、使用外加剂等方法降低材料消耗的费用，确定最合适的施工机械、设备使用方案；结合项目的施工组织设计及自然地理条件，降低材料的库存成本和运输成本；应用先进的施工技术，运用新材料，使用新开发机械设备等。在实践中，也要避免仅从技术角度选定方案而忽视对其经济效果的分析论证。

（三）经济措施

经济措施是最易为人们所接受和采用的措施。管理人员应编制资金使用计划，确定、分解施工成本管理目标。对施工成本管理目标进行风险分析，并制定防范性对策。对各支出，应认真做好资金的使用计划，并在施工中严格控制各项开支。及时准确地记录、收集、整理、核算实际发生的成本。对各种变更，及时做好增减账，及时落实业主签证，及时结算工程款。通过偏差分析和未完工工程预测，可发现一些潜在的可能引起未完工程施工成本增加的问题，对这些问题应以主动控制为出发点，及时采取预防措施。由此可见，经济措施的运用绝不仅仅是财务人员的事情。

（四）合同措施

采用合同措施控制施工成本，应贯穿于整个合同周期，包括从合同谈判开始到合同终结的全过程。首先，选用合适的合同结构，对各种合同结构模式进行分析、比较，在合同谈判时，要争取选用适合于工程规模、性质和特点的合同结构模式。其次，在合同的条款中应仔细考虑一切影响成本和效益的因素，特别是潜在的风险因素。通过对引起成本的风险因素的识别和分析，采取必要的风险对策，如通过合理的方式，增加承担风险的个体数量，降低损失发生的比例，并最终使这些策略反映在合同的具体条款中。在合同过程中，既要密切注视对方合同执行的情况，以寻求合同索赔的机会；同时也应密切关注自己履行合同的情况，以防被对方索赔，造成经济损失。

第四节　工程计量的基本知识

一、建筑工程建筑面积的计算

（一）建筑面积的概念

建筑面积是指建筑物（包括墙体）所形成的楼地面面积，包括附属于建筑物按计算规则计算的室外阳台、雨篷、檐廊、室外走廊、室外楼梯等的面积。简单来说，建筑面积是建筑物各层外墙结构外边线围成的水平面积之和，包括使用面积、辅助面积和结构面积三部分。

使用面积是指建筑物各层中直接为生产或生活所使用的面积之和，如住宅建筑中的居室、客厅的面积。

辅助面积是指建筑物各层中为辅助生产或生活所占净面积之和，如住宅建筑中的楼梯、走道、厕所、厨房等所占面积。使用面积与辅助面积的总和称为有效面积。

结构面积是指建筑物各层中的墙、柱等结构所占面积的总和。

（二）建筑面积的作用

（1）建筑面积是基本建设投资、建设项目可行性研究、建设项目勘察设计、建设项目评估、建筑工程施工和竣工验收、建筑工程造价管理过程中一系列工作的重要指标。

（2）建筑面积是计算开工面积、竣工面积、优良工程率等重要统计数据及指标的依据。

（3）建筑面积是计算单位面积造价、人工单耗指标、主要材料单耗指标的依据。

（4）建筑面积是计算有关分项工程费用的依据。例如，计算平整场地、综合脚手架、高层建筑施工增加费等费用时，直接使用建筑面积作为工程量。

（5）许多劳务工程发、承包时直接使用建筑面积作为计算承包工程造价的依据。

综上所述，建筑面积是建设工程技术经济指标的计算基础，对全面控制建设工程造价具有重要意义，在整个基本建设工程中起着重要的不可替代的作用。

（三）建筑面积的规定

（1）建筑物的建筑面积应按自然层外墙结构外围水平面积之和计算。结构层高在 2.20 m 及以上的，应计算全面积；结构层高在 2.20 m 以下的，应计算 1/2 面积。

（2）建筑物内设有局部楼层时，对于局部楼层的二层及以上楼层，有围护结构的应按其围护结构外围水平面积计算，无围护结构的应按其结构底板水平面积计算。结构层高在 2.20 m 及以上的，应计算全面积，结构层高在 2.20 m 以下的，应计算 1/2 面积。

（3）形成建筑空间的坡屋顶，结构净高在 2.10 m 及以上的部位应计算全面积；结构净高在 1.20 m 及以上至 2.10 m 以下的部位应计算 1/2 面积；结构净高在 1.20 m 以下的部位不应计算建筑面积。

（4）场馆看台下的建筑空间，结构净高在 2.10 m 及以上的部位应计算全面积；结构净高在 1.20 m 及以上至 2.10 m 以下的部位应计算 1/2 面积；结构净高在 1.20 m 以下的部位不应计算建筑面积。室内单独设置的有围护设施的悬挑看台，应按看台结构底板水平投影面积计算建筑面积。有顶盖无围护结构的场馆看台应按其顶盖水平投影面积的 1/2 计算面积。

（5）地下室、半地下室应按其结构外围水平面积计算。结构层高在 2.20 m 及以上的，应计算全面积；结构层高在 2.20 m 以下的，应计算 1/2 面积。

（6）出入口外墙外侧坡道有顶盖的部位，应按其外墙结构外围水平面积的 1/2 计算面积。

（7）建筑物架空层及坡地建筑物吊脚架空层，应按其顶板水平投影计算建筑面积。结构层高在 2.20 m 及以上的，应计算全面积；结构层高在 2.20 m 以下的，应计算 1/2 面积。

（8）建筑物的门厅、大厅应按一层计算建筑面积，门厅、大厅内设置的走廊应按走廊结构底板水平投影面积计算建筑面积。结构层高在 2.20 m 及以上的，应计算全面积；结构层高在 2.20 m 以下的，应计算 1/2 面积。

（9）建筑物间的架空走廊，有顶盖和围护结构的，应按其围护结构外围水平面积计算全面积；无围护结构、有围护设施的，应按其结构底板水平投影面积计算 1/2 面积。

（10）立体书库、立体仓库、立体车库，有围护结构的，应按其围护结构外围水平面积计算建筑面积；无围护结构、有围护设施的，应按其结构底板水平投影面积计算建筑面积。无结构层的应按一层计算，有结构层的应按其结构层面积分别计算。结构层高在 2.20 m 及以上的，应计算全面积；结构层高在 2.20 m 以下的，应计算 1/2 面积。

（11）有围护结构的舞台灯光控制室，应按其围护结构外围水平面积计算。结构层高在 2.20 m 及以上的，应计算全面积；结构层高在 2.20 m 以下的，应计算 1/2 面积。

（12）附属在建筑物外墙的落地橱窗，应按其围护结构外围水平面积计算。结构层高在 2.20 m 及以上的，应计算全面积；结构层高在 2.20 m 以下的，应计算 1/2 面积。

（13）窗台与室内楼地面高差在 0.45 m 以下且结构净高在 2.10 m 及以上的凸（飘）窗，应按其围护结构外围水平面积计算 1/2 面积。

（14）有围护设施的室外走廊（挑廊），应按其结构底板水平投影面积计算 1/2 面积；有围护设施（或柱）的檐廊，应按其围护设施（或柱）外围水平面积计算 1/2 面积。

（15）门斗应按其围护结构外围水平面积计算建筑面积，结构层高在 2.20 m 及以上的，应计算全面积，结构层高在 2.20 m 以下的，应计算 1/2 面积。

（16）门廊应按其顶板的水平投影面积的 1/2 计算建筑面积；有柱雨篷应按其结构板水平投影面积的 1/2 计算建筑面积；无柱雨篷的结构外边线至外墙结构外边线的宽度在 2.10 m 及以上的，应按雨篷结构板的水平投影面积的 1/2 计算建筑面积。

（17）设在建筑物顶部的、有围护结构的楼梯间、水箱间、电梯机房等，结构层高在 2.20 m 及以上的应计算全面积；结构层高在 2.20 m 以下的，应计算 1/2 面积。

（18）围护结构不垂直于水平面的楼层，应按其底板面的外墙外围水平面积计算。结构净高在 2.10 m 及以上的部位，应计算全面积；结构净高在 1.20 m 及以上至 2.10 m 以下的部位，应计算 1/2 面积；结构净高在 1.20 m 以下的部位，不应计算建筑面积。

（19）建筑物的室内楼梯、电梯井、提物井、管道井、通风排气竖井、烟道，应并入建筑物的自然层计算建筑面积。有顶盖的采光井应按一层计算面积，结构净高在 2.10 m 及以上的，应计算全面积；结构净高在 2.10 m 以下的，应计算 1/2 面积。

（20）室外楼梯应并入所依附建筑物自然层，并应按其水平投影面积的 1/2 计算建筑面积。

（21）在主体结构内的阳台，应按其结构外围水平面积计算全面积；在主体结构外的阳台，应按其结构底板水平投影面积计算 1/2 面积。

（22）有顶盖无围护结构的车棚、货棚、站台、加油站、收费站等，应按其顶盖水平投影面积的 1/2 计算建筑面积。

（23）以幕墙作为围护结构的建筑物，应按幕墙外边线计算建筑面积。

（24）建筑物的外墙外保温层，应按其保温材料的水平截面积计算，并计入自然层建筑面积。

（25）与室内相通的变形缝，应按其自然层合并在建筑物建筑面积内计算。对于高低联跨的建筑物，当高低跨内部连通时，其变形缝应计算在低跨面积内。

（26）对于建筑物内的设备层、管道层、避难层等有结构层的楼层，结构层高在 2.20 m 及以上的，应计算全面积；结构层高在 2.20 m 以下的，应计算 1/2 面积。

（27）下列项目不应计算建筑面积：

1）与建筑物内不相连通的建筑部件；

2）骑楼、过街楼底层的开放公共空间和建筑物通道；

3）舞台及后台悬挂幕布和布景的天桥、挑台等；

4）露台、露天游泳池、花架、屋顶的水箱及装饰性结构构件；

5）建筑物内的操作平台、上料平台、安装箱和罐体的平台；

6）勒脚、附墙柱、垛、台阶、墙面抹灰、装饰面、镶贴块料面层、装饰性幕墙，主体结构外的空调室外机搁板（箱）、构件、配件，挑出宽度在 2.10 m 以下的无柱雨篷和顶盖高度达到或超过两个楼层的无柱雨篷；

7）窗台与室内地面高差在 0.45 m 以下且结构净高在 2.10 m 以下的凸（飘）窗，窗台与室内地面高差在 0.45 m 及以上的凸（飘）窗；

8）室外爬梯、室外专用消防钢楼梯；

9）无围护结构的观光电梯；

10）建筑物以外的地下人防通道，独立的烟囱、烟道、地沟、油（水）罐、气柜、水塔、贮油（水）池、贮仓、栈桥等构筑物。

二、建筑工程计量规则

（一）土石方工程工程量计算规则

1. 土石方工程

（1）平整场地工程量按设计图示尺寸以建筑物首层建筑面积计算。建筑物地下室结构外边线突出首层结构外边线时，其突出部分的建筑面积合并计算。

（2）土石方的开挖、运输，均按开挖前的天然密实体积以“m^3”计算。

（3）挖土石方：

1）挖一般土石方工程量按设计图示尺寸体积加放坡工程量计算。

2）挖沟槽、基坑土石方工程量，按设计图示尺寸以基础或垫层底面积乘以挖土深度加工作面及放坡工程量以“m^3”计算。

3）开挖深度按图示槽、坑底面至自然地面（场地平整的按平整后的标高）高度计算。

4）人工挖沟槽、基坑如在同一沟槽、基坑内，有土有石时，按其土层与岩石不同深度分别计算工程量，按土层与岩石对应深度执行相应定额子目。

（4）挖淤泥、流砂工程量按设计图示位置、界限以“m^3”计算。

（5）挖一般土方、沟槽、基坑土方放坡应根据设计或批准的施工组织设计要求的放坡系数计算。如设计或批准的施工组织设计无规定时，放坡系数按下表规定计算；石方放坡应根据设计或批准的施工组织设计要求的放坡系数计算（见表 10-2）。

表 10-2　土石方工程放坡系数表

人工挖土	机械开挖土方	放坡起点深度/m	
土方	在沟槽、坑底	在沟槽、坑边	土方
1∶0.3	1∶0.25	1∶0.67	1.5

1）计算土方放坡时，在交接处所产生的重复工程量不予扣除。

2）挖沟槽、基坑土方垫层为原槽浇筑时，加宽工作面从基础外缘边起算；垫层浇筑需支模时，加宽工作面从垫层外缘边起算。

3）如放坡处重复量过大，其计算总量等于或大于大开挖方量时，应按大开挖规定计算土方工程量。

4）槽、坑土方开挖支挡土板时，土方放坡不另行计算。

（6）沟槽、基坑工作面宽度按设计规定计算，如无设计规定时，按表 10-3 计算。

表 10-3　沟槽、基坑工作面

建筑工程		构筑物	
基础材料	每侧工作面宽/mm	无防潮层/mm	有防潮层/mm
砖基础	200	400	600
浆砌条石、块（片）石	250		
混凝土基础支模板者	400		
混凝土垫层支模板者	150		
基础垂面做砂浆防潮层	400（自防潮层面）		
基础垂面做防水防腐层	1 000（自防水防腐层）		
支挡土板 100（另加）			

（7）外墙基槽长度按图示中心线长度计算，内墙基槽长度按槽底净长计算，其突出部分的体积并入基槽工程量计算。

（8）人工摊座和修整边坡工程量，以设计规定需摊座和修整边坡的面积以“m^2”计算。

2. 回填

（1）场地（含地下室顶板以上）回填：回填面积乘以平均回填厚度以“m^3”计算。

（2）室内地坪回填：主墙间面积（不扣除间隔墙，扣除连续底面积 $2m^2$ 以上的设备基础等面积）乘以回填厚度以“m^3”计算。

（3）沟槽、基坑回填：挖方体积减自然地坪以下埋设的基础体积（包括基础、垫层及其他构筑物）。

（4）场地原土碾压，按图示尺寸以“m^2”计算。

3. 余方工程量按下式计算

余方运输体积=挖方体积−回填方体积（折合天然密实体积），总体积为正，则为余土外运；总体积为负，则为取土内运。

（二）地基处理、边坡支护工程工程量计算规则

1. 地基处理

强夯地基：按设计图示处理范围以“m^2”计算。

2. 基坑与边坡支护

（1）土钉、砂浆锚钉：按照设计图示钻孔深度以“m”计算。

（2）锚杆（锚索）工程：

1）锚杆（索）钻孔根据设计要求，按实际钻孔土层和岩层深度以“延长米”计算。

2）当设计图示中已明确锚固长度时，锚索按设计图示长度以“t”计算；若设计图示中未明确锚固长度时，锚索按设计图示长度另加 1 000 mm 以“t”计算。

3）非预应力锚杆根据设计要求，按实际锚固长度（包括至护坡内的长度）以“t”计算。当设计图示中已明确预应力锚杆的锚固长度时，预应力锚杆按设计图示长度以“t”计算；若设计图示中未明确预应力锚杆的锚固长度时，预应力锚杆按设计图示长度另加 600 mm 以“t”计算。

4）锚孔注浆土层按设计图示孔径加 20 mm 充盈量，岩层按设计图示孔径以“m^3”计算。

5）修整边坡按经批准的施工组织设计中明确的垂直投影面积以“m^2”计算。

6）土钉按设计图示钻孔深度以“m”计算。

（3）喷射混凝土按设计图示面积以“m^2”计算。

（4）挡土板按槽、坑垂直的支撑面积以“m^2”计算。如一侧支撑挡土板时，按一侧的支撑面积计算工程量。

支挡板工程量和放坡工程量不得重复计算。

（三）桩基工程工程量计算规则

1. 机械钻孔桩

（1）旋挖机械钻孔灌注桩土（石）方工程量按设计图示桩的截面积乘以桩孔中心线深度以“m^3”计算；成孔深度为自然地面至桩底的深度；机械钻孔灌注桩土（石）方工程量按设计桩长以“m”计算。

(2)机械钻孔灌注混凝土桩(含旋挖桩)工程量按设计截面面积乘以桩长(长度加 600 mm)以“m^3”计算。

(3)钢护筒工程量按长度以“m”计算;可拔出时,其混凝土工程量按钢护筒外直径计算,成孔无法拔出时,其钻孔孔径按照钢护筒外直径计算,混凝土工程量按设计桩径计算。

2. 人工挖孔桩

(1)截(凿)桩头按设计桩的截面积(含护壁)乘以桩头长度以“m^3”计算,截(凿)桩头的弃渣费另行计算。

(2)人工挖孔桩土石方工程量以设计桩的截面积(含护壁)乘以桩孔中心线深度以“m^3”计算。

(3)人工挖孔桩,如在同一桩孔内,有土有石时,按其土层与岩石不同深度分别计算工程量,执行相应定额子目。

挖孔桩深度示意图如图 10-2 所示。

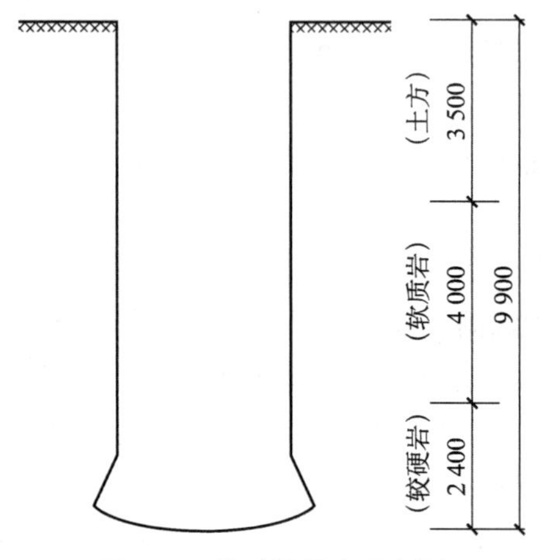

图 10-2 挖孔桩深度示意图

1)土方按 6 m 内挖孔桩定额执行。

2)软质岩、较硬岩分别执行 10 m 内人工凿软质岩、较硬岩挖孔桩相应子目。

(4)人工挖孔灌注桩桩芯混凝土:工程量按单根设计桩长乘以设计断面以“m^3”计算。

(5)护壁模板按照模板接触面以“m^2”计算。

(四)砌筑工程工程量计算规则

1. 一般规则

标准砖砌体厚度计算,按表 10-4 的规定计算。

表 10-4 标准砖砌体厚度计算表

设计厚度/mm	60	100	120	180	200	240	370
计算厚度/mm	53	95	115	180	200	240	365

2. 砖砌体、砌块砌体

（1）砖基础工程量按设计图示体积以“m^3”计算。

1）包括附墙垛基础宽出部分体积，扣除地梁（圈梁）、构造柱所占体积，不扣除基础大放脚 T 形接头处的重叠部分及嵌入基础内的钢筋、铁件、管道、基础砂浆防潮层和单个面积≤0.3 m^2 的孔洞所占体积，靠墙暖气沟的挑檐不增加。

2）基础长度：外墙按外墙中心线，内墙按内墙净长线计算。

（2）实心砖墙、多孔砖墙、空心砖墙、砌块墙按设计图示体积以“m^3”计算。

扣除门窗、洞口、嵌入墙内的钢筋混凝土柱、梁、板、圈梁、挑梁、过梁及凹进墙内的壁龛、管槽、暖气槽、消火栓箱所占体积，不扣除梁头、板头、檩头、垫木、木楞头、沿缘木、木砖、门窗走头、砖墙内加固钢筋、木筋、铁件、钢管及单个面积≤0.3 m^2 的孔洞所占的体积。凸出墙面的腰线、挑檐、压顶、窗台线、虎头砖、门窗套的体积也不增加。凸出墙面的砖垛并入墙体体积内计算。

1）墙长度：外墙按中心线、内墙按净长线计算。

2）墙高度：

外墙：按设计图示尺寸计算，斜（坡）屋面无檐口天棚者算至屋面板底；有屋架且室内外均有天棚者算至屋架下弦底另加 200 mm；无天棚者算至屋架下弦底另加 300 mm，出檐宽度超过 600 mm 时按实砌高度计算；有钢筋混凝土楼板隔层者算至板顶。平屋顶算至钢筋混凝土板底。有框架梁时算至梁底。

内墙：位于屋架下弦者，算至屋架下弦底；无屋架者算至天棚底另加 100 mm；有钢筋混凝土楼板隔层者算至楼板顶；有框架梁时算至梁底。

女儿墙：从屋面板上表面算至女儿墙顶面（如有混凝土压顶时，算至压顶下表面）。

内、外山墙：按其平均高度计算。

3）框架间墙：不分内外墙按墙体净体积以“m^3”计算。

4）围墙：高度算至压顶上表面（如有混凝土压顶时算至压顶下表面），围墙柱并入围墙体积内。

（3）砖砌挖孔桩护壁及砖砌井圈按图示体积以“m^3”计算。

（4）空花墙按设计图示尺寸以空花部分外形体积以“m^3”计算，不扣除空花部分体积。

（5）砖柱按设计图示体积以“m^3”计算，扣除混凝土及钢筋混凝土梁垫，扣除伸入柱内的梁头、板头所占体积。

（6）砖砌检查井、化粪池、零星砌体、砖地沟、砖烟（风）道按设计图示体积以“m^3”计算。不扣除单个面积≤0.3 m^2 的孔洞所占的体积。

（7）砖砌台阶（不包含梯带）按设计图示尺寸水平投影面积以“m^2”计算。

（8）成品烟（气）道按设计图示尺寸以“延长米”计算，风口、风帽、止回阀按个计算。

（9）砌体加筋按设计图示钢筋长度乘以单位理论质量以“t”计算。

（10）墙面勾缝按墙面垂直投影面积以“m^2”计算，应扣除墙裙的抹灰面积，不扣除门窗洞口面积、抹灰腰线、门窗套所占面积，但附墙垛和门窗洞口侧壁的勾缝面积也不增加。

3. 石砌体、预制块砌体

（1）石基础、石墙的工程量计算规则参照砖砌体、砌块砌体相应规定执行。

（2）石勒脚按设计图示体积以“m^3”计算，扣除单个面积大于 0.3 m^2 的孔洞所占面积；石挡土墙、石柱、石护坡、石台阶按设计图示体积以“m^3”计算。

（3）石栏杆按设计图示体积以“m^3”计算。

（4）石坡道按设计图示尺寸水平投影面积以“m^2”计算。

（5）石踏步、石梯带按设计图示长度以“m”计算，石平台按设计图示面积以“m^2”计算，踏步、梯带平台的隐蔽部分按设计图示体积以“m^3”计算，执行本章基础相应子目。

（6）石检查井按设计图示体积以“m^3”计算。

（7）砂石滤沟、滤层按设计图示体积以“m^3”计算。

（8）条石镶面按设计图示体积以“m^3”计算。

（9）石表面倒水扁光按设计图示长度以“m”计算；扁光、钉麻面或打钻路、整石扁光按设计图示面积以“m^2”计算。

（10）勾缝、挡墙沉降缝按设计图示面积以“m^2”计算。

（11）泄水孔按设计图示长度以“m”计算。

（12）预制块砌体按设计图示体积以“m^3”计算。

4. 垫层

垫层按设计图示体积以“m^3”计算，其中原土夯入碎石按设计图示面积以“m^2”计算。

（五）混凝土及钢筋混凝土工程工程量计算规则

1. 钢筋

（1）钢筋、铁件工程量按设计图示钢筋长度乘以单位理论质量以“t”计算。

1）长度：按设计图示长度（钢筋中轴线长度）计算。钢筋搭接长度按设计图示及规范进行计算。

2）接头：钢筋的搭接（接头）数量按设计图示及规范计算，设计图示及规范未标明的，以构件的单根钢筋确定。水平钢筋直径 ϕ10 以内按每 12 m 长计算一个搭接（接头）；ϕ10 以上按每 9 m 长计算一个搭接（接头）。竖向钢筋搭接（接头）按自然层计算，当自然层层高大于 9 m 时，除按自然层计算外，应增加每 9 m 或 12 m 长计算的接头量。

3）箍筋：箍筋长度（含平直段 10 d）按箍筋中轴线周长加 23.8 d 计算，设计平直段长度不同时允许调整。

4）设计图未明确钢筋根数、以间距布置的钢筋根数时，按以向上取整加 1 的原则计算。

（2）机械连接（含直螺纹和锥螺纹）、电渣压力焊接头按数量以“个”计算，该部分钢筋不再计算其搭接用量。

（3）植筋连接按数量以“个”计算。

（4）预制构件的吊钩并入相应钢筋工程量。

（5）现浇构件中固定钢筋位置的支撑钢筋、双（多）层钢筋用的铁马（垫铁），设计或规范有规定的，按设计或规范计算；设计或规范无规定的，按批准的施工组织设计（方案）计算。

（6）先张法预应力钢筋按构件外形尺寸长度计算。后张法预应力钢筋按设计图规定的预应力钢筋预留孔道长度，并区别不同的锚具类型，分别按下列规定计算：

1）低合金钢筋两端采用螺杆锚具时，预应力的钢筋按预留孔道长度减去 350 mm，螺杆另行计算。

2）低合金钢筋一端采用镦头插片、另一端采用螺杆锚具时，预应力钢筋长度按预留孔道长度计算，螺杆另行计算。

3）低合金钢筋一端采用镦头插片、另一端采用帮条锚具时，预应力钢筋增加 150 mm。两端均采用帮条锚具时，预应力钢筋共增加 300 mm 计算。

4）低合金钢筋采用后张混凝土自锚时，预应力钢筋长度增加 350 mm 计算。

5）低合金钢筋或钢绞线采用 JM、XM、QM 型锚具和碳素钢丝采用锥形锚具时，孔道长度在 20 m 以内时，预应力钢筋增加 1 000 mm 计算；孔道长度在 20 m 以上时，预应力钢筋长度增加 1 800 mm 计算。

6）碳素钢丝采用镦粗头时，预应力钢丝长度增加 350 mm 计算。

（7）声测管长度按设计桩长另加 900 mm 计算。

2. 现浇构件混凝土

混凝土的工程量按设计图示体积以“m^3”计算（楼梯、雨篷、悬挑板、散水、防滑坡道除外）。不扣除构件内钢筋、螺栓、预埋铁件及单个面积 0.3 m^2 以内的孔洞所占体积。

3. 基础

（1）无梁式满堂基础，其倒转的柱头（帽）并入基础计算，肋形满堂基础的梁、板合并计算。

（2）有肋带形基础，肋高与肋宽之比在 5∶1 以上时，肋与带形基础应分别计算。

（3）箱式基础应按满堂基础（底板）、柱、墙、梁、板（顶板）分别计算。

（4）框架式设备基础应按基础、柱、梁、板分别计算。

（5）计算混凝土承台工程量时，不扣除伸入承台基础的桩头所占体积。

4. 柱

（1）柱高：

1）有梁板的柱高，应以柱基上表面（或梁板上表面）至上一层楼板上表面之间的高度计算。

2）无梁板的柱高，应以柱基上表面（或楼板上表面）至柱帽下表面之间的高度计算。

3）有楼隔层的柱高，应以柱基上表面至梁上表面高度计算。

4）无楼隔层的柱高，应以柱基上表面至柱顶高度计算。

（2）附属于柱的牛腿，并入柱身体积内计算。

（3）构造柱（抗震柱）应包括马牙槎的体积在内，以“m^3”计算。

5. 梁

（1）梁与柱（墙）连接时，梁长算至柱（墙）侧面。

（2）次梁与主梁连接时，次梁长算至主梁侧面。

（3）伸入砌体墙内的梁头、梁垫体积，并入梁体积内计算。

（4）梁的高度算至梁顶，不扣除板的厚度。

（5）预应力梁按设计图示体积（扣除空心部分）以“m^3”计算。

6. 板

（1）有梁板（包括主、次梁与板）按梁、板体积合并计算。

（2）无梁板按板和柱头（帽）的体积之和计算。

（3）各类板伸入砌体墙内的板头并入板体积内计算。

（4）复合空心板应扣除空心楼板筒芯、箱体等所占体积。

（5）薄壳板的肋、基梁并入薄壳体积内计算。

7. 墙

（1）与混凝土墙同厚的暗柱（梁）并入混凝土墙体积计算。

（2）墙垛与突出部分＜墙厚的 1.5 倍（不含 1.5 倍）者，并入墙体工程量内计算。

8. 其他

（1）整体楼梯（包括休息平台、平台梁、斜梁及楼梯的连接梁）按水平投影面积以“m^2”计算，不扣除宽度小于 500 mm 的楼梯井，伸入墙内部分亦不增加。当整体楼梯与现浇楼层板无梯梁连接且无楼梯间时，以楼梯的最后一个踏步边缘加 300 mm 为界。

（2）弧形及螺旋形楼梯（包括休息平台、平台梁、斜梁及楼梯的连接梁）以水平投影面积以“m^2”计算。

（3）台阶混凝土按实体体积以“m^3”计算，台阶与平台连接时，应算至最上层踏步外沿加 300 mm。

（4）栏板、栏杆工程量以“m^3”计算，伸入砌体墙内部分合并计算。

（5）雨篷（悬挑板）按水平投影面积以“m^2”计算。挑梁、边梁的工程量并入折算体积内。

（6）钢骨混凝土构件应按实扣除型钢骨架所占体积计算。

（7）原槽（坑）浇筑混凝土垫层、满堂（筏板）基础、桩承台基础、基础梁时，混凝土工程量按设计周边（长、宽）尺寸每边增加 20 mm 计算；原槽（坑）浇筑混凝土带形、独立、杯形、高杯（长颈）基础时，混凝土工程量按设计周边（长、宽）尺寸每边增加 50 mm 计算。

（8）楼地面垫层按设计图示体积以“m^3”计算，应扣除凸出地面的构筑物、设备基础、室外铁道、地沟等所占的体积，但不扣除柱、垛、间壁墙、附墙烟囱及面积≤0.3 m^2 孔洞所占的面积，而门洞、空圈、暖气包槽、壁龛的开口部分面积亦不增加。

（9）散水、防滑坡道按设计图示水平投影面积以“m^2”计算。

9. 现浇混凝土构件模板

现浇混凝土构件模板工程量的分界规则与现浇混凝土构件工程量的分界规则一致，其工程量的计算除本章另有规定者外，均按模板与混凝土的接触面积以“m^2”计算。

（1）独立基础高度从垫层上表面计算至柱基上表面。

（2）地下室底板按无梁式满堂基础模板计算。

（3）设备基础地脚螺栓套孔模板分不同长度按数量以“个”计算。

（4）构造柱均应按图示外露部分计算模板面积，构造柱与墙接触面不计算模板面积。带马牙槎构造柱的宽度按设计宽度每边另加 150 mm 计算。

（5）现浇钢筋混凝土墙、板上单孔面积≤0.3 m^2 的孔洞不予扣除，洞侧壁模板亦不增加，单孔面积大于 0.3 m^2 时，应予扣除，洞侧壁模板面积并入墙、板模板工程量内计算。

（6）柱与梁、柱与墙、梁与梁等连接重叠部分，以及伸入墙内的梁头、板头与砖接触部分，均不计算模板面积。

（7）现浇混凝土悬挑板、雨篷、阳台，按图示外挑部分的水平投影面积以“m^2”计算。挑出墙外的悬臂梁及板边不另计算。

（8）现浇混凝土楼梯（包括休息平台、平台梁、斜梁和楼层板的连接的梁），按水平投影面积以“m^2”计算，不扣除宽度小于 500 mm 楼梯井所占面积，楼梯的踏步、踏步板、平台梁等侧面模板不另行计算，伸入墙内部分亦不增加。当整体楼梯与现浇楼板无梯梁连接且无楼梯间时，以楼梯的最后一个踏步边缘加 300 mm 为界。

（9）混凝土台阶不包括梯带，按设计图示台阶的水平投影面积以“m^2”计算，台阶端头两侧不另计算模板面积；架空式混凝土台阶按现浇楼梯计算。

（10）空心楼板筒芯安装和箱体安装按设计图示体积以“m^3”计算。

（11）后浇带的宽度按设计或经批准的施工组织设计（方案）规定宽度每边另加 150 mm 计算。

（12）零星构件按设计图示体积以“m^3”计算。

10. 预制构件混凝土

混凝土的工程量按设计图示体积以“m^3”计算。不扣除构件内钢筋、螺栓、预埋铁件及单个面积小于 0.3 m^2 的孔洞所占体积。

（1）空心板、空心楼梯段应扣除空洞体积以“m^3”计算。

（2）混凝土和钢杆件组合的构件，混凝土按实体体积以“m^3”计算，钢构件按金属工程章节中相应子目计算。

（3）预制镂空花格以折算体积以“m^3”计算，每 10 m^2 镂空花格折算为 0.5 m^3 混凝土。

（4）通风道、烟道按设计图示体积以“m^3”计算，不扣除构件内钢筋、螺栓、预埋铁件及单个面积小于等于 300 mm×300 mm 的孔洞所占体积，扣除通风道、烟道的孔洞所占体积。

11. 预制混凝土构件模板

（1）预制混凝土模板，除地模按模板与混凝土的接触面积计算外，其余构件均按图示混凝土构件体积以“m^3”计算。

（2）空心构件工程量按实体体积计算，后张预应力构件不扣除灌浆孔道所占体积。

12. 预制构件运输和安装

(1) 预制混凝土构件制作、运输及安装损耗率，按下列规定计算后并入构件工程量内：制作废品率：0.2%；运输堆放损耗：0.8%；安装损耗：0.5%。其中，预制混凝土屋架、桁架、托架及长度在 9 m 以上的梁、板、柱不计算损耗率。

（2）预制混凝土“工”字形柱、矩形柱、空腹柱、双肢柱、空心柱、管道支架，均按柱安装计算。

（3）组合屋架安装以混凝土部分实体体积分别计算安装工程量。

（4）定额中就位预制构件起吊运输距离，按机械起吊中心回转半径 15 m 以内考虑，超出 15 m 时，按实计算。

（六）门窗工程工程量计算规则

1. 木门、窗

制作、安装有框木门窗的工程量，按门窗洞口设计图示面积以“m^2”计算；制作、安装无框木门窗工程量，按扇外围设计图示尺寸以“m^2”计算。

2. 金属门、窗

（1）成品塑钢、钢门窗（飘凸窗、阳台封闭、纱门窗除外）安装按门窗洞口设计图示面积以“m^2”计算。

（2）门连窗按设计图示洞口面积分别计算门、窗面积，其中窗的宽度算至门框的边外线。

（3）塑钢飘凸窗、阳台封闭、纱门窗按框型材外围设计图示面积以“m^2”计算。

3. 金属卷帘（闸）

金属卷帘（闸）、防火卷帘按设计图示尺寸宽度乘以高度（算至卷帘箱卷轴水平线）以“m^2”计算。电动装置安装按设计图示套数计算。

4. 厂库房大门、特种门

（1）有框厂库房大门和特种门按洞口设计图示面积以“m^2”计算，无框的厂库房大门和特种门按门扇外围设计图示尺寸面积以“m^2”计算。

（2）冷藏库大门、保温隔声门、变电室门、隔声门、射线防护门按洞口设计图示面积以“m^2”计算。

5. 其他

（1）木窗上安装窗栅、钢筋御棍按窗洞口设计图示尺寸面积以“m^2”计算。

（2）普通窗上部带有半圆窗的工程量应分别按半圆窗和普通窗计算，以普通窗和半圆窗之间的横框上的裁口线为分界线。

（3）门窗贴脸按设计图示尺寸以外边线延长米计算。

（4）水泥砂浆塞缝按门窗洞口设计图示尺寸以延长米计算。

（5）门锁安装按“套”计算。

（6）门、窗运输按门框、窗框外围设计图示面积以“m^2”计算。

（七）屋面及防水工程工程量计算规则

1. 瓦屋面、型材屋面

瓦屋面、彩钢板屋面、压型板屋面均按设计图示面积以“m^2”计算（斜屋面按斜面面积以“m^2”计算）。不扣除房上烟囱、风帽底座、风道、屋面小气窗、斜沟和脊瓦所占的面积，小气窗的出檐部分也不增加面积。

2. 屋面防水及其他

（1）屋面防水：

1）卷材防水、涂料防水屋面按设计图示面积以“m^2”计算（斜屋面按斜面面积以“m^2”计算）。不扣除房上烟囱、风帽底座、风道、屋面小气窗、斜沟、变形缝所占的面积，屋面的女儿墙、伸缩缝和天窗等处的弯起部分，按图示尺寸并入屋面工程量计算。如设计图示无规定时，伸缩缝、女儿墙及天窗的弯起部分按防水层至屋面面层厚度另加 250 mm 计算。

2）刚性屋面按设计图示面积以“m^2”计算（斜屋面按斜面面积以“m^2”计算）。不扣除房上烟道、风帽底座、风道、屋面小气窗等所占的面积，屋面泛水、变形缝等弯起部分和加厚部分，已包括在定额子目内。挑出墙外的出檐和屋面天沟，另按相应项目计算。

3）分格缝按设计图示长度以“m”计算，盖缝按设计图示面积以“m^2”计算。

（2）屋面排水：

1）塑料水落管按图示长度以“m”计算，如设计未标注尺寸，以檐口至设计室外散水上表面垂直距离计算。

2）阳台、空调连通水落管按“套”计算。

3）铁皮排水按图示面积以“m^2”计算。

（3）屋面变形缝按设计图示长度以“m”计算。

3. 墙面防水、防潮

（1）墙面防潮层，按设计展开面积以“m^2”计算，扣除门窗洞口及单个面积大于 0.3 m^2 孔洞所占面积。

（2）变形缝按设计图示长度以“m”计算。

4. 楼地面防水、防潮

（1）墙基防水、防潮层，外墙长度按中心线，内墙长度按净长，乘以墙宽以“m^2”计算。

（2）楼地面防水、防潮层，按墙间净空面积以“m^2”计算，门洞下口防水层工程量并入相应楼地面工程量内。扣除凸出地面的构筑物、设备基础及单个面积大于 0.3 m^2 柱、垛、烟囱和孔洞所占面积。门洞、空圈、暖气包槽、壁龛的开口部分不增加面积。

（3）与墙面连接处，上卷高度在 300 mm 以内按展开面积以“m^2”计算，执行楼地面防水定额子目；高度超过 300 mm 以上时，按展开面积以“m^2”计算，执行墙面防水定额子目。

（4）变形缝按设计图示长度以“m”计算。

（八）楼地面工程工程量计算规则

（1）找平层、整体面层。

整体面层及找平层按设计图示尺寸以面积计算。均应扣除凸出地面的构筑物、设备基础、室内铁道、地沟等所占的面积，但不扣除柱、垛、间壁墙、附墙烟囱及面积≤0.3 m^2 孔洞所占的面积，而门洞、空圈、暖气包槽、壁龛的开口部分的面积亦不增加。

（2）楼梯面层。

1）楼梯面层按设计图示尺寸以楼梯（包括踏步、休息平台及≤500 mm 的楼梯井）水平投影面积计算。楼梯与楼地面相连时，算至梯口梁内侧边沿；无梯口梁者，算至最上一层踏步边沿加 300 mm。

2）单跑楼梯面层水平投影面积计算如图 10-3 所示。

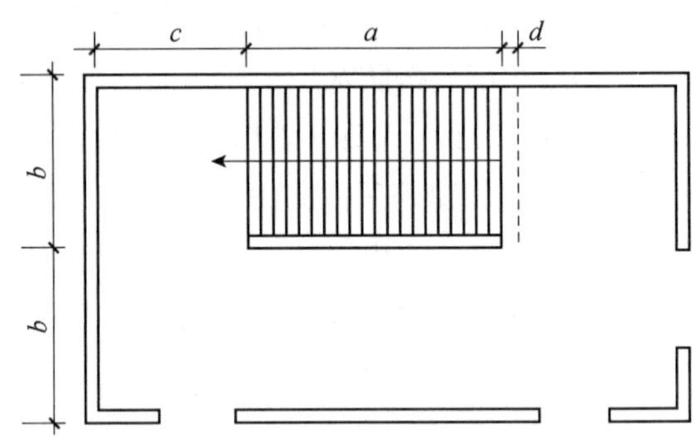

图 10-3 单跑楼梯面层水平投影图

①计算公式：（$a+d$）$\times b+2bc$。

②当 $c>b$ 时，c 按 6 计算；当 $c\leqslant 6$ 时，c 按设计尺寸计算。

③有锁口梁时，d=锁口梁宽度；无锁口梁时，d=300 mm。

3）防滑条按楼梯踏步两端距离减 300 mm 以延长米计算。

（3）台阶按设计图示尺寸水平投影以面积计算，包括最上层踏步边沿加 300 mm。

（4）楼地面踢脚线按设计尺寸延长米计算。

（九）墙、柱面一般抹灰工程工程量计算规则

（1）内墙面、墙裙抹灰工程量均按设计结构尺寸（有保温、隔热、防潮层者按其外表面尺寸）面积以“m^2”计算。应扣除门窗洞口和单个面积>0.3 m^2 以上的空圈所占的面积，不扣除踢脚板、挂镜线及单个面积在 0.3 m^2 以内的孔洞和墙与构件交接处的面积，但门窗洞口、空圈、孔洞的侧壁和顶面（底面）面积亦不增加。

附墙柱（含附墙烟囱）的侧面抹灰应并入墙面、墙裙抹灰工程量内计算。

（2）内墙面、墙裙的抹灰长度以墙与墙间的图示净长计算。其高度按下列规定计算：

1）无墙裙的，其高度按室内地面或楼面至天棚底面之间距离计算。

2）有墙裙的，其高度按墙裙顶至天棚底面之间距离计算。

3）有吊顶天棚的内墙抹灰，其高度按室内地面或楼面至天棚底面另加 100 mm 计算（有设计要求的除外）。

（3）外墙抹灰工程量按设计结构尺寸（有保温、隔热、防潮层者按其外表面尺寸）面积以“m^2”计算。应扣除门窗洞口、外墙裙（墙面与墙裙抹灰种类相同者应合并计算）和单个面积>0.3 m^2 以上的孔洞所占面积，不扣除单个面积在 0.3 m^2 以内的孔洞所占面积，门窗洞口及孔洞的侧壁、顶面（底面）面积亦不增加。附墙柱（含附墙烟囱）侧面抹灰面积应并入

外墙面抹灰工程量内。

（4）柱抹灰按结构断面周长乘以抹灰高度以“m^2”计算。

（5）“装饰线条”的抹灰按设计图示尺寸以“延长米”计算。

（6）“零星项目”的抹灰按设计图示展开面积以“m^2”计算。

（7）单独的外窗台抹灰长度，如设计图纸无规定时，按窗洞口宽两边共加 200 mm 计算。

（8）钢丝（板）网铺贴按设计图示尺寸或实铺面积计算。

（十）天棚面一般抹灰工程工程量计算规则

（1）天棚抹灰的工程量按墙与墙间的净面积以“m^2”计算，不扣除柱、附墙烟囱、垛、管道孔、检查口、单个面积在 0.3 m^2 以内的孔洞及窗帘盒所占的面积。有梁板（含密肋梁板、井字梁板、槽形板等）底的抹灰按展开面积以“m^2”计算，并入天棚抹灰工程量内。

（2）檐口天棚宽度在 500 mm 以上的挑板抹灰应并入相应的天棚抹灰工程量内计算。

（3）阳台底面抹灰按水平投影面积以“m^2”计算，并入相应天棚抹灰工程量内。阳台带悬臂梁者，其工程量乘以系数 1.30。

（4）雨篷底面或顶面抹灰分别按水平投影面积（拱形雨篷按展开面积）以“m^2”计算，并入相应天棚抹灰工程量内。雨篷顶面带反沿或反梁者，其顶面工程量乘以系数 1.20；底面带悬臂梁者，其底面工程量乘以系数 1.20。

（5）板式楼梯底面抹灰面积（包括踏步、休息平台以及小于 500 mm 宽的楼梯井）按水平投影面积乘以系数 1.3 计算，锯齿楼梯底板抹灰面积（包括踏步、休息平台以及小于 500 mm 宽的楼梯井）按水平投影面积乘以系数 1.5 计算。

（6）计算天棚装饰线时，分别按三道线以内或五道线以内以“延长米”计算。

（十一）措施项目工程量计算规则

1. 综合脚手架

综合脚手架的面积按建筑面积及附加面积之和以“m^2”计算。建筑面积按《建筑面积计算规则》计算；不能计算建筑面积的屋面架构、封闭空间等的附加面积，按以下规则计算。

（1）屋面现浇混凝土水平构架的综合脚手架面积的计算规则。

建筑装饰造型及其他功能需要在屋面上施工现浇混凝土构架，高度在 2.20 m 以上时，其面积大于或等于整个屋面面积 1/2 者，按其构架外边柱外围水平投影面积的 70%计算；其面积大于或等于整个屋面面积 1/3 者，按其构架外边柱外围水平投影面积的 50%计算；其面积小于整个屋面面积 1/3 者，按其构架外边柱外围水平投影面积的 25%计算。

（2）结构内的封闭空间（含空调间）净高满足 1.2 m$<h<$2.1 m 时，按面积的 1/2 计算；净高 $h>$2.1 m 时按全面积计算。

（3）高层建筑设计室外不加以利用的板或有梁板，按水平投影面积的 1/2 计算。

（4）骑楼、过街楼底层的通道按通道长度乘以宽度，以全面积计算。

2. 单项脚手架

（1）双排脚手架、里脚手架均按其服务面的垂直投影面积以“m^2”计算，其中：

1）不扣除门窗洞口和空圈所占面积。

2）独立砖柱高度在 3.6 m 以内者，按柱外围周长乘以实砌高度按里脚手架计算；高度在 3.6 m 以上者，按柱外围周长加 3.6 m 乘以实砌高度，按单排脚手架计算；独立混凝土柱按柱外围周长加 3.6 m 乘以浇筑高度，按双排脚手架计算。

3）独立石柱高度在 3.6 m 以内者，按柱外围周长乘以实砌高度计算工程量；高度在 3.6 m 以上者，按柱外围周长加 3.6 m 乘以实砌高度计算工程量。

4）围墙高度从自然地坪至围墙顶计算，长度按墙中心线计算，不扣除门所占的面积，但门柱和独立门柱的砌筑脚手架不增加。

（2）悬空脚手架按搭设的水平投影面积以“m^2”计算。

（3）挑脚手架按搭设长度乘以搭设层数以“延长米”计算。

（4）满堂脚手架按搭设的水平投影面积以“m^2”计算，不扣除垛、柱所占的面积。满堂基础脚手架工程量按其底板面积计算。高度在 3.6～5.2 m 时，按满堂脚手架基本层计算；高度超过 5.2 m 时，每增加 1.2 m，按增加一层计算，增加层的高度若在 0.6 m 以内，舍去不计。

（5）满堂式钢管支架工程量按搭设的水平投影面积乘以支撑高度以“m^2”计算，不扣除垛、柱所占的体积。

（6）水平防护架按脚手板实铺的水平投影面积以“m^2”计算。

（7）垂直防护架以两侧立杆之间的距离乘以高度（从自然地坪算至最上层横杆）以“m^2”计算。

（8）安全过道按搭设的水平投影面积以“m^2”计算。

（9）建筑物垂直封闭工程量按封闭面的垂直投影面积以“m^2”计算。

（10）电梯井字架按搭设高度以“座”计算。

3. 建筑物垂直运输

建筑物垂直运输面积，应分单层、多层和檐高，按综合脚手架面积以“m^2”计算。

4. 超高施工增加

超高施工增加工程量应分不同檐高，按建筑物超高（单层建筑物檐高＞20 m，多层建筑物大于 6 层或檐高＞20 m）部分的综合脚手架面积以“m^2”计算。

5. 大型机械设备安拆及场外运输

（1）大型机械设备安拆及场外运输按使用机械设备的数量以“台次”计算。

（2）起重机固定式、施工电梯基础以“座”计算。

第五节　工程造价的基本知识

一、工程造价的组成

（一）建筑安装工程费用项目组成按费用构成要素划分

建筑安装工程费用按照费用构成要素划分：由人工费、材料费（包含工程设备，下同）、施工机具使用费、企业管理费、利润、规费和税金组成。其中人工费、材料费、施工机具使用费、企业管理费和利润包含在分部分项工程费、措施项目费、其他项目费中。

（二）建筑安装工程费用项目组成按造价形成划分

建筑安装工程费用按照工程造价形成划分：由分部分项工程费、措施项目费、其他项目费、规费、税金组成。分部分项工程费、措施项目费、其他项目费包含人工费、材料费、施工机具使用费、企业管理费和利润。

二、定额计价的基本知识

（一）建设工程定额计价的应用

1. 列项计算工程量

根据定额项目划分及图纸内容确定分部分项，根据工程量计算规则计算分部分项的工程量。

2. 套用定额，计算直接费

按定额计价规则规定的单位、定额顺序分别填入工程预算表，再从定额（基价表）中查出相应的分项工程定额编号、基价、人工费单价、材料费单价、机械费单价、定额材料用量，也填入预算表中。然后将工程量分别与单价、定额材料用量等相乘，即可得出各分项工程的直接工程费、人工费、材料费、机械费和各种材料用量。每个分部工程各项数据计算完毕，应进行分部汇总。最后汇总各分部结果，得出单位工程的直接工程费、人工费、材料费、机械费和各种材料用量。

3. 计算其他各项费用

直接工程费汇总后，按规定的程序和费率，计算其他各项费用（措施费、间接费、税金等），由此得到定额计价的工程造价。具体计算程序见表 10-5。

表 10-5　《重庆市建设工程费用定额》工程费用计算程序表

序号	费用组成	计算式说明
一	直接费	1＋2＋3
1	直接工程费	1.1＋1.2＋1.3
1.1	人工费	1.1.1＋1.1.2
1.1.1	定额基价人工费	定额基价人工费
1.1.2	定额人工单价调整	1.1.1×[定额人工单价（基价）调整系数−1]
1.2	材料费	定额基价材料费
1.3	机械费	1.3.1＋1.3.2
1.3.1	定额基价机械费	定额基价机械费
1.3.1.1	其中：定额基价机上人工费	
1.3.2	定额机上人工单价调整	1.3.1.1×[定额人工单价调整系数−1]
2	组织措施费	2.1＋…＋2.7
2.1	夜间施工费	(1.1.1＋1.2＋1.3.1)×费率
2.2	冬雨季施工增加费	(1.1.1＋1.2＋1.3.1)×费率
2.3	已完工程及设备保护费	(1.1.1＋1.2＋1.3.1)×费率
2.4	二次搬运费	(1.1.1＋1.2＋1.3.1)×费率或按实签证不含税价格计算
2.5	包干费	(1.1.1＋1.2＋1.3.1)×费率

续表

序号	费用组成	计算式说明
2.6	工程定位复测、点交及场地清理费	(1.1.1＋1.2＋1.3.1)×费率
2.7	材料检验试验费	(1.1.1＋1.2＋1.3.1)×费率
3	允许按实计算费用及价差	3.1＋3.2＋3.3＋3.4
3.1	人工费价差	合同价（信息价、市场价格）−调整后的定额人工基价
3.2	材料费价差	不含税合同价（不含税信息价、不含税市场价格）−定额材料基价
3.3	按实计算费用	不含税价格
3.4	其他	不含税价格
二	间接费	4＋5
4	企业管理费	(1.1.1＋1.2＋1.3.1)×费率
5	规费	(1.1.1＋1.2＋1.3.1)×费率
三	利润	(1.1.1＋1.2＋1.3.1)×费率
四	建设工程竣工档案编制费	(1.1.1＋1.2＋1.3.1)×费率
五	住宅工程质量分户验收费	按文件规定计算
六	安全文明施工费	(一＋二＋三＋四＋五)×规定费率标准×(1＋5.26%)
七	进项税额	
八	税前工程造价	一＋二＋三＋四＋五＋六−七
九	销项税额	八×10%
十	工程造价	八＋九

（二）建设工程定额计价中，定额套用注意事项

1. 定额的直接套用

在选择定额项目时，当工程项目的设计要求、材料规格、做法及技术特征与定额项目的工作内容、统一规定相一致时，可直接套用定额的基价、工料消耗量，计算该分项工程的直接工程费以及工料需用量。

2. 计价定额的换算

当施工图的分项工程项目设计要求与定额的内容和使用条件完全不一致时，为了能计算出符合设计要求的直接费和工料消耗量，必须根据定额的有关规定进行换算。这种使用定额的内容适合设计要求的差异调整便是定额换算。

（1）换算原则。为了保持定额的水平，在定额中规定了有关换算的原则，这些原则一般包括；

1）如砂浆、混凝土强度等级与定额相对应项目不同时，允许按砂浆、混凝土配合比表进行换算，但配合比表中规定的各种材料用量不得调整。

2）定额中的抹灰、楼地面等项目已考虑了常用厚度，厚度一般不做调整。如果设计有特殊要求时，定额工料消耗可以按比例换算。

3）是否可以换算，怎样换算，必须按定额中的规定执行。

（2）换算方法。

1）混凝土的换算。混凝土的换算分两种情况：一是构建混凝土的换算；二是楼地面混凝

土的换算。

构建混凝土的换算：其特点是由于混凝土用量不变，所以人工费、机械费不变，只换算混凝土强度等级、品种和石子粒径。计算公式如下：

换算价格＝定额基价＋(换入混凝土单价−换出混凝土单价)×定额混凝土用量

楼地面混凝土的换算：当楼地面混凝土的厚度、强度设计要求与定额规定不同时，应进行混凝土面层厚度及强度的换算。有时还需考虑碎石粒径的规格变化。

2）砂浆的换算。砂浆的换算分两种情况：一是砌筑砂浆的换算；二是抹灰砂浆的换算。

砌筑砂浆换算：砌筑砂浆的换算与构件混凝土换算相类似，其换算公式如下：

换算价格＝原定额价格＋(换入砂浆单价−换出砂浆单价)×定额砂浆用量

抹灰砂浆的换算：抹灰砂浆的换算有两种情况：第一种情况是抹灰厚度不变只是砂浆配合比变化，此时只调整材料费、原料用量，人工费不做调整；第二种情况是抹灰厚度与定额规定不同时，人工费、材料费、机械费和材料用量都要进行换算。

3）系数换算。系数换算是指用定额说明中规定的系数乘以相应定额基价（或人工费、材料费、材料用量、机械费）的一种换算。

4）其他换算。其他换算是指前面几种换算类型未包括的但又需进行的换算。

3. 编制补充定额

当分项工程的设计要求与定额规格完全不相符，或者设计采用新结构、新材料、新工艺，在定额中没有这类项目，属于定额缺项时，应编制补充预算定额。

编制补充定额的方法大致有两种：一种是按预算定额通常的编制方法，先计算人工、材料和机械台班消耗量，再乘以人工工资单价、材料预算价格、台班单价，得出人工费、材料费、机械费，最后汇总出预算基价；另一种是人工、机械台班消耗量套用相似的定额项目，而材料耗用量按施工图纸进行计算或实际测定。

三、工程量清单计价的基本知识

（一）分部分项工程项目清单

分部分项工程是“分部工程”和“分项工程”的总称。“分部工程”是单位工程的组成部分，按结构部位、路段长度及施工特点或施工任务将单位工程划分为若干分部的工程。例如，砌筑工程分为砖砌体、砌块砌体、石砌体、垫层分部工程。“分项工程”是分部工程的组成部分，按不同施工方法、材料、工序及路段长度等分部工程划分为若千个分项或项目的工程。例如，砖砌体分为砖基础、砖砌挖孔桩护壁、实心砖墙、多孔传墙、空心砖墙、空斗墙、空花墙、填充墙、实心砖柱、多孔砖柱、砖检查井、零里翻砖、砖散水地坪、砖地沟明沟等分项工程。

1. 项目编码

分部分项工程量清单项目编码以五级编码设置，用 12 位阿拉伯数字表示，其中 1～9 位位为统一编码；

1、2 位为附录顺序码（例如建筑工程 01，装饰装修工程 02，安装工程 03，市政工程 04，园林绿化工 05）；

3、4 位为专业工程顺序码；

5、6 位为分部工程顺序码；

7～9 位为分项工程项目名称顺序；

10～12 位清单项目名称顺序码。

例：01　03　02　001　001

第 1 级附录顺序码，第 1、第 2 位 01——附录 A 建筑工程；

第 2 级专业工程顺序码，第 3、第 4 位 03——附录 A 第 3 章砌筑工程；

第 3 级分部工程顺序码，第 5、第 6 位 02——砌筑工程的第 2 节砖砌体；

第 4 级分项工程项目名称顺序码，第 7～9 位 001——砖砌体中的“实心砖墙”；

第 5 级清单项目顺序码，第 10～12 位 001～999——顺序码。

2. 项目名称

分部分项工程量清单的项目名称应按计价规范附录的项目名称结合报建工程的实际确定。

3. 项目特征

项目特征是构成分部分项工程项目、措施项目自身价值的本质特点。项目特征是对项目进行准确描述，确定一个清单项目综合单价不可缺少的重要依据，是区分清单项目的依据，履行合同义务的基础。分部分项工程量清单的项目特征应按“清单计价规范”附录中规定的项目特征，结合技术规范、标准图集、施工图纸，按照工程结构、使用材质及规格或安装位置等，予以详细而准确地表述和说明。

4. 计量单位

计量单位应采用基本单位。

5. 工程数量的计算

工程数量主要通过工程量计算规则计算得到。工程量计算规则是指对清单项目工程量的计算规定。除另有说明外，所有清单项目的工程量应以实体工程量为准，并以完成后的净值计算；投标人投标报价时，应在单价中考虑施工中的各种损耗和需要增加的工程量。

（二）措施项目清单

1. 措施项目清单的类别

措施项目费用的发生与使用时间、施工方法或者两个以上的工序相关，如安全文明施工费，夜间施工，非夜间施工照明，二次搬运，冬雨期施工，地上地下设施，建筑物的临时保护设施，已完工程及设备保护等，宜编制总价措施项目清单与计价表。但是有些措施项目则是可以计算工程量的项目，如脚手架工程，混凝土模板及支架（撑），垂直运输，超高施工增加，大型机械设备进出场及安拆，施工排水、降水等，这类措施项目按照分部分项工程量清单的方式采用综合单价计价，更有利于措施费的确定和调整，宜采用分部分项工程量清单的方式编制。

2. 措施项目清单的编制依据

（1）施工现场情况、地勘水文资料、工程特点；

（2）常规施工方案；

（3）与建设工程有关的标准、规范、技术资料；

（4）拟定的招标文件；

（5）建设工程设计文件及相关资料。

（三）其他项目清单

1. 暂列金额

暂列金额是指招标人暂定并包括在合同中的一笔款项。工程建设自身的特性决定了工程的设计需要根据工程进展不断地进行优化和调整，业主需求可能会随工程建设进展出现变化，工程建设过程可能会存在一些不能预见、不能确定的因素，消化这些因素必然会影响合同价格的调整，暂列金额正是因这类不可避免的价格调整而设立，以便达到合理确定和有效控制工程造价的目标。由招标人填写，如不能详列，也可只列暂定金额总额，投标人将上述暂列金额计入投标总价中。

2. 暂估价

暂估价是指招标人在工程量清单中提供的用于支付必然发生但暂时不能确定价格的材料、工程设备的单价以及专业工程的金额，包括材料暂估单价、工程设备暂估单价和专业工程暂估价。

（1）招标人提供的材料、工程设备暂估价需要纳入分部分项工程量清单项目综合单价，应只是材料、工程设备暂估价单位，以方便投标人组价。

（2）专业工程的暂估价一般应是综合暂估价，同样包括人工费、材料费、施工机具使用费、企业管理费和利润，不包括规费和税金。编制“材科（工程设备）暂估单价及调整表”时，由招标人填写“暂估单价”，并在备注栏说明暂估价的材料、工程设备拟用在哪些清单项目上，投标人应将上述材料、工程设备暂估价计入工程量清单综合单价报价中。

3. 计日工

计日工对完成零星工作所消耗的人工工时、材料数量、施工机械台班进行计量，并按照计日工表中填报的适用项目的单价进行计价支付。计日工适用的所谓零星工作一般是指合同约定之外的或者因变更而产生的、工程量清单中没有相应项目的额外工作，尤其是那些难以事先商定价格的额外工作。编制“计日工表”时，项目名称、制定数量由招标人填写，编制招标控制价时，单价由招标人按有关计价规定确定，投标时，单价由投标人自主报价，按暂定数量计算合价计入投标总价中。结算时，按发承包双方确认的实际数量计算合价。

4. 总承包服务费

总承包服务费是指总承包人为配合协调发包人进行的专业工程发包，对发包人自行采购的材料、工程设备等进行保管以及施工现场管理、竣工资料汇总整理等服务所需的费用。招标人应预计该项费用并按投标人的投标报价向投标人支付该项费用。编制“总承包服务费计价表”时，项目名称、服务内容由招标人填写，编写招标控制价时，费率及金额由招标人按有关计价规定确定；投标时，费率及金额由投标人自主报价，计入投标总价中。

（四）规费、税金项目清单

出现计价规范中未列的项目，应根据省级政府或省级有关权力部门的有关规定列项。

（五）工程量清单计价模式

工程量清单计价模式，是建设工程招投标中按照国家统一的工程量清单计价规范，招标人或其委托的有资质的咨询机构编制反映工程实体消耗和措施消耗的工程量清单，并作为招标文件的一部分提供给投标人，由投标人依据工程量清单，根据各种渠道所获得的工程造价信息和经验数据，结合企业定额自主报价的计价方式。

采用工程量清单计价，能够反映出承建企业的工程个别成本，有利于企业自主报价和公平竞争；同时，实行工程量清单计价，工程量清单作为招标文件和合同文件的重要组成部分，对规范招标人计价行为，在技术上避免招标中弄虚作假和暗箱操作及保证工程款的支付结算都会起到重要作用。

目前我国建设工程造价实行“双轨制”计价管理办法，即定额计价法和工程量清单计价方法同时实行。工程量清单计价作为一种市场价格的形成机制，主要在工程招投标和结算阶段使用。

四、工程预、结算的基本知识

（一）工程预算基本知识

1. 施工图预算的基本概念

施工图预算是由设计单位在施工图设计完成后，根据施工图设计图纸、现行预算定额、费用定额以及地区设备、材料、人工、施工机械台班等预算价格编制和确定的建筑安装工程造价的文件。

2. 施工图预算的作用

（1）施工图预算是设计阶段控制工程造价的重要环节，是控制施工图设计不突破设计概算的重要措施。

（2）施工图预算是编制或调整固定资产投资计划的依据。

（3）对于实行施工招标的工程不属于《建筑工程工程量清单计价规范》规定执行范围的，可用施工图预算作为编制标底的依据，此时它是承包企业投标报价的基础。

（4）对于不宜实行招标而采用施工图预算加调整价结算的工程，施工图预算可作为确定合同价款的基础或作为审查施工企业提出的施工图预算的依据。

3. 施工图预算的内容

施工图预算有单位工程预算、单项工程预算和建设项目总预算。单位工程预算是根据施工图设计文件、现行预算定额，费用定额以及人工、材料、设备、机械台班等预算价格资料，以一定方法，编制单位工程的施工图预算；然后汇总所有各单位工程施工图预算，成为单项工程施工图预算；再汇总各所有单项工程施工图预算，便是一个建设项目建筑安装工程的总预算。

4. 施工图预算的编制依据

（1）施工图纸及说明书和标准图集是编制施工图预算的重要依据。

（2）现行预算定额及单位估价表是编制施工图预算确定分项工程子目、计算工程量、选用单位估价表、计算直接工程费的主要依据。

（3）施工组织设计或施工方案包括与编制施工图预算必不可少的有关资料。

（4）材料、人工、机械台班预算价格及调价规定，合理确定材料、人工、机械台班预算价格及其调价规定是编制施工图预算的重要依据。

（5）建筑安装工程费用定额是各省、市、自治区和各专业部门规定的费用定额及计算程序。

（6）预算员工作手册及有关工具书是编制施工图预算必不可少的依据。

（二）工程结算的基本知识

1. 工程结算的概念

在建设工程的经济活动中，由于劳务供应、建筑材料、工器具和设备的购买，工程价款的支付和资金调拨等经济往来而发生的以货币表现的经济文件。根据工程结算的内容不同，建设工程结算可分为工程价款结算、设备工器具购置结算、劳务供应结算、其他货币资金结算。工程价款结算实质上是施工企业与建设单位之间的商品货币结算，通过结算实现施工企业的工程价款收入，弥补施工企业在一定时期内为生产建筑产品的消耗。按工程结算的时间和对象可分为定期结算、阶段结算、年终结算和竣工后一次结算等。

2. 工程结算的主要方式

（1）定期结算。定期结算是指定期由施工企业提出已完成的工程进度报表，连同工程价款结算账单，经建设单位签证，交建设银行办理工程价款结算，一般分为两种：月初预支、月末结算。此外，还有分旬预支，是按月结算和分月预支，按季度结算都属于定期结算。

（2）阶段结算。以单项（或单位）工程为对象，按其施工形象进度划分为若干施工阶段，按阶段进行工程价款结算。一般又分为阶段预支和结算；阶段预支，竣工结算。对于工程规模不大，投资额较小，承包合同价值在50万元以下，或工期较短，一般在6个月以内的工程，可将其竣工全过程的形象进度分为几个阶段，施工企业按阶段预支工程价款，在工程竣工验收后，经建设单位签证，办理工程竣工结算。

（3）年终结算。有些单位工程或单项工程不能在本年度竣工，而要转入下一年度继续施工的，为了正确统计施工企业本年度的经营成果和建设投资完成情况，由施工企业、建设单位对正在施工的工程进行已完成的和未完工程量盘点，结清本年度的工程款。

（4）竣工后一次结算。竣工后一次结算的方法是在建设工程竣工后，施工企业以原施工图预算为基础，按合同规定和施工中实际发生的情况，调整原施工图预算，经建设单位签证后，办理工程价款结算。对于实际施工中发生变化较大的工程，如建筑面积的增减，设计方案变更等，引起施工图预算的变化也较大，可以按新的设计方案和施工中的有关其他签证，重新编制施工图预算，并按其进行工程价款竣工后一次结算。

第六节　基于工程量清单计价的综合单价计算

(一) 工程量清单计价模式下建筑安装工程造价的组成

《建设工程工程量清单计价规范》(GB 50500—2013) 中规定：建设工程承发包及实施阶段的工程造价有分部分项工程费、措施项目费、其他项目费、规费和税金组成。

综合单价计算程序。综合单价是指完成一个规定清单项目所需的人工费、材料费、施工机具使用费和企业管理费、利润以及一定范围内的风险费用。

(1) 房屋建筑工程、仿古建筑工程、构筑物工程、市政工程、城市轨道交通的盾构工程及地下工程和轨道工程、机械（爆破）土石方工程、房屋建筑修缮工程，综合单价计算程序见表 10-6。

表 10-6　综合单价计算程序表

序号	费用名称	一般计税法计算式
1	定额综合单价	1.1+…+1.6
1.1	定额人工费	
1.2	定额材料费	
1.3	定额施工机具使用费	
1.4	企业管理费	(1.1+1.3)×费率
1.5	利润	(1.1+1.3)×费率
1.6	一般风险费	(1.1+1.3)×费率
2	人材机价差	2.1+2.2+2.3
2.1	人工费价差	合同价(信息价、市场价)−定额人工费
2.2	材料费价差	不含税合同价(信息价、市场价)−定额材料费
2.3	施工机具使用费价差	2.3.1+2.3.2
2.3.1	机上人工费价差	合同价(信息价、市场价)−定额机上人工费
2.3.2	燃料动力费价差	不含税合同价(信息价、市场价)−定额燃料动力费
3	其他风险费	
4	综合单价	1+2+3

(2) 装饰工程、通用安装工程、市政安装工程、园林绿化工程、城市轨道交通安装工程、

人工土石方工程、房屋安装修缮工程、房屋单拆除工程，综合单价计算程序见表 10-7。

表 10-7　综合单价计算程序表

序号	费用名称	一般计税法计算式
1	定额综合单价	1.1＋…＋1.6
1.1	定额人工费	
1.2	定额材料费	
1.3	定额施工机具使用费	
1.4	企业管理费	1.1×费率
1.5	利润	1.1×费率
1.6	一般风险费	1.1×费率
2	未计价材料	不含税合同价（信息价、市场价）
3	人材机价差	3.1＋3.2＋3.3
3.1	人工费价差	合同价（信息价、市场价）–定额人工费
3.2	材料费价差	不含税合同价（信息价、市场价）–定额材料费
3.3	施工机具使用费价差	3.3.1＋3.3.2
3.3.1	机上人工费价差	合同价（信息价、市场价）–定额机上人工费
3.3.2	燃料动力费价差	不含税合同价（信息价、市场价）–定额燃料动力费
4	其他风险费	
5	综合单价	1＋2＋3＋4

（二）分部分项工程费的计算编制

分部分项工程费应根据招标文件中的分部分项工程量清单项目特征及主要工程内容的描述，确定综合单价来计算。因此，确定综合单价是计算确定分部分项工程费、完成分部分项工程量清单计价表编制过程中最主要的内容。严格意义上讲，工程量清单计价模式下的合同应该是单价合同，所以综合单价的分析计算是投标报价的关键环节。

（三）措施项目清单计价表的计算编制

编制内容主要是计算各项措施项目费。措施项目费应根据招标文件中的措施项目清单及投标时拟定的施工组织设计或施工方案由投标人自主确定。

（四）其他项目清单计价表的编制

其他项目费应按下列规定计价：

（1）暂列金额应按招标工程量清单中列出的金额填写。

（2）材料、工程设备暂估价应按招标工程量清单中列出的单价计入综合单价。

（3）专业工程暂估价应按招标工程量清单中列出的金额填写。

（4）计日工应按招标工程量清单中列出的项目和数量，自主确定综合单价并计算计日工金额。

（5）总承包服务费根据招标工程清单中列出的内容和提出的要求自主确定。

（五）规费、税金项目清单计价表编制

规费、税金应按重庆市城乡建设主管部门发布的规定标准计算，不得作为竞争性费用。

第十一章　施工信息资料

第一节　施工日志及施工记录编写方法要点

一、施工日志

（一）定义

施工日志是重要的工程施工技术履历档案，是在建筑工程整个施工阶段的施工组织管理、施工技术等有关施工活动和现场情况变化的真实综合性记录，也是处理施工问题的备忘录和总结施工管理经验的基本素材，是工程竣工验收资料的重要组成部分。施工日志可按单位建立，由专人负责收集、填写记录、保管。

（二）主要内容

主要内容为日期、天气、气温、工程名称、施工部位、施工内容、应用的主要工艺；人员、材料、机械到场及运行情况；材料消耗记录、施工进展情况记录；施工是否正常；外界环境、地质变化情况；有无意外停工；有无质量问题存在；施工安全情况；监理到场及对工程认证和签字情况；有无上级或监理指令及整改情况等。记录人员要签字，主管领导定期也要阅签。

（三）内容编写要求

记录时间从开工到竣工验收时止。逐日记载不许中断。按时、真实、详细记录，中途发生人员变动，应当办理交接手续，保持施工日志的连续性、完整性。

（1）基本内容。

日期、星期、气象、平均温度。平均温度可记为××～××℃，气象按上午和下午分别记录。施工部位。施工部位应将分部、分项工程名称和轴线、楼层等写清楚。出勤人数、操作负责人。出勤人数一定要分工种记录，并记录工人的总人数以及工人和机械的工程量。

（2）工作内容。

当日施工内容及实际完成情况；施工现场有关会议的主要内容；有关领导、主管部门或各种检查组对工程施工技术、质量、安全方面的检查意见和决定；建设单位、监理单位对工程施工提出的技术、质量要求、意见及采纳实施情况。

（3）检验内容。

隐蔽工程验收情况应写明隐蔽的内容、楼层、轴线、分项工程、验收人员、验收结论等；试块制作情况应写明试块名称、楼层、轴线、试块组数；材料进场、送检情况应写明批号、数量、生产厂家以及进场材料的验收情况，以后补上送检后的检验结果。

（4）检查内容。

质量检查情况包括当日混凝土浇筑及成型、钢筋安装及焊接、砖砌体、模板安拆、抹灰、屋面工程、楼地面工程、装饰工程等的质量检查和处理记录；混凝土养护记录，砂浆、混凝土外加剂掺用量；质量事故原因及处理方法，质量事故处理后的效果验证；安全检查情况及安全隐患处理（纠正）情况；其他检查情况，如文明施工及场容、场貌管理情况等。

（5）其他内容。

设计变更、技术核定通知及执行情况；施工任务交底、技术交底、安全技术交底情况；停电、停水、停工情况；施工机械故障及处理情况；冬雨季施工准备及措施执行情况；施工中涉及的特殊措施和施工方法、新技术、新材料的推广使用情况。

（四）注意事项

（1）书写时一定要字迹工整、清晰，最好用仿宋体或正楷字书写。

（2）当日的主要施工内容一定要与施工部位相对应。

（3）养护记录要详细，应包括养护部位、养护方法、养护次数、养护人员、养护结果等。

（4）焊接记录也要详细记录，应包括焊接部位、焊接方式（电弧焊、电渣压力焊、搭接双面焊、搭接单面焊等）、焊接电流、焊条（剂）牌号及规格、焊接人员、焊接数量、检查结果、检查人员等。

（5）其他检查记录一定要具体详细，不能泛泛而谈。检查记录记得很详细还可代替施工记录。

（6）停水、停电一定要记录清楚起止时间，停水、停电时正在进行什么工作，是否造成损失。

二、施工安全日志

（一）定义

施工安全日志是施工现场安全资料的主要内容之一。施工安全检查日志是专职安全生产管理人员从工程开始到工程竣工，坚持不懈地记载的施工过程中每天发生的与施工安全有关事件的翔实记录，是工程项目安全施工的真实写照。施工安全日志在整个工程档案中具有非常重要的位置。专职安全管理人员应每日进行安全巡查，发现事故隐患及时记录，督促限期整改。记好施工安全日志是安全员的一项重要职责。

（二）填写的内容

（1）基本内容包括日期、星期、天气。

（2）施工内容包括施工的分项名称、层段位置、工作班组、工作人数及进度情况。

（3）主要记事包括：

① 巡检（发现安全事故隐患、违章指挥、违章操作等）情况。

② 设施用品进场记录（数量、产地、标号、牌号、合格证份数等）。

③ 设施验收情况。

④ 设备设施、施工用电、“三宝、四口”防护情况。

⑤ 违章操作、事故隐患（或未遂事故）发生的原因、处理意见和处理方法。

⑥ 其他特殊情况。

下列信息应在施工安全日志中予以记录：现场管理人员违章指挥、作业人员违规施工、机械设备违规操作，以及高空作业、深基坑施工、临时用电的检查情况；作业人员劳动防护用品使用、施工现场安全设施、安全警示标志设置、危险物品使用的检查情况；安全隐患的处理、复查情况，重点、难点问题的汇报情况；对违规违章的相关作业人员、现场管理人员的处罚情况；施工现场落实上级要求的情况；责任制落实情况和安全技术、安全培训教育及执行情况；与施工生产安全相关的其他情况；上岗时发现的违纪情况、每日安全检查中发现的隐患及落实整改的情况；上级安全检查的内容和落实整改的情况；本人参加的各项安全活动情况；义务消防活动和消防设施维护、保养情况。

（三）填写要求及注意事项

（1）施工安全日志是施工安全记录，由施工现场安全员根据查看、测量、调查了解的结果按照单位工程进行填写。

（2）施工安全日志填写应抓住事情的关键内容，例如，发生了什么事；事情的严重程度；何时发生的；谁干的；谁带领谁干的；谁说的，说了什么；谁决定的，决定了什么；在什么地方（或部位）发生的，要求做什么；要求做多少；要求何时完成；要求谁来完成；怎么做；已经做了多少；做的合格不合格等，只有围绕这些关键内容进行描述，才能记述清楚，才具备可追溯性。

（3）施工安全日志记述要详简得当，该记的事情一定不要漏掉，事情的要点一定要表述清楚，不能写成“大事记”。

（4）施工安全日志记录要及时、完整、真实，文字叙述简明扼要，文本整洁。当天发生的事情应在当天记载，不得后补。

（5）记录时间要连续，从开工到竣工验收合格止，逐日记载，不许中断。若工程施工期间有间断，应在日志中加以说明，可在停工最后一天或复工第一天里描述。

（6）停水、停电一定要记录清楚起止时间，停水、停电时正在进行什么工作，是否造成经济损失等，是由于哪方面造成的原因，为以后的工期纠纷及变更理赔留有证据。

（7）施工安全日志的记录不应是流水账，要有时间、天气情况、分项部位等记录，针对检查所做的记录一定要具体详细。

（8）施工安全日志应装订成册，页次、日期应连续，不得缺页缺日，填写错了可画“×”作废，但不能撕掉。

（9）工程项目安全负责人应定期对施工安全日志进行检查，并签名以示负责。

（10）中途发生人员变动的，应当办妥交接手续，保持施工安全日志的连续性和完整性。

（11）安全员对查出的隐患应开具整改通知书，按照“三定”的原则整改，并复查、销项；凡未及时得到整改的隐患，必须及时向领导反映（附书面报告），由领导解决。解决的情况记入施工安全日志。

（四）填写格式

填写格式参考重庆市《建设工程施工现场安全资料管理标准》（DBJ 50/T-291—2018）安全施工日志表格。

第二节　分部分项工程施工技术资料及工程施工管理资料编写方法要点

一、分部分项工程施工技术资料的编写

（一）建筑工程施工质量验收

《建筑工程施工质量验收统一标准》（GB 50300—2013）规定建筑工程施工质量应按下列要求进行验收：

（1）工程质量验收均应在施工单位自检合格的基础上进行；

（2）参加工程施工质量验收的各方人员应具备相应的资格；

（3）检验批的质量应按主控项目和一般项目验收；

（4）对涉及结构安全、节能、环境保护和主要使用功能的试块、试件及材料，应在进场时或施工中按规定进行见证检验；

（5）隐蔽工程在隐蔽前应由施工单位通知监理单位进行验收，并应形成验收文件，验收合格后方可继续施工；

（6）对涉及结构安全、节能、环境保护和使用功能的重要分部工程，应在验收前按规定进行抽样检验；

（7）工程的观感质量应由验收人员现场检查，并应共同确认。

（二）分部分项工程技术资料编写方法及要点

《建筑工程资料管理规程》（JGJ/T 185—2009）中分部分项工程技术资料编写方法及要点如下：

（1）施工单位填报的工程技术文件报审表应一式两份，并应由监理单位、施工单位各保存一份。施工单位填报危险性较大分部分项工程施工方案专家论证表应一式两份，并应由监理单位、施工单位各保存一份。施工单位填写的技术交底记录应一式一份，并由施工单位自

行保存。

（2）施工单位整理汇总的图纸会审记录应一式五份，并应由建设单位、设计单位、监理单位、施工单位、城建档案馆各保存一份。表中设计单位签字栏应为项目专业设计负责人的签字，建设单位、监理单位、施工单位签字栏应为项目技术负责人或相关专业负责人的签字。

（3）设计单位签发的设计变更通知单应一式五份，并应由建设单位、设计单位、监理单位、施工单位、城建档案馆各保存一份。工程洽商提出单位填写的工程洽商记录应一式五份，并应由建设单位、设计单位、监理单位、施工单位、城建档案馆各保存一份。

（4）材料、构配件进场检验记录应符合国家现行有关标准的规定。施工单位填写的材料、构配件进场检验记录应一式两份，并应由监理单位、施工单位各保存一份。

（5）隐蔽工程验收记录应符合国家相关标准的规定。施工单位填写的隐蔽工程验收记录应一式四份，并应由建设单位、监理单位、施工单位、城建档案馆各保存一份。

（6）施工单位填写的施工检查记录应一式一份，并由施工单位自行保存。交接双方共同填写的交接检查记录应一式三份，并应由移交单位、接收单位和见证单位各保存一份。

（7）施工单位填写的工程定位测量记录应一式四份，并应由建设单位、监理单位、施工单位、城建档案馆各保存一份。施工单位填写的建筑物垂直度、标高观测记录应一式三份，并应由建设单位、监理单位、施工单位各保存一份。

（8）地基验槽记录应符合《建筑地基基础工程施工质量验收标准》（GB 50202—2018）中的有关规定。施工单位填写的地基验槽记录应一式六份，并应由建设单位、监理单位、勘察单位、设计单位、施工单位、城建档案馆各保存一份。地下工程防水效果检查记录应符合《地下防水工程质量验收标准》（GB 50208—2011）中的有关规定。由施工单位填写的地下工程防水效果检查记录应一式三份，并应由建设单位、监理单位、施工单位各保存一份。防水工程试水检查记录应符合《建筑地面工程施工质量验收规范》（GB 50209—2010）、《屋面工程质量验收规范》（GB 50207—2002）的有关规定。由施工单位填写的防水工程试水检查记录应一式三份，并由建设单位、监理单位、施工单位各保存一份。

（9）建筑给水排水及采暖工程、节能工程施工质量验收应符合《建筑给水排水及采暖工程施工质量验收规范》（GB 50242—2002）、《通风与空调工程施工质量验收规范》（GB 50243—2016）、《建筑节能工程施工质量验收规范》（GB 50411—2007）的有关规定。施工单位填写的设备单机试运转记录应一式四份，并应由建设单位、监理单位、施工单位、城建档案馆各保存一份。

（10）电气工程、电梯及智能化建筑分部工程应符合《建筑电气工程施工质量验收规范》（GB 50303—2015）、《智能建筑工程质量验收规范》（GB 50339—2013）、《电梯工程施工质量验收规范》（GB 50310—2002）的有关规定。

（11）结构实体混凝土强度、钢筋分项工程检验记录应符合《混凝土结构工程施工质量验收规范》（GB 50204—2015）的有关规定。施工单位填写的结构实体混凝土强度检验记录应一式四份，并应由建设单位、监理单位、施工单位、城建档案馆各保存一份。

（12）检验批质量验收记录应符合《建筑工程施工质量验收统一标准》（GB 50300—2013）

的有关规定。施工单位填写的检验批质量验收记录应一式三份，并应由建设单位、监理单位、施工单位各保存一份。

（13）分项工程质量验收记录应符合《建筑工程施工质量验收统一标准》的有关规定。施工单位填写的分项工程质量验收记录应一式三份，并应由建设单位、监理单位、施工单位各保存一份。

（14）分部（子分部）工程质量验收记录应符合《建筑工程施工质量验收统一标准》的有关规定。施工单位填写的分部（子分部）工程质量验收记录应一式四份，并应由建设单位、监理单位、施工单位、城建档案馆各保存一份。

（15）单位（子单位）工程质量竣工验收记录、单位（子单位）工程质量控制资料核查记录、单位（子单位）工程安全和功能检验资料核查及主要功能抽查记录、单位（子单位）工程观感质量检查记录应符合《建筑工程施工质量验收统一标准》的有关规定。

二、工程施工管理资料的编写方法要点

（一）《建设工程文件归档规范》（GB/T 50328—2014）

（1）基本规定。

1）工程文件的形成和积累应纳入工程建设管理的各个环节和有关人员的职责范围。

2）工程文件应随工程建设进度同步形成，不得事后补编。

3）每项建设工程应编制一套电子档案，随纸质档案一并移交给城建档案管理机构。

4）建设单位应按下列流程开展工程文件的整理、归档、验收、移交等工作：

① 在工程招标及与勘察、设计、施工、监理等单位签订协议、合同时，应明确竣工图的编制单位、工程档案的编制套数、编制费用及承担单位、工程档案的质量要求和移交时间等内容；

② 收集和整理工程准备阶段形成的文件，并进行立卷归档；

③ 组织、监督和检查勘察、设计、施工、监理等单位的工程文件的形成、积累和立卷归档工作；

④ 收集和汇总勘察、设计、施工、监理等单位立卷归档的工程档案；

⑤ 收集和整理竣工验收文件，并进行立卷归档；

⑥ 在组织工程竣工验收前，提请当地的城建档案管理机构对工程档案进行预验收；未取得工程档案验收认可文件，不得组织工程竣工验收；

⑦ 对列入城建档案管理机构接收范围的工程，工程竣工验收后 3 个月内，应向当地城建档案管理机构移交一套符合规定的工程档案。

5）勘察、设计、施工、监理等单位应将本单位形成的工程文件立卷后向建设单位移交。

6）建设工程项目实行总承包管理的，总包单位应负责收集、汇总各分包单位形成的工程档案，并应及时向建设单位移交；各分包单位应将本单位形成的工程文件整理、立卷后及时移交总包单位。建设工程项目由几个单位承包的，各承包单位应负责收集、整理立卷其承包项目的工程文件，并应及时向建设单位移交。

7）城建档案管理机构应对工程文件的立卷归档工作进行监督、检查、指导。在工程竣工验收前，应对工程档案进行预验收，验收合格后，必须出具工程档案认可文件。

8）工程资料管理人员应经过工程文件归档整理的专业培训。

（2）工程档案验收与移交。

1）列入城建档案管理机构档案接收范围的工程，竣工验收前，城建档案管理机构应对工程档案进行预验收。

2）城建档案管理机构在进行工程档案预验收时，应查验下列主要内容：

① 工程档案齐全、系统完整，全面反映工程建设活动和工程实际状况；

② 工程档案已整理立卷，立卷符合本规范的规定；

③竣工图的绘制方法、图式及规格等符合专业技术要求，图面整洁，盖有竣工图章；

④ 文件的形成、来源符合实际，要求单位或个人签章的文件，其签章手续完备；

⑤文件的材质、幅面、书写、绘图、用墨、托裱等符合要求；

⑥电子档案格式、载体等符合要求；

⑦声像档案内容、质量、格式符合要求。

3）列入城建档案管理机构接收范围的工程，建设单位在工程竣工验收后 3 个月内，必须向城建档案管理机构移交一套符合规定的工程档案。

4）停建、缓建建设工程的档案，可暂由建设单位保管。

5）对改建、扩建和维修工程，建设单位应组织设计、施工单位对改变部位据实编制新的工程档案，并应在工程竣工验收后 3 个月内向城建档案管理机构移交。

6）当建设单位向城建档案管理机构移交工程档案时，应提交移交案卷目录，办理移交手续，双方签字、盖章后方可交接。

（二）《建设工程施工现场安全资料管理标准》（DBJ 50/T-291—2018）

（1）施工现场安全管理资料的管理应为工程项目施工管理的重要组成部分，是预防安全生产事故和提高文明施工管理的有效措施。

（2）建设单位、监理单位和施工单位应负责各自的安全管理资料管理工作，逐级建立健全施工现场安全资料管理岗位责任制，明确负责人，落实各岗位责任。

（3）建设单位、监理单位和施工单位应建立安全管理资料的管理制度，规范安全管理资料的形成、收集、整理、组卷等工作，安全资料应跟随施工生产进度形成和积累，做到真实有效、及时完整。

（4）施工现场安全管理资料应字迹清晰，签字、盖章等手续齐全，计算机形成的资料可打印、手写签名。

（5）施工现场安全管理资料应为原件，因故不能为原件时，可为复印件。复印件上应注明原件的存放处，加盖原件存放单位公章，有经办人签字并注明时间。

（6）建设、施工、监理等单位按照本规程负责各自安全管理资料的收集。整理、归档，至少保存至工程竣工，生产安全事故相关资料根据实际情况保存。

（7）安全管理资料的纸质文件材料幅面尺寸规格宜为 A4 幅面（297 mm×210 mm）。图纸宜采用国家标准图幅。

（8）安全管理资料的纸质文件应采用碳素墨水、蓝黑墨水等耐久性强的书写材料，不得使用红色墨水、纯蓝墨水、圆珠笔、复写纸、铅笔等易褪色的书写材料。计算机输出文字和图件应使用激光打印机，不应使用色带式打印机、水性墨打印机和热敏打印机。

（9）每卷资料排列顺序为封面、卷内目录、资料及封底，封面上的信息应包括工程名称、案卷名称、编制单位、编制人员及编制日期。案卷页号应以独立卷为单位顺序编写。

（10）施工现场安全管理资料整理应以单位工程分别进行整理及组卷。

（11）施工现场安全管理资料组卷应按资料形成的参与单位组卷。一卷为建设单位形成的资料；二卷为监理单位形成的资料；三卷为施工单位形成的资料，各分包单位形成的资料单独组卷成为第三卷内的独立卷。

（12）每卷资料排列顺序为封面、目录、资料及封底。封面应包括工程名称、案卷名称、编制单位、编制人员及编制日期。案卷页号应以独立卷为单位顺序编写。

第三节　利用专业软件对施工项目信息资料进行处理

一、施工项目信息管理

（一）概念

施工项目信息管理是指项目经理部以项目管理为目标，以施工项目信息为管理对象所进行的有计划地收集、处理、储存、传递、应用各类各专业信息等一系列工作的总和。

项目经理部为实现项目管理的需要，提高管理水平，应建立项目信息管理系统，优化信息结构，通过动态的、高速度、高质量地处理大量项目施工及相关信息，与有组织的信息流通，实现项目管理信息化，为做出最优决策，取得良好经济效果和预测未来提供科学依据。

（二）基本要求

（1）项目经理部应建立项目信息管理系统，对项目实施全方位、全过程信息化管理。

（2）项目经理部中，可以在各部门中设信息管理员或兼职信息管理人员，也可以单设信息管理人员或信息管理部门。信息管理人员都须经有资质的单位培训后，才能承担项目信息管理工作。

（3）项目经理部应负责收集、整理、管理本项目范围内的信息。实行总分包的项目，项目分包人应负责分包范围的信息收集、整理，承包人负责汇总、整理发包人的全部信息。

（4）项目经理部应及时收集信息，并将信息准确、完整、及时地传递给使用单位和人员。

（5）项目信息收集应随工程的进展进行，保证真实、准确、具有时效性，经有关负责人审核签字，及时存入计算机中，纳入项目管理信息系统内。

二、工程资料管理软件

建筑工程资料管理工作长久以来一直以工作量大、涉及面广，对应各种规范标准种类繁多，表格形式多样繁杂而著称，为了适应现代建筑工程的发展，提高工作效率，提升管理质量，应运而生了工程资料管理软件，使资料管理人员更好地完成工程文件整理、归档工作，积极发挥档案资料在项目管理中的作用。

（一）主要功能

能满足表格填写、打印输出、多类型文档管理、表格的逻辑关系管理（汇总、组卷等）、模板库管理（修改、添加模板文件）、工程备份/恢复等功能。

（二）特点

（1）自定义工程概况信息。

按照质量表格填写要求，一次性定义工程概况信息，所有表格中有关信息自动填写完成，大大减轻表格填写工作量。

（2）自动显示规范条文及填表指南。

资料填写辅助工具，实时查阅表格填写指南及相应规范条目，根据规范要求实时指导填写符合规范要求的表格。

（3）专家评语模板。

质量验收规范组专家编制表格填写规范结论，降低手工表格填写的工作量，保障表格填写符合规范要求。

（4）自动判定监测点。

根据规范要求，监测点自动进行判定是否符合规范要求，并可扩充至多个监测点。

（5）权限管理。

根据规范要求可实现表格填写权限的全面分配，做到工程项目中各尽其职。

（6）图形及文件插入。

自由插入各种图像及 CAD 工程矢量图，支持扫描仪输入，配备数码设备输入支持。

（7）汇总和组卷。

自动进行分项、分部（子分部）单位工程汇总统计，自动生成有关各方及城建档案馆所需案卷。

（8）数据传递与表格打印。

数据可实时通过磁盘、电子邮件等途径与参建各方进行数据交换；所见即所得的打印功能，能输出精致美观的标准文件表格。

（9）技术资料库。

收录了强制性条文原文、大量施工规范及施工工艺、通病防治等资料；设置施工技术交底模板；适用于全国的多种地方版本，可根据需要在全国各地进行资料库切换。

主要参考文献

[1] 中华人民共和国住房和城乡建设部. 建筑与市政工程施工现场专业人员职业标准：JGJ/T 250—2011［S］. 北京：中国标准出版社，2011.

[2] 重庆城乡建设委员会. 重庆市房屋建筑与市政基础设施工程现场施工专业人员职业标准：DBJ 50/T-171—2013［S］. 重庆：重庆城乡建设委员会，2013.

[3] 中华人民共和国住房和城乡建设部. 房屋建筑和市政基础设施工程质量监督管理规定［S］. 北京：中华人民共和国住房和城乡建设部，2010.

[4] 重庆市城乡建设委员会. 重庆市房屋建筑和市政基础设施工程质量监督管理实施办法［S］. 重庆：重庆市城乡建设委员会，2011.

[5] 中华人民共和国住房和城乡建设部. 建筑地基基础工程施工质量验收标准：GB 50202—2018［S］. 北京：中国标准出版社，2018.

[6] 中华人民共和国住房和城乡建设部. 混凝土结构工程施工质量验收规范：GB 50204—2015［S］. 北京：中国标准出版社，2015.

[7] 中华人民共和国住房和城乡建设部. 砌体结构工程施工质量验收规范：GB 50203—2011［S］. 北京：中国标准出版社，2011.

[8] 中华人民共和国住房和城乡建设部. 钢结构工程施工质量验收规范：GB 50205—2001［S］. 北京：中国标准出版社，2001.

[9] 中华人民共和国住房和城乡建设部. 建筑节能工程施工质量验收规范：GB 50411—2007［S］. 北京：中国标准出版社，2007.

[10] 高有根. 浅谈如何做好工程项目的施工准备工作［C］. 2008 年全国给水排水技术交流会暨全国水网理事会换届大会论文集.

[11] 中华人民共和国住房和城乡建设部. 建筑工程施工质量验收统一标准：GB 50300—2013［S］. 北京：中华人民共和国住房和城乡建设部，2013.

[12] 中华人民共和国住房和城乡建设部. 实施工程建设强制性标准监督规定［S］. 北京：中华人民共和国住房和城乡建设部，2000.

[13] 钟汉华，张天俊. 建筑施工技术［M］. 北京：人民邮电出版社，2015.

[14] 余胜光，窦如令. 建筑施工技术（第 3 版）［M］. 武汉：武汉理工大学出版社，2015.

[15] 郝增宝. 建筑施工技术［M］. 西安：西安交通大学出版社，2016：225-260.

［16］席向仁，冷超群. 建筑工程施工技术［M］. 哈尔滨：哈尔滨工业大学出版社，2017.
［17］钟汉华. 建筑工程施工工艺［M］. 重庆：重庆大学出版社，2012.
［18］中华人民共和国住房和城乡建设部. 装配式混凝土结构技术规程：JGJ 1—2014［S］. 北京：中华人民共和国住房和城乡建设部，2014.
［19］重庆市城乡建设委员会. 装配式混凝土住宅构件生产与验收技术规程：DBJ50/T-190—2014［S］. 重庆：重庆市城乡建设委员会，2014.
［20］中华人民共和国交通部. 公路工程技术标准：JTGB 01—2014［S］. 北京：人民交通出版社，2014.
［21］中华人民共和国行业标准. 城镇道路工程设计规范：CJ 37—2012［S］. 北京：中国建筑工业出版社，2012.
［22］吴贤国. 土木工程施工［M］. 北京：中国建筑工业出版社，2010：308-320，338-343，356-369.
［23］张泽平. 土木工程施工［M］. 天津：天津科学技术出版社，2014：217-230，257-263.
［24］郭福，乔卫华. 市政工程概论［M］. 北京：北京大学出版社，2017：39-44，125，246-248.
［25］张雪丽. 市政道路工程施工［M］. 北京：北京大学出版社，2016：100-108，147-150，163.
［26］向群，张春丽，邹定南. 路基路面工程技术［M］. 武汉：华中科技大学出版社，2015：150-155，229-234.
［27］杜玉林，杜立峰. 公路施工技术［M］. 北京：北京邮电大学出版社，2013：104-106，156-161，232-234，238-244，262-269.
［28］杨玉衡. 桥涵工程［M］. 北京：中国建筑工业出版社，2012：160-166，187-193，197-208，211-222，263-275，308-321，387-417.
［29］秦溱，段树梅. 桥梁下部施工技术［M］. 北京：高等教育出版社，2011：171-173，273-283，312-316.
［30］雷彩虹. 市政管道工程施工［M］. 北京：北京大学出版社，2016：208-209，255，267-270，308-318.
［31］王连威. 城镇道路与市政工程［M］. 北京：人民交通出版社，2009：116-128，161，174-180，210，217-239.
［32］李小青. 隧道工程技术［M］. 北京：中国建筑工业出版社，2010：160-162，245-252.
［33］中华人民共和国国家质量监督检验检疫总局，中国国家标准化管理委员会. 质量管理体系基础和术语：GB/T 19000—2016［S］. 北京：中国标准出版社，2016.
［34］中华人民共和国国家质量监督检验检疫总局，中国国家标准化管理委员会. 质量管理体系　要求：GB/T 19001—2016［S］. 北京：中国标准出版社，2016.
［35］黄春蕾. 房屋建筑工程施工质量控制内容及方法研究［D］. 重庆：重庆大学，2008.

［36］中国标准局. 企业职工伤亡事故分类：GB 6441—1986［S］. 北京：中国标准出版社，1986.
［37］国务院. 生产安全事故报告和调查处理条例：国务院令　第493号［S］. 北京：国务院，2007.
［38］重庆城乡建设委员会. 建筑施工危险源辨识与风险评价规范：DBJ 50/T-246—2016［S］. 重庆：重庆城乡建设委员会，2016.
［39］中华人民共和国住房和城乡建设部. 建筑脚手架安全技术统一标准：GB 51210—2016［S］. 北京：中国建筑工业出版社，2016.
［40］中华人民共和国住房和城乡建设部. 建筑施工模板安全技术规范：JGJ 162—2008［S］. 北京：中国建筑工业出版社，2008.
［41］中华人民共和国住房和城乡建设部. 建筑施工起重吊装工程安全技术规范：JGJ 276—2012［S］. 北京：中国建筑工业出版社，2012.
［42］中华人民共和国住房和城乡建设部. 建筑施工高处作业安全技术规范：JGJ 80—2016［S］. 北京：中国建筑工业出版社，2016.
［43］中华人民共和国住房和城乡建设部. 施工现场临时用电安全技术规范：JGJ 46—2005［S］. 北京：中国建筑工业出版社，2005.
［44］向伟明，雷华，秦永球. 建设工程施工与安全［M］. 北京：中国建筑工业出版社，2018.
［45］江苏省建设教育协会. 施工员专业管理与实务［M］. 北京：中国建筑工业出版社，2016.
［46］中华人民共和国住房和城乡建设部. 危险性较大的分部分项工程安全管理规定：建办质〔2018〕31号.
［47］纪闯，冷超群，谢晓杰. 建筑法规［M］. 南京：南京大学出版社，2013.
［48］全国一级建造师执业资格考试用书编写委员会. 建设工程法规及相关知识［M］. 北京：中国建筑工业出版社，2017.
［49］中国建设教育协会. 施工员通用与基础知识（土建方向）［M］. 北京：中国建筑工业出版社，2015.
［50］全国二级建造师执业资格考试用书编写委员会. 建筑工程管理与实务［M］. 北京：中国建筑工业出版社，2017.
［51］中华人民共和国建设部. 工程测量规范：GB 50026—2007［S］. 北京：中华人民共和国建设部，2007.
［52］中华人民共和国建设部. 工程测量基本术语标准：GB/T 50228—2011［S］. 北京：中华人民共和国建设部，2011.
［53］中华人民共和国建设部. 建筑变形测量规范：JGJ 8—2016［S］. 北京：中华人民共和国建设部，2016.

［54］中华人民共和国建设部. 建筑施工测量标准：JGJ/T 408—2017［S］. 北京：中华人民共和国建设部，2017.
［55］杨学锋，索俊锋. 公路工程测量［M］. 北京：国防工业出版社，2016.
［56］李志刚. 测量放线工［M］. 南京：江苏凤凰科学技术出版社，2016.
［57］游浩. 建筑测量员专业与实操［M］. 北京：中国建材工业出版社，2015.
［58］王欣龙. 测量放线工技能（第二版）［M］. 北京：化学工业出版社，2017.
［59］中国机械工业联合会. 推土机　术语：GB/T 8590—2001［S］. 北京：中国机械工业联合会，2001.
［60］中国机械工业联合会. 土方机械　整机及其工作装置和部件的质量测量方法：GB/T 21154—2014［S］. 北京：中国机械工业联合会，2014.
［61］中国机械工业联合会. 矿用机械正铲式挖掘机：GB/T 10604—2017［S］. 北京：中国机械工业联合会，2017.
［62］中国国家标准化管理委员会. 土方机械　液压挖掘机　起重量：GB/T 13331—2014［S］. 北京：中国标准出版社，2014.
［63］中国国家标准化管理委员会. 挖掘装载机技术条件：GB/T 10170—2010［S］. 北京：中国标准出版社，2010.
［64］中国国家标准化管理委员会. 混凝土机械术语：GB/T 7920.4—2016［S］. 北京：中国标准出版社，2016.
［65］中国国家标准化管理委员会. 履带起重机：GB/T 14560—2016［S］. 北京：中国标准出版社，2016.
［66］崔碧海. 起重技术［M］. 重庆：重庆大学出版社，2006.
［67］王雪青. 工程项目组织与管理［M］. 北京：中国计划出版社，2016.
［68］余群舟，宋协清. 建筑工程施工组织与管理［M］. 北京：北京大学出版社，2012.
［69］李思康. BIM 施工组织设计［M］. 北京：化学工业出版社，2018.
［70］唐小林. 建筑工程计量与计价［M］. 重庆：重庆大学出版社，2014.
［71］胡兴福. 施工员通用与基础知识［M］. 北京：中国建筑工业出版社，2016.
［72］重庆市建设工程造价管理总站. 重庆市建设工程清单计价规则：GQJJGZ—2013［S］. 北京：中国建材工业出版社，2013.
［73］重庆市建设工程造价管理总站. 重庆市建设工程工程量计算规则：CQJLGZ—2013［S］. 北京：中国建材工业出版社，2013.
［74］中华人民共和国住房和城乡建设部. 建设工程工程量清单计价规范：GB 50500—2013［S］. 北京：中国计划出版社，2013.
［75］重庆市建设工程造价管理总站. 重庆市房屋建筑与装饰工程计价定额：CQJZZSDE—2018［S］. 北京：中国建材工业出版社，2018.

［76］中华人民共和国住房和城乡建设部. 建设工程文件归档规范：GB/T 50328—2014［S］. 北京：中国标准出版社，2014.
［77］中华人民共和国住房和城乡建设部. 建设工程施工现场安全资料管理标准. DBJ50/T-291—2018［S］. 北京：中国标准出版社，2018.

附录 1　土建施工员专业知识测试模拟试卷

试卷一

一、单选题

1. 施工员的工作职责不包括（　　）。

A. 负责施工生产准备　　B. 参与施工部署

C. 参与图纸会审、技术核定　　D. 负责项目经理部的施工（安全）技术交底

2. 从业人员安全生产的权利不包括（　　）。

A. 知情权　　B. 免职权　　C. 拒绝权　　D. 避险权

3. 从业人员发现事故隐患或者其他不安全因素时，应当立即向现场（　　）或者本单位负责人报告。

A. 项目经理　　B. 技术负责人　　C. 安全生产管理人　　D. 总工程师

4. 备案机关发现建设单位在竣工验收过程中有违反国家有关建设工程质量管理规定行为的，应当在收讫竣工验收备案文件（　　）日内，责令停止使用，重新组织竣工验收。

A. 5　　B. 10　　C. 15　　D. 20

5. 专项施工方案应当由施工单位技术负责人审核签字、加盖单位公章，并由（　　）审查签字、加盖执业印章后方可实施。

A. 专业监理工程师　　B. 总监理工程师　　C. 项目负责人　　D. 安全负责人

6. 施工单位未按照本规定编制并审核危大工程专项施工方案的，依照《建设工程安全生产管理条例》对单位进行处罚，并暂扣安全生产许可证（　　）日；对直接负责的主管人员和其他直接责任人员处 1 000 元以上 5 000 元以下的罚款。

A. 10　　B. 20　　C. 30　　D. 40

7. 机械挖土时的留余量必须根据技术水平、施工季节等因素确定，一般留余量为（　　）。

A. 100～150 mm　　B. 150～300 mm　　C. 300～450 mm　　D. 450 mm 以上

8. 砌筑墙体临时间断处应砌成斜槎，斜槎水平投影长度不应小于高度的（　　）。

A.1/4　　B. 1/3　　C. 2/3　　D. 1/2

9. 为了控制混凝土自由倾落以及防离析，混凝土倾倒高度一般不宜超（　　）。

A. 1m　　B. 2m　　C. 3m　　D. 4m

10. 防水混凝土施工时，必须严格控制水灰比，水灰比值应小于（　　）。

A. 0.6　　B. 0.7　　C. 0.8　　D. 0.9

11. 砖砌体的施工流程（　　）。

A. 抄平放线→摆砖→立皮数杆→盘角、挂线→砌砖、清理

B. 抄平放线→立皮数杆→摆砖→盘角、挂线→砌砖、清理

C. 立皮数杆→抄平放线→摆砖→盘角、挂线→砌砖、清理

D. 立皮数杆→抄平放线→盘角、挂线→摆砖→砌砖、清理

12. 承台梁的集中标注中，必注内容不包括（　　）。

A. 承台梁的编号　　B. 截面尺寸　　C. 配筋　　D. 承台梁地面标高

13. PDCA 循环法中，P 是指（　　）。

A. 策划　　B. 实施　　C. 检查　　D. 处置

14. 质量管理原则不包括（　　）。

A. 以顾客为关注焦点　　B. 全员积极参与　　C. 改进　　D. 甲方的意见

15. 对水泥的存放应当防止受潮，存放时间一般不宜超过（　　）个月。

A. 1　　B. 3　　C. 6　　D. 12

16. 质量检验中目测法不包括（　　）。

A. 看　　B. 量　　C. 敲　　D. 照

17. 致超过 3 人重伤甚至死亡；工程报废或倒塌；造成超过 10 万元的直接经济损失的质量事故是（　　）。

A. 一般质量事故　　B. 严重质量事故　　C. 重大质量事故　　D. 特别重大质量事故

18. 建筑工程质量问题的基本原因不包括（　　）。

A.工程造价太高　　B. 选择的建筑原材料质量不过关

C.施工人员操作不当　　D. 工程设计上存在问题

19. 浇带应设在对结构受力影响较小的部位，宽度为（　　）。

A. 300～600 mm　　B. 400～700 mm　　C. 700～1 000 mm　　D. 1 000～1 200 mm

20. 造成 3 人以上 10 人以下死亡，或者 10 人以上 50 人以下重伤，或者 100 万元以上 5 000 万元以下直接经济损失的事故属于（　　）。

A. 一般事故　　B. 较大事故　　C. 重大事故　　D. 特别重大事故

21. 坑边堆置土方和材料包括沿挖土方边缘移动运输工具和机械不应离槽边过近，堆置土方距坑槽上部边缘不小于（　　）。

A. 1.2 m　　B. 1.4 m　　C. 1.6 m　　D. 2.0 m

22. 当作业脚手架操作层高出相邻连墙件（　　）个步距及以上时，在上层连墙件安装完毕前，必须采取临时拉结措施。

A. 1　　B. 2　　C. 3　　D. 4

23. 临边防护栏杆的钢管横杆及栏杆柱均采用直径为（　　）的管材。

A. 24 mm　　B. 32 mm　　C. 42 mm　　D. 48 mm

24. 脚手架或操作平台上临时堆放的模板不宜超过（　　）。

A. 1 层　　B. 2 层　　C. 3 层　　D. 4 层

25. 施工技术交底内容的要求不包括（　　）。

A. 技术交底内容要详尽　　B. 技术交底范围要广

C. 技术交底要有可操作性　　D. 技术交底表达方式要通俗易懂

26. 在垂直边坡的沟槽作业时，其沟槽深度，大型推土机不得超过（　　），小型推土机不得超过 1.5 m。

A. 1 m　　B. 1.5 m　　C. 2 m　　D. 2.5 m

27. 夯机的作业场地应平整，门架底座与夯机着地部位应保持水平，当下沉超过（　　）时，应重新垫高。

A. 80 mm　　B. 100 mm　　C. 120 mm　　D. 140 mm

28. 振捣器电缆不得在钢筋网上拖来拖去，以防破损漏电，电缆长度不应超过（　　）。

A. 4 m　　B. 5 m　　C. 6 m　　D. 7 m

29. 通常，一个作业队伍在各施工段所花费劳动量的差值控制在（　　）以内。

A. 5%　　B. 10%　　C. 15%　　D. 20%

30. 在炎热季节施工，混凝土输送泵要防止油温过高。当温度达（　　）时，应停止运转或采取其他措施降温。

A. 40℃　　B. 50℃　　C. 60℃　　D. 70℃

31. 以下仪器中（　　）只能用来测量两点间的高差。

A. 水准仪　　B. 经纬仪　　C. 全站仪　　D. 激光铅垂仪

32. 经纬仪 DJ6 是指一测回方向中误差不超过（　　）。

A. 3″　　B. 4″　　C. 5″　　D. 6″

33. 激光铅垂仪是一种用于（　　）的仪器。

A. 测量高差　　B. 铅直定位　　C. 测量坐标　　D. 测量距离

34. 钢尺是钢制的带尺，不常用钢尺长度有（　　）。

A. 20 m　　B. 30 m　　C. 50 m　　D. 100 m

35. 推土机根据发动机功率确定其生产能力大小，推土机分为三种，不包含（　　）。

A. 小型　　B. 中型　　C. 大型　　D. 特大型

36. 基槽开挖后，一侧或两侧堆土，均距槽边（　　）以外才可以。

A. 0.5 m　　B. 1 m　　C. 2 m　　D. 3 m

37. 反铲式是重庆市施工中最常见的施工机械之一，其特点是（　　）。

A. 向后向下，强制切土　　B. 前进向上，强制切土

C. 向后向下，自重切土　　D. 直上直下，自重切土

38. 桩机周围（　　）以内应无高压线路，作业区应有明显标志或围栏，严禁闲人进入。

A. 5 m　　B. 6 m　　C. 7 m　　D. 8 m

39. 施工日志的基本内容不包括（　　）。

A. 日期　　B. 施工部位　　C. 出勤人数　　D. 混凝土养护记录

40. 停建、缓建建设工程的档案，可暂由（　　）保管。

A. 建设单位　　B. 设计单位　　C. 施工单位　　D. 监理单位

41. 施工员工作职责中，施工进度成本控制不包括（　　）。

A. 参与制订并调整施工进度计划、施工资源需求计划

B. 参与图纸会审、技术核定

C. 参与做好施工现场组织协调工作，合理调配生产资源

D. 参与现场经济技术签证、成本管控及成本核算

42. 安全技术交底的最终对象是（　　），交底应有书面记录和签字留存。

A. 具体施工作业人员　　B. 具体质量管理人员

C. 具体安全管理人员　　D. 具体监理人员

43. 常用地基处理方法不包括（　　）。

A. 换土垫层法　　B. 预压法　　C. 强夯法　　D. 混凝土搅拌法

44. 质量管理的原则不包括（　　）。

A. 以顾客为关注焦点　　B. 领导作用　　C. 甲方的意愿　　D. 改进

45. 以下（　　）不属于危险源。

A. 岩土边坡高度 5 m　　B. 落地式钢管脚手架搭设高度 50 m

C. 作业平台搭设高度 20 m　　D. 钢结构安装工程跨度 36 m

46. 施工总平面布置的原则不包括（　　）。

A. 合理组织运输，减少二次搬运

B. 临时设施应方便生产和生活，办公区、生活区和生产区宜分离设置

C. 平面布置科学合理，施工场地应雄伟大气

D. 符合节能、环保、安全和消防等要求

47. 相邻两桩顶往、返所测高差之差，一般不得超过（　　）。

A. ±5 mm　　B. ±10 mm　　C. ±15 mm　　D. ±20 mm

48. 正铲挖掘机的铲土特点是（　　）。

A. 向后向下，强制切土　　B. 前进向上，强制切土

C. 向后向下，自重切土　　D. 直上直下，自重切土

49. 施工段的分界线应尽量与施工对象自身的结构界限相一致，施工对象自身的结构界限不包括（　　）。

A. 分格缝　　B. 伸缩缝　　C. 沉降缝　　D. 抗震缝

50. 分部分项工程费不包括（　　）。

A. 人工费　　B. 材料费　　C. 暂估价　　D. 利润

二、多选题

1. 建筑工程施工质量验收应划分为（　　）。

A. 单项工程　　B. 单位工程　　C. 分部工程

D. 分项工程　　E. 检验批

2. 地基基础工程施工质量验收应符合以下（　　）规定。

A. 地基基础工程施工质量应符合验收规定的要求

B. 质量验收的程序应符合验收规定的要求

C. 工程质量的验收应由施工单位自行完成

D. 质量验收应进行分部分项工程验收

E. 质量验收应按主控项目和一般项目验收

3. 施工质量管理的特点包括（　　）。

A. 影响因素多　　B. 质量波动大　　C. 质量隐蔽性

D. 质量不可控制　　E. 终检局限大

4. 建筑工程质量问题的特点包括（　　）。

A. 工程质量问题的单一性　　B. 工程质量问题的复杂性

C. 工程质量问题的严重性　　D. 工程质量事故的可变性

E. 工程质量事故的多发性

5. 在建工程（含脚手架）的周边与外电架空线路的边线之间的最小安全操作距离正确的是（　　）。

A. 外电线路电压等级＜1 kV 时，最小安全操作距离为 4 m

B. 外电线路电压等级＜1 kV 时，最小安全操作距离为 6 m

C. 外电线路电压等级 1～10 kV 时，最小安全操作距离为 6 m

D. 外电线路电压等级 1～10 kV 时，最小安全操作距离为 8 m

E. 外电线路电压等级 330～550 kV 时，最小安全操作距离为 15 m

6. 保证模板安装施工安全的基本要求有（　　）。

A. 模板工程安装高度超过 3.0 m，必须搭设脚手架，除操作人员外，脚手架下不得站其他人员

B. 施工人员上下通行允许攀爬模板、斜撑杆、拉条或绳索等

C. 模板工程作业高度在 2 m 及 2 m 以上时，要有安全可靠的操作架子或操作平台，并按要求进行防护

D. 5 级以上大风天气，不宜进行大块模板拼装和吊装作业

E. 高处支模作业人员所用工具和连接件应放在箱盒或工具袋中，不得散放在脚手板上，以免坠落伤人

7. 根据《生产安全事故报告和调查处理条例》规定，重大事故是指（　　）。

A. 造成 10 人以上 30 人以下死亡的事故

B. 造成 3 人以上 10 人以下死亡的事故

C. 造成 50 人以上 100 人以下重伤的事故

D. 造成 5 000 万元以上 1 亿元以下直接经济损失的事故

E. 造成 1 亿元以上直接经济损失的事故

8. 沉降观测要点包括（　　）。

A. 建筑顶部和墙体上的观测点标志可采用埋入式照准标志。当有特殊要求时，应专门设计

B. 砖混结构中采用砖墙承重的建筑物，沉降观测点一般应沿墙的长度每隔 8～10 m 设置 1 个，并应设置在建筑物的外墙转角处、纵墙与横墙的交接处及纵墙与横墙的中央、建筑物的沉降缝两侧

C. 框架结构的建筑物，沉降观测点应设在每个桩基或部分柱基上部

D. 新建筑物与原有建筑物连接处的两边应设置

E. 烟囱、水塔、油罐等其他类似的构筑物，应沿周边对称设置

9. 测量的三项基本工作是（　　）。

A. 测量角度　B. 测量距离　C. 测量高程

D. 测量坐标　E. 测量位置

10. 施工组织形式包括（　　）。

A. 依次施工　B. 平行施工　C. 流水施工

D. 分层施工　E. 分段施工

三、判断题

1. 绿色施工是指工程建设中，在保证质量、安全等基本要求的前提下，通过科学管理和技术进步，最大限度地节约资源和减少对环境负面影响的施工活动，它是生态文明建设在房屋建筑和市政基础设施工程领域的具体体现。（　　）

A. 正确　B. 错误

2. 施工现场标准化管理主要包括：工程质量管理，安全生产管理，文明施工管理，建筑队伍管理，合同履约管理，工程建设监理，建设单位现场管理等。（　　）

A. 正确　B. 错误

3.《建设工程安全生产管理条例》第二十七条规定，建设工程施工前，施工单位负责项目管理的技术人员应当对有关安全施工的技术要求向施工作业班组、作业人员做出详细说明，口头确认即可。（　　）

A. 正确　B. 错误

4. 群桩桩位的放样允许偏差应为 10 mm，单排桩桩位的放样允许偏差应为 20 mm。（　　）

A. 正确　B. 错误

5. 砌体结构工程所用的材料应有产品合格证书、产品性能型号检验报告，质量应符合国家现行有关标准的要求。（　　）

A. 正确　B. 错误

6. 当钢结构工程施工质量不符合规范要求时，经有资质的检测单位检测鉴定达不到设计要求，但经原设计单位核算认可能够满足结构安全和使用功能的检验批，不予以验收。（　　）

A. 正确　B. 错误

7. 关于质量的管理，可包括制定质量方针和质量目标，以及通过质量策划、质量保证、质量控制和质量改进实现这些质量目标的过程。（　　）

A. 正确　B. 错误

8. 事故发生后，事故现场有关人员应当立即向本单位负责人报告；单位负责人接到报告后，应当于 1 小时内向事故发生地县级以上人民政府安全生产监督管理部门和负有安全生产监督管理职责的有关部门报告。（　　）

A. 正确　B. 错误

9. 夜间施工要尽量安排在地形平坦、施工干扰较少和运输道路畅通的地段，并备有足够的照明和警示灯。（　　）

A. 正确　B. 错误

10. 仪器应避免阳光直晒仪器，不允许随便拆卸仪器。（　　）

A. 正确　B. 错误

11. 测量仪器有故障时，会测量的人员都可以进行维修校正。（　　）

A. 正确　　　　B. 错误

12. 挖掘机工作时，应停放在坚实、平坦的地面上。轮胎式挖掘机使用前不用把支腿顶好。（　　）

A. 正确　　　　B. 错误

13. 施工机械除驾驶室外，机上其他地方严禁乘人。（　　）

A. 正确　　　　B. 错误

14. 设备运杂费通常由运费和装卸费、包装费、设备供销部门的手续费、采购与仓库保管费四项构成。（　　）

A. 正确　　　　B. 错误

15. 对于实行招标的建设工程，一般以施工招标文件中规定的提交招标文件的截止时间前的第 14 天作为基准日。（　　）

A. 正确　　　　B. 错误

16. 发包人应当依据相关工程的工期定额合理计算工期，压缩的工期天数不得超过定额工期的 50%，超过的，应在招标文件中明示增加赶工费用。（　　）

A. 正确　　　　B. 错误

17. 隐蔽工程验收记录应符合国家相关标准的规定。施工单位填写的隐蔽工程验收记录应一式四份，并应由建设单位、监理单位、施工单位、城建档案馆各保存一份。（　　）

A. 正确　　　　B. 错误

18. 勘察、设计、施工、监理等单位应将本单位形成的工程文件立卷后向建设单位移交。（　　）

A. 正确　　　　B. 错误

19. 对改建、扩建和维修工程，建设单位应组织设计、施工单位对改变部位据实编制新的工程档案，并应在工程竣工验收后 1 个月内向城建档案管理机构移交。（　　）

A. 正确　　　　B. 错误

20. 工程造价在 3 000 万元人民币以上的工程，必须制作建设工程录像档案。（　　）

A. 正确　　　　B. 错误

四、案例题

1. 北方某城市商场建设项目设计使用年限为 70 年。按施工进度计划主题施工适逢夏季（最高气味>30℃），主体框架采用 C30 混凝土浇筑，为二类使用环境。填充采用空心砖水泥砂浆砌筑。内部各层营业空间的墙面、柱面分别采用石材、涂料或木质材料装饰。

（1）该工程供热与供冷系统的保修期为（　　）。

A. 1 年　　　　B. 2 年

C. 1 个采暖期、供冷期　　　　D. 2 个采暖期、供冷期

（2）气温较高时，混凝土可掺入适量（　　）。

A. 减水剂　　B. 膨胀剂　　C. 缓凝剂　　D. 速凝剂

（3）主体结构施工缝留置的具体位置有（　　）。

A. 与板连为一体的大截面梁，施工缝应留在板底面以下 20～30 mm 处

B. 柱的中间

C. 有主次梁的楼盖，宜顺次梁方向浇筑，施工缝留在次梁跨度中间 1/3 范围内

D. 多向板平行于长边任意位置

E. 楼梯的施工缝应留置在楼梯长度中间 1/3 范围内

（4）防水混凝土应尽量采用连续浇筑方式，对于因结构复杂、工艺构造要求或体积庞大受施工条件限制的池类结构，而必须间歇浇筑作业时，应选择合理部位设置施工缝。（　　）

A. 正确　　　　B. 错误

2. 某高层框架结构主体施工，层高 3.6 m，建筑檐口标高为 42 m。采用一台固定式塔吊和一塔井架，商品混凝土用拖泵浇筑。主体施工高层中发生一起高处坠落事故，造成 4 人死亡，11 人重伤。

（1）此事故按生产安全事故造成的人员伤亡或者直接经济损失分类，分为（　　）。

A. 特别重大事故　　B. 重大事故　　C. 较大事故　　D. 一般事故

（2）会造成高处坠落的危险源不包括（　　）。

A. 基坑开挖工程　　B. 脚手架工程

C. 悬索式施工通道工程　　D. 安装工程

（3）塔吊的基本性能与工作数据包括（　　）。

A. 型号　　B. 回转半径　　C. 起重量

D. 用电负荷　　E. 地基承载力

（4）对于现场使用的塔吊及有特殊安全要求的设备，进入现场后在使用前，必须经当地劳动安全部门鉴定，符合要求并办好相关手续后方可投入使用。

A. 正确　　　　B. 错误

试卷二

一、单选题

1. 在房屋建筑与市政基础设施工程施工现场，从事施工调查准备、施工组织策划、施工生产管理，以及施工进度、成本、质量和安全控制等工作的专业人员是（　　）。

A. 施工员　　B. 质量员　　C. 监理员　　D. 标准员

2. 主体结构工程现场检测内容不包括（　　）。

A. 地基及复合地基承载力静载检测　　B. 混凝土、砂浆、砌体强度现场检测

C. 钢筋保护层厚度检测　　D. 混凝土预制构件结构性能检测

3. 在正常使用条件下，建设工程的最低保修期限不正确的是（　　）。

A. 基础设施工程、房屋建筑的地基基础工程和主体结构工程，为设计文件规定的该工程的合理使用年限

B. 屋面防水工程、有防水要求的卫生间、房间和外墙面的防渗漏，为 2 年

C. 供热与供冷系统，为 2 个采暖期、供冷期

D. 电气管线、给排水管道、设备安装和装修工程，为 2 年

4. 群桩桩位的放样允许偏差应为 20 mm，单排桩桩位的放样允许偏差应为（　　）。

A. 6 mm　　B. 8 mm　　C. 10 mm　　D. 12 mm

5. 建设单位自工程竣工验收合格之日起（　　）日内，依照相关规定，应向工程所在地县级以上地方人民政府建设行政主管部门备案。

A. 7　　B. 10　　C. 14　　D. 15

6. 地基处理时采用真空预压法加固深度一般应不超过（　　）。

A. 10 m　　B. 15 m　　C. 20 m　　D. 25 m

7. 用强大的冲击能，使土体中出现冲击波和强大的应力迫使土中空隙压缩，土体局部液化，夯击点周围产生裂隙形成良好的排水通道，使土中的空隙水（气）顺利溢出，土体迅速固结，从而降低此深度范围内土体的压缩性，提高地基承载力的方法是（　　）。

A. 预压法　　B. 强夯法　　C. 振冲法　　D. 高压喷射注浆法

8. 土钉墙支护施工流程是（　　）。

A. 编写施工方案及施工准备→开挖→孔位布点→成孔→清理边坡→安设土钉钢筋钢管→注浆→铺设钢筋网→喷射混凝土面层→开挖下一步

B. 编写施工方案及施工准备→开挖→清理边坡→孔位布点→成孔→安设土钉钢筋钢管→注浆→铺设钢筋网→喷射混凝土面层→开挖下一步

C. 开挖→清理边坡→ 编写施工方案及施工准备→孔位布点→成孔→安设土钉钢筋钢管→注浆→铺设钢筋网→喷射混凝土面层→开挖下一步

D. 开挖→清理边坡→孔位布点→成孔→编写施工方案及施工准备→安设土钉钢筋钢管→注浆→铺设钢筋网→喷射混凝土面层→开挖下一步

9. 用碾压法压实填土时，铺土应均匀一致，碾压遍数要相同，碾压方向应从填土区的两边逐渐压向中心，每次碾压应有（　　）的重叠。

A. 5～10 cm　　B. 10～15 cm　　C. 15～20 cm　　D. 20～25 cm

10. 砖砌体的施工流程是（　　）。

A. 摆砖→抄平放线→立皮数杆→盘角、挂线→砌砖、清理

B. 摆砖→立皮数杆→抄平放线→盘角、挂线→砌砖、清理

C. 抄平放线→摆砖→立皮数杆→盘角、挂线→砌砖、清理

D. 抄平放线→立皮数杆→摆砖→盘角、挂线→砌砖、清理

11. 小砌块砌体的灰缝应横平竖直，水平灰缝厚度和竖向灰缝宽度为（　　）。

A. 3～5 mm　　B. 5～8 mm　　C. 8～12 mm　　D. 12～15 mm

12. 非承重的侧模板拆除日期，应在混凝土强度能保证其表面及棱角不因拆除模板而受损坏时，方可拆除。一般当混凝土强度达到（　　）后，即可拆除。

A. 2.0 MPa　　B. 2.5 MPa　　C. 3.0 MPa　　D. 4.5 MPa

13. PDCA 循环法中，C 代表（　　）。

A. 策划　　B. 实施　　C. 检查　　D. 处置

14. 质量管理的原则不包括（　　）。

A. 质量第一　　B. 成本第一　　C. 以预防为主　　D. 坚持质量标准

15. 对水泥的存放应当防止受潮，存放时间一般不宜超过（　　）个月，以免受潮结块。

A. 4　　B. 3　　C. 2　　D. 1

16. 量测法在进行质量检验时不包括（　　）。

A. 靠　　B. 敲　　C. 吊　　D. 量

17. 造成豆腐渣工程的最主要原因之一是（　　）。

A. 选择的建筑原材料质量不过关　　B. 质量控制体系不健全

C. 施工人员操作不当　　D. 工程造价太低

18. 厕浴间等有防水要求的房间，楼板四周除门洞外，应做混凝土翻边，其高度不应小于（　　），混凝土强度等级不应小于 C20。

A. 120 mm　　B. 150 mm　　C. 180 mm　　D. 240 mm

19. 管道穿楼板时必须按设计或验收规范要求设置套管或止水环。套管设置要求下口平楼面，上口高出最后地面（　　），厨、厕为 50 mm，套管填塞符合规范要求。

A. 10～20 mm　　B. 20～30 mm　　C. 30～40 mm　　D. 40～50 mm

20. 在两种不同基体交接处、暗埋管线开槽处，应先分别清理、补槽后，再增加钢丝网抹灰处理，钢丝网加强带与各基体的搭接宽度不应小于（　　），并进行隐蔽验收。

A. 100 mm　　B. 120 mm　　C. 150 mm　　D. 180 mm

21. 死亡事故是指（　　）。

A. 一次死亡 30 人以上的事故　　B. 一次死亡 10～30 人的事故

C. 一次死亡 3～10 人的事故　　D. 一次死亡 1～2 人的事故

22. 发生物体打击的危险源不包括（　　）。

A. 围堰和沉井工程　　B. 拆除、爆破工程

C. 脚手架工程　　D. 基坑（槽）开挖工程

23. 开挖深度较浅时，可采用明沟排水。沿槽底挖出两道水沟，每隔（　　）设置一集水井，用抽水设备将水抽走。

A. 20～30 m　　B. 30～40 m　　C. 40～50 m　　D. 50～60 m

24. 钢板桩施工时，周边应该设置安全防护围栏及安全警示标志，周边设置不低于（　　）高的防护栏，内部设置一条步梯和 4 个爬梯，方便人员上下和逃生。

A. 0.8 m　　B. 1.0 m　　C. 1.2 m　　D. 1.4 m

25. 高度在（　　）及以上的双排脚手架应在外侧全立面连续设置剪刀撑。

A. 18 m　　B. 20 m　　C. 22 m　　D. 24 m

26. 事故报告后出现新情况的，应当及时补报。自事故发生之日起（　　）日内，事故造成的伤亡人数发生变化的，应当及时补报。

A. 30　　B. 40　　C. 50　　D. 60

27. “四新”技术不包括（　　）。

A. 新材料　　B. 新设备　　C. 新产品　　D. 新工艺

28. 跨度不小于 4 m 的现浇钢筋混凝土梁、板，安装模板时应按设计要求起拱；如设计无要求时，起拱高度宜为跨度的（　　）。

A. 0.5‰～1‰　　B. 1‰～3‰　　C. 2‰～4‰　　D. 3‰～5‰

29. 水准仪读数一定要用十字丝的中丝在水准尺上读数，从小数向大数读，读（　　）位。

A. 一　　B. 二　　C. 三　　D. 四

30. 在基坑挖土中，应经常检查挖土高度，当挖土竣工后，应实测挖土面标高，测量容许误差为（　　）。

A. ±2 cm　　B. ±3 cm　　C. ±4 cm　　D. ±5 cm

31. 反铲挖掘机的特点（　　）。

A. 前进向上，强制切土　　B. 向后向下，自重切土

C. 直上直下，自重切土　　D. 向后向下，强制切土

32. 在塔式起重机的起重臂上方安装风速仪，当风速超过（　　）时，应停止作业。

A. 5 m/s　　B. 10 m/s　　C. 15 m/s　　D. 20 m/s

33. 横道图的优点不包括（　　）。

A. 能够清楚地表达各项工作的起止时间，内容排列整齐有序，形象直观

B. 能够从许多可行方案中，选出最优方案

C. 可直接根据横道图计算各时段的资源需要量，并绘制资源需要量计划

D. 使用方便，易于掌握

34. 双代号图中的总工期为（　　）天。

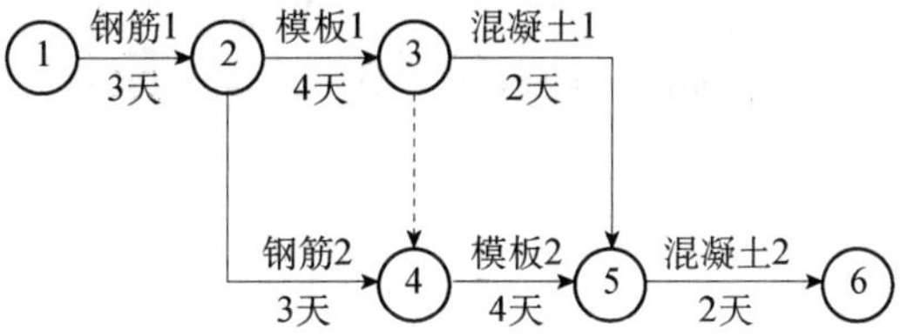

1 钢筋1 3天 2 模板1 4天 3 混凝土1 2天 5

2 钢筋2 3天 4 模板2 4天 5 混凝土2 2天 6

A. 10　　B. 11　　C. 12　　D. 13

35.《建筑工程质量管理条例》中规定，未经（　　）签字，建筑材料建筑构配件和设备不得在工程上使用或安装，施工单位不得进行下一道工序的施工。

A. 监理工程师　　B. 项目经理　　C. 生产经理　　D. 技术负责人

36. 现浇混凝土楼盖板集中标注的内容不包括（　　）。

A. 板块编号　　B. 构造筋　　C. 贯通纵筋　　D. 板厚

37. “三一”砌砖法不包括（　　）。

A. 一块砖　　B. 一条线　　C. 一铲灰　　D. 一揉压

38. 土钉成孔前，应按设计要求定出孔位并做出标记编号，孔位的允许偏差不得大于（　　）。

A. 150 mm　　B. 160 mm　　C. 170 mm　　D. 180 mm

39. 为避免影响施工或造成坑（槽）土壁的崩塌，开挖的土方应堆置在距离坑（槽）边 0.8 m 以外，堆置高度不得超过（　　）。

A. 1.5 m　　B. 2.0 m　　C. 2.5 m　　D. 3.0 m

40. 机械挖土时的留余量必须根据技术水平、施工季节等因素确定，一般留余量为（　　）。

A. 100～200 mm　　B. 100～300 mm　　C. 150～300 mm　　D. 150～400 mm

41. 单代号网络图绘制基本规则不包括（　　）。

A. 单代号网络图应正确表达已定的逻辑关系

B. 代号网络图中不得出现双向箭头或无箭头的连线

C. 单代号网络图中可出现回路

D. 绘制网络图时，箭线不宜交叉，当交叉不可避免时，可采用过桥法或指向法绘制

42. 某项工作有两项紧前工作 A、B，其持续时间是 A=3 天，B=4 天，其最早开始时间是 A=5 天，B=6 天，则本工作的最早开始时间是（　　）天。

A. 10　　B. 8　　C. 6　　D. 5

43. 挖土机多机在同一作业面作业时，前后两机相距不应小于（　　），左右相距应大于 1.5 m。

A. 5 m　　B. 6 m　　C. 7 m　　D. 8 m

44. 混凝土输送泵真空表读数严禁大于（　　），否则可能损坏主油泵。

A. 0.01 MPa　　B. 0.02 MPa　　C. 0.03 MPa　　D. 0.04 MPa

45. 发包人应当依据相关工程的工期定额合理计算工期，压缩的工期天数不得超过定额工期的（　　），超过的应在招标文件中明示增加赶工费用。

A. 15%　　B. 20%　　C. 25%　　D. 30%

46. 主体结构工程的施工，不包括（　　）施工。

A. 柱　　B. 梁　　C. 楼板　　D. 墙体

47. 已标价工程量清单中有适用于变更工程项目的，且工程变更导致的该清单项目的工程数量变化不足（　　）时，采用该项目的单价。

A. 15%　　B. 20%　　C. 25%　　D. 30%

48. 社会保险不包括（　　）。

A. 劳动保险费　　B. 养老保险费　　C. 工伤保险费　　D. 医疗保险费

49. 安全管理资料的纸质文件材料幅面尺寸规格宜为（　　）幅面。

A. A1　　B. A2　　C. A3　　D. A4

50. 工程造价在（　　）万元人民币以上的工程，必须制作建设工程录像档案。

A. 1 000　　B. 2 000　　C. 3 000　　D. 4 000

二、多选题

1. 工程桩应进行承载力和桩身完整性检验，包括（　　）。

A. 设计等级为甲级或地质条件复杂时，应采用静载试验的方法对桩基承载力进行检验，检验桩数不应少于总桩数的 1%，且不应少于 3 根，当总桩数少于 50 根时，不应少于 2 根

B. 在有经验和对比资料的地区，设计等级为乙级、丙级的桩基可采用高应变法对桩基进行竖向抗压承载力检测，检测数量不应少于总桩数的 5%，且不应少于 10 根

C. 在有经验和对比资料的地区，设计等级为乙级、丙级的桩基可采用高应变法对桩基进行竖向抗压承载力检测，检测数量不应少于总桩数的 5%，且不应少于 3 根

D. 工程桩的桩身完整性的抽检数量不应少于总桩数的20%，且不应少于10根。每根柱子承台下的桩抽检数量不应少于3根

E. 工程桩的桩身完整性的抽检数量不应少于总桩数的20%，且不应少于10根。每根柱子承台下的桩抽检数量不应少于1根

2. 施工的准备工作包括（　　）。

A. 组织准备　　B. 技术准备　　C. 物质准备

D. 现场准备　　E. 资金准备

3. 一般抹灰施工的施工顺序应遵循（　　）。

A. 先室外后室内　　B. 先室内后室外　　C. 先上后下

D. 先下后上　　E. 先顶棚后墙地

4. 卷材防水铺设的方向应根据屋面坡度或屋面是否有振动而确定，其中（　　）。

A. 屋面坡度小于3%时，宜平行屋脊方向铺设

B. 屋面坡度小于3%时，宜垂直屋脊方向铺设

C. 屋面坡度在3%～15%时，铺设方向不做限制

D. 屋面坡度大于15%或屋面有振动时，应垂直屋脊方向铺设

E. 屋面坡度大于15%或屋面有振动时，应平行屋脊方向铺设

5. 影响施工质量的因素主要有4 M1E，其中4 M指的是（　　）。

A. 人　　B. 材料　　C. 机械

D. 环境　　E. 方法

6. 施工质量控制按各施工阶段质量控制的重点，可分为（　　）。

A. 分部工程控制　　B. 分项工程控制　　C. 事前控制

D. 事中控制　　E. 事后控制

7. 事故调查报告应当包括（　　）。

A. 事故发生单位概况　　B. 事故造成的人员伤亡和直接经济损失

C. 事故防范和整改措施　　D. 事故发生的原因和事故性质

E. 事故发生的汇报流程

8. 安装和拆除模板时，操作人员应佩戴（　　）。

A. 安全帽　　B. 安全手套　　C. 系安全带

D. 穿安全服　　E. 穿防滑鞋

9. 水准仪按结构分为（　　）。

A. 微倾水准仪　　B. 自动安平水准仪　　C. 激光水准仪

D. 电子水准仪　　E. 全站仪

10. 流水施工的特点包括（　　）。

A. 不利于改进工人的操作方法和施工机具，不利于提高工程质量和劳动生产率

B. 科学地利用了工作面，争取了时间，工期比较合理

C. 工作队及其工人实现了专业化施工，可使工人的操作技术熟练，更好地保证工程质量，提高劳动

生产率

D. 专业工作队及其工人能够连续作业，使相邻的专业工作队之间实现了最大限度的合理搭接

E. 单位时间投入施工的资源量较为均衡，有利于资源供应的组织工作

三、判断题

1. 施工员是单位工程施工现场的管理中心，是施工现场动态管理的体现者，是单位工程生产要素合理投入和优化组合的组织者，对单位工程项目的施工负有直接责任。（　　）

A. 正确　　　　B. 错误

2. 施工部署的目的是对施工项目进行统筹规划和全面安排，包括施工目标及分解，施工组织与协调，施工资源，施工顺序及空间安排，施工重点及难点，生产技术管理，劳务及分包管理等。（　　）

A. 正确　　　　B. 错误

3. 建筑工程质量验收一般按照检验批→分部工程→分项工程→单位工程→竣工验收的程序组织验收。（　　）

A. 正确　　　　B. 错误

4. 生产经营单位因从业人员对本单位安全生产工作提出批评、检举、控告或者拒绝违章指挥、强令冒险作业而降低其工资、福利等待遇或者解除与其订立的劳动合同。（　　）

A. 正确　　　　B. 错误

5. 建设工程质量检测是指工程质量检测机构接受委托，依据国家有关法律、法规和工程建设强制性标准，对涉及结构安全项目的抽样检测和对进入施工现场的建筑材料、构配件的见证取样检测。（　　）

A. 正确　　　　B. 错误

6. 桥面铺装又称行车道铺装或桥面保护层，它具有保护属于主梁整体部分的行车道板不受车辆轮胎的直接磨耗，防止主梁遭受雨水的侵蚀，并对车辆轮重的集中荷载起一定的分布作用。（　　）

A. 正确　　　　B. 错误

7. 装配式建筑中剪力墙施工流程为：模板安装与清理→钢筋绑扎→混凝土浇筑→蒸汽养护与脱模→验收→出池、码放→成品验收。（　　）

A. 正确　　　　B. 错误

8. 质量的管理，可包括制定质量方针和质量目标，以及通过质量策划、质量保证、质量控制和质量改进实现这些质量目标的过程。（　　）

A. 正确　　　　B. 错误

9. 技术交底是对施工组织设计或施工方案的具体化，是更细致、更明确、更具体的技术实施方案，是工序施工或分项工程施工的具体指导文件。（　　）

A. 正确　　　　B. 错误

10. 外用电梯的安装和拆卸作业必须由取得相应资质的专业队伍进行，安装完毕经验收合格，取得政府相关主管部门核发的《准用证》后方可投入使用。（　　）

A. 正确　　　　B. 错误

11. 电工必须经过按国家现行标准考核合格后，持证上岗工作；其他用电人员必须通过相关安全教育培

训和技术交底，方可上岗工作。(　　)

A. 正确　　B. 错误

12. 单位工程施工组织设计是指以单位工程（子单位）为主要对象编制的施工组织设计，对单位工程的施工过程起指导和制约作用。(　　)

A. 正确　　B. 错误

13. 技术交底的编写应在施工组织设计或施工方案编制之前进行。(　　)

A. 正确　　B. 错误

14. 全站仪即全站型电子测距仪，是一种集光、机、电为一体的高技术测量仪器，是集水平角、垂直角、距离、高差测量功能于一体的测绘仪器系统。(　　)

A. 正确　　B. 错误

15. 角度测量最常用的仪器是水准仪、经纬仪、全站仪。(　　)

A. 正确　　B. 错误

16. 总持续时间最长的线路称为关键路径，其他线路长度均小于关键路径称为非关键路径。(　　)

A. 正确　　B. 错误

17. 网络图应有多个起点节点和一个终点节点。(　　)

A. 正确　　B. 错误

18. 其他项目费是指由暂列金额、暂估价、计日工和总承包服务费组成的其他项目费用。(　　)

A. 正确　　B. 错误

19. 安全文明施工费，按其实际发生变化的措施项目调整，可以浮动。(　　)

A. 正确　　B. 错误

20. 施工日志，是重要的工程施工技术履历档案，是在建筑工程整个施工阶段的施工组织管理、施工技术等有关施工活动和现场情况变化的真实的综合性记录，也是处理施工问题的备忘录和总结施工管理经验的基本素材，是工程交竣工验收资料的重要组成部分。(　　)

A. 正确　　B. 错误

四、案例题

1. 事件一：工作 C 因材料不到位，工期延长 3 天；

事件二：工作 E 出现质量事故，监理工程师发现质量问题后要求停工整改造成延误工期 3 天；

事件三：工作 D 因天气原因，造成工期延误 2 天。

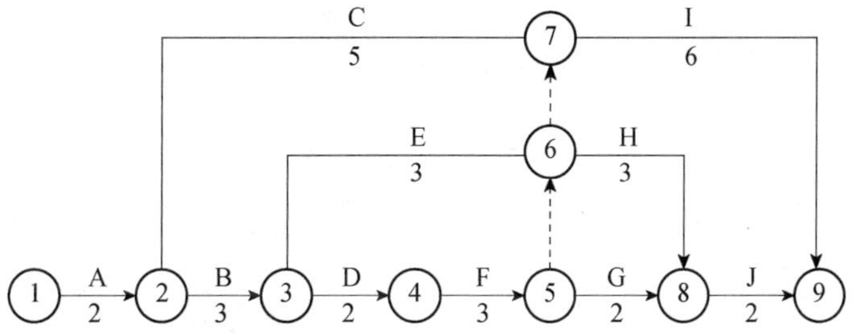

(1) 找出双代号网络图中该工程的关键线路（　　）。

A. 1→2→3→4→5→6→8→9

B. 1→2→3→4→5→6→7→9

C. 1→2→3→6→7→9

D. 1→2→3→4→5→8→9

（2）事件三影响总工期（ ）天。

A. 0　　B. 1　　C. 2　　D. 3

（3）双代号网络图三要素包括（ ）。

A. 节点　　B. 箭线　　C. 线路

D. 圆圈　　E. 箭头

（4）本工程中，事件一不产生任何影响。（ ）

A. 正确　　B. 错误

2. 某多层现浇混凝土框架结构施工，层高 3.6 m，柱网 5 m×5 m。柱的混凝土强度等级为 C40，凉拌的混凝土强度等级为 C30。房屋中部按设计要求留设一条宽度为 800 mm 的后浇带，采用钢管扣件支模架，覆塑竹胶合板模板。在施工过程中为了赶进度，7 级大风时进行模板吊运作业。

（1）后浇带一般保留（ ）以上。

A. 22 d　　B. 24 d　　C. 26 d　　D. 28 d

（2）当遇到（ ）级以上大风，要停止一切吊运作业。

A. 3　　B. 4　　C. 5　　D. 6

（3）后浇带的施工包括（ ）。

A. 后浇带的留置位置需遵照规范，如混凝土置于室内和土中，后浇带的设置距离为 30 m，露天为 20 m

B. 后浇带的宽度应考虑施工简便，避免应力集中。一般其宽度为 700～1 000 mm。后浇带内的钢筋应完好保存

C. 后浇带混凝土浇筑应严格按照施工技术方案进行。在浇筑混凝土前，必须将整个混凝土表面按照施工缝的要求进行处理

D. 后浇带处可不必清理直接浇筑

E. 填充后浇带混凝土可采用微膨胀或无收缩水泥，也可采用普通水泥加入相应的外加剂拌制，但必须要求填筑混凝土的强度等级比原来结构强度提高一级，并保持至少 15 d 的湿润养护

（4）本工程中框架梁的底模在施工时不需要起拱。（ ）

A. 正确　　B. 错误

附录 2　土建施工员专业知识测试模拟试卷参考答案

试卷一

一、单选题

1. D	2. B	3. C	4. C	5. B	6. C	7. B	8. C	9. B	10. A
11. A	12. D	13. A	14. D	15. C	16. B	17. C	18. A	19. C	20. B
21. A	22. B	23. D	24. C	25. B	26. C	27. B	28. B	29. C	30. D
31. A	32. D	33. B	34. D	35. A	36. B	37. A	38. A	39. D	40. A
41. B	42. A	43. D	44. C	45. A	46. C	47. B	48. B	49. A	50. C

二、多选题

1. BCDE	2. ABDE	3. ABCE	4. BCDE	5. ACE
6. ACDE	7. ACD	8. BCDE	9. ABC	10. ABC

三、判断题

1. A	2. A	3. B	4. B	5. A	6. B	7. A	8. A	9. A	10. A
11. B	12. B	13.A	14. A	15. B	16. B	17. A	18. A	19. B	20. A

四、案例题

1.（1）A	（2）C	（3）ACE	（4）A
2.（1）C	（2）C	（3）ABCD	（4）A

试卷二

一、单选题

1. A	2. C	3. B	4. C	5. D	6. C	7. B	8. B	9. C	10. C
11. C	12. C	13. B	14. B	15. B	16. B	17. A	18. A	19. B	20. B
21. D	22. A	23. B	24. C	25. D	26. A	27. C	28. B	29. D	30. A
31. D	32. D	33. B	34. D	35. A	36. B	37. B	38. A	39. A	40. C
41. C	42. A	43. D	44. D	45. B	46. D	47. A	48. A	49. D	50. C

二、多选题

1. ABE　2. ABCD　3. ACE　4. ACD　5. ABCE
6. CDE　7. ABCD　8. ACE　9. ABCD　10. BCDE

三、判断题

1. A　2. A　3. B　4. B　5. A　6. A　7. B　8. A　9. A　10. B
11. B　12. A　13. B　14. A　15. B　16. A　17. B　18. A　19. B　20. A

四、案例题

1.（1）B　（2）C　（3）ABC　（4）A
2.（1）D　（2）D　（3）ABCE　（4）B